K. Danzer · H. Hobert · C. Fischbacher · K.-U. Jagemann

Chemometrik

Springer

*Berlin
Heidelberg
New York
Barcelona
Hongkong
London
Mailand
Paris
Singapur
Tokio*

K. Danzer · H. Hobert · C. Fischbacher · K.-U. Jagemann

Chemometrik

Grundlagen und Anwendungen

Mit 206 Abbildungen

Prof. Dr. Klaus Danzer
Institut für Anorganische
und Analytische Chemie
Friedrich-Schiller-Universität Jena
Lessingstr. 8
07743 Jena
e-mail: klaus.danzer@uni-jena.de

Doz. Dr. Hartmut Hobert
Institut für Physikalische Chemie
Friedrich-Schiller-Universität Jena
Lessingstr. 10
07743 Jena
e-mail: chl@uni-jena.de

Dr. Christoph Fischbacher
Analytik Jena AG
Konrad-Zuse-Str. 1
07745 Jena
e-mail: c.fischbacher@analytik-jena.de

Dr. Kay-Uwe Jagemann
Brooks Automation GmbH
Goeschwitzer Str. 25
07745 Jena
e-mail: kuj@jjnet.de

ISBN 3-540-41291-3 Springer-Verlag Berlin Heidelberg New York

Die Deutsche Bibliothek – CIP-Einheitsaufnahme
Chemometrik: Grundlagen und Anwendungen / von Klaus Danzer ... - Berlin; Heidelberg; New York;
Barcelona; Hongkong; London; Mailand; Paris; Singapur; Tokio: Springer, 2001
ISBN 3-540-41291-3

Dieses Werk ist urheberrechtlich geschützt. Die dadurch begründeten Rechte, insbesondere die der
Übersetzung, des Nachdrucks, des Vortrags, der Entnahme von Abbildungen und Tabellen, der Funksendung, der Mikroverfilmung oder der Vervielfältigung auf anderen Wegen und der Speicherung in
Datenverarbeitungsanlagen, bleiben, auch bei nur auszugsweiser Verwertung, vorbehalten. Eine
Vervielfältigung dieses Werkes oder von Teilen dieses Werkes ist auch im Einzelfall nur in den Grenzen
der gesetzlichen Bestimmungen des Urheberrechtsgesetzes der Bundesrepublik Deutschland vom
9. September 1965 in der jeweils geltenden Fassung zulässig. Sie ist grundsätzlich vergütungspflichtig.
Zuwiderhandlungen unterliegen den Strafbestimmungen des Urheberrechtsgesetzes.

Springer-Verlag Berlin Heidelberg New York
ein Unternehmen der BertelsmannSpringer Science+Business Media GmbH

http://www.springer.de

© Springer-Verlag Berlin Heidelberg 2001
Printed in Germany

Die Wiedergabe von Gebrauchsnamen, Handelsnamen, Warenbezeichnungen usw. in diesem Werk
berechtigt auch ohne besondere Kennzeichnung nicht zu der Annahme, dass solche Namen im Sinne
der Warenzeichen- und Markenschutz-Gesetzgebung als frei zu betrachten wären und daher von jedermann benutzt werden dürften.

Satz und Datenkonvertierung: Fotosatz-Service Köhler GmbH, 97084 Würzburg
Einband: de'blik, Berlin

Gedruckt auf säurefreiem Papier   SPIN: 10097902   52/3020 ra – 5 4 3 2 1 0

Vorwort

Die Chemometrik wurde noch vor einigen Jahren von der Mehrzahl der Chemiker nicht als branchenübliches Werkzeug akzeptiert und angewendet. Sie wurde stattdessen als Domäne einiger weniger Insider betrachtet, und es wurde demzufolge ein großer Nachholbedarf in der Ausbildung von Chemikern festgestellt. Zu den erklärten Zielen des Arbeitskreises *Chemometrik und Labordatenverarbeitung* der Fachgruppe *Analytische Chemie* der *Gesellschaft Deutscher Chemiker* gehörte es deshalb, sich für die Einführung von Lehrveranstaltungen zur Chemometrik an möglichst vielen deutschen Hochschulen einzusetzen. Tatsächlich wurde dieses Ziel jedoch nur an einigen wenigen Universitäten, zu denen unter anderen Freiberg, Jena und Hannover gehören, erreicht.
   Die Forderung nach Kenntnis chemometrischer Methoden und deren Beherrschung steht noch immer. Die im Rahmen analytischer oder allgemein chemisch-experimenteller Untersuchungen anfallenden Datenmengen nehmen an Umfang und Komplexität weiterhin zu und erfordern neue, nichtkonventionelle Herangehensweisen zu ihrer Auswertung und Beurteilung. Dennoch sind die Rufe nach einer umfassenden chemometrischen Grundausbildung im Rahmen des Chemiestudiums zurückhaltender geworden.
   Die Situation hat sich nämlich in gewisser Weise gewandelt. Interessierte Chemiker sind mit der derzeitigen Generation von Personalcomputern sowie der kommerziell und über Internet verfügbaren Software auch ohne spezielle Ausbildung in der Lage, die Chemometrik für die Lösung ihrer speziellen Probleme nutzbringend anzuwenden. Bis zu einem bestimmten Grade ist die Chemometrik bereits zu einem alltäglichen Handwerkszeug vieler Chemiker geworden, die im Rahmen komplexer Aufgabenstellungen Messungen zu planen, durchzuführen oder zu überwachen und auszuwerten haben. Damit benutzt mancher Chemiker chemometrische Methoden, ohne diese explizit als solche zu kennen. Die nutzbringende und sinnvolle Anwendung von chemometrischen Verfahren setzt jedoch Kenntnisse der Möglichkeiten und Grenzen der verwendeten Methoden und Modelle voraus.
   Mit diesem Buch sollen deshalb die Grundlagen der Chemometrik in einem Überblick dargelegt werden, der sowohl Fachleuten eine systematische Darstellung der wichtigsten Teilgebiete, Methoden und Anwendungen gibt, als auch Einsteigern eine Möglichkeit bietet, die Grundlagen und potentiellen Anwendungsfelder der Chemometrik kennenzulernen. Von den wahrscheinlichkeitstheoretischen Grundlagen chemischer Messungen auf der Basis der univariaten

und multivariaten Statistik bis hin zu Neuronalen Netzen und Genetischen Algorithmen als Methoden der künstlichen Intelligenz spannt sich der Bogen bis zu deren Anwendung in wichtigen Bereichen der experimentellen Chemie, insbesondere der Analytik. Dabei dient die logische Folge chemischer Messprozesse als Prinzip für die Ordnung und Anwendungsmöglichkeit chemometrischer Methoden und Techniken.

Die Schritte des Analytischen Prozesses, Probennahme, Proben- und Messvorbereitung, Messung, Kalibration und Auswertung sowie Dateninterpretation, finden sich in der Gliederung in entsprechenden Kapiteln wieder. Statistische Probennahmeprinzipien, Versuchsplanung und Optimierung chemischer Messverfahren werden in ihren theoretischen Grundlagen und Anwendungsaspekten ebenso behandelt wie Methoden der Signalverarbeitung, der Darstellung und Bearbeitung von Messwertreihen, insbesondere von Spektren, wobei Analogien zu Prinzipien der Bildverarbeitung, die in der Analytik ebenfalls zunehmend Bedeutung erhält, dargestellt werden.

Es gibt Analytiker, die es für eine bemerkenswerte Entwicklung halten, dass sich analytische Informationen messen, quantifizieren und in ihrer Effizienz und Rentabilität in Mark und Pfennigen ausdrücken lassen. Diese Aspekte werden bei der wachsenden Daten- und Informationsflut auch in der Chemie weiterhin an Bedeutung gewinnen. Informationstheoretische Grundlagen der Analytik wurden deshalb in einer angemessenen Breite berücksichtigt und mit Anwendungsbeispielen belegt.

Die wachsende Rolle von Prinzipien der Qualitätssicherung in vielen Bereichen der Chemie, insbesondere auch in der Analytik selbst, führt dazu, dass nicht nur die administrativen und formalen Aspekte, sondern auch die statistischen und chemometrischen Gesichtspunkte der Qualitätssicherung, und zwar auch innerhalb der Chemometrik und der Softwareentwicklung, immer breiteres Interesse gewinnen. Dem wurde durch ein eigenes Kapitel Rechnung getragen.

Durch ein ausgewogenes Verhältnis von theoretischen Grundlagen und praktischen Anwendungsbeispielen wurde versucht, dem Titel des Buches gerecht zu werden. Das Buch versucht, das heute sehr umfangreiche Gebiet der Chemometrik in einem umfassenden Überblick zu behandeln. Vollständigkeit war dabei verständlicherweise nicht möglich. Die erforderlichen Abstriche wurden jedoch nicht bei der Anschaulichkeit, der Darstellung von Zusammenhängen zwischen den Methoden und der Praxisrelevanz vorgenommen, sondern eher bei der theoretischen Herleitung mathematischer Sachverhalte, bei denen auf Standardwerke der Statistik und der numerischen Mathematik verwiesen werden kann.

Mit diesem Buch sollen gleichermaßen interessierte Studenten und Lehrkräfte an Universitäten und Hochschulen, als auch Praktiker angesprochen werden, die chemometrische Methoden bereits in der einen oder anderen Form nutzen oder aber in ihrer Arbeit anzuwenden beabsichtigen. Die Verfahren selbst stehen, wie erwähnt, als Software zur Verfügung. Eine gewisse Orientierungshilfe zu Einsatzmöglichkeiten und Anwendungsvorzügen wird hier gegeben, ohne dass dies als ausgesprochenes Ziel des Buches anzusehen ist.

Danken möchten wir einer Reihe von Fachkollegen, mit denen als Weggefährten auf dem Gebiete der Chemometrik im Rahmen von Begegnungen oder gar längeren Zusammenarbeiten mancher fruchtbarer Erfahrungsaustausch stattfand. Da dies erschöpfend nicht möglich ist, seien hier nur hervorgehoben die leider viel zu früh verstorbenen Klaus Doerffel, Merseburg/Leipzig, und Karel Eckschlager, Prag, sowie Günter Ehrlich, Dresden, und Günter Henrion. Ganz besonderer Dank gebührt Dietrich Wienke, Nijmegen, der in seiner Jenaer Zeit dieses Buch mit konzipierte, es dann aber nicht mit ausführen konnte.

Den Partnern im Springer-Verlag danken wir für die konstruktive Zusammenarbeit in allen Bearbeitungsphasen des Buches.

Jena, März 2001
Klaus Danzer
Hartmut Hobert
Christoph Fischbacher
Kay-Uwe Jagemann

Inhaltsverzeichnis

1 Gegenstand der Chemometrik 1
    1.1   Entwicklung der Chemometrik 1
    1.2   Gegenstand und Aufgabenbereiche der Chemometrik 2
    1.3   Prinzipien und Teilgebiete der Chemometrik 5
    1.4   Chemometrik im Internet 8
    Literatur 9

2 Chemische Messungen 12
    2.1   Allgemeine Grundlagen 12
    2.2   Dimensionalität chemischer Messungen 16
    2.3   Wahrscheinlichkeitstheoretische und statistische Grundlagen 20
    2.3.1 Messwerthäufigkeiten und -verteilungen 20
    2.3.2 Höherdimensionale Verteilungen von Zufallsgrößen 26
    2.3.3 Bedingte Wahrscheinlichkeiten und Verteilungen 27
    2.3.4 Statistische Parameter: Mittelwerte und Streuungsmaße ... 29
    2.3.5 Vertrauensbereiche 32
    2.4   Abhängigkeitsuntersuchungen: Korrelation und Regression 33
    2.4.1 Korrelationsanalyse 35
    2.4.2 Regressionsanalyse 37
    2.4.3 Fehlergrößen der linearen Regression 40
    2.4.4 Robuste Regression 44
    2.5   Informationstheoretische Grundlagen 45
    2.5.1 Informationsgehalt von Messergebnissen 47
    2.5.2 Quantitative Messergebnisse unter dem Aspekt der Präzision 52
    2.5.3 Quantitative Messergebnisse unter dem Aspekt der Richtigkeit 56
    2.5.4 Signal-Rausch-Verhältnis und Informationsgehalt 59
    2.5.5 Die Informationsmenge von Mehrkomponentenanalysen ... 61
    2.5.6 Redundanz von Analysenergebnissen 64
    2.5.7 Informationsmenge und Informationsleistung von zeit-
           und ortsaufgelösten chemischen Informationen 68
    2.6   Systemtheoretische Aspekte chemischer Messungen 70

2.6.1 Verbesserung des Signal-Rausch-Verhältnisses 72
2.6.2 Verbesserung der Signalauflösung 74
2.7 Von der univariaten zur multivariaten Statistik 77
Literatur 78

3 Multivariate Datenanalyse 81

3.1 Daten und Datenräume 83
3.1.1 Variablentypen 83
3.1.2 Datenmatrix 84
3.1.3 Lineare Modelle 89
3.1.4 Varianz-Kovarianz- und Korrelationsmatrix 89
3.1.5 Multivariate Distanzmaße 92
3.1.6 Vorgehensweise bei der Datenanalyse 96
3.2 Datenerkundung und -aufbereitung 98
3.2.1 Explorative Datenanalyse und Datenvisualisierung 98
3.2.2 Datenaufbereitung 103
3.3 Faktoren- und Hauptkomponentenanalyse 105
3.4 Clusteranalyse 111
3.4.1 Hierarchische Clusteranalyse 112
3.4.2 Nichthierarchische Verfahren 116
3.5 Klassifikationsverfahren 117
3.5.1 Lineare Diskriminanzanalyse 121
3.5.2 Methode der k-nächsten Nachbarn 123
3.5.3 Weitere Methoden 124
3.6 Regression und Modellierung 125
3.6.1 Multiple lineare Regression 126
3.6.2 Hauptkomponentenregression 127
3.7 Softwareaspekte 128
3.7.1 Datenformate 128
3.7.2 Datenanalysesoftware 128
Literatur 131

4 Probennahme 133

4.1 Repräsentanz von Proben 133
4.2 Inhomogene Untersuchungsobjekte 136
4.3 Repräsentative Probenanzahl 138
4.4 Experimentelle Ermittlung des Probennahmefehlers 140
4.5 Zeitabhängige Probennahme 146
4.6 Geostatistische Probennahmemodelle 151
Literatur 153

5 Planung und Optimierung chemischer Experimente und Messungen .. 156

- 5.1 Statistische Versuchsplanung 156
- 5.1.1 Vollständige Versuchspläne 157
- 5.1.2 Unvollständige Versuchspläne 159
- 5.1.3 Auswertung von Faktorplänen 162
- 5.1.4 Anwendungen der SVP 163
- 5.2 Optimierungsverfahren 166
- 5.2.1 Response-Surface-Methode 168
- 5.2.2 Box-Wilson-Optimierung 168
- 5.2.3 Sequentielle Simplex-Optimierung 169
- 5.2.4 Globale Optimierungsverfahren 171
- Literatur 175

6 Signal- und Bildverarbeitung 176

- 6.1 Charakteristik von Signalen 176
- 6.1.1 Signalentstehung 176
- 6.1.2 Signaltypen 177
- 6.1.3 Prinzipien der Signalverarbeitung 179
- 6.2 Fourier-Transformation 180
- 6.2.1 Fourier-Integral 180
- 6.2.2 Eigenschaften von FT-Paaren 183
- 6.2.3 Diskrete Fourier-Transformation 185
- 6.2.4 Zweidimensionale Fourier-Transformation 187
- 6.2.5 Wichtige Fourier-Korrespondenzen 188
- 6.2.6 Faltung und Faltungstheorem 191
- 6.3 Elemente der Systemtheorie 195
- 6.3.1 Wechselwirkung von Signalen mit Systemen 195
- 6.3.2 Systemanalyse 198
- 6.3.3 Signalbegrenzung und Frequenzauflösung 199
- 6.3.4 Diskretisierung und Frequenzbereich 201
- 6.4 Digitales Filtern/Konvolution 204
- 6.4.1 Signalglättung 205
- 6.4.2 Signalkorrekturen 209
- 6.4.3 Gradientenverstärkung 210
- 6.4.4 Dekonvolution 213
- 6.5 Korrelation und Leistungsspektren 216
- 6.5.1 Autokorrelation und spektrale Leistungsdichte 216
- 6.5.2 Kreuzkorrelation und spektrale Kreuzleistungsdichte .. 218
- 6.5.3 Systemcharakterisierung durch Rauschen 219
- 6.6 Wavelets: ein neues Werkzeug für die Signalanalyse . 220
- 6.6.1 Charakterisierung instationärer Signale 220
- 6.6.2 Was ist Wavelet-Analyse? 224

6.6.3	Diskrete Wavelet-Transformation (DWT)	227
6.6.4	Anwendungen	229
6.7	Datenreduktion und Interpolation	230
6.7.1	Datenreduktion	230
6.7.2	Bildsegmentierung	233
6.7.3	Interpolation	234
6.7.4	Interpolation mit Splinefunktionen	236
6.8	Bilddarstellung	238
6.8.1	Bilder als Datensätze	238
6.8.2	Histogramme	239
6.8.3	Profile und Konturen	241
	Literatur	241

7 Kalibration . . . 243

7.1	Analytische Informationen und Messergebnisse	243
7.2	Kalibration quantitativer Analysenverfahren	247
7.3	Experimentelle Kalibration	249
7.3.1	Verfahren der linearen Kalibration	251
7.3.2	Fehlergrößen der linearen Kalibration und der Auswertung	253
7.3.3	Validierung empirischer Kalibrationen	255
7.4	Kalibration durch Standardaddition	259
7.5	Dreidimensionale Kalibration	260
7.6	Nichtlineare Kalibration	263
7.7	Mehrkomponenten-Kalibration	266
7.8	Multivariate Kalibration	268
7.8.1	Klassische Kalibration	270
7.8.2	Inverse Kalibration	273
7.9	Kalibration mit Künstlichen Neuronalen Netzen	279
7.9.1	Künstliche Neuronale Netze	280
7.9.2	Mehrschichtige Perceptrons (MLP)	281
7.9.3	Radial Basis Function (RBF)-Netze	284
	Literatur	286

8 Auswertung analytischer Messungen . . . 289

8.1	Auswertung qualitativer Analysen und Identifikationen	289
8.2	Auswertung quantitativer Zusammenhänge mit absoluten und definitiven Analysenverfahren	292
8.3	Auswertung relativer Analysenverfahren nach experimenteller Kalibration	294
8.4	Statistische Bewertung von Analysenergebnissen	295

8.4.1	Signifikanzprüfungen	295
8.4.2	Tests für Messreihen	297
8.4.3	Vergleich von Messreihen	298
8.4.4	Vergleich mehrerer Mittelwerte: Einfache Varianzanalyse	300
8.4.5	Mehrfache Varianzanalyse	304
8.4.6	Vertrauensbereiche	307
8.4.7	Mess- und Ergebnisunsicherheit	311
8.5	Selektivität und Spezifität	313
8.6	Nachweis-, Erfassungs- und Bestimmungsgrenze	318
Literatur		323

9 Klassifikation und Interpretation von Mess- und Analysendaten 324

9.1	Anwendungsgebiete	324
9.1.1	Anwendungen nichtüberwachter Methoden	326
9.1.2	Anwendung überwachter Methoden	326
9.2	Anwendungsbeispiele der multivariaten Datenanalyse	327
9.2.1	Lebensmittelanalytik	327
9.2.2	Weinanalytik	329
9.2.3	Chemische Industrie	332
9.2.4	Klinische und forensische Analytik	334
Literatur		335

10 Spektrenauswertung 337

10.1	Bibliothekssuche und Spektrenbibliotheken	338
10.1.1	Prinzipien	338
10.1.2	Realisierung der Bibliothekssuche	339
10.1.3	Methodische Aspekte der Bibliothekssuche	341
10.2	Spektreninterpretation und Strukturermittlung	344
10.2.1	Spektren-Struktur-Relationen	344
10.2.2	Expertensysteme zur Strukturermittlung	346
10.2.3	Lineare Lernmaschine (Entwicklung von Diskriminanzfiltern)	348
10.2.4	Spektreninterpretation mit Neuronalen Netzen	350
10.3	Spektrenresolution	352
10.3.1	Spektrale Resolution einfacher Gemische	353
10.3.2	Bandentrennung und Spektrensimulation	356
10.4	Spektren-Eigenschafts-Korrelationen	360
Literatur		362

11 Qualitätssicherung ... 365

11.1 Grundlagen und Prinzipien ... 365
11.2 Validierung von Analysenverfahren ... 368
11.3 Statistische Qualitätskontrolle ... 369
11.3.1 Statistische Qualitätskriterien ... 370
11.3.2 Attributprüfung ... 372
11.3.3 Sequenzanalyse ... 372
11.3.4 Qualitätsregelkarten ... 374
11.3.5 Ringversuche ... 379
11.4 Labor-Informationsmanagement-Systeme (LIMS) ... 383
11.5 Qualitätssicherung von Software ... 385
11.5.1 Definition und Aufgabenstellung von Software ... 385
11.5.2 Qualitätsmerkmale von Software ... 386
11.5.3 Qualitätssicherung bei der Softwareentwicklung ... 387
11.5.4 Softwarevalidierung ... 388
Literatur ... 389

Sachverzeichnis ... 393

1 Gegenstand der Chemometrik

1.1
Entwicklung der Chemometrik

Die Chemometrik ist ein relativ junges Wissenschaftsgebiet, das sich Ende der Sechziger-, Anfang der Siebzigerjahre herausbildete, ab Mitte der Siebzigerjahre zunehmend formierte und bald als eigenständiges Arbeitsfeld etablierte. Mit den Fortschritten der Mess- und Gerätetechnik, der Laborautomation und der Einführung der Rechentechnik in die chemischen Laboratorien gingen Bemühungen einher, moderne Prinzipien der Mathematik, der Messtheorie (Signal- und Systemtheorie) sowie der Informationstheorie für die Chemie zu erschließen und einzusetzen, um die Effizienz chemischer Messungen, insbesondere auf instrumentell-analytischem Gebiet, zu verbessern.

Chemometrische Pionierarbeiten mit zunächst überwiegend analytisch-chemischer Orientierung wurden in verschiedenen Ländern geleistet. Sie waren gerichtet auf eine objektive Bewertung von Analysenergebnissen und -verfahren, eine Verbesserung der Messbedingungen sowie eine Objektivierung und Automatisierung der Interpretation von Messergebnissen, z.B. Spektren. Diese frühen Arbeiten umfassten von Anfang an eine große Breite von Methoden und Arbeitsrichtungen und betrafen insbesondere

- *Statistik und Optimierung* (H. Kaiser [1, 2], V. V. Nalimov [3], K. Doerffel [4, 5], K. Eckschlager [6], L. A. Currie [7] W. J. Youden [8], S. N. Deming, S. L. Morgan [9]),
- *Informations- und Systemtheorie* (H. Kaiser [10], H. Malissa [11, 12], „Lindauer Arbeitskreis" [13, 14], K. Eckschlager [15, 16], K. Doerffel [17], K. Danzer [18, 19], D. L. Massart, A. Dijkstra u. a. [20–22]),
- *Signaltransformations- und -filtertechniken; Messwertakkumulation, Fourieranalyse* (D. Ziessow [23], G. Hieftje [24], G. Horlick [25], G. Dulaney [26], A. G. Marshall, M. B. Comisarow [27]),
- *„Lineare Lernmaschinen"* zur automatischen Spektreninterpretation (P. C. Jurs, B. R. Kowalski, T. L. Isenhour, C. N. Reilley [28, 29], K. Varmuza [30], J. T. Clerc [31]),
- *Multivariate Statistik und Datenanalyse* (B. R. Kowalski [32–34], P. C. Jurs, T. L. Isenhour [35–37], S. Wold [38–40]).

Die Institutionalisierung der Chemometrik vollzog sich auf verschiedenen Ebenen. Einmal durch die Gründung der *International Chemometrics Society* 1974, maßgeblich auf Initiative von B. R. Kowalski, bis 1984 deren erster Präsident, und S. Wold, auf den auch die Prägung des Begriffes „Chemometrics" (1971) zurückgeht [41-43], zum anderen durch die Etablierung von Laboratorien bzw. Forschungsgruppen für Chemometrik, zuerst 1971 am Institut für Organische Chemie der Universität Umea (S. Wold) sowie 1974 am Department of Chemistry der University of Washington (B. R. Kowalski) als erste wissenschaftliche Einrichtungen chemometrischer Prägung.

Mitte der Siebzigerjahre öffneten sich die chemisch-analytischen Zeitschriften zunehmend chemometrischen Arbeiten, allen voran *Analytical Chemistry*, auch *Fresenius' Zeitschrift für Analytische Chemie*. Die regelmäßig erscheinenden Reviewbände von Analytical Chemistry enthalten bis 1976 die Rubrik „*Statistics and Mathematical Methods in Analytical Chemistry*" [44, 45], ab 1980 erscheinen diese Beiträge unter dem Titel „*Chemometrics*" [46-56].

Zur Formierung des Gebietes trugen sowohl eine zunehmende Anzahl wissenschaftlicher Konferenzen und Tagungen[1] entscheidend bei, als auch das Erscheinen von Monographien und Lehrbüchern zur Chemometrik, sowohl Übersichten über das Gesamtgebiet als auch zu wesentlichen chemometrischen Teilgebieten [63-75]. Ausdruck dieser Entwicklung ist auch die Begründung zweier internationaler Zeitschriften, *Chemometrics and Intelligent Laboratory Systems* [76] und *Journal of Chemometrics* [77], im Jahre 1987.

Die Chemometrik hat heute nicht nur eine beachtliche wissenschaftliche Fundierung und Breite erreicht, sondern auch ihren praktischen Nutzen für die Lösung komplexer, vielschichtiger Probleme vielfach unter Beweis gestellt. Das Betätigungsfeld der Chemometrik nimmt in der Skizzierung ihres Entwicklungsganges konturenhaft Gestalt an. Wie lassen sich jedoch Gegenstand und Aufgabenbereiche der Chemometrik aus heutiger Sicht umfassend charakterisieren?

1.2
Gegenstand und Aufgabenbereiche der Chemometrik

Die Chemometrik ist eine chemische Teildisziplin, die mathematische und statistische Methoden nutzt, um chemische Verfahren und Experimente optimal zu planen, durchzuführen und auszuwerten, um so ein Maximum an chemisch relevanten, problembezogenen Informationen aus den experimentellen Messdaten zu gewinnen.

Diese Gegenstandsbestimmung basiert auf einer Definition von B. R. Kowalski [46, 78], die auch von der International Chemometrics Society offiziell verwendet wird. Chemometrik kann auch mit den metrologischen, mathematischen und statistischen Grundlagen chemischer Messungen und deren Auswertungen identifiziert werden.

---

[1] ACS-Symposien zur Chemometrik (Kowalski [57]), NATO Advanced Study Institute on Chemometrics [58], Chemometrics Research Conference of the National Bureau of Standards [59] sowie Tagungsreihen: Computereinsatz in der Analytik – COMPANA (ab 1977 Leipzig [60, 61]), Computer Based Analytical Chemistry – COBAC (ab 1979 Portoroz [62]), Chemometrics in Analytical Chemistry (CAC, ab 1980 Brüssel).

Folgende Aspekte sollen noch einmal explizit hervorgehoben werden:

1. Die Chemometrik gehört zur Chemie und ist nicht außerhalb von ihr angesiedelt. Sie betrifft die Chemie insgesamt und nicht nur die Analytische Chemie, wie oft einengend dargestellt wird[2].
2. In Bezug auf die Vorbereitung chemischer Experimente bezieht sich die Chemometrik auf Molekulares Design und Syntheseplanung ebenso wie auf Optimierung verfahrenstechnischer Varianten oder von Analysenverfahren. Statistische Versuchsplanung und Optimierung als wichtige chemometrischeStrategien sind für Synthese, Analytik und Technische Chemie von vergleichbarer Bedeutung.
3. Die Durchführung chemischer Messungen betrifft hauptsächlich, wenn auch nicht ausschließlich, die Analytik. Hier sind es vor allem Prinzipien der Mess-, Signal- und Systemtheorie, die aus anderen Bereichen der Messtechnik übernommen wurden, um Spektren, Chromatogramme und andere analytische Signalkurven schneller und zuverlässiger, d. h. mit erhöhtem Signal-Rausch-Verhältnis bzw. verbesserter Signalauflösung, zu registrieren.
4. Die Auswertung chemischer Experimente ist wieder für Analyse, Synthese bzw. Verfahrenstechnik von vergleichbarer Bedeutung. In jedem Fall sind nicht nur mathematische Auswertefunktionen anzuwenden und die Resultate statistisch zu bewerten und zu vergleichen, sondern auch im Hinblick auf das Ziel des Experiments zu interpretieren. Häufig sind Struktur- bzw. Zusammensetzungs-/Eigenschafts-Relationen zu beurteilen und zu bewerten.
5. Es ist charakteristisch für moderne Probleme der Syntheseplanung und der Analytischen Chemie, dass zahlreiche Einflussgrößen in die Betrachtungen einzubeziehen sind. All diese Variablen wirken nicht unabhängig voneinander und sind demzufolge auch in ihren gegenseitigen Zusammenhängen und Abhängigkeiten zu modellieren und auszuwerten. Die Anwendung von *multivariaten Methoden* der Statistik und der Datenanalyse ist deshalb zu einem bestimmenden Wesensmerkmal der Chemometrik geworden.

Chemometrik wird oft als Bindeglied bzw. Interface [47] zwischen Chemie und Mathematik bezeichnet. Damit ist zwar eine ganz wesentliche Verbindungslinie im Systembild der Chemometrik charakterisiert, neben der jedoch weitere, nicht minder wichtige existieren, von denen vor allem die Mess- und die Computertechnik eine Rolle spielen. Das Umfeld der Chemometrik und ihr Zusammenhang mit anderen Disziplinen lassen sich aus heutiger Sicht durch das in Abb. 1.1 dargestellte System darstellen.

Wesentlich für die Herausbildung und die heutige Position der Chemometrik ist die Entwicklung der Computertechnik. Viele Methoden der On-line-Datenverarbeitung sind nur mittels direkter Rechnerkopplung zu realisieren. Die meisten Verfahren der multivariaten Datenanalyse sind in der Mathematik bereits seit den Dreißigerjahren bekannt, haben aber aufgrund ihres hohen Rechenaufwandes wenig praktische Bedeutung erlangt. Erst die Fortschritte der

---

[2] Ursprünglich war die International Chemometrics Society in zwei Subsektionen gegliedert: Analytische Chemie und Korrelationsanalyse in der Organischen Chemie (CAOC). Diese Untergliederung wurde 1984 aufgehoben.

1 Gegenstand der Chemometrik

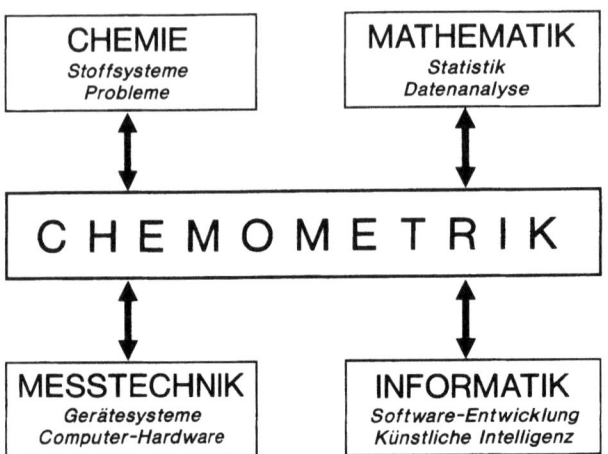

Abb. 1.1. Die Chemometrik in ihren interdisziplinären Beziehungen

Computertechnik einerseits und die Notwendigkeit, in der Chemie umfangreiche und komplexe Daten beurteilen zu müssen, haben der Datenanalyse als wesentlichem Teilgebiet der Chemometrik zum Durchbruch verholfen. Dabei spielt die Softwareentwicklung eine entscheidende Rolle [79–84].

Die Chemie ist keineswegs zu den Wissenschaften zu rechnen, in denen die Mathematik eine untergeordnete Rolle spielt. Die Anwendung elementarer Funktionen, der Differential- und Integralrechnung sowie gewöhnlicher und partieller Differentialgleichungen ist in der physikalischen Chemie schon lange Zeit gang und gäbe, ebenso wie Wahrscheinlichkeitstheorie und Statistik in der chemischen Thermodynamik und lineare Algebra in der Quantenchemie. Auch die klassische univariate Statistik wird für Fehlerbetrachtungen in der chemischen Analytik schon länger eingesetzt [1, 4]. Was die neue Qualität der Chemometrik gegenüber den herkömmlichen Anwendungen von Mathematik und Statistik in der Chemie ausmacht, ist die *Vieldimensionalität, hohe Variabilität* und *Korrelation* der Daten, mit denen sie sich beschäftigt, die *Komplexität* der zu lösenden Probleme und, demzufolge, der *multidimensionale* Charakter der mathematischen und statistischen Techniken. Der interdisziplinäre Charakter der Chemometrik bestimmt auch ihre Anwendungsbreite in der Chemie, die in Abb. 1.2 verdeutlicht wird.

Im deutschen Sprachraum hat sich neben dem Begriff *Chemometrik* auch die Bezeichnung *Chemometrie* verbreitet durchgesetzt. Eine einheitliche Bezeichnung des Gebietes wäre wünschenswert[3].

---

[3] Für den Namen Chemometrik sprechen zwei Argumente: Die Bezeichnung durch den Begründer S. Wold [42, 43] und die Etablierung im internationalen Sprachgebrauch [46], vor allem durch die Chemometrics Society, lautet „*Chemometrics*" (und nicht „Chemometry"). Zum anderen bedeutet Endung „*-metrik*" (griech.) „zum Messen gehörig", „das Messen betreffend", wogegen ist die Endung „*-metrie*" gleichbedeutend ist mit „-messung" [81]. Chemometrie würde also strenggenommen „chemisches Messen" bzw. „Messen chemischer Größen" bedeuten (vgl. z. B. Gravimetrie, Photometrie, Spektrometrie).

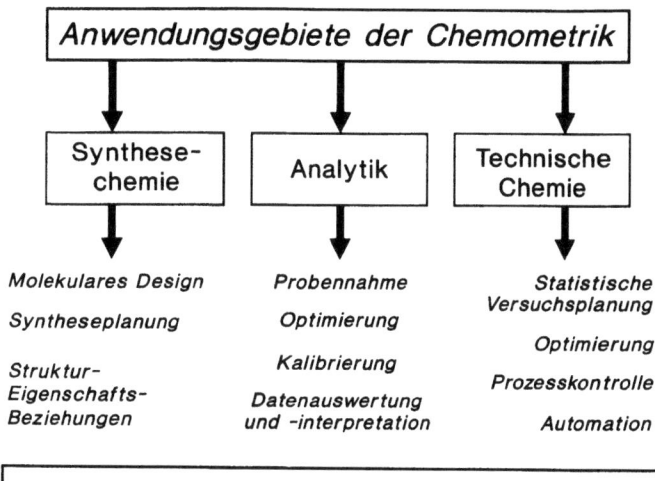

Abb. 1.2. Anwendungsgebiete der Chemometrik

1.3 Prinzipien und Teilgebiete der Chemometrik

Die Chemometrik verfügt heute über ein umfangreiches Methodenarsenal, das sich insbesondere im letzten Jahrzehnt stark erweitert hat. Einen Überblick über die Methodenvielfalt und -breite gibt Tabelle 1.1. Einbezogen sind Softwareentwicklung, intelligente Labor- und Robotersysteme sowie Prinzipien der Qualitätssicherung.

Für die meisten praktisch-chemischen Probleme existieren keine theoretischen Ansätze, das Zusammenwirken vieler Einflussgrößen auf einen End-

Tabelle 1.1. Teilgebiete und Problemkreise der Chemometrik

Chemometrik			
Stochastik	Datenanalyse	Modellierung	Systemtheorie
Statistik Fehlertheorie	Faktoren- und Hauptkomponentenanalyse	Korrelationsanalyse	Informationstheorie
Versuchsplanung	Clusteranalyse	Multivariate Regression	Signaltheorie und -verarbeitung
Optimierung	Mustererkennung	Softmodellierung (PLS)	Zuverlässigkeitstheorie
Prozesskontrolle	Klassifikation	Kalibration	Operations Research
Probennahmetheorie	Datenvorbehandlung		

zustand befriedigend zu beschreiben. Auch eine empirische Modellierung, die die Einflüsse isoliert und unabhängig berücksichtigt, versagt in der Regel. So sind z. B. bei der Optimierung von HPLC-Verfahren im Hinblick auf Trennleistung (Auflösung) und Nachweisvermögen (Signal-Untergrund-Verhältnis) unter Berücksichtigung ökonomischer Faktoren (Analysenzeit, Lösungsmittelverbrauch) eine Vielzahl von Einflussfaktoren zu untersuchen und zu bewerten, z. B. Säulentypen, -füllmaterialien (stationäre Phase) und -dimensionen (Länge und Innendurchmesser), Art bzw. Zusammensetzung des Fließmittels (mobile Phase), Gradienten der Zusammensetzung bzw. der Temperatur, Injektionsart und -volumina, Detektortyp und -zellvolumen. Dazu kommt noch die Vielzahl von variierbaren Geräteparametern. Der Einfluss einiger Faktoren läßt sich durchaus aus logischen Zusammenhängen und aus Erfahrungswerten abschätzen (z. B. Säulendimensionen, Trennvermögen, Analysenzeit). Allerdings sind die Effekte oft gegenläufig im Sinne der angestrebten Optimierung und andere Einflüsse lassen sich nur aufgrund von experimentellen Voruntersuchungen beschreiben. Eine umfassende Optimierung eines so komplexen Systems wie einer HPLC-Trennung oder auch einer Synthese, die vergleichbar komplex von vielen Einflussgrößen und Verfahrensparametern abhängt, gelingt nur unter gleichzeitiger, objektiver Einbeziehung aller Variablen mit Hilfe chemometrischer Methoden.

Die Multidimensionalität der realen chemischen Probleme und damit auch der zu analysierenden Daten bedingt heute die Anwendung multivariater Auswerte- und Interpretationsmethoden, weil nur auf diesem Wege innere Strukturen der Daten und ihre komplexen Zusammenhänge aufgedeckt werden können. Nur so kann dem allgemeinen Grundsatz entsprochen werden, dass miteinander Verbundenes auch gemeinsam untersucht werden muss.

Die multivariate Behandlung vieldimensionaler Messdaten und die problemadäquate Datenverarbeitung geschieht durch eine Reihe spezieller Prinzipien, von denen die wichtigsten in Abb. 1.3 zusammengestellt sind. Eine besondere Rolle spielen dabei die Dimensionsreduzierung und die Extraktion latenter, unabhängiger Variabler aus den Originaldaten sowie die Repräsentation der latenten Größen in zwei- oder dreidimensionalen graphischen Darstellungen (Displays). Wegen der weitgehenden Unabhängigkeit der errechneten latenten Variablen enthalten solche Displays einen hohen Prozentsatz des Informationsgehaltes der m-dimensionalen Originaldaten.

Der schrittweise Übergang von der klassischen, univariaten Messwertstatistik durch Hinzukommen weiterer unabhängiger bzw. abhängiger Variabler als Messgrößen, Einflussgrößen und Zielgrößen ist in Abb. 1.4 schematisch dargestellt. Eine Analyse einfacher Messreihen auf Unterschiede bzw. zunehmende systematische Einflüsse führt von der klassischen Teststatistik zur ein-, zwei- und mehrfachen Varianzanalyse. Die gleichzeitige Behandlung mehrerer Messreihen, z. B. für unterschiedliche Proben bzw. Objekte, die Vektoren mehrerer Variabler darstellen, ist Gegenstand der multivariaten Statistik, der Datenanalyse im engeren Sinne.

Die Untersuchung des Zusammenhangs zwischen abhängigen und unabhängigen Variablen durch Korrelations- und Regressionsanalyse führt von der ein-

1.3 Prinzipien und Teilgebiete der Chemometrik   7

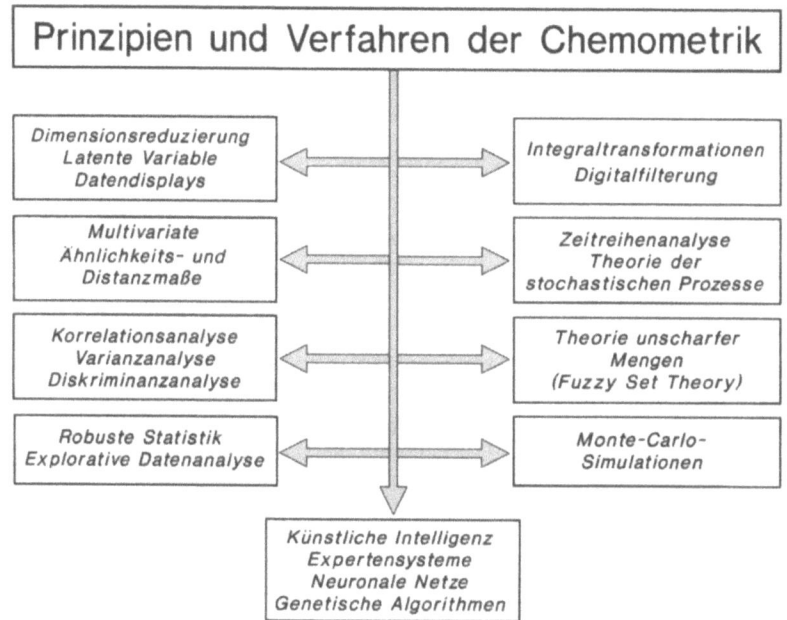

Abb. 1.3. Prinzipien und Verfahren der Chemometrik

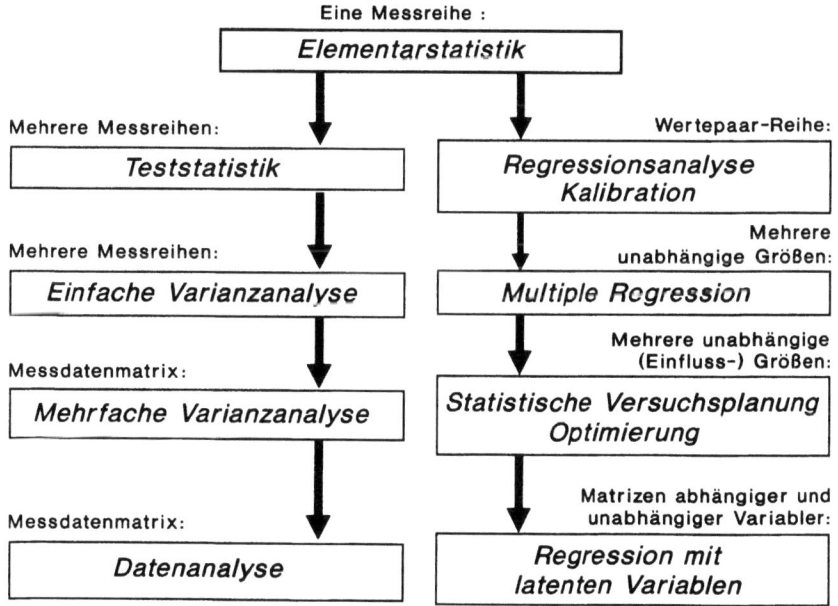

Abb. 1.4. Übergang von der Elementarstatistik zur multivariaten Datenanalyse

fachen Regression mit zunehmender Anzahl der Einflussgrößen zur multiplen Regression, zur statistischen Versuchsplanung und Optimierung und für mehrere Zielgrößen zur multivariaten Regression mit latenten Größen. In Abb. 1.4 nimmt also die Vieldimensionalität und der multivariate Charakter von oben links nach unten rechts immer mehr zu.

Diese Systematik soll auch bei der weiteren Gliederung dieses Buches Berücksichtigung finden, vordergründig sind der Einteilung jedoch die Teilschritte chemischer Messprozesse und deren Aufgaben zugrunde gelegt. Anwendungsorientierte Abhandlungen existieren insbesondere zur Nutzung chemometrischer Verfahren in der Umweltchemie [85].

Entsprechend der Schwerpunktsetzung auf chemische Messungen werden Probleme der chemometrischen Syntheseplanung, des Molecular Design und Molecular Modelling im Rahmen dieses Buches nicht behandelt, zumal auf diesem Gebiet umfassende Literatur vorhanden ist [86–89].

1.4
Chemometrik im Internet

Suchmaschinen liefern zum Begriff „*Chemometrics*" eine Reihe von Adressen und weiterführenden Stichworten (z. B. AltaVista mehr als 10000). Dort findet man

- Softwareangebote und -übersichten, Kursangebote, Tagungsübersichten,
- Literatur, ausgewählte Bücher und Monographien,
- Angebote für Konsultationen und Auftragsbearbeitungen (ausschließlich auf kommerzieller Basis, z. B.: http://www.chemometrics.com),
- Übersichten über chemometrische Arbeitsgruppen an Universitäten und anderen Einrichtungen,
- Datensätze und Referenzdaten, z. B. über http://gepasi.dbs.aber.ac.uk/roy/ sites/chemsite/ htm, und vieles andere.

Besonders empfehlenswert sind die Chemometrics Sites, zugänglich u. a. über die letztgenannte Internet-Adresse, die auch das vielseitige Chemometrics A–Z von R. Bro enthält, oder die Homepage of Chemometrics (J. Trygg, mea, http://www.acc.umu.se/~tnkjtg/chemometrics/index.html). Auch allgemein und historisch aufschlussreiche Dokumente lassen sich finden, wie z. B. Svante Wolds „Chemometrics; What do we mean with it, and what do we want from it?" (http://www.emsl.pnl.gov:2080/docs/incinc/chem_ phd /SWdoc.htm).

Sowohl für allgemeine als auch für spezielle Fragestellungen lohnt sich eine Internet-Suche unter „Chemometrics" bzw. mit den entsprechenden konkreten Suchbegriffen immer, zumal entsprechende Homepages ständig aktualisiert und vervollständigt werden. Auch eine Bearbeitung konkreter Aufträge kann via Internet erfolgen.

Literatur

1. Kaiser H (1947) Spectrochim Acta 3: 40
2. Kaiser H, Specker H (1956) Fresenius Z Anal Chem 149: 46
3. Nalimov VV (1960) The Application of Mathematical Statistics to Chemical Analysis. Pergamon, Oxford, 1963 (Russ.: Moskau 1960)
4. Doerffel K (1962) Fresenius Z Anal Chem 185: 98
5. Doerffel K (1966) Statistik in der analytischen Chemie. Deutscher Verlag für Grundstoffindustrie, Leipzig
6. Eckschlager K (1969) Errors, Measurement and Results in Chemical Analysis. Van Nostrand-Reinhold, London
7. Currie LA (1968) Anal Chem 40: 586
8. Youden WJ (1960) Anal Chem 32: 12, 23A
9. Deming SN, Morgan SL (1973) Anal Chem 45: 278A
10. Kaiser H (1970) Anal Chem 42: 2, 24A; 4, 26A
11. Malissa H (1971) Fresenius Z Anal Chem 256: 7
12. Malissa H (1972) Automation in und mit der analytischen Chemie. Verlag der Wiener Medizinischen Akademie, Wien
13. Arbeitskreis „Automation in der Analyse" (J. T. Clerc, G. Gottschalk, R. Kaiser, H. Malissa, J. Rendl, E. Schwarz-Bergkampf, H. Spitzy, R. D. Werder, H. Zettler) (1971) Fresenius Z Anal Chem 256: 257; 261: 1
14. Arbeitskreis „Automation in der Analyse" (1974) Fresenius Z Anal Chem 272: 1
15. Eckschlager K (1971) Collect Czech Chem Commun 36: 3016; (1972) 37: 137; 1486; (1973) 38: 1330; (1974) 39: 1426; 3076
16. Eckschlager K (1975) Fresenius Z Anal Chem 277: 1
17. Doerffel K, Hildebrandt W (1969) Wiss Z Techn Hochsch Leuna-Merseburg 11: 30
18. Danzer K (1973) Z Chem 13: 20; 69; 229; (1974) 14: 73; (1975) 15: 158; 326
19. Danzer K, Eckschlager, K (1978) Talanta 25: 725
20. Massart DL, Smits R (1974) Anal Chem 46: 283
21. Eskes A, Dupuis F, Dijkstra A, DeClercq HD, Massart DL (1975) Anal Chem 47: 168; 2169
22. van Marlen G, Dijkstra A (1976) Anal Chem 48: 595
23. Ziessow D (1973) On-line Rechner in der Chemie. Grundlagen und Anwendungen in der Fourierspektroskopie. W. de Gruyter, Berlin, New York
24. Hieftje G (1972) Anal Chem 44: 6, 81A; 7, 69A
25. Horlick G (1973) Anal Chem 45: 319; 1749
26. Dulaney G (1975) Anal Chem 47: 24A
27. Marshall AG, Comisarow MB (1975) Anal Chem 47: 491A
28. Jurs PC, Kowalski BR, Isenhour TL (1969) Anal Chem 41: 21; 690
29. Kowalski BR, Jurs PC, Isenhour TL, Reilley CN (1969) Anal Chem 41: 696; 1945
30. Varmuza K (1973) Fresenius Z Anal Chem 266: 274; (1974) 268: 352; (1974) 271: 22
31. Clerc JT (1977) Chimia 31: 353
32. Kowalski BR, Bender CF (1972/73) J Amer Chem Soc 94: 5632; 95: 68
33. Kowalski BR (1975) Anal Chem 47: 1152A
34. Duewer DL, Kowalski BR (1975) Anal Chem 47: 526
35. Jurs PC, Isenhour TL (1975) Chemical Application of Pattern Recognition. Wiley, New York
36. Woodruff HB, Lowry SR, Isenhour TL (1974) Anal Chem 46: 2150
37. Justice JB, Isenhour TL (1975) Anal Chem 47: 2286
38. Wold S (1976) Pattern Recognition 8: 127
39. Carey RN, Wold S, Westgard JO (1975) Anal Chem 47: 1824
40. Wold S, Sjöström M (1977) In: Kowalski BR (ed) Chemometrics. Theory and Practice. Am Chem Soc Sympos Ser 52 (1977) 243
41. Kowalski BR, Brown SD, Vandeginste BGM (1987) J Chemometr 1: 1
42. Wold S (1972) Kemisk Tidskrift 3: 34
43. Wold S (1974) Svensk Naturventenskap 201
44. Currie LA, Filliben JJ, DeVoe JR (1972) Anal Chem 44: 497R

45. Shoenfeld PS, DeVoe JR (1976) Anal Chem 48: 403R
46. Kowalski BR (1980) Anal Chem 52 112R
47. Frank IE, Kowalski BR (1982) Anal Chem 54: 232R
48. Delaney MF (1984) Anal Chem 56: 261R
49. Ramos LS, Beebe KR, Carey WP, Sanchez E, Erickson BC, Wilson BR, Wangen LE, Kowalski BR (1986) Anal Chem 58 (1986) 294 R
50. Brown SD, Barker TQ, Larivee RJ, Monfre SL, Wilk HR (1988) Anal Chem 60: 252R
51. Brown SD (1990) Anal Chem 62: 84R
52. Brown SD, Bear jr RS, Blank TB (1992) Anal Chem 64: 22R
53. Brown SD, Blank TB, Sun ST, Weyer LG (1994) Anal Chem 66: 315R
54. Brown SD, Sum ST, Despagne F, Lavine BK (1996) Anal Chem 68: 21R
55. Lavine BK (1998) Anal Chem 70: 209R
56. Lavine BK (2000) Anal Chem 72: 91R
57. Kowalski BR (ed) (1977) Chemometrics Theory and Application. ACS Symposium Series No. 52. American Chemical Society, Washington, DC
58. Kowalski BR (ed) (1984) Chemometrics: Mathematics and Statistics in Chemistry. Reidel, Dordrecht
59. Spiegelman CH, Watters RL, Sacks J (eds) (1985) Chemometrics Conference. J Res Nat Bur Stand, Special Issue 90 No. 6
60. Danzer K (ed) (1990) Proc. 4th Conference Computer Applications in Analytical Chemistry (COMPANA '88). Chemometrics Intell Lab Syst 8 No. 1
61. Danzer K (ed) (1993) Proc. 5th Conference Computer Applications in Analytical Chemistry (COMPANA '92). Chemometrics Intell Lab Syst 19 No. 2
62. Grasserbauer M, Huber JFK, Wegscheider W (eds) (1991) EUROANALYSIS VII. Reviews on Analytical Chemistry. Microchim Acta, Special Issue, 1991 II, No. 1-6, pp 457-522
63. Massart DL, Dijkstra A, Kaufman L (1978) Evaluation and Optimization of Laboratory Methods and Analytical Procedures. Elsevier, Amsterdam
64. Eckschlager K, Stepanek V (1979) Information Theory as Applied to Chemical Analysis. Wiley, New York
65. Varmuza K (1980) Pattern Recognition in Chemistry. Springer, Berlin Heidelberg New York
66. Doerffel K, Eckschlager K (1981) Optimale Strategien in der Analytik. Deutscher Verlag für Grundstoffindustrie, Leipzig
67. Massart DL, Kaufman L (1983) Interpretation of Analytical Data by the Use of Cluster Analysis. Wiley, New York
68. Eckschlager K, Stepanek V (1985) Analytical Measurement and Information. Research Studies Press, Letchworth
69. Sharaf MA, Illman DL, Kowalski BR (1986) Chemometrics. Wiley, New York
70. Massart DL, Vandeginste BGM, Deming SN, Michotte Y, Kaufman L (1988) Chemometrics: A Textbook. Elsevier, Amsterdam
71. Martens H, Næs T (1989) Multivariate Calibration. Wiley, Chichester
72. Brereton RG (1990) Chemometrics. Applications of Mathematics and Statistics to Laboratory Systems. Elis Horwood, New York
73. Doerffel K, Eckschlager K, Henrion G (1990) Chemometrische Strategien in der Analytik. Deutscher Verlag für Grundstoffindustrie, Leipzig
74. Eckschlager K, Danzer K (1994) Information Theory in Analytical Chemistry. Wiley, New York
75. Otto M (1997) Chemometrie: Statistik und Computereinsatz in der Analytik. VCH, Weinheim
76. Massart DL et al. (eds) (1987) Chemometrics and Intelligent Laboratory Systems. Elsevier, Amsterdam, p 1
77. Kowalski BR et al. (eds) (1987) J Chemom 1
78. Kowalski BR (1978) Chem Ind [London] 22: 882
79. Wienke D, Wank U, Wagner M, Danzer K (1991) Software Development in Chemistry 5: 113

80. Juricskay V, Veress GE (1985) Anal Chim Acta 171: 61
81. Doerffel K, Danzer K, Ehrlich G, Otto M (1984) Mitteilbl Chem Ges DDR 31: 3
82. MATLAB, High-Performance Numeric Computation and Visualization Software, User's Guide. The MathWorks Inc., 1993
83. Mitra S, Bose T (1994) Chemometrics Intell Lab Syst 22: 3
84. STATISTICA. StatSoft, 1993
85. O Hutzinger (ed) (1995) The Handbook of Environmental Chemistry, Part G: Chemometrics in Environmental Chemistry – Statistical Methods, Part H: Chemometrics in Environmental Chemistry – Applications. Springer, Berlin Heidelberg New York Tokio
86. Langone JJ (1991) Molecular Design and Modeling – Concepts and Applications. Academic Press, New York
87. Van de Waterbeemd H (1995) Chemometric Methods in Molecular Design. Weinheim, VCH
88. Hoeltje, H-D (1997) Molecular Modeling – Basic Principles and Applications. Weinheim, VCH
89. Doucet J-P (1996) Computer-Aided Molecular Design – Theory and Application. Academic Press, New York

2 Chemische Messungen

2.1
Allgemeine Grundlagen

Chemische Messungen dienen der Ermittlung des Realzustandes eines stofflichen Systems und damit der Gewinnung von Informationen über dessen qualitative und quantitative Zusammensetzung. Diese betreffen Art und Menge der Bestandteile sowie gegebenenfalls deren strukturellen Aufbau.

Die Untersuchungen werden entweder direkt im bzw. am Stoffsystem (Untersuchungsobjekt) vorgenommen, und zwar entweder kontinuierlich als *In-line-* oder *On-line-Prozessanalysen*, oder an Proben, die dem Stoffsystem diskontinuierlich entnommen werden. Bei den Proben handelt es sich um Teilmengen des Untersuchungsobjekts, die für dieses in Bezug auf die Problemstellung repräsentativ sein müssen. Die generelle Vorgehensweise bei chemischen Messungen ist in Abb. 2.1 dargestellt. Dieses Schema ist zwar allgemein als *analytischer Prozess* [1–4] bekannt, trifft jedoch prinzipiell auf alle chemischen Messungen zu. Das wird deutlich, wenn man die einzelnen Teilschritte des chemischen Messprozesses betrachtet.

Obwohl gelegentlich als Messprozess im engeren Sinne nur die in Abb. 2.1 unten dargestellte Kette

Probe → Probenvorbereitung → Messung → Auswertung → Analysenergebnis

betrachtet wird, ist die Einbeziehung der übergeordneten Problemstellung unerlässlich, um optimale Informationen über das jeweilige Untersuchungsobjekt zu gewinnen. Gerade die Verknüpfungen zwischen dem jeweiligen Analysenergebnis und der problemrelevanten Charakterisierung des Untersuchungsobjektes, also die Gewinnung und Interpretation chemischer Informationen aus Messergebnissen, die Beantwortung der Fragestellung, auf der die Untersuchungen beruhen, ist eines der wesentlichen Anliegen der Chemometrik.

Chemische Problemstellungen betreffen z.B. bestimmte Stoff- bzw. Materialeigenschaften, die mit der Zusammensetzung und der Struktur des Untersuchungsobjekts zusammenhängen und von diesen positiv oder negativ beeinflusst werden, weiterhin den Herstellungsprozess von Produkten und seine Optimierung, die Qualitätssicherung von Verfahren, Erzeugnissen und Umweltkompartimenten. Dabei kann es sich speziell um Rein-

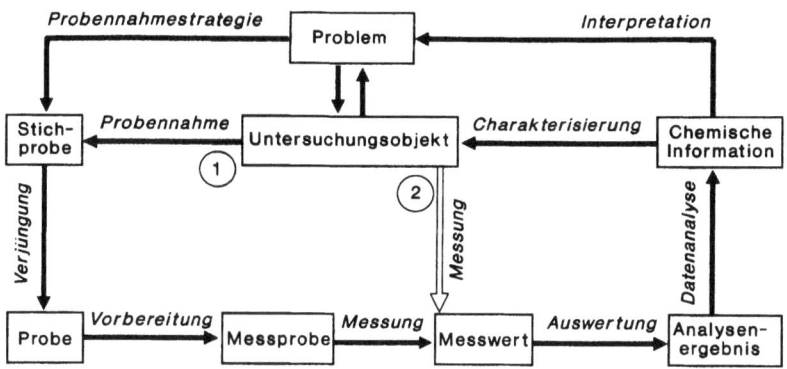

Abb. 2.1. Allgemeines Prinzip chemischer Messungen (1 off-line-, 2 on-line-Messtechnik)

heitsanforderungen, Produktausbeuten oder -spezifikationen, die Erreichung bestimmter Verfahrenskennziffern oder die Reduzierung von Umweltbelastungen handeln.

Chemische Informationen sind nicht direkt messbar, sondern werden abgeleitet aus Messergebnissen, die mit den Stoffeigenschaften, der Stoffzusammensetzung nach Art und Menge von Bestandteilen sowie deren struktureller Verknüpfung in ursächlichem Zusammenhang stehen. Je nach dem Charakter der Untersuchungen können diese Relationen einfach und überschaubar sein, wie z. B. beim Ausbeuteverhältnis zweier konkurrierender Reaktionsprodukte. Weit häufiger liegen jedoch komplizierte und vieldimensionale Beziehungen vor, die erst durch umfangreiche Messungen und komplexe Auswertungen zugänglich werden.

Deshalb ist es wichtig, dass sich bei chemischen Messungen die drei hauptsächlichen Komponenten *Problem*, *Probe* und *Messmethode* in optimaler Weise entsprechen und aneinander angepasst werden. Dieser in Abb. 2.2 dargestellte Sachverhalt ist in der Analytik als „analytische Dreieinigkeit" bekannt [5].

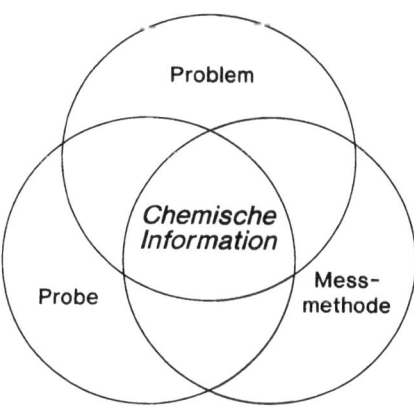

Abb. 2.2. Die drei Hauptaspekte chemischer Messungen

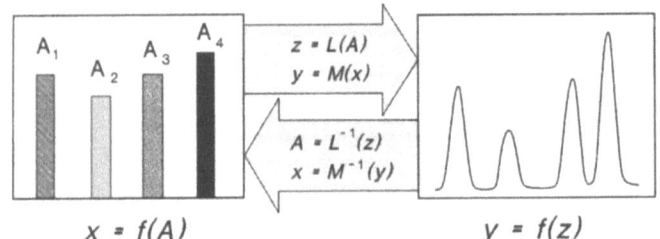

Abb. 2.3. Zusammenhang chemischer Probeninformationen mit analytischen Messergebnissen

Das Prinzip chemischer Messungen und ihrer Auswertung ist in Abb. 2.3 schematisch dargestellt. Die in der Probe vorhandenen latenten Informationen über die Art von Probenbestandteilen A_i und deren Menge x_i (sinngemäß auch für Strukturinformationen: eine bestimmte Anzahl von Strukturelementen in bestimmter Umgebung) sind in Messergebnisse, und zwar in der Regel in zweidimensionale analytische Informationen, d. h. Signalfunktionen $y = f(z)$ zu transformieren. Diese Signalfunktionen haben konkret die Form von Spektren, Chromatogrammen, Strom-Spannungskurven etc. Dabei sind y relative Intensitätswerte und z Signalwerte, und zwar oft energieproportionale oder -reziproke Größen wie Frequenzen, Wellenzahlen oder Wellenlängen bzw. Retentionsgrößen.

Der Messvorgang besteht in einer definierten Abbildung (Codierung, Transformation) von Probenspezies in Signalgrößen $z = f(A)$ sowie deren Mengenanteilen in Intensitätsgrößen $y = f(x)$ mittels geeigneter Funktionen. Das Messergebnis $x(A)$ wird durch eine entsprechende Rücktransformation (Decodierung) erhalten. Näheres dazu ist in den Kapiteln 7 und 8 (Kalibration und Auswertung) ausgeführt.

Die verschiedenen Teilschritte des Messsystems zur Signalgewinnung, -auswertung und -interpretation sind in Abb. 2.4 in ihrem jeweiligen Zusammenhang mit der experimentellen Messtechnik bzw. der Chemometrik dargestellt.

Die Messung chemischer Eigenschaften erfolgt in der Praxis durch [1, 2]

1. *chemische Reaktionen,*
2. *elektrochemische Prozesse,*
3. *thermische Wechselwirkungen,*
4. *Wechselwirkungen mit elektromagnetischen Feldern, elektromagnetischer Strahlung bzw. energieäquivalenten Teilchen,* und zwar
   4.1 *elastisch* (ohne Energieaustausch mit den Probenbestandteilen, auf der Grundlage von Welleneigenschaften von Strahlung bzw. Teilchen): → *Diffraktometrie, Mikroskopie, Refraktometrie* sowie
   4.2 *unelastisch* (definierter Energieaustausch mit den Atomen bzw. Molekülen der Probe auf der Grundlage von Quanteneffekten): → *Spektroskopie.*

Bei den Größen, die in chemischen Messprozessen eine Rolle spielen, kann es sich handeln um *Nominal-* bzw. *Ordinalgrößen* zur Kennzeichnung der Art von

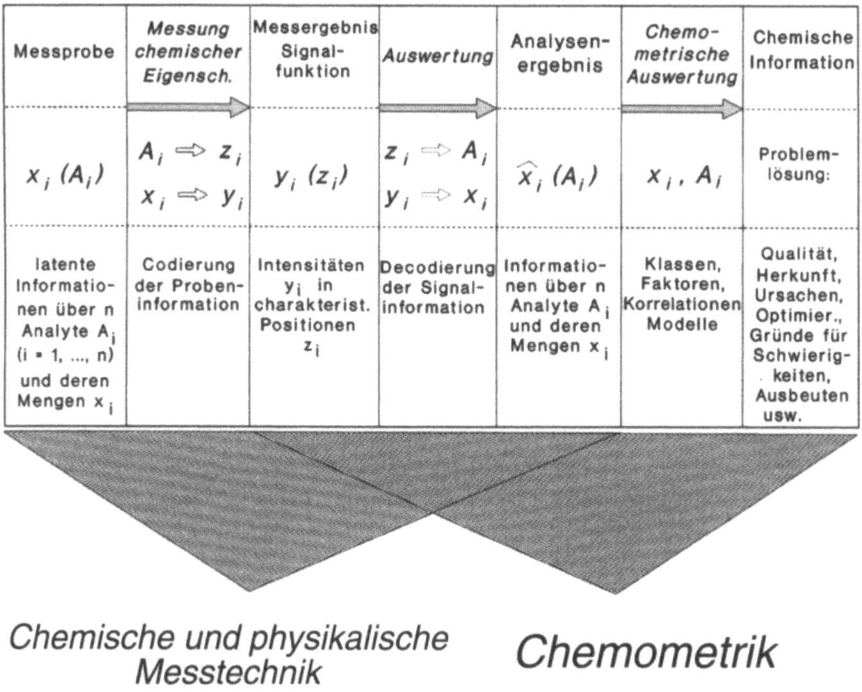

2.1 Allgemeine Grundlagen

Messprobe	Messung chemischer Eigensch.	Messergebnis Signalfunktion	Auswertung	Analysenergebnis	Chemometrische Auswertung	Chemische Information
$x_i\,(A_i)$	$A_i \Rightarrow z_i$ $x_i \Rightarrow y_i$	$y_i\,(z_i)$	$z_i \Rightarrow A_i$ $y_i \Rightarrow x_i$	$\widehat{x}_i\,(A_i)$	x_i, A_i	Problemlösung:
latente Informationen über n Analyte A_i (i = 1, ..., n) und deren Mengen x_i	Codierung der Probeninformation	Intensitäten y_i in charakterist. Positionen z_i	Decodierung der Signalinformation	Informationen über n Analyte A_i und deren Mengen x_i	Klassen, Faktoren, Korrelationen Modelle	Qualität, Herkunft, Ursachen, Optimier., Gründe für Schwierigkeiten, Ausbeuten usw.

Chemische und physikalische Messtechnik   *Chemometrik*

Abb. 2.4. Messprozess zur Gewinnung chemischer Informationen durch Signalcodierung, -decodierung und chemometrische Auswertung

Probenbestandteilen (Elemente, Verbindungen, Ionen, Struktureinheiten oder andere Spezies (A) bzw. um *metrische* Größen (*Kardinalgrößen*), d. h. quantitative Variable in Form von Mess- oder Analysenergebnissen (y, z). Eine Charakterisierung ist in Tab. 3.1 gegeben.

Als Resultate physikalischer oder chemischer Messungen sind Messergebnisse stets deterministische Größen. Ihre Entstehung kann durch naturwissenschaftliche Gesetze bzw. Regeln erklärt und quantifiziert werden. Allerdings sind diese Größen auf Grund stochastischer Vorgänge bei der Signalgeneration im Verlaufe des Messvorganges fehlerbehaftet, d. h. sie streuen in einem gewissen Maße um einen bestimmten Erwartungswert. Signale und Signalfunktionen bestehen also generell aus deterministischen und stochastischen Signalanteilen. So sehen Infrarotspektren ein- und derselben Substanz, die mit vergleichbaren Gerätesystemen, aber im Einzelnen unterschiedlichen Instrumenten, zu verschiedenen Zeiten, von unterschiedlichen Personen, an verschiedenen Orten, wo auch immer im Weltraum, aufgenommen wurden, stets nahezu gleich aus. Unterschiede ergeben sich aus Geräteeinflüssen, vor allem der Auflösung und der Art der Registrierung sowie durch das Rauschen, die jedoch bis zu einem gewissen Grade korrigiert werden können (s. Kap. 6). Insbesondere das Rauschen als Zufallsschwankung der Signalwerte lässt sich jedoch niemals vollständig ausschließen bzw. korrigieren.

In diesem Sinne sind einzelne Messwerte Zufallsgrößen, für deren charakteristische Parameter, z. B. Erwartungs- und Mittelwerte sowie Streuungsmaße, sich bestimmte Gesetzmäßigkeiten ableiten lassen.

2.2
Dimensionalität chemischer Messungen

Im Ergebnis chemischer Messungen erhält man Signalgrößen, bei instrumentell-analytischen Messungen in der Regel Signalfolgen bzw. *Signalfunktionen* $y = f(z)$. Diese stellen zweidimensionale Messfunktionen dar, die über bestimmte Codierungs-/Decodierungstransformationen (Abb. 2.3) *zweidimensionalen analytischen Informationen* $x = f(A)$ entsprechen.

Die Signalintensität y wird bei der Messung als Funktion der Signalposition z aufgezeichnet (Abb. 2.5), wobei z entweder eine Energie- oder Zeitskala darstellt bzw. eine Größenskala, die mit der Energie oder der Zeit funktionell zusammenhängt (z. B. Frequenz, Wellenlänge oder Wellenzahl). In der Regel wird diese Signalfunktion, bei der es sich im konkreten Fall um ein Spektrum oder ein Chromatogramm handeln kann, auch in beiden Dimensionen analytisch ausgewertet.

Auswertungen nur einer der beiden Größen, entweder der Intensität y für ein konkretes Signal z_i (die Menge eines gegebenen Probenbestandteils betreffend, Abb. 2.6a) oder des Auftretens bestimmter Signale und damit der Anwesenheit zugehöriger Bestandteile in der Probe (Abb. 2.7), entsprechen *eindimensionalen analytischen Informationen*. In der analytischen Praxis entspricht dem erstgenannten Fall die quantitative Einkomponentenanalyse, z. B. mittels AAS, dem zweiten Fall die qualitative Übersichtsanalyse (Anwesenheitsprüfung) mittels optischer Atomemissionsspektralanalyse.

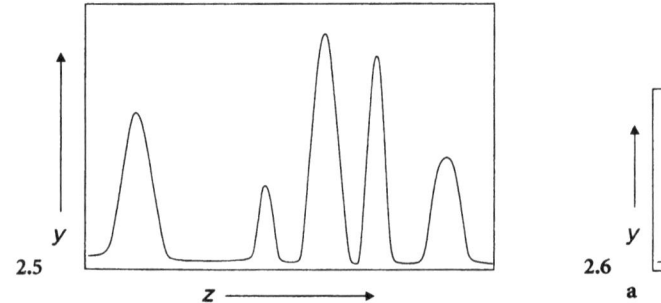
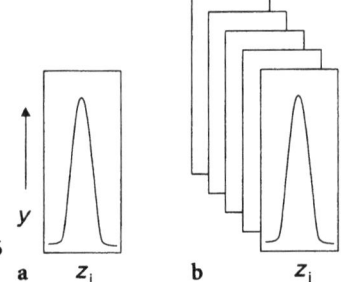

Abb. 2.5. Zweidimensionale analytische Informationen in Form einer Signalfunktion

Abb. 2.6a, b. Eindimensionale analytische Informationen y_{zi} als quantitative Signalauswertung a für einen Probenbestandteil bzw. b quasi-eindimensionale Informationen sequenziell über mehrere Analyte

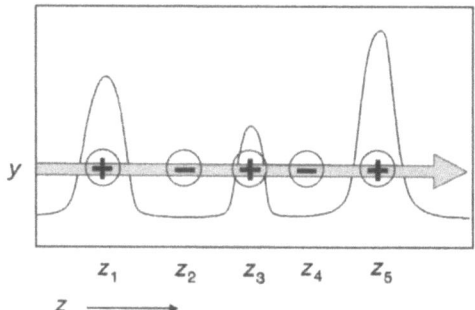

Abb. 2.7. Eindimensionale analytische Informationen als qualitative Analyse mehrerer Probenbestandteile

Weitere Dimensionen können hinzukommen durch
- aufeinanderfolgende Trennschritte, z. B. in der zweidimensionalen Chromatographie, z. B. der zweidimensionalen Dünnschichtchromatographie (*dreidimensionale analytische Informationen* entsprechend Abb. 2.8),
- zweidimensional dispergierende Elemente (Échellegitter + Prisma) in der Spektroskopie, die ebenfalls zu *dreidimensionalen analytischen Informationen* entsprechend Abb. 2.8 führen,
- *Kopplungstechniken* zwischen Trenn- und Bestimmungsverfahren, z. B. GC/MS (Abb. 2.9),
- *zeitabhängige* analytische Messungen [1], die zu *dreidimensionalen analytischen Informationen* der Art $y = f(z, t)$ führen, wie sie in Abb. 2.10 schematisch dargestellt sind,
- *verteilungsanalytische* Untersuchungen [1], bei denen Raumrichtungen der Probe bzw. des Untersuchungsobjekts als zusätzliche Variable auftreten; Beispiele sind
  - Linienscans von Mikrosonden $y = f(z, l_x)$ für verschiedene Elemente, die ähnliche Bilder wie in Abb. 2.10 ergeben,
  - entsprechende Flächenscans $y = f(l_x, l_y)$ für ein bestimmtes Element (Abb. 2.11),
  - Elementverteilungsbilder $z = f(l_x, l_y)$, für zwei Elemente schwarzweiß darstellbar wie in Abb. 2.12, für mehr als zwei Komponenten sind Farbcodierungen üblich

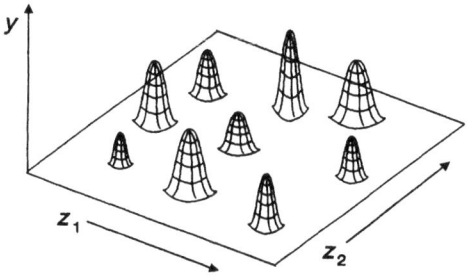

Abb. 2.8. Dreidimensionale analytische Informationen von 2D-Analysentechniken

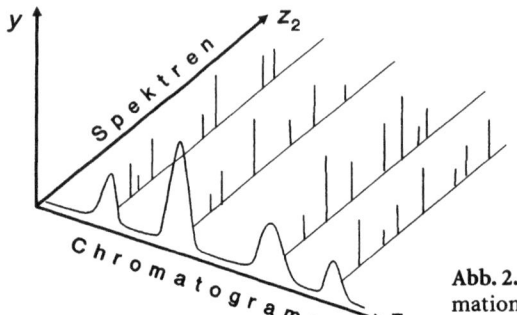

Abb. 2.9. Dreidimensionale analytische Informationen von Kopplungstechniken

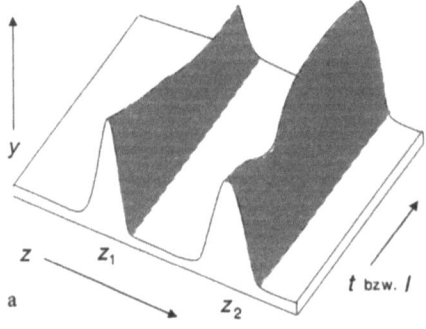

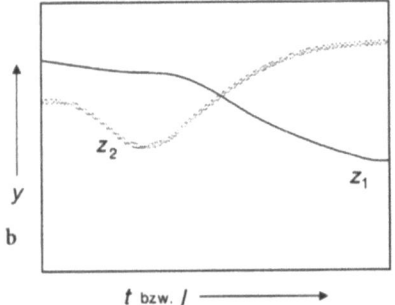

Abb. 2.10a, b. Zeitabhängige Messungen bzw. ortsabhängige Messungen als Linienscans von Mikrosondentechniken, dargestellt als **a** dreidimensionale bzw. **b** zweidimensionale analytische Informationen

- die so genannten „3D"-Bilder der Sekundärionen-Massenspektrometrie (SIMS), die tatsächlich entsprechend $y = f(z, l_x, l_y, l_z)$ *vier- oder fünfdimensionale analytische Informationen* verkörpern und aus denen sich eine Reihe von Kombinationen dreidimensionaler Darstellungen zeigen lassen.

Das letztgenannte Beispiel zeigt bereits, dass die Dimensionalität analytischer Informationen und besonders von Messfunktionen gelegentlich auch nach anderen Prinzipien erfolgt. Das ist insbesondere der Fall für signaltheoretische

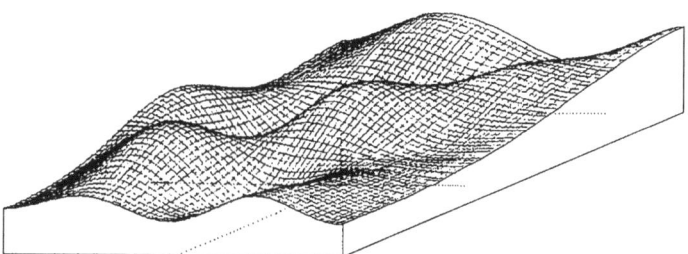

Abb. 2.11. Flächenscan als Mengenverteilung eines Elementes über eine Probenfläche

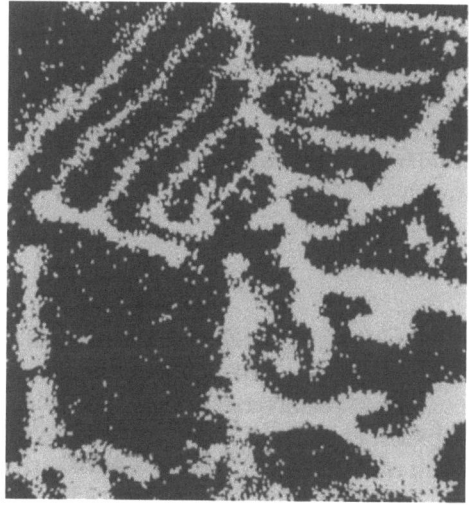

Abb. 2.12. Flächenscan als qualitatives Verteilungsbild

Betrachtungen, in denen Signalfunktionen der Art $y = f(z)$ häufig als Zeitfunktionen behandelt und als eindimensional bezeichnet werden (die Signalintensität ändert sich über eine Dimension). In diesem Sinne werden Spektren auch gelegentlich als eindimensionale Bilder verstanden. Intensitätsänderungen über eine Fläche sind dann in Übereinstimmung mit unseren gewohnten Alltagsvorstellungen zweidimensionale Bilder.

Von der Dimensionalität analytischer Informationen bzw. chemischer Messungen ist die Dimensionalität von Mess- und Analysendaten (Datensätze, Datenmatrizen) zu unterscheiden. Solche Daten werden als m-dimensional bezeichnet, wenn bestimmte Objekte (Proben) anhand von m Merkmalen (z.B. Analytgehalten) betrachtet, also z.B. Prozeduren der Datenanalyse unterzogen werden. Dazu wird näheres in Kap. 3 ausgeführt.

2.3
Wahrscheinlichkeitstheoretische und statistische Grundlagen

2.3.1
Messwerthäufigkeiten und -verteilungen

Physikalische und chemische Messungen sind Zufallsexperimente in dem Sinne, dass für wiederholte Durchführung der Experimente bzw. Beobachtungen variierende Ergebnisse erhalten werden, die um einen Erwartungswert streuen. Der Erwartungswert entspricht dem deterministischen Signalwert bzw. Ergebnis, das durch das Messprinzip und seine Kalibration bestimmt wird. Die konkreten Werte bzw. Ausgänge streuen jedoch und sind im Einzelnen nicht exakt vorhersagbar. Ihr Auftreten folgt jedoch gewissen Gesetzmäßigkeiten. Bei häufiger Wiederholung eines Versuches konvergiert die Häufigkeit $h(X)$ bestimmter Ergebnisse (Ereignisse) X gegen die Wahrscheinlichkeit $P(X)$ für das Auftreten dieses Ereignisses. Die mathematische Definition der Wahrscheinlichkeit ist gegeben durch das Verhältnis der Anzahl der aktuellen Ausgänge n eines Versuches zur Anzahl aller möglichen Ausgänge N

$$P(X) = \frac{n}{N} \tag{2.1}$$

Ein allgemein bekanntes Zufallsexperiment mit diskreten Ausgängen ist das Würfelspiel. Hier ist $P(X) = 1/6$ für jedes Resultat, d.h. jede Zahl hat die gleiche Chance, einen regulären Würfel vorausgesetzt. Selbstverständlich kann diese Wahrscheinlichkeit nicht mit sechs Experimenten verifiziert werden. Wird jedoch mehrere hundert Male gewürfelt, dann werden alle Zahlen annähernd mit der gleichen Häufigkeit vertreten sein, entsprechend der in Abb. 2.13a dargestellten diskreten Wahrscheinlichkeitsfunktion. Erhält man beim Spiel mit einem Würfel eine Gleichverteilung der einzelnen Wahrscheinlichkeiten, so ergibt sich für die Summen bei Verwendung eines Würfelpaares eine Dreiecksverteilung ($x = 2$ ergibt sich nur aus $1+1$, während $x = 3$ wegen $1+2$ und $2+1$ doppelt wahrscheinlich ist; für $x = 7$ gibt es mit $1+6, 2+5, 3+4, 4+3, 5+2, 6+1$ die meisten Realisierungen, Abb. 2.13b). Im Falle von drei Würfeln ist die diskrete Verteilung $P(x)$ über die Summen glockenförmig (Abb. 2.13c).

Zufallsbeobachtungen mit Ausgängen in Form von stetigen Größen betreffen beispielsweise die Lebensdauer von Produkten, etwa von Glühlampen. Die Ereignisse sind hier positive reelle Zahlen, deren kontinuierliche Wahrscheinlichkeitsdichte $p(x)$ etwa der in Abb. 2.13d angegebenen Form entsprechen kann.

Auch (eindimensionale) chemische Messungen liefern stetige Zufallsgrößen mit einer Wahrscheinlichkeitsdichte $p(x)$. Beobachtete Messwerte können nach ihrer Häufigkeit $h(x)$ in Klassen eingeteilt und diese in Abhängigkeit von x aufgetragen werden, z. B. in Form eines Säulendiagramms (Histogramms). Wird die Zahl der Wiederholungsmessungen immer mehr erhöht (gegen Unendlich) und gleichzeitig die Breite der Klassen (gegen Null) verringert, erhält man im Normalfall eine symmetrische glockenförmige Verteilung der Messwerte, die als

2.3 Wahrscheinlichkeitstheoretische und statistische Grundlagen 21

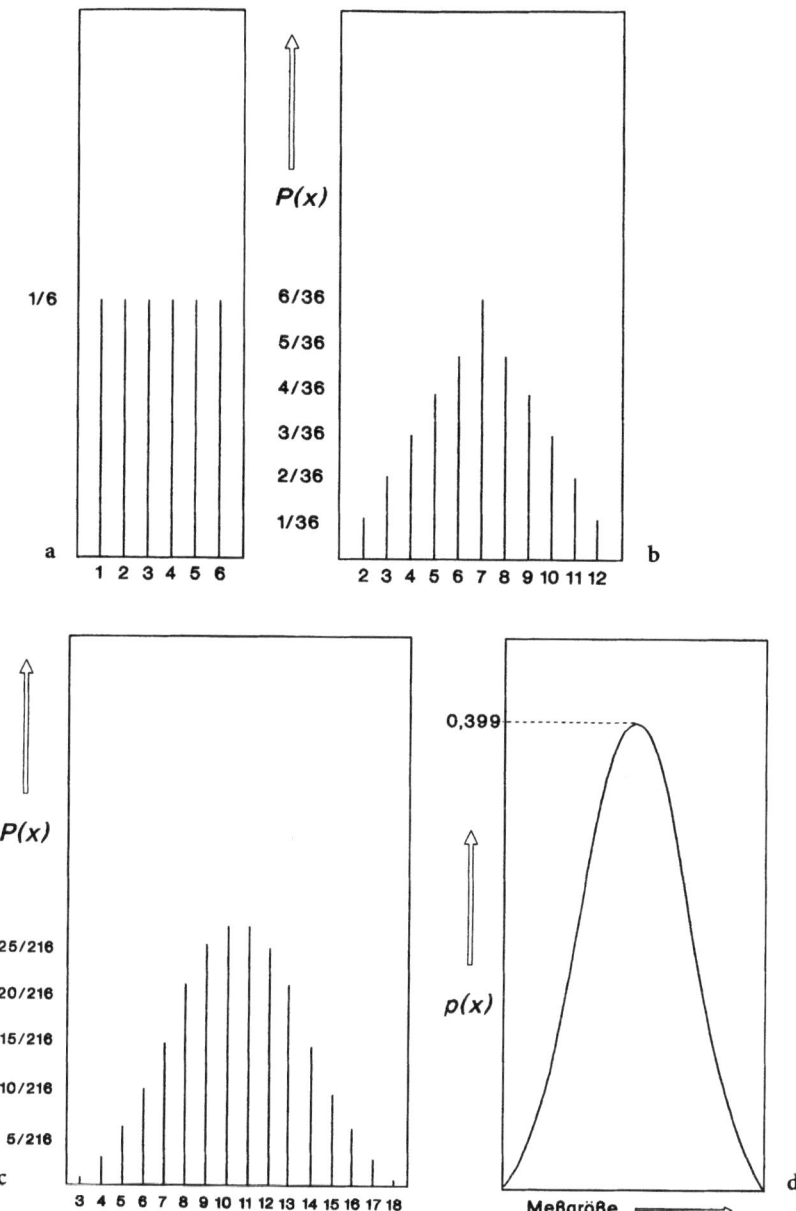

Abb. 2.13. Diskrete Wahrscheinlichkeitsfunktionen $P(X)$ für das Würfeln mit **a** einem, **b** zwei, **c** drei Würfeln sowie **d** Wahrscheinlichkeitsfunktion $p(x)$ für stetige Größen

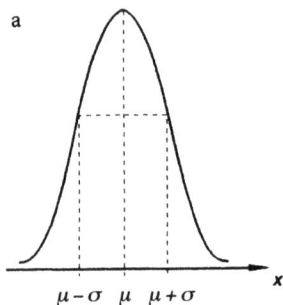 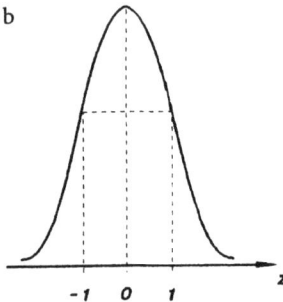

Abb. 2.14a, b. Gaußverteilung $N(\mu\sigma)$. **a** Normalverteilung und **b** Standardnormalverteilung $N(0,1)$

Gauß- oder *Normalverteilung* bezeichnet wird. Ihre Verteilungsdichte $p(x)$, die als Ordinate in Abb. 2.14 dargestellt ist, wird beschrieben durch die Beziehung

$$p(x) = \frac{1}{\sigma\sqrt{2\pi}} \exp\left[-\frac{(x-\mu)^2}{2\sigma^2}\right] \qquad (2.2)$$

mit den Parametern μ als Maximum (*Mittelwert*) und σ als dem halben Abstand der Wendepunkte (*Standardabweichung*). Bei Verwendung standardisierter Werte (Abb. 2.14b) mit $z = (x-\mu)/\sigma$ gilt

$$p(z) = \frac{1}{\sqrt{2\pi}} \exp\left(-\frac{z^2}{2}\right) \qquad (2.3)$$

In der analytischen Praxis werden Stichproben der Grundgesamtheit untersucht, d.h. der durch die Gleichungen (2.2) und (2.3) beschriebene Zusammenhang gilt nur näherungsweise und anstelle der Parameter μ und σ werden die Schätzwerte als arithmetischer Mittelwert $\bar{x}$ und s als Näherungswert für die Standardabweichung[1] angegeben. Die zugehörige Stichprobenverteilung ist die

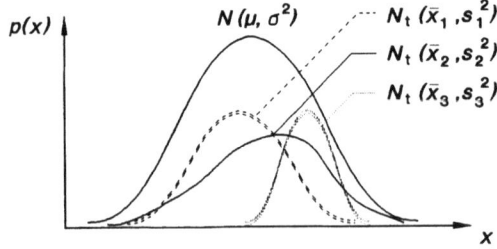

Abb. 2.15. Normalverteilung einer Grundgesamtheit und Beispiele für zugehörige Stichprobenverteilungen (Ordinatenmaßstab verkleinert)

---

[1] Standardabweichung der Stichprobe im Unterschied zu σ, der Standardabweichung der Grundgesamtheit. Bei erwartungstreuer Schätzung im Falle von n Messungen gilt: $n\sigma = (n-1)s$.

t-Verteilung (Student-Verteilung). Werden von einer Grundgesamtheit mit der Normalverteilung $N(\mu,\sigma^2)$ mehrere Stichproben genommen, z. B. $m = 3$, so entsprechen diesen verschiedene t-Verteilungen $N_t(\bar{x}_1,s_1^2)$, $N_t(\bar{x}_2,s_2^2)$ und $N_t(\bar{x}_3,s_3^2)$, die sich, wie in Abb. 2.15 dargestellt, innerhalb von $N(\mu,\sigma^2)$ befinden, jedoch verschiedene Lage und Gestalt haben können.

Statistische Momente. Lage und Form von Verteilungen können mit Hilfe von *Momenten* beschrieben werden. Für eine Zufallsgröße X ist das Moment k-ter Ordnung bezüglich eines beliebigen Messwertes a im diskreten Fall mit $P(X = x_i)$

$$m_k = \sum_{i=1}^{N} (x-a)^k P(x_i) \tag{2.4}$$

und im stetigen Falle mit der Wahrscheinlichkeitsdichtefunktion $p(x)$

$$m_k = \int_{-\infty}^{+\infty} (x-a)^k p(x)\, dx \tag{2.5}$$

Von besonderer Bedeutung sind die folgenden speziellen Momente:

(1) Anfangsmoment ($a = 0$) erster Ordnung (erstes Moment) als Erwartungswert einer Zufallsgröße X

$$m_1 = E[X] \tag{2.6}$$

Im Falle einer Normalverteilung ist $E[X] = \mu$, für eine t-verteilte Zufallsgröße gilt $E[X] = \bar{x}$

(2) Zweites zentrales Moment mit $a = E[X]$ als Varianz der Zufallsgröße

$$m_{EX,2} = V[X] = D^2[X] \tag{2.7}$$

Für normalverteilte Zufallsgrößen ist $V[X] = \text{var}(\mu) = \sigma^2$, im Falle der t-Verteilung ist $V[X] = \text{var}(x) = s^2$ die empirische Varianz.[2]

(3) Das dritte zentrale Moment $m_{EX,3}$ wird für die Charakterisierung der Asymmetrie einer Verteilung herangezogen, wobei die *Schiefe* (skewness) definiert wird durch den Quotienten

$$\text{skw}(x) = \frac{m_{EX,3}}{V[X]^{3/2}} \tag{2.8}$$

In der Praxis verwendet man den Momentenkoeffizienten der Schiefe

$$a_3 = \sum \frac{n_i(x_i - x)^3}{n s^3} \tag{2.9}$$

wobei n_i die Zahl der Messwerte x_i pro i-te Klasse sind ($n_i = n$). Für symmetrische Verteilungen ist $\text{skw}(x) = a_3 = 0$, linksseitige Asymmetrie ergibt $a_3 > 0$, rechtsseitige $a_3 < 0$.

(4) Mit Hilfe des vierten (und zweiten) zentralen Momentes wird der *Exzess* beschrieben, der eine Maßzahl für die Abweichung einer empirischen Verteilung von der Normalverteilung mit gleichem Erwartungswert und gleicher Streuung in der Umgebung des Erwartungswertes darstellt und sich, wie in Abb. 2.16 gezeigt, als Stauchung bzw. Überhöhung der Kurve zu erkennen gibt

$$\text{exc}(x) = \frac{m_{EX,4}}{m_{EX,2}^2} - 3 \tag{2.10}$$

---

[2] $D[X]$ ist das erste zentrale Moment, die (lineare) Dispersion.

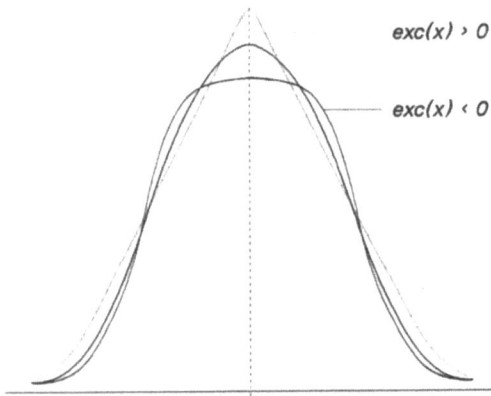

Abb. 2.16. Positiver und negativer Exzess von symmetrischen Verteilungen

Für die Normalverteilung ist exc$(x) = 0$, im Falle empirischer Verteilungen ermittelt man den Momentenkoeffizienten des Exzess (der Wölbung)

$$a_4 = \sum \frac{n_i(x_i - x)^4}{ns^4} - 3 \tag{2.11}$$

wobei überhöhte Verteilungen durch exc$(x) = a_4 > 0$, gestauchte Verteilungen durch exc$(x) = a_4 < 0$ charakterisiert sind.

(5) Für zweidimensionale Verteilungen ist vor allem das gemischte zweite zentrale Moment von Bedeutung; die *Kovarianz*

$$\text{cov}(x_i, x_k) = \sigma_{i,k} = E[(X_i - E[X_i])(X_k - E[X_k])] \tag{2.12}$$

beschreibt den Zusammenhang zweier Zufallsgrößen X_i und X_k. Für t-verteilte Messgrößen gilt

$$\text{cov}(x_i, x_k) = s_{ik} = \frac{1}{n-1} \sum_{j=1}^{n} (x_{ij} - \bar{x}_i)(x_{kj} - \bar{x}_k) \tag{2.13}$$

für $i = k$ erhält man die Varianz: var$(x_i) = \text{cov}(x_i, x_i) = s_{ii} = s_i^2$.

Bei der Auswertung chemischer Messungen besitzt die Kovarianz bzw. der nach

$$r_{xy} = \frac{s_{xy}}{\sqrt{s_x s_y}} \tag{2.14}$$

definierte *Korrelationskoeffizient* vor allem Bedeutung für die Ermittlung der gegenseitigen Abhängigkeit zweier Größen X und Y durch Korrelations- und Regressionsrechnung (Abschn. 2.4.1).

Für die Untersuchung vieldimensionaler Messdaten mit Hilfe von Methoden der Datenanalyse spielen *Varianz-Kovarianz-Matrizen* bzw. die entsprechenden *Korrelationsmatrizen* (Abschn. 3.1) eine entscheidende Rolle.

Für chemische Messungen sind über die Normal- bzw. die t-Verteilung hinaus weitere Verteilungen von Bedeutung, insbesondere die in in Abb. 2.17 dargestellte logarithmische Normalverteilung und die Poissonverteilung [8, 15] als *Mess-*

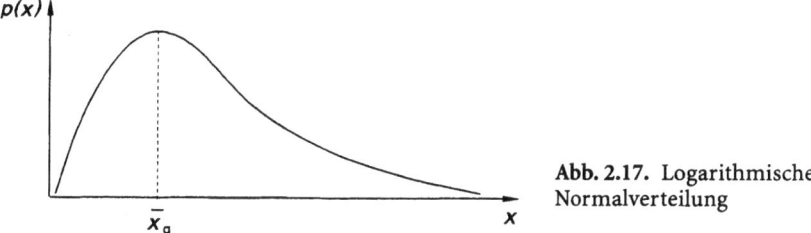

Abb. 2.17. Logarithmische Normalverteilung

wertverteilungen sowie die *F*- und die χ^2-Verteilung als *Prüfverteilungen* für statistische Signifikanzprüfungen und für die Berechnung von Konfidenzintervallen (Vertrauens- und Vorhersagebereiche, Unsicherheitsgrenzen, Toleranz- und Warngrenzen).

Die Prüfverteilungen sind wie folgt definiert

$$\chi^2 = \frac{(n-1)s^2}{\sigma^2} \tag{2.15}$$

$$t = \frac{(\bar{x} - \mu)}{s} \sqrt{n} \tag{2.16}$$

$$F = \frac{s_1^2}{s_2^2} \tag{2.17}$$

und hängen mit der Normalverteilung wie in Abb. 2.18 angegeben zusammen.

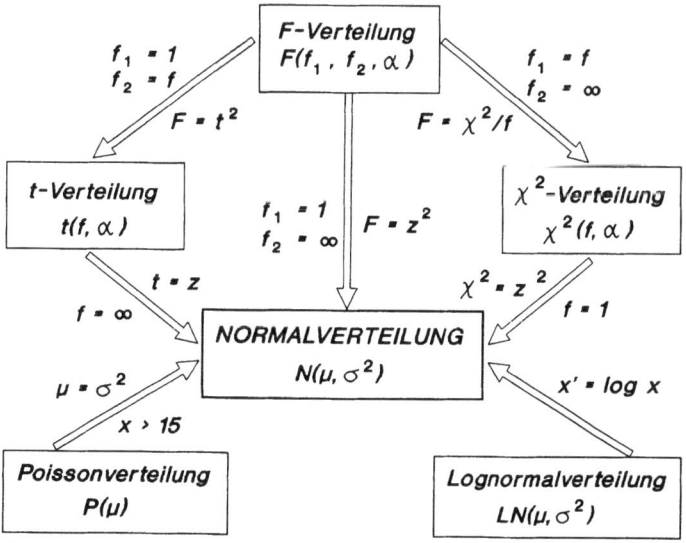

Abb. 2.18. Zusammenhang verschiedener Verteilungen mit der Normalverteilung

2.3.2
Höherdimensionale Verteilungen von Zufallsgrößen

Die n-dimensionale Verteilung von Zufallsvektoren $(X_1, X_2, \ldots, X_n)$ wird im Falle stetiger Zufallsgrößen charakterisiert durch die Verteilungsdichte (gemeinsame Wahrscheinlichkeitsdichte) $p(x_1, x_2, \ldots, x_n)$ und die Verteilungsfunktion

$$F(x_1, x_2, \ldots, x_n) = \int_{-\infty}^{x_1} \ldots \int_{-\infty}^{x_n} p(\xi_1, \xi_2, \ldots, \xi_n) \, d\xi_1, d\xi_2, \ldots, d\xi_n) \quad (2.18)$$

mit ξ_i als Integrationsvariable. Mehrdimensionale Verteilungen spielen in der Chemie im Zusammenhang mit Datenvektoren und -matrizen eine Rolle. Für die Datenanalyse sind insbesondere die zentralen Momente zweiter Ordnung

$$m_{jk} = \int_{-\infty}^{+\infty} \ldots \int_{-\infty}^{+\infty} p(x_j - a_j)(x_k - a_k) f(x_1, \ldots, x_n) \, dx_1 \ldots dx_n \quad (2.19)$$

a_j und a_k Werte der Zufallsgrößen X_j und X_k

in Form von n-dimensionalen *Distanzen* d_{jk} bzw. *Distanzmatrizen* (Abschn. 3.1) von Bedeutung.

Für den Spezialfall zweidimensionaler Zufallsgrößen X und Y nimmt die gemeinsame Verteilungsfunktion $F(x, y) = P(X \leq x, Y \leq y)$ folgende Form an

$$F(x, y) = \int_{-\infty}^{X} \int_{-\infty}^{Y} p(\xi, \eta) \, d\xi d\eta \quad (2.20)$$

Die Zufallsgrößen X und Y sind voneinander unabhängig, wenn gilt

$$F(x, y) = F(x) \cdot F(y) \quad (2.21)$$

$$p(x, y) = p(x) \cdot p(y) \quad (2.22)$$

und damit auch für den Erwartungswert bzw. die Varianz

$$E[X \pm Y] = E[X] \pm E[Y] \quad (2.23)$$

$$V[X \pm Y] = V[X] + V[Y] \quad (2.24)$$

Im Falle eines mehr oder weniger starken linearen Zusammenhangs der Größen X und Y gilt statt (2.24)

$$\text{var}(x \pm y) = \text{var}(x) + \text{var}(y) \pm 2\,\text{cov}(x, y) \quad (2.25)$$

bzw. für die Standardabweichung

$$\sigma_{x+y} = \sqrt{\sigma_x^2 + \sigma_y^2 \pm 2\sigma_{xy}} \quad (2.26)$$

d. h. für die Größe der Gesamtstreuung ist auch der Korrelationskoeffizient (vgl. Gl. (2.14)) bestimmend.

2.3.3
Bedingte Wahrscheinlichkeiten und Verteilungen

Die Wahrscheinlichkeit eines Ereignisses X als Ergebnis eines Zufallsexperiments ändert sich in der Regel, wenn ein anderes, damit im Zusammenhang stehendes Zufallsereignis Y bereits eingetreten ist. Die damit verbundene Einschränkung des Ereignisraumes wird durch die bedingte Wahrscheinlichkeit

$$P(X|Y) = \frac{P(X \cap Y)}{P(X)} \tag{2.27}$$

beschrieben[3]. Analog gilt $P(Y|X) = P(X \cap Y)/P(Y)$. Falls X und Y miteinander unvereinbar sind, ist $P(X \cap Y) = 0$ und damit auch $P(X|Y) = P(Y|X) = 0$.

Wird z. B. mit zwei Würfeln gespielt und bedeuten die Ereignisse X: Augenzahl eines Würfels 3 und Y: Augensumme gerade, so ist die bedingte Wahrscheinlichkeit $P(Y|X) = 3/6 = 0,5$ wegen $Y = \{1, 3, 5\}$ und demzufolge $\bar{Y} = \{2, 4, 6\}$.[4]

In der Chemie ist die bedingte Wahrscheinlichkeit vor allem für qualitative Analysen von Bedeutung. So charakterisiert z. B. die Wahrscheinlichkeit

- $P(A_i | R_j)$, dass die Probe den Analyten A_i enthält, wenn eine bestimmte Nachweisreaktion R_j positiv ausfällt bzw.
- $P(A_i | z_j)$, dass der Analyt A_i in der Probe vorhanden ist, wenn ein Signal in der Position z_j eines Spektrums, Chromatogramms oder einer anderen Signalfunktion auftritt.

Auch bei der Klassifikation und Interpretation experimenteller Daten spielen bedingte Wahrscheinlichkeiten eine Rolle, und zwar in ihren gegenseitigen Relationen und Zusammenhängen. Nach Bayes gilt

$$P(A_k|B) = \frac{P(A_k) \cdot P(B|A_k)}{\sum_{i=1}^{n} P(A_i) \cdot P(B|A_i)} \tag{2.28}$$

wobei

$$P(B) = \sum_{i=1}^{n} P(A_i) \cdot P(B|A_i) \tag{2.29}$$

die totale Wahrscheinlichkeit für das Ereignis B ist. $P(B|A_k)$ wird auch als A-priori-Wahrscheinlichkeit bezeichnet, die aus den experimentellen Bedingungen im Voraus abgeschätzt werden kann, $P(A_k|B)$ ist die A-posteriori-Wahrscheinlichkeit, die erst nach dem Versuch berechenbar ist. Die Relationen der bedingten Wahrscheinlichkeiten, die in den Gln. (2.28) und (2.29) eine Rolle spielen, sind in Abb. 2.19 als Pfad-Diagramm dargestellt.

---

[3] Das Symbol $\cap$ bezeichnet eine „Sowohl-als-auch-Verknüpfung", also das logische Produkt $X \cap Y$ (mengentheoretisch „Durchschnitt" bzw. „Schnittmenge" von X und Y).
[4] $\bar{Y}$ („nicht Y") ist das logische Komplement, d. h. das Y entgegenstehende Ereignis.

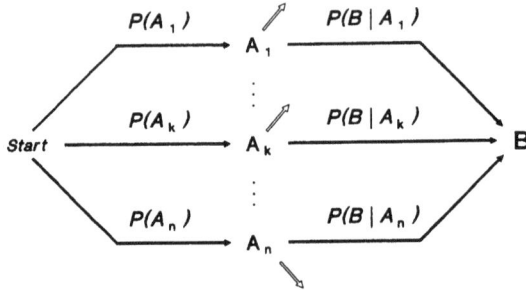

Abb. 2.19. Allgemeines Schema der Wahrscheinlichkeiten, zu einem Zufallsereignis B zu gelangen

Beispiel

Ein Produkt A wird in drei Reaktoren hergestellt, von denen R_1 80%, R_2 85% und R_3 90% Ausbeute liefern. Die Produktionsanteile betragen 20% (R_1), 30% (R_2) und 50% (R_3). Damit gilt:

$P(R_1) = 0{,}2 \quad P(A|R_1) = 0{,}80$

$P(R_2) = 0{,}3 \quad P(A|R_2) = 0{,}85$

$P(R_3) = 0{,}5 \quad P(A|R_3) = 0{,}90$

und es ergibt sich für die Gesamtausbeute unter diesen Synthesebedingungen entsprechend (2.29):

$P(A) = 0{,}2 \cdot 0{,}8 + 0{,}3 \cdot 0{,}85 + 0{,}5 \cdot 0{,}9 = 0{,}865.$

Unter den angegebenen Bedingungen wird die Ausbeute also 86,5% betragen.

Beispiel

Herkunft von Ausschussprodukten: Für die Produktion sind zwei Maschinen eingesetzt, von denen M_1 30% und M_2 70% der Gesamtproduktion liefern. Der Ausschussanteil A beträgt bei M_1 5% und bei M_2 1%. Die Wahrscheinlichkeit, dass ein bei der Qualitätskontrolle als Ausschuss festgestelltes Produkt von M_1 stammt, ist dann entsprechend (2.28) mit

$P(M_1) = 0{,}3 \quad P(A|M_1) = 0{,}05$

$P(M_2) = 0{,}7 \quad P(A|M_2) = 0{,}01$

$P(M_1|A) = 0{,}3 \cdot 0{,}05 / (0{,}3 \cdot 0{,}05 + 0{,}7 \cdot 0{,}01) = 0{,}682.$

Die bedingte Verteilung einer Zufallsgröße X unter der Voraussetzung, dass eine andere Zufallsgröße Y einen bestimmten Wert y angenommen hat, ist gegeben durch

$$F(x|y) = \lim_{h \to 0} \frac{P(X < x, y \leq Y < y+h)}{P(y \leq Y < y+h)} \tag{2.30}$$

sowie $F(y|x)$ entsprechend. Für stetige Zufallsgrößen ergeben sich die bedingten Verteilungsdichten

$$f(x|y) = \frac{f(x,y)}{\int_{-\infty}^{+\infty} f(x,y)\,dx} \tag{2.31a}$$

$$f(y|x) = \frac{f(x,y)}{\int_{-\infty}^{+\infty} f(x,y)\,dy} \tag{2.31b}$$

wobei im Nenner jeweils die Randverteilungen stehen, durch die die jeweiligen Bedingungen definiert werden.

Die bedingten Erwartungswerte sind gegeben durch

$$E(X|Y) = \int x\,dF(x|y) \tag{2.32a}$$

$$E(Y|X) = \int y\,dF(y|x) \tag{2.32b}$$

und spielen im Zusammenhang mit der Regression von Zufallsvariablen eine Rolle.

2.3.4
Statistische Parameter: Mittelwerte und Streuungsmaße

Die Ermittlung von Mittelwerten läuft für eingipflige stetige Verteilungen auf die Bestimmung des Erwartungswertes als Maximum der Verteilungskurve hinaus. Für normalverteilte Messwerte X (und auch für andere symmetrische Messwertverteilungen) wird der Erwartungswert $E[X]$ am besten geschätzt durch den *arithmetischen Mittelwert*

$$\bar{x} = \frac{1}{n} \sum_{i=1}^{n} x_i \tag{2.33}$$

für n Einzelmesswerte x_i. Für die Berechnung des arithmetischen Mittelwertes müssen folgende Voraussetzungen gelten, damit $\bar{x}$ eine erwartungstreue Schätzung für μ ist:

1. die Messreihe $\{x_i\}$ muss frei sein von Trends[5],
2. die Messwerte müssen normalverteilt sein und
3. die Messreihe darf keine Ausreißer enthalten.

Die Erfüllung dieser Voraussetzungen ist gegebenenfalls durch Tests zu überprüfen, wobei jedoch die Sicherheit der Aussage unmittelbar mit dem Umfang der Messdaten in Zusammenhang steht.

Beim Vorliegen unsymmetrischer Verteilungen – wie in Abb. 2.17 – liefert der arithmetische Mittelwert nicht die beste Schätzung für das Verteilungsmaximum. Eine typische schiefe Verteilung ist die logarithmische Normalverteilung, die z. B. bei Spurenanalysen auftreten kann und bei der nicht die Messwerte selbst, sondern ihre Logarithmen normalverteilt sind. In diesem Fall stellt der *geometrische Mittelwert*

$$\bar{x}_g = \sqrt[n]{\prod_{i=1}^{n} x_i} = anti\lg\left(\frac{1}{n}\sum_{i=1}^{n}\lg x_i\right) \tag{2.34}$$

die beste Schätzung des Verteilungsmaximums dar[6]. In Fällen, in denen aus sachlogischen Gründen Bedenken gegen eine Normalverteilung bestehen und der tatsächliche Charakter der Verteilung weitgehend unklar ist, sind sogenannte verteilungsfreie (nichtparametrische oder robuste) statistische Parameter [7, 8] zu verwenden. Der gebräuchlichste robuste Mittelwert ist der (normale) *Median* $\tilde{x} = \text{med}\{x_i\}$ als der Zentralwert einer der Größe nach geordneten Messreihe $\{x_i\} = x_1 < x_2 < x_3 < \ldots < x_{n-1} < x_n$:

$$\tilde{x} = \text{med}\{x_i\} = x_{(n+1)/2} \quad \text{für} \quad n \text{ ungeradzahlig} \tag{2.35}$$

$$\tilde{x} = (x_{n/2} + x_{n/2+1})/2 \quad \text{für} \quad n \text{ geradzahlig}$$

Bei schiefen Verteilungen wie etwa in Abb. 2.17 sind sowohl geometrischer Mittelwert als auch Median kleiner als der arithmetische Mittelwert. In dem Maße, wie sich eine Verteilung der Normalverteilung annähert, gehen geometrischer Mittelwert und Median in den arithmetischen Mittelwert über. Detailliertere Ausführungen über Mittelwerte finden sich z. B. in [8].

Das gebräuchliche Streuungsmaß einer normalverteilten Messreihe ist die (absolute) *Standardabweichung* $s = s_x = \text{std}(x)$. Sie besitzt die gleiche Dimension wie die Messwerte: $[s] = [x]$. Die Standardabweichung berechnet sich nach

$$\text{std}(x) = s = \sqrt{\text{var}(x)} = \sqrt{\frac{Q_x}{f}} \tag{2.36}$$

mit der Varianz

$$\text{var}(x) = s^2 = Q_x/f;$$

---

[5] Signalfunktionen, denen Messwerte entnommen werden, müssen demzufolge stationär sein.
[6] $anti\lg x = 10^x$.

2.3 Wahrscheinlichkeitstheoretische und statistische Grundlagen

f Zahl der statistischen Freiheitsgrade (hier $f = n - 1$);
Q_x Fehlerquadratsumme der Messreihe:

$$Q_x = \sum_{i=1}^{n} (x_i - \bar{x})^2 = \sum_{i=1}^{n} x_i^2 - \frac{\left(\sum_{i=1}^{n} x_i\right)^2}{n} \tag{2.37}$$

Mit (2.37) geht Gl. (2.36) in die gebräuchliche Form über:

$$s = \sqrt{\frac{\sum_{i=1}^{n} (x_i - \bar{x})^2}{n - 1}} \tag{2.38}$$

Die Standardabweichung kann auch ermittelt werden aus Wiederholungsmessungen an verschiedenen Proben unterschiedlichen Gehalts, falls die Standardabweichung gehaltsunabhängig ist:

$$s = \sqrt{\frac{\sum_{i=1}^{n_A} \sum_{j=1}^{m} (x_{ij} - \bar{x}_i)^2}{n - m}} \tag{2.39}$$

mit m Zahl der Proben (Serien), n_A Anzahl der Einzelbestimmungen an jeder der m Proben und damit $n = m \cdot n_A$ Anzahl der Gesamtbestimmungen, x_{ij} Einzelmesswerte, $\bar{x}_i$ Proben- (Serien-) Mittelwerte. Die Zahl der Freiheitsgrade ist hier $f = n - m$.

Bei Doppelbestimmungen an m Proben gilt:

$$s = \sqrt{\frac{\sum_{j=1}^{m} (x_j' - x_j'')^2}{2m}} \tag{2.40}$$

wobei x_j' und x_j'' zusammengehörige Werte von Doppelbestimmungen sind; die Zahl der Freiheitsgrade ist $f = m$.

Für schiefe Verteilungen sind unsymmetrische Fehlerangaben typisch. Im Falle einer Lognormalverteilung ergibt sich z. B. zum geometrischen Mittelwert (Gl. 2.34) die Standardabweichung nach

$$s_{\lg x} = \sqrt{\frac{Q_{\lg x}}{n - 1}} \tag{2.41}$$

mit $Q_{\lg x} = \sum (\lg x_i - \lg \bar{x})^2 = \sum (\lg x_i)^2 - (\sum \lg x_i)^2 / n$. Wegen des logarithmischen Zusammenhangs erhält man die Fehlergrenzen durch Multiplikation des geometrischen Mittelwertes mit einem Fehlerfaktor v

$$v = anti\, \lg_{\lg x} = 10^{S_{\lg x}} \tag{2.42}$$

Der Fehlerfaktor v steht mit der relativen Standardabweichung

$$rsd\,(x) = s_{\mathrm{rel}} = \frac{s}{\bar{x}} \tag{2.43}$$

die oft als relatives Streuungsmaß verwendet wird, in folgender Form in Zusammenhang

$$s_{\mathrm{r(g)}} \approx v - 1 \tag{2.44}$$

Die Poissonverteilung, die in der Analytik für die Auswertung von Zählgrößen (z. B. Impulse, Zählraten) Bedeutung besitzt, ist eine diskrete Verteilung. Sie wird nur durch den Mittelwert charakterisiert, die Standardabweichung ergibt sich zu

$$s = \sqrt{\bar{x}} \tag{2.45}$$

Sowohl absolute als auch relative Standardabweichung charakterisieren die mit einem bestimmten Analysenverfahren erhaltenen Messreihen und damit das Messverfahren selbst. Für eine Charakterisierung von Messergebnissen, z. B. Streubereichen von Mittelwerten, ist die Standardabweichung jedoch nicht geeignet, da der Bereich $(x \pm s)$ nur 68,3 % der Messwerte einschließt. Die Unsicherheit von Messergebnissen wird deshalb mittels Vertrauensbereichen angegeben.

2.3.5
Vertrauensbereiche

Messwerte, die einer Gaußverteilung folgen (Gl. 2.2), können prinzipiell im gesamten Definitionsbereich $-\infty < x < +\infty$ auftreten, wobei allerdings sehr große oder kleine Abweichungen von μ nur sehr geringe Wahrscheinlichkeiten besitzen, da $p(x)$ asymptotisch gegen Null geht. Es ist deshalb zweckmäßig, Streubereiche zu definieren, in denen ein bestimmter Anteil der Messwerte mit einer vorgegebenen statistischen Sicherheit P (und demzufolge mit einem Irrtumsrisiko $\alpha = 1 - P$) enthalten ist. Die statistische Sicherheit wird durch die Integralgrenzen $\pm u(P)$ bestimmt, siehe z. B. [6, 8].

Die in Abb. 2.20 angegebenen Integralbereiche entsprechen folgenden statistischen Sicherheiten:

$\pm \sigma$: $P = 0{,}683$

$\pm 2\sigma$: $P = 0{,}955$

$\pm 3\sigma$: $P = 0{,}997$.

Für die in der Analytik und der Qualitätskontrolle üblicherweise verwendeten

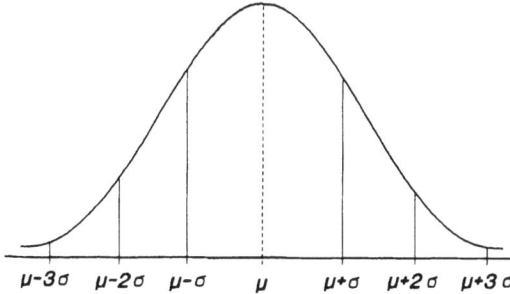

Abb. 2.20. Integralbereiche der Gauß-Verteilung

Irrtumsrisiken α von 0,05 bzw. 0,01 ergeben sich die Grenzen zu ±1,96 bzw. ±2,58. Im Falle der endlichen Stichproben der analytischen Praxis werden als entsprechende reale Grenzen die Quantile der t-Verteilung verwendet (Tabellen s. Anhang sowie [7, 8]).

Der einseitige Vertrauensbereich eines Mittelwertes errechnet sich nach

$$\Delta \bar{x} = \frac{s_x t(P, f)}{\sqrt{n}} \qquad (2.46)$$

mit s_x als der Standardabweichung der Messreihe von n Einzelwerten, aus denen $\bar{x}$ ermittelt wurde; f ist die Zahl der Freiheitsgrade, die statistische Sicherheit P ist festzulegen und wird gewöhnlich zu $P = 0,95$ (entsprechend einem Irrtumsrisiko von $\alpha = 0,05$) gewählt.

Der (gesamte) Vertrauensbereich (Konfidenzintervall) $cnf(\bar{x})$ eines Mittelwertes umfasst den Bereich

$$cnf(\bar{x}) = \bar{x} \pm \Delta \bar{x} \qquad (2.47)$$

Im Falle von Auswertungen von Analysen auf der Grundlage experimentell kalibrierter Analysenverfahren sowie bei Datenanalysen muss zwischen dem Vertrauensbereich („confidence interval") und dem Vorhersagebereich („prediction interval") unterschieden werden [16]. Dazu wird Näheres in den Abschn. 2.4.3, 3.6 und 7.8 ausgeführt.

2.4
Abhängigkeitsuntersuchungen: Korrelation und Regression

Eines der wesentlichsten Anliegen der Chemometrik ist es, Zusammenhänge zwischen verschiedenen Merkmalen von Objekten (z.B. Proben, Materialien, Verfahren) aufzufinden und zu charakterisieren. In der Chemie handelt es sich bei den Merkmalen oft um *Mengenanteile* (Gehalte, Konzentrationen) oder *Strukturparameter* einerseits sowie um *Messgrößen* andererseits. Ein typisches Anwendungsfeld ist die empirische (experimentelle) Kalibration (Kap. 7).

Bei den Untersuchungen von Zusammenhängen zwischen zwei Zufallsgrößen x und y bzw. auch zwischen mehreren Variablen sind zwei Fragestellungen von Bedeutung:

(1) Existiert ein Zusammenhang zwischen y und x und wie stark ist dieser?
(2) Wie lässt sich der Zusammenhang funktional beschreiben, also wie kann man y aus x ermitteln und umgekehrt?

Während die Fragestellung (1) durch die *Korrelationsanalyse* untersucht wird, ist (2) Gegenstand der *Regressionsanalyse*. Zusammenhänge zwischen Variablen y und x lassen sich entweder in der Form

$$y = f(x) + e_y \qquad (2.48)$$

darstellen bzw. auch in der Form

$$x = g(y) + e_x \qquad (2.49)$$

wobei e_y bzw. e_x Fehler bei der Ermittlung der jeweiligen Variablen sind. In Gl. (2.48) wird y in seiner Abhängigkeit von x beschrieben, das in dem Fall eine unabhängige Variable ist, in (2.49) hängt x dagegen von der unabhängigen Größe y ab. Für die Abhängigkeiten zwischen Zufallsvariablen ist typisch, dass $g(y)$ in der Regel *nicht* die Umkehrfunktion von (2.48) darstellt, d.h. $g(y) \neq f^{-1}(x)$.

Die Modelle können oft mittels linearer Zusammenhänge beschrieben werden. Für die Charakterisierung der Modelle sind die Zufallsstreuungen der Größen von Bedeutung.

Die Fragestellung nach einer Korrelation ist nur für *Zufallsgrößen* relevant. In den experimentellen Naturwissenschaften muss deshalb die Frage nach dem Sinn von Korrelationsrechnungen vor allem dann gestellt werden, wenn ein Zusammenhang von Größen aus sachlogischen Gründen bereits a priori bekannt ist. Das betrifft insbesondere funktionale Abhängigkeiten auf der Grundlage von Naturgesetzen. Vor allem in der Analytik ist die Frage dann gegenstandslos, wenn eine (strenge) Abhängigkeit der Messgröße von der Analysengröße durch das Messprinzip vorausgesetzt werden kann. Das ist in der Analytik der Regelfall.

Wenn es sich bei einer der Größen um *keine* Zufallsvariable handelt, ist das Problem ebenfalls nicht Gegenstand einer Korrelationsanalyse. Solche Fälle hat man in der Chemie in der Regel bei experimentellen *Kalibrationen* vorliegen. Hier sind die Gehalte der Kalibrierproben keine Zufallsgrößen, sondern feste, ausgewählte Werte. Außerdem können die Gehalte der Kalibrierproben bei Verwendung (zertifizierter) Referenzmaterialien oft als „wahr" oder „richtig" bzw. als nahezu fehlerfrei angesehen werden. Obwohl also eine ganze Reihe von Voraussetzungen nicht zutreffen, lassen sich Kalibrationen in der Regel mit dem Formalismus von Regressionsanalysen behandeln.

2.4.1 Korrelationsanalyse

Der Zusammenhang von Zufallsvariablen wird durch den *Korrelationskoeffizienten* r_{xy} charakterisiert

$$r_{xy} = \frac{Q_{xy}}{\sqrt{Q_x Q_y}} \tag{2.50}$$

mit

$$Q_x = \sum (x_i - \bar{x})^2 \tag{2.51a}$$

$$Q_y = \sum (y_i - \bar{y})^2 \tag{2.51b}$$

$$Q_{xy} = \sum (x_i - \bar{x})(y_i - \bar{y}) \tag{2.51c}$$

Je nach dem Grad der Abhängigkeit zweier Größen kann r_{xy} Werte zwischen +1 und -1 annehmen. In der mathematischen Statistik wird als Korrelationsmaß häufig das Bestimmtheitsmaß

$$B = r_{xy}^2 \tag{2.52}$$

verwendet.

In Abb. 2.21 sind einige typische Zusammenhänge zweier Variabler x und y dargestellt. Je näher r_{xy} bei +1 oder -1 liegt, desto strenger ist die Abhängig-

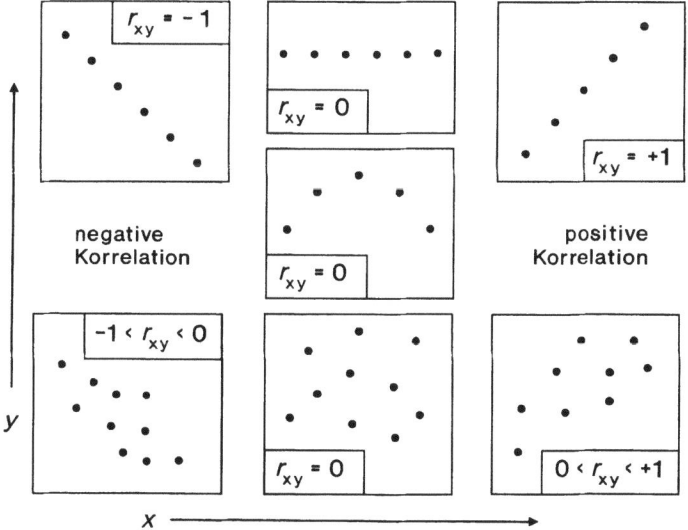

Abb. 2.21. Graphische Veranschaulichung unterschiedlicher Korrelationen zweier Variabler

keit der beiden Größen; $r_{xy} = 1$ bedeutet fehlerfreie Korrelation, also funktionalen Zusammenhang. Fehlende Korrelation der Größen wird durch kleine Werte von r_{xy} ausgewiesen, die im Extremfall gegen Null gehen können. Die Situation in der Mitte der Abb. 2.21 mit $r_{xy} = 0$ macht deutlich, dass es sich bei dem Korrelationskoeffizienten nach (2.50) um ein *lineares* Abhängigkeitsmaß handelt. Nach Gl. (2.14) ist der Korrelationskoeffizient aufzufassen als normierte Kovarianz

$$r_{xy} = \frac{\text{cov}(x,y)}{\sqrt{\text{var}(x) \cdot \text{var}(y)}} \tag{2.53}$$

Ein stochastischer linearer Zusammenhang ist allerdings erst dann gesichert, wenn sich r_{xy} signifikant von Null unterscheidet. Die Prüfung kann sowohl mittels t-Test

$$t = |r_{xy}| \sqrt{(n-2)/(1 - r_{xy}^2)} \tag{2.54}$$

durch Vergleich mit $t(P; f = n-2)$ als auch mit Hilfe von F-Tests erfolgen, und zwar entweder nach

$$F = r_{xy}^2 \frac{n-2}{1 - r_{xy}^2} \tag{2.55}$$

durch Vergleich mit $F(P; f_1 = 1; f_2 = n-2)$ oder nach

$$F = \frac{1 + r_{xy}}{1 - r_{xy}} \tag{2.56}$$

wobei der Vergleich mit $F(P; f_1 = n-2; f_2 = n-2)$ erfolgt. Die Berechnung und Testung von r_{xy} erfolgt unter der Voraussetzung der Normalverteilung für X und Y. Für nichtnormal-verteilte Daten lassen sich Abhängigkeiten anhand robuster Parameter beurteilen, z. B. dem Spearmanschen Rang-Korrelationskoeffizienten (siehe [8]), der Quadrantenkorrelation [8, 15] oder dem Eckentest nach Olmstead und Tukey [8].

Liegen mehr als zwei Variable vor, so werden die Korrelationen jeweils zweier Größen in der Regel durch andere Variable beeinflusst. Für drei Größen x, y und z beschreibt der *partielle Korrelationskoeffizient*

$$r_{xy,z} = \frac{r_{xy} - r_{xz} \cdot r_{yz}}{\sqrt{(1 - r_{xz}^2)(1 - r_{yz}^2)}} \tag{2.57}$$

die Abhängigkeit zwischen x und y bei Konstanthaltung von z. Andere partielle Korrelationen ergeben sich entsprechend, für mehr als drei Variable siehe [8].

In der chemometrischen Praxis ist oft die Frage wichtiger, in welchem Maße eine Größe x gleichzeitig von zwei anderen, y und z, abhängt. Derartige Zusammenhänge werden durch den *multiplen Korrelationskoeffizienten*

$$R_{x,yz} = \sqrt{\frac{r_{xy}^2 + r_{xz}^2 - 2 r_{xy} r_{xz} r_{yz}}{1 - r_{yz}^2}} \tag{2.58}$$

beschrieben. Sie spielen in der linearen multiplen Regression eine Rolle.

Die inneren Zusammenhänge in vieldimensionalen Datenfeldern werden durch die Varianz-Kovarianz-Matrix bzw. die damit in Beziehung stehende Korrelationsmatrix (s. Abschn. 3.1) charakterisiert.

2.4.2
Regressionsanalyse

Die Grundlagen der Regressionsanalyse sollen am Beispiel linearer Zusammenhänge zweier Variabler X und Y betrachtet werden. Unter der Voraussetzung, dass unabhängige Messungen vorliegen und die Messwerte normalverteilt sind, wird eine lineare Funktion $y = a + bx$ nach der Methode der kleinsten Fehlerquadrate an die Messwerte angepaßt (Least Squares Regression, LSR). Mit den Grundbeziehungen

Modell: $\quad y_i = a_x + b_x x_i + e_{y_i}$ \hfill (2.59a)

Schätzung: $\quad \hat{y}_i = a_x + b_x x_i$ \hfill (2.59b)

Fehler: $\quad e_{y_i} = y_i - \hat{y}_i = y_i - a_x - b_x x_i$ \hfill (2.59c)

ergeben sich die Fehlerquadrate

$$FQ_y = \sum_{i=1}^{n} \frac{(y_i - \hat{y}_i)^2}{\sigma_i^2} = \sum_{i=1}^{n} \left(\frac{e_{y_i}}{\sigma_i}\right)^2 \tag{2.60}[7]$$

Für das Modell

$$x_i = a_y + b_y y_i + e_{x_i} \tag{2.61a}$$

die Schätzgleichung

$$\hat{x}_i = a_y + b_y y_i \tag{2.61b}$$

und die entsprechenden Fehler

$$e_{x_i} = x_i - \hat{x}_i = x_i - a_y + b_y y_i \tag{2.61c}$$

---

[7] Die Fehlerquadratsumme ergibt sich aus der Likelihood-Funktion $L = (2\pi)^{-1} \cdot \sigma_1^{-1} \cdot \sigma_2^{-1} \ldots \cdot \sigma_n^{-1} \exp(-1/2 FQ)$ als dem Produkt der Wahrscheinlichkeiten dafür, dass alle Messwerte y_i mit ihren Schätzungen $\hat{y}_i$ so exakt wie möglich übereinstimmen. FQ wird minimal, wenn L ein Maximum annimmt (Maximum-Likelihood-Prinzip).

existieren entsprechende Beziehungen zu (2.59) und (2.60)

$$FQ_x = \sum_{i=1}^{n} \frac{(x_i - \hat{x}_i)^2}{\sigma_i^2} = \sum_{i=1}^{n} \left(\frac{e_{x_i}}{\sigma_i}\right)^2 \quad (2.61\text{d})$$

Allerdings besitzen diese für chemische Messungen kaum Relevanz, wie noch zu zeigen sein wird.

Je nach der Erfüllung der folgenden Bedingungen vereinfacht sich das Least-Squares-Kriterium

$$\sum_{i=1}^{n} \left(\frac{e_{y_i}}{\sigma_i}\right)^2 = \min \quad (2.62)$$

in unterschiedlichem Maße:

(1) die chemischen Größen x sind gegenüber den Messgrößen y nicht oder kaum fehlerbehaftet[8], $\sigma_x = 0$ bzw. $\sigma_x \ll \sigma_y$,
(2) die Fehler sind für alle Messwerte y_i gleich groß (Homoskedastizität, d.h. Varianzenhomogenität), $\sigma_{y_1}^2 = \sigma_{y_2}^2 = \ldots = \sigma_{y_n}^2 = \sigma_y^2$,
(3) beide Größen, sowohl y als auch x, sind fehlerbehaftet, $\sigma_i^2 = \sigma_{y_i}^2 + b^2 \sigma_{x_i}^2$.

Entsprechend der Erfüllung von (1), (2) oder (3) sind jeweils unterschiedliche Fehlerquadratsummen zu minimieren und demzufolge verschiedene Regressionsmodelle anzuwenden.

Im einfachsten Fall, wenn die Bedingungen (1) und (2) erfüllt sind, geht die Bedingung (2.62) mit $\sigma_i = \sigma_{y_i} = $ konst. über in

$$\sum_{i=1}^{n} e_{y_i}^2 = \min \quad (2.63)$$

und die Schätzung der Regressionskoeffizienten des Modells (2.59) erfolgt nach der Gaußschen (normalen) Fehlerquadratminimierung (LSR) entsprechend

$$b_x = \frac{Q_{xy}}{Q_x} \quad (2.64)$$

$$a_x = \frac{\sum_{i=1}^{n} y_i - b_x \sum_{i=1}^{n} x_i}{n} \quad (2.65)$$

wobei die Quadratsummen entsprechend Gl. (2.51) zu berechnen sind.

---

[8] Zum Beispiel wenn x Gehalte von zertifizierten Referenzmaterialien sind oder die Zahl der Kohlenstoffatome in homologen Reihen.

2.4 Abhängigkeitsuntersuchungen: Korrelation und Regression

Der Fehler der Regression (Standardfehler) wird durch die Restvarianz ausgedrückt

$$s_{y,x}^2 = \sum_{i=1}^{n} \frac{(y_i - \hat{y}_i)^2}{n-2} = \sum_{i=1}^{n} \frac{(y_i - a_x - b_x x)^2}{n-2} \tag{2.66}$$

aus der sich weitere wichtige Fehlergrößen ableiten lassen.

Ist nur die Voraussetzung (1), nicht aber (2) erfüllt, d.h. im Falle heteroskedastischer Fehler, wie sie häufig bei experimentellen Kalibrationen auftreten, ist die Minimierung der Fehlerquadrate nach

$$\sum_{i=1}^{n} \left(\frac{e_{y_i}}{\sigma_{y_i}}\right)^2 = \min \tag{2.67}$$

vorzunehmen. Die Schätzung der Geraden (2.59) erfolgt dann mittels gewichteter Regression mit den Gewichten

$$w_i = \frac{\frac{1}{s_{y_i}^2}}{\frac{1}{m}\sum \frac{1}{s_{y_i}^2}} \tag{2.68}$$

Die Regressionskoeffizienten ergeben sich nach

$$b_{x,w} = \frac{n\sum(w_i x_i y_i) - \sum(w_i x_i)\sum(w_i y_i)}{n\sum(w_i x_i^2) - (\sum w_i x_i)^2} \tag{2.69}$$

$$a_{x,w} = \frac{\sum(w_i y_i) - b_{x,w}\sum(w_i x_i)}{n} \tag{2.70}$$

Die Restvarianz ergibt sich im Falle der gewichteten Regression zu

$$s_{y,x,w}^2 = \frac{\sum w_i(y_i - \hat{y}_i)}{n-2} \tag{2.71}$$

Trifft die Voraussetzung (3) zu, so ist ist ein orthogonales Regressionsmodell anzuwenden, bei dem nicht die Fehler e_y in Bezug auf die Gerade (2.59) oder die Fehler e_x in Bezug auf die Gerade (2.61) minimiert werden, sondern die orthogonalen Fehler e_{x+y} in Bezug auf die Gerade

$$y = a + bx \tag{2.72}$$

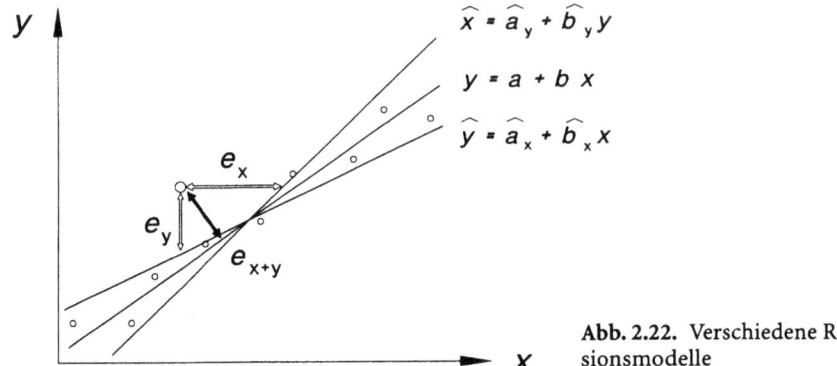

Abb. 2.22. Verschiedene Regressionsmodelle

Den Sachverhalt illustriert Abb. 2.22. Die orthogonale Regressionsgerade ergibt sich aus Näherungslösungen, z. B. nach Wald [27]

$$b = \frac{\sum_{i=1}^{g} y_i - \sum_{j=g+1}^{n} y_i}{\sum_{i=1}^{g} x_i - \sum_{j=g+1}^{n} x_i} \tag{2.73}$$

mit n Anzahl aller Messpunkte, $g = n/2 = h - 1$ für gerades n und $g = (n+1)/2 = h$ für ungerades n. Die orthogonale Regressiongerade kann außerdem angenähert werden als geometrisches Mittel der Geraden (2.59) und (2.61) nach

$$b = \tan \frac{\tan^{-1} b_x + \tan^{-1} b_y}{2} \tag{2.74}$$

mit b_x nach Gl. (2.64) und $b_y = Q_{xy}/Q_y$ [7, 29]. Die Anwendung der orthogonalen Regression hat insbesondere für Methodenvergleiche Vorteile. Für Kalibrationen ist jedoch grundsätzlich zu beachten, dass die Regressionsparameter a und b von den Maßeinheiten von x und y abhängen. Voraussetzung sind demzufolge gleiche Einheiten, wie sie beim Methodenvergleich leicht benutzt werden können, bzw. standardisierte Daten (s. Abschn. 3.1)

Eine gute Schätzung der orthogonalen Regressionsgerade erhält man auch durch die erste Haupkomponente einer Hauptkomponentenanalyse (s. Abschn. 3.5) sowie durch robuste Regressionsmethoden [28, 29].

2.4.3
Fehlergrößen der linearen Regression

Die Güte der Anpassung eines linearen Modells an die Messwerte wird durch den Standardfehler (die Restvarianz) nach Gl. (2.66) charakterisiert[9]. Mittels ein-

---

[9] Nur wenn *beide* Größen Zufallsvariable sind, ist auch der Korrelationskoeffizient (Gl. (2.50)) zur Beurteilung der Güte (Bestimmtheit) des Zusammenhanges verwendbar.

facher Varianzanalyse (Kap. 8) lassen sich die einzelnen Fehleranteile bestimmen und auf Signifikanz prüfen. Kommerzielle Software zur Regression bietet darüber hinaus die Möglichkeit zur Residuenanalyse, durch deren visuelle Beurteilung schnell Aufschlüsse über die Richtigkeit verwendeter Modelle erhalten werden können.

Abbildung 2.23 zeigt einige charakteristische Residuenplots. Die gleichmäßige Fehlerverteilung in a) weist sowohl eine gute Anpassung an das lineare Modell aus, als auch eine homogene Fehlerverteilung (Homoskedastizität). Demgegenüber ist aus den systematischen Abweichungen in b) zu erkennen, dass das verwendete lineare Modell den realen Zusammenhang nicht adäquat beschreibt. In c) ist deutlich eine heteroskedastische Verteilung der Fehler zu erkennen, die die Anwendung der gewichteten Regression erforderlich macht.

Folgende Fehlergrößen der linearen Regression lassen sich angeben:

1. Standardabweichung des Absolutgliedes (Achsenabschnittes) a:

$$s_a = s_{y,x} \sqrt{\frac{1}{n} + \frac{\overline{x^2}}{Q_x}} \tag{2.75}$$

2. Standardabweichung des Anstieges b:

$$s_b = \frac{s_{y,x}}{\sqrt{Q_x}} \tag{2.76}$$

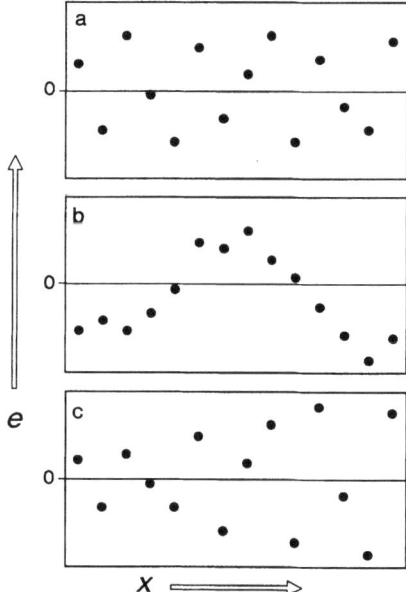

Abb. 2.23. Typische Residuendarstellungen

3. Standardabweichung eines geschätzten Wertes $\hat{y}_e$ an der Stelle x_i:

$$s_{\hat{y}_e} = s_{y,x} \sqrt{\frac{1}{n} + \frac{(x_i - \bar{x})^2}{Q_x}} \qquad (2.77)$$

4. Standardabweichung eines vorhergesagten (unbekannten) Mittelwertes $\hat{y}$ aus m Wiederholungsmessungen an der Stelle x_i:

$$s_{\hat{y}_p} = s_{y,x} \sqrt{\frac{1}{m} + \frac{1}{n} + \frac{(x_i - \bar{x})^2}{Q_x}} \qquad (2.78)$$

Für Parameter des Regressionsmodelles und für Regressionsdaten lassen sich – durch Multiplikation mit dem zugehörigen Quantil der t-Verteilung – die jeweiligen (einseitigen) Vertrauensbereiche berechnen, z. B. $\Delta a = s_a t(P; f = n-2)$, und daraus die zweiseitigen Vertrauensbereiche („confidence intervals"), z. B.:

$$cnf(a) = a \pm \Delta a = a \pm s_a \cdot t(P; f) = a \pm s_{y,x} \cdot t(P; f) \sqrt{\frac{1}{n} + \frac{(x_i - \bar{x})^2}{Q_x}} \qquad (2.79)$$

Werden mit Hilfe des Regressionsmodells unbekannte Werte vorhergesagt, dann sind nicht die Vertrauensbereiche, sondern die entsprechenden *Vorhersagebereiche (prediction intervals)* maßgebend. Auf der Grundlage der Fehler nach Gl. (2.78) ergibt sich z. B. für einen vorhergesagten Mittelwert $\hat{y}_p$:

$$prd(\bar{y}) = \hat{y} \pm s_{y,x} \cdot t(P; f) \sqrt{\frac{1}{m} + \frac{1}{n} + \frac{(x_i - \bar{x})^2}{Q_x}} \qquad (2.80)$$

Der Vertrauensbereich *CI* und der Vorhersagebereich *PI* für die gesamte Regressionsgerade, die durch hyperbolische Kurven charakterisiert werden, sind in Abb. 2.24

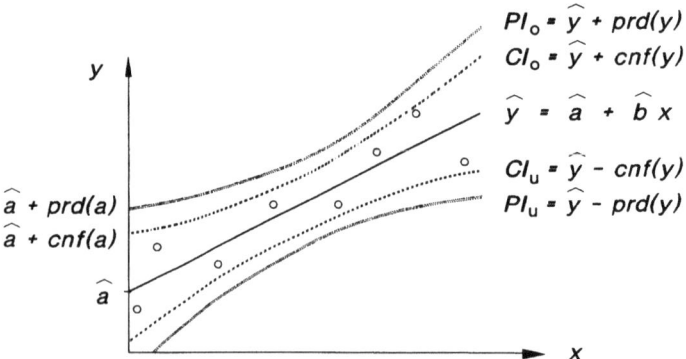

Abb. 2.24. Regressionsgerade mit Vertrauensbereich *CI* und Vorhersagebereich *PI*

2.4 Abhängigkeitsuntersuchungen: Korrelation und Regression

Tabelle 2.1. Statistische Tests für Regressionsmodelle und -paramenter

Nullhypothese	Testgröße	Vergleichsgröße	nach Gleichung	Tabellenwert
Linearität				
(a) A priori	$\hat{F} = \dfrac{s_{y,x}^2}{s_y^2}$	$F(P; f_1 = n-2; f_2 = n-m)$		$s_{y,x}^2$ nach (2.66)
				$s_y^2 = \sum\limits_{i=1}^{m}\sum\limits_{j=1}^{n_i} \dfrac{(y_{ij}-\bar{y}_i)^2}{n-m}$ (2.83)
(b) A posteriori[10]	$\hat{F} = \dfrac{s_{y,x,\text{lin}}^2}{s_{y,x,\text{cur}}^2}$ (2.84)	$F(P; f_1 = n-2; f_2 = f_\text{cur})$[11]		$s_{y,x,\text{lin}}^2$ nach (2.66)
	$\hat{F} = \dfrac{s_{y,x,\text{lin}}^2 - s_{y,x,\text{cur}}^2}{s_{y,x,\text{cur}}^2}$ (2.85)	$F(P; f_1 = 1; f_2 = f_\text{cur})$		$s_{y,x,\text{cur}}^2 = \sum \dfrac{(y_{ij}-\hat{y}_i)^2}{f_\text{cur}}$ (2.86)
Homoskedastizität				
(a) Hartley	$\hat{F} = \dfrac{s_{\max}^2}{s_{\min}^2}$ (2.87)	$F(P; f_1 = f_2 = n_i - 1)$		
(b) Barlett	$\hat{\chi}^2 = \dfrac{2{,}303}{c}(f_g \lg s^2 - \sum f_i \lg s_i)$ (2.88)	$\hat{\chi}^2(P; f_g)$		
Regressionskoeffizienten				
$a = \alpha$	$\hat{t} = \dfrac{|a-\alpha|}{s_a}$ (2.89)	$t(P; f = n-2)$		
$b = \beta$	$\hat{t} = \dfrac{|b-\beta|}{s_b}$ (2.90)	$t(P; f = n-2)$		

[10] Vergleich mit einem bestimmten nichtlinearen (curvilinearen) Modell.
[11] f_cur sind die speziellen Freiheitsgrade des nichtlinearen Modells, z. B. ist für ein quadratisches Modell $y = a + bx + cx^2$: $f_\text{cur} = n - 3$.

schematisch dargestellt. Sie ergeben sich nach

$$CI = \hat{y}_e \pm s_{y_e} \sqrt{2F(P; f_1 = 2; f_2 = n - 2)} \tag{2.81}$$

$$PI = \hat{y}_p \pm s_{y_p} \sqrt{2F(P; f_1 = 2; f_2 = n - 2)} \tag{2.82}$$

Mit Hilfe der statistischen Parameter lassen sich bestimmte Hypothesen überprüfen, die mit der Erfüllung der Voraussetzungen zur Anwendung bestimmter Regressionsmodelle unmittelbar im Zusammenhang stehen. Die wichtigsten Tests sind in Tabelle 2.1 zusammengestellt.

2.4.4
Robuste Regression

Die Gaußsche Least Squares Regression ist nur anwendbar, wenn zweidimensional normalverteilte Werte x und y vorliegen und keine Ausreißer oder Hebelpunkte[12] im Wertebereich vorkommen. Während nicht normalverteilte Messwerte mittels geeigneter Transformationen in normalverteilte Werte überführt werden können, stellt die robuste Regression im Falle von Abweichungen von der Normalverteilung eine sinnvolle Alternative zu den parametrischen Regressionsmethoden dar. Die prinzipielle Vorgehensweise ist in Abb. 2.25 verdeutlicht.

Eine robuste Schätzung für den Anstieg b erhält ergibt sich aus dem Median aller $m(m-1)/2$ Einzelanstiege b_{ij} zwischen den m Regressionspunkten (vgl. Gl. (2.35))

$$\tilde{b} = \text{med}\{b_{ij}\} \tag{2.91}$$

Den Achsenabschnitt a erhält man danach entsprechend

$$\tilde{a} = \text{med}\{y_i - \tilde{b}x_i\} \tag{2.92}$$

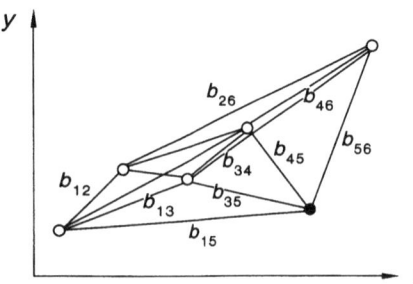

Abb. 2.25. Schematische Darstellung der Ermittlung eines Anstiegsparameters durch robuste Regression

---

[12] Während Ausreißer strenggenommen Wertepaare (x, y) größer als (x_{max}, y_{max}) oder kleiner als (x_{min}, y_{min}) sind, versteht man unter Hebelpunkten solche Messpunkte, die innerhalb des Bereiches $(x_{max}, y_{max} \ldots x_{min}, y_{min})$ liegen, sich jedoch deutlich abseits von der Punktwolke (des Regressionsbandes) befinden.

Diese und andere robuste Ermittlungen der Regressionsparameter beruhen auf LMS- (least-median squares) Schätzungen

$$\text{med}\{e_i^2\} = \min \qquad (2.93)$$

Das prinzipielle Vorgehen der robusten Regression und deren Unempfindlichkeit gegenüber Ausreißerpunkten im Vergleich zu Methoden der klassischen Regression sind in [9] dargestellt. Robuste Fehlergrößen, Unsicherheitsbereiche und Tests finden sich ausführlich in [28].

Wie bereits erwähnt, liegt bei *Kalibrationen* für chemische Messungen ein etwas anderer Sachverhalt vor als bei Korrelations- und Regressionsproblemen. Zum einen existiert die Frage nach der Korrelation der Messgröße y mit der Analysengröße x überhaupt nicht, weil diese für zuverlässige Auswertungen vorausgesetzt werden muss. Zum anderen sind beim Kalibrationsschritt nur die Messgrößen, nicht aber die Analysengrößen Zufallsvariable. Aus beiden Gründen ist der Korrelationskoeffizient in der Regel keine geeignete Größe, um die Güte von Kalibrationszusammenhängen zu bewerten (siehe Kap. 7).

2.5
Informationstheoretische Grundlagen

Das Ziel chemische Messuungen ist die Gewinnung von Informationen über stoffliche Systeme oder den Zustand von Verfahren und Prozessen. Die Chemometrik selbst ist auf den Erhalt von Informationen aus Messdaten gerichtet. Der Gegenstand der Analytischen Chemie wird heute allgemein durch die Informationsgewinnung charakterisiert [1, 3, 30], so dass die Nutzung informationstheoretischer Grundlagen in diesem Teilgebiet seit Ende der sechziger Jahre üblich ist [1, 3, 33, 34]. Aber auch in der Physikalischen Chemie wurden informationstheoretische Aspekte schon relativ früh betrachtet [35]. Die ersten Anwendungen der Informationstheorie auf naturwissenschaftliche Probleme, insbesondere physikalische Messungen, erfolgte durch Brillouin [36].

Das allgemeine Prinzip chemischer Messungen (Abb. 2.1), realisiert z.B. im analytischen Prozess, entspricht in seinen wesentlichen Schritten einem allgemeinen Informationsverarbeitungsprozess, wie aus der Gegenüberstellung in Abb. 2.26 hervorgeht.

Nach der klassischen Informationstheorie, begründet von Shannon [37, 38] für Sachverhalte der Nachrichtentechnik, ist Information *beseitigte Unsicherheit* über ein Ereignis oder ein Objekt, z.B. durch eine Nachricht oder ein Experiment, und wird wahrscheinlichkeitstheoretisch definiert. Informationen sind stets an Signale gebunden, die im weitesten Sinne als Zustände oder Prozesse materieller Systeme aufgefaßt werden können. Chemisch relevante Signale können *statisch* durch *Stoffeigenschaften*, wie Aggregatzustand, Farbe, Dichte, Geruch, bestimmte elektrische oder optische Eigenschaften bedingt sein oder *dynamisch* durch *Reaktionseffekte*. Im Einzelnen kann es sich bei chemisch-

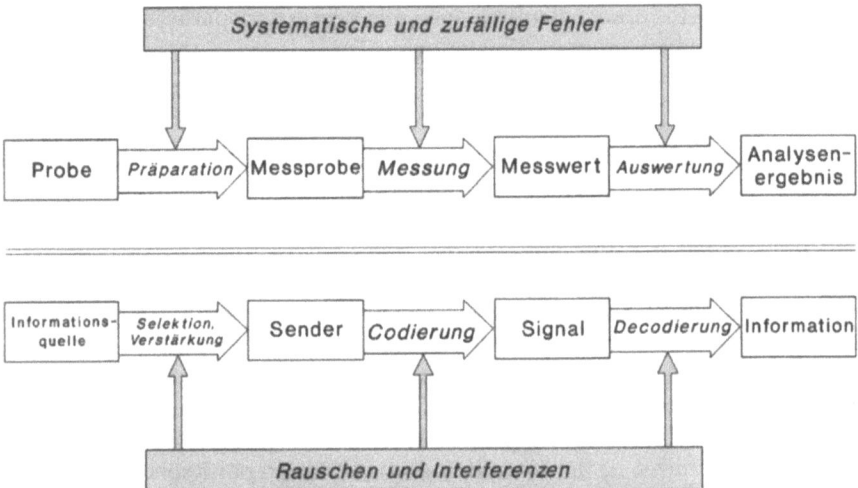

Abb. 2.26. Vergleich eines chemischen Messprozesses (analytischer Prozess) mit einem allgemeinen informationsverarbeitungsprozess

physikalischen Signalen handeln um

- das Auftreten, die Menge und das Aussehen von Reaktionsprodukten chemischer Umsetzungen (z.B. Farbe und Morphologie von Niederschlägen bei Fällungsreaktionen),
- Farbänderungen von Lösungen oder Flammen,
- Temperaturänderungen oder -haltepunkte,
- Spannungs- bzw. Potentialdifferenzen,
- Lichtbrechung, Strahlungsabsorption bzw. Extinktionen sowie
- Signalfunktionen wie Spektren, Chromatogramme, Strom-Spannungs-Kurven.

Diese Signale können auf Grund von Wahrnehmen und Erkennen qualitativ bzw. an Hand von Maßzahlen quantitativ ausgewertet werden.

Signale sind nur dann Träger von Information, wenn

- ihre Entstehung sowie die Beziehungen zwischen ihnen bekannt sind, also die chemischen und physikalischen Gesetze, auf denen Signale beruhen und auf deren Grundlage sie sich auswerten lassen (*syntaktische Signalfunktion*, Strukturierungsfunktion),
- ihr Inhalt und ihre Bedeutung und damit der Zusammenhang mit den charakterisierten Objekten eindeutig bekannt sind (*semantische Signalfunktion*, Bedeutungsfunktion) und
- die Beziehungen zwischen Signalen einerseits und den Menschen, die diese Signale erzeugen bzw. empfangen, eindeutig sind (*pragmatische Signalfunktion*, Nutzensfunktion). Bestimmte Signale können von sehr unterschiedlichem Wert für verschiedene Empfänger sein.

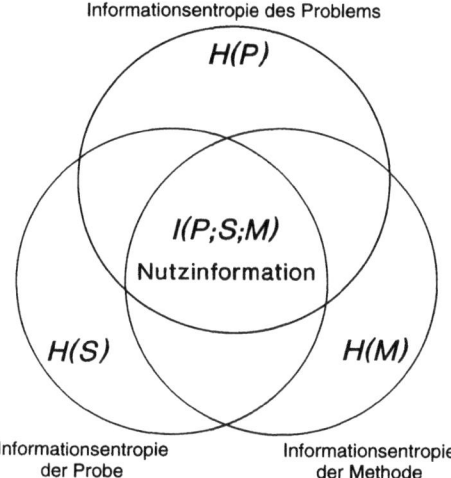

Abb. 2.27. Venn-Diagramm eines chemischen Messsystems

Alle drei Funktionen müssen erfüllt sein und zusammenwirken, damit aus Prozessen und Experimenten chemische Erkenntnisse erhalten werden, die inbezug auf die Problemstellung und die untersuchte Probe eindeutig sind. Dazu muss durch ein optimales Zusammenwirken der drei Hauptaspekte chemischer Messungen (*Problem – Probe – Messmethode*; siehe Abb. 2.2) die Voraussetzung dafür geschaffen werden, dass optimale Informationen hinsichtlich der Problemstellung erhalten werden.

Der Sachverhalt lässt sich in einem Venn-Diagramm veranschaulichen. In Abb. 2.27 sind die Informationsentropien von Problem $H(P)$, Probe $H(S)$ und Messmethode $H(M)$ als Mengen bestimmter Informationen angegeben. Die totale Transinformation $I(P;S;M)$ ist die *Nutzinformation* chemischer Messungen und stellt die problem- und probenrelevante Information dar, die mit Hilfe der eingesetzten Methode zugänglich ist.

2.5.1
Informationsgehalt von Messergebnissen

Informationen I ergeben sich allgemein als Differenz zwischen der A-priori-Informationsentropie H_0 (Unsicherheit vor Erhalt einer Nachricht bzw. der Durchführung eines Experiments oder einer Messung) und der A-posteriori-Informationsentropie H (verbleibende Unsicherheit danach):

$$I = H_0 - H \tag{2.94}$$

Die Informationsentropie ergibt sich im Falle von m diskreten Ereignissen x_i aus den zugehörigen Wahrscheinlichkeiten $P(x_i)$ nach [38] zu

$$H[P(x)] = -\sum_{i=1}^{m} P(x_i) \, \text{lb} \, P(x_i) = \sum_{i=1}^{m} P(x_i) \, \text{lb} \, \frac{1}{P(x_i)} \tag{2.95}$$

wobei $\sum P(x_i) = 1$. Die Wahl der Logarithmenbasis bestimmt die Maßeinheit der Information[13], hier wird stets der binäre Logarithmus lb verwendet.

Beispiel. Bei einem Münzwurf (mit den zwei Ausgängen x_1 = Wappen, x_2 = Zahl) ist $P(x_1) = P(x_2) = 1/2$ und es ergibt sich $H_0 = 1/2$ lb $2 + 1/2$ lb $2 = 1$ bit. Wegen $H = 0$ (bei Beobachtungen dieser Art verbleibt – im Gegensatz zu chemischen Messungen – keine Unsicherheit nach dem Experiment; eines der möglichen Ereignisse tritt mit Sicherheit ein), ist nach Gl. (2.101) auch $I = 1$ bit. Dagegen entspricht dem Ziehen einer Karte aus einem Satz von 32 Blatt (Skat) ein Informationsgehalt von $I = H_0 = 32 \cdot 1/32$ lb $32 =$ lb $2^5 = 5$ bit.

Bei einer stetigen Verteilung von Messergebnissen mit einer Wahrscheinlichkeitsdichte $p(x)$ gilt für die Informationsentropie

$$H(p) = H[p(x)] = - \int_{-\infty}^{+\infty} p(x) \, \text{lb} \, p(x) \, dx \qquad (2.96)$$

Der Informationsgehalt ergibt sich in diesem Fall ebenfalls als Differenz der a-priori- und a-posteriori-Entropie

$$I(p, p_0) = H_0(p) - H(p) \qquad (2.97)$$

Wenn die Informationen zu chemischen Ergebnissen x_i über Signale z_j vermittelt wird, gilt für die a-posteriori-Entropie [6]:

$$H[P(x_i|z_j)] = - \sum_{i=1}^{m} P(x_i|z_j) \, \text{lb} \, P(x_i|z_j) \qquad (2.98)$$

wobei $P(x_i|z_j)$ die bedingte Wahrscheinlichkeit für ein Ergebnis x_i unter der Voraussetzung ist, dass ein bestimmtes Signal z_j aufgetreten ist (siehe Abschnitt 2.3.3, Gln. (2.27) bis (2.29)). Bestehen eindeutige Zuordnungen zwischen Signaleintritt z und chemischem Ergebnis x, geht Gl. (2.98) über in (2.95).

Für chemische Messungen ist es sinnvoll zu unterscheiden [3, 6, 39] zwischen

1. dem *spezifischen (partiellen) Informationsgehalt* I_i **eines** bestimmten Ereignisses oder experimentellen Resultates, z. B. dem Auftreten eines Signals und damit der Anwesenheit eines Bestandteiles in einer Probe

$$I_i = H_{i_0} - H_i \qquad (2.99)$$

   mit den spezifischen Informationsentropien $H_i = -\text{lb}\, P(x_i)$;

2. dem *mittleren Informationsgehalt* I_m eines Resultates aus einer Menge von m prinzipiell möglichen Resultaten; der mittlere Informationsgehalt I_m entspricht dem gewichteten Mittel sämtlicher spezifischer Informationsgehalte I_i, das deren mathematischer Erwartung entspricht:

$$I_m = H_{m_0} - H_m \qquad (2.100)$$

   mit den mittleren Informationsentropien nach Gl. (2.95);

---

[13] Allgemein üblich ist die Anwendung des Logarithmus zur Basis 2 (binärer Logarithmus lb), wobei gilt lb $a = \log_2 a = 3{,}322$ lg a; als Einheit ergibt sich $[H] = [I] =$ bit.

3. dem *maximalen (mittleren) Informationsgehalt* I_{max}, der sich ergibt, wenn alle m erwarteten Resultate vor der Messung gleich wahrscheinlich sind, also $P(x_i) = 1/m$:

$$I_{max} = H_{max} = \text{lb}\, m \qquad (2.101)$$

wobei in diesem Fall für die a-posteriori-Entropie $H_m = \text{lb}\, 1 = 0$ bit ist.

Beispiel

Bei *qualitativen Analysen* sind zwei Resultate möglich, der positive Nachweis eines gesuchten Bestandteils x_+ (Auftreten eines Analysensignals z_+, siehe Abb. 2.28) und der negative Ausgang der Prüfung x_- bzw. z_-. Tabelle 2.2 zeigt für unterschiedliche a-priori-Wahrscheinlichkeiten $P_0(x_i)$ für die An- bzw. Abwesenheit des Analyten die spezifischen und mittleren Informationsgehalte für den speziellen Fall $P(x_i) = 1$, d.h. dass das Auftreten eines spezifischen Signals z_i sicher mit der Anwesenheit des gesuchten Analyten verknüpft ist [6]. Den verschiedenen A-priori-Wahrscheinlichkeiten entsprechen in der chemischen Praxis z. B. Fälle totaler Unsicherheit über die Anwesenheit des zu prüfenden Bestandteils, $P_0(x_+) = P_0(x_-) = 0{,}5$, relativ wahrscheinlicher Anwesenheit, $P_0(x_+) = 0{,}9$, wie etwa bei der Prüfung auf Mangan in Stahl, sowie ziemlich sicherer Gegenwart des Analyten, etwa der Anwesenheit von Silicium in Staubproben.

Bei gleicher Wahrscheinlichkeit sind die spezifischen Informationsgehalte I_+ und I_- gleich und auch identisch mit dem mittleren Informationsgehalt, der in diesem Fall den Maximalwert $I_m = I_{max}$ annimmt. Bei unterschiedlichen a-priori-Wahrscheinlichkeiten liefert das erwartete, relativ sichere Ergebnis einen geringeren Informationsgehalt, während das unerwartet Resultat einen hohen Informationsgewinn bringt.

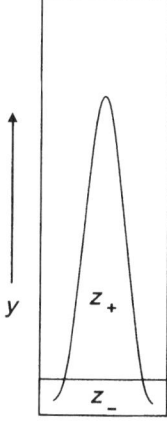

Abb. 2.28. Signalzustände im Falle qualitativer Analysen

Tabelle 2.2. Spezifische (I_+ und I_-) und mittlere Informationsgehalte (in bit) für unterschiedliche A-priori-Wahrscheinlichkeiten qualitativer Analysen

$P_0(x_+)$	$P_0(x_-)$	I_+	I_-	I_m
0,5	0,5	1,00	1,00	1,00
0,9	0,1	0,15	3,32	0,47
0,99	0,01	0,013	6,64	0,078

Allgemein entspricht die Unsicherheit nach der Analyse der bedingten Wahrscheinlichkeit $P(x_i|z)$ mit z_+ und z_-, dass der gesuchte Bestandteil in einer Konzentration oberhalb der Nachweisgrenze anwesend ist, wenn das Signal auftritt (z_+ z. B. als Farbumschlag bei Zugabe eines Spezialreagenzes).

In der Instrumentalanalyse wird anstelle statischer Signale in konstanter Position z eine Signalfunktion $y = f(z)$ verwendet (Abb. 2.29 rechts). Demzufolge liegt dem instrumentalanalytischen Nachweis $P(x_i|z_j)$ die bedingte Wahrscheinlichkeit zugrunde, dass die Komponente x_i anwesend ist, wenn ein Signal in der Position z_j des Registrierbereiches auftritt.

Der Informationsgehalt qualitativer chemischer Analysen und der Identifizierung von Bestandteilen wird in der Regel – wie dargestellt – nach Gl. (2.95) ermittelt, und zwar gemäß $I(P) = H_0(P)$, da in der Praxis meist $H(P) = 0$ ist.

Für den Fall, dass auf instrumentalanalytischem Wege eine Spezies aus einer Signalfunktion (z. B. einem Spektrum) anhand einer bestimmten Signallage identifiziert wird, erfolgt die Ermittlung des Informationsgehaltes zweckmäßigerweise nach dem Kullbackschen Divergenzmaß [6, 42, 59]

$$I(p, p_0) = H_0(p, p_0) - H(p) = -\int_{-\infty}^{+\infty} p(x) \, \text{lb} \, \frac{p(x)}{p_0(x)} \, dx \qquad (2.102)$$

das die Abweichungen einer gefundenen Messwertverteilung $p(x)$ von einer A-priori-Verteilung $p_0(x)$, die einem erwarteten Normalbereich entsprechen kann, charakterisiert. Speziell bei spektroskopischen Methoden beinhalten Relationen der gefundenen Signallage zu erwarteten Signalverteilungen wertvolle Zusatzinformationen über chemische Beziehungen der untersuchten Spezies („chemische Verschiebungen").

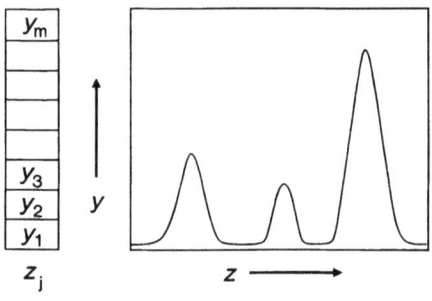

Abb. 2.29. Eindimensionales (statisches) Signal und zweidimensionale Signalfunktion $y = f(x)$

2.5 Informationstheoretische Grundlagen

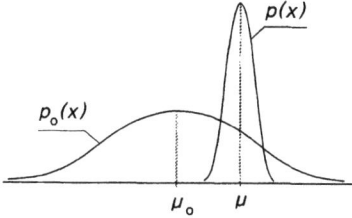

Abb. 2.30. Erwartungsbereich $p_0(x)$ und Messwertverteilung $p(x)$ als Normalverteilungen

Für den Fall von Normalverteilungen $p_0(x) = N(\mu_0, \sigma_0^2)$ und $p(x) = N(\mu, \sigma^2)$, die etwa in den in Abb. 2.30 dargestellten Relationen zueinander stehen, geht Gl. (2.102) über in

$$I(p, p_0) = \mathrm{lb}\frac{\sigma_0}{\sigma} + k\frac{(\mu - \mu_0)^2 + \sigma^2 - \sigma_0^2}{\sigma_0^2} \qquad (2.103)$$

mit $k = 1/(2\ln 2) = 0{,}72135$.

Beispiel

Die C=O-Valenzschwingung liegt normalerweise in einem Erwartungsbereich $N(\sigma_0 = 60\ \mathrm{cm}^{-1}, \mu_0 = 1740\ \mathrm{cm}^{-1})$. Im Spektrum einer Substanz A wird die Bande tatsächlich gefunden bei $\mu_A = 1730\ \mathrm{cm}^{-1}$ mit einer Halbwertsbreite von $40\ \mathrm{cm}^{-1}$ und damit $\sigma_A = 20\ \mathrm{cm}^{-1}$. In einem anderen Fall B finden wir die C=O-Valenzschwingung bei $\mu_B = 1820\ \mathrm{cm}^{-1}$ und ebenfalls mit einer Breite von $\sigma_B = 20\ \mathrm{cm}^{-1}$. Daraus ergeben sich mit $p_0(x) = N(\sigma_0 = 60\ \mathrm{cm}^{-1}, \mu_0 = 1740\ \mathrm{cm}^{-1})$ und $p(x)_A = N_A(\sigma = 20\ \mathrm{cm}^{-1}, \mu = 1730\ \mathrm{cm}^{-1})$ bzw. $p(x)_B = N_B(\sigma = 20\ \mathrm{cm}^{-1}, \mu = 1820\ \mathrm{cm}^{-1})$ folgende Informationsgehalte:

$I(p, p_0)_A = 3{,}322\ \lg(60/20) + 0{,}72135\,[(1730 - 1740)^2 + 20^2 - 60^2]/60^2 = 0{,}96\ \mathrm{bit}$,

$I(p, p_0)_B = 3{,}322\ \lg(60/20) + 0{,}72135\,[(1820 - 1740)^2 + 20^2 - 60^2]/60^2 = 2{,}23\ \mathrm{bit}$.

Das unerwartete, von der normalen Signallage stärker abweichende Ergebnis im Fall B liefert also einen wesentlich höheren Informationsgewinn als das den Erwartungen entsprechende Resultat im Fall A. Allein aufgrund der typisch verschobenen C=O-Bande kann die in Frage kommende Substanz besser „eingekreist" werden als im normaleren Fall A.

Im Vergleich zum Shannonschen Informationsgehalt, der solche Abweichungen von Vorinformationen bzw. Normalwerten nicht berücksichtigen kann, gestattet es das Kullbacksche Divergenzmaß, wesentliche semantische Aspekte in die Bewertung chemischer Informationen einzubeziehen. Im angegebenen Beispiel sind dies Aussagen über Wechselwirkungen der betrachteten Spezies mit Nachbargruppen bzw. allgemein mit ihrer chemischen Umgebung.

Ergebnisse qualitativer Analysen und von Identifizierungen lassen sich – im Gegensatz zu quantitativ-chemischen Resultaten – im Allgemeinen nicht mit herkömmlichen statistischen Methoden charakterisieren. Dagegen stellen informationstheoretische Größen sinnvolle mathematische Bewertungskriterien dar, deren Vorteile insbesondere für qualitative Analysen und Identifikationen in Mehrkomponentenanalysen offensichtlich werden.

Zur Anwendung verschiedener Informationsmaße sei angemerkt, dass der *spezifische Informationsgehalt* I_i nach Gl. (2.99) und das Kullbacksche Divergenzmaß (2.102), vom Wesen her ebenfalls ein spezifischer Informationsgehalt, *konkrete Messergebnisse* und damit den *Informationsgewinn* einer speziellen Analyse charakterisieren. Dagegen kennzeichnet der *mittlere Informationsgehalt* I_m nach Gl. (2.100), und damit auch I_{max} (2.101) alle Messergebnisse, die mit einem bestimmten Verfahren möglich sind, und damit das *Analysenverfahren* selbst.

2.5.2
Quantitative Messergebnisse unter dem Aspekt der Präzision

Bei quantitativen Bestimmungen sind gegenüber qualitativen Nachweisen mehr als zwei Signalzustände relevant. Aus Abb. 2.31 geht hervor, dass die bei der qualitativen Analyse vernachlässigten Signalzustände $y_+ = \{y_2, y_3, ..., y_m\}$, also gemeinsam mit $y_- = y_1$ insgesamt m unterscheidbare Signalstufen ausgewertet werden.

Für die Ermittlung des Informationsgehaltes quantitativer Messungen sind dabei in der analytisch-chemischen Praxis drei Faktoren ausschlaggebend:

(1) der Erwartungsbereich der Ergebnisse als A-priori-Verteilung $p_0(x)$,
(2) die Präzision der Messwerte, charakterisiert durch die Messwertverteilung $p(x)$,
(3) die Richtigkeit der Ergebnisse als Maß der Übereinstimmung eines gefundenen Mittelwertes mit dem wahren bzw. richtigen Wert x_w, also die Abwesenheit eines systematischen Fehlers $\delta = |x - x_w|$.

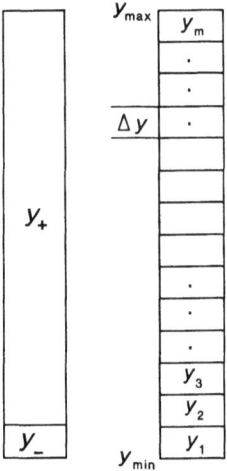

Abb. 2.31. Relevante Signalzustände im Falle qualitativer und quantitativer Signalauswertungen

2.5 Informationstheoretische Grundlagen

Durch die klassische Shannonsche Informationstheorie können nur (1) und (2), nicht aber die Richtigkeit der Resultate berücksichtigt werden. Bei Anwendung des Shannonschen Maßes für den Informationsgehalt quantitativer Messergebnisse wird also implizit immer davon ausgegangen, dass das gefundene Resultat richtig ist. Aus den Gln. (2.96) und (2.97) folgt unter der Voraussetzung $x = x_w$

$$I(p, p_0) = \text{lb}\, \frac{p_0(x)}{p(x)} = \text{lb}\, \frac{\text{Erwartungsbereich}}{\text{Vertrauensbereich}} \tag{2.104}$$

Während für $p(x)$ hauptsächlich Normalverteilungen in Frage kommen[14], spielt als A-priori-Verteilung neben der Normalverteilung vor allem die Gleichverteilung $U(x_{\min}, x_{\max})$ eine wichtige Rolle. Sind sowohl Erwartungsbereich als auch Vertrauensbereich durch eine Normalverteilung (Abb. 2.30) charakterisiert, erhält man mit $p_0(x) = N(\mu_0, \sigma_0^2)$ und $H(p_0) = \text{lb}\,(\sigma_0\sqrt{2\pi e})$ sowie $p(x) = N(\mu = \mu_0, \sigma^2)$ und $H(p) = \text{lb}\,(\sigma\sqrt{2\pi e})$ für den Informationsgehalt

$$I(p, p_0) = \text{lb}\, \frac{\sigma_0}{\sigma} \tag{2.105}$$

Gl. (105) ist die Grundlage des von Kateman entwickelten Konzeptes der *Information durch Varianzreduktion* [51]. Für chemische Messungen besitzt es nur in Spezialfällen praktische Bedeutung, da a priori selten Varianzen, sondern in der Regel Erwartungsbereiche bekannt sind. Es spielt vor allem für die Bewertung chemometrischer Verfahren und Techniken eine wichtige Rolle. Chemometrische Anwendungen des Varianzreduktionskonzeptes sind insbesondere in [6, 51] zu finden und betreffen auch *signal- und systemtheoretische* Aspekte, z.B. den Informationsgewinn durch Messwertakkumulation oder -filterung, auf den im Abschnitt 6.4 näher eingegangen wird. Die größte Bedeutung besitzt das Varianzreduktionskonzept jedoch für die multivariate Datenanalyse (Kap. 3 und 9). Auf deren informationstheoretische Bewertung wird in [6, 53] eingegangen.

Größere praktische Bedeutung hat eine A-priori-Gleichverteilung $U(x_{\min}, x_{\max})$ und eine a-posteriori-Normalverteilung entsprechend Abb. 2.32. Es ergibt sich mit $H(p_0) = \text{lb}\,(x_{\max} - x_{\min})$ und $H(p) = \text{lb}\,(\sigma\sqrt{2\pi e})$

$$I(p, p_0) = \text{lb}\, \frac{x_{\max} - x_{\min}}{\sigma\sqrt{2\pi e}} \tag{2.106}$$

Im Falle realer Messungen mit endlichen Stichprobenumfängen erhält man mit den Parameterschätzungen $\mu = \bar{x}$ und $\sigma = s_x = s/\sqrt{n}$ für den Informationsgehalt

$$I(p, p_0) = \text{lb}\, \frac{x_{\max} - x_{\min}}{2\Delta\bar{x}} = \text{lb}\, \frac{(x_{\max} - x_{\min})\sqrt{n}}{2 s \cdot t(P, f)} = \text{lb}\, m \tag{2.107}$$

wobei Δx der einseitige Vertrauensbereich des erhaltenen Mittelwertes nach Gl. (2.46) für $f = n - 1$ Freiheitsgrade und für die statistische Sicherheit $P = 0{,}9612$

---

[14] Zu anderen relevanten Verteilungen siehe [6, 59].

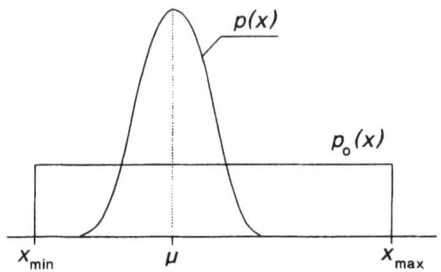

Abb. 2.32. Gleichverteilung als Erwartungsbereich und Normalverteilung der Messwerte

ist. Dieser Wert für P ergibt sich wegen $t(P = 0{,}9612, \infty) = 1/2\sqrt{2\pi e}$. Verwendet man wie üblich $P = 0{,}95$, resultieren für den errechneten Informationsgehalt relative Fehler von $0{,}1\ldots 0{,}02$ ($f = 1\ldots 5$) bzw. $\leq 0{,}02$ ($f > 5$) [3, 6].

In Gl. (2.107) stellt $m = (x_{max} - x_{min})/\Delta x$ die Anzahl der im Erwartungsbereich signifikant voneinander unterscheidbaren Signalstufen dar (und damit auch von Stufen der chemischen Größe, z. B. Gehaltsstufen). Voraussetzung ist, dass alle m Signalzustände gleich wahrscheinlich sind (es handelt sich um einen maximalen Informationsgehalt entsprechend Gl. (2.101)) und dass Δx über den gesamten Erwartungsbereich konstant ist. Letzteres ist der Fall, wenn die absolute Standardabweichung s des Messverfahrens im gesamten Messbereich $x_{min}\ldots x_{max}$ konstant ist.

Häufig ändert sich jedoch s und damit auch Δx mit der Messgröße x. Für die Anzahl der unterscheidbaren Signalzustände und damit Gehaltsstufen m ergibt sich mit $\Delta x^{-1} = f(x)$ nach [43]

$$m = \int_{x_{min}}^{x_{max}} f(x)\, dx \tag{2.108}$$

Mit $\Delta \bar{x} = \text{const}$ folgt daraus unmittelbar Gl. (2.107). Dagegen ergibt sich für den chemisch ebenfalls relevanten Fall einer näherungsweise konstanten relativen Standardabweichung $s_r = s/x = \text{const}$:

$$m = \frac{\sqrt{n}}{2\,s_{rel}\cdot t(P,f)} \cdot \int_{x_{min}}^{x_{max}} \frac{dx}{x} = \frac{\sqrt{n}}{2\,s_{rel}\cdot t(P,f)} \ln \frac{x_{max}}{x_{min}} \tag{2.109}$$

und damit für den Informationsgehalt

$$I(p, p_0) = \operatorname{lb}\left(\frac{\sqrt{n}}{2\,s_{rel}\cdot t(P,f)} \ln \frac{x_{max}}{x_{min}}\right) \tag{2.110}$$

Beispiel

Ein Vergleich der Realitäten einmal für konstante absolute Standardabweichung, zum anderen für konstante relative Standardabweichung bei ansonsten gleichen Bedingungen für einen Analyten A ($x_{min} = 1$ m-%, $x_{max} = 10$ m-% A, $\bar{x} = 6{,}00$ m-% A, $s = 0{,}05$ m-% A und damit $s_{rel} = 0{,}0083$, $n = 10$) ergibt folgendes:

(a) s = const: $I(p, p_0)_a = 3{,}322 \lg[(10-1)\sqrt{10}/(2 \cdot 0{,}05 \cdot 2{,}26)] = 6{,}98$ bit

(b) s_{rel} = const: $I(p, p_0)_b = 3{,}322 \lg[\sqrt{10}/(2 \cdot 0{,}0083 \cdot 2{,}26) \cdot \ln 10] = 7{,}60$ bit

Wenn der funktionale Zusammenhang zwischen s und x und damit auch $f(x)$ in Gl. (2.108) explizit bekannt ist, kann der exakte Ausdruck verwendet werden. Anderenfalls empfiehlt es sich für praktische Zwecke, je nach der Weite des jeweiligen Erwartungsbereiches und vorhandenen Vorinformationen über die relative Konstanz von s bzw. s_{rel} entweder Gl. (2.106) oder Gl. (2.110) als ausreichende Näherungen zu verwenden.

Genauere Bestimmungen eines Analyten werden oft im Anschluss an Übersichtsanalysen, z. B. mit Hilfe halbquantitativer Multikomponentenmethoden wie Optischer Emissionsspektralanalyse (OES), vorgenommen. Der Erwartungsbereich entspricht in diesem Fall der Messwertverteilung der orientierenden Voruntersuchungen, z. B. einer Normalverteilung $p_0(x) = N(\mu_v, \sigma_v^2)$. Wenn die a-posteriori-Verteilung der Messwerte der präziseren Bestimmung ebenfalls eine Gaußverteilung ist, $p(x) = N(\mu_p, \sigma_p^2)$, treffen die Verhältnisse zu, die in Abb. 2.30 angegeben sind und der Informationsgewinn der präziseren Bestimmung wird durch das Kullbacksche Divergenzmaß (2.103) charakterisiert, das für das folgende Beispiel konkret lautet: $I(p, p_0) = \text{lb}\,\dfrac{\sigma_v}{\sigma_p} + 0{,}72135\,\dfrac{(\mu_p - \mu_v)^2 + \sigma_p^2 - \sigma_v^2}{\sigma_v^2}$.

Beispiel

Gravimetrische Siliciumbestimmung in Stahl nach einer vorangegangenen spektrographischen Übersichtsanalyse:

(1) Erwartungsbereich:

$x_{min} = 0{,}5$ m-%, $x_{max} = 3{,}5$ m-% Si

(2) Ergebnis der spektrographischen Übersichtsanalyse ($n = 3$):

$x_{Sp} = 1{,}0$ m-% Si, $\quad s_{Sp} = 0{,}2$ m-% Si

(3) Ergebnis der gravimetrischen Bestimmung ($n = 5$):

$x_{Gr} = 1{,}12$ m-% Si, $\quad s_{Gr} = 0{,}01$ m-% Si

(a) Informationsgehalt der spektrographischen Übersichtsanalyse nach (2.107) mit $t(P = 0{,}9612; f = 2) = 4{,}194$:

$I_{Sp} = 3{,}322 \lg[(3{,}5 - 0{,}5)\sqrt{3}/(2 \cdot 0{,}2 \cdot 4{,}91)] = 1{,}40$ bit

(b) Informationsgehalt der gravimetrischen Bestimmung ohne Berücksichtigung der Übersichtsanalyse nach (2.107) mit $t\,(P = 0{,}9612;\,f = 4) = 3{,}024$

$I_{Gr} = 3{,}322\,\lg[(3{,}5 - 0{,}5)\,\sqrt{5}/(2 \cdot 0{,}01 \cdot 3{,}024)] = 6{,}79$ bit

(c) Informationsgewinn der gravimetrischen Bestimmung unter Bezug auf die spektrographische Übersichtsanalyse nach (2.103):

$I_{Gr/Sp} = 3{,}322\,\lg(0{,}2/0{,}01) + 0{,}72135\,\{[(1{,}12-1{,}0)^2 + 0{,}01^2 - 0{,}2^2]/0{,}2^2\}$
$= 3{,}86$ bit

Der Informationsgehalt der präziseren gravimetrischen Bestimmung ist entsprechend (b) deutlich höher als der der halbquantitativen spektrographischen Übersichtsanalyse (a). Wird jedoch letztere als Vorinformation ($x'_{min} = 0{,}8$ m-%, $x'_{max} = 1{,}2$ m-% Si anstelle von $x_{min} = 0{,}5$ m-%, $x_{max} = 3{,}5$ m-% Si) vor der Gravimetrie in Betracht gezogen, ist der Informationsgewinn nach (c) geringer als nach (b).

Gesetzt den Fall, das Resultat der spektrographischen Voruntersuchung würde von dem der gravimetrischen Bestimmung stärker abweichen, man hätte z.B. $x_{Sp} = 1{,}7$ m-% Si gefunden. Dann wäre der Informationszuwachs durch die gravimetrische Bestimmung mit $I_{Gr/Sp} = 9{,}67$ bit deutlich höher als im vorher betrachteten Fall auf Grund der Präzisierung einer offensichtlich ungenauen Vorinformation.

2.5.3
Quantitative Messergebnisse unter dem Aspekt der Richtigkeit

Das klassische Shannonsche Informationsmaß berücksichtigt nicht die Richtigkeit einer Information, weder allgemein noch bei Messergebnissen. Letztere werden allein auf der Grundlage von A-priori- und A-posteriori-Wahrscheinlichkeiten und -Streubereichen bewertet. Dies sei noch einmal an einem Beispiel demonstriert.

Beispiel

Untersuchung eines Referenzmaterials (NIST SRM 1648) auf Arsen.

(a) Referenzwert: (115 ± 10) m-ppm As
(b) angenommener Erwartungsbereich: $x_{min} = 50$ ppm, $x_{max} = 250$ ppm As
(c) Analysenergebnisse dreier Labors mit verschiedenen Methoden

$x_A = (116 \pm 20)$ m-ppm; $x_B = (112 \pm 5)$ m-ppm; $x_C = (129 \pm 3)$ m-ppm As;

Die Informationsgehalte nach Shannon betragen entsprechend Gl. (2.107):

- $I_A = \text{lb}(200/40) = 2{,}32$ bit,
- $I_B = \text{lb}(200/10) = 4{,}32$ bit,
- $I_C = \text{lb}(200/6)\ \ = 5{,}06$ bit,

d.h. für das unrichtige Ergebnis der Methode C ergibt sich aufgrund der guten Präzision der höchste Informationsgehalt.

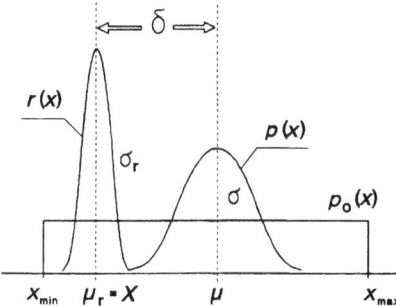

Abb. 2.33. Relationen einer A-priori-Gleichverteilung sowie einer Normalverteilung für die Messwerte und den wahren Wert

Systematische Fehler von Messergebnissen können behandelt werden mit Hilfe des Ungenauigkeitsmaßes der Information von Kerridge-Bongard [3, 6, 59], das neben der A-priori- und A-posteriori-Verteilung $p_0(x)$ und $p(x)$ zusätzlich die Verteilung $r(x)$ des wahren bzw. richtigen Wertes μ_r berücksichtigt. Für die in Abb. 2.33 dargestellten Bedingungen, nämlich einem Erwartungsbereich $p_0(x) = U(x_{min}, x_{max})$, normalverteilten Messwerte $p(x) = N(\mu, \sigma^2)$ und einer Normalverteilung für den richtigen Wert $r(x) = N(\mu_r, \sigma_r^2)$ ergibt sich unter der Randbedingung $x_{min} + 3\sigma < \mu < x_{max} - 3\sigma$ für das Kerridge-Bongardsche Ungenauigkeitsmaß

$$I(r; p, p_0) = \text{lb} \frac{x_{max} - x_{min}}{\sigma \sqrt{2\pi e}} - k \left(\frac{\sigma_r^2}{\sigma^2} + \frac{(\mu_r - \mu)^2}{\sigma^2} - 1 \right) \qquad (2.111)$$

wobei wiederum $k = (2 \ln 2)^{-1} = 0{,}72135$ ist. Für wahre Werte, die als fehlerfrei ($s_r \to 0$) angesehen werden können, degeneriert $r(x)$ zum Diracstoß mit $N(\mu_r, 0)$. Unter Berücksichtigung realer Stichproben und mit dem systematischen Fehler $\delta = \mu_r - x$ geht Gl. (2.111) über in

$$\hat{I}(r; p, p_0) = \text{lb} \frac{(x_{max} - x_{min}) \sqrt{n}}{2 s \cdot t(P, f)} - k \frac{\delta^2 - \sigma^2}{\sigma^2} \qquad (2.112)$$

Bei großen systematischen Fehlern kann der zweite Term in Gl. (2.112) größer werden als der erste, womit sich für den Informationsgehalt formal negative Werte ergeben würden. Obwohl sich das für falsche Messungen im Sinne einer Fehlinformation interpretieren ließe, sind negative Informationsgehalte in der Informationstheorie selbst ungebräuchlich. Eckschlager und Stepanek [59] haben deshalb die folgende Beziehung eingeführt

$$I = \begin{cases} = \hat{I}(r; p, p_0) & \text{wenn} \quad \hat{I}(r; p, p_0) \geq 0 \\ = 0 & \text{wenn} \quad \hat{I}(r; p, p_0) < 0 \end{cases} \qquad (2.113)$$

Eine erneute Betrachtung des letztgenannten Beispieles der Untersuchung eines NIST-Referenzmaterials (SRM 1648: 115 ppm As) ergibt nun nach den Gln.

(2.112) und (2.113) folgende Informationsgehalte[15]:

$I_A = 2{,}32 - 0{,}72135\,[(1^2 - 8{,}06^2)/8{,}06^2] = 2{,}32 + 0{,}71 = 3{,}03$ bit

$I_B = 4{,}32 - 0{,}72135\,[(3^2 - 2{,}01^2)/2{,}01^2] = 4{,}32 - 0{,}89 = 3{,}43$ bit

$I_C = 5{,}06 - 0{,}72135\,[(14^2 - 1{,}21^2)/1{,}21^2] = 5{,}06 - 95{,}85 = 0$ bit

Beispiel

Informationstheoretische Bewertung von Kontrollanalysen zur internen Qualitätssicherung (Auswahl nach [44]). Eine Standardlösung mit $\mu_r = 500$ µg/ml Ni wurde in zwei Labors mit sechs verschiedenen Methoden analysiert. Die Resultate und die jeweiligen Informationsgehalte nach (2.112) und (2.113) sind in Tabelle 2.3 zusammengestellt.

Aus Tabelle 2.3 geht hervor, dass der relative systematische Fehler x/s für den Informationsgehalt I der Analysenergebnisse bestimmend ist. $I(p, p_0)$ kann als Informationsgehalt der Analysenmethode angesehen werden, der nur durch Verfahrensparameter (und die Vorinformationen) bestimmt wird. Im Beispiel hat z. B. die Titration einen etwas geringeren systematischen Fehler als die gravimetrische Bestimmung. Das präzisere Ergebnis der Titration manifestiert jedoch den falschen Wert stärker, was auch folgerichtig durch $I = 0$ zum Ausdruck kommt. Übersteigen die systematischen Abweichungen die Zufallsstreuungen nicht signifikant, treten in der Regel positive Werte für den Informationsgehalt der Analysenergebnisse auf.

Tabelle 2.3. Analysenergebnisse von Vergleichsuntersuchungen und deren Informationsgehalte $I(p,p_0)$ nach (2.107) und I nach (2.113) mit dem Erwartungsbereich $x_{min} = 490$ und $x_{max} = 510$ µg/ml Ni für jeweils $n = 10$ Parallelbestimmungen sowie dem 95%-Vertrauensbereich (VB).

Methode	x/µg/ml	s/µg/ml	$I(p,p_0)$/bit	I/bit	δ/s	95%-VB/µg/ml
Gravimetrie[a]	494,7	2,76	2,34	0,40	1,9	491,9...497,5
Titrimetrie[b]	495,2	1,25	3,49	0	3,8	493,9...496,5
Polarographie[c]	501,4	4,80	1,54	2,20	0,3	496,6...506,2
Photometrie[d]	499,5	3,20	2,13	2,83	0,16	496,3...502,7
AAS[e]	493,2	2,96	2,24	0	2,3	490,2...496,2
ICP-OES[f]	502,2	5,46	1,36	1,9	0,4	496,7...507,7

[a] Fällung mit Diacetyldioxim in ammoniakalischer Lösung.
[b] Amperometrische Titration mit 0,01 M EDTA.
[c] Hg-Tropfelektrode, Grundlösung $NH_4OH + NH_4Cl$.
[d] Diacetyldioxim, $\lambda = 246$ nm.
[e] N_2O/C_2C_2-Flamme, $\lambda = 232$ nm.
[f] N_2/Ar-Plasma, 3 kW, 1:10-Verdünnung.

---

[15] Die Standardabweichungen wurden aus den Vertrauensbereichen unter der Annahme $n = 3$ ermittelt.

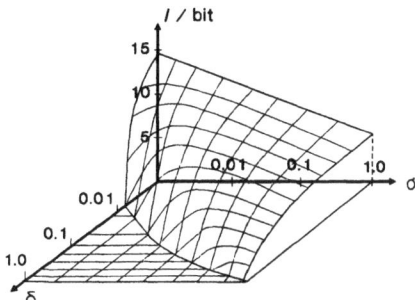

Abb. 2.34. Zusammenhang zwischen dem Informationsgehalt eines Messergebnisses und dessen Zufalls- sowie systematischen Fehler

Die gemeinsame Berücksichtigung von Richtigkeit und Präzision bei der informationstheoretischen Bewertung von Analysenergebnissen nach der Kerridge-Bongard Gl. (2.112) lässt sich wie folgt verallgemeinern:

(1) Ein positiver Wert für den Informationsgehalt bedeutet stets eine Verringerung der A-priori-Unsicherheit über das Messergebnis.
(2) Der Informationsgehalt steigt mit zunehmender Weite des Erwartungsbereiches und mit der Präzision der Messwerte, die nach $\sqrt{n}/s$ durch die Anzahl der Parallelbestimmungen und die reziproke Standardabweichung der Messung bestimmt wird.
(3) Ein Messverfahren ist nur dann informationsfähig, wenn seine Ergebnisse ausreichend richtig und genau sind, d.h. wenn $\delta \to 0$ und $\Delta x < (x_{max} - x_{min})$.
(4) Negative Informationsgehalte ($I = 0$ nach Gl. (2.113)) treten auf, wenn signifikant unrichtige Messergebnisse erhalten werden, was um so folgenschwerer ist, je höher die Präzision der Messung ist. Abb. 2.34 verdeutlicht den Sachverhalt in Form einer dreidimensionalen Abhängigkeit des Informationsgehaltes I vom Zufallsfehler σ und dem systematischen Fehler δ
(5) Das Kerridge-Bongardsche Ungenauigkeitsmaß der Information bringt anschaulich die Folgen signifikant falscher Resultate zum Ausdruck. Diese beseitigen keine Unsicherheit, sondern desinformieren den Chemiker bzw. manifestieren die ursprüngliche A-priori-Ungewissheit.

Besondere Bedeutung besitzt das Kerridge-Bongard-Modell für die Bewertung vergleichender Untersuchungen in der Qualitätskontrolle, für Ringanalysen und für Methodenvergleiche. Dazu finden sich weitergehende Darstellungen und Beispiele in [6].

2.5.4
Signal-Rausch-Verhältnis und Informationsgehalt

Zur Charakterisierung des Leistungsvermögens von Messgeräten und -verfahren findet auch für chemische Messungen das Signal-Rausch-Verhältnis zunehmend Anwendung. Wegen des unterschiedlichen Gebrauchs der Kenngröße

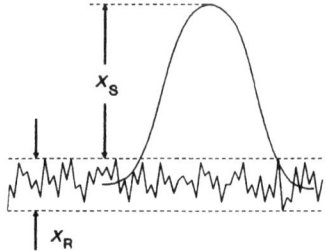

Abb. 2.35. Veranschaulichung der Definition des Signal-Rausch-Verhältnisses

[3, 45, 47] muss ausdrücklich unterschieden werden zwischen dem Signal-Rausch-Verhältnis S/R (siehe Abb. 2.35)

$$S/R = \frac{\bar{x}}{s_x} = \frac{1}{s_{rel}} \qquad (2.114)$$

und dem Signal-Rausch-Leistungsverhältnis P/R

$$P/R = \frac{P_S}{P_R} = \frac{x_S^2}{x_R^2} = \frac{\sigma_{ik}}{\sigma_{rr}} \qquad (2.115)$$

mit $P_S \sim x_S^2$ Signalleistung, $P_R \sim x_R^2$ Rauschleistung, $\sigma_{ik} = \mathrm{cov}(x_i, x_k)$ Kovarianz der Signale (vgl. Gl. 2.13), d.h. Streuung zwischen den möglichen Signalzuständen eines Signals bzw. zwischen unterschiedlichen Signalen, $\sigma_{rr} = \mathrm{var}(x_{R_i}, x_{R_j})$ Varianz des Rauschens; diese entspricht annähernd der Varianz des Analysenfehlers, wobei für $P = 0{,}99$ gilt [7]

$$\sigma_R \approx \frac{x_R}{5} \qquad (2.116)$$

Das Signal-Rausch-Verhältnis S/R ist ein Kriterium für die Präzision von Messverfahren[16]. Seine Anwendung in Bezug auf chemische Messungen bietet eine Reihe von Vorteilen:

- Die Automatisierung und Computerisierung moderner Messgeräte, gestatten es, S/R unmittelbar zu beeinflussen,
- S/R beschreibt als Funktion der Analysengröße quantitative Messverfahren in Bezug auf ihre Genauigkeit, Empfindlichkeit und Nachweisvermögen relativ umfassend,
- Nachweiskriterien nach unterschiedlichen Definitionen (vgl. Kap. 8) lassen sich auffassen als ein gefordertes Mindest-Signal-Rausch-Verhältnis für eine eindeutige Signalerkennung und -auswertung unter bestimmten Randbedingungen [46],
- Beide Signal-Rausch-Kenngrößen S/R und P/R hängen in übersichtlicher Weise mit dem Informationsgehalt von Messverfahren zusammen.

---

[16] S/R ist identisch mit dem Pearsonschen Variabilitätskoeffizienten, den Kaiser u. Specker unter der Bezeichnung *Genauigkeit* zur Charakterisierung von Analysenverfahren vorschlugen [2].

Proportionalität besteht zwischen der Anzahl der unterscheidbaren Signalzustände m nach den Gln. (2.107) bis (2.109) und S/R entsprechend

$$m = \kappa \cdot S/R \qquad (2.117)$$

mit $\kappa \sim \sqrt{n}$ und $x_{min} \ll x_{max}$ sowie $x \to x_{max}$ ist eine möglichst volle Ausnutzung des Messbereiches erwünscht.

Der Zusammenhang zwischen m und P/R ist gegeben durch [47]

$$m = \sqrt{\frac{P_S}{P_R}} = \frac{x_S}{x_R} \qquad (2.118)$$

In der Informationstechnik wird oft als Signal-Rausch-Kenngröße das logarithmische Maß $\eta = 20 \lg(x_S/x_R)$ verwendet, wobei $[\eta] = $ db (Dezibel). Dieses logarithmische Signal-Rausch-Verhältnis findet auch in der Chemie gelegentlich Anwendung, z. B. zur Charakterisierung von Wägungen für gravimetrische Analysen [48, 49].

Nach den Gln. (2.117) und (2.118) erhöht sich das Signal-Rausch-Verhältnis mit der Zahl der Parallelmesungen (der „Akkumulationen"). Auf dieser Tatsache beruhen eine Reihe von Verfahren und Techniken zur Verbesserung des Signal-Rausch-Verhältnisses (siehe Abschn. 2.6 und Kap. 6).

2.5.5
Die Informationsmenge von Mehrkomponentenanalysen

Mehrdimensionale chemische Informationen betreffen sowohl Identifizierung, Nachweis und quantitative Bestimmung mehrerer Probenbestandteile, als auch die Ermittlung von Systemparametern, z. B. der Probenzusammensetzung in Abhängigkeit von räumlichen Koordinaten von Proben oder auch von der Zeit. Der Sachverhalt ist schematisch dargestellt in Abb. 2.36 für drei Komponenten, teilweise in zeitlicher bzw. lateraler Veränderlichkeit. Zumindest die Gewinnung von zweidimensionalen Informationen $y = f(z)$, z. B. in Form von Spektren oder Chromatogrammen ist heute der Normalfall bei chemischen Messungen.

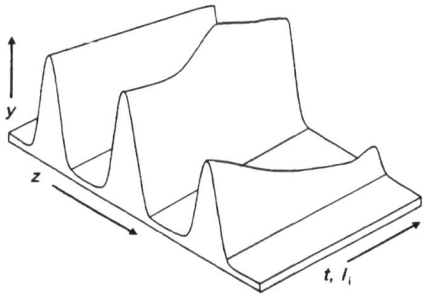

Abb. 2.36. Dreidimensionale chemische Informationen als zeitliche oder laterale Konzentrationsprofile von drei verschiedenen Komponenten

Mit der Auswertung verschiedener Signale bzw. der gesamten Signalfunktion können in der Regel simultane Informationen über mehrere (im Extremfall alle) Probenbestandteile erhalten werden. Für die Analyse von n ausgewählten (bekannten) Komponenten ergibt sich die Informationsmenge $M(n)$ als Summe der Informationsgehalte I_j der Einzelbestandteile

$$M(n) = \sum_{i=1}^{n} I_j \qquad (2.119)$$

Für den Fall, dass alle n Komponenten mit der gleichen Präzision bestimmt werden können, vergleichbare Erwartungsbereiche besitzen und alle Signalzustände gleich wahrscheinlich sind, ergibt sich die maximale Informationsmenge [3]

$$M(n)_{max} = n \cdot I_{max} = n \cdot \text{lb}\, m \qquad (2.120)$$

Im speziellen Fall qualitativer Prüfungen auf n Bestandteile erhält man $M(n)_{ql} = n$ bit.

Mehrkomponentenanalysen werden in der Regel mittels instrumentell-analytischer Methoden ausgeführt, die zweidimensionale chemische Informationen in Form von Signalfolgen liefern. Dabei sind für die A-posteriori-Entropien nach Gl. (2.98) die bedingten Wahrscheinlichkeiten $P(x_i | z_j)$ zu beachten, die den kausalen Zusammenhang eines Ergebnisses x_i mit dem Zustand eines bestimmtes Signales z_j beschreibt. Informationsmengen nach Gl. (2.120) gehen von eindeutigen Zuordnungen zwischen Signalauftritt z und chemischem Ergebnis x aus. Sie gelten außerdem nur für den Fall, dass die ausgewerteten Signale unabhängig voneinander sind, dass also keine Korrelationen zwischen den betrachteten n Signalen bestehen. Zum Vorliegen korrelierter Analysensignale siehe [33, 54].

Ein anderer Sachverhalt liegt vor bei der Identifizierung einer Substanz, also der Auswahl einer (unbekannten) Komponente aus p prinzipiell in Frage kommenden. Für den speziellen Fall gleicher Wahrscheinlichkeiten für alle Möglichkeiten ergibt sich dafür als maximaler Informationsgehalt

$$I(1, p) = \text{lb}\, p \qquad (2.121)$$

Für die qualitative Prüfung von n Bestandteilen aus p möglichen ergibt sich für $p \gg n$ als Informationsmenge

$$M(n, p) = n\, \text{lb}\, p \qquad (2.122)$$

Sind die Wahrscheinlichkeiten der in Frage kommenden p Komponenten nicht gleich, ergibt sich allgemein

$$M(n, p) = \sum_{i=1}^{n} \sum_{j=1}^{p} \left(P(x_j)\, \text{lb}\, \frac{1}{P(x_j)} \right)_i \qquad (2.123)$$

2.5 Informationstheoretische Grundlagen

Falls die n unbekannten Komponenten aus einer überschaubaren Anzahl p möglicher herauszufinden sind, muss anstelle von Gl. (2.122), die nur für $p \gg n$ eine gute Näherungslösung liefert, die folgende Beziehung benutzt werden

$$M(n,p) = \sum_{k=1}^{n} \text{lb}\,(p - k + 1) \tag{2.124}$$

Wenn die n identifizierten Bestandteile auch noch in ihren Mengen zu bestimmen sind, erhöht sich die Informationsmenge im einfachsten Fall um den in Gl. (2.120) gegebenen Betrag $n \cdot \text{lb}\,m$ mit Gl. (2.122) auf

$$M(n,p) = n\,(\text{lb}\,p + \text{lb}\,m) = n \cdot \text{lb}\,(p \cdot m) \tag{2.125}$$

In ungünstigen Fällen der chemischen Praxis ist jedoch noch nicht einmal bekannt, aus wieviel verschiedenen unbekannten Komponenten sich eine bestimmte Probe zusammensetzt, z.B. in den sogenannten „general unknown"-Fällen der toxikologischen Analytik. Dann ist durch einen Separationsprozess, z.B. eine chromatographische Trennung zunächst einmal zu prüfen, wieviel Komponenten vorliegen. Informationstheoretisch bedeutet das, die Zahl der möglichen Komponenten p auf die Zahl der tatsächlich vorliegenden n zu reduzieren, bevor in den folgenden Analysen deren Identifizierung erfolgt. Mit dem Informationsanteil I_n für die Feststellung der Zahl der Komponenten

$$I_n = \text{lb}\,\frac{p}{n} \tag{2.126}$$

ergibt sich die Gesamtinformationsmenge $M(n,p)_t$ für die Identifizierung und Bestimmung von n unbekannten Bestandteilen (aus einer Menge von p in Frage kommenden) zu

$$M(n,p)_t = I_n + M(n,p) + M(n) = \text{lb}\,\frac{p}{n} + n \cdot \text{lb}\,(p \cdot m) \tag{2.127}$$

Diese Gesamtinformationsmenge ist unabhängig vom Weg, auf dem sie erhalten wurde; ob also schrittweise zunächst mit einem geeigneten Trennverfahren die Zahl der Komponenten ermittelt wurde (I_n), diese anschließend identifiziert [$M(n,p)$] und schließlich quantitativ bestimmt [$M(n)$] wurden oder ob alle erforderlichen Teilinformationen in einem Schritt, z.B. mit Hilfe der GC-MS, zugänglich sind. Folgendes Beispiel soll einen Eindruck von den in Frage kommenden Informationsmengen vermitteln.

Beispiel

Identifizierung der Bestandteile in einer Wasserprobe, die mit organischen Schadstoffen belastet ist. Ein derartiges komplexes Problem wird schrittweise, durch Kombination verschiedener Verfahren und stufenweise Einengung des Kreises möglicher Verbindungen bis zur Einzelkomponentenidentifizierung gelöst. Dazu kann die Ermittlung von Summen- und gruppenspezifischen Parametern (z. B. TOC, DOC, COD, BOD, AOX, AOS, SAC$_{254}$) ebenso beitragen wie Extraktionen und chromatographische Trennungen (TLC, HPLC, GC), und zwar meist in ihren hochauflösenden Verfahrensvarianten (Kapillar-GC), gekoppelt mit massenspektrometrischer Identifizierung.

Für ein umweltanalytisches Problem wie oben angeführt, lässt sich nur eine grobe Abschätzung für die Informationsmenge angeben. Im konkreten Fall sind sehr detaillierte Vorinformationen über das System zu berücksichtigen und außerdem Unsicherheiten der Signalerkennung, -zuordnung und -überlappung in Betracht zu ziehen. Wir wollen annehmen, dass für die Belastung der Wasserprobe $p = 5000$ Verbindungen in Frage kommen. Diese Zahl wird auf dem Untersuchungsweg schrittweise reduziert zunächst auf 1000 (es handelt sich um halogenhaltige Verbindungen) und schließlich auf 200 (z. B. Polychlorbiphenyle). Mittels GC-MS werden dann 60 PCBs gefunden, identifiziert und quantitativ bestimmt mit einer Genauigkeit von $s_r \approx 5\%$ ($m \approx 20$). In diesem Fall ergibt sich folgende Abschätzung für die Informationsmenge nach Gl. (2.127)

$$M(60; 5000)_t \approx \text{lb}(5000/60) + 60\,\text{lb}\,5000 + 60\,\text{lb}\,20 = (6{,}38 + 737{,}28 + 259{,}32)\ \text{bit}$$
$$\approx 1000\ \text{bit}.$$

Diese Informationsmenge ist unabhängig davon, mit wieviel Verfahrensschritten das Resultat erhalten wurde.

Vom analytischen Problem her ist also deutlich zu unterscheiden zwischen qualitativen Analysen (Prüfung auf n bekannte, vorgegebene Komponenten, Gl. (2.119) bzw. (2.120)) und Identifizierungen (Auswahl von n Komponenten aus einer Menge von p prinzipiell in Frage kommenden), die wie in unseren Beispielen, entsprechend Gl. (2.127) zu bewerten sind.

2.5.6
Redundanz von Analysenergebnissen

Für die simultane Analyse von n Komponenten müssen mindestens $N \geq n$ auswertbare Signale zur Verfügung stehen. Instrumentelle Messmethoden liefern in der Regel zweidimensionale Informationen der Form $y = f(z)$, z. B. als Spektren oder Chromatogramme, wie in Abb. 2.37 schematisch dargestellt.

Der potentielle Signalvorrat (als maximal mögliche Anzahl ungestört nebeneinander beobachtbarer Signale) wird bestimmt durch die Grenzen des Registrierbereiches z_{min} und z_{max} sowie durch die Signalhalbwertsbreite Δz

$$N = \int_{z_{min}}^{z_{max}} \frac{dz}{\Delta z} \tag{2.128}$$

In der Regel lassen sich zwei benachbarte Signale nebeneinander erkennen, wenn sie mindestens um den Betrag ihrer Halbwertsbreite Δz auseinander liegen.

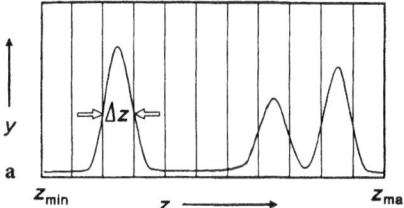 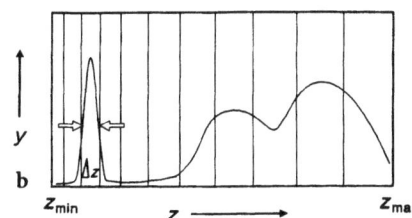

Abb. 2.37 a, b. Veranschaulichung des analytischen Auflösungsvermögens bei a konstanter und b veränderlicher Signalhalbwertsbreite

Das analytische Auflösungsvermögen N gibt also an, wieviel unterscheidbare Signale der Registrierbereich theoretisch enthalten kann [43]. Für eine konstante Signalhalbwertsbreite (Abb. 2.37a), folgt aus Gl. (2.128) unmittelbar

$$N = \frac{z_{max} - z_{min}}{\Delta z} \tag{2.129}$$

Häufig ist jedoch die Signalbreite nicht konstant, sondern eine Funktion der Registriergröße z (Abb. 2.37b). Mit $\Delta z^{-1} = f(z)$ ergibt sich das analytische Auflösungsvermögen nach

$$N = \int_{z_{min}}^{z_{max}} f(z)\,dz \tag{2.130}$$

Ein derartiger funktionaler Zusammenhang zwischen Signalauflösung und Signalgröße existiert z.B. für chromatographische und viele spektroskopische Methoden. Im letzteren Fall wird er ausgedrückt durch das spektrale Auflösungsvermögen $R(\lambda) = \lambda/\Delta\lambda$ oder auch $R(\nu) = \nu/\Delta\nu$. Damit erhält man aus Gl. (2.130)

$$N = \int_{z_{min}}^{z_{max}} \frac{R(z)}{z}\,dz \tag{2.131}$$

Bei praktisch konstantem Auflösungsvermögen R, wie es z.B. bei Gitterspektralgeräten der Fall ist, ergibt sich [6, 43]

$$N = R \cdot \ln \frac{z_{max}}{z_{min}} \tag{2.132}$$

Die potentielle Informationsmenge M_p einer Messmethode wird unmittelbar durch deren Signalauflösungsvermögen N (analytisches Auflösungsvermögen) bestimmt:

$$M_p = N \cdot I_{max} = N \cdot \mathrm{lb}\,m \tag{2.133}$$

In [6, 43] sind für wichtige chemische und insbesondere instrumentell-analytische Untersuchungsmethoden analytisches Auflösungsvermögen und potentielle Informationsmengen im Überblick zusammengestellt. Dabei kann N Werte zwischen 50 (UV-VIS-Spektroskopie) und 200 000 (hochauflösende MS, OES) annehmen.

Nun wird zwar zur analytischen Bestimmung von n Bestandteilen ein Signalauflösungsvermögen von $N \geq n$ benötigt, in der Praxis verfügen die Methoden jedoch meist über einen beträchtlichen Informationsüberschuss. Von den vielen Tausend Spektrallinien, die für linienreiche Elemente in Atomspektren auftreten, sind für die Identifizierung bzw. qualitative Analyse nur einige wenige erforderlich. Der Informationsüberschuß stellt die *Redundanz R* eines Messverfahrens dar

$$R = M_p - M(n) = (N - n)\,\mathrm{lb}\,m \tag{2.134}$$

die häufig auch als *relative Redundanz r* angegeben wird

$$r = \frac{R}{M_p} = 1 - \frac{n}{N} \tag{2.135}$$

Wie generell in der Informationstheorie, so muss auch in der chemischen Analytik zwischen fördernder und leerer Redundanz unterschieden werden. *Fördernde Redundanz* charakterisiert solche Signale oder Teile von Signalfunktionen, die für die Übermittlung bestimmter Informationen über eine Probe nicht unbedingt erforderlich sind. Sie könnten prinzipiell fortfallen, ohne die Nutzinformationsmenge wesentlich zu verringern. Andererseits sind solche Signale jedoch geeignet, bestimmte Informationsmengen aufrechtzuerhalten, zu sichern oder wiederherzustellen, wenn andere Signale verschwinden oder unzugänglich werden.

So besteht die bei der Strukturaufklärung durch Kombination von Untersuchungsmethoden, wie der IR-, NMR- und Massenspektroskopie, gegebenenfalls auch der UV-VIS-Spektroskopie, erhaltene Redundanz zu einem großen Teil aus fördernder, die Information einer Methode sichernder und ergänzender Redundanz.

Demgegenüber ist *leere Redundanz* dadurch gekennzeichnet, dass sie keinen (noch so geringen) Informationszuwachs gegenüber Bekanntem liefert und auch nicht Informationen aufrechterhalten, deren Sicherheit erhöhen oder fragmentarische Informationen ergänzen kann.

Ein anschauliches Beispiel liefert die Optische Emissionsspektralanalyse [50, 55]. Für die etwa 80 nachweisbaren Elemente stehen Hunderttausende von Spektrallinien zur Verfügung, was die Spektrochemiker in der Praxis bereits seit langem dazu veranlasst hat, sich auf relativ wenige Hauptnachweislinien für jedes Element zu beschränken (z. B. [56]). Deren Menge verkörpert in der Regel die Nutzinformation plus fördernde Redundanz der Methode, während darüber hinausgehende Mengen meist leere Redundanz darstellen. Die Zahl der Nachweislinien, die einen relevanten Informationszuwachs ermöglichen, ist relativ gering. In der Regel bringt das Aufsuchen einer bestimmten Spektrallinie keine völlige Sicherheit, sondern nur eine gewisse Erhöhung der Wahrscheinlichkeit über die Anwesenheit eines Elementes mit sich.

Tabelle 2.4. Informationszuwachs $\Delta M = M[P_0(x)] - M[P(x)]$ in bit bei der Auswertung von Signalen mit unterschiedlichen A-priori-$[P_0(x)]$ und A-posteriori-Wahrscheinlichkeiten $[P(x)]$

$P_0(x)$	$P(x)$				
	0,90	0,95	0,99	0,999	1,00
0,50	0,53	0,72	0,92	0,99	1,00
0,90	–	0,19	0,39	0,46	0,47
0,95	–	–	0,20	0,27	0,28
0,99	–	–	–	0,07	0,08

Aus Tabelle 2.4 ergibt sich z. B. unter der Voraussetzung, dass durch das Aufsuchen einer ersten Nachweislinie die Wahrscheinlichkeit für die Anwesenheit eines bestimmten Elementes von 50 % (vorherige völlige Unsicherheit) auf 90 % gewachsen ist, ein Informationszuwachs von 0,53 bit. Der positive Vergleich einer zweiten Nachweislinie desselben Elementes, durch den z. B. die Sicherheit auf 99 % erhöht wird, liefert einen weiteren Informationszuwachs von 0,39 bit. Die Identifizierung weiterer Linien des gleichen Elementes kann dann aber insgesamt nur noch einen Informationsgewinn von insgesamt 0,08 bit erbringen.

Ähnliche Ergebnisse erhielten Marlen u. Dijkstra [91] für Massenspektren durch Betrachtung der Korrelation zwischen verschiedenen Peaks bzw. Dupuis u. Dijkstra [54] für gaschromatographische Identifizierungen mittels der Retentionsindizes für verschiedene stationäre Phasen.

Als Beispiele für leere Redundanz dienen weiterhin oft signalfreie Bereiche in Spektren oder Chromatogrammen, also solche Gebiete, in denen lediglich eine, oft verrauschte, Grundlinie (Basislinie, Untergrund) zu beobachten ist und die Nutzinformation gegen Null geht. Diese Interpretation ist nur dann richtig, wenn diese Grundlinie nicht zur indirekten Informationsgewinnung verwendet wird, z. B. zur Signalkorrektur, Rauschanalyse oder Varianzanalyse. Basislinienkorrekturen erhöhen in der Regel den Informationsgehalt des betreffenden Signales.

Abgesehen von redundanten Signalen im oben angeführten Sinne, also überschüssigen Signalen für eine Komponente, sind weitere Arten von „Redundanz" (im Sinne von relativer Bedeutungslosigkeit) zu betrachten, die insbesondere für Datenanalysen eine Rolle spielen:

- Daten (Signalintensitäten oder Gehaltsangaben) von Komponenten, die mit denen bereits betrachteter streng korreliert sind; für Mehrkomponentenbetrachtungen bringt die Auswertung und Interpretation solcher Daten nur geringe zusätzliche Information; oftmals wird durch starke Korrelationen eine Auswertung sogar unmöglich gemacht (Kollinearitäten), eine konsequente Anwendung multivariater Auswertetechniken (Kap. 3) kann in dieser Hinsicht Abhilfe schaffen;
- Daten von Komponenten, die keine oder geringe Variation besitzen, die also relativ konstante Werte aufweisen; Information wird durch Variation bedingt (siehe Gl. (2.105): Katemansches Varianzreduktionskonzept), für multivariate Betrachtungen gewinnt man also auch aus derartigen schwach variablen Daten kaum Information;
- Daten von Komponenten, die für die gegebene Problemstellung a priori keine Rolle spielen, für die Fragestellung also nicht relevant sind, aber dennoch durch das Analysenprinzip mit erhalten werden.

In verschiedenen Arbeiten, insbesondere von Matherny, Florián und Eckschlager [57, 58] hat man diesem letztgenannten Sachverhalt durch die Einführung von sogenannten Relevanzkoeffizienten für Mehrkomponentenanalysen Rechnung getragen. Die relevante Informationsmenge ergibt sich mit den komponententypischen Relevanzkoeffizienten k_j ($j = 1, 2, \ldots, n$) anstelle von (2.119) zu

$$M(n)_r = \sum_{j=1}^{n} (k_j I_j) \tag{2.136}$$

Die Werte dieser Relevanzkoeffizienten können im Sinne von Wichtungsfaktoren aus praktisch-chemischen Erfordernissen oder aus bestimmten aufgabenbezogenen Erfahrungen oder Erwägungen heraus abgeleitet werden. Die relative Unschärfe der Faktoren hat man versucht, durch Einbeziehung fuzzytheoretischer Gesichtspunkte zu berücksichtigen [33, 57]. Außerdem wurden neben statischen auch dynamische Modelle in Betracht gezogen [57, 59] für Fälle, in denen die Relevanzkoeffizienten von Informationsgrößen abhängen.

2.5.7
Informationsmenge und Informationsleistung von zeit- und ortsaufgelösten chemischen Informationen

Chemische Messergebnisse erhalten ihren besonderen Informationswert oft durch zeit- oder ortsabhängige Untersuchungen. So ist z. B. der Momentanwert einer Prozesskontrolle nur in Ausnahmefällen interessant, nämlich dann, wenn bestimmte Warn- oder Eingriffsgrenzen erreicht oder überschritten werden. Wesentlich mehr Informationen erhält man jedoch aus dem Zeitverhalten der Messgrößen, also chemischen Informationen über die Zusammensetzung eines stofflichen Systems als Funktion der Zeit $y = f(t)$ oder (bei Mehrkomponentensystemen) $y = f(z, t)$. Ein Beispiel für eine derartige Funktion ist in Abb. 2.36 (S. 61) dargestellt. Aus dem Zeitverlauf lassen sich statistisch gesicherte Erkenntnisse über auffällige Situationen, die die Annäherung an eine ungewöhnliche Prozess-Situation erkennen lassen, viel früher erkennen als Extremsituationen, die ein sofortiges Eingreifen erfordern [7, 60]. Die Informationsmenge von Prozessanalysen (allgemeiner Oberbegriff für chemische Prozesskontrollen, dynamische und kinetische Untersuchungen) ist dann auch um den Faktor des Zeitauflösungsvermögens

$$\Theta = \frac{t}{\Delta t} \tag{2.137}$$

höher als die von statischen chemischen Messungen [41, 61]. Es ergibt sich für die maximale Informationsmenge M_t zeitaufgelöster Messungen

$$M_t = \Theta \cdot I_{max} = \Theta \cdot \text{lb}\, m \tag{2.138}$$

im Falle von Einkomponentenanalysen sowie für Mehrkomponentenanalysen:

$$M(n)_t = \Theta \cdot M(n) = \Theta \cdot n \cdot \text{lb}\, m \tag{2.139}$$

Ähnliches gilt für ortsaufgelöste Informationen. Die Kenntnis der Zusammensetzung von Mikrobereichen einer Probe erhöht nur dann die Informationen,

2.5 Informationstheoretische Grundlagen

wenn dies relativ zur Gesamtzusammensetzung bzw. relativ zur Umgebung geschieht. Für ortsabhängige Untersuchungen, z. B. der folgenden Art

- laterales Gehaltsprofil $y = f(l_x)$ (*Linienscan* entlang einer Probenlinie l_x) mit y als Intensitätsmessgröße oder Gehalt
- Gehaltsprofil $y = f(l_x, l_y)$ über eine Probenfläche $l_x \cdot l_y$ (*Flächenscan*)
- qualitative Verteilung einer Komponente über eine Probenfläche $z = f(l_x, l_y)$, mit z als komponentenspezifische Signalgröße, z. B. *Elementverteilungsbilder* von Mikrosonden,
- allgemeine Bildinformationen einer Schwarz-Weiß-Abbildung $b = f(l_x, l_y)$ mit b Anzahl der Graustufen
- Bildinformationen einer farbigen Abbildung $B = f(\varphi, l_x, l_y)$ mit B Anzahl der Intensitätsstufen für φ Farben

erhöht sich die Informationmenge gegenüber Durchschnittsanalysen um den Faktor des geometrischen Auflösungsvermögens A, das im konkreten Fall ein

laterales Auflösungsvermögen: $\quad A_l = \dfrac{l}{\Delta l}$ \hfill (2.140a)

Flächenauflösungsvermögen: $\quad A_F = \dfrac{F}{\Delta F}$ \hfill (2.140b)

(Zahl der „Pixel", d. h. Flächenelemente)

Volumenauflösungsvermögen: $\quad A_V = \dfrac{V}{\Delta V}$ \hfill (2.140c)

(Zahl der „Voxel", d. h. Volumenelemente)

ist. Für die maximale Informationsmenge lateral aufgelöster Messungen oder bildhafter Messergebnisse M_b ergibt sich

$$M_b = A \cdot I_{max} = A \cdot \operatorname{lb} m \quad (2.141)$$

für Einzelkomponentenanalysen sowie für Mehrkomponentenuntersuchungen:

$$M(n)_b = A \cdot M(n) = A \cdot n \cdot \operatorname{lb} m \quad (2.142)$$

Für ein Elementverteilungsbild, wie es in Abb. 2.12 (S. 19) für Aluminium dargestellt ist, ergibt sich mit $l_x = l_y = 250\ \mu m$ und damit $F = 62500\ \mu m^2$, $F = 25\ \mu m^2$, $n = 1$ sowie $m = 2$ (qualitatives Verteilungsbild) eine Informationsmenge nach Gl. (2.141) von $M_b = 2500$ bit.

Im Allgemeinen wird die Informationsmenge also stärker durch das laterale Auflösungsvermögen als durch die Präzision der Gehalts- oder Graustufendifferenzierung bestimmt. Für verteilungs- und bildhafte Informationen existiert eine optimale Fläche in Relation zu den differenzierbaren Gehalts- oder Intensitätsstufen, wie in [34] gezeigt wird.

Für Zwecke der Informationsverarbeitung kann es durchaus sinnvoll sein, analytische Informationen als Bilder zu betrachten, z. B. Spektren als eindimensionale Bilder. Sieht man ein Spektrum als Intensitätskurve mit einer lateralen

Auflösung von $\Delta l = \Delta z$ (konkret $\Delta \lambda$ oder $\Delta \nu$) über den Bereich $l = z_{max} - z_{min}$ hinweg an, so ergibt sich für das laterale Auflösungsvermögen $A_l = (z_{max} - z_{min})/\Delta z$ in Übereinstimmung mit dem analytischen Auflösungsvermögen N entsprechend Gl. (2.129).

Sowohl zeit- als auch ortsabhängige Gehaltsfunktionen lassen sich nach der Theorie der stochastischen Prozesse behandeln [61, 62], s. dazu auch Kap. 4. Zeitfunktionen, wie sie bei Prozessanalysen eine Rolle spielen, lassen sich nicht nur mittels der Informationsmenge M_t nach den Gln. (2.138) bzw. (2.139) bewerten, sondern oftmals effektiver mit Hilfe des Informationsflusses J, für den allgemein gilt

$$J = \frac{dM}{dt} \tag{2.143}$$

Ausgehend vom Informationsfluss lassen sich eine Reihe weiterer Kenngrößen ableiten, die für die informationstheoretische Bewertung von Messergebnissen vorteilhaft sind [6, 41, 67]. Das Leistungsvermögen von Messverfahren $L_M = M_p/t_A$ (konstanter Informationsfluss) lässt sich z. B. in Relation setzen zu realen Informationsleistungen L_P, die als Bedarfsgröße aus dem zu lösenden Problem heraus abgeschätzt werden kann. Mit deren Hilfe kann eine Informationseffektivität $E_I = L_P/L_M$ sowie unter Berücksichtigung der Kosten für Messungen auch eine Informationsrentabilität als kostenbezogene Informationsmenge abgeschätzt werden. Für die Anwendbarkeit dieser informationstheoretischen Leistungsgrößen sind insbesondere in [41] Beispiele angegeben.

2.6
Systemtheoretische Aspekte chemischer Messungen

Messsysteme sind durch eine Reihe von Gesetzmäßigkeiten charakterisiert, die sich durch signal- und systemtheoretische Grundlagen beschreiben lassen, die im Zusammenhang mit chemischen Messungen vor allem auf Prozessanalysen angewendet werden sowie zur Erhöhung des Nutzinformationsgehaltes $M_p = N \cdot \text{lb}\, m$ (Gl. (2.133)) von Messverfahren durch eine Auflösungsverbesserung der Signalfunktion (Erhöhung von N entsprechend (2.128) bis (2.132)) bzw. durch eine Verbesserung des Signal-Rausch-Verhältnisses (Erhöhung von m entsprechend (2.108, 2.109) bzw. (2.117) [43, 52].

Für signal- und systemtheoretische Betrachtungen ist es zweckmäßig, die Messfunktion $y = f(z)$ bzw. $x = f(z)$ als Zeitfunktion zu behandeln, was in der Regel durch die zeitliche Abtastung des Registrierbereiches gerechtfertigt ist:

$$x = f(t) \tag{2.144}$$

Funktionen dieser Art lassen sich durch unterschiedliche Transformationen (z. B. Fourier-Transformation, Laplace-Transformation) aus dem *Zeit-* in den *Frequenz*-Bereich (allgemein: aus dem *Objekt-* in den *Bild*-Bereich) überführen. In Abb. 2.38 sind die durch die wichtige Fourier-Transformation gebildeten Signalkennfunktionen zusammengestellt.

2.6 Systemtheoretische Aspekte chemischer Messungen   71

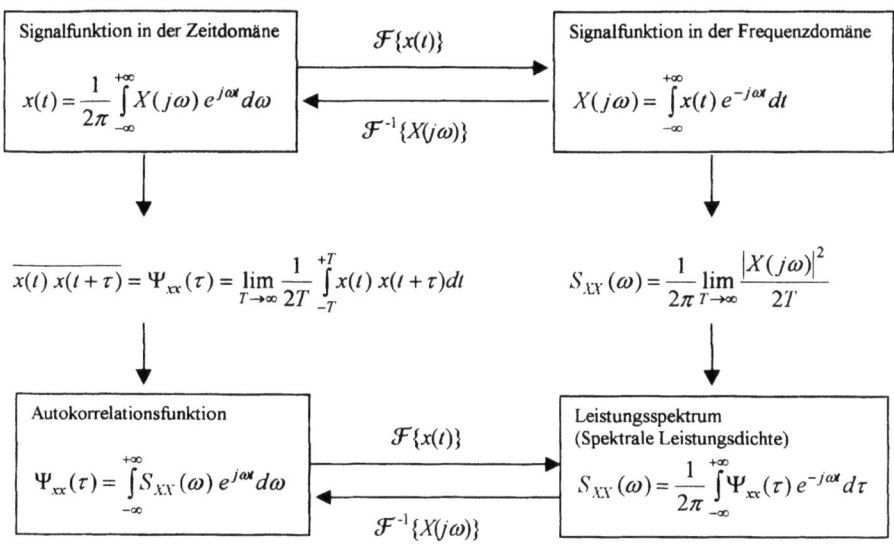

Abb. 2.38. Zusammenhang von Signalkennfunktionen im Zeitbereich und im Frequenzbereich

Die Messfunktion $x = f(t)$ als deterministische Funktion besteht aus einem Nutz- und einem Ballastanteil in Form der eigentlichen Nutzsignalfunktion $x(t)$, der eine Rauschfunktion $r(t)$ überlagert ist

$$f(t) = x(t) + r(t) \tag{2.145}$$

Die Störungen $r(t)$ verhalten sich im allgemeinen additiv. Nach dem Frequenzverhalten unterscheidet man die in Abb. 2.39 dargestellten Rauscharten, die in Messgeräten in unterschiedlichem Maße nebeneinander auftreten.

Zusätzlich zu den in Abb. 2.38 dargestellten Signalkennfunktionen sind die Autokorrelationsfunktion (AKF) des Rauschens $\psi_{rr}(\tau)$ sowie das Leistungsspektrum des Rauschens $S_{rr}(\omega)$ für Signal-Rausch-Verbesserungen bedeutsam.

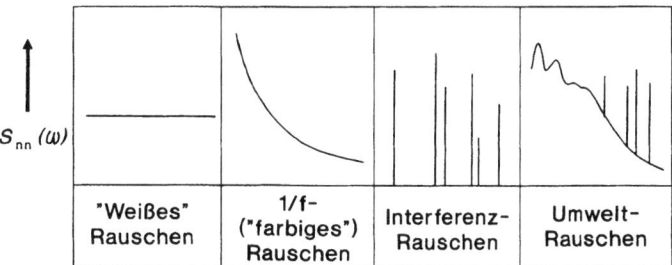

Abb. 2.39. Schematische Darstellung der Leistungsspektren verschiedener Arten von Rauschen

2.6.1
Verbesserung des Signal-Rausch-Verhältnisses

Die grundsätzlich anwendbaren Techniken zur Erhöhung des Signal-Rausch-Verhältnisses werden in ihrem konkreten Einsatz vor allem vom Frequenzverhalten der Leistungsspektren sowohl der Signale als auch des Rauschens bestimmt, wie Abb. 2.40 zeigt. Danach ist die Messwertakkumulation am allgemeinsten anwendbar.

Die Messwertakkumulation als universelle Methode beruht auf einer n-fachen Messung der Signalfunktion, wobei sich das Signal-Rausch-Verhältnis S/R beim Vorliegen von weißem Rauschen um den Faktor $\sqrt{n}$ verbessert.

Für den Einsatz von Filtermethoden muss nach Abb. 2.40 das Leistungsspektrum der Signalfunktion auf einen bestimmten Frequenzbereich begrenzt sein. Dann lässt sich eine Verbesserung von S/R durch eine Faltung der verrauschten Signalfunktion $f(t) = x(t) + r(t)$ mit einer Filterfunktion $g_F(t)$, deren Übertragungsfunktion $G_F(\omega)$ im Idealfall in den signalfreien Frequenzbereichen Null wird, erreichen. Man erhält auf diese Weise die gefilterte Signalfunktion in Original- bzw. Fourierdarstellung

$$f_F(t) = f(t) * g_F(t) = x(t) * g_F(t) + r(t) * g_F(t) \qquad (2.146\,\text{a})^{17}$$

$$F_F(\omega) = F(\omega) \cdot G_F(\omega) = X(\omega) \cdot G_F(\omega) + R(\omega) \cdot G_F(\omega) \qquad (2.146\,\text{b})$$

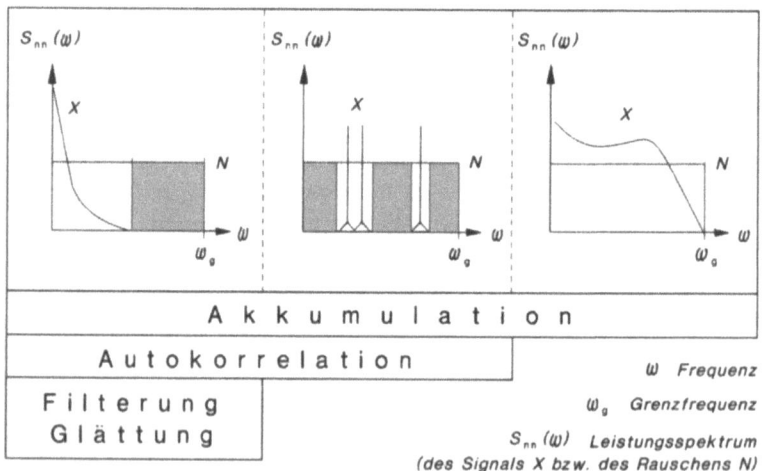

Abb. 2.40. Charakteristische Beziehungen der Leistungsspektren von Signalen und des Rauschens

---

[17] Das Zeichen * symbolisiert die Faltungsoperation, die ausführlich beschrieben wird durch den Ausdruck

$$f(t) * g_F(t) = \int_{-\infty}^{+\infty} f(t-\tau)\, g_F(\tau)\, d\tau = \int_{-\infty}^{+\infty} f(\tau)\, g_F(t-\tau)\, d\tau$$

mit rt als Integrationsvariable.

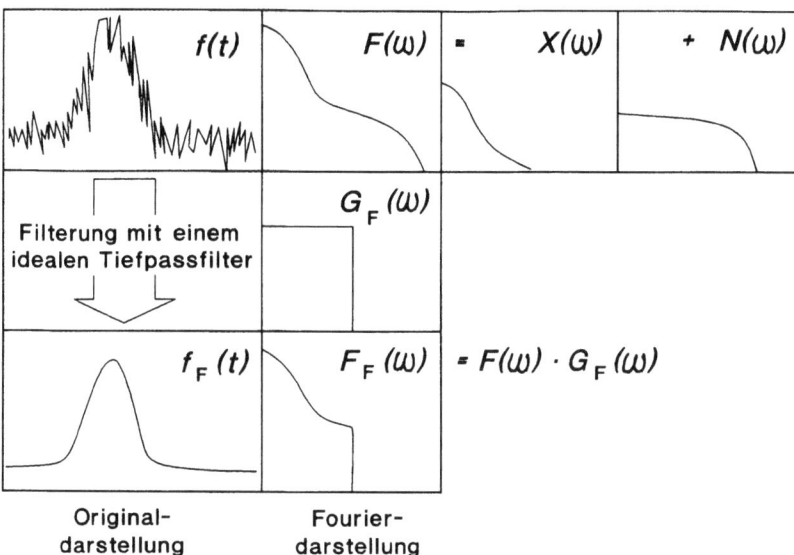

Abb. 2.41. Schematische Darstellung einer Frequenzbereichsfilterung (Tiefpassfilterung)

Abbildung 2.41 veranschaulicht die Verbesserung des Signal-Rausch-Verhältnisses unter der Voraussetzung, dass die Übertragungsfunktion des Filters $G_F(\omega)$ begrenzt ist. Tiefpass- und andere Bandbreitenfilter lassen sich gerätetechnisch durch Analogschaltungen realisieren. Chemometrisch interessant sind Digitalfilterungen, bei denen komplizierte Filterfunktionen verwendet werden können, die dem Signalspektrum optimal angepasst sind.

Bei sogenannten *Optimalfiltern* dient als Filterfunktion das Frequenzspektrum eines Signales $G_F(\omega) = X_S(\omega)$, die Fouriertransformierte der Signalformfunktion $x_S(t)$, die zu diesem Zweck genau bekannt sein muss, z. B. als Gauß-, Lorentz- oder Voigtprofil. Signaltheoretisch entspricht der Optimalfilterung die Kreuzkorrelation mit dem Idealprofil der Signale. Da diese oftmals doch nicht exakt bekannt sind und außerdem die verschiedenen Signale eines Spektrums, Chromatogramms usw. nicht immer gleiche Signalcharakteristika besitzen, wird anstelle der Optimalfilterung oft die Autokorrelation angewendet, die praktisch als eine Filterung mit der Signalfunktion selbst angesehen werden kann: $G_F(\omega) = F(\omega)$. Zusammenfassende Übersichten über die Anwendung von Korrelationsfunktionen für chemische Messungen finden sich in [71–73].

Bei der rechnerischen *Glättung* werden sukzessive begrenzte Ausschnitte der Signalfunktion gefiltert, und zwar dergestalt, dass der entsprechende Teil der verrauschten Funktion $f(t)$ durch ein Polynom n-ten Grades nach der Methode der kleinsten Fehlerquadrate ausgeglichen wird. Wenn m Stützstellen symmetrisch und äquidistant angeordnet werden, steigt S/R um den Faktor $\sqrt{m}$, jedoch in der Regel nicht stärker als um das Fünffache [52, 74].

Allgemein anwendbare chemometrische Modelle sind die sogenannten *Kalman*-Filter [75]. Sie stellen rekursive Filter dar, die sich für Kalibrationszwecke,

Multikomponentenanalysen, Signal-Rausch-Verbesserungen, Zeitreihenuntersuchungen sowie in der Qualitätskontrolle bewährt haben. Auf die Anwendung von Kalman-Filtern wird in späteren Kapiteln eingegangen; gute Übersichten über Grundlagen und Anwendungen werden in [76-78] gegeben.

**2.6.2
Verbesserung der Signalauflösung**

Die Informationsmenge von Messverfahren erhöht sich entsprechend Gl. (2.133) mit dem analytischen Auflösungsvermögen N nach (2.131). Für den Normalfall begrenzter Registrierbereiche ist eine Erhöhung von N nur durch eine absolute oder relative Verringerung der Signalhalbwertsbreite möglich. Durch gerätetechnische Maßnahmen ist dies bis zu einem gewissen Grade möglich, allgemeiner anwendbar sind chemometrische Prinzipien [52], von denen insbesondere die folgenden Bedeutung besitzen:

(1) Entfaltung der gemessenen Signalfunktion bezüglich der Systemfunktion des Messgerätes (Dekonvolution),
(2) Bildung höherer Ableitungen der Signalfunktion sowie
(3) Kurvenanpassungsmethoden.

Auflösungsverbesserungen nach den verschiedenen Verfahren sind informationstheoretisch unterschiedlich wirksam. Die erreichbare Erhöhung der Nutzinformationsmenge als relevanter Information ist stets verbunden mit einer Reduzierung der absoluten Informationsmenge durch starke Verringerung redundanter Informationsanteile.

Jede im Verlaufe eines Messverfahrens erhaltene Signalfunktion entsteht durch eine Faltung der wahren Signalfunktion (Inputfunktion) $x_{in}(t)$ mit der Systemfunktion $h(t)$ des Messgerätes. Die Zusammenhänge sind schematisch in Abb. 2.42 dargestellt [47, 52]. Das Messsystem umfasst dabei die Gesamtheit aller

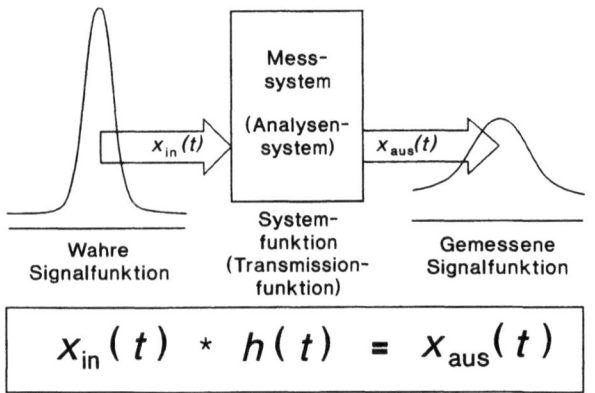

Abb. 2.42. Faltung der wahren Signalfunktion $x_{in}(t)$ mit der Systemfunktion $h(t)$ zur gemessenen Ausgangsfunktion $x_{aus}(t)$

2.6 Systemtheoretische Aspekte chemischer Messungen

physikalisch-technischen Teile des Messgerätes, einschließlich der Energieübertragung, Anregung, Elektronik und Registrierung. Die Faltung mit der Systemfunktion wirkt in jedem Falle signalverbreiternd.

Die mathematische Umkehrung der in Abb. 2.42 schematisch gezeigten Operation

$$x_{aus}(t) = x_{in}(t) * h(t) \tag{2.147}$$

wird meist im Fourierbereich durchgeführt

$$X_{in}(\omega) = \frac{X_{aus}(\omega)}{H(\omega)} \tag{2.148}$$

und führt zu einer entsprechenden Auflösungsverbesserung. Für Entfaltungen nach Gl. (2.148) muss man die Systemfunktion $h(t)$ kennen, die sich prinzipiell als Antwortfunktion des Messsystems auf einen Einheitsstoß als Eingangsgröße $x_{in}(t) = \perp 1$ ergibt. In der Praxis ist die Systemfunktion jedoch in vielen Fällen kompliziert und ergibt sich als Gesamtübertragungsfunktion aus allen relevanten Teilsystemfunktionen $h_i(t)$

$$h(t) = h_1(t) * h_2(t) * \ldots * h_n(t) \tag{2.149a}$$

$$H(\omega) = \prod_{i=1}^{n} H_i(\omega) \tag{2.149b}$$

Die Ermittlung der Messsystemfunktion ist in der chemischen Praxis relativ aufwendig. Für ein Infrarotspektrometer gilt z. B. näherungsweise: Gesamtübertragungsfunktion $= f$(Spaltfunktion, Verstärkung, Dämpfung, Registriergeschwindigkeit, Strahlungsintensität, …) [52, 79]. Neben der IR-Spektrometrie wurden Systemfunktionen für chromatographische Methoden [80] sowie die Optische Emissionsspektralanalyse [52, 81] angegeben. Beispiele für die Auflösungsverbesserung von Signalen sind z. B. in [52] angeführt.

Das Hauptziel auflösungsverbessernder Maßnahmen, die Trennung bzw. sichere Zuordnung überlagerter Signale, wird häufig schon durch Differentiation der Signalfunktion erreicht, weil dadurch die Signalhalbwertsbreite um etwa ein Drittel verringert werden kann [82][18]. Wegen der größeren Steilheit des Nulldurchganges werden für rechnerische Signaltrennungen bevorzugt höhere Ableitungen verwendet, wobei auch geradzahlige Ableitungen Bedeutung besitzen, da die Signalbreite in der Reihenfolge $f(t), f''(t), f^{(4)}(t)$ abnimmt [83]. Für die Signalidentifizierung müssen gleichzeitig die Bedingungen $f(t) > 0, f'(t) = 0$, $f''(t) < 0, f'''(t) = 0$ und $f^{(4)}(t) > 0$ erfüllt sein.

Eine Auflösungsverbesserung $f_A(t)$ erhält man auch bei der Faltung einer Signalfunktion mit einer ihrer höheren geradzahligen (n) Ableitungen

$$f_A(t) = f(t) * f^{(n)}(t) \tag{2.150}$$

---

[18] Die erste Ableitung der Signalfunktion wird gelegentlich in den Messgeräten direkt registriert, z. B. zur Auflösungsverbesserung in Elektronenspinresonanz- und Augerelektronenspektrometern.

Nach [84] ergibt sich bei der Faltung einer Gaußkurve mit ihrer vierten Ableitung eine der zweiten Ableitung ähnliche Signalform mit den inneren Nullstellen bei $\pm 1{,}05\,\sigma$, also etwa an den Stellen, an denen die Originalkurve ihre Wendepunkte besitzt.

Eine Signaltrennung gelingt auch mittels Kurvenanpassung, d. h. durch Minimierung der Diffenzenquadrate zwischen der Signalfunktion $f(t)$ und einer Approximationsfunktion $a(t, \alpha)$. Als Signalparameter α werden in der Regel Lage und Breite bzw. Höhe der Signale verwendet, wobei die Kurvenanpassung um so besser gelingt, je besser die gewählte Signalformfunktion mit der tatsächlichen übereinstimmt. Gute Anpassungen lassen sich erreichen, indem die statistischen Momente der Signalformfunktion zugrunde gelegt werden. Dieses Verfahren findet insbesondere in der Chromatographie erfolgreich Anwendung [80, 85, 86].

Methoden zur Verbesserung des Auflösungsvermögens und zur Erhöhung des Signal-Rausch-Verhältnisses beruhen zum Teil auf inversen Operationen, so dass sich durch auflösungsverbessernde Maßnahmen das Rauschen zwangsläufig erhöht bzw. andererseits eine Signal-Rausch-Verbesserung mit einer Verschlechterung der Auflösung einhergeht.

Das trifft insbesondere zu auf die Signaldifferentiation, durch die zwar die Auflösung verbessert wird, jedoch auch das Rauschen ansteigt, wenn die Messzeit größer ist als die Korrelationsdauer des Rauschens. Unter der gleichen Voraussetzung wirkt eine Integration der Signalfunktion rauschvermindernd, allerdings auf Kosten der Auflösung [52, 82].

Ähnliche Einschränkungen gelten auch für die anderen genannten Verfahren. So lässt sich durch die Faltung von Signalfunktionen *entweder* das Auflösungsvermögen *oder* das Signal-Rausch-Verhältnis verbessern [45, 79], jedoch auch hier im Sinne einer Unschärfebeziehung zwischen beiden Parametern. Für spezielle Fälle ist eine solche Unschärferelation explizit formulierbar [87–90].

Eine Verbesserung sowohl für das Auflösungsvermögen als auch für das Signal-Rausch-Verhältnis, die allerdings dann nicht für beide Kriterien optimal sein kann, ist nur durch Kombination mehrerer Maßnahmen erreichbar. Eine häufig angewendete Variante besteht in der Kombination von Akkumulation, Glättung und Kurvenanpassung, durch die sich eine signifikante Erhöhung des Nutzinformationsgehaltes, vor allem für Spektren, erreichen lässt. Derartige Signalverarbeitungsmethoden sind heute alltägliche, aber auch notwendige chemometrische Vorbehandlungsverfahren, die – ähnlich wie Datentransformationen (auch Standardisierungen) – die Qualität und Struktur der Daten verbessern und damit einen sinnvollen und erfolgversprechenden Einsatz fortgeschrittener Methoden der Datenanalyse und -interpretation überhaupt erst ermöglichen.

2.7
Von der univariaten zur multivariaten Statistik

Die Auswertung allgemeiner und auch chemischer Messungen zeigt, dass Annahmen über die Unabhängigkeit von Messgrößen oder -serien sowie über einfache Zusammenhänge zwischen Einfluss- und Zielgrößen in der Praxis oft nicht erfüllt sind. Ausgehend von den einfachen statistischen Modellen und Parameterschätzungen, haben sich daher in der Mathematik (teilweise in enger Verbindung mit bestimmten Anwendungsgebieten in Form der Biometrik und Technometrik) seit den dreißiger Jahren schrittweise komplexere statistische Methoden entwickelt, die die Behandlung vieldimensionaler Datenfelder ermöglichen.

In Abb. 2.43 ist schematisch dargestellt, wie sich durch Berücksichtigung einer zunehmenden Anzahl von Variablen der Übergang von eindimensionalen statistischen Sachverhalten über zweidimensionale Zusammenhänge zu mehrdimensionalen (multivariaten) Datenfeldern vollzieht.

Mehrere Variable (z. B. verschiedene Elementgehalte in unterschiedlichen Proben) können stochastisch unabhängig bzw. gruppenweise voneinander abhängig sein. Multivariate statistische Methoden beschäftigen sich mit der

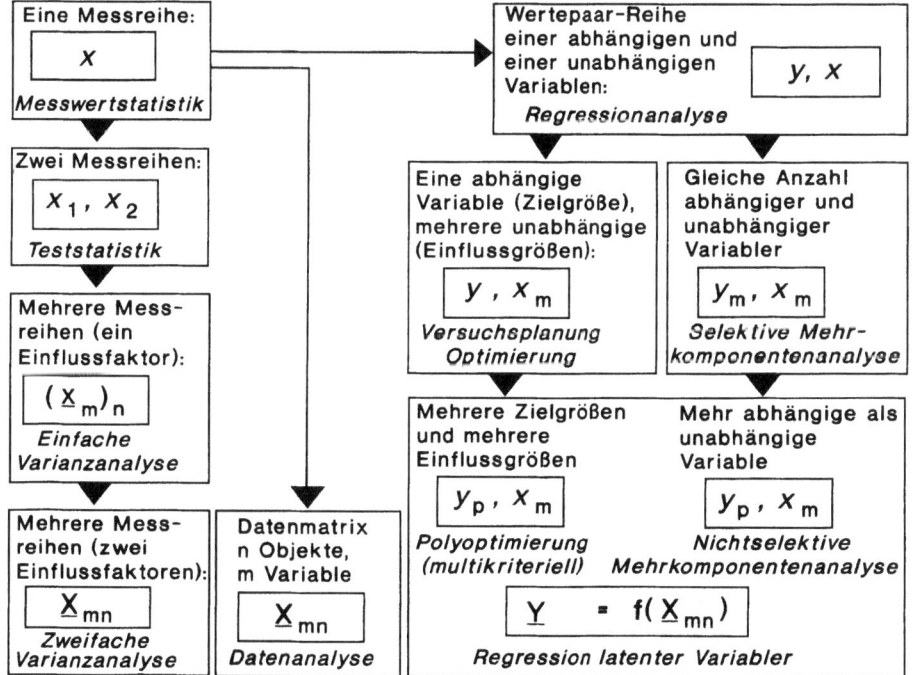

Abb. 2.43. Schrittweiser Übergang von der univariaten Statistik zur multivariaten Datenanalyse

Analyse solcher Größen (Datenanalyse), wobei Parameter geschätzt und Zusammenhänge zwischen den Variablen ermittelt werden.

Eine Optimierung chemischer Messverfahren hat neben dem eigentlichen Zusammenhang zwischen der Zielgröße (Messgröße) y und der (Haupt-)Einflussgröße x, der Gegenstand der einfachen Regression ist, auch den Einfluss weiterer Parameter zu berücksichtigen. Mittels *multipler Regressionsanalyse* lassen sich Abhängigkeiten der Art

$$y = f(x_1, x_2, \ldots, x_m) + e_y \tag{2.151}$$

behandeln. Die Zielgröße ergibt sich danach z. B. als Linearkombination der Einflussgrößen x_i, die jeweils mit Regressionskoeffizienten k_i gewichtet werden. Praktische Beispiele sind lineare Modelle

(a) der *statistischen Versuchsplanung* mit k_i als Einflusskoeffizienten und
(b) der *Multikomponentenanalyse* mit k_i als partiellen Empfindlichkeiten.

Beide Fälle lassen sich durch die Matrixdarstellung der multiplen Regression beschreiben

$$y_n = X_{nm} k_m + e_n \tag{2.152}$$

mit dem an n Proben gemessenen Zielgrößenvektor y_n für m Einflussgrößen; k_m ist der m-dimensionale Koeffizientenvektor und e_n der entsprechende Fehlervektor. Zur Ermittlung der Koeffizienten und der Schätzung der Größen siehe die Kap. 3 und 5.

Für die Modellierung des Zusammenhangs zwischen mehreren (p) Zielgrößen und mehreren (m) Einflussgrößen wird das Regressionsproblem *multivariat* und es liegen sowohl Matrizen von abhängigen Größen Y_{pn} als auch von unabhängigen Größen X_{nm} vor

$$Y_{pn} = X_{nm} K_{mp} + E_{pn} \tag{2.153}$$

K_{mp} ist die entsprechende Koeffizienten- und E_{pn} die Fehlermatrix.

Insbesondere in den Kapiteln 3, 7 und 9 wird ausgeführt, dass es oft zweckmäßig ist, Matrixzusammenhänge der angegebenen Art (2.153) mittels Übergang zu latenten Variablen zu modellieren.

Literatur

1. Danzer K, Than E, Molch D (1987) Analytik – Systematischer Überblick. Akademische Verlagsgesellschaft Geest & Portig, Leipzig; Wissenschaftliche Verlagsgesellschaft, Stuttgart
2. Danzer K (1992) Mitteilbl Fachgr Anal Chem GDCh 4 '92, Fresenius J Anal Chem M103
3. Danzer K, Eckschlager K, Wienke D (1987) Fresenius J Anal Chem 327: 312
4. Danzer K (1992) Fresenius J Anal Chem 343: 827
5. Betteridge D (1976) Anal Chem 48 1034A
6. Eckschlager K, Danzer K (1994) Information Theory in Analytical Chemistry. Wiley, New York

7. Doerffel K (1966) Statistik in der analytischen Chemie. Deutscher Verlag für Grundstoffindustrie, Leipzig
8. Sachs L (1991) Angewandte Statistik (7. Aufl). Springer, Berlin Heidelberg New York Tokio
9. Danzer K (1989) Fresenius J Anal Chem 335: 869
10. EURACHEM Leitfaden Dokument 1/WELAC Leitfaden Dokument Nr. WGD 2, Dt Version 2.0, Graz, 1993
11. International Vocabulary of Basic and General Terms in Metrology. ISO/IEC/OIML/BIPM, Genova, 1984
12. DIN 1319, Teil 1, Grundlagen der Messtechnik, Grundbegriffe (Nov 1992)
13. Wegscheider W (1993) Plenarvortrag 6th Hungaro-Italian Sympos Spectrochemistry, Lillafüred, Ungarn
14. Pearson ES, Stephens MA (1964) Biometrika 51: 484
15. Graf U, Henning H-J, Stange K, Wilrich P-T (1987) Formeln und Tabellen der angewandten mathematischen Statistik (3. Aufl). Springer, Berlin Heidelberg New York
16. Ebel S (1993) Fehler und Vertrauensbereiche analytischer Ergebnisse. In: Günzler H, Borsdorf R, Danzer K, Fresenius W, Huber W, Lüderwald I, Tölg, Wisser H (eds) Analytiker-Taschenbuch, Bd 11. Springer, Berlin Heidelberg New York, 1993
17. Scheffé H (1953) Biometrika 40: 87
18. Danzer K, Marx G (1979) Anal Chim Acta 110: 145
19. Tuckey JW (1949) Biometrics 5: 232
20. Mandel J (1961) J Am Stat Assoc 56: 878
21. ISO 5725: Precision of test methods – Determination of repeatability and reproducibility by interlaboratory tests, Genova, 1981
22. Danzer K (1984) Spectrochim Acta 39B: 949
23. Danzer K, Doerffel K, Ehrhardt H, Geißler H, Ehrlich G, Gadow P (1979) Anal Chim Acta 105: 1
24. Danzer K, Ehrlich G (1984) Tagungsber TH Karl-Marx-Stadt: 4. Tagung Festkörperanalytik, Bd. 2: 547
25. Einax J, Machelett B, Geiß S, Danzer K (1992) Fresenius J Anal Chem 342: 267
26. Wald A (1950) Statistical Decision Functions. Wiley, New York
27. Wald A (1940) Ann Math Statistics 11: 284
28. Rousseeuw PJ, Leroy AM (1987) Robust Regression and Outlier Detection. J. Wiley, New York
29. Danzer K (1990) Fresenius J Anal Chem 337: 794
30. Fresenius J (1992) Anal Chem 342: 809–835
31. Danzer K (1995) Fresenius J Anal Chem 351: 3
32. Danzer K, Eckschlager K, Wienke D (1987) Fresenius Z Anal Chem 327: 312
33. Danzer K, Eckschlager K, Matherny M (1989) Fresenius Z Anal Chem 334: 1
34. Danzer K, Schubert M, Liebich V (1991) Fresenius J Anal Chem 341: 511
35. Rackow B Z Chem 3 (1963) 268; 316; 477; 4 (1964) 36; 72; 109; 155; 196; 136; 275; 5 (1965) 67; 116; 159; 195; 238; 278; 434; 7 (1967) 398; 444; 472; 8 (1968) 33; 117; 157; 434; 9 (1969) 318
36. Brillouin L (1963) Science and Information Theory. Academic Press, New York
37. Shannon CE (1948) Bell Syst Techn J 27: 379; 623
38. Shannon CE, Weaver W (1949) The Mathematical Theory of Communication. Univ of Illinois Press, Urbana
39. Meyer-Eppler W (1969) Grundlagen und Anwendungen der Informationstheorie. Springer, Berlin Heidelberg New York
40. Cleij P, Dijkstra A (1979) Fresenius Z Anal Chem 298: 97
41. Danzer K (1979) Zur Anwendung informationstheoretischer Grundlagen in der Analytik. Habil-Schr, TH Chemnitz
42. Kullback S (1959) Information Theory and Statistics. Wiley, New York
43. Danzer K (1975) Z Chem 15: 158
44. Ohls K, Sommer D (1982) Fresenius Z Anal Chem 312: 216
45. Ziessow D (1973) On-line Rechner in der Chemie. DeGruyter, Berlin New York

46. Raisbeck G (1970) Informationstheorie. Akademie-Verlag, Berlin
47. Woschni EG (1972) Messdynamik. Hirzel, Leipzig
48. Taguchi G (1971) Rep Stat Appl Res I. U. S. E. 18: 125
49. Fujimori T, Miyazu T, Ishikawa K (1974) Microchem J 19: 74
50. Danzer K (1973) Z Chem 13: 69
51. Kateman G (1986) Anal Chim Acta 191: 125
52. Danzer K, Hopfe V, Marx G (1982) Z Chem 22 (1982) 332
53. Wienke D, Danzer K (1986) Anal Chim Acta 184: 107
54. Dupuis F, Dijkstra A (1975) Anal Chem 47: 379
55. Kaiser H (1967) Proc. XIV. Coll Spectrosc Intern Debrecen, A3: 77
56. Gerlach W, Riedl E (1949) Chemische Emissionsspektralanalyse. III. Teil: Tabellen zur qualitativen Analyse (3. Aufl). L. Voss, Leipzig
57. Matherny M, Eckschlager K (1984) Chem Zvesti 38: 479
58. Florián K, Matherny M (1986) Fresenius Z Anal Chem 324 525
59. Eckschlager K, Stepanek V (1985) Analytical Measurement and Information. Letchworth, Res Studies Press
60. Danzer K (1994) Die Bedeutung der Statistik für die Qualitätssicherung. In: Günzler H (Hrsg) Akkreditierung und Qualitätssicherung in der Analytischen Chemie. Springer, Berlin, Heidelberg New York Tokio, pp 71–103
61. Bohacek P (1977) Coll Czech Chem Commun 4: 2983; 3003
62. Ehrlich G, Kluge W (1989) Mikrochim Acta [Wien] 1989 I, 145
63. Doerffel K, Lorenz G, Tagle I (1979) Anal Chim Acta 112: 313
64. Doerffel K, Küchler L, Meyer N (1990) Fresenius J Anal Chem 337: 802
65. Geiß S, Einax J, Danzer K (1991) Anal Chim Acta 242: 5
66. Einax J, Machelett B, Geiß S, Danzer K (1992) Fresenius J Anal Chem 342: 267
67. Danzer K (1975) Z Chem 15: 326
68. Marshall RA (1975) Anal Chem 79 (1977) 2193
69. Callis JB, Illman DL, Kowalski BR (1987) Anal Chem 59: 624A
70. Kelly PC, Horlick G (1974) Anal Chem 46 (1974) 2130
71. Doerffel K, Wundrack A, Tarigopula S (1986) Fresenius Z Anal Chem 324: 507
72. Horlick G, Hieftje GM (1980) Correlation Methods in Chemical Data Management. In: Hercules DM et al. (eds) Contemporary Topics in Analytical Chemistry Vol. 3. Plenum Press, New York, 1980, 153–216
73. Doerffel K, Wundrack A (1986) Korrelationsfunktionen in der Analytik. In: Fresenius W et al. (Hrsg) Analytiker-Taschenbuch, Bd 6, Springer Berlin Heidelberg New York, S 37–63
74. Langhoff N (1974) Dissertation, TH Ilmenau, 1974
75. Kalman RE, Bucy RS (1961) J Basic Engg 83D: 95
76. Brown SD (1986) Anal Chim Acta 181: 1
77. Rutan SC (1989) Chemom Intell Lab Syst 6: 191
78. Kateman G, Buydens L (1993) Quality Control in Analytical Chemistry (2nd ed). Wiley, New York
79. Marx G (1974) Habilitationsschrift, Univ. Jena
80. Hopfe V, Marx G (1972) Z Chem 12: 370
81. Laqua K, Hagenah WD, Wächter H (1967) Fresenius Z Anal Chem 225: 142
82. Doerffel K (1977) Tagungsber Techn Hochsch Karl-Marx-Stadt 1977, Bd 2/77: Aktuelle Probleme der Festkörperanalytik, S 93–109
83. Morrey JR (1968) Anal Chem 40: 905
84. Seifert G (1971) Z Chem 11: 161
85. Kelly PC, Harris WE (1971) Anal Chem 43: 1170; 1184
86. Chesler SN, Cram SP (1971) Anal Chem 43: 1922
87. Luft FK (1947) Angew Chem B 19: 2
88. Eckhardt W (1960) Z Physik 159: 405
89. Volkmann H (1967) Proc XIV. Coll Spectrosc Internat, Debrecen, P1, Band III, Hilger, London, p 1289
90. Küpfmüller K (1924) Elektr Nachr Techn 1: 141
91. van Marlen G, Dijkstra A (1976) Anal Chem 48: 595

3 Multivariate Datenanalyse

Analytische Messungen liefern zunehmend größere Datenmengen. Die Ursache hierfür sind Fortschritte in Wissenschaft und Technik, die mit immer tieferen Einsichten in das Wesen und die Mechanismen komplexer Prozesse verbunden sind, wie sie in der Werkstoff- und Umweltforschung oder bei Erkenntnissen zur Ernährung und Gesundheit eine Rolle spielen. Hierbei beobachtet man nur selten kausale Wirkungsketten im Sinne des Einflusses eines einzigen Parameters auf bestimmte Effekte. Vielmehr sind es meist mehrere Einflussgrößen, die in mehr oder weniger komplexem Zusammenwirken die Qualität oder den Zustand eines Untersuchungsobjektes bestimmen.

Beispiel

Die Qualität von Weinen wird durch die wechselnden Mengen einer Vielzahl von Aromastoffen, insbesondere von Terpenen, organischen Säuren, Aldehyden, Ketonen, Phenolen, höheren Alkoholen sowie vom Gehalt an Mineral- und Spurenelementen bestimmt. Typische Mengenverhältnisse bzw. „Muster" dieser Stoffe entstehen als Realisierung ursächlicher, nichtchemischer Einflüsse, nämlich Rebsorte, Herkunft, Klima, Reifegrad, Jahrgang, Kellerwirtschaft usw. Demzufolge lassen sich auch Beziehungen feststellen zwischen diesen Einflussfaktoren und den angeführten chemischen Daten [1].

Mit modernen instrumentell-analytischen Methoden, deren Leistungsvermögen sich durch Automatisierung, Computerisierung und Methodenkopplung enorm erhöht hat, ist die Analytik in der Lage, große Mengen an Daten zu erzeugen, deren Zuverlässigkeit durch Methoden der Qualitätssicherung weitgehend gewährleistet werden kann. Auf der anderen Seite entstehen damit neue Herausforderungen in Bezug auf die Auswertung chemischer Messungen sowie die Bewertung und Interpretation von Analysenergebnissen. Die klassische Herangehensweise ist durch die begrenzte Dimensionalität des menschlichen Vorstellungsvermögens eingeschränkt. Wird unsere dreidimensionale Vorstellungswelt überschritten, sind Methoden der mathematischen Datenanalyse erforderlich, um Inhomogenität, Variabilität bzw. bestimmte Strukturen in Datensätzen zu erkennen und damit Informationen aus diesen höherdimensionalen Daten zu gewinnen.

3 Multivariate Datenanalyse

Aufgabe der Datenanalyse ist es, aus der Datenbasis für eine konkrete Fragestellung relevante Informationen zu gewinnen. Hierzu steht eine Vielzahl von Methoden vor allem aus der angewandten uni- und multivariaten Statistik zur Verfügung. Einige Algorithmen zur Mustererkennung (Pattern Recognition) und Optimierung sowie Expertensysteme oder künstliche neuronale Netze stammen aus der angewandten Informatik. Das „Schürfen" nach relevanten Informationen in größeren Datenmengen mit Hilfe von rechnergestützen Methoden wird in der Wirtschafts- und Umweltinformatik auch als „Data Mining" [2, 3] bezeichnet. Weiterhin werden zur Untersuchung von zeitabhängigen Signalen wie Spektren oder Chromatogrammen Verfahren der digitalen Signalverarbeitung und Zeitreihenanalyse herangezogen.

Im Einzelnen verfolgt die Datenanalyse folgende Ziele:

- Auffinden von Strukturen (Gruppierungen, Klassen, Muster) oder sonstiger Auffälligkeiten in den Daten.

Beispiel

Lassen sich Weinproben unterschiedlicher Herkunft, Sorten oder Jahrgänge anhand bestimmter Elemente oder Verbindungen (Merkmalsmuster) erkennen? Unterscheiden sich Eisweine in ihren Komponentenmustern von anderen Weinen? Haben Weine der Sorten Riesling und Gewürztraminer typische Unterschiede in den Mustern bestimmter Aromakomponenten? Finden sich einzelne Proben mit auffälliger Zusammensetzung? Liegen in diesen Fällen Analysen- oder Dateneingabefehler vor, oder entsprechen diese Zusammensetzungen der Realität?

- Quantitative Beschreibung der Modelle mit dem Ziel, zukünftig unbekannte Objekte zuordnen zu können oder Eigenschaften unbekannter Objekte vorherzusagen. Dafür sind z. B. Methoden der Varianz- und Diskriminanzanalyse (Abschn. 3.6) bzw. Methoden der multivariaten Kalibration geeignet.
- Ermittlung der Variablen oder Merkmalskombinationen, die als Einflussfaktoren für die Strukturen in den Daten und damit für die Objektklassen verantwortlich sind. Dabei sind die Beziehungen und Zusammenhänge zwischen den Variablen wesentlich, die sich ebenfalls auf ihre Bedeutung für Klassifizierungen auswirken. Solche Informationen kann man aus der Faktoren- und Hauptkomponentenanalyse (Abschn. 3.3) sowie aus Korrelationsuntersuchungen gewinnen.

Beispiel

Weine unterschiedlicher Rebsorten zeigen sehr verschiedene Mengenverhältnisse ganz bestimmter Aromakomponenten, vor allem der Terpene. Anhand der typischen Muster, die auch als „Aromagramme" bezeichnet werden, lassen sich Rebsorten sicher unterscheiden und unbekannte Weinsorten identifizieren. Ebenso lassen sich Klassenmodelle für die Zuordnung von Weinen nach ihrer geographischen Herkunft finden. Wesentlich für die Güte solcher Modelle und damit den Erfolg für die Zuordnung unbekannter Objekte ist der Umfang und die Adäquatheit der Lerndaten, anhand derer die Modelle erstellt werden.

- Ermittlung und quantitative Beschreibung des Einflusses von Variablen und Merkmalskombinationen auf Messergebnisse. Dies ist eine Fragestellung, die am Anfang des analytischen Prozesses geklärt werden muss, bevor tiefergehende datenanalytische Untersuchungen angestellt werden. Damit wird die Richtigkeit und Adäquatheit der Messwerte und damit auch aller Modelle gesichert.

Beispiel

Für die Bestimmung von Schwermetallen in Wein mittels ICP-Emissionsspektrometrie wurden verschiedene instrumentelle Parameter variiert, von denen ein potentieller Einfluss auf die Analysenergebnisse eines Referenzmaterials angenommen wurde. Sind die Einflüsse auf die Analysenergebnisse zufällig oder signifikant? Wie stark wirken sie sich auf das Ergebnis aus?

3.1 Daten und Datenräume

3.1.1 Variablentypen

Analytische Daten sind Mess- oder Analysenergebnisse, für die quantitative und qualitative Skalen unterschieden werden können. Eine weitere Einteilung zeigt Tabelle 3.1.

Tabelle 3.1. Arten von Variablen

Skalenniveau	Typ	Erlaubte Relationen	Einige statistische Maßzahlen	Beispiel
nominal	qualitativ	= ≠	Modalwert (häufigster Wert), Häufigkeit, Anteile	Elemente (Fe, Cu, Pb...), Analysenverfahren
ordinal	qualitativ	= < ≠ >	Median, Quantile	Härteskala, Reihenfolge der Probennahme
metrisch, Intervallskala	quantitativ	= < + ≠ > −	Mittelwert, Varianz	Temperatur in °C, Kalenderdatum
metrisch, Verhältnisskala	quantitativ	= < + · ≠ > − /	Mittelwert, Varianz, Verhältnis	Temperatur in K, Masse, Konzentration, Anzahl

Das Skalenniveau nimmt von der Nominalskala bis zur Verhältnisskala zu, wobei Variable in der Analytik meist nominal oder metrisch skaliert sind. Die Transformation einer Variablen auf ein niedrigeres Skalenniveau ist möglich. Beispielsweise können metrisch skalierte Temperaturmessungen in eine Ordinalskala („Kalt", „Warm", „Heiß") transformiert werden.

Einige bi- und multivariate Verfahren, beispielsweise die Regressionsanalyse und die Varianzanalyse, erfordern eine Einteilung in abhängige und unabhängige Variable. Die unabhängigen Variablen entsprechen hierbei den Ausgangsgrößen, deren Einfluss auf eine oder mehrere abhängige Variable als Zielgrößen untersucht wird. Häufig besteht zwischen beiden ein kausaler Zusammenhang. Die Merkmalswerte der unabhängigen Variablen werden oft als fehlerfrei betrachtet und können in Laborexperimenten frei gewählt werden. Die abhängigen Variablen entsprechen dagegen den mit Unsicherheiten behafteten Messwerten. Ob Variable als unabhängig oder als abhängig betrachtet werden, hängt von der Fragestellung und der Anlage des Versuchs ab. Beispielsweise kann der störende Einfluss von Eisen (unabhängig) auf die Bestimmung von Phosphat (abhängig) untersucht werden wie auch der umgekehrte Fall.

3.1.2 Datenmatrix

Analytische Daten werden seit jeher in besonderer Weise geordnet oder zusammengefasst, meist in Datenlisten oder -tabellen. Aus mathematischer Sicht handelt es sich hierbei um Vektoren bzw. Matrizen. Eine Messreihe $x_1, x_2, \ldots, x_n$, die z. B. die Gehalte eines bestimmten Elements von n Proben angibt, lässt sich als Spaltenvektor (Objekt- oder Probenvektor) schreiben[1]:

$$x = \begin{bmatrix} x_1 \\ x_2 \\ \vdots \\ x_n \end{bmatrix} \qquad (3.1)$$

Dagegen werden m verschiedene Elementgehalte $x_1, x_2, \ldots, x_m$ einer Probe in der Regel durch einen Zeilenvektor (Variablen- oder Merkmalsvektor) charakterisiert:

$$x^T = [x_1 \quad x_2 \quad \ldots \quad x_m] \qquad (3.2)$$

Solche Merkmalsvektoren erhält man bei Multielementmethoden, Sensorarrays und allen Analysenmethoden, die digitalisierte Signale erzeugen, wie z. B. chromatographische, spektroskopische oder elektroanalytische Methoden.

Dabei erhält man Daten, die für eine Reihe von Messobjekten bzw. Proben (allgemein n Objekte) mehrere Mess- bzw. Analysengrößen (allgemein m Variable

---

[1] Vektoren werden als Spaltenvektoren durch fette Kleinbuchstaben, Matrizen durch fette Großbuchstaben symbolisiert.

oder Merkmale) enthalten. Bei der Untersuchung von m Variablen (Merkmalen) an n Proben erhält man eine Matrix der Größe $n \times m$:

$$X = \begin{bmatrix} x_{11} & x_{12} & \cdots & x_{1m} \\ x_{21} & x_{22} & \cdots & x_{2m} \\ \vdots & \vdots & \ddots & \vdots \\ x_{n1} & x_{n2} & \cdots & x_{nm} \end{bmatrix} \begin{array}{c} \xrightarrow{j=1\ldots m} \\ \\ i=1\ldots n \\ \downarrow \end{array} \qquad (3.3)$$

Die Zeilen der Datenmatrix X entsprechen hierbei den Objekten oder Fällen, die Spalten den Variablen oder Merkmalen. Die Zeilen bilden Merkmalsvektoren der Dimension m, die Spalten Messreihen eines Merkmals an n Objekten. Die Anordnung der Merkmale in Spalten ist willkürlich, wird aber in der multivariaten Statistik üblicherweise angenommen. Eine strukturierte Datenmatrix, bei der Variable (Merkmale) spaltenweise und die Objekte (Fälle) zeilenweise angeordnet sind, bildet die Grundlage der meisten Programme für die Datenanalyse sowie von Datenbanksystemen (vgl. Abschn. 3.7).

Die Datenmatrix allein bildet jedoch keine ausreichende Grundlage für eine Untersuchung. Vielmehr werden ergänzende Informationen benötigt, um den Zugriff auf die Daten zu ermöglichen. Zur Beschreibung der Daten dienen sogenannte Metadaten („Daten über Daten"). Diese betreffen beispielsweise die Bezeichnung der Variablen und das verwendete Datenformat, z. B. Text oder numerische Daten. Tabelle 3.2 zeigt die Dokumentation von Zusatzinformationen für die Datenmatrix aus Tabelle 3.4.

Tabelle 3.2. Beispiel für die Dokumentation von Zusatzinformationen für die Daten aus Tabelle 3.4

Variablen-bezeichnung	Beschreibung	Format	Wertebereich	Quelle
SORTE	Rebsorte	Text, nominal	Riesling (Codierung: 1) Silvaner (Codierung: 2)	lt. Flaschen-etikett
CA	Ca-Konzen-tration in mg L^{-1}	numerisch, eine Dezimalstelle	>0	ICP-OES-Messungen

Tabelle 3.3. Ungünstige Anordnung der Daten

	Riesling Ca/(mg L^{-1})	Silvaner Ca/(mg L^{-1})
Probe 1	60,4	54,5
Probe 2	99,8	67,4
Probe 3	–	34,8

Tabelle 3.4. Geeignete Anordnung der Daten

	Sorte	Ca/(mg L^{-1})
Probe 1	Riesling	60,4
Probe 2	Riesling	99,8
Probe 3	Silvaner	54,5
Probe 4	Silvaner	67,4
Probe 5	Silvaner	34,8

Tabelle 3.5. Erweiterung der Datenmatrix um zusätzliche Variable

–	Sorte	Ca/(mg L^1)	K/(mg L^{-1})	Ba/(mg L^{-1})	P/(mg L^{-1})
Probe 1	Riesling	60,4	1070	0,0872	162
Probe 2	Riesling	99,8	679	0,0791	101
Probe 3	Silvaner	54,5	983	0,152	52,4
Probe 4	Silvaner	67,4	516	0,105	83,2
Probe 5	Silvaner	34,8	842	0,0847	93,2

Beispiel

Es soll untersucht werden, ob Weine verschiedener Rebsorten sich hinsichtlich der Konzentration verschiedener Spurenelemente unterscheiden. „Sorte" und „Konzentration" sind Variable, wobei die eine nominal (kategorisch) und die andere metrisch skaliert ist. Daher ist die Anordnung der Daten in Tabelle 3.4 im Vergleich zu Tabelle 3.3 für die Auswertung vorzuziehen. Diese kann im Laufe der Untersuchung um neue Variable erweitert werden (Tabelle 3.5). Für die Datenanalyse muss die nominal skalierte Variable „Sorte" numerisch codiert werden, ggf. mit Hilfe von Dummyvariablen.

Werden zur eindeutigen Zuordnung eines Wertes mehr als 2 Indices benötigt, so erhält man höherdimensionale Matrizen. Diese kann man sich für 3 Indices als Datenquader vorstellen. Bildgebende Methoden wie Mikroskopie oder Mikrosonde liefern für jede Messung eine Datenmatrix. Für mehrere Proben erhält man damit eine Hypermatrix mit 3 Indices. Matrizen beliebiger Dimension n lassen sich jedoch stets mit Hilfe zusätzlicher Index-Variablen auf gewöhnliche Matrizen reduzieren.

Beispiel

Dehnt man die Untersuchung der Weine (Tabelle 3.5) auf mehrere Jahrgänge aus, so erhält man eine Hypermatrix aus n Proben, m Merkmalen und p Jahrgängen. Die Hypermatrix (Abb. 3.1) kann in eine zweidimensionale Matrix umgewandelt werden, indem die Kategorie „Jahrgang" als zusätzliche Variable verwendet wird.

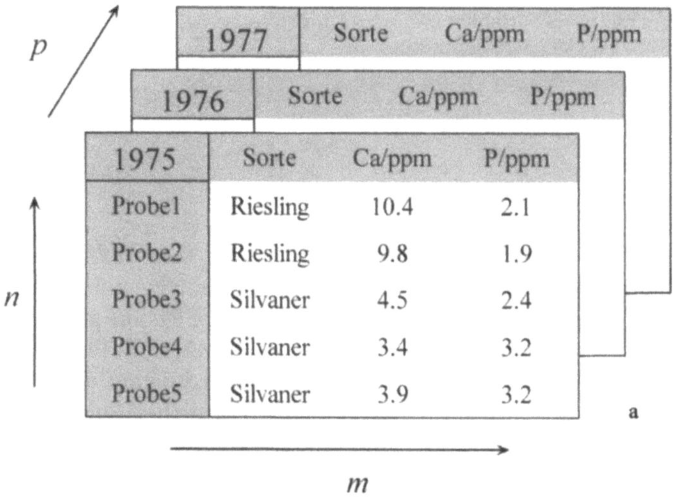

3.1 Daten und Datenräume

Tabelle a (Hypermatrix, Jahrgänge 1975, 1976, 1977):

1975	Sorte	Ca/ppm	P/ppm
Probe1	Riesling	10.4	2.1
Probe2	Riesling	9.8	1.9
Probe3	Silvaner	4.5	2.4
Probe4	Silvaner	3.4	3.2
Probe5	Silvaner	3.9	3.2

Tabelle b:

	Jahrgang	Sorte	Ca/ppm	P/ppm
Probe1	1975	Riesling	10.4	2.1
Probe2	1975	Silvaner	9.8	1.9
Probe3	1976	Riesling	4.5	2.4
Probe4	1976	Silvaner	3.4	7.2
⋮	⋮	⋮	⋮	

Abb. 3.1 a, b. Reduktion einer Hypermatrix **a** auf eine zweidimensionale Matrix **b** durch Einführung der kategorischen Variablen „Jahrgang"

Aus der Datenmatrix lassen sich zwei geometrische Darstellungen ableiten: Zum einen kann jeder der n Merkmalsvektoren als Punkt im m-dimensionalen Raum der Variablen dargestellt werden. Die zweite Art der Darstellung ist der Plot der m Variablen im Koordinatensystem, welches durch die n Objekte aufgespannt wird. Die beiden komplementären Darstellungen zeigen die Beziehungen zwischen den Objekten bzw. den Variablen.

Beispiel

Die in Tabelle 3.6 dargestellte Datenmatrix besteht aus je einem Merkmalsvektor mit drei Variablen für jede Probe. Jeder Merkmalsvektor kann damit als Punkt im 3-dimensionalen Raum dargestellt werden. Die zweite, gleichwertige Art der Charakterisierung ist der Plot der 3 Variablen im Koordinatensystem, das durch die beiden Proben aufgespannt wird. Dies entspricht der Darstellung der Variablen im Objektraum (Abb. 3.2 a, b).

Tabelle 3.6. Datenmatrix mit $m = 3$ Variablen und $n = 2$ Objekten

Objekt	x_1	x_2	x_3
1	0,82	8,45	7,20
2	6,30	2,80	4,70

Diese beiden Darstellungsformen der Datenmatrix lassen sich auf beliebige Dimensionen verallgemeinern. So lassen sich Infrarot-Spektren unterschiedlicher Substanzen als Punkte in einem Raum mit einer Dimension gleich der Anzahl der registrierten Wellenzahlen repräsentieren. Punkte, die ähnlichen Spektren entsprechen, weisen im m-dimensionalen Koordinatensystem geringere Distanzen zueinander auf als die Spektren unähnlicher Substanzen, wobei zur Bewertung der Distanz oder Ähnlichkeit verschiedene multivariate Distanz- und Ähnlichkeitsmaße verwendet werden können (vgl. Abschn. 3.5.3).

In realen Datensätzen sind nur in Ausnahmefällen alle Variablen voneinander unabhängig, meist korrelieren die Variablen mehr oder weniger stark untereinander. Die reale Dimension der Datenmatrix ist in diesem Fall geringer als die Anzahl der Variablen. Im Koordinatensystem der Variablen oder der Objekte kann daher ein neues Koordinatensystem geringerer Dimension aufgespannt werden, welches die Daten mit geringem Informationsverlust beschreibt. Dieses Prinzip wird bei der Hauptkomponentenanalyse, vgl. Abschn. 3.3, zur Dimensionsreduzierung genutzt.

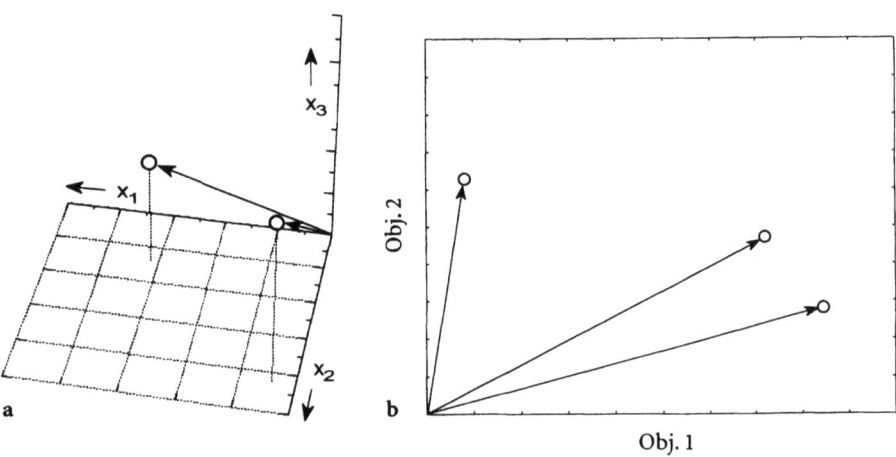

Abb. 3.2 a, b. Darstellung der Datenmatrix aus Tabelle 3.6 **a** im durch die Variablen aufgespannten Koordinatensystem und **b** im Objektraum

3.1.3
Lineare Modelle

Die Grundlage der multivariat-statistischen Verfahren der Datenanalyse, beispielsweise Regressions-, Hauptkomponenten-, Faktoren- und Diskriminanzanalyse, sind Linearkombinationen, die durch eine gewichtete Summe von Variablen gebildet werden.

$$x'_i = w_0 + w_1 x_{1i} + w_2 x_{2i} + \ldots + w_k x_{ki}, \tag{3.4}$$

Hierbei werden die w_i als Gewichtskoeffizienten bezeichnet. Als Ergebnis einer Linearkombination erhält man eine neue Variable. Linearkombinationen stellen lineare Gleichungssysteme dar und lassen sich als solche zweckmäßig mit Hilfe der Matrixalgebra behandeln. Unter Verwendung der Vektorschreibweise kann eine Linearkombination als

$$x'_i \sum_{i=1}^{k} w_i x_i \tag{3.5}$$

bzw. in Matrixschreibweise als

$$X' = Xw \tag{3.6}$$

dargestellt werden. Geometrisch kann man Linearkombinationen je nach Anzahl der Variablen als Geraden, Ebenen oder Hyperflächen auffassen. In der Geradengleichung $y = a + bx$ entspricht der Achsen-Abschnitt a der Translation, der Parameter b der Rotation der Geraden. Eine lineare Transformation führt also abhängig von der Wahl der Koeffizienten zu einer Translation, Rotation und Stauchung bzw. Streckung der ursprünglichen Merkmalswerte.

Die Unterschiede zwischen den multivariaten Methoden liegen hauptsächlich in den Zielkriterien, nach denen die Linearkombinationen gebildet werden. In der multiplen linearen Regressionsanalyse werden beispielsweise die Gewichte so berechnet, dass die quadrierte Summe der Residuen zwischen den beobachteten und den vorhergesagten abhängigen Variablen minimiert wird (Least-Squares-Kriterium). Auch die Faktoren der Hauptkomponentenanalyse werden durch Linearkombinationen der ursprünglichen Variablen gebildet.

3.1.4
Varianz-Kovarianz- und Korrelationsmatrix

Ein Maß für die Stärke des linearen Anteils des Zusammenhangs zwischen zwei Variablen sind Kovarianz und Korrelation. Die paarweisen Zusammenhänge der Variablen einer Datenmatrix können in der Varianz-Kovarianz-Matrix – auch als Kovarianz- oder Dispersionsmatrix bezeichnet – dargestellt werden. Diese erhält man, indem man für alle Variablenpaare die Kovarianz cov$(x_i, x_j) = s_{ij} = s_i \cdot s_j$ nach

$$s_{ij} = \frac{1}{n-1} \sum_{i=1}^{m} (x_{ik} - \bar{x}_i)(x_{jk} - \bar{x}_j) \qquad (3.7)$$

berechnet. Die $m \cdot m$ Varianz-Kovarianzmatrix C ist symmetrisch (da $s_{ij} = s_{ji}$), die Diagonale wird durch die Varianzen var$(x_i) = s_i^2$ gebildet Gl. (3.7). Bedingt durch die Symmetrie enthält die Matrix $(m(m-1))/2$ verschiedene Werte, die untere oder obere Dreiecksmatrix enthält jeweils die vollständige Information.

$$C = \begin{bmatrix} \text{var}(x_1) & \text{cov}(x_1, x_2) & \ldots & \text{cov}(x_1, x_m) \\ \text{cov}(x_2, x_1) & \text{var}(x_2) & \ldots & \text{cov}(x_2, x_m) \\ \vdots & \vdots & \ddots & \vdots \\ \text{cov}(x_m, x_1) & \text{cov}(x_m, x_2) & \ldots & \text{var}(x_m) \end{bmatrix} \qquad (3.8)$$

Mit Hilfe der Matrixschreibweise erhält man eine elegantere Formulierung. Ausgehend von der zentrierten Datenmatrix X kann C nach

$$C = \frac{X^T X}{n-1} \qquad (3.9)$$

berechnet werden.

Die Kovarianz hängt wie die Varianz von der Skalierung der Variablen ab und damit vom Nullpunkt und der Maßeinheit der verwendeten Skala. Ein skaleninvariantes, also ein von Lineartransformationen des Typs $x' = ax + b$ unbeeinflusstes Maß für den Zusammenhang zweier Vektoren ist der Pearsonsche Korrelationskoeffizient r, den man durch eine Berechnung der Kovarianz ausgehend von den standardisierten Variablen z_j erhält:

$$z_{ij} = \frac{x_{ij} - \bar{x}_j}{s_j}; \quad i = 1, \ldots, n; \quad j = 1, \ldots, m \qquad (3.10)$$

Die Variablen der standardisierten Datenmatrix $Z = [z_{ij}]$ besitzen den Mittelwert $\bar{z}_j = 0$ und die Standardabweichung $s_j = 1$. Diese Transformation wird häufig als Autoskalierung bezeichnet.

Geht man bei der Berechnung der Varianz-Kovarianz-Matrix von der standardisierten Datenmatrix $Z = [z_{ij}]$ aus, so erhält man die symmetrische Korrelationsmatrix R

$$R = \frac{Z^T Z}{n-1} = \begin{bmatrix} 1 & r_{12} & \ldots & r_{1m} \\ r_{21} & 1 & \ldots & r_{2m} \\ \vdots & \vdots & \ddots & \vdots \\ r_{m1} & r_{m2} & \ldots & 1 \end{bmatrix} \qquad (3.11)$$

Tabelle 3.7. Korrelationsmatrix der Variablen für die Daten aus Tabelle 3.5

r	Ca	K	Ba	P
Ca	1	−0,43	−0,26	0,11
K		1	0,24	0,35
Ba			1	−0,68
P				1

Die Diagonalelemente von **R** besitzen den Wert $r_{ii} = 1$, entsprechend der Korrelation zweier gleicher Variablen untereinander. Das Beispiel in Tabelle 3.7 zeigt die Korrelationsmatrix der Variablen für die Daten aus Tabelle 3.5.

Zwei Extremfälle der Korrelationsmatrix können unterschieden werden: Für untereinander vollständig unkorrelierte (orthogonale) Variable der standardisierten Datenmatrix ergibt **R** eine Einheitsmatrix, d.h. alle Elemente bis auf die Diagonalelemente nehmen den Wert Null an. Korrelieren dagegen alle Variable vollständig untereinander, so nehmen alle Matrixelemente den Wert eins an.

Analog zur Varianz-Kovarianzmatrix bzw. Korrelationsmatrix der Variablen (Spalten der Datenmatrix) können auch Matrizen der Dimension $n \cdot n$ berechnet werden, welche die paarweisen Zusammenhänge zwischen den Objekten (Zeilen der Datenmatrix) darstellen. Diese beiden Arten der Korrelationsmatrix entsprechen den beiden möglichen geometrischen Darstellungen der Datenmatrix (vgl. Abb. 3.3). Die multivariate Datenanalyse der $m \cdot m$ Varianz-Kovarianzmatrix bzw. Korrelationsmatrix wird als R-Technik, die der $n \cdot n$ Matrix als Q-Technik bezeichnet. Die meisten Methoden der multivariat-statistischen Datenanalyse erlauben die Durchführung beider Techniken. So kann man mittels Clusteranalyse Gruppierungen in den Variablen (R-) und Objekten (Q-Technik) untersuchen.

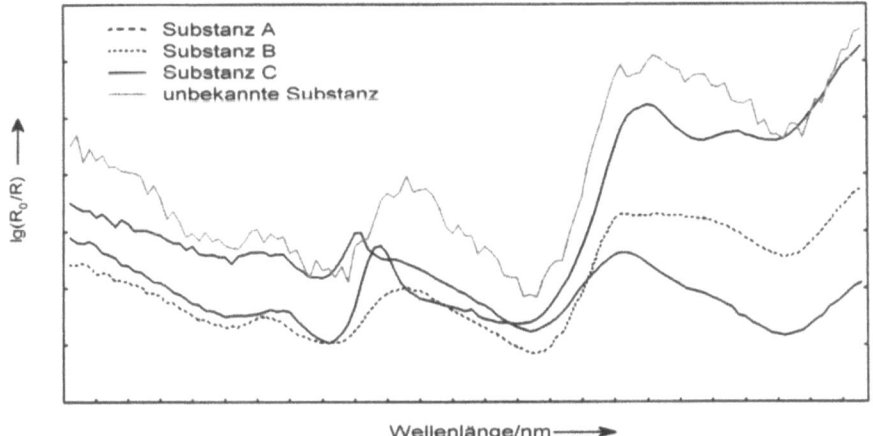

Abb. 3.3. Identifizierung einer unbekannten Substanz anhand von NIR-Spektren

Tabelle 3.8. $n \cdot n$ Korrelationsmatrix der NIR-Spektren (4 Objekte mal 123 Wellenlängen)

r	Substanz A	Substanz B	Substanz C	Unbekannte Substanz
Substanz A	1	0,9544	−0,2849	0,9481
Substanz B	−	1	−0,0746	0,9961
Substanz C	−	−	1	−0,0640
unbekannte Substanz	−	−	−	1

Beispiel

Von einer pulverförmigen Substanz wurde ein stark verrauschtes Nahinfrarot-Spektrum in diffuser Reflexion aufgenommen. Dieses soll auf seine Ähnlichkeit mit den Spektren von 3 bekannten Substanzen überprüft werden. Tabelle 3.8 zeigt die $n \cdot n$ Korrelationsmatrix der Spektrenmatrix (4 Objekte · 123 Wellenlängen). Aus der Korrelationsmatrix (R-Technik) kann entnommen werden, dass das Spektrum der unbekannten Substanz dem der Substanz B am ähnlichsten ist.

3.1.5
Multivariate Distanzmaße

Die Entfernung zweier Punkte a und b im 2- und 3-dimensionalem Raum lässt sich durch die euklidische Distanz angeben. Diese Distanz kann auf beliebige Dimensionen verallgemeinert und nach

$$d_e = \sqrt{\sum_{j=1}^{m} (x_{aj} - x_{bj})^2} \qquad (3.12)$$

berechnet werden. Aus Gl. (3.12) erhält man für $m = 2$ Dimensionen den Abstand von zwei Punkten in der Ebene. Im zweidimensionalen Fall liegen gleiche euklidische Distanzen auf Ellipsen bzw. für standardisierte Daten auf Kreisen, im dreidimensionalen Fall auf Ellipsoid- bzw. auf Kugeloberflächen. Für höherdimensionale Räume erhält man entsprechend Hyperellipsen bzw. -kugeln.

Die euklidische Distanz wird durch unterschiedliche Maßstäbe der Variablen beeinflusst. Im Extremfall führt dies dazu, dass die Distanz durch eine Variable vollständig dominiert wird. Eine Angleichung der Wichtung der Variablen kann durch eine Standardisierung Gl. (3.10) oder durch Verwenden der Mahalanobis-Distanz Gl. (3.14) erreicht werden. Sollen hingegen Maßstabsunterschiede bei der Auswertung berücksichtigt werden, so muss mit der unstandardisierten Datenmatrix gerechnet werden, so beispielsweise, wenn bei niedrigen Konzentrationen mit geringer Varianz ein geringer Einfluss auf eine Gruppierung der Daten zu erwarten ist.

Tabelle 3.9. Distanzmatrix für die Objekte der unstandardisierten Daten aus Tabelle 3.5

Euklidische Distanz	Probe 1	Probe 2	Probe 3	Probe 4	Probe 5
Probe 1	0	398	140	560	240
Probe 2	–	0	311	167	176
Probe 3	–	–	0	468	148
Probe 4	–	–	–	0	328
Probe 5	–	–	–	–	0

Tabelle 3.10. Distanzmatrix für die Objekte der standardisierten Daten aus Tabelle 3.5

Euklidische Distanz	Probe 1	Probe 2	Probe 3	Probe 4	Probe 5
Probe 1	0	2,86	3,52	3,22	2,27
Probe 2	–	0	3,60	1,83	2,85
Probe 3	–	–	0	2,77	2,69
Probe 4	–	–	–	0	2,13
Probe 5	–	–	–	–	0

Analog zu den beiden möglichen Korrelationsmatrizen lassen sich auch zwei Distanzmatrizen berechnen: Die paarweisen Distanzen zwischen den Objekten werden in einer $n \cdot n$ Distanzmatrix (Q-Technik), die Distanzen zwischen den Variablen in einer $m \cdot m$ Distanzmatrix (R-Technik) dargestellt. Beide Distanzmatrizen sind symmetrisch, die Diagonale besteht aus Nullen, entsprechend der Distanz einer Variablen bzw. eines Objekts zu sich selbst. Diese Darstellung von Distanzen entspricht den Entfernungstabellen, wie man sie in Autoatlanten findet.

Beispiel

Für die standardisierten und unstandardisierten Variablen aus Tabelle 3.5 wurde jeweils die Distanzmatrix der Objekte berechnet (Tabellen 3.9 und 3.10). Obwohl alle Variable die gleiche Maßeinheit besitzen, unterscheiden sich die Maßstäbe, da die Kaliumkonzentration um Größenordnungen höher liegt als die Bariumkonzentration. Die Proben 1 und 3 besitzen in der unstandardisierten Datenmatrix die kleinste Distanz, da hier vor allem die Variable K für die euklidische Distanz bestimmend ist. In der standardisierten Datenmatrix weisen dagegen die Proben 2 und 4 die geringste Distanz auf, da alle Variable gleichermaßen zur Distanz beitragen.

Neben der euklidischen Distanz existieren für metrisch skalierte Variable weitere Distanzmaße, die eine unterschiedliche Wichtung der Merkmalsdifferenzen

Tabelle 3.11. Distanzmaße für zwei Objekte a und b mit metrisch skalierten Variablen

Bezeichnung	Berechnung	Bemerkungen
Euklidische Distanz	$d_e = \sqrt{\sum_{j=1}^{m}(x_{aj}-x_{bj})^2}$	Geometrischer Abstand
Quadrierte euklidische Distanz	$d_{e^2} = \sum_{j=1}^{m}(x_{aj}-x_{bj})^2$	stärkere Wichtung weiter entfernter Objekte
Manhattan-Distanz, Taxi-Cab-Metrik	$d_m = \sum_{j=1}^{m}|x_{aj}-x_{bj}|$	gleiche Abstände liegen auf einem Rechteck
Tschebyscheff-Distanz, Dominanzmetrik	$d_t = \max|x_{aj}-x_{bj}|$	nur Variable mit maximaler Differenz wird berücksichtigt
1 – Pearsonscher Korrelationskoeffizient	$d_{1-r} = 1 - r_{ab}$	Maß für Unähnlichkeit

Tabelle 3.12. $n \cdot n$ Distanzmatrix (4 Objekte · 123 Wellenlängen) basierend auf der euklidischen Distanz der NIR-Spektren

	Substanz A	Substanz B	Substanz C	Unbekannte Substanz
Substanz A	0	0,51	0,86	0,50
Substanz B	–	0	0,47	0,85
Substanz C	–	–	0	1,00
Unbekannte Substanz	–	–	–	0

zur Folge haben (Tabelle 3.11 u. 12). In Abb. 3.4 sind diese Beziehungen für den zweidimensionalen Fall und gleich skalierte Variable graphisch dargestellt. Bei der quadrierten euklidischen Distanz wirken sich größere Differenzen stärker aus als bei der einfachen euklidischen Distanz. Ein kleinerer Einfluss der Differenz ist bei der Manhattan-Distanz zu beobachten, wobei gleiche Abstände auf Quadraten bzw. Rechtecken liegen[2].

Bis auf das vom Korrelationskeffizienten abgeleitete Unähnlichkeitsmaß können die in Tabelle 3.11 aufgeführten Distanzmaße von der sogenannten Power-Distanz abgeleitet werden. Diese erhält man, indem man den Exponenten und die Quadratwurzel in Gl. (3.12) durch p bzw. $1/r$ ersetzt:

$$d_r = \left(\sum_{j=1}^{m}(x_{aj}-x_{bj})^p\right)^{1/r} \qquad (3.13)$$

---

[2] Die Bezeichnung Manhattan- oder Taxi-Cab-Metrik bezieht sich auf die Entfernungen, die in einer Stadt mit rechtwinkligem Straßennetz zurückgelegt werden müssen.

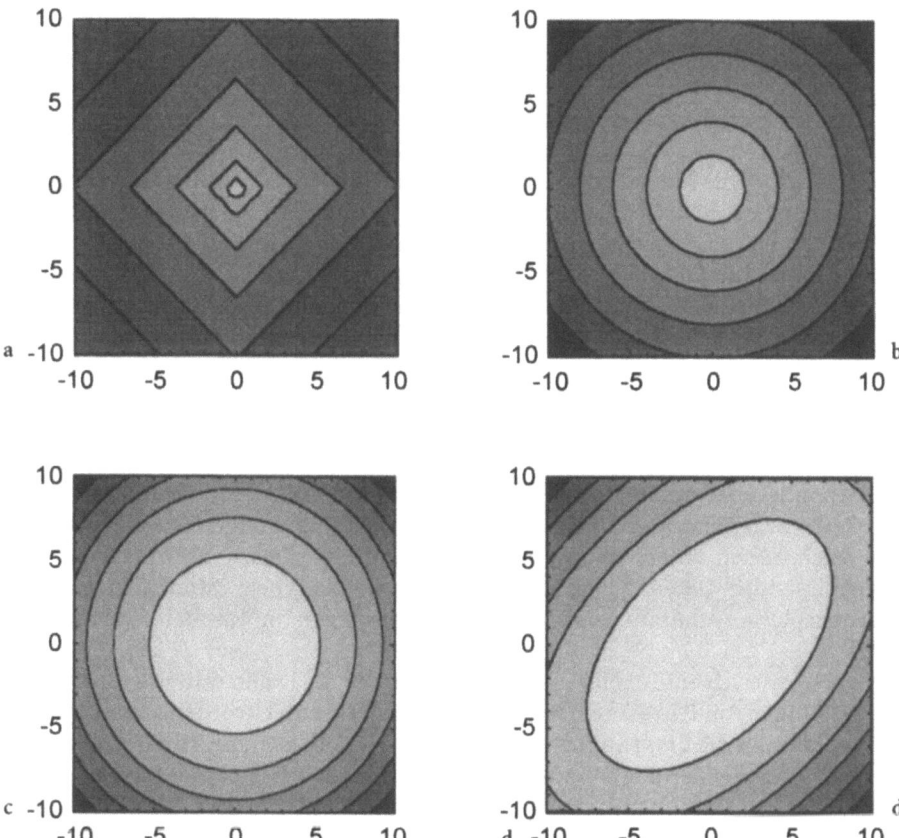

Abb. 3.4a–d. Zweidimensionale Darstellung der Distanzen für verschiedene Distanzmaße ausgehend vom Ursprung. **a** Manhattan-Distanz, **b** euklidische Distanz, **c** quadrierte euklidische Distanz, **d** Mahalanobis-Distanz

Beispiel

Für die Datenmatrix aus Tabelle 3.5 wird die Distanzmatrix basierend auf der euklidischen Distanz berechnet. Das unbekannte Spektrum besitzt die kleinste Distanz zum Spektrum der Substanz A. Aus der Korrelationsmatrix und bei Verwendung des Unähnlichkeitsmaßes $1-r$ ergibt sich dagegen eine große Ähnlichkeit von Substanz B zur unbekannten Substanz. Aus Abb. 3.3. ist ersichtlich, dass die Spektren der Substanzen aufgrund unterschiedlicher Lichtstreuung der Pulverproben unterschiedliche Basislinien besitzen, welche die euklidische Distanz dominieren. Für dieses Beispiel ist die euklidische Distanz daher weniger geeignet, die Korrelationskoeffizienten nach Tabelle 3.8 liefern sinnvollere Ergebnisse.

Ein gegenüber linearen Transformationen invariantes und damit skalenunabhängiges euklidisches Distanzmaß ist die Mahalanobis-Distanz[3]

$$d_M = \sqrt{(x_{aj} - x_{bj})\, C^{-1}(x_{aj} - x_{bj})'}\,. \qquad (3.14)$$

Hierbei ist C^{-1} die Inverse der Varianz-Kovarianzmatrix Gl. (3.8) aller Variablen. Die Mahalanobis-Distanz berücksichtigt und eliminiert die Verzerrungen, die durch Korrelationsbeziehungen zwischen Variablen auftreten (Abb. 3.4d). Für unkorrelierte, standardisierte Variable (orthonormale Matrizen) sind Mahalanobis- und euklidische Distanz identisch (für Einheitsmatrizen gilt $C = C^{-1}$) [4].

3.1.6
Vorgehensweise bei der Datenanalyse

Die datenanalytische Auswertung gliedert sich in mehrere Teilschritte: Zunächst werden eine oder mehrere Hypothesen formuliert, auf deren Grundlage dann die Gewinnung und Aufbereitung des Datenmaterials erfolgt. In der Regel werden Stichproben untersucht, deren Gewinnung einen starken Einfluss auf die Ergebnisse der Datenanalyse hat. Daher sind geeignete Strategien für die Versuchsplanung heranzuziehen, deren Grundlagen in Kapitel 5 vorgestellt werden.

Es schließt sich eine explorative Phase an, in der die Daten mittels graphischer Darstellungen und beschreibender Verfahren erkundet werden. Im nächsten Schritt können die ursprünglich aufgestellten Hypothesen mit Hilfe von Verfahren der schließenden Statistik dann widerlegt oder erhärtet werden. Am Ende des Ablaufs wird mit Hilfe von bereits vorhandenem Vorwissen entschieden, ob die zu Beginn formulierten Hypothesen aufrecht erhalten oder abgelehnt werden müssen oder ob weitere Untersuchungen notwendig sind.

Nachdem gesichert ist, dass die untersuchten Variablen einen signifikanten Einfluss auf die beobachtete(n) Größen(n) besitzen, ist das Ziel der Datenanalyse in der Chemometrik meist ein empirisches Modell, welches wesentliche Strukturen und Zusammenhänge der Daten beschreibt, z.B. ein Kalibrations- oder Klassifikationsmodell. Abbildung 3.5 zeigt den prinzipiellen Ablauf der Modellbildung: Nach Aufbereitung der Daten werden zunächst mittels explorativer Verfahren Muster oder systematische Beziehungen in den Daten gesucht. Anschließend werden die gefundenen Beziehungen oder Strukturen durch ein adäquates mathematisches Modell beschrieben. Mit Hilfe des beschreibenden Modells können anschließend die modellierten Eigenschaften neuer, unbekannter Proben vorhergesagt oder interpoliert werden.

An die Ergebnisse der Modellbildung sind zwei Anforderungen zu stellen: Erstens müssen die Schlüsse, die aus der Untersuchung gezogen wurden, anhand der untersuchten Daten gültig und nachvollziehbar sein (interne Validität). Zweitens sollen die erhaltenen Ergebnisse auch auf zukünftige Messungen übertragen und verallgemeinert werden können (externe Validität) [5]. Die externe

---

[3] Nach dem indischen Statistiker P.C. Mahalanobis (1893–1972).

3.1 Daten und Datenräume 97

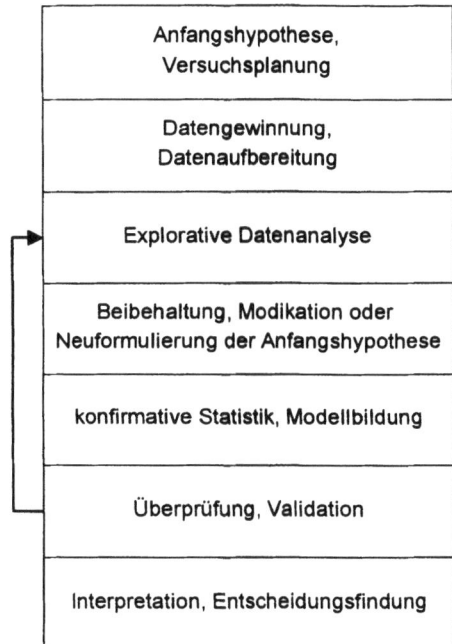

Abb. 3.5. Typischer Ablauf
der chemometrischen Datenanalyse

Validität kann nur getestet werden, indem das erhaltene Modell mit neuen, unbekannten Daten überprüft wird. In der Praxis ergibt sich ein zyklisches Vorgehen, bei dem sich Modellbildung und -prüfung abwechseln, bis die Vorhersagegüte keine signifikante Verbesserung mehr zeigt.

Da die vorhandenen Daten in der Regel nur eine mehr oder weniger repräsentative Stichprobe der Grundgesamtheit darstellen, hat eine verbesserte interne Validität nicht automatisch eine höhere externe Validität zur Folge: Eine zu spezielle Anpassung des Modells an die vorhandenen Daten (Overfitting) kann im Gegenteil zu einer Abnahme der Vorhersagegüte führen. Hier besteht ein wesentlicher Unterschied statistisch-empirischer Modelle zu explizit formulierten Modellen, die auf physikalisch-chemischen Parametern basieren und deren Vorhersagegüte mit der Einbeziehung weiterer Parameter zunimmt.

Um eine Untermodellierung oder Übermodellierung zu vermeiden, sollte ein beschreibendes Modell mit einer möglichst geringen Zahl von Parametern auskommen, also eine dem Problem angepasste Komplexität aufweisen. Abb. 3.6 verdeutlicht dies am Beispiel des Zusammenhangs zweier Variablen. Die lineare Anpassung führt für die vorhandenen und zukünftigen Daten zu vergleichbaren Modellabweichungen. Dagegen erzielt man mit Hilfe der Splineanpassung für die Daten, die zum Erstellen des Modells verwendet wurden, einen Vorhersagefehler von Null. Jedoch werden im Vergleich zum linearem Modell für neue Daten größere Abweichungen beobachtet. Die Gefahr des Übermodellierens ist bei nichtlinearen Verfahren wie künstlichen neuronalen Netzen besonders groß, da diese prinzipiell beliebig komplexe Strukturen in den Daten beschreiben kön-

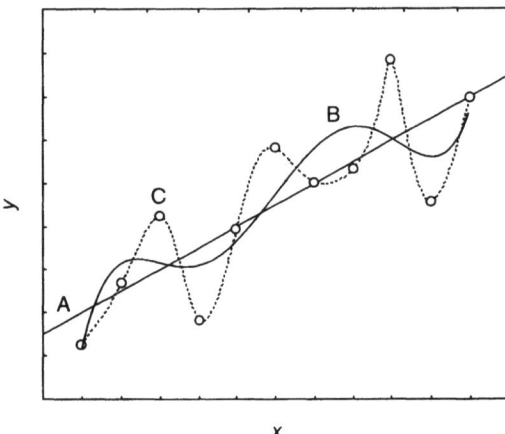

Abb. 3.6. Darstellung der Übermodellierung eines linearen Zusammenhangs durch Kurvenanpassungen mit unterschiedlicher Komplexität;
A lineare LS-Regression;
B LS-Regression mit Polynom 5. Grades;
C kubische Splines

nen. Mit zunehmender Modellkomplexität steigen zudem die Anforderungen an Umfang und Repräsentanz des Datenmaterials, da eine größere Anzahl von Parametern bestimmt werden muss.

3.2 Datenerkundung und -aufbereitung

3.2.1 Explorative Datenanalyse und Datenvisualisierung

Der Begriff explorative Datenanalyse (EDA) wurde vom amerikanischen Statistiker J. W. Tukey in den sechziger Jahren eingeführt [6–8]. Ziel der EDA ist es, Strukturen, Auffälligkeiten und Beziehungen im Datenmaterial aufzudecken sowie eine eventuell notwendige Datenvorbehandlung (Preprocessing) zu unterstützen. Hierzu werden neben graphischen Darstellungen einfache statistische Kenngrößen zur Beschreibung der Daten herangezogen. Vor allem robuste Kenngrößen wie der Median oder der Interquartilsabstand sind für diese Phase der Datenanalyse geeignet, also Größen, die von Ausreißern und sonstigen Abweichungen von der postulierten Verteilung der Daten, z. B. der Normalverteilung, kaum beeinflusst werden [9].

Die EDA ist für ein interaktives Arbeiten am Rechner prädestiniert. Hierbei werden bewusst subjektive Anteile bei der Datenanalyse und -interpretation einbezogen. Im Hinblick auf die Methodenauswahl kann in diesem Schritt der Datenanalyse ein Gespür für die Eigenschaften und Qualität des Datenmaterials entwickelt werden.

Zunächst wird das Datenmaterial auf Vollständigkeit überprüft. Aus univariaten statistischen Kenngrößen und graphischen Darstellungen erhält man Aussagen zur Vergleichbarkeit der Skalen der Variablen und zu möglichen Eingabefehlern. So sind unplausible Mittelwerte und Streuungsmaße Indizien für Probenverwechslungen oder Übertragungsfehler.

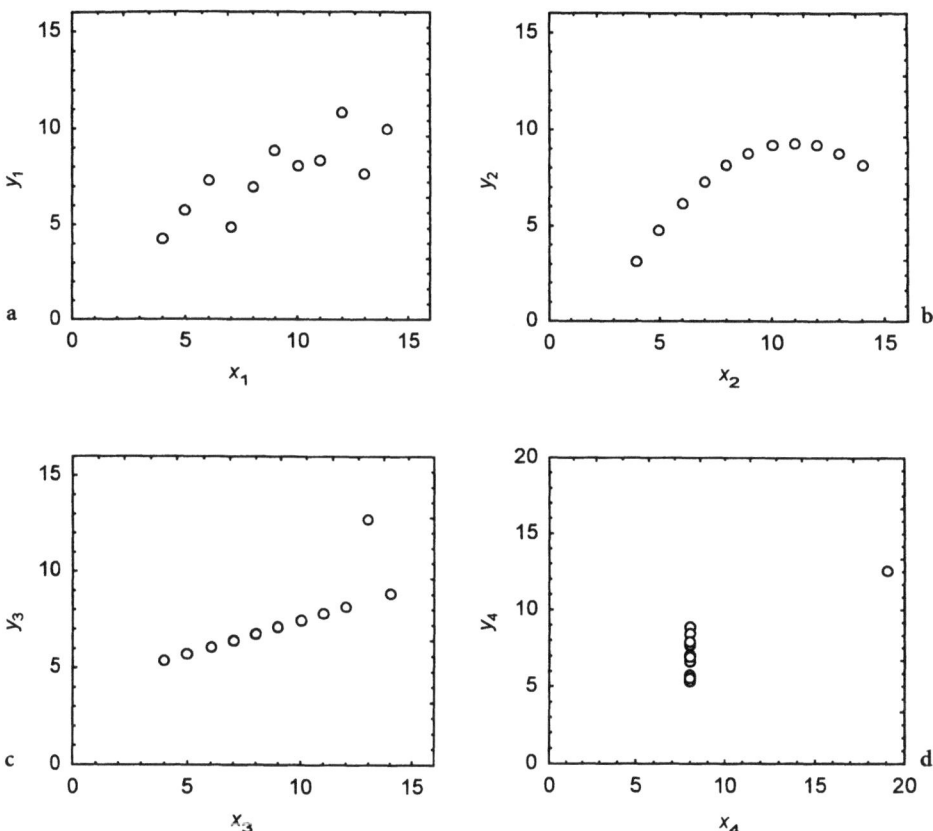

Abb. 3.7. Graphische Darstellung der Daten aus [10]

Eine wesentliche Rolle bei der EDA spielen graphische Darstellungen, die durch statistische Kenngrößen nie vollständig ersetzt werden können. Die Bedeutung der graphischen Darstellung für die Datenanalyse wurde von Anscombe [10] an einem Datensatz gezeigt (Abb. 3.7). Die Daten von 4 bivariaten Zusammenhängen weisen hierbei übereinstimmende statistische Kenngrößen auf: Anzahl der Datenpunkte $n = 11$, Mittelwerte $\bar{x} = 9.0$ und $\bar{y} = 7.5$, Regressionsparameter $a = 3$ und $b = 0.5$, Fehlerquadratsumme $QS_x = 110.0$ und Korrelationskoeffizient $r = 0.82$. Erst durch die graphische Darstellung der Daten kann erkannt werden, dass die Annahme eines linearen Zusammenhangs nur für Abb. 3.7a mit Einschränkung auch für 3.7c gerechtfertigt ist. Abb. 3.7b zeigt hingegen einen nichtlinearen Zusammenhang Abb. 3.7c und Abb. 3.7d werden durch Ausreißer bzw. Hebelwerte beeinflusst, wobei nach Entfernung des Ausreißers in Abb. 3.7d keinerlei Zusammenhang mehr zwischen x_4 und y_4 existiert.

Die graphische Darstellung wissenschaftlicher Daten stellt ein eigenes, umfangreiches Gebiet dar (vgl. z.B. [11]); hier kann nur auf einige grundlegende Verfahren eingegangen werden. Zur Untersuchung der Verteilung der Variablen

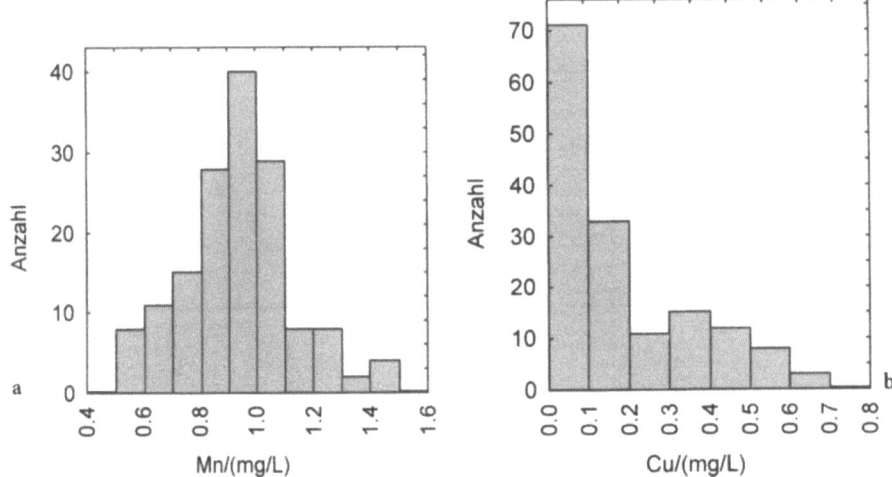

Abb. 3.8. Histogramme von Spurenelementen in Wein für **a** Mangan **b** Kupfer

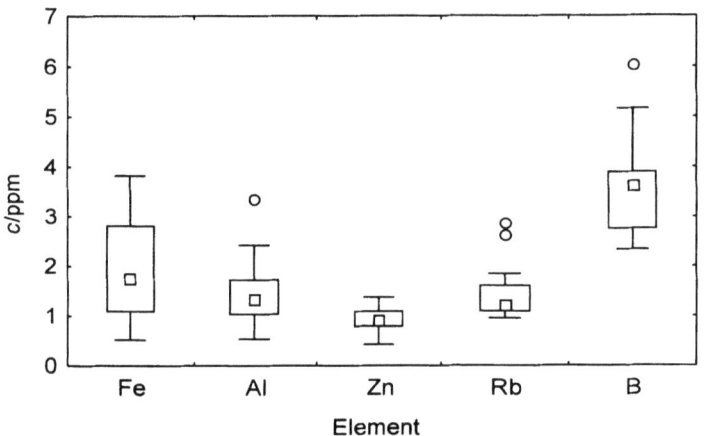

Abb. 3.9. Darstellung einiger Spurenelemente in Weinen als Boxplot. Konstruktion des Plots: Box: unteres Quartil, Median, oberes Quartil. Whiskers: Minimum bzw. Maximum innerhalb Box ± 1,5facher Quartilsdifferenz. Ausreißer (Punkte) außerhalb Box ± 1,5facher Quartilsdifferenz

und zum Erkennen von Ausreißern sind vor allem Histogramme (Abb. 3.8) und Boxplots (Abb. 3.5) geeignet. Mit Streudiagrammen können für $m = 2 \ldots 3$ Variable Zusammenhänge, Gruppierungen (Clusterbildung), Verteilungen und Ausreißer dargestellt werden. Paarweise Beziehungen in höherdimensionalen Daten können in einer Matrix aus Streudiagrammen (Scatterplotmatrix) erkannt werden. Diese stellt die graphische Variante der Korrelationsmatrix dar. Abb. 3.10 zeigt diese Darstellungstechnik, wobei ein Objekt hervorgehoben wurde, um es in den verschiedenen Teilplots zu identifizieren.

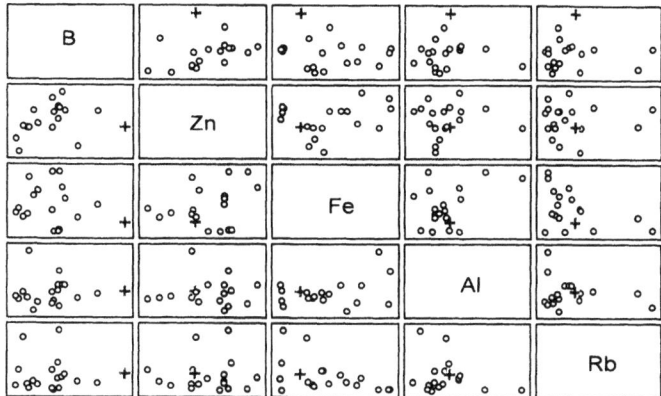

Abb. 3.10. Streudiagrammmatrix von Spurenelementen in Weinproben. Ein Objekt (Wein) ist in den verschiedenen Teilplots hervorgehoben (+)

Für die graphische Darstellung höherdimensionalen Datenmaterials existiert eine Reihe spezieller graphischer Methoden [12]. Bei den Icon-Plots wird jede Beobachtung durch eine graphische Darstellung repräsentiert, wobei den Merkmalsvektoren bestimmte Eigenschaften der Graphik entsprechen. Aus den Ähnlichkeiten der Graphiken lassen sich Rückschlüsse auf Gruppierungen der Daten ziehen. Häufig verwendete Graphiktypen sind z.B. Sterne, Polygone oder Säulendiagramme. Prinzipiell können die Daten durch beliebige graphische Attribute dargestellt werden.

Der Starplot (Abb. 3.11) verwendet sternförmige Graphiken, die aus radial angeordneten Speichen bestehen. Hierbei repräsentiert jede Speiche eine andere

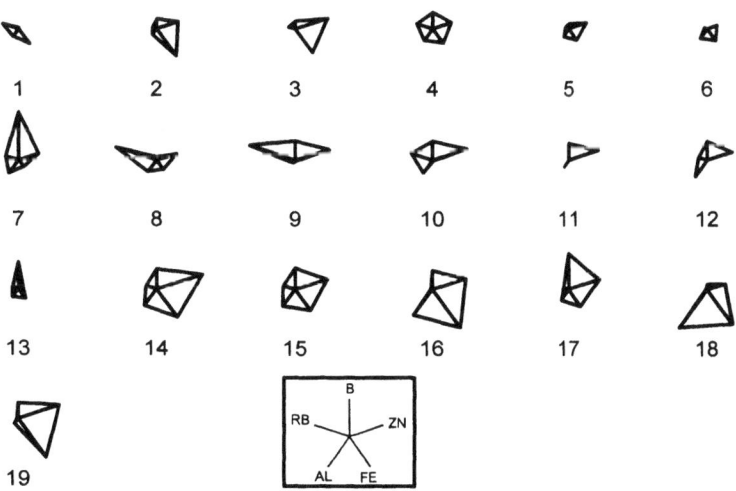

Abb. 3.11. Starplot von Spurenelementen in Weinproben (vgl. Abb. 3.10)

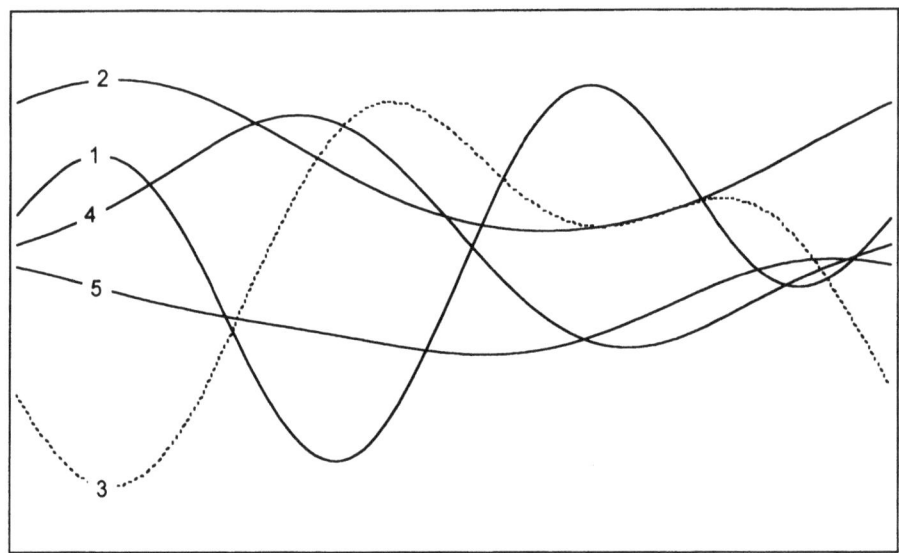

Abb. 3.12. Andrews-Plot der 5 Weine aus Tabelle 3.5 unter Verwendung der standardisierten Variablen

Variable. Die Länge der Speichen entspricht den auf den Bereich (0,1) skalierten Werten der Variablen.

Der Andrews-Plot (Abb. 3.12) nutzt die Merkmalsvektoren als Koeffizienten einer Linearkombination aus trigonometrischen Funktionen. Nach

$$F_i(t) = \frac{x_{i1}}{\sqrt{2}} + x_{i2}\sin(t) + x_{i3}\cos(t) + x_{i4}\sin(2t) + x_{i5}\cos(2t) + \ldots \quad (3.15)$$

wird für jedes der $i = 1 \ldots n$ Objekte eine Funktion berechnet, wobei $t = -\pi \ldots \pi$. Mit zunehmender Anzahl der Variablen nimmt die Komplexität der Funktionen zu, wobei Plots mit ähnlichen Koeffizienten auch ähnliche Kurvenverläufe aufweisen. Auf diese Weise können Objektgruppierungen erkannt werden.

Eine weitere Variante der Icon-Darstellungen sind die Chernoff-Faces. Hierbei werden die Daten nach der Transformation in geeignete Bereiche für die Definition von „Gesichtern" herangezogen. So kann beispielsweise eine Variable die Krümmung des Mundes repräsentieren, eine andere die Höhe der Augen. Bei der Anwendung dieses Plots ist zu berücksichtigen, dass die subjektive Zuordnung der Variablen zu bestimmten Attributen zu einer impliziten Wichtung der Variablen führt.

Häufig können aus Datenmaterial mit einer großen Anzahl von Variablen mittels der Hauptkomponentenanalyse 2 oder 3 neue, unkorrelierte Variable als Linearkombinationen der Originalvariablen berechnet werden, die einen hohen Anteil der Variabilität des Datenmaterials enthalten. Diese neuen Variablen können dann graphisch dargestellt werden. Auf diese Form der Dimensionsreduzierung wird in Abschn. 3.3 näher eingegangen.

Durch die rechnergestützte Datenvisualisierung werden die graphischen Darstellungsmöglichkeiten durch den Einsatz der dynamischen Graphik erweitert. Grundtechniken sind das Markieren einzelner Datenpunkte, das Zoomen, Rotieren und Verschieben von Plots. In interaktiv drehbaren 3-D-Plots lassen sich Zusammenhänge und Gruppierungen besser als in der statischen Darstellung erkennen. Einzelne oder Gruppen von Datenpunkten können in verschiedenen Teilplots hervorgehoben und damit gleichzeitig aus verschiedenen Perspektiven betrachtet werden (Focusing and Linking). Abbildung 3.10 zeigt diese Technik an einem Datenpunkt, der in den verschiedenen Teilplots markiert wird.

3.2.2
Datenaufbereitung

Nur selten liegen die Daten in einer Form vor, die direkt für die Auswertung geeignet ist. Häufig auftretende Probleme sind unterschiedliche Datenformate, fehlende Werte, Übertragungsfehler sowie verrauschte und gestörte Signale. Daneben machen eine Reihe allgemeiner Probleme numerischer und statistischer Natur eine Datenaufbereitung erforderlich. Für die Datenvorbehandlung (Preprocessing) [13] nutzt man in der Regel Erkenntnisse aus der explorativen Phase der Datenanalyse. Das Preprocessing kann sowohl die Objekte als auch die Variablen betreffen.

Für den Umgang mit fehlenden Werten bestehen mehrere Möglichkeiten: Neben der Eliminierung von Variablen oder Objekten können auch zu erwartende Werte eingesetzt werden, z. B. der Mittelwert der entsprechenden Variablen.

Häufig verwendete Transformationen der Variablen sind die Zentrierung und die Standardisierung. Für die Zentrierung wird von jeder Variablen der Mittelwert subtrahiert, so dass die transformierten Variablen den Mittelwert $\bar{x}'_j = 0$ besitzen.

$$x'_{ij} = x_{ij} - \bar{x}_j; \quad i = 1, \ldots, n; \quad j = 1, \ldots, m \quad (3.16)$$

In vielen Fällen ist es günstig, die Variablen so zu skalieren, dass die resultierende Standardabweichung eins beträgt. Eine verbreitete Methode, die Skalen der Variablen anzupassen, ist die bereits erwähnte Standardisierung der Variablen nach Gl. (3.10). Tabelle 3.13 zeigt ein Beispiel. Da alle standardisierten Variablen gleich gewichtet werden, unabhängig davon, ob sie einen hohen Informationsanteil oder fast nur Rauschen enthalten, kann diese Transformation jedoch auch unerwünschte Auswirkungen haben. Eine problemspezifische Wichtung einzelner Variablen oder Variablengruppen wird erreicht, indem die entsprechenden Variablen mit einem individuellen Wichtungsfaktor multipliziert werden.

Die Varianz der Daten wird nur zum Teil durch die interessierenden Variablen beeinflusst. Daneben spielen auch schwer kontrollierbare Einflüsse eine Rolle, z. B. systematische Fehler der Kalibration, Drift des Analysengeräts oder Verdünnungsfehler. Generell führt geeignetes Preprocessing der Objekte und

Tabelle 3.13. Beispiel für unstandardisierte und standardisierte Variable

Unstandardisiert		Standardisiert	
Ca/(mg L^{-1})	Pb/(ng/µL)	Ca	Pb
280	2,3	−0,415	0,035
330	1,3	1,141	−1,017
270	3,2	−0,726	0,982
$\bar{x}=$ 293,33	2,23	0	0
$s=$ 32,15	0,95	1	1

Variablen dazu, dass problemspezifisches Wissen im Datenmaterial Berücksichtigung findet und dadurch dessen Komplexität vermindert wird [14].

Besonders deutlich wird dies bei Transformationen der Messungen, die auf physikalisch-chemischen Zusammenhängen beruhen. Beispiele sind Messungen in der UV/VIS-Spektrometrie, wo die Rohdaten mit Hilfe des Lambert-Beerschen-Gesetzes linearisiert werden können. Bei Transmissionsmessungen kann eine Schichtdickenkorrektur den Einfluss unterschiedlicher optischer Weglängen weitgehend eliminieren. Ähnliche Verhältnisse findet man in der VIS- und NIR-Spektrometrie in diffuser Reflexion. Hier führen Unterschiede des Streuverhaltens der Proben zu unterschiedlich langen Lichtwegen, beispielsweise aufgrund unterschiedlicher Partikelgrößen oder Schwankungen der Dichte von Pulverproben. Es existieren mehrere Verfahren, um diesen Einfluss auszugleichen, beispielsweise die multiplikative Streukorrektur (multiplicative scatter correction, MSC) [15].

Basislinienkorrekturen können auch direkt durchgeführt werden, in dem für jedes Spektrum eine Basislinie linear oder mittels Polynom angepasst und subtrahiert wird. Für das Preprocessing von Spektren, Chromatogrammen oder Zeitreihen werden weiterhin Methoden der digitalen Signalverarbeitung wie Glättung oder numerische Differenzierung verwendet.

Bei der Auswertung von Chromatogrammen wird häufig auf die Summe der Peakhöhen oder -flächen normiert, um den Einfluss der Variation der Probenmenge zu minimieren. Die konstante Summe der Bestandteile (von eins bzw. 100%) führt zu einer Verringerung der Dimension des Datensatzes um eins und kann damit zu Artefakten führen, z.B. nichtlinearen Zusammenhängen, die in den Originaldaten nicht vorhanden sind. Diese Problematik ist auch bei der Untersuchung von Mischungen oder Zusammensetzungen, beispielsweise in der Geochemie oder in der Werkstoffanalytik zu berücksichtigen. Es existieren verschiedene Ansätze, um den Einfluss der Normierung zu verringern [16, 17].

Ein wichtiger Bestandteil der explorativen Phase und der Datenaufbereitung ist die Identifizierung von Ausreißern. Ein Ausreißer ist ein extremer Wert für eine Variable und abhängig vom verwendeten statistischen Modell, einschließlich der Datenvorbehandlung sowie der zugrunde gelegten Verteilung. Eine Unterscheidung zwischen tatsächlich auftretenden Extremwerten und kontaminierten Werten, die durch Fehler bei der Messung oder Dateneingabe auftreten, ist nicht immer möglich, jedoch können auch real vorhandene extreme Werte das Ergebnis eines datenanalytischen Verfahrens verzerren, z. B. durch Vortäuschen einer hohen Korrelation (vgl. Abb. 3.7 d). Besonders problematisch sind mehrere Ausreißer in einem Datensatz, da sich die Einflüsse nicht addieren sondern unter Umständen sogar aufheben („maskieren") können.

Für die verschiedenen Verfahren der Datenanalyse wie Regression oder Klassifikation existieren unterschiedliche Methoden zur Ausreißerdiagnostik. Die Entfernung solcher Beobachtungen muss sorgfältig dokumentiert werden. Einerseits ist eine Entfernung bei vielen Verfahren unumgänglich, andererseits können gerade die Ausreißer die eigentlich interessante Information enthalten.

Beispiel

Über Jahre hinweg blieb das „Ozon-Loch" über dem Südpol unentdeckt, da die vom Satelliten übertragenen Messdaten durch einen Algorithmus automatisch ausreißerbereinigt wurden. Hierfür wurden Grenzen ermittelt, ausgehend von den natürlich auftretenden Schwankungen aufgrund der unterschiedlichen Sonneneinstrahlung. Dieser Fehler wurde erst durch einen Vergleich mit terrestrischen Messungen aufgedeckt [18].

Zur Vermeidung oder Reduzierung von Fehlern bei der Dateneingabe existieren verschiedene Strategien. Zunächst sollten die Daten auf eindeutige Eingabefehler hin überprüft werden wie beispielsweise Elementgehalte größer als 100 % oder kleiner 0 % oder gebrochene Ordnungszahlen. Diese Regeln für diese Plausibilitätsprüfung können oft softwareseitig definiert werden. Eine aufwendigere Methode, Fehler bei der Dateneingabe zu verringern, ist die Doppeleingabe der Daten, die möglichst unabhängig von zwei Personen durchgeführt werden sollte, mit anschließendem Vergleich durch ein entsprechendes Softwareprogramm.

3.3 Faktoren- und Hauptkomponentenanalyse

Ziel der Hauptkomponentenanalyse (PCA, principal component analysis) ist es, die m Variablen der Datenmatrix durch eine geringere Zahl $h < m$ von untereinander unkorrelierten Hauptkomponenten (Faktoren, latente Variable) so darzustellen, dass die ursprüngliche Information der Variablen weitgehend erhalten bleibt. Voraussetzung hierfür ist, dass die Variablen zu einem gewissen Grad redundant sind, dass also Zusammenhänge zwischen den Variablen der Datenmatrix bestehen. Diese Beziehungen werden in der Kovarianz- bzw. Korrelationsmatrix dargestellt, wobei zwei Extremfälle auftreten können: Einerseits können die Variablen untereinander völlig unkorreliert (orthogonal) sein. Die Korrelationsmatrix R der standardisierten Variablen ist in diesem Fall eine Einheitsmatrix, d.h. alle Elemente bis auf die Diagonalelemente nehmen den Wert Null an. Der Rang der Datenmatrix ist in diesem Fall min(m,n). Eine Dimensionsreduzierung unter Erhalt der ursprünglichen Information ist also nicht möglich.

Andererseits können die m Variablen untereinander vollständig korrelieren, also Linearkombinationen aus den anderen Variablen darstellen. Damit sind alle Elemente von R gleich eins, die Datenmatrix hat somit einen Rang von eins und ist singulär. Jede Variable besitzt den gesamten Informationsgehalt der Datenmatrix, der Variablenraum kann damit auf eine Dimension reduziert werden. Dies entspricht einem 1-dimensionalen Unterraum, in dem die Objekte linear angeordnet sind.

In der Praxis kann häufig der größte Teil der Information der ursprünglichen Datenmatrix durch die ersten Hauptkomponenten reproduziert werden. Damit bietet die Hauptkomponentenanalyse eine Möglichkeit, Strukturen hochdimensionaler Datensätze in zwei oder drei Dimensionen graphisch darzustellen (Hauptkomponentendisplay).

Die Hauptkomponentenanalyse geht davon aus, dass sich die Variablen als Linearkombinationen der orthogonalen Hauptkomponenten beschreiben lassen. In Matrixschreibweise ergibt sich die lineare Transformation

$$X = PA^T \qquad (3.17)$$

bei der die zentrierte $n \cdot m$ Datenmatrix X durch das Produkt der $n \cdot h$ Faktorwertematrix (Faktorscorematrix) P der h orthogonalen Hauptkomponenten und der $m \cdot h$ Matrix der Faktorladungen A dargestellt wird. Die Ladung ist ein Maß für die Korrelation zwischen den entsprechenden Hauptkomponenten und Variablen. Statt von der zentrierten Datenmatrix X kann auch von der standardisierten Datenmatrix Z ausgegangen werden.

Durch diese lineare Transformation wird zunächst noch keine Dimensionsreduzierung erreicht. Diese entsteht erst dadurch, dass man diejenigen Hauptkomponenten weglässt, bzw. null setzt für die $h > h_{opt}$, die nur einen geringen Anteil an der Gesamtvarianz des Originaldatensatzes besitzen. Neben der Dimensionsreduzierung wird hierbei eine Erhöhung des Signal-zu-Rausch-Verhältnisses erreicht. Ursache hierfür ist die gleichmäßige Verteilung des zufälligen Rauschanteils über alle Faktoren, während die analytische Information in der Regel in den ersten Faktoren konzentriert ist.

Maximal können $h = m$ Hauptkomponenten berechnet werden, wobei h jedoch nicht größer als die Anzahl der Fälle der Datenmatrix n sein kann. Falls Linearkombinationen der Variablen in der Datenmatrix vorhanden sind, verringert sich die Anzahl der zu berechnenden Hauptkomponenten entsprechend.

Geometrisch kann man die Hauptkomponentenanalyse als Rotation des m-dimensionalen Koordinatensystems der Originalvariablen in das neue Koordinatensystem der Hauptkomponenten interpretieren. Die neuen Achsen werden dabei so aufgespannt, dass die erste Hauptkomponente p_1 in Richtung der maximalen Varianz der Daten zeigt. Die weiteren Hauptkomponenten $p_2, p_3 \ldots$ stehen jeweils senkrecht (orthogonal) dazu und weisen in Richtung der jeweils ver-

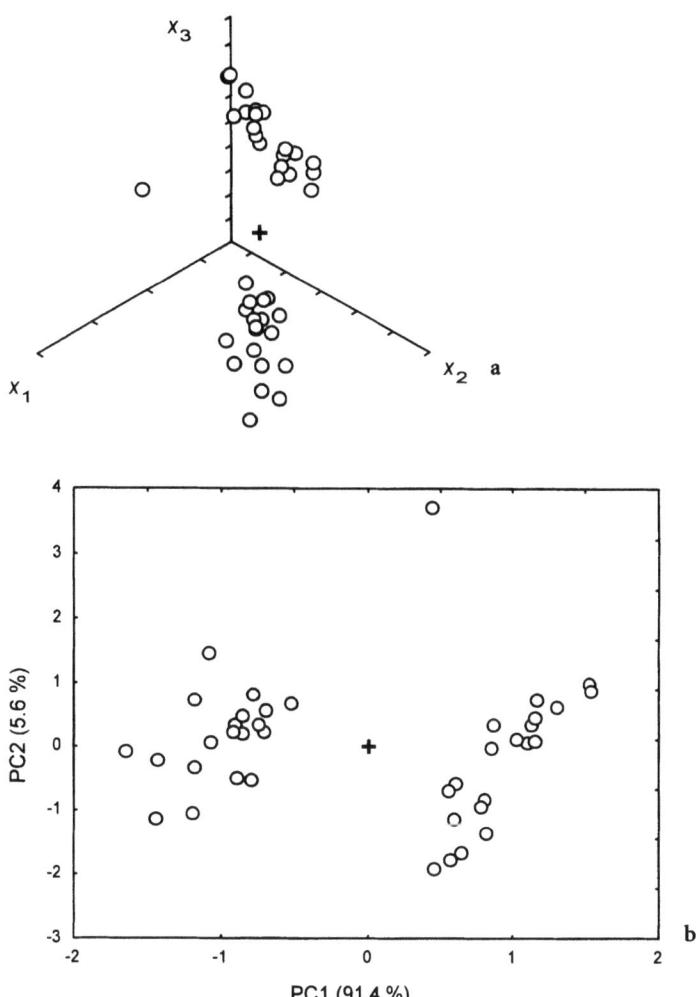

Abb. 3.13 a, b. Dimensionsreduzierung mittels Hauptkomponentenanalyse **a** Plot der Originaldaten **b** Plot der ersten beiden Hauptkomponenten PC1 und PC2, die zusammen 97 % der Gesamtvarianz der Originalvariablen erklären. + Schwerpunkt der Daten (Zentroid)

bleibenden maximalen Varianz. Die Achsen mit nur geringen Varianzanteilen werden normalerweise nicht berücksichtigt, so dass ein Subraum im Raum der Originaldaten gebildet wird. Abbildung 3.13 veranschaulicht den Zusammenhang zwischen Originaldaten und den ersten beiden Hauptkomponenten im Hauptkomponentenplot (Scoreplot) für einen dreidimensionalen Datensatz. Die Gesamtvarianz der Daten bleibt durch die Rotationstransformation unverändert, jedoch werden die Anteile auf den Achsen neu verteilt.

Wie bereits erwähnt, lassen sich Rotationstransformationen durch lineare Transformationen darstellen. Damit die Rotation auf einem Kreis oder einer

Kugel stattfindet, muss eine normalisierte Transformation durchgeführt werden. Für diese gilt allgemein:

$$\sum_{i=1}^{p} w_{ij}^2 = 1 \tag{3.18}$$

Demnach muss für die Rotation auf einem Kreis die Beziehung $w_1^2 + w_2^2 = 1$ gelten. Bei der Hauptkomponentenanalyse wird eine orthogonale Rotationstransformation durchgeführt, d. h. beide Achsen werden um den gleichen Winkel gedreht und stehen dabei immer senkrecht aufeinander. Für die Summe der Produkte der entsprechenden Gewichtskoeffizienten der Achsen (Skalarprodukt) gilt daher

$$\sum_{i=1}^{p} w_{ij} \cdot w'_{ij} = 0 \tag{3.19}$$

Orthogonale Rotationstransformationen und damit die Hauptkomponentenanalyse lassen sich auf ein Eigenwertproblem zurückführen, wobei die Spalten der Faktorladungsmatrix durch die Eigenvektoren der Kovarianz- bzw. Korrelationsmatrix gebildet werden. Der Betrag der Eigenwerte ist ein direktes Maß für den Varianzanteil eines Faktors an der Gesamtvarianz der Datenmatrix. Häufig verwendete Algorithmen sind NIPALS [19] oder die Singulärwertzerlegung (SVD) [20].

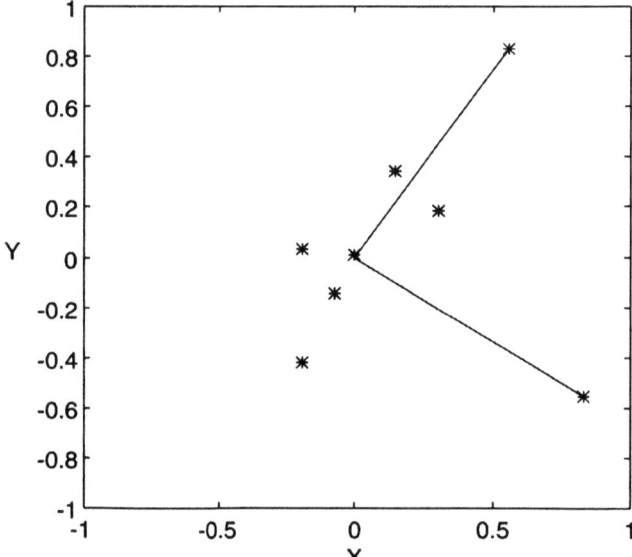

Abb. 3.14. Plot der Objekte im Koordinatensystem der Variablen mit den unskalierten Eigenvektoren

Beispiel

Abbildung 3.14. zeigt die Berechnung der Hauptkomponenten für einen zweidimensionalen Datensatz. Meist werden die Eigenvektoren so skaliert, dass ihr Betrag (Summe der quadrierten Elemente) dem zugehörigen Eigenwert entspricht (s. auch 3.15).

Meist zeigt der Plot der Eigenwerte in Abhängigkeit von der Anzahl der Faktoren (*Scree*-Plot, *scree* = Geröll) einen Punkt, ab dem die Funktion flacher verläuft. Der Beitrag der Hauptkomponenten rechts dieses Punktes wird als vernachlässigbar angesehen (Abb. 3.16). Das Kaiser-Kriterium berücksichtigt nur Faktoren mit Eigenwerten größer eins, was dem Varianzbeitrag einer einzelnen Variablen einer standardisierten Datenmatrix entspricht. Die Zahl der zu extrahierenden Hauptkomponenten ist von der Problemstellung abhängig, so dass man immer mehrere Lösungen vergleichen sollte.

Analog zu den beiden möglichen Darstellungen der Originaldatenmatrix können auch aus Gl. (3.17) zwei komplementäre Darstellungen aus der PCA abgeleitet werden. Während der Plot der Hauptkomponentenwerte im Koordinatensystem der Hauptkomponenten (Scoreplot) die Anordnung der Objekte

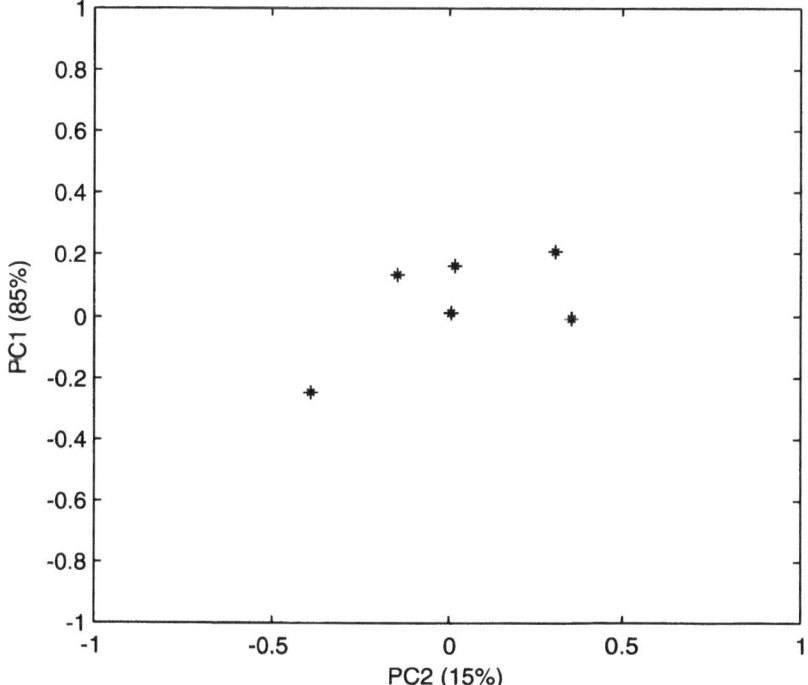

Abb. 3.15. Plot der Faktorscores (Objekte im Koordinatensystem der Eigenvektoren)

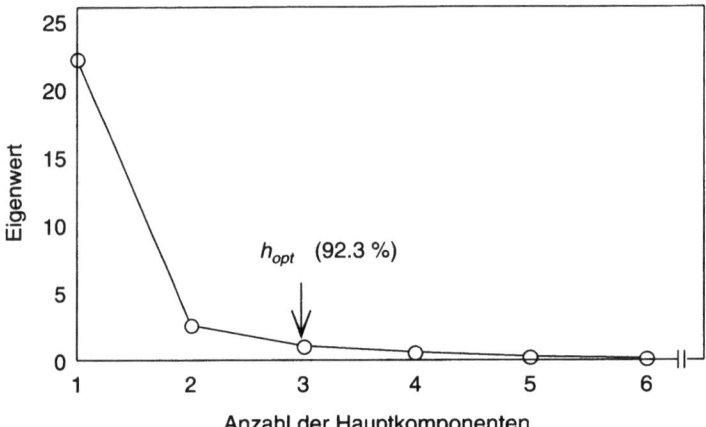

Abb. 3.16. Plot der Eigenwerte in Abhängigkeit von der Anzahl der Hauptkomponenten (Scree-Plot). Nach dem Kaiser-Kriterium und dem Scree-Kriterium ergibt sich für die optimale Anzahl der Hauptkomponenten $h_{opt} = 3$, mit denen 92,3% der Gesamtvarianz des Datensatzes erklärt werden können

repräsentiert (Abb. 3.15), werden umgekehrt durch Auftragen der Ladungen im Koordinatensystem der Hauptkomponenten (Loadings-Plot) die Anteile der Variablen an den Hauptkomponenten dargestellt. Der Plot der Hauptkomponentenwerte kann daher ähnlich wie die Clusteranalyse zum Aufdecken von Gruppierungen in den Objekten verwendet werden.

Im Faktorladungsplot werden die Anteile der Variablen an den entsprechenden Hauptkomponenten dargestellt. Variable, die in der Nähe des Ursprungs liegen, haben nur einen geringen Einfluss auf die aufgetragenen Hauptkomponenten, während Variable, die im Ladungsplot ähnliche Beträge aufweisen, vergleichbare Anteile an den dargestellten Hauptkomponenten haben.

Stehen mehrere Variable in Zusammenhang miteinander, so kann man einen gemeinsamen Sachverhalt als Ursache vermuten. Als Hypothese kann angenommen werden, dass die Vielfalt der beobachteten Variablen auf wenige grundlegende Variable, den Faktoren, zurückzuführen ist. Unter bestimmten Voraussetzungen (z.B. der in der Spektrometrie häufig erfüllten Additivität der Komponenten) können die Hauptkomponenten als kausale Wirkungsfaktoren interpretiert werden. Hierzu betrachtet man im Ladungsplot die auf einen Faktor hoch ladenden Variablen und versucht, diese auf eine gemeinsame Ursache (Faktor) zurückzuführen. Zur Erleichterung der Interpretation existieren verschiedene Rotationsverfahren, um die Variablenbeiträge auf die Achsen (Hauptkomponenten) zu drehen.

Bei der Interpretation der Ergebnisse der Hauptkomponentenanalyse ist jedoch zu berücksichtigen, dass die unabhängigen Faktoren eine Voraussetzung des Modells sind und nicht unbedingt realen Gegebenheiten entsprechen müssen. Das eigentliche Ergebnis besteht darin, wie hoch die beobachteten Variablen auf den jeweiligen Faktor laden.

Neben der Hauptkomponentenanalyse existieren eine Reihe von verwandten Verfahren, die unter der Bezeichnung Faktorenanalyse zusammengefasst werden. Bei der Faktorenanalyse kann ein zufälliger Fehleranteil der Variablen spezifiziert werden, der nicht durch die Faktoren bewirkt wird und damit dem Messfehler entspricht. Der Vorteil hierbei ist eine Erleichterung der Interpretation, jedoch sind Annahmen über den gemeinsamen Fehler erforderlich. Die Hauptkomponentenanalyse ist mit der eigentlichen Faktorenanalyse verwandt, bzw. eine spezielle Lösung für den Fall, dass die Varianz des Datensatzes vollständig durch die Faktoren erklärt wird, der Datensatz also vollständig aus den Faktoren wiederhergestellt werden kann. Näheres zu den verschiedenen Verfahren der Faktorenanalyse findet man in Lehrbüchern zur multivariaten Statistik [21, 22].

Ein weiteres Verfahren zur Darstellung hochdimensionaler Datensätze in zwei oder drei Dimensionen ist die multidimensionale Skalierung (MDS). Im Gegensatz zur Hauptkomponentenanalyse oder Faktorenanalyse können bei dieser modellfreien Methode beliebige Ähnlichkeits- oder Distanzmatrizen analysiert werden. Hierzu werden die Objekte iterativ im niedrigdimensionalen Raum so verschoben, dass die neue Konfiguration eine möglichst gute Approximation an die Distanzen im Originalraum ist. Als Optimierungskriterium wird ein Maß für die Fehlanpassung minimiert. Die MDS eignet sich beispielsweise dazu, sensorische Attribute darzustellen.

3.4
Clusteranalyse

In zwei- oder dreidimensionalen Scatterplots ist die visuelle Erkennung von Gruppierungen in Daten in der Regel eine triviale Aufgabe. Hochdimensionale Daten entziehen sich dagegen der unmittelbaren Anschauung. Daher wurden ein Reihe von Algorithmen entwickelt, um Strukturen in höherdimensionalen Daten zu erkennen.

Ausgehend von der multivariaten Distanz oder Ähnlichkeit werden die Gruppen so gebildet, dass die Distanzen der Objekte innerhalb eines Clusters möglichst gering, die Distanzen zwischen den Clustern dagegen möglichst groß sind. Die verschiedenen Clusteralgorithmen versuchen für dieses Problem in akzeptabler Zeit möglichst eine gute Lösung zu finden. Ziel ist zunächst eine anschauliche Darstellung einer Menge von Objekten. Weiterhin kann die Clusteranalyse zur Datenreduktion verwendet werden, indem repräsentative Objekte für jeden Cluster ausgewählt werden. Es sind jedoch keine statistisch gültigen Aussagen über die Gruppenzugehörigkeiten möglich. Damit ist die Clusteranalyse ein multivariat-exploratives Verfahren.

In der Regel wird die Clusteranalyse auf Objekte angewendet (Q-Technik), es können aber auch Variable auf Ähnlichkeiten und Gruppierungen untersucht werden (R-Technik).

3.4.1
Hierarchische Clusteranalyse

Den Ausgangspunkt für die hierarchische Clusteranalyse bildet die symmetrische Distanzmatrix, welche die paarweisen Distanzen zwischen den Objekten enthält (zur Untersuchung von Variablengruppierungen kann auch von der $m \cdot m$-Distanzmatrix ausgegangen werden). Die Variablen müssen vorher gegebenenfalls standardisiert werden.

Abbildung 3.17 zeigt den prinzipiellen Ablauf der hierarchischen Clusteranalyse. Die Objekte werden schrittweise entsprechend dem jeweils geringsten multivariaten Abstand zu immer größeren Clustern vereinigt. Zu Beginn bildet jedes Objekt ein eigenes Cluster. Im nächsten Schritt werden jeweils die beiden Cluster mit der geringsten Distanz fusioniert. Damit verringert sich die Zahl der Cluster um eins. Anschließend wird die reduzierte Distanzmatrix für die verbleibenden Cluster berechnet, indem Zeilen und Spalten der zusammengefassten Cluster aus der Distanzmatrix durch die Distanzen zum neuen Cluster ersetzt werden. Während des Fusionsprozesses wird eine Hierarchie von Gruppierungen erzeugt, bis alle Objekte fusioniert sind. Dieses Vorgehen wird als

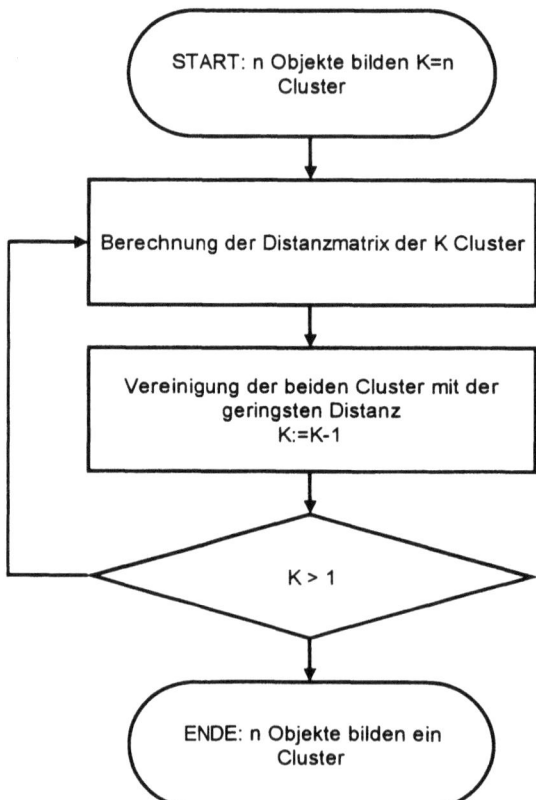

Abb. 3.17. Prinzipieller Ablauf der agglomerativen hierarchischen Clusteranalyse

Tabelle 3.14. Einige für die hierarchische Clusteranalyse verwendete Fusionierungs-Algorithmen

Bezeichnung	Fusionierungskriterium	Eigenschaften
Single linkage (Nearest Neighbour-Verfahren)	minimale Distanz der nächsten Objekte zweier Cluster	Bildung großer Cluster, bei denen die Objekte aneinandergereiht sind. Ausreißer werden isoliert
Complete linkage	minimale Distanz der entferntesten Objekte zweier Cluster	Bildung kleinerer Cluster
Average Linkage	Distanz zwischen zwei Clustern wird durch den Mittelwert aller Distanzen zwischen allen Objekten bestimmt	Reale Struktur des Datensatzes wird gut wiedergegeben
Centroid-Verfahren	Distanz der Mittelwerte der Gruppen	Reale Struktur des Datensatzes wird gut wiedergegeben
Methode nach Ward	Bildung des Clusters, bei dem die Gesamtvarianz (beim Einsatz von quadrierten euklidischen Distanzen) am wenigsten ansteigt	Reale Struktur des Datensatzes wird gut wiedergegeben, wenn die Cluster eine vergleichbare Größe besitzen

agglomerativ bezeichnet, im Unterschied zum selten genutzten divisiven Vorgehen, bei dem das Startcluster aus allen Objekten gebildet und in jedem Schritt weiter aufgeteilt wird.

Die hierarchische Clusteranalyse wird durch das verwendete Distanzmaß (vgl. Tabelle 3.11) und durch den Fusionierungsalgorithmus charakterisiert. Die Fusionierungs-Algorithmen unterscheiden sich in der Art wie die Distanzen zwischen den Clustern ermittelt werden. Einige häufig für die hierarchische Clusteranalyse verwendete Algorithmen sind in Tabelle 3.14 aufgeführt.

Der Ablauf des Fusionierungsprozesses wird in der Regel durch ein Dendrogramm (Baumdiagramm) dargestellt (Abb. 3.18). Aus diesem kann entnommen werden, in welcher Reihenfolge und bei welchen Distanzen die Objekte zu Clustern zusammengefasst wurden. Das Dendrogramm muss vom Anwender im Hinblick auf die Aufgabenstellung interpretiert werden, wobei vor allem die Frage nach der Anzahl der Cluster im Vordergrund steht. Je länger der Distanzbereich ist, bei denen die Anzahl der Cluster konstant bleibt, desto stabiler sind die gefundenen Cluster. Bestehen Zweifel an den gefundenen Gruppierungen, so empfiehlt es sich, das Datenmaterial in mehrere zufällig gebildete Teildatensätze aufzuteilen. Werden in diesen Datensätzen vergleichbare Strukturen gefunden, so kann man mit hoher Sicherheit davon ausgehen, dass diese tatsächlich im Datenmaterial vorhanden sind.

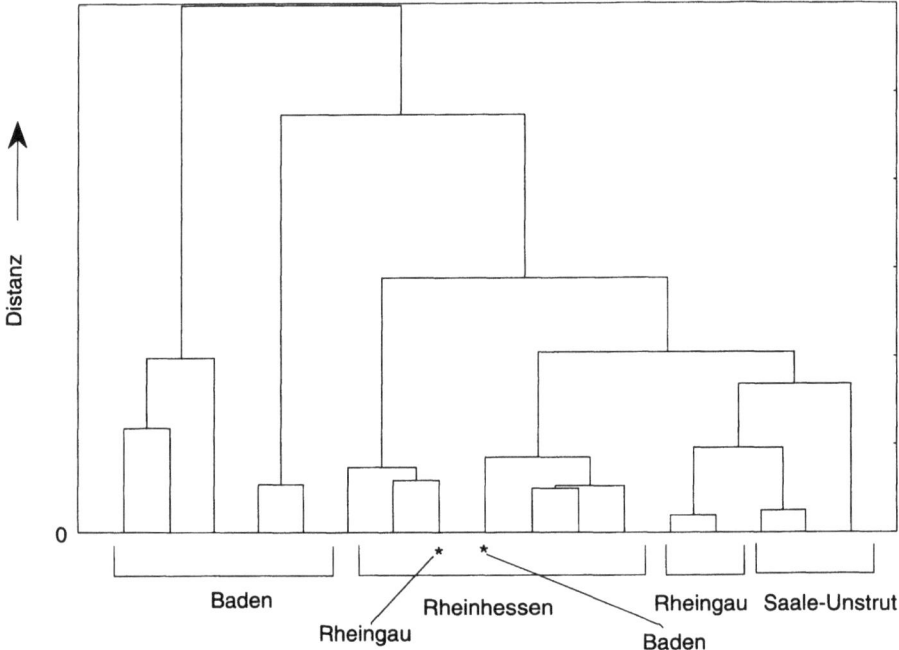

Abb. 3.18. Dendrogramm für die Zuordnung von Weinen zu Anbaugebieten anhand des Spurenelementemusters

Die unterschiedlichen Ergebnisse der verschiedenen Clusteralgorithmen geben Hinweise auf die Form der Cluster und auf die Clustergrößen. So neigt die Single-Linkage-Methode zur Bildung langer, verketteter Cluster, da die jeweils nächsten Objekte der Cluster zur Fusion führen. Das Complete-Linkage-Verfahren bildet dagegen kleine homogene Cluster. Die Methode nach Ward zeigt bei ähnlicher Größe der Cluster gute Resultate, jedoch können einzelne Ausreißer das Ergebnis stark beeinflussen. Abbildung 3.19 zeigt einen Datensatz mit zwei Variablen, wobei visuell zwei Gruppen und ein isoliertes Objekt zu erkennen sind. Die zugehörigen Dendrogramme sind in den Abb. 3.20 und 3.21 dargestellt. Im Gegensatz zur Methode nach Ward sind bei der Single-Linkage-Methode 3 stabile Cluster zu unterscheiden.

Bei unbekanntem Datenmaterial wird man daher zunächst die Single-Linkage-Methode verwenden, um den Datensatz auf isolierte Objekte zu untersuchen. Nach deren Ausschluss kann dann die Methode nach Ward verwendet werden, sofern die Cluster ähnlich groß sind. Bei Verwendung der euklidischen und damit verwandten Distanzen sind die Variablen bei Bedarf zu standardisieren oder entsprechend zu wichten.

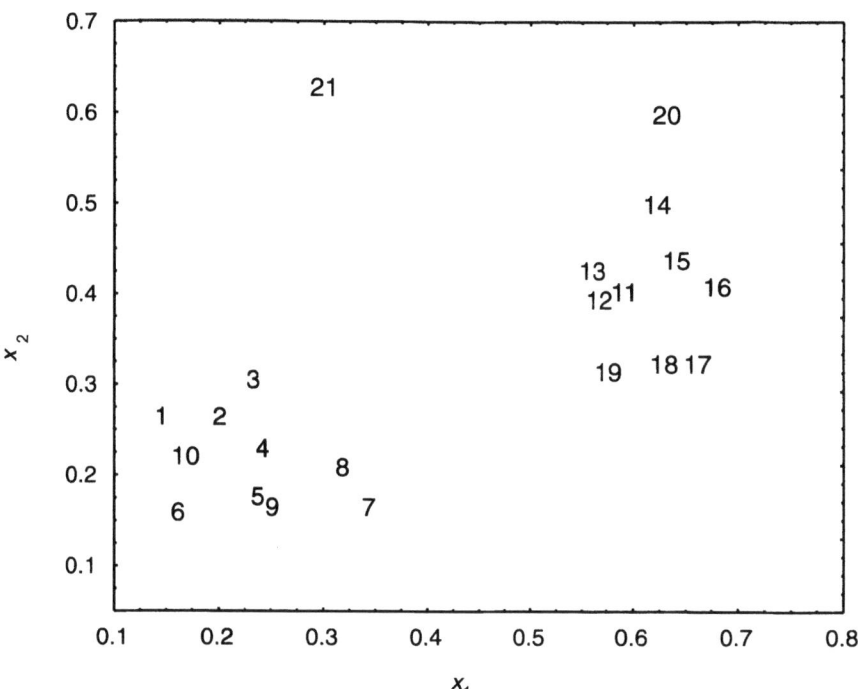

Abb. 3.19. Beispieldatensatz zum Testen von clusteranalytischen Algorithmen

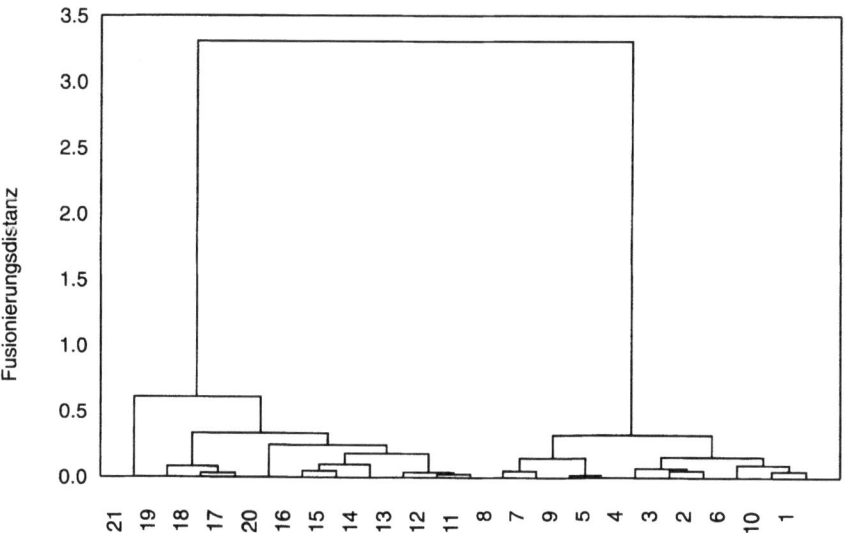

Abb. 3.20. Dendrogramm für die Daten aus Abb. 3.19; Methode nach Ward, quadrierte euklidische Distanzen

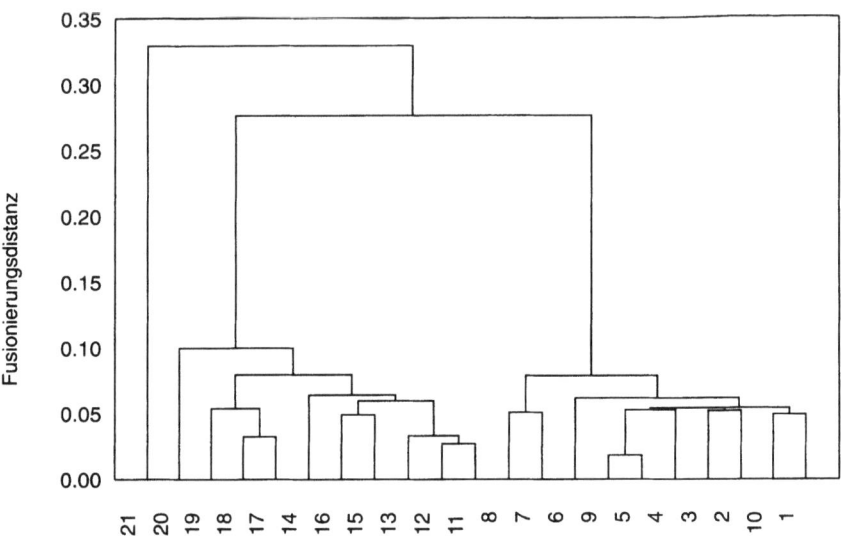

Abb. 3.21. Dendrogramm für die Daten aus Abb. 3.19; Single-Linkage-Methode, quadrierte euklidische Distanzen

3.4.2
Nichthierarchische Verfahren

Das am häufigsten verwendete nichthierarchische Clusterverfahren ist die K-Mittelwerte-Methode. Hierbei bezieht sich K auf die Anzahl der Cluster, die für dieses Verfahren im vornherein festgelegt werden muss. Ziel ist es, die Objekte so zwischen den Clustern zu verteilen, dass die Varianz zwischen den Clustern möglichst groß, innerhalb der Cluster dagegen möglichst gering ist. Dieses Zielkriterium ist dem der Methode nach Ward sehr ähnlich.

Zunächst werden die n Objekte zufällig K Clustern zugeordnet. Für alle n Objekte werden die euklidischen Distanzen zu den Schwerpunkten (Zentroiden = multivariater Mittelwert) der Cluster berechnet. Weist ein Objekt zu einem anderen Cluster eine geringere Distanz als zum eigenen Cluster auf, so wird es in dieses Cluster verschoben. Die Schwerpunkte der K Cluster werden neu berechnet und das Verfahren solange iterativ durchlaufen, bis alle Objekte zum eigenen Cluster die geringste Distanz aufweisen. Durch die Neuberechnung der Schwerpunkte können Zuordnungen von Objekten zu bestimmten Clustern während der Laufzeit des Algorithmus beliebig oft geändert werden.

Die K-Mittelwerte-Methode wird häufig in Voruntersuchungen für Klassifikationen eingesetzt, um Anhaltspunkte über die Zahl der zu erwartenden Klassen zu erhalten und die Klassenzuordnungen zu überprüfen. Der Algorithmus des K-Mittelwerte-Verfahrens entspricht der Hillclimbing-Optimierungsstrategie (vgl. Kap. 5), demnach werden in vielen Fällen nur lokale Lösungen gefunden. Theoretisch kann das globale Optimum nur dann sicher gefunden werden, wenn alle möglichen Anordnungen der Objekte ausprobiert werden. Es ist daher empfehlenswert, von verschiedenen Startpartitionen auszugehen, die durch Verändern der Reihenfolge der Objekte erhalten werden.

Eine weitere Möglichkeit, Gruppierungen in Daten zu erkennen, bilden dimensionsreduzierende Verfahren, z. B. Hauptkomponentenplots, die Multidimensionale Skalierung und bestimmte Arten von künstlichen neuronalen Netzen (z. B. Kohonen-Maps).

3.5 Klassifikationsverfahren

In vielen Fällen ist es das Ziel der chemometrischen Datenanalyse, die Daten verschiedenen, bereits (*a priori*) bekannten Klassen zuzuordnen. Die Klassenzuordnung wird hierbei durch eine kategorische Variable erhalten. Beispielsweise ordnet in Tabelle 3.5 die nominal skalierte, qualititative Variable Rebsorte Objekte verschiedenen Klassen zu. Eine Klasse wird im Hinblick auf die Ähnlichkeit verschiedener Objekte in Bezug auf ihre Merkmalswerte definiert. Objekte, die einer Klasse angehören, sollen untereinander möglichst ähnlich sein, während Objekte aus verschiedenen Klassen möglichst große Unterschiede für die betrachteten Merkmale aufweisen sollen.

Die Basis für die Klassenzuordnung bildet das überwachte Lernen: Zunächst werden die Klassifikationsregeln anhand eines Datensatzes mit Objekten bekannter Klassenzugehörigkeit (Trainingsdatensatz) erstellt. Anschließend können dann unbekannte Objekte in eine der bestehenden Klassen eingeordnet werden.

Im Unterschied zu den unüberwachten Methoden wie Clusteranalyse oder Hauptkomponentenanalyse berechnen Klassifikationsverfahren die Regeln für die Einordnung der Objekte in Abhängigkeit von der Klassendefinition. In den Fällen, wo die Varianz des Datenmaterials hauptsächlich durch die inhaltliche Fragestellung verursacht wird, erhält man mit unüberwachten Methoden vergleichbare Ergebnisse. Abweichungen ergeben sich dann, wenn der größte Anteil der Varianz des Datensatzes auf Ursachen zurückzuführen ist, die für die Fragestellung nicht relevant sind.

Objekte können unterschiedlichen Klassen zugeordnet werden, indem Diskriminanzfunktionen berechnet werden, die den Raum in verschiedene Gebiete unterteilen. Diese entsprechen Flächen bzw. Hyperflächen. Die Erstellung der Klassifikationsregeln kann beispielsweise auf statistischen Grundlagen, regelbasierten Expertensystemen, Entscheidungsbäumen, neuronalen Netzen oder Fuzzy-Verfahren basieren. Die verschiedenen Klassifikationsverfahren besitzen dabei unterschiedliche Einschränkungen im Hinblick auf die Klassifizierung.

Abbildung 3.22 zeigt verschiedene Klassifikationsprobleme für den zweidimensionalen Fall. Bei zwei Variablen können K Klassen graphisch mittels $K-1$ Linien separiert werden. Es können mehrere Fälle unterschieden werden:

- Im einfachsten Fall (Abb. 3.22a) ist eine lineare Trennung möglich. Alle Objekte werden aufgrund der minimalen euklidischen Distanz zum jeweiligen Klassenschwerpunkt richtig eingeordnet.

118 3 Multivariate Datenanalyse

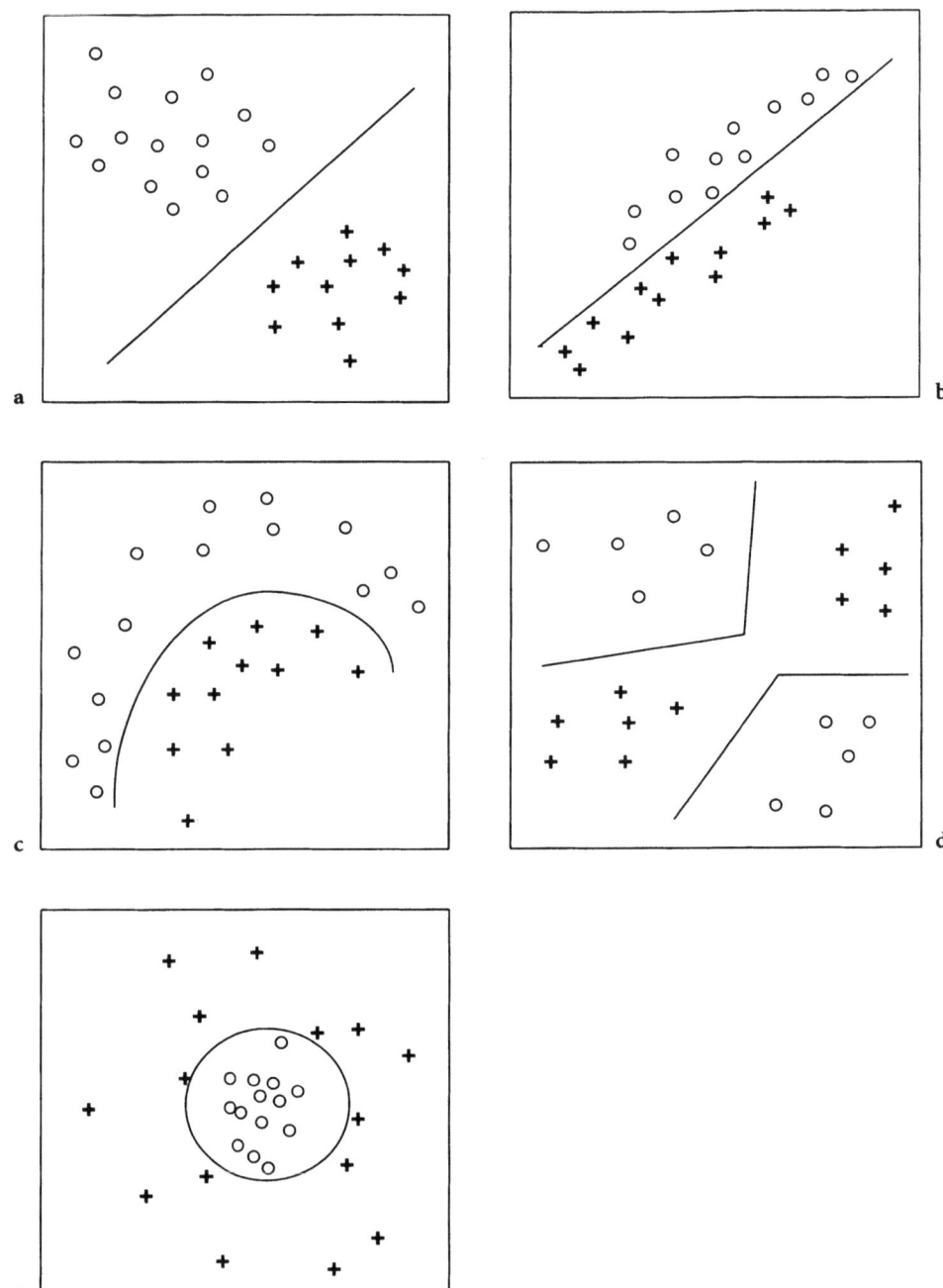

Abb. 3.22 a–e. Verschiedene Arten von Klassifikationsproblemen (Erläuterung im Text)

- Im Fall Abb. 3.22b sind die Variablen korreliert. Hierdurch liefert eine Zuordnung, die auf der minimalen euklidischen Distanz zum Schwerpunkt der Klasse basiert, einige Fehlklassifikationen. Eine lineare Trennung oder eine Zuordnung über die Mahalanobis-Distanz (Gl. 3.14) ist jedoch möglich.
- Die beiden Klassen in Abb. 3.22c können dagegen nur durch eine gekrümmte Diskriminanzfunktion getrennt werden. Alternativ kann auch eine geeignete Datenvorbehandlung verwendet werden, um die Datenstruktur zu linearisieren.
- In Abb. 3.22d bestehen die Klassen wiederum aus mehreren Unterklassen. Objekte der gleichen Klassenzugehörigkeit liegen in vielen Fällen weiter auseinander als Objekte, die unterschiedlichen Klassen angehören. Dies führt dazu, dass zusätzliche Diskriminanzfunktionen für die Trennung benötigt werden.
- In Abb. 3.22e ist eine Klasse von Objekten von einer anderen Klasse umgeben. Dieses Problem ist typisch für Fragestellungen in der Qualitätssicherung und wird auch als asymmetrischer Fall bezeichnet.

Die Leistungsfähigkeit der Verfahren und damit die Güte der Klassifikation wird durch die Fehlerrate – den Anteil der Objekte, die nicht in die richtige Klasse eingeordnet werden – beurteilt, wobei neben der gesamten Fehlerrate die Fehlerraten für die einzelnen Klassen ausschlaggebend sind.

Ein wesentlicher Gesichtspunkt für die Beurteilung des Klassifikationserfolgs ist die Wahl des Datenmaterials, welches für die Überprüfung verwendet wird. Häufig wird die Klassifikation zunächst anhand der Daten des Trainingsdatensatzes beurteilt, also mit den Daten, die benutzt wurden, um die Klassifikationsregeln zu erstellen (Reklassifikation), wobei oft geringe Fehlerraten erreicht werden. Die so gewonnenen Ergebnisse lassen jedoch keine Verallgemeinerungen auf die zu erwartende Vorhersagegüte für neue Daten zu.

Eine realistische Beurteilung der Modellgüte ist mit einem Testdatensatz möglich, jedoch hängt das Gütemaß dann stark von der zufälligen Auswahl der Testdaten ab. Eine effiziente Schätzung der Fehlerrate lässt sich durch eine vollständige Kreuzvalidation erreichen ([23], Abb. 3.23). Hierzu wird der Datensatz in n_{CV} Gruppen geteilt, von denen $n_{CV}-1$ für die Erstellung des Klassifikationsmodells verwendet werden. Die verbleibende Gruppe wird anschließend für die unabhängige Vorhersage herangezogen. Jede Gruppe wird mindestens einmal für die Vorhersage verwendet.

Das Ergebnis wird meist in einer Klassifikationsmatrix dargestellt. Tabelle 3.15 zeigt ein Beispiel für fünf Klassen. Bei einer Klassifikation allein aufgrund der Wahrscheinlichkeit würde man damit Fehlerraten um 0.8 erwarten, während für eine Fehlerrate von null eine Diagonalmatrix vorliegt.

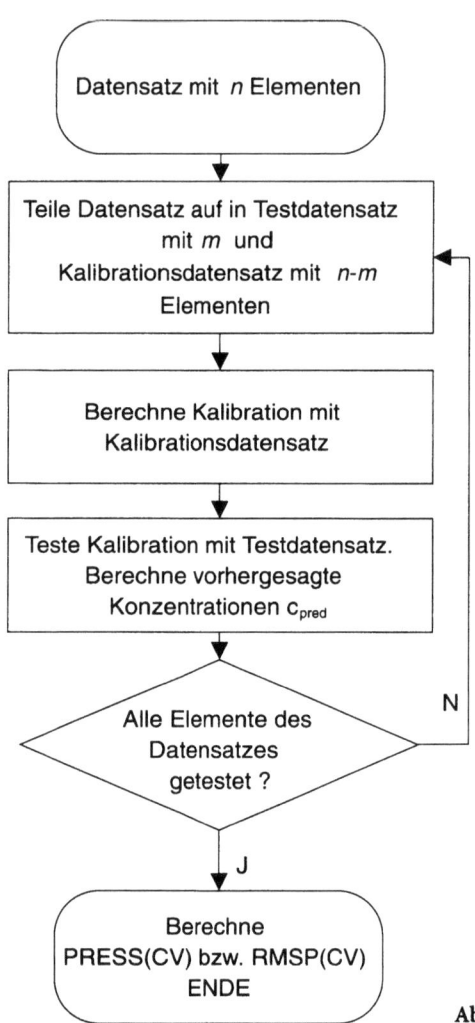

Abb. 3.23. Ablaufschema der Kreuzvalidation

Tabelle 3.15. Klassifikationsmatrix der Klassifikation von 400 Objekten in fünf Klassen $K_1 \ldots K_5$. Gesamtfehlerrate = 0,295

$n = 400$	Vorhergesagt					
beobachtet	K_1	K_2	K_3	K_4	K_5	Fehlerrate
K_1	9	3	0	1	0	0,31
K_2	5	58	20	12	8	0,43
K_3	0	11	121	18	3	0,26
K_4	10	1	12	43	3	0,38
K_5	4	0	3	4	51	0,18

3.5.1
Lineare Diskriminanzanalyse

Die Diskriminanzanalyse – meist wird die lineare Diskriminanzanalyse (LDA) verwendet – berechnet maximal K-1 Diskriminanzfunktionen ($K \leq m$), welche die K Klassen trennen. Mittels der LDA können zwei Fragestellungen bearbeitet werden: Zum einen ist es von Interesse, ob die Objekte des Lerndatensatzes und neue, unbekannte Objekte einer der existierenden Klassen zuverlässig zuzuordnet werden können. Zum anderen soll festgestellt werden, ob und durch welche Merkmale sich die Gruppen signifikant unterscheiden. Je nach Anwendungsbereich unterscheiden einige Autoren zwischen prädiktiver und beschreibender Diskriminanzanalyse [24].

Da die Schätzung und Testung der Diskriminanzfunktionen auf statistischen Modellen basiert, müssen gewisse Annahmen wie die multivariate Normalverteilung der Variablen und gleiche Varianz-Kovarianzmatrizen in allen Klassen erfüllt sein. Eine Verletzung dieser Annahmen wirkt sich in der Praxis erst bei extremen Abweichungen auf die Klassifikationsergebnisse aus, jedoch sind die Ergebnisse der Signifikanztests der entsprechenden Programmpakete kritisch zu bewerten.

Die Diskriminanzfunktionen werden als Linearkombinationen der Variablen der Datenmatrix gebildet. Der Unterschied zur Hauptkomponentenanalyse liegt im Zielkriterium: Das Ziel- oder Diskriminanzkriterium ist eine möglichst gute Trennung der Gruppen, die durch ein Maximum des Verhältnisses der Streuung zwischen den Gruppen zur Streuung innerhalb der Gruppen

$$\frac{QS_Z}{QS_I} = \max!$$

beschrieben wird. Damit ist die Diskriminanzanalyse mit der multivariaten Varianzanalyse verwandt.

Die Klassifikation neuer Beobachtungen kann durch Klassifikationsfunktionen, über die minimale Mahalanobis-Distanz zum Schwerpunkt (Centroiden) der Klasse oder über Wahrscheinlichkeiten erfolgen. Für jede Gruppe kann eine Klassifikationsfunktion berechnet werden, die eine gewichtete Summe der Merkmale darstellt. Ein Objekt wird der Gruppe zugeordnet, für die die Klassifikationsfunktion den größten Wert liefert.

Die Einordnung über die minimale Distanz erfolgt über die quadrierten Mahalanobis-Distanzen zwischen dem neuen Objekt x_0 und den Gruppenmittelwerten $\bar{x}$ (Zentroiden) der K Klassen:

$$D_k^2 = (x_0 - \bar{x}_k) C^{-1} (x_0 - \bar{x}_k)'; \quad k = 1 \ldots K \tag{3.20}$$

C^{-1} ist hierbei die Inverse der Kovarianzmatrix des gesamten Datensatzes (gilt für gleiche Varianz-Kovarianzmatrizen). Im Unterschied zur euklidischen Distanz berücksichtigt der Mahalanobis-Abstand, Gl. (3.14), die Korrelationen zwischen den Variablen, die zu elliptisch geformten Klassen führt.

Ein weiteres Konzept zur Klassifizierung bei der Diskriminanzanalyse basiert auf der statistischen Entscheidungstheorie (Bayes'sche Statistik). Diese erlaubt es, für Fehlzuordnungen unterschiedliche Kosten für die verschiedenen Klassen festzusetzen. Auf diese Weise kann Vorwissen (a priori Wissen), z.B. über die relative Häufigkeit berücksichtigt werden. So tritt bei einer Herkunftsklassifikation von Weinen das Anbaugebiet Pfalz erwartungsgemäß häufiger auf als das Gebiet Saale-Unstrut. Diese Unterschiede können bei der Einordnung unbekannter Proben durch einen probabilistischen Ansatz (Bayes-Regel) berücksichtigt werden. Mit einer Wahrscheinlichkeit $a_k = P(K_k)$ für das Vorkommen der Klasse K_k ergeben sich folgende modifizierte Distanzen

$$D_k^2 = (x_0 - \bar{x}_k) C^{-1} (x_0 - \bar{x}_k)' - \ln a_k; \quad k = 1 \ldots K, \qquad (3.21)$$

die für die Klassenzuordnung minimal sein müssen.

Bei der Durchführung der Diskriminanzanalyse kann eine große Zahl von Variablen bei einer geringen Zahl von Objekten pro Klasse zu Zufallsergebnissen führen. In der Praxis beobachtet man in diesen Fällen eine geringe Fehlerrate bei der Reklassifikation, bei einer hohen Fehlerrate für die Kreuzvalidation oder für neue Testdaten. Für eine mit einem Zufallszahlengenerator erzeugte Datenmatrix, die normalverteilte Zahlen enthält, wobei die Zahl von Objekten pro Klasse n_k ungefähr der Anzahl der Variablen m entspricht, erhält man für den Zwei-Klassen-Fall Reklassifikationsergebnisse mit Fehlerraten von nur 10…20 % (50 % werden erwartet). Im Regelfall sollte für eine Anwendung der Reklassifikation $n_k/m > 3$ sein.

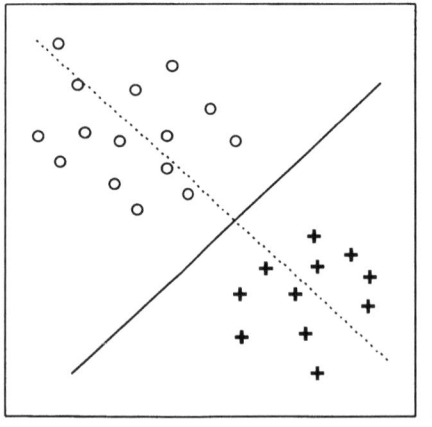
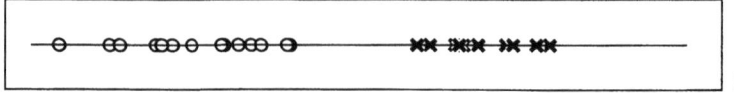

Abb. 3.24a, b. Plot der Objekte **a** im Originalkoordinatensystem **b** im Koordinatensystem der Diskriminanzfunktion

Bei der Interpretation der Ergebnisse einer LDA sind weiterhin folgende Punkte zu berücksichtigen:

- Die Interpretation der Variablenbeiträge bei linearen Modellen ist problematisch, wenn die Variablen des Datensatzes miteinander korrelieren, was in der Praxis mehr oder weniger stark immer der Fall ist. Die erhaltenen Ergebnisse sollten daher stets mit Hilfe eines Testdatensatz oder mit der Kreuzvalidation überprüft werden.
- Da die Diskriminanzanalyse Objekte immer in eine der bestehenden Klassen einordnet, sollten die Distanzen zu den Zentroiden der einzelnen Klassen bei der Klassifikation herangezogen werden, um Objekte zu erkennen, die keine Ähnlichkeit mit einer der vorhandenen Klassen haben.
- Die Projektion der Objekte auf die Achse, die senkrecht auf der Funktion steht, welche die Klassen separiert, kann zur graphischen Darstellung der LDA genutzt werden. Diese entspricht der Achse, welche die maximale Klassentrennung ergibt. Abbildung 3.24 zeigt, dass der zweidimensionale Datensatz hierbei auf eine Dimension reduziert wird.

3.5.2
Methode der *k*-nächsten Nachbarn

Bei der Methode der *k*-nächsten Nachbarn (*k*NN) handelt es sich um ein einfaches, modellfreies Verfahren, welches auch für eine geringe Anzahl von Objekten pro Klasse geeignet ist. Ein Objekt wird der Klasse zugeordnet, in der sich die Mehrheit der nächsten Objekte befindet. Im einfachsten Fall (1NN) wird nur der nächste Nachbar berücksichtigt. Betrachtet man zwei oder mehr nächste Nachbarn, so kann auch der Fall auftreten, dass das Objekt in keine der definierten Klassen eingeordnet werden kann (Abb. 3.25). Auf diese Weise können untypische Objekte identifiziert und gegebenenfalls aus dem Datenmaterial eliminiert werden. Als Distanzmaß wird meist die euklidische Distanz verwendet, je nach Problemstellung können aber auch andere Distanz- und Ähnlichkeitsmaße eingesetzt werden.

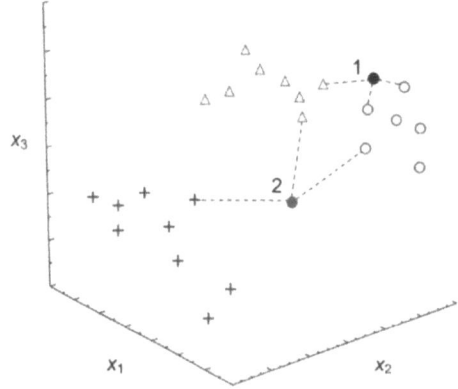

Abb. 3.25. *k*NN für drei nächste Nachbarn: Objekt 1 wird in die Klasse ○ eingeordnet, Objekt 2 kann keiner der definierten Klassen zugeordnet werden

Beispiel

Basierend auf den standardisierten Konzentrationen von 15 Spurenelementen soll ein Wein unbekannter Herkunft klassifiziert werden. Die Tabelle zeigt die euklidischen Distanzen d_e des zu klassifizierenden Weines zu den 16 Weinen des Lerndatensatzes.

Probennummer	Anbaugebiet	d_e	Rang
1	Saale-Unstrut	8.73	16
2	Saale-Unstrut	7.85	14
3	Saale-Unstrut	7.74	13
4	Rheingau	6.11	5
5	Rheingau	7.13	7
6	Rheingau	7.27	9
7	Baden	5.18	2
8	Baden	7.37	10
9	Baden	8.18	15
10	Baden	6.01	4
11	Baden	4.86	1
12	Rheinhessen	6.55	6
13	Rheinhessen	7.63	12
14	Rheinhessen	5.95	3
15	Rheinhessen	7.26	8
16	Rheinhessen	7.39	11

Die 1 NN-Lösung entspricht dem Weinanbaugebiet Baden (Probe 11). Wählt man 3 NN, so erhält man ebenfalls das Anbaugebiet Baden, da die Mehrheit der Proben (11 und 7) zu diesem Anbaugebiet gehört.

3.5.3
Weitere Methoden

Zur Klassifikation von Proben kann auch das sogenannte SIMCA-Verfahren [25, 26] (SIMCA = *soft independent modelling of class analogies*) verwendet werden. Die Grundlage des Verfahrens bildet die Hauptkomponentenanalyse, wobei diese für jede Klasse getrennt berechnet wird. Neue Objekte werden anschließend anhand der euklidischen Distanz zum Klassenschwerpunkt (Zentroiden) eingeordnet. Eine weitere Methode ist die Zuordnung zu einer, die jeweilige Klasse umschließende, geometrische Struktur (Abb. 3.26). Vorteilhaft ist, dass für die Beschreibung der Klassen je nach Struktur eine unterschiedliche Anzahl von Hauptkomponenten verwendet werden kann.

Eine weitere Möglichkeit für die Klassifikation bilden künstliche neuronale Netze, beispielsweise Backpropagation-Netze (BPN), bei denen die Zahl der Ausgänge der Zahl der Klassen entspricht. Theoretisch können künstliche neuronale

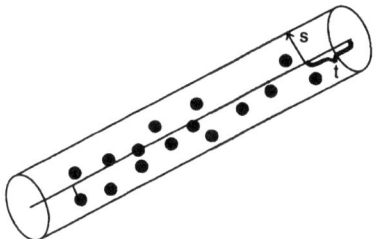

Abb. 3.26. Prinzip der SIMCA-Klassifikation (Erläuterung im Text)

Netze – eine entsprechende Komplexizität vorausgesetzt – beliebig komplizierte Funktionen zur Klassenseparation verwenden, so dass deren Anwendung entsprechende Validierungsmethoden zwingend voraussetzt.

Im Gegensatz zu den vorher genannten Methoden verwenden Expertensysteme für die Klassifikation in Regeln gefasstes Wissen (Heuristiken, z.B. in Form von Wenn-dann-Regeln), um Entscheidungen zu treffen [27, 28]. Die Entscheidungsfindung (Inferenz) geschieht durch Wichtung der Regeln, häufig unter Einbeziehung von Wahrscheinlichkeiten (Bayes'sche Statistik). Im Unterschied zu künstlichen neuronalen Netzen kann die Basis, auf der Entscheidungen durch das System gefällt werden, vom System angegeben werden.

3.6 Regression und Modellierung

In der Chemie ist man im Rahmen von Kalibrationsmethoden (vgl. Kap. 7) oder bei der Berechnung quantitativer Struktur-Eigenschafts-Beziehungen (QSAR, quantitative structure-activity relationships) an den Zusammenhängen zwischen Variablen interessiert.

Mit Hilfe der Regressionsanalyse werden Funktionsgleichungen berechnet, die den Zusammenhang zwischen einer abhängigen und einer oder mehreren unabhängigen Variablen modellieren. Das am häufigsten angewendete Modell beschreibt den Einfluss von fehlerfreien, unabhängigen Variablen x_i auf die abhängige Variable y nach

$$y = f(x_1, x_2, \ldots) + \varepsilon \qquad (3.22)$$

wobei ε den Modellfehler darstellt, der in der Regel als normalverteilt mit dem Mittelwert $\mu = 0$ und der von den Einflussgrößen unabhängigen Varianz σ^2 angenommen wird. Der bekannteste Fall ist die lineare Regression nach der Methode der kleinsten Fehlerquadrate (s. Kap. 7).

Zur Berechnung von Regressions- und Kalibrationsmodellen existieren verschiedene Methoden, deren Anwendungsmöglichkeit vom Datenmaterial abhängt. In der Regel werden lineare Zusammenhänge vorausgesetzt. Bei den nichtlinearen Zusammenhängen werden zwei Fälle unterschieden: Wenn die abhängige Variable in linearer Weise von den Parametern abhängt, können lineare Regressionsmethoden verwendet werden, indem die Datenmatrix um die entsprechenden quadratischen und höheren Terme erweitert wird. Ein Beispiel sind Polynome höherer Ordnung, wie

$$y = a_0 + a_1 x_1 + a_2 x_2 + a_{11} x_1^2 + a_{22} x_2^2 + a_{12} x_1 x_2 + \Delta x \qquad (3.23)$$

Bei intrinsisch nichtlinearen Zusammenhängen bildet die abhängige Variable dagegen eine nichtlineare Funktion von mindestens einem Parameter, z. B.

$$y = a_0 + e^{a_1 x_1} + e^{a_2 x_2} + \Delta x \qquad (3.24)$$

In der Analytik kommen intrinsisch nichtlineare Funktionen, beispielsweise bei kinetischen Untersuchungen, in der Polarographie und bei der Beschreibung von Peakformen in Chromatographie und Spektroskopie vor.

In vielen Fällen können intrinsisch nichtlineare Zusammenhänge durch Transformationen linearisiert werden, z. B. durch Logarithmierung. Hierdurch treten jedoch neue Probleme auf, so verändert die Transformation die Fehlerverteilung. Daher existieren Verfahren zur Parameterschätzung, die auf Optimierungsverfahren basieren, vgl. z. B. [29]. Ziel ist es hierbei in der Regel, den quadratischen Fehler zu minimieren, wobei ausgehend von geschätzten Startparametern meist die Hillclimbing-Strategie angewendet wird (vgl. Kap. 5). Nichtlineare Regressionen können auch mit künstlichen neuronalen Netzen durchgeführt werden.

Wie bei den Klassifikationsmethoden ist man auch bei der Kalibration vor allem an der Vorhersagegüte interessiert, zu deren Schätzung man Validationsmethoden wie Testdatensätze oder die Kreuzvalidation heranzieht. Aus den Vorhersagen können verschiedene Gütemaße berechnet werden, z. B. die Summe der Fehlerquadrate zwischen den vorhergesagten und beobachteten Werten PRESS (predictive residual sum of squares) bzw. RMSP (root mean square error of prediction)

$$\text{PRESS} = \sum_{i=1}^{n} (\hat{c}_i - c_i)^2 \qquad (3.25)$$

$$\text{RMSP} = \sqrt{\frac{\text{PRESS}}{n}} \qquad (3.26)$$

Hierbei sind c_i die Referenzkonzentrationen und $\hat{c}_i$ die vorhergesagten Konzentrationen. Die Vorhersagegüte kann auch graphisch durch den Plot von $\hat{c}_i$ gegen c_i beurteilt werden.

3.6.1
Multiple lineare Regression

Die multiple Regression untersucht den funktionalen Zusammenhang zwischen einer abhängigen quantitativ skalierten Variablen y und mehreren unabhängigen Variablen $x_1, x_2 \ldots x_n$. Für zentrierte Variable kann ein lineares Modell der Form

$$y = Xb + e_y \qquad (3.27)$$

zugrunde gelegt werden, wobei b der Vektor der $m \cdot 1$ Regressionsparameter und e_y der $n \cdot 1$ Vektor der Residuen, also der nicht vom Modell beschriebenen Modellabweichungen, ist. Für eine Lösung nach der Methode der kleinsten Fehlerquadrate (Least-Squares-Lösung) wird vorausgesetzt, dass die Residuen normalverteilt und unabhängig sind. Der Parametervektor b kann dann nach

$$\hat{b} = (X'X)^{-1} X'y \qquad (3.28)$$

geschätzt werden (falls $X'X$ invertierbar ist). Der multiple Korrelationskoeffizient

$$R = \sqrt{\frac{s_{\hat{y}}^2}{s_y^2}} = \sqrt{\sum_{i=1}^{n} (\hat{y} - \bar{y})^2 \Big/ \sum_{i=1}^{n} (y_i - \bar{y})^2} \qquad (3.29)$$

gibt an, welcher Varianzanteil des Merkmals y durch die unabhängigen Variablen erklärt wird und ist stets positiv. Für die Regressionsparameter lassen sich Konfidenzbereiche ermitteln. Mit Hilfe des Parametervektors kann anschließend eine unbekannte Eigenschaft $\hat{y}$ aus den bekannten unabhängigen Variablen berechnet (vorhergesagt) werden.

3.6.2
Hauptkomponentenregression

Für Datensätze, in denen die unabhängigen Variablen hoch untereinander korrelieren, ergeben sich numerische Ungenauigkeiten bei der Inversion von $X'X$, die für die normale Least-Squares Lösung (MLR) erforderlich ist. Ein Maß für die Invertierbarkeit einer Matrix ist die Konditionszahl, die aus dem Verhältnis des größten zum kleinsten Singulärwert der Matrix berechnet wird. Für hochkorrelierte Variable ist dieses Verhältnis groß und wird schließlich für singuläre Matrizen unendlich. Entsprechend steigt die numerische Instabilität der Lösung an. Dies äußert sich darin, dass kleine Änderungen der Matrix zu großen Änderungen der Regressionsparameter führen. Für die Inversion von Matrizen mit großen Konditionszahlen bestehen folgende Möglichkeiten:

- Selektion einer Untermenge von möglichst gering korrelierten Variablen.
- Verwendung der Ridge-Regression [30], bei der die Korrelation der Variablen untereinander durch Manipulation der Werte verringert wird. Dabei werden systematische Abweichungen der Regressionskoeffizienten in Kauf genommen.
- Faktorisierung der Matrix in kleinere orthogonale Matrizen, z. B. durch eine Hauptkomponentenanalyse.

Die wichtigsten Methoden, die auf einer Matrixfaktorisierung basieren, sind die Hauptkomponentenregression (PCR, *principal component regression*) und die *Partial-Least-Squares Regression* (PLS). Im Unterschied zur MLR können bei PCR und PLS grundsätzlich alle Variable der Datenmatrix berücksichtigt werden. Die Multikollinearität der Variablen führt bei diesen Kalibrationsmethoden zu einer Stabilisierung der Lösung gegen Rauschen in den Variablen.

Die PCR [31] ist eine Kombination aus der Hauptkomponentenanalyse und der MLR. Zunächst werden mit Hilfe der Hauptkomponentenanalyse (vgl. Abschn. 3.3) die (unkorrelierten) Faktoren berechnet. Mit diesen kann anschließend eine multiple Regression mit der abhängigen Variablen durchgeführt werden. Durch die Orthogonalität der Faktorwertematrix ist die Least-Squares-Bestimmung des Parametervektors ohne Schwierigkeiten möglich.

3.7
Softwareaspekte

3.7.1
Datenformate

Vor Beginn der Auswertung müssen die Daten in computerlesbarer, d. h. digitaler Form vorliegen. Im einfachsten Fall werden die Daten per Hand eingegeben. Dies geschieht meist in einem Dateneditor, der die Eingabe der Werte und deren Korrektur in einer Tabelle ermöglicht. Dieses Verfahren ist jedoch fehleranfällig.

Zunehmend stehen die Daten bereits in digitaler Form zur Verfügung: Moderne Analysenmessgeräte speichern die Messwerte digitalisiert ab, wobei verschiedene – zum Teil herstellerspezifische – Dateiformate verwendet werden. Zumeist steht jedoch mindestens ein Austauschformat für den Export bzw. Import von Daten zur Verfügung. Im günstigsten Fall liegen die Daten bereits aufbereitet in einer Datenbank vor und können mit einem Datenbankprogramm exportiert werden. Verschiedene Standardformate, die von Tabellenkalkulations- und Datenbankprogrammen genutzt werden, sind weit verbreitet. Häufig auf dem PC verwendete Dateiformate sind die Binärformate von Lotus 1-2-3 (.wks, .wk1), Microsoft Excel (.xls) und das dBase-Format (.dbf).

Wird keines dieser Dateiformate unterstützt, so muss auf ein ASCII-Format (Textdatei, Flat file) ausgewichen werden. Hierbei ist zu beachten, dass die Auswertesoftware meist den im angelsächsischen Sprachraum üblichen Punkt als Dezimalzeichen erwartet. Das im deutschen Sprachraum verwendete Dezimalkomma wird dagegen für Aufzählungen verwendet. In der Spektroskopie wird auch häufig das auf dem ASCII-Format basierende Austauschformat JCAMP-DX (JCAMP = Joint Comitee on Atomic and Molecular Physics Data) unterstützt, z. B. für IR [32] und MS [33].

3.7.2
Datenanalysesoftware

In den 70er und 80er Jahren wurde Software für chemometrische Anwendungen meist „vom Chemiker für den Chemiker" geschrieben. Beispiele sind die Programmsammlungen ARTHUR, SIMCA und MULTIVAR [34].

Daneben existierten die vom Großrechner auf den PC portierten Statistikpakete wie z. B. SAS. Mittlerweile stehen für die Datenanalyse eine Vielzahl von Softwareprodukten zur Verfügung, die verschiedene Anwendungsbereiche abdecken. Das Spektrum reicht von höheren Programmiersprachen über Statistikprogrammpakete bis hin zu speziell für chemometrische Problemstellungen entwickelte Software. Unterschiede zwischen den Programmpaketen bestehen in der Bandbreite der unterstützten Methoden und in der Komplexität der eingebauten Programmiersprachen, die von einfachen Makroaufzeichnungen bis hin zu vollständigen Entwicklungssystemen reichen. Zudem existieren Unterschiede beim Grad der Unterstützung einer interaktiven Datenanalyse und bei den Möglichkeiten zur Visualisierung der Daten. Tabelle 3.16 führt einige verbreitetete Softwareprodukte für die chemometrische Datenanalyse auf. Computerintensive Verfahren sind heute auch auf dem PC für einige Tausend Fälle und Variable in vertretbarer Zeit ausführbar.

Einige Programmpakete richten sich speziell an den Chemiker. Im Vergleich zu den großen Statistikprogrammpaketen ist man auf ein relativ geringes Methodenspektrum festgelegt, es werden jedoch je nach Anwendung spezielle Verfahren der chemometrischen Datenanalyse wie PLS, Peakseparationen oder Optimierungen angeboten. Für den Datenimport werden spezielle Formate unterstützt, die von Herstellern analytischer Instrumente genutzt werden.

Verfahren der multivariaten Datenanalyse wie Cluster- und Hauptkomponentenanalyse, multiple Regression, Varianz- und Diskriminanzanalyse sowie Möglichkeiten zur explorativen Datenanalyse und zur graphischen Darstellung der Daten sind in den Statistikpaketen enthalten. Häufig sind auch Programmmodule zur statistischen Versuchsplanung vorhanden.

Wiederkehrende Auswertungen können zu einem gewissen Grad automatisiert werden. Die besseren Programmpakete besitzen hierzu eine eigene Kommando- und/oder Programmiersprache, die in einigen Fällen sogar die Erweiterung des Methodenspektrums zulässt. Damit können auf das jeweilige Problem zugeschnittene chemometrische Algorithmen implementiert werden.

Für spezielle Probleme der Datenanalyse sowie die Verknüpfung von Software mit Messhardware sind meistens angepasste eigene Programme notwendig. Diese können z. B. in Basic, Turbo Pascal oder C++ unter Nutzung von Bibliotheken programmiert werden. Ein anderer Weg ist die Verwendung einer höheren Sprache wie Matlab oder S-Plus. Diese interaktiven Entwicklungsumgebungen erlauben die effektive Implementierung von numerischen Routinen in einem Bruchteil der Zeit, wobei gleichzeitig eine wesentlich höhere Laufsicherheit und -geschwindigkeit gegeben ist. Diese Programmpakete werden häufig als offene Entwicklungsumgebungen bezeichnet, da sie sehr flexibel eingesetzt werden können. In der chemometrischen Literatur sind Matlab-Programme zur Darstellung neuer Algorithmen verbreitet, da diese quasi selbstdokumentierend sind.

Zusammenfassend kann man sagen, dass der Gelegenheitsnutzer je nach Anwendungsbereich mit einem speziellen anwendungsorientierten Programmpaket oder einem der kleineren Statistikpakete gut bedient ist. Hat man häufiger mit Datenauswertungen zu tun, sollte man sich für eines der größeren Statistikpakete (SAS, SPSS, STATISTICA) entscheiden, wobei die bekannteren Produkte den Vorteil haben, dass selbstentwickelte Routinen auch in mehreren Jahren noch verwendet werden können. Will man eine Auswerteroutine für einen bestimmten Anwendungszweck modifizieren oder neu entwickeln, so empfiehlt

Tabelle 3.16. Ausgewählte Software für die statistische und chemometrische Auswertung und Datenanalyse

Programm	Hersteller	Gattung	Betriebssysteme	Anmerkungen
Unscrambler	CAMO, Trondheim, Norwegen	spezialisierte Software	DOS, MS Windows	spezielle Lösung für multivariate Kalibration (PCR, PLS), Experimental Design, SIMCA, ANOVA
GRAMS/32	Galactic Industries, Salem, NH	spezialisierte Software	MS Windows	spezielle Lösung zum Darstellen und Bearbeiten von Spektren und Chromatogrammen, viele Importfilter für herstellerspezifische Dateiformate, Glättung, Subtraktion, Peakfit-Algorithmus
SAS	SAS Institute Inc., Cary, NC	Statistikpaket	DOS, MS Windows, Unix u.a.	Dialog- und Batchbetrieb. Deckt mit Zusatzmodulen fast alle Bereiche ab, z. B. SAS/IML (matrizenorientierte Sprache), SAS/NVISION (High-end Grafik und Animation)
SPSS	SPSS Inc., Chicago, IL	Statistikpaket	DOS, MS Windows, Unix	Dialog- und Batchbetrieb, Zusatzmodule
STATISTICA	StatSoft Inc, Tulsa, OK	Statistikpaket	DOS, MS Windows, Mac	Dialog- und Batchbetrieb, gute Grafikmöglichkeiten
S-Plus	MathSoft, Seattle, WA	offene Entwicklungsumgebung	DOS, MS Windows, Unix	offene Entwicklungsumgebung für statistische Analysen und Datenauswertung, Kommandosprache
Matlab	The Mathworks, South Nattick, MA	offene Entwicklungsumgebung	Unix (auch Linux), MS Windows, Mac	offene Entwicklungsumgebung für numerische Mathematik, matrixorientierte Programmier- und Kommandosprache, Toolboxen u. a. für Signal- Bildverarbeitung und Neuronale Netze

sich zusätzlich die Einarbeitung in eines der offenen Entwicklungsysteme. Die Nutzung einer Programmiersprache wie C++ bietet dann Vorteile, wenn man an einer Verbreitung der selbst entwickelten Programme interessiert ist oder das zu entwickelnde Programm sehr umfangreich und eventuell im Team entwickelt wird.

Neben der Methodenauswahl ist die Größe der zu bearbeitenden Datensätze und die Rechengenauigkeit, die durch die iterative Natur vieler Algorithmen und der damit verbundenen Fehlerfortpflanzung eine wichtige Rolle spielt, ein wesentliches Kriterium für die Softwareauswahl. Die Zuverlässigkeit der Ergebnisse wird sowohl durch die interne Zahlendarstellung als auch durch die Qualität der eingesetzten Algorithmen bestimmt. Es muss damit gerechnet werden, dass gleichnamige Routinen unterschiedlicher Programmpakete zu unterschiedlichen Resultaten kommen können, die verwendete Software ist daher stets anzugeben.

Die Basis jeder Auswertung bilden die Rohdaten, die in einer Datenbank (im weitesten Sinne) organisiert werden müssen. Es sollte dabei stets möglich sein, die Ergebnisse der Datenanalyse auf die Rohdaten zurückzuführen. In einfachen Fällen können die Daten mit Hilfe eines Tabellenkalkulationsprogramms oder einer Statistiksoftware verwaltet werden. Für größere Datenbestände sind SQL-fähige Datenbanken (SQL = *structured query language*) weit verbreitet. Die Arbeitsplatzrechner (Clients) können die Datensätze ergänzen, abrufen oder modifizieren, indem sie die entsprechenden SQL-Anweisungen an den Server senden. Dieser führt die Anweisungen aus und gibt die entsprechenden Ergebnisse (z. B. alle Datensätze, die ein bestimmtes Kriterium erfüllen) an den Client zurück (Client-Server-Architektur). Neben der schnellen Verfügbarkeit und der Sicherheit der Daten besteht ein weiterer Vorteil in der Möglichkeit, Rechner mit unterschiedlichen Betriebssystemen (z. B. UNIX, MS Windows NT) zu vernetzen (heterogene Netzwerke).

Literatur

1. Danzer K, De la Calle Garcia D, Thiel G, Reichenbächer M (1999) Classification of wine samples according to origin and grape varieties on the basis of inorganic and organic trace analyses. Am Lab 3: 26–34
2. Krahl D, Windheuser U, Zick FK (1998) Data Mining: Einsatz in der Praxis. Addison Wesley–Longman, Bonn
3. Fayyad UM, Piatetsky-Shapiro G, Smyth P, Uthurusamy R (1996) Advances in knowledge discovery and data mining. The MIT Press, Cambridge MA
4. de Maesschalck R, Jouan-Rimbaud D, Massart DL (2000) The Mahalanobis distance. Chemom Intell Lab Syst 50: 1–18
5. Bortz J (1984) Lehrbuch der empirischen Forschung. Springer, Berlin Heidelberg New York
6. Hartung J, Elpelt B (1993) Statistik, 9. Auflage. Oldenbourg, München, S. 825 ff
7. Weihs C (1992) Multivariate exploratory data analysis and graphics. A tutorial. J Chemometrics 7: 305–340
8. Jambu M (1991) Exploratory and multivariate data analysis. London, Academic Press
9. Danzer K (1989) Robuste Statistik in der Analytischen Chemie. Fresenius Z Anal Chem 355: 869–871

10. Anscombe FJ (1973) Graphs in statistical analysis. Am Stat 27: 17
11. Brodlie KW, Carpenter LA, Earnshaw RA (1992) Scientific visualization. Springer, New York, NY
12. du Toit SHC, Steyn AGW, Stumpf RH (1986) Graphical exploratory data analysis. Springer, Berlin Heidelberg New York Tokyo
13. Famili A, Wei-Min S, Weber R, Simoudis E (1997) Data preprocessing and intelligent data analysis. Intell Data Analysis 1: 1
14. de Noord OE (1994) The influence of data preprocessing on the robustness and parsimony of multivariate calibration models. Chemom Intell Lab Syst 23: 65–70
15. Geladi P, MacDougall D, Martens H (1985) Linearization and scatter-correction for near infrared reflectance spectra of meat. Appl Spectrosc 39: 491–500
16. Joliaiinsson E (1984) Minimizing of closure on analytical data. Anal Chem 56: 1685–1688
17. Karstang TV (1992) Optimized scaling. A novel approach to linear calibration with closed data sets. Chemom Intell Lab Syst 14: 165–173
18. Stolarski RS, Krueger AJ, Schoeberl MR, McPeters RD, Newman PA, Alpert JC (1986) Nimbus 7 satellite measurements of the springtime Antarctic ozone decrease. Nature 322: 808–811
19. Wold S, Esbensen K, Geladi P (1987) Principal Components Analysis. Chemom Linell Lab Syst 2: 37–52
20. Golub GH, Van Loan CF (1983) Matrix computations. John Hopkins University Press, Baltimore
21. Hartung J (1995) Multivariate Statistik. Oldenbourg, München
22. Wernecke KD (1995) Angewandte Statistik für die Praxis, Addison-Wesley, Bonn
23. Stone M (1974) Cross-validatory choice and assessment of statistical prediction. J Roy Stat Sue 36(B): 111
24. Huberty CJ (1994) Applied Discriminant Analysis, Wiley and Sons, New York NY
25. Wold S (1976) Pattern recognition by means of disjoint principal component models. Pattern Recognition 8: 127–139
26. Frank IL (1989) Classification models: discriminant analysis, SIMCA, CART. Chemom Intell Lab Syst 5: 247–256
27. Derde MP, Buydens L, Guns C, Massart DL, Hopke PK (1987) The use of rule building systems for the classification of analytical data. Anal Chem 59: 1868–1871
28. De Monchy AR, Forster AR, Arretteig JR, Le L, Deming SN (1988) Expert systems for the analytical laboratory. Anal Chem 60: 136 A
29. Rusling JF, Kumosinski TF (1996) Nonlinear biochemical data. Academic Press, San Diego, CA
30. Schmidt P, Muller EN (1978) The problem of multicollinearity in a multistage causal alienation model: A comparison of ordinary least squares, maximum-likelihood and ridge estimators. Quality and Quantity 12: 267–297
31. Naes T, Martens H (1988) Principal component regression in NIR analysis. J Chemom 2: 155
32. McDonald RS, Wilks PA (1988) P.A. JCAMP-DX: A standard form of exchange of infrared spectra in computer readable form. Appl Spectros 42: 151–162
33. Lampen P, Hillig H, Davies AN, Linscheid M (1994) Appl Spectrosc 48: 1545–1552
34. Wienke D, Wank U, Wagner M, Danzer K (1991) MULTIVAR, PLANEX, INTERLAB – From a Collection of Algorithms to an Expert System – Statistics Software Written from Chemists for Chemists. Software Development in Chemistry. Ed J. Gmehling 5: 113–127

4 Probennahme

4.1
Repräsentanz von Proben

Bei Abwesenheit systematischer Fehler während der Probenvorbereitung und der Messung sind Messergebnisse und daraus abgeleitete chemische Informationen repräsentativ für die untersuchte Probe (Analysenprobe). Die Informationen sind nicht automatisch auch repräsentativ für Teil- oder Gesamtproben, wie sie im Verlauf eines Probennahmeverfahrens auftreten, bzw. für das Untersuchungsobjekt selbst. Wie Abb. 4.1 zeigt, kann zwischen dem Untersuchungsobjekt und der Messprobe eine Vielzahl von Proben auftreten, deren gegenseitige Repräsentanz (*Probenrepräsentanz*) durch geeignete Maßnahmen zu sichern ist.

Nicht alle Schritte, die in Abb. 4.1 skizziert wurden, sind in jedem Fall bei praktischen Probennahmen zu durchlaufen. In Abhängigkeit von der Menge des

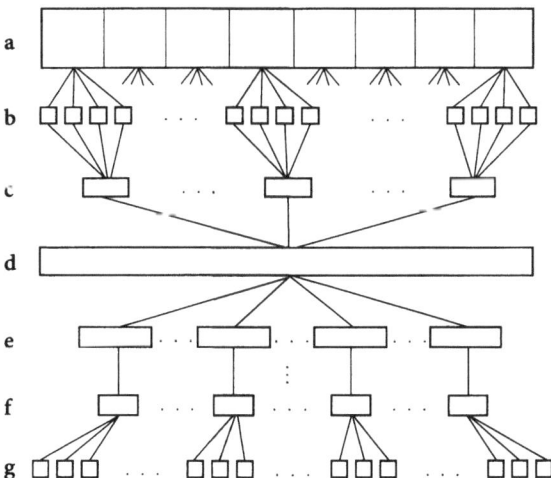

Abb. 4.1a–g. Allgemeines Probennahmeschema zur Sicherung der Repräsentanz von Analysenproben bei umfangreichen Untersuchungsobjekten, **a** Untersuchungsobjekt, bestehend aus n Teilen, **b** m Proben aus jedem Teil, **c** p Sekundärproben (Teilproben), **d** Gesamtprobe, **e** q Verjüngungsproben, **f** q Verjüngungsproben fortgeschrittener Stufe, **g** $q \cdot r$ Analysenproben

Untersuchungsmaterials und vom Untersuchungszweck sind jeweils die Stufen auszuwählen, die eine Lösung des gegebenen Problems optimal ermöglichen (*Problemrelevanz* der Probennahme).

Beispiel

Zur Kontrolle der Qualität einer Erzlieferung, die z. B. in n Waggons erfolgt, ist die Durchschnittszusammensetzung des Materials zu ermitteln. Dazu ist eine Probennahmestrategie, wie in Abb. 4.1 skizziert, prinzipiell geeignet. Eine Vereinigung der $m \cdot n$ Primärproben zu p Sekundärproben kann gegebenenfalls entfallen, bietet jedoch den Vorteil, grobe Unterschiede, z. B. zwischen den Waggons ($p = n$) festzustellen. Die Zahl der Verjüngungsproben kann eventuell auch $q = 1$ sein. Wenn bestimmte qualitative und quantitative Prinzipien der Probenverjüngung eingehalten werden, bietet das angeführte Schema eine gute Gewähr für repräsentative Analysenproben im Hinblick auf das Problem Durchschnittsanalyse.

Andere Voraussetzungen liegen vor, wenn die Analyse darauf gerichtet ist, Unterschiede zwischen den Teilproben (z. B. Waggons), gegebenenfalls im Zusammenhang mit einer Qualitätsbeanstandung, festzustellen. Dann ist ein Vorgehen nach dem in Abb. 4.2 dargestellten Schema empfehlenswert.

Die Probennahme kann im Verlaufe des analytischen Prozesses insbesondere dann zu einem neuralgischen Punkt werden, wenn zwischen dem Untersuchungsobjekt und einer benötigten Analysenprobe große Unterschiede existieren, und zwar

(1) in Bezug auf *Größe bzw. Ausdehnung*, wie bei der Analyse der Atmosphäre, z. B. der Ermittlung des mittleren Ozongehaltes für ein Bundesland oder eine Stadt, oder bei der Analyse geologischer Lagerstätten;

(2) in Bezug auf die *Masse*, wie das im angeführten Beispiel einer Erzlieferung der Fall ist oder auch bei einer Gewässerprobennahme; immerhin betragen die Analysenprobenmengen zwischen ca. 1 ppm (*Beispiel Erzbeprobung*: ca. 10^6 kg Losgröße) und 1 ppb (*Beispiel Fließgewässerbeprobung*: einige Liter aus einigen Millionen m^3/Tag oder *Beispiel Bodenbeprobung*: 100 g bis 1 kg aus der Masse eines Feldes der Fläche 1 km^2 und 10 cm Tiefe); aber auch bei Mikrobereichsuntersuchungen können ähnliche Verhältnisse vorliegen (*Beispiel Elektronenstrahlmikrosondenanalyse*: ca. 100 µm^3 Anregungsvolumen in Bezug auf ein Probenvolumen von 0,5 cm^3);

(3) in Bezug auf die Materialbeschaffenheit, wobei vor allem bei festen Stoffen die *Korngröße* eine wichtige Rolle spielt und für die Feststoffprobennahme zum entscheidenden Kriterium wird (Taggart-Nomogramme [1]);

(4) in Bezug auf *Qualitätsschwankungen* bzw. *Inhomogenitäten*, z. B. den Metallgehalt von Erzen [1, 2], die mineralische Zusammensetzung von Böden aber auch die wechselnde Zusammensetzung von Produktströmen als Gase, Dämpfe, Flüssigkeiten, Lösungen, Suspensionen oder Feststoffen.

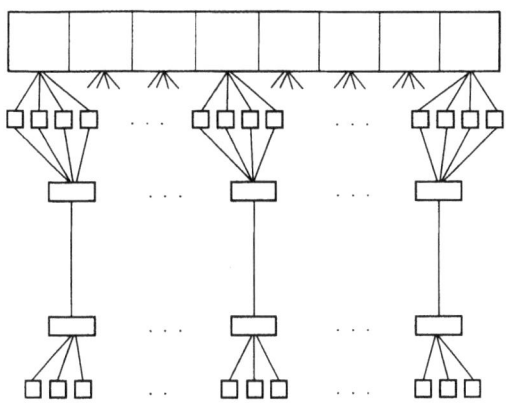

Abb. 4.2. Spezielles Probennahmeschema zur Ermittlung von Gehaltsunterschieden zwischen verschiedenen Chargen

Materialbezogene Probennahme-Regeln, -Richtlinien und -Besonderheiten sind in entsprechenden Handbüchern, DIN- und ISO-Normen niedergelegt, siehe z.B. für die Eisenerzprobennahme [3] und für die Metallprobennahme [4, 5]. Darüber hinaus sind jedoch übergreifende Gesichtspunkte wichtig, die die Repräsentanz der Analysenproben aus allgemeingültigen statistischen und chemometrischen Prinzipien ableiten. In diesem Zusammenhang wird das Problem der Probenrepräsentanz in einschlägigen Publikationen oft auf feste Proben beschränkt; Gase und auch Flüssigkeiten werden meist als ausreichend homogen und damit repräsentativ auch in entsprechenden Teilportionen betrachtet [6]. Das mag auf normale Laborproben in der Regel auch zutreffen; in den oben angeführten Fällen und Dimensionen wie sie für die Umweltanalytik und Prozesskontrolle heute typisch sind, können auch flüssige und Gasmischungen nicht mehr a priori als homogen angesehen werden.

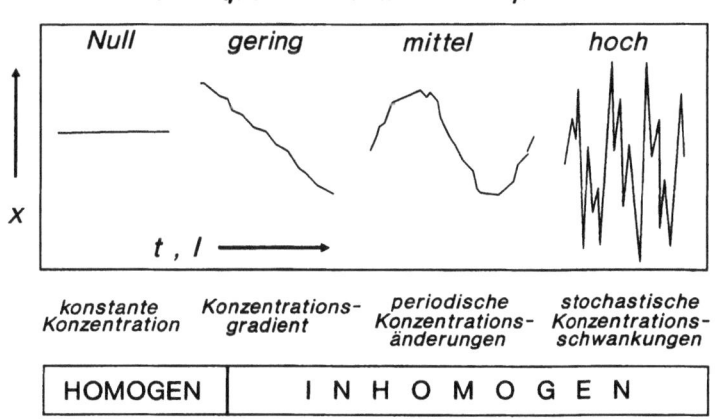

Abb. 4.3. Charakteristik homogener und inhomogener Untersuchungsobjekte anhand von zeit- bzw. ortsabhängigen Konzentrationsfunktionen sowie von typischen Zeit- bzw. Ortsfrequenzen

Wie Abb. 4.3 zeigt, müssen Stoffsysteme im allgemeinen nach ihrer *Konzentrations-Zeit-* bzw. *Konzentrations-Orts-Charakteristik* beurteilt werden. Dabei stellen die in Abb. 4.3 dargestellten Konzentrationsfunktionen Grenzfälle dar, zwischen denen es Übergänge und Überlagerungen geben kann. Die Konzentrationsänderungen und ihre Messbarkeit, d.h. ihre Relation zum Analysenfehler, sind für die Repräsentanz der Probennahme entscheidende Parameter.

4.2
Inhomogene Untersuchungsobjekte

Unter inhomogenen Materialien versteht man Stoffe, deren chemische Zusammensetzung nicht konstant ist, und zwar

(a) in Teilvolumina von kompakten Festkörper- und Feststoffproben,
(b) in Teilportionen von Feststoffen (Schüttgut, körnige oder pulverförmige Stoffe), also in räumlichen Dimensionen sowie
(c) in zeitlichen Abläufen von natürlichen oder industriellen Prozessen.

Das analytisch-chemisch determinierte Begriffspaar *Inhomogenität – Homogenität* muss dabei vom physikochemisch bestimmten Begriffspaar *Heterogenität – Homogenität* unterschieden werden [7]. Während die thermodynamische Definition von der Morphologie ausgeht und Ein- bzw. Mehrphasigkeit als Kriterium für Homogenität bzw. Heterogenität zugrunde legt, spielt bei der analytisch-chemischen Begriffsbestimmung, die, wie noch gezeigt wird, letztlich statistisch determiniert ist, die Konzentrationsfunktion die entscheidende Rolle.

Aus Abb. 4.4, die den Sachverhalt verdeutlichen soll, geht hervor, dass heterogene Stoffsysteme sowohl inhomogene als auch homogene Konzentrationsver-

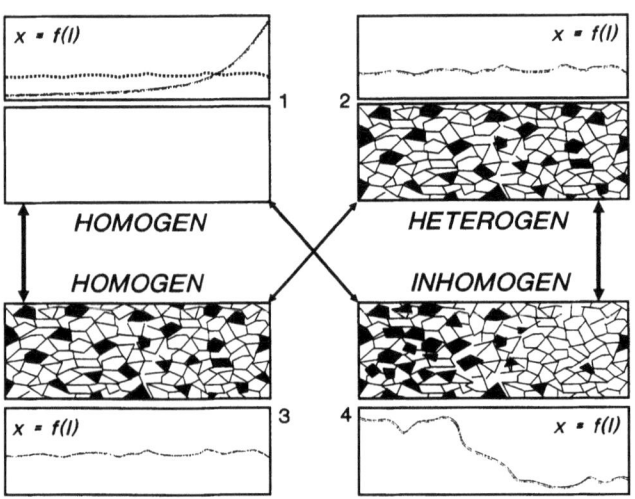

Abb. 4.4. Veranschaulichung der Begriffspaare homogen – heterogen bzw. homogen – inhomogen aus physikochemischer bzw. analytischer Sicht

teilung aufweisen können, je nach Phasengröße und -verteilung einerseits und Umfang des geprüften Materials andererseits. Die in Bild 4.4 unten schematisch dargestellten Phasenverteilungen (z. B. als Schliffbilder) können bei Abtastung mit einer Sonde mit bestimmtem Durchmesser die in 3 bzw. 4 dargestellten Konzentrationsfunktionen ergeben oder aber bei Entnahme entsprechender Stoffportionen Konzentrationswerte liefern, die einmal statistisch nicht zu unterscheiden (Teilbild 3) oder signifikant voneinander verschieden (4) sind.

Aber auch ein thermodynamisch homogenes Material, z. B. in einkristalliner Form, kann eine ungleichmäßige Verteilung für eine enthaltene Komponente aufweisen. So kann beispielsweise eine Verunreinigung durch thermische Behandlung (Zonenschmelzen) ungleichmäßig verteilt werden und einen Konzentrationsverlauf wie in Teilbild 1 durchgezogen dargestellt zeigen.

Für die Probennahme ist wesentlich, dass Inhomogenitäten als reale Konzentrationsunterschiede nur dann nachgewiesen werden können, wenn sie den *Analysenfehler überschreiten*. Bei der chemischen Analyse setzt sich der Gesamtfehler der Messung, ausgedrückt als Gesamtvarianz σ^2, additiv zusammen aus der Streuung des Analysenverfahrens σ_A^2 und einem durch Inhomogenitäten verursachten Streuungsanteil σ_I^2

$$\sigma^2 = \sigma_A^2 + \sigma_I^2 \tag{4.1}$$

Die Inhomogenitätsstreuung σ_I^2 bestimmt den verfahrensrelevanten Probennahmefehler σ_P^2, der nach

$$\sigma^2 = \sigma_A^2 + \sigma_P^2 \tag{4.2}$$

für eine repräsentative Probennahme entscheidend ist. Dabei entsprechen Inhomogenitäts- und Probennahmefehler einander statistisch im Rahmen eines bestimmten Irrtumsrisikos α

$$\sigma_I^2 \stackrel{\alpha}{=} \sigma_P^2 \tag{4.3}$$

Eine Repräsentanz der Probennahme lässt sich damit statistisch sichern, indem mit Hilfe des F-Tests geprüft wird, ob der Probennahmefehler (Inhomogenitätsfehler) einen signifikanten Beitrag zum Gesamtfehler σ^2 leistet oder ob er gegenüber dem Analysenfehler σ_A^2 zu vernachlässigen ist

$$\hat{F} = \frac{\sigma^2}{\sigma_A^2} \tag{4.4}$$

In detaillierten Abhandlungen zum Probennahmefehler, z. B. von P. M. Gy [8, 9], wird σ_P^2 in zahlreiche Fehleranteile zerlegt, die den Charakter der Probeninhomogenitäten berücksichtigen (vgl. Orts- oder Zeitfrequenz in Abb. 4.3 unten) sowie außerdem auf Probenteilung, -auswahl, -klassierung und -präparation usw. Bezug nehmen.

4.3
Repräsentative Probenanzahl

Im Zusammenhang mit der Probennahme soll der Begriff *repräsentativ* sich auf Probenmengen nach Masse und Anzahl beziehen, die es gestatten, Untersuchungsobjekte mit einer vorgegebenen Genauigkeit zu charakterisieren. Für die erreichbare Präzision der Analyse ist neben dem Analysenfehler der Probennahmefehler ausschlaggebend. Mit den Stichprobenvarianzen ergibt sich aus Gl. (4.2) für den Gesamtfehler von Analysenmittelwerten

$$s_{\bar{x}}^2 = \frac{s_A^2}{q \cdot r} + \frac{s_P^2}{p \cdot q} \tag{4.5}$$

mit s_A Analysenfehler, s_P Probennahmefehler, p Anzahl der vom Untersuchungsobjekt gezogenen Proben, falls diese, wie in Abb. 4.1 dargestellt, zu einer Gesamtprobe vereinigt werden[1], aus der dann nach entsprechender Homogenisierung und Verjüngung die q in die Untersuchung eingehenden Teilproben genommen werden; r ist die Anzahl der Parallelbestimmungen je Probe.

Da für inhomogenes Material in der Regel gilt $s_P > s_A$, ist es meist vorteilhafter, mehr Parallel*proben* zu untersuchen als Parallel*bestimmungen* durchzuführen. Dass darüber hinaus weitere Gesichtspunkte den Gesamtfehler $s_{\bar{x}}^2$ bestimmen, soll das folgende Beispiel verdeutlichen.

Beispiel

Untersuchung eines Golderzes mit einem mittleren Gehalt von $\bar{x} = 50$ ppm Au. Aus Voruntersuchungen ist bekannt, dass der relative Analysenfehler $s_{A,r} = 5\%$ ist und der relative Probennahmefehler $s_{P,r} = 10\%$ und damit $s_A = 2,5$ ppm Au und $s_P = 5,0$ ppm Au. Aus $n = 8$ Einheiten (Waggons) werden jeweils $m = 4$ Proben gezogen ($p = m \cdot n = 32$). Die Zahl der Parallelproben wird mit $q = 10$ angenommen, die Anzahl der Parallelbestimmungen soll $r = 3$ sein.

VARIANTE I (entsprechend Abb. 4.2): Von den gezogenen $p = 32$ Proben werden $q = 10$ stochastisch ausgewählt und analytisch untersucht, wobei von jeder Probe $r = 3$ Parallelbestimmungen durchgeführt werden. Nach Gl. (4.5) ergibt sich für den zu erwartenden Gesamtfehler:

$$s_{\bar{x},I} = \sqrt{[2,5^2/(3 \cdot 10) + 5^2/10]} = \sqrt{2,7083} = 1,65 \text{ ppm Au}.$$

VARIANTE II (entsprechend Abb. 4.1): Die gezogenen $p = 32$ Proben werden zu einer Gesamtprobe vereinigt und von dieser nach entsprechender Verarbeitung $q = 10$ Proben zur Untersuchung entnommen. Von jeder dieser Proben werden wieder $r = 3$ Parallelbestimmungen durchgeführt. Für den Gesamtfehler erhält man in diesem Fall:

$$s_{\bar{x},II} = \sqrt{[2,5^2/(3 \cdot 10) + 5^2/(32 \cdot 10)]} = \sqrt{0,2865} = 0,54 \text{ ppm Au}.$$

---

[1] Anderenfalls ist $p = 1$ (vgl. auch Abb. 4.6).

Bei gleichem Probennahmeumfang ($m \cdot n$) und Analysenaufwand ($q \cdot r$) erhält man in der zweiten Variante aufgrund der Vereinigung aller 32 Teilproben zu einer Rohprobe und deren Verarbeitung zu einer repräsentativen Gesamtprobe einen wesentlich **geringeren Gesamtfehler**. Für dessen Größe spielt also nicht nur die Zahl der gezogenen und untersuchten Proben eine Rolle, sondern darüber hinaus die Probenvorbereitung.

Beispiel

Für den oben angegebenen Fall soll eine effektive Probennahmestrategie entwickelt werden, nach der ein relativer Gesamtfehler von $s_{\bar{x},r} = 2\%$ ($s = 1$ ppm Au) erhalten werden kann.

GEGEBEN: $\bar{x} = 50$ ppm Au, $s_{A,r} = 5\%$ ($s_A = 2{,}5$ ppm Au), $s_{P,r} = 10\%$ ($s_P = 5{,}0$ ppm Au), $n = 8$, $m = 4$.

RANDBEDINGUNG: Wegen des Zeit- und Kostenaufwandes der Analysen ist die Zahl der Untersuchungsproben (q) sowie die Zahl der Parallelbestimmungen (r) zu minimieren. Angestrebt werden Doppelbestimmungen. In diesem Sinne ist zwischen den Varianten I und II zu entscheiden.

Aus Gl. (4.5) ergibt sich die erforderliche Probenanzahl q entsprechend

$$q = \frac{p \cdot s_A^2 + r \cdot s_P^2}{r \cdot p \cdot s_{\bar{x}}^2} \tag{4.6}$$

Danach folgt für die VARIANTE I mit $p = 1$ und $r = 2$:

$$q = (2{,}5^2 + 2 \cdot 5^2)/(2 \cdot 1) = 28{,}13 \rightarrow \mathrm{card}(q) = 29,$$

d.h. von den gezogenen 32 Proben sind 29 zu untersuchen und bei Doppelbestimmungen also insgesamt 58 Analysen auszuführen. card(q) bedeudet natürliche Zahl (Kardinalzahl) zu q mit $q < \mathrm{card}(q) < q + 1$. Der zu erwartende Gesamtfehler beträgt dabei $s = 0{,}985$ ppm Au.

Günstiger sind Einzelbestimmungen, denn aus (4.6) ergibt sich mit $r = 1$:

$$q = (2{,}5^2 + 5^2)/1 = 31{,}25 \rightarrow \mathrm{card}(q) = 32,$$

was in diesem Falle darauf hinausläuft, alle gezogenen Proben einzeln zu untersuchen und damit insgesamt 32 Analysen durchzuführen. Hierbei kann mit einem Gesamtfehler von $s = 0{,}988$ ppm Au gerechnet werden.

Durch Probenvereinigung, -homogenisierung und -verjüngung entsprechend VARIANTE II lässt sich der Untersuchungsaufwand beträchtlich verringern. Mit $p = n \cdot m = 32$ erhält man nach Gl. (4.6)

$$q = (32 \cdot 2{,}5^2 + 2 \cdot 5^2)/(2 \cdot 32 \cdot 1) = 3{,}91 \rightarrow \mathrm{card}(q) = 4.$$

Der verarbeiteten Rohprobe sind also 4 Untersuchungsproben zu entnehmen und daran Doppelbestimmungen auszuführen. Mit diesen insgesamt 8 Analysen läßt sich ein Gesamtfehler von $s = 0{,}988$ ppm Au erwarten. Auf dem Weg von VARIANTE II lassen sich entsprechend

$$q = (32 \cdot 2{,}5^2 + 5^2)/(32 \cdot 1) = 7{,}03$$

selbst mit Einzelbestimmungen an 7 Analysenproben ($\to s_{\bar{x}} = 1{,}002$ ppm Au) die Anforderungen annähernd bzw. an 8 Analysenproben ($\to s_x = 0{,}988$ ppm Au) vollständig erfüllen.

Bei Vorgabe anderer Fehlergrößen wie relativer Standardabweichungen oder Vertrauensbereiche sind die Gln. (4.5) und (4.6) entsprechend zu modifizieren; z. B. geht Gl. (4.5) im Falle von Vertrauensbereichen über in

$$\Delta \bar{x} = \sqrt{\frac{t_{P,f_A}^2 \cdot s_A^2}{q \cdot r} + \frac{t_{P,f_P}^2 \cdot s_P^2}{q \cdot p}} \tag{4.7}$$

und Gl. (4.6) wird zu

$$q = \frac{p\, t_{P,f_A}^2 s_A^2 + r\, t_{P,f_P}^2 s_P^2}{p\, r\, (\Delta \bar{x})^2} \tag{4.8}$$

In der Literatur zur Probennahme, z. B. [4, 5, 10] werden für die Ermittlung der Probenzahl (hier N) oft Formeln der folgenden Art angegeben $N = \left(\dfrac{t_{P,f}\, s}{U}\right)^2$. Dabei bleibt meist unklar, um welche Standardabweichung es sich bei s und um welche Messunsicherheit es sich bei U eigentlich handelt bzw. die Interpretationen sind unterschiedlich und z. T. widersprüchlich. Deshalb wurde im Zusammenhang mit verschiedenen Probennahmestrategien auf Gleichung (4.5) und deren Modifikationen und Anwendungen hier etwas ausführlicher eingegangen.

4.4
Experimentelle Ermittlung des Probennahmefehlers

In Abhängigkeit von der Teilmenge, die von einem Untersuchungsobjekt untersucht wird, entspricht die Zusammensetzung der analysierten Probe der Gesamtzusammensetzung in unterschiedlichem Maße.

Abbildung 4.5 verdeutlicht für ein zeitlich bzw. räumlich inhomogenes Untersuchungsobjekt (z. B. für den Produktstrom eines Prozesses oder für ein laterales Bodenprofil) mit einer bestimmten Gehaltsfunktion $x = f(t)$ bzw. $x = f(l)$ die Situation für unterschiedliche entnommene Probenmengen.

Bei Abwesenheit systematischer Analysenfehler, von der in den folgenden Betrachtungen stets ausgegangen werden soll, wird mit der Entnahme von Portionen einer bestimmten zeitlichen oder räumlichen Dimension über einen gewissen Teil Δt (Zeitintervall) bzw. Δl der Gehaltsfunktion integriert.

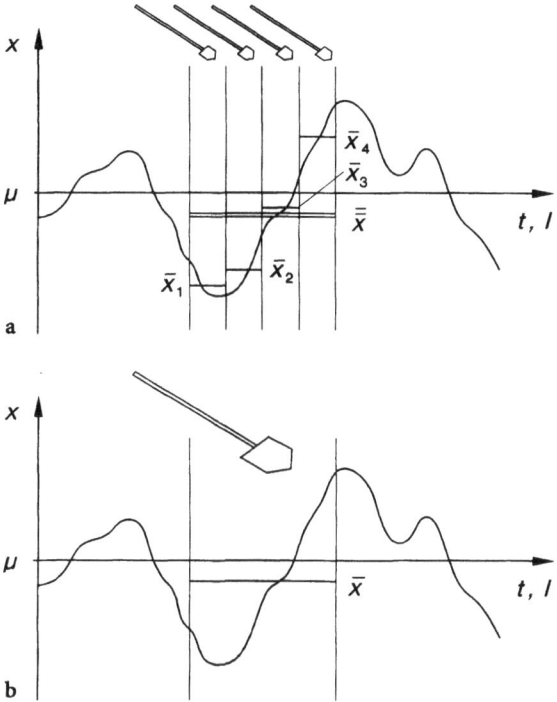

Abb. 4.5. Abhängigkeit der ermittelten Zusammensetzung x von der Probenmenge für eine bestimmte zeitliche oder räumliche Gehaltsfunktion $x = f(t, l)$

Wenn μ die Gesamtzusammensetzung des Materials repräsentiert, dann bestimmen die Differenzen zu den erhaltenen experimentellen Mittelwerten den Inhomogenitäts- und damit Probennahmefehler (vgl. Gl. (4.3)):

$$s_P^2 = \sum \frac{(\mu - \bar{x}_i)^2}{f} \tag{4.9}$$

Es liegt auf der Hand, dass im Falle gleicher Gesamtportionen für (a) und (b) die entsprechenden Mittelwerte gleich sind, $\bar{\bar{x}}_a = \bar{\bar{x}}_b$, dass aber auch der Probennahmefehler im Falle (a) um den Anteil $\sum (n_i(\bar{x}_i - \bar{\bar{x}})^2/f_a)$ größer ist als im Fall (b). Dies illustriert auch noch einmal die Reduzierung des Probennahmefehlers um den Faktor p bei Vereinigung von p Einzelproben zu einer Gesamtprobe (Gln. (4.5) bis (4.8)).

Die Repräsentanz von Proben gegebener Zahl und Masse kann experimentell untersucht werden, indem die Relevanz des Probennahmefehlers mittels statistischer Tests überprüft wird. Für die experimentelle Durchführung werden dem Material q Proben entnommen ($q > 6$) und an jeder nach Homogenisierung r Parallelbestimmungen ausgeführt (häufig $r = 2$).

Der Probenrepräsentanz entspricht in Bezug auf Gl. (4.2) die Nullhypothese $H_0: \sigma = \sigma_A$. Die Prüfung wird mit Hilfe des Fisher-Tests für die experimentellen

Varianzen entsprechend (4.4) durchgeführt. Die Streuungszerlegung erfolgt mittels einfacher Varianzanalyse (Abschn. 8.4.4), wobei der Streuung zwischen den Gruppen dem Gesamtfehler entspricht und die Streuung innerhalb der Gruppen dem Analysenfehler s_A). Den Probennahmefehler erhält man explizit aus der Beziehung

$$s^2 = s_A^2 + r \cdot s_P^2 \qquad (4.10)$$

die für Stichproben anstelle der Beziehung für die Grundgesamtheit (4.2) gilt, zu

$$s_P^2 = \frac{s^2 - s_A^2}{r} \qquad (4.11)$$

Bei praktisch-chemischen Untersuchungen inhomogener Materialien zeigt es sich, dass der Gesamtfehler exponentiell abnimmt mit der Probenmasse m_P (bzw. mit Größen, die m_P proportional sind). Der Zusammenhang lässt sich nach Danzer und Küchler [11] durch die folgenden Beziehungen beschreiben

$$s^2 = s_A^2 \cdot \exp\left(\frac{a}{m_P}\right) \qquad (4.12)$$

mit a als materialspezifischer Konstante. Bei Reihenentwicklung und unter Vernachlässigung höherer Potenzen von m_P geht Gl. (4.12) über in

$$s^2 = s_A^2 \left(1 + \frac{a}{m_P}\right) \qquad (4.13)$$

Gl. (4.13) drückt den Probennahmefehler als Vielfaches bzw. Teil des Analysenfehlers aus. Durch Vergleich mit Gl. (4.10) erhält man

$$s_P^2 = \frac{a \cdot s_A^2}{r \cdot m_P} \qquad (4.14)$$

In Abb. 4.6 ist die exponentielle Abnahme des Fehlers entsprechend Gln. (4.12) bzw. (4.13) schematisch dargestellt. Daraus geht hervor, dass s_P^2 mit zunehmender Probenmenge abnimmt und oberhalb eines kritischen Wertes $m_{P,krit}$ gegen Null geht (s^2 geht gegen s_A^2). Für Probenmengen $m_P > m_{P,krit}$ ist $\hat{F} < F(P; f; f_A)$ und

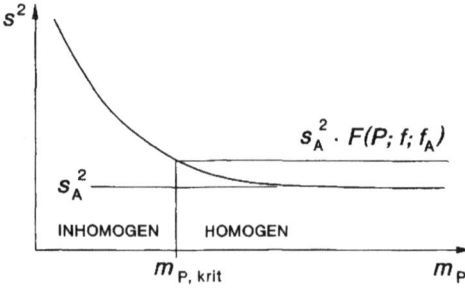

Abb. 4.6. Zusammenhang zwischen Varianz des Gesamtfehlers und der Probenmenge bei der Untersuchung inhomogener Materialien, $m_{P,krit}$ ist die kritische Probenmenge

damit $s^2 < s_A^2 \cdot F(P; f; f_A)$. Das ist gleichbedeutend mit

$$s^2 \stackrel{\alpha}{=} s_A^2 \qquad (4.15)$$

wodurch Homogenität der Probe und somit eine repräsentative Probennahme gewährleistet ist.

Deterministische Ansätze zur Probennahme finden sich in der Literatur schon sehr früh und meist unter dem Blickwinkel des Probennahmefehlers für körniges und pulverförmiges zweiphasiges Material, so z.B. von Baule und Benedetti-Pichler [12, 13] und von Wilson [14]. Nach Malissa, Grasserbauer und Hoke [15] können diese Ansätze auch für heterogene kompakte Proben angewendet werden. Mit Hilfe der Wilson-Beziehung kann auch die stoffspezifische Konstante a in den Gln. (4.12) und (4.13) näher bestimmt werden [11]:

$$a = \frac{r}{s_A^2}(x_{A_1} - x_{A_2})^2 g_1(1-g_1)\frac{\rho_1\rho_2}{\bar{\rho}}\bar{V} \qquad (4.16)$$

und zwar aus Phasengehalten x_{A_i}, -anteilen g_i, -dichten ρ_i und -volumen $\bar{V}$.

Gl. (4.13) wurde mittels elektronenstrahlmikroanalytischer Untersuchungen an verschiedenen mehrphasigen Proben überprüft und bestätigt [11, 16].

Ähnliche materialspezifische Abhängigkeiten des Probennahmefehlers mit Hilfe sogenannter Probennahme- oder Homogenitätskonstanten K_s

$$s_P^2 = \frac{K_s}{m_P} \qquad (4.17)$$

wurden von Ingamells [17, 18], Minkkinen [19] Gy [20], Scilla und Morrison [21] sowie Stoeppler und Kurfürst [22, 23] behandelt. Neben stoffspezifischen Größen wie in Gl. (4.16) werden u.a. noch Faktoren für die Teilchenform und Teilchengrößeverteilung berücksichtigt.

Die experimentelle Homogenitätsprüfung erfolgt je nach dem Charakter der zu erwartenden Konzentrationsfunktion (s. Abb. 4.3) durch stochastische bzw. systematische Probennahme. Dies lässt sich am einfachsten für die Mikro-Probennahme an kompakten Proben veranschaulichen. Abbildung 4.7 zeigt drei

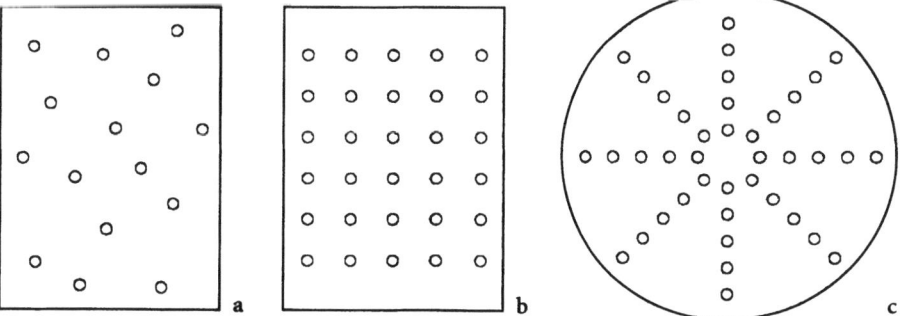

Abb. 4.7a–c. a Stochastische und b, c regelmäßige Messpunktanordnung (Probennahme) an kompakten Proben

typische Fälle praktischer Homogenitätsprüfungen für stochastische Konzentrationsschwankungen (a), periodische Schwankungen bzw. Gradienten (b) sowie den speziellen Fall, dass radiale Konzentrationsgradienten (c) zu erwarten sind.

Zur Analyse sind in den angegebenen m Punkten jeweils n_j Wiederholungsmessungen auszuführen. Die statistische Prüfung erfolgt für stochastische und systematische Konzentrationsänderungen auf unterschiedlichem Wege.

Im Fall (a) wird die Auswertung mittels *einfacher Varianzanalyse* durchgeführt (siehe Auswerteschema in Abschn. 8.4.4). Falls echte Wiederholungsmessungen nicht möglich sind, lassen sich Verfahren der näherungsweisen Bestimmung des Analysenfehlers anwenden [59]). Die statistischen Grundlagen sowohl für den Inhomogenitäts- als auch den Homogenitätsnachweis sind in [24] ausgeführt.

Beim Vorliegen von oder Verdacht auf Konzentrationsgradienten sind regelmäßige Messpunktanordnungen erforderlich. Für die Auswertung bieten sich mehrere Verfahren an, die wichtigsten davon sind [7]:

- *Zweifache Varianzanalyse* [60] nach Auswerteschema in Abschn. 8.4.5. Auf diese Weise können nicht nur Aussagen zur Homogenität des Untersuchungsobjektes insgesamt, sondern auch über bestimmte Vorzugsrichtungen von Inhomogenitäten durch Prüfung der Gesamt-, Reihen- sowie Spaltenhomogenität getroffen werden. Nach dem gleichen Schema lassen sich auch Messungen, wie sie in Abb. 4.7c dargestellt sind, auswerten und damit insbesondere Gradienten in radialer Richtung feststellen. Die zweifache Varianzanalyse kann univariat (für bestimmte Komponenten separat) oder auch multivariat, also durch gleichzeitige Betrachtung aller interessierenden Komponenten, durchgeführt werden [7],
- *Regressionsanalyse* mit Hilfe linearer Modelle (Abschn. 2.4.2) bzw. quasilinearer Modelle [7], wobei sich oft Polynome zweiten Grades als geeignet erweisen:

$$x = a_0 + a_1 l_1 + a_2 l_2 + a_{11} l_1^2 + a_{22} l_2^2 + a_{12} l_1 l_2 \qquad (4.18)$$

(l_i Raumkoordinaten). Inhomogenität folgt aus der Signifikanz von Koeffizienten $a_i > \Delta a_i$; das resultierende Modell charakterisiert den Typ der Konzentrationsfunktion,
- *Gradientenanalyse* auf der Grundlage eines Ansatzes nach Parcewski [25–28]. Für jedes Teilfeld (z.B. entsprechend Abb. 4.7b), das von vier Messpunkten begrenzt wird, werden Regressionsgleichungen

$$\hat{x} = b_0 + b_1 z_1 + b_2 z_2 + b_{12} z_1 z_2 \qquad (4.19)$$

bestimmt, in denen z_1 und z_2 normierte Raumkoordinaten darstellen, b_0 entspricht dem Durchschnittgehalt des betrachteten Teilfeldes, b_1 und b_2 sind Richtungskoeffizienten. Der Wechselwirkungskoeffizient b_{12} wird dann bedeutsam, wenn der *lokale Gradient*

$$\operatorname{grad} \hat{x} = \frac{\partial \hat{x}}{\partial z_1} z_1 + \frac{\partial \hat{x}}{\partial z_2} z_2 \qquad (4.20)$$

über das betrachtete Messfeld nicht konstant ist; z_1 und z_2 sind Raumrichtungsvektoren. Inhomogenität lässt sich auf Grund statistischer Tests, die in [27] näher ausgeführt sind, feststellen.

Aussagekräftige Vorinformationen über den Typ gemessener Konzentrationsverteilungen liefern mehrdimensionale Bilddarstellungen wie z.B. in den Abb. 2.11 und 2.12. Mathematisch stellen solche Verteilungsbilder skalare Felder der nach Gl. (4.20) ermittelten lokalen Gradienten dar.

Mit Hilfe zweidimensionaler Konzentrationsfunktionen lässt sich der Typ von Inhomogenitäten leicht feststellen, neben Gradienten auch periodische Konzentrationsänderungen. Diese lassen sich mathematisch ebenfalls mit Hilfe der zweifachen Varianzanalyse nachweisen. Eine andere Möglichkeit zeigte Inczedy [29], der für die Abschätzung des Probennahmefehlers sinusförmige Konzentrationsfunktionen zugrunde legte.

Die richtige Auswahl des statistischen Modelles und damit auch die Messwertgewinnung ist für eine repräsentative Schätzung des Probennahmefehlers maßgebend. Dazu benötigt man Vorinformationen über den Charakter der Konzentrationsfunktion, die man am einfachsten über eine graphische Darstellung der Messwerte erhält. Wenn keine derartigen Vorinformationen vorliegen, können Methoden der multivariaten Datenanalyse eingesetzt werden, um Inhomogenitäten nachzuweisen. In [30] wurde gezeigt, dass mit Hilfe von Pattern-recognition-Methoden, deren Einsatz weitgehend unabhängig ist von der Ortsfrequenz (und damit dem Typ) von Konzentrationsfluktuationen, auf das Vorhandensein von Strukturen (Inhomogentäten) im Datenmaterial geprüft werden kann.

Liegen echte oder Quasi-Wiederholungsmessungen an verschiedenen Probenorten vor, kann ein geeignetes Klassifikationsverfahren, z.B. die mehrdimensionalen Varianz- und Diskriminanzanalyse (MVDA [30]), genutzt werden. Die Wiederholungsmessungen werden in der Lernphase (siehe Abschn. 3.5) als zu einer (Orts-) Klasse gehörig betrachtet. Mittels Reklassifikation wird festgestellt, ob diese Annahme gerechtfertigt war, sich die jeweiligen Messwerte also wieder in die entsprechenden Ortsklassen einordnen lassen, was deren signifikante Unterscheidbarkeit, also Inhomogenität bedeutet. Dagegen würde ein beträchtlicher Anteil von Fehleinordnungen bei der Reklassifikationen auf nichtsignifikante Unterschiede zwischen den Ortsklassen, also Homogenität hinweisen.

Wenn keine Wiederholungsmessungen vorliegen, kann mit Hilfe der Clusteranalyse geprüft werden, ob sich aufgrund deutlich voneinander abgegrenzter Cluster signifikant unterscheidbare Konzentrationsniveaus finden lassen (gleichbedeutend mit Inhomogenität), oder ob sich die Konzentrationswerte nur zufällig (im Rahmen des Analysenfehlers) unterscheiden und demzufolge nicht in Clustern zusammenfassen lassen. Beispiele zur Anwendung der Clusteranalyse und der MVDA [30] werden in den Abschnitten 3.4 und 3.5 gegeben.

Die Prüfung auf räumliche Inhomogenitäten ist auch mit Hilfe von Modellen möglich, die ursprünglich für die Untersuchung von Zeitreihen entwickelt wurden und heute in der *Prozessanalyse* breit angewendet werden. Das betrifft insbesondere die Theorie der stochastischen Prozesse [61, 62] sowie Korrelationstechniken. Autokorrelationsmodelle wurden von Doerffel u. a. [34, 63] auch zur Homogenitätscharakterisierung eingesetzt.

4.5
Zeitabhängige Probennahme

Kontinuierliche Prozesse, die hinsichtlich chemischer Qualitätsparameter zu kontrollieren sind, lassen sich auf Grund der auftretenden zeitlichen Schwankungen durch stochastische Funktionen $x(t)$ beschreiben. Durch kontinuierliche Messverfahren [31] sind solche Prozesse vollständig zu charakterisieren und zu kontrollieren, vorausgesetzt, die Messung erfolgt in einer repräsentativen Weise.

Für diskontinuierliche Untersuchungen, die z. B. nach dem in Abb. 4.8 angegebenen Schema durchgeführt werden können, sind Probenanzahl (n), Probenfrequenz (Δt^{-1}) sowie Probenumfang (t_{Mi}) sorgfältig den Erfordernissen anzupassen. Diese sind danach zu bestimmen, dass der Verlauf der Prozessfunktion $x(t)$ im gewählten endlichen Prozessabschnitt t_P so vollständig wie erforderlich beschrieben wird. Ein Kriterium dafür ist der Prozessmittelwert, der für den Gesamtprozess μ beträgt. Im konkreten Prozessabschnitt t_P ist der Zeitmittelwert

$$\overline{x(t)} = \frac{1}{n} \sum_{i=1}^{n} x(t)_i \qquad (4.21)$$

der sich im Falle adäquater Prozesscharakterisierung nicht signifikant von μ unterscheidet.

Die Probennahmefrequenz $1/\Delta t$ lässt sich, ausgehend von der Prozessdynamik, statistisch abschätzen. Daraus abgeleitet, existieren empirische Regeln, die sich in der Praxis gut bewährt haben. Danach wird für einen stochastischen Prozess Δt im allgemeinen so gewählt, dass zwischen zwei aufeinander folgenden Kurvenextrema im Mittel 2 bis 3 Probennahmen (und damit Messwerte) liegen [6]. Damit ist man im Allgemeinen auf der sicheren Seite, da sich nach dem Nyquist-Theorem $(2\Delta t)^{-1}$ für die Probennahmefrequenz ergibt. Mit einer so charakterisierten Zeitfunktion lassen sich mit einfachen statistischen Mitteln eine Reihe von Schlußfolgerungen auf den Prozess selbst ableiten. Für den

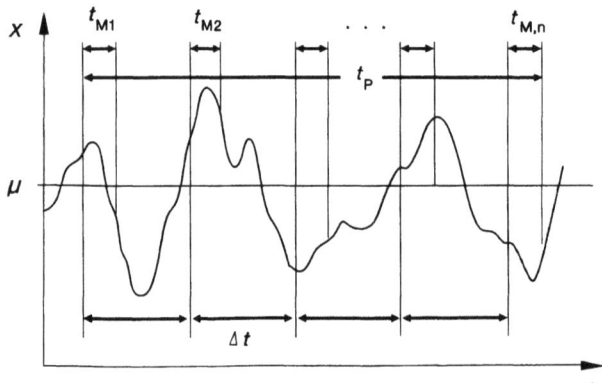

Abb. 4.8. Stochastischer Prozess

Nachweis deterministischer Funktionsanteile sind Prinzipien der statistischen Qualitätskontrolle [32] geeignet, auf die in Kapitel 11 näher eingegangen wird.

Deskriptive Methoden der Zeitreihenanalyse gehen von Modellen aus, die verschiedene Varianzkomponenten enthalten. In [33] wird eine Zeitreihe $x(t)$ z.B. zerlegt in

- „glatte" Komponenten $g(t)$,
- saisonale Komponenten $s(t)$ und
- „irreguläre" Komponenten $r(t)$.

Diese können additiv (ggf. auch multiplikativ) miteinander verknüpft sein:

$$x(t) = g(t) + s(t) + r(t) \qquad (4.22)$$

Die verschiedenen Funktionsanteile entsprechen den in Abb. 4.3 dargestellten drei Frequenzanteilen, wobei $r(t)$ den stochastischen Anteil darstellt (das Prozessrauschen) und die periodischen Änderungen mittlerer Frequenz durch die saisonalen Anteile in Gl. (4.22) gegeben sind.

Saisonale Prozesskomponenten sind für Produktionsprozesse und für umweltanalytische Untersuchungen von besonderer Bedeutung. Vor allem für konstante Saisonverläufe $s(t) = s(t+p)$, bei denen sich die saisonale Komponente nach einer bestimmten Anzahl p von Zeitpunkten wiederholt ($t = 1, \ldots, n-p$), lassen sich Trend- und Saisoneinflüsse durch Glättungs- und Filtermethoden getrennt schätzen [33].

Gut geeignet für diesen Zweck ist die Methode der *gleitenden Durchschnitte* (Moving averages). Je nachdem, ob die Mittelung über eine ungerade $(2k+1)$ oder gerade $(2k)$ Anzahl von Werten erfolgt, erhält man den gleitenden Durchschnitt $x^*(t)$ nach

$$x^*(t) = \frac{1}{2k+1} \sum_{i=-k}^{k} x(t+i) \qquad (4.23\,\text{a})$$

bzw.

$$x^*(t) = \frac{1}{2k} \left(\frac{1}{2} x(t-k) + \sum_{i=-(k-1)}^{k-1} x(t+i) + \frac{1}{2} x(t+k) \right) \qquad (4.23\,\text{b})$$

der jeweils für $t = k+1, k+2, \ldots, k-n$ berechnet werden kann. Es können auch die Rekursionsformeln

$$x^*(t+1) = x^*(t) + \frac{1}{2k+1} x(t+k+1) - x(t+k) \qquad (4.24\,\text{a})$$

bzw.

$$x^*(t+1) = x^*(t) + \frac{1}{4k} x(t+k+1) + x(t+k) - x(t-k) - x(t-k+1) \qquad (4.24\,\text{b})$$

verwendet werden. Für eine Zeitreihe, die durch das gleitende Mittel ausgedrückt wird

$$x^*(t) = g^*(t) + s^*(t) + r^*(t) \qquad (4.25)$$

kann man annehmen, dass $r^*(t)$ gegen Null geht, da $r(t)$ selbst um Null schwankt. Bei Abwesenheit saisonaler Schwankungen ($s^*(t) \approx 0$) liefert also der gleitende Durchschnitt unmittelbar eine Schätzung für die Trendkomponente

$$x^*(t) \approx g^*(t) \tag{4.26}$$

Wenn die saisonale Komponente relevant ist, kann sie im Falle $s(t) = s(t+p)$ in folgender Weise durch Normierung eliminiert werden:

$$s^*(t) = \frac{1}{p+1} \sum_{i=-(p-1)/2}^{(p-1)/2} s(t+i) = 0 \tag{4.27a}$$

für p ungerade bzw.

$$s^*(t) = \frac{1}{p}\left(\frac{1}{2} s\left(t - \frac{p}{2}\right) + \sum_{i=-(p/2-1)}^{p/2-1} s(t+i) + \frac{1}{2} s\left(t + \frac{p}{2}\right)\right) = 0 \tag{4.27b}$$

für p gerade. Bei Bildung der gleitenden Durchschnitte $x^*(t)$ der Ordnung p kann also die Trendkomponente wiederum entsprechend Gl. (4.26) geschätzt werden. Für die Differenzen

$$d(t) = x(t) - x^*(t) \tag{4.28}$$

gilt näherungsweise

$$d(t) = s(t) + r(t) \tag{4.29}$$

so dass bei Mittelung der Differenzen $d(t)$ über die beobachteten Perioden (wegen der Schwankung von $r(t)$ um Null) eine Schätzung für die Saisonkomponente erhalten werden kann entsprechend

$$\hat{s}(t) = \bar{d}(t) - \frac{1}{p} \sum_{i=1}^{p} \bar{d}(t+i) \tag{4.30}$$

Die Kenntnis deterministischer Komponenten einer Zeitreihe $x(t)$ ist für die Probennahme außerordentlich wichtig. Aber auch in überwiegend stochastischen Zeitreihen spielt der Zusammenhang von Messdaten eine große Rolle.

Die Verbundenheit der Daten einer Zeitfunktion kann als Funktion ihres zeitlichen Abstandes τ zu t (lag τ) dargestellt werden. Den Zusammenhang beschreibt die *Autokorrelationsfunktion* (siehe Abschn. 2.6)

$$\Psi_{xx}(\tau) = \lim_{T \to \infty} \frac{1}{2T} \int_{-T}^{+T} x(t)\, x(t+\tau)\, dt \tag{4.31}$$

mit $x(t)$ als Wert der Zeitreihe zum Zeitpunkt t und $x(t+\tau)$ als dem Wert für lag τ, also im Zeitabstand τ zu t; T ist die Gesamtzeit des Prozesses.

Die Autokorrelationsfunktion entspricht dem zeitlichen Mittelwert $\overline{x(t)\,x(t+\tau)}$ der Funktion $x(t)$. Für stochastische Zeitreihen zeigt die Autokorrelationsfunk-

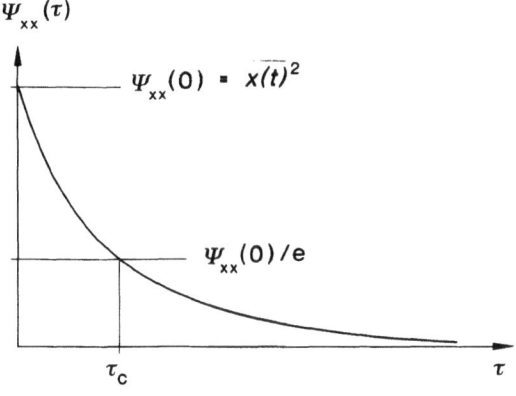

Abb. 4.9. Autokorrelationsfunktion einer stochastischen Zeitreihe (für korreliertes Rauschen)

tion den in Abb. 4.9 dargestellten Verlauf. Sie nimmt für $\tau = 0$ ein Maximum an. Da sie zu diesem Punkt symmetrisch ist, wird für praktische Zwecke nur der positive Teil der Autokorrelationsfunktion dargestellt.

Für stochastische Prozesse ist die Korrelationszeit τ_c eine wesentliche Größe. Sie entspricht dem Funktionswert, bei dem der Maximalwert $\Psi_{xx}(0)$ um den Faktor $1/e$ abgeklungen ist und von dem an τ praktisch gegen Null geht. Zwei Meßwerte $x(t)$ und $x(t+\tau)$ im Abstand $\tau > \tau_c$ können als unkorreliert, also völlig unabhängig voneinander angesehen werden.

In der Praxis wird meist die empirische Autokorrelations- bzw. Autokovarianzfunktion verwendet. Die Autokovarianzfunktion zum lag τ ergibt sich entsprechend

$$c(\tau) = \frac{1}{n-\tau} \sum_{i=1}^{n-\tau} \left(x(t) - \overline{x(t)} \right)\left(x(t+\tau) - \overline{x(t)} \right) \tag{4.32}$$

mit $\overline{x(t)} = \frac{1}{n}\sum x(t)$. Vorausgesetzt wird Stationarität der Zeitreihe, die nach [31, 34] geprüft werden kann, indem die Originaldatenfolge halbiert wird, für jeden Teil Mittelwert und Standardabweichung berechnet werden, die mittels t- bzw. F-Test (Abschn. 8.4.3) verglichen werden.

Die empirische Autokorrelationsfunktion $r(\tau)$ entspricht der mit der empirischen Varianz $\overline{x(t)^2}$ normierten Autokovarianzfunktion

$$r(\tau) = \frac{c(\tau)}{c(0)} = \frac{c(\tau)}{\overline{x(t)^2}} \tag{4.33}$$

Eine repräsentative Probennahme kann aus der Korrelationsdauer τ_c abgeleitet werden. Ein optimaler Probenabstand ergibt sich entsprechend

$$\Delta t_{opt} = -\tau_c \ln\left(1 - \frac{\Delta x_{max}}{2\sigma_p}\right) \tag{4.34}$$

wobei Δx_{max} die (aus sachlogischen Gründen) maximal vertretbare Differenz zweier benachbarter Meßwerte darstellt, $\sigma_p = \sqrt{\overline{x(t)^2}}$ ist die empirische Prozess-(Zeitreihen-) Standardabweichung. Gl. (4.34) gilt für $\Delta x_{max} < 2\sigma_p$.

Zur Erhöhung der Sicherheit kann anstelle der Korrelationsdauer τ_c selbst deren untere Vertrauensgrenze $\tau_{c,u}$, deren Berechnung in [34] angegeben ist, in Gl. (4.34) eingesetzt werden. Zur praktischen Ermittlung der Korrelationsdauer, insbesondere zum Umfang der erforderlichen Voruntersuchungen, siehe [34–36].

Müskens und Katemann [36–39] nutzen Korrelationsuntersuchungen, um mit Hilfe der Korrelationsdauer τ_c, der Prozeßvarianz σ_P^2 und der in Abb. 4.8 angegebenen Prozessparameter ein umfangreiches Modell zur Schätzung des Probennahmefehlers zu entwickeln. Der Probennahmefehler (hier σ_{PN} im Unterschied zu σ_P, der Prozessstandardabweichung) setzt sich dabei nach einem gegenüber (Abb. 4.9) verfeinerten Modell zusammen aus Fehleranteilen, die einmal Inhomogenitäten der Probe ($\sigma_{I,P}$) betreffen und zum anderen Inhomogenitäten des Untersuchungsobjektes ($\sigma_{I,U}$), sowie einem Korrelationsanteil $\sigma_{I,P/U}$:

$$\sigma_{PN}^2 = \sigma_{I,P}^2 + \sigma_{I,U}^2 - 2\sigma_{I,P/U} \qquad (4.35)$$

Mit Hilfe der Größen $a = -\dfrac{t_{Mi}}{\tau_c}$, $b = -\dfrac{t_P}{\tau_c}$ und $c = -\dfrac{\Delta t}{\tau_c}$ (siehe Abb. 4.8) können die Varianzen und der Korrelationsanteil wie folgt berechnet werden:

$$\sigma_{I,P}^2 = \frac{2\sigma_P^2}{n \cdot a^2} \left[\exp(a) - a - 1 + (\exp(a) + \exp(-a) - 2) \right. \\ \left. \left(\frac{\exp(c)}{1 - \exp(c)} - \frac{\exp(c)(1 - \exp(b))}{n(1 - \exp(c))^2} \right) \right] \qquad (4.36\,\mathrm{a})$$

$$\sigma_{I,U}^2 = \frac{2\sigma_P^2}{b^2} (\exp(b) - b - 1) \qquad (4.36\,\mathrm{b})$$

$$\sigma_{I,P/U}^2 = \frac{\sigma_P^2}{n \cdot a \cdot b} \left((1 - \exp(b)) \left(\frac{\exp(a) - 1}{1 - \exp(c)} + \frac{\exp(-a) - 1}{1 - \exp(-c)} \right) - 2na \right) \qquad (4.36\,\mathrm{c})$$

Für kontinuierlich aufeinanderfolgende Probennahmen wird mit $\Delta t = t_P/n$, $\Delta t = t_{Mi}$, $t_P = n t_{Mi}$ und damit $a = c = b/n$ der Probennahmefehler σ_{PN} gleich Null [39], was auch sachlogisch vernünftig ist, da dann die gesamte Objektmenge in Proben überführt wird. Interessante Falldiskussionen sind in [39] zu finden.

Alle Modelle für die Probennahme zeitabhängiger Prozesse gelten prinzipiell auch für die Untersuchung ortsabhängiger Prozesse oder Objekte, indem an die Stelle der Zeit eine Ortskoordinate tritt [9, 33, 34, 39]. Dies wurde insbesondere durch die Anwendung der Theorie stochastischer Prozesse auf Homogenitätsuntersuchungen von Festkörpern gezeigt [61, 62]. Allerdings ist die Untersuchung lineare Ortsabhängigkeiten, auf die z. B. Autokorrelationsuntersuchungen sinnvoll anwendbar sind, in der analytischen Praxis nicht allzu häufig.

Zweidimensionale Autokorrelationsfunktionen nach dem Vorbild zweidimensionaler Fouriertransformationen [41–43], wie sie z.B. in der Bildverarbeitung angewendet werden (siehe Kap. 6), sind für analytisch-chemische Probennahmen bisher selten genutzt worden. Stattdessen werden zwei- oder dreidimensionale Objekte, mit denen man es bei der Probennahme fester Materialien normalerweise zu tun hat, z. B. große Bodenflächen oder Volumina von Rohstofflieferungen, in der Regel nach Gesichtspunkten behandelt, die ihren Ursprung z. B. in geochemischen Untersuchungen haben.

Für die Beurteilung der Probennahme in Bezug auf mehrere Komponenten erhält man bei univariater Behandlung des Problems für jede Komponente unterschiedliche Korrelationszeiten τ_c bzw. -längen λ_c und damit auch verschiedene komponentenspezifische Optimalparameter für die Beprobung. Eine simultane Aussage für mehrere Komponenten zur repräsentativen Probennahme erhält man mittels multivariater Autokorrelationsanalyse [40, 44].

4.6
Geostatistische Probennahmemodelle

Für geologische Erkundungen und geochemische Untersuchungen wurden in den Fünfzigerjahren spezielle Modelle der Geostatistik entwickelt [45–47], die in jüngster Zeit auch erfolgreich für umweltanalytische Untersuchungen eingesetzt werden [40, 48–54].

Räumliche Zusammenhänge von Datenpunkten in Abhängigkeit von ihrem Abstand (lag) h werden mittels *Variogrammanalyse* untersucht. Für zwei Zufallsvariable $x(l)$ und $x(l+h)$, die mit der Schrittweite h beprobt wurden, ist die sogenannte *Semivarianz* $\gamma(h)$ wie folgt definiert:

$$\gamma(h) = \text{Var} \frac{x(l) - x(l+h)}{2} \qquad (4.37)$$

Experimentelle Semivariogramme

$$Y(h) = \frac{1}{2 n_h} \sum_{i=1}^{n_h} x(l) - x(l+h) \qquad (4.38)$$

können für lineare und für flächenhafte Messwertanordnungen bestimmt werden. Aus ihnen kann, wie in Abb. 4.10 schematisch dargestellt, die räumliche Variabilität der Gehalte bestimmt werden. Semivariogramme ähneln in ihrem Aussehen zur Abszisse gespiegelten Autokorrelationsfunktionen und weisen auch sonst eine Reihe von Analoga auf. Die Reichweite l_h ist eine Größe, die in gewisser Weise dem Korrelationsabstand der Autokorrelation entspricht. Der Maximalwert, gegen den die Semivarianz strebt, entspricht der experimentellen Varianz $s^2(h)$, bestimmt für $h = 0$.

Das Auftreten eines von Null verschiedenen Ordinatenabschnitts Y_0 lässt sich durch den sogenannten „Nuggeteffekt" erklären. Darunter versteht man statistisch den Nachweis eines signifikanten Varianzanteils über eine Distanz, die kleiner ist als lag h. Dieser Varianzanteil kann chemisch erklärt werden durch die Anwesenheit von Teilchen, die eine deutlich unterschiedliche Zusammensetzung gegenüber der Durchschnittsmenge des untersuchten Materials besitzen.

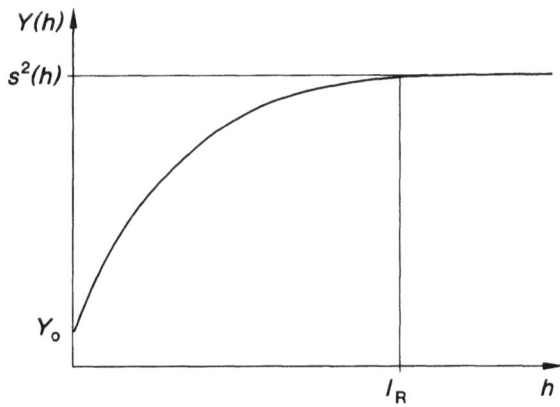

Abb. 4.10. Experimentelles Semivariogramm; l_R Reichweite, Y_0 Nuggeteffekt

Variogramme für flächenhafte Messpunktanordnungen lassen sich prinzipiell als Summe eindimensionaler Variogramme für verschiedenen Raumrichtungen berechnen [47]. Von praktischer Bedeutung sind dabei vor allem Verläufe parallel sowie diagonal zu den gewählten Rasterpunkten (mit Schrittweiten l_1, l_2 bzw. $\sqrt{l_1^2 + l_2^2}$. Für Variogrammanalysen wird der Kurvenverlauf $Y(h)$ gegen lag h mit Hilfe empirischer Modelle angepasst, wobei häufig lineare, exponentielle oder sphärische Modelle verwendet werden.

Das Anwendungsfeld der Variogrammanalyse, die vor allem für die Probennahme in der Umweltanalytik und für geochemische Prospektionen wachsende Bedeutung erlangt, wird noch erweitert durch verschiedene Möglichkeiten, Variogramme prinzipiell auch bei unregelmäßig angeordneten Probennahmepunkten zu berechnen [47], z. B. indem die regellosen Punkte in bestimmte Fenster mit Distanz- und Winkeltoleranzen $l \pm \Delta l$ bzw. $\varphi \pm \Delta\varphi$ eingeordnet werden. Für extrem inhomogenes Datenmaterial ist es darüber hinaus möglich, robuste Variogramme [55] zu berechnen.

Anwendungen der Variogrammanalyse zur räumlichen Interpolation in gegebenen Meßpunktanordnungen werden als *Kriging* bezeichnet [56]. Da sich diese Verfahren vor allem zur Schätzung von Lagerstättenvorräten bewährt haben, sind sie in jüngster Zeit, im Zusammenhang mit leistungsfähigen Variogrammmodellen, verbessert worden und findet auch in der Umweltanalytik immer stärker Anwendung [40].

Kriging-Verfahren schätzen Gehalte in einer Fläche (oder im Volumen eines Bodenkörpers) für unbeprobte Stellen mit Hilfe von Variogrammfunktionen, also durch geeignete Linearkombinationen umliegender beprobter Punkte. Mittels Wichtung wird eine Minimierung des Vorhersagefehlers erreicht. Zwischen Semivariogrammen $Y(h_{ij})$ beprobter Punkte i und j und solchen zwischen beprobten Punkten i und unbeprobten Punkten k, $Y(h_{ik})$, besteht folgender Zusammenhang der entsprechenden Matrix $\underline{Y} = (Y(h_{ij}))$ und dem Vektor $\underline{u} = (Y(h_{ik}))$ mit dem Gewichtsvektor $\underline{w} = (w_i)$

$$\underline{Y} \cdot \underline{w} = \underline{u} \qquad (4.39)$$

Nach der Ermittlung von $\underline{w}$ entsprechend

$$\underline{w} = \underline{Y}^{-1} \cdot \underline{u} \tag{4.40}$$

kann eine Schätzung der Werte für unbeprobte Stellen erfolgen nach

$$\hat{x}(l_k) = \underline{w} \cdot \underline{x} \tag{4.41}$$

Der Vorhersagefehler (prediction variance) lässt sich nach

$$s_P^2 = \underline{w} \cdot \underline{u} \tag{4.42}$$

ermitteln. Die Gewichte werden so bestimmt, dass die Schätzung exakt ist in dem Sinne, dass für beprobte Stellen die richtigen Gehalte bestimmt werden.

Die Schätzung von Punkten in einem regelmäßigen Raster zum Zwecke der Ermittlung von Linien gleicher Zusammensetzung (Isoliniendarstellungen, *Mapping*) wird als Punktkriging bezeichnet. Andere Verfahrensvarianten gehen von quasi-regulären Verteilungen (Random Kriging) aus bzw. verwenden nichtlineare Zusammenhänge. Es können auch weitere korrelierte Variable einbezogen werden (Co-Kriging). Universal Kriging gestattet es, Trends zu berücksichtigen. Auch A-priori-Informationen über die Struktur von Lagerstätten oder Deponien lassen sich einbeziehen [49–54].

Eine repräsentative Probennahme ist die erste und wichtigste Voraussetzung für richtige und präzise Analysen. Die Tatsache, dass die Probennahme im Hinblick auf zuverlässige chemische Messungen einen neuralgischen Punkt darstellt, ist seit langem bekannt und hat zur Entwicklung fortgeschrittener praktischer Methoden und leistungsfähiger theoretischer Grundlagen geführt. Ausgezeichnete Gesamtübersichten werden in [9] und [39] gegeben. IUPAC-Nomenklaturvorschriften zur Probennahme sind in [57] zusammengefasst.

Literatur

1. Taggart AF (1945) Handbook of Mineral Dressing. Wiley, New York
2. Richards V (1948) Ore Dressing. Wiley, New York, 1948
3. ISO 3081, in: ISO-Normen. Beuth-Verlag, Berlin
4. Chemikerausschuß der Gesellschaft Deutscher Metallhütten- und Bergleute (Hrsg) (1975) Analyse der Metalle, Bd. 3: Probenahme, Springer, Berlin Heidelberg New York
5. Kraft G (1980) Probennahme an festen Stoffen. In: H Kienitz, R Bock, W Fresenius, W Huber, G Tölg (Hrsg) Analytiker-Taschenbuch, Bd. 1 Springer, Berlin Heidelberg New York, S 3–17
6. Doerffel K, Geyer R, Müller H (Hrsg.) (1994) Analytikum. Methoden der analytischen Chemie und ihre theoretischen Grundlagen. Deutscher Verlag für Grundstoffindustrie, Leipzig Stuttgart
7. Danzer K, Ehrlich G (1984) Tagungsber. TH Karl-Marx-Stadt 12/1984: 4. Tagung Festkörperanalytik, Bd. 2, S 547–571
8 Gy PM (1991) Sampling: The Foundation Block of Analysis. In: M Grasserbauer, JFK Huber, W Wegscheider (eds) EUROANALYSIS VII, Review on Analytical Chemistry. Special Issue Mikrochim Acta II, 1–6: 457–466

9. Gy PM (1992) Sampling of Heterogeneous and Dynamic Material Systems. Theories of Heterogeneity, Sampling and Homogenizing. In: BMG Vandeginste, SC Rutan (eds) Data Handling in Science and Technology, vol 10)
10. Gudernasch H (1983) Probenahme und Probenaufbereitung von Wässern. In: R Bock, W Fresenius, H Günzler, W Huber, G Tölg (Hrsg) Analytiker-Taschenbuch, Bd. 3. Springer, Berlin Heidelberg New York, S 23 – 41
11. Danzer K, Küchler L (1977) Talanta 24: 561
12. Baule P, Benedetti-Pichler A (1928) Fresenius Z Anal Chem 74: 442
13. Benedetti-Pichler A (1956) In: WM Berl (ed) Physical Methods in Chemical Analysis, vol. 3, Academic Press, New York, p 183
14. Wilson AD (1964) Analyst 89: 18
15. Malissa H, Grasserbauer M, Hoke E (1975) Mikrochim Acta [Wien] I, 35
16. Danzer K, Marx G, Küchler L (1979) Talanta 26: 365
17. Ingamells CO, Switzer P (1973) Talanta 20: 547
18. Ingamells CO (1974 u. 1976) Talanta 21: 141; 23: 263
19. Minkkinen P (1987) Anal Chim Acta 169: 237
20. Gy PM (1982) Sampling of Particulate Materials: Theory and Practice. Elsevier, Amsterdam
21. Scilla GJ, Morrison GH (1977) Anal Chem 49: 1529
22. Stoeppler M, Kurfürst U, Grobecker K-H (1985) Fresenius Z Anal Chem 322: 687
23. Kurfürst U (1991) Die direkte Analyse von Feststoffen mit der Graphitrohr-AAS. In: H Günzler, R Borsdorf, W Fresenius, W Huber, H Kelker, I Lüderwald, G Tölg, H Wisser (Hrsg) Analytiker-Taschenbuch, Bd. 10. Springer, Berlin Heidelberg New York, S 189 – 248
24. Danzer K, Doerffel K, Ehrhard H, Geissler M, Ehrlich G, Gadow P (1979) Anal Chim Acta 1051
25. Parczewski A (1981) Anal Chim Acta 130: 221
26. Singer R, Danzer K (1984) Z Chem 24: 339
27. Parczewski A, Danzer K, Singer R (1986) Anal Chim Acta 191: 461
28. Parczewski A, Danzer K (1993) Polish J Chem 67: 961
29. Inczédy J (1982) Talanta 29: 643
30. Danzer K, Singer R (1985) Mikrochim Acta [Wien] I: 219
31. Doerffel K, Müller H, Uhlmann M (1986) Prozeßanalytik. Deutscher Verlag für Grundstoffindustrie, Leipzig
32. Danzer K (1984) Die Bedeutung der Statistik für die Qualitätssicherung. In: H Günzler (Hrsg): Akkreditierung und Qualitätssicherung in der Analytischen Chemie. Springer, Berlin Heidelberg New York, S 71–103
33. Hartung J, Elpelt B, Klösener KH (1991) Statistik. Lehr- und Handbuch der angewandten Statistik. Kapitel 12: Zeitreihenanalysen. Oldenbourg, München Wien
34. Doerffel K, Wundrack A (1986) Korrelationsfunktionen in der Analytik. In: W Fresenius, H Günzler, W Huber, I Lüderwald, G Tölg, H Wisser (Hrsg) Analytiker-Taschenbuch, Bd. 6. Springer, Berlin Heidelberg New York, S 37 – 62
35. Limonard CB (1978) Anal Chim Acta 103: 133
36. Müskens PJWM, Kateman G (1978) Anal Chim Acta 103: 1
37. Kateman G, Müskens PJWM (1978) Anal Chim Acta 103: 11
38. Müskens PJWM (1978) Anal Chim Acta 103: 445
39. Kateman G, Buydens L (1993) Quality Control in Analytical Chemistry. In: JD Winefordner (ed) Chemical Analysis. A Series of Monographs on Analytical Chemistry and Its Applications, vol 60), Wiley, New York
40. Krieg M (1994) Dissertationsschrift, Universität Jena
41. Röhler R (1967) Informationstheorie in der Optik. Wissenschaftliche Verlagsgesellschaft Stuttgart
42. Schober H (1957) Wiss Z Hochsch Elektrotechn Ilmenau 3: 273
43. Danzer K, Sonntag A (1977) Acta Chim Hungar 93: 357
44. Geiß S, Einax J, Danzer K (1991) Anal Chim Acta 242: 5
45. De Wijs HJ (1951 u. 1953) Geol Mijnbouw 13: 365; 15: 12

46. Matheron G (1963) Econom Geol 58: 1246
47. Akin H, Siemes H (1988) Praktische Geostatistik. Springer, Berlin, Heidelberg New York
48. Webster R (1985) Quantitative Spatial Analysis of Soil in the Field. Springer, New York Berlin Heidelberg Tokio
49. Stein A, Corsten LAC (1991) Biometrics 47: 575
50. Webster R, Burgess TM (1980) J Soil Sci 31: 505
51. McBratney AB, Webster R (1983) J Soil Sci 34: 137
52. Myers DE (1982) Math Geol 14: 249
53. Webster R, Oliver MA 81989) J Soil Sci 40: 497
54. Yates SR, Warrick AW, Myers DE (1986) Water Resour Res 22: 615; 623
55. Journel AG (1983) Math Geol 15: 445
56. Krige DG (1966) J South African Inst Mining Metallurgy 13
57. Horwitz W (1990) IUPAC, Analytical Chemistry Division, Commission on Analytical Nomenclatur: Nomenclatur for Sampling in Analytical Chemistry (Recommendations 1990). Pure Appl Chem 62: 1193
58. Barnard TE (1995) Environmental Sampling. In: O Hutzinger (ed) The Handbook of Environmental Chemistry, vol 2, Pt G: Chemometrics in Environmental Chemistry – Statistical Methods. Springer, Berlin Heidelberg New York, pp 1–47
59. Danzer K (1984) Spectrochim Acta 39B: 949
60. Sachs L (1992) Angewandte Statistik. Springer, Berlin Heidelberg New York
61. Bohacek P (1977) Coll Czech Chem Commun 4: 2983, 3003
62. Ehrlich G, Kluge W (1989) Mikrochim Acta [Wien] I, 145
63. Doerffel K, Küchler L, Meyer N (1990) Fresenius J Anal Chem 337: 802
64. Einax J, Soldt U (1995) Fresenius J Anal Chem 351: 48

5 Planung und Optimierung chemischer Experimente und Messungen

5.1 Statistische Versuchsplanung

Untersuchungen und Experimente zur Gewinnung von analytischen Daten müssen im Hinblick auf die spätere Auswertung systematisch geplant werden, damit Ergebnisse erhalten werden können, die für die Problemstellung relevant sind. Ein Ziel der statistischen Versuchsplanung (SVP) ist die Einflussgrößenermittlung, vor allem in Verbindung mit der Varianzanalyse. Hierbei wird untersucht, welche Variable bzw. Variablenkombinationen einen Einfluss auf das Ergebnis der Untersuchung haben und wie dieser Einfluss quantifiziert werden kann. Weiterhin werden Methoden der SVP bei Optimierungen (Abschn. 5.2) und zur Auswahl repräsentativer Datensätze für multivariate Modelle, z. B. für Kalibration oder Klassifikation, bei einer möglichst geringen Anzahl von Proben, herangezogen. Eine Einführung in die SVP findet sich bei Bandemer und Bellman [1]; Deming und Morgan [2] sowie Bayne und Rubin [3] behandeln die Versuchsplanung unter Berücksichtigung chemischer Fragestellungen.

Das Ergebnis y eines Experiments ist eine von mehreren Einflussgrößen $x_1, x_2 \ldots$ abhängige Zufallsgröße

$$y = f(x_1, x_2 \ldots) + \varepsilon \tag{5.1}$$

In der Regel werden lineare Modelle betrachtet, z. B. Polynome wie

$$y = a_0 + a_1 x_1 + a_2 x_2 + a_{11} x_1^2 + a_{22} x_2^2 + a_{12} x_1 x_2 + \varepsilon \tag{5.2}$$

wobei ε den Modellfehler darstellt, der in der Regel als normalverteilt mit dem Mittelwert $\mu = 0$ und der von den Einflussgrößen unabhängigen Varianz σ^2 angenommen wird.

Beim einfaktoriellen Experiment wird für jedes Experiment jeweils nur eine Variable, beispielsweise die Temperatur, geändert d. h. auf bestimmte Niveaus eingestellt. Dagegen variieren bei multifaktoriellen Experimenten simultan mehrere Einflussfaktoren, wobei eine Berücksichtigung von Wechselwirkungen möglich wird. Damit anschließend statistisch abgesicherte Aussagen zur Signifikanz, Stärke und zu den Wechselwirkungen der verschiedenen Einflüsse getroffen werden können, muss die Variation der Einflussgrößen bestimmten Erfordernissen entsprechen. Die Grundidee ist, dass die Mehrzahl der Experimente einer einfachen geometrischen Struktur gehorcht, die von der Anzahl der Einflussgrößen, den Stufen der Einflussgrößen und von eventuellen Randbedingungen abhängt. Es können zwei Extremfälle der Kontrollierbarkeit von Einflussgrößen unterschieden werden. Im ersten Fall sind die Untersuchungsobjekte naturgegeben oder der Aufwand für die Kontrolle der Einflussgrößen ist unvertretbar hoch (Feldstudien). Ziel ist in diesem Fall ein Datensatz, bei dem Merkmale und Merkmalsstufen repräsentativ und unabhängig voneinander im Datensatz vertreten sind. Dieser Fall tritt in der Analytik häufig auf, z. B. bei der Untersuchung von geologischen oder biologischen Proben, wie in der Bodenanalytik oder der klinischen Analytik. Kann man keine der Einflussgrößen kontrollieren, so muss man zunächst eine zufällige Auswahl (Stichprobe) der Stufen der Einflussgrö-ßen treffen. In der Regel lassen sich jedoch gewisse Einflussgrößen gezielt variieren.

Im Gegensatz hierzu stehen Untersuchungen, bei denen die Stufen der Einflussgrößen frei variiert werden können, beispielsweise bei der Untersuchung des Einflusses von Versuchsparametern auf die Extraktionsausbeute oder bei Geräteoptimierungen. Ziel solcher Laborstudien ist die systematische Variation der Einflussgrößen bei einer möglichst geringen Zahl von Experimenten bzw. Untersuchungen.

Angestrebt wird eine voneinander unabhängige, unverfälschte Schätzung der Haupteffekte und Wechselwirkungen. Dies ist nur möglich, wenn die Spalten der Planmatrix unkorreliert (orthogonal) sind. Eine weitere Forderung ist die Drehbarkeit des Versuchsplans, also eine hochsymmetrische Geometrie. Einige weitere Konzepte der Versuchsplanung sind die Randomisierung, bei der durch eine zufällige Reihenfolge der Versuche der Einfluss systematischer Fehler, z. B. durch Drift oder Trends, verringert werden soll, die Messung von Replikaten, um Aussagen über den Versuchsfehler treffen zu können, und die Blockbildung, bei der störende Variable, deren Einfluss für den Versuch nicht von Interesse ist, z. B. der Versuchstag, als zusätzliche Variable eingesetzt werden.

5.1.1
Vollständige Versuchspläne

Betrachtet man alle Kombinationen von m Variablen auf k verschiedenen Stufen, so erhält man einen vollständigen Faktorplan mit $n = k^m$ Experimenten. Die Tabellen 5.1 und 5.2 zeigen die Planmatrix eines vollständigen 2^2 bzw. 3^2 Faktorplans. Geometrisch entspricht ein vollständiger 2^m Faktorplan für $m = 2$ den Eckpunkten eines Quadrats (Abb. 5.1), für $m = 3$ den Eckpunkten eines Würfels.

Mit höherer Stufenzahl erhält man ein feineres Raster. Einige Eigenschaften der Planmatrix, die sich aus Abb. 5.1 erkennen lassen, sind die Unabhängigkeit der Variablen und die hohe Symmetrie des Versuchsplans. Die Unabhängigkeit der Variablen, also das Nichtvorhandensein von Korrelationen zwischen den Variablen der Planmatrix ist eine Bedingung für die unverfälschte Schätzung der Effekte der Einflussgrößen auf das Messergebnis. Die hohe Symmetrie führt zur Drehbarkeit des Versuchsplans.

5 Planung und Optimierung chemischer Experimente und Messungen

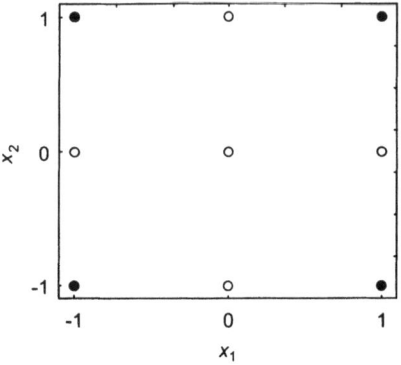

Abb. 5.1. Geometrische Darstellung der Planmatrix eines vollständigen 2^2 Faktorplans (●) und eines vollständigen 3^2 Faktorplans (● und ○)

Tabelle 5.1. Planmatrix eines vollständigen 2^2 Faktorplans

x_1	x_2
1	1
1	-1
-1	1
-1	-1

Tabelle 5.2. Planmatrix eines vollständigen 3^2 Faktorplans

x_1	x_2
-1	-1
-1	0
-1	1
0	-1
0	0
0	1
1	-1
1	0
1	1

Für vollständige Versuchspläne erhält man bereits bei zwei Stufen und 10 Variablen 1024 durchzuführende Experimente. In der Regel sind für Signifikanztests und andere statistische Betrachtungen Mehrfachbestimmungen, zumindest einiger Experimente, notwendig. Die Frage, welche Effekte sich statistisch signifikant vom zufälligen Versuchsfehler unterscheiden, kann mittels m-facher Varianzanalyse beantwortet werden. Hierzu benötigt man eine Schätzung des zufälligen Versuchsfehlers. Anstatt alle Experimente zu wiederholen, führt man häufig nur Wiederholungsmessungen im Zentrum des Versuchsplans aus, oder man verwendet sogenannte Scheinvariable.

Die Zahl der Experimente steigt somit schnell in Bereiche, die vom Kosten- und Zeitaufwand nicht mehr zu realisieren sind. Die Zahl der Stufen beträgt meist $k = 2$ oder 3, wobei die Stufen zweckmäßig so transformiert bzw. kodiert werden, dass sie Werte von $-1, +1$ bzw. $-1, 0, +1$ annehmen:

$$z_i = \frac{2(x_i - \bar{x})}{x_{max} - x_{min}} \quad \text{mit} \quad \bar{x} = \frac{x_{max} + x_{min}}{2} \tag{5.3}$$

Die Anzahl und Auflösung der Stufen bestimmt den Erfolg der Untersuchung. Für $k = 2$ können nur lineare Effekte untersucht werden: Um festzustellen, ob ein linearer Ansatz angemessen ist, muss jeder Einflussfaktor auf mindestens drei Stufen untersucht werden. Dies ist für gekrümmte Wirkungsflächen notwendig, zu deren Beschreibung häufig Ausgleichspolynome zweiten Grades verwendet werden (Gl. 5.2). Die Auflösung der Stufen muss hierbei so gewählt werden, dass der zu untersuchende Bereich abgedeckt wird.

Beim vollständigen Faktorplan werden alle Haupteffekte und Wechselwirkungen betrachtet: Haupteffekte beschreiben den Einfluss einer Variablen auf das Messergebnis, während Wechselwirkungen den Einfluss von Variablenkombinationen beschreiben. In der Analytik treten Wechselwirkungen, z. B. als Matrixeffekte auf. Beispielsweise beschreibt eine Wechselwirkung 3. Ordnung den Einfluss, den drei Variablen gemeinsam auf das Messergebnis ausüben.

Beispiel

Ein Beispiel ist die Untersuchung der Störung von Linien in der Emissionsspektralanalyse. Wenn der Einfluss von 5 Elementen auf eine Analysenlinie des interessierenden Elements untersucht werden soll, wobei für jedes potentielle Störelement drei Konzentrationsstufen betrachtet werden, müssen $n = 3^5$, also 243 Experimente durchgeführt werden (vollständiger Faktorplan).

Ein weiteres Konzept der Versuchsplanung ist die Randomisierung, bei der durch eine zufällige Reihenfolge der Versuche der Einfluss systematischer Fehler, z. B. durch Drift oder Trends, verringert werden soll. Dieses Ziel hat auch die Blockbildung, bei der störende Variable, deren Einfluss für den Versuch nicht von Interesse ist, z. B. der Versuchstag, als zusätzliche Variable eingesetzt werden. Das Experiment wird hierbei an mehreren Tagen durchgeführt und die Signifikanz des Einflusses der Blockvariablen untersucht.

5.1.2
Unvollständige Versuchspläne

In der Praxis sind Wechselwirkungen höherer Ordnung häufig schwach, d. h. statistisch nicht signifikant und können daher oft vernachlässigt werden. Betrachtet man nicht alle Variablenkombinationen, vernachlässigt man also einige Wechselwirkungen, so kann man unvollständige Faktorpläne nutzen, die mit einer wesentlich geringeren Zahl von Experimenten auskommen, z. B. $n = k^{m-1}$.

Angestrebt wird die voneinander unabhängige, unverfälschte Schätzung der Haupteffekte und Wechselwirkungen. Dies ist wie bei den vollständigen Faktorplänen nur möglich, wenn die Spalten der Planmatrix unkorreliert (orthogonal) sind und die Forderung nach der Drehbarkeit des Versuchsplans erfüllt ist. Abbildung 5.2 zeigt die geometrische Darstellung eines unvollständigen 2^{3-1} Faktorplans. Im Vergleich zum vollständigen Faktorplan, der mit 8 Versuchen alle Ecken des Würfels besetzen würde, kommt dieser mit 4 Versuchen aus.

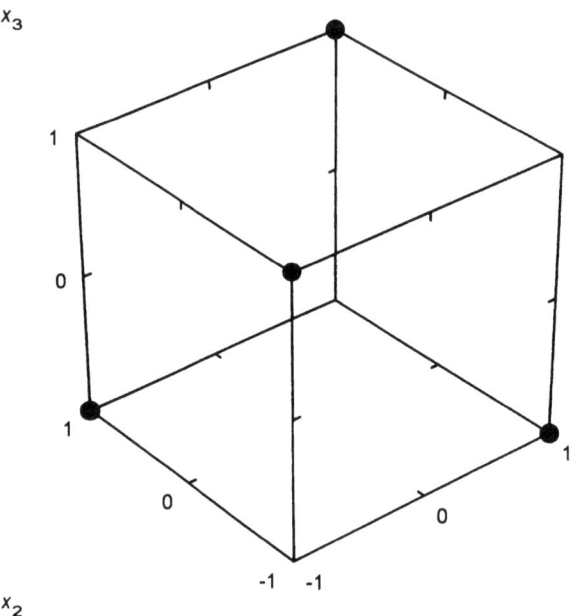

Abb. 5.2. Geometrische Darstellung der Planmatrix eines unvollständigen 2^{3-1} Faktorplans (●)

Tabelle 5.3 zeigt, dass auch der unvollständige 2^{3-1} Faktorplan die unabhängige Schätzung der Haupteffekte ermöglicht, während die Wechselwirkungen zum Teil mit den Haupteffekten korreliert sind, z. B. x_1 und $x_2 x_3$.

Treten auch nichtlineare Abhängigkeiten auf, so müssen die Variablen auf mehr als zwei Stufen variiert werden. Abbildung 5.3 zeigt einen unvollständigen Faktorplan für $k = 3$ Stufen mit den sogenannten Sternpunkten (außerhalb des Quadrats) und einem Zentralpunkt bei (0,0).

Für die Untersuchung einer hohen Anzahl von Variablen eignen sich Screening-Pläne, die zum Aussieben von Variablen dienen. Anwendung finden diese beispielsweise für Regression und Optimierung. Verbreitet sind die Versuchspläne nach Plackett und Burman, bei denen mit n Versuchen die Haupteffekte von bis zu $m = n - 1$ Variablen untersucht werden können. Die Zahl der Versuche

Tabelle 5.3. Korrelationsmatrix für die Spalten der Designmatrix

	x_1	x_2	x_3	$x_1 x_2$	$x_1 x_3$	$x_2 x_3$
x_1	1	0	0	0	0	1
x_2	0	1	0	0	1	0
x_3	0	0	1	1	0	0
$x_1 x_2$	0	0	1	1	0	0
$x_1 x_3$	0	1	0	0	1	0
$x_2 x_3$	1	0	0	0	0	1

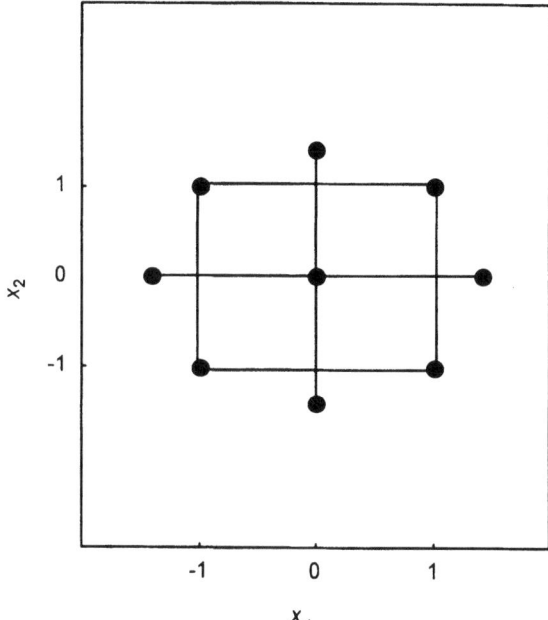

Abb. 5.3. Geometrische Darstellung der Planmatrix eines Zentralpunkt-Designs

muss hierbei durch 4 teilbar sein, es sind also $n = 4, 8, 12\ldots$ Experimente möglich. Die Versuchspläne werden durch zyklisches Vertauschen der ersten Zeile und Ergänzung einer weiteren Zeile mit den niedrigen Versuchsstufen erstellt. Für $m = 7$ Variable ($n = 8$) lautet die erste Zeile: +++−+−−, für $m = 11$ ($n = 12$) ++−+++−−−+−, wobei „+" den Wert 1 und „−" den Wert −1 repräsentiert. In der Praxis sollte der Versuchsplan randomisiert werden, d.h. die Experimente sollten in zufälliger Reihenfolge durchgeführt werden, um systematische Fehler, z.B. durch Gerätedrift zu vermeiden. Ein dem Plackett-Burman-Plan vergleichbarer dreistufiger Screening-Versuchsplan ist der Box-Behnken-Plan.

Mischungspläne verwendet man, wenn die beobachtete Eigenschaft von der Zusammensetzung und nicht von der Menge der Substanzen abhängt (Mol- oder Gewichtsanteile). Bei der Optimierung der Zusammensetzung eines Lösungsmittels ist beispielsweise die Summe der Komponenten jeder Probe immer 100%. In diesem Fall können die Parameter nicht unabhängig voneinander variiert werden, und die Dimension des Datensatzes beträgt $m − 1$. Zur Darstellung von Dreikomponentengemischen eignen sich Gibbs'sche Dreieckskoordinatensysteme (Abb. 5.4), wie sie aus der Darstellung von Phasendiagrammen bekannt sind.

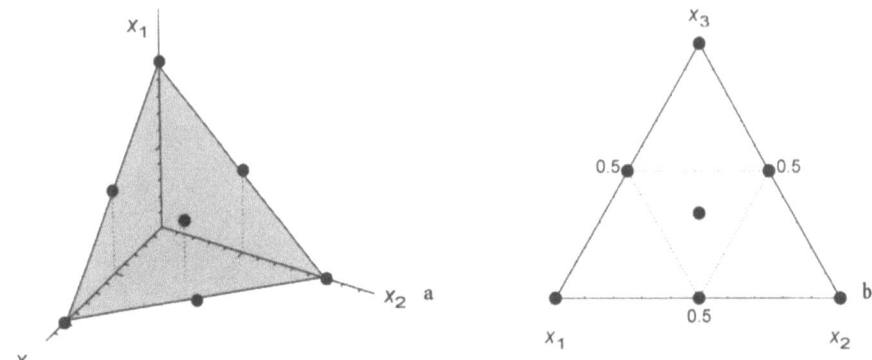

Abb. 5.4 a, b. Mischungsdesign **a** in kartesischen Koordinaten; **b** in Gibbs'schen Koordinaten

5.1.3
Auswertung von Faktorplänen

Faktorpläne können sowohl mittels multipler linearer Regression als auch mittels Varianzanalyse ausgewertet werden. Mit beiden Methoden erhält man die gleichen statistisch signifikanten Einflussgrößen.

Die multiple Regression untersucht den Einfluss einer Anzahl von unabhängigen Variablen x_i auf eine abhängige Variable y, also die Stärke des Einflusses des jeweiligen Parameters auf die Messwerte:

$$y = \text{const} + b_1 \cdot x_1 + b_2 \cdot x_2 + \ldots \tag{5.4}$$

Bei Verwendung eines orthogonalen Versuchsplans mit codierten Variablen ($-1, +1$ bzw. $-1, 0, +1$) können die erhaltenen partiellen Regressionskoeffizienten b_i direkt als die Einflussstärken der jeweiligen Einflussfaktoren x_i auf den Messwert interpretiert werden, sofern sie signifikant von Null verschieden sind.

Die Varianzanalyse (*analysis of variance*, ANOVA) untersucht die Auswirkung verschiedener Stufen von ausgewählten Einflussfaktoren (unabhängige Variable) auf die Mittelwerte der beobachteten (abhängigen) Variablen. Im Vordergrund steht die Frage, ob die Einflussfaktoren einen statistisch signifikanten Effekt haben oder ob sich die Mittelwerte der Beobachtungen nur zufällig voneinander unterscheiden. Die Frage, welche Effekte sich statistisch signifikant vom zufälligen Versuchsfehler unterscheiden, kann also mittels m-facher Varianzanalyse beantwortet werden. Im Falle der Einflussgrößenermittlung lautet also die Fragestellung: Welche Einflussfaktoren besitzen einen statistisch signifikanten Einfluss auf den Mittelwert der Bestimmungen?

Die Varianzanalyse basiert auf der Zerlegung der Gesamtvarianz, die bei gleichen n_p den Fehlerquadratsummen proportional ist, in verschiedene Varianzanteile. Bei der einfachen (einfaktoriellen) Varianzanalyse wird ein Einflussfaktor betrachtet. Tabelle 5.4 zeigt die Varianzanalysetabelle in einer Form wie sie von den meisten Statistik-Programmpaketen angegeben wird. Ein Teil der Gesamtvariabilität (SQ_T) der Daten wird durch die Einflussgröße verursacht. Dieser Effekt

Tabelle 5.4. Ergebnistabelle für die einfache Varianzanalyse

Streuung	SQ	f	MS
zwischen den Gruppen (Effekt)	$SQ_Z = \sum_{i=1}^{p} n_p (y_i - \bar{y})^2$	$f_1 = p - 1$	$MS_Z = SQ_Z/f_1$
innerhalb der Gruppen (Restfehler)	$SQ_I = \sum_{i=1}^{p} \sum_{j=1}^{n_p} (y_{ij} - \bar{y}_i)^2$	$f_2 = n - p$	$MS_I = SQ_I/f_2$
Gesamt	$SQ_T = \sum_{i=1}^{p} \sum_{j=1}^{n_p} (y_{ij} - \bar{y})^2$	$f_g = n - 1$	$F = \dfrac{MS_Z}{MS_I}$

SQ Quadratsumme, MS mittlere Quadratsumme, f Zahl der Freiheitsgrade, F Prüfwert der F-Verteilung.

entspricht der Summe der Fehlerquadrate zwischen den p Faktorstufen (SQ_Z). Ein weiterer Teil der Gesamtvariabilität entsteht durch unbekannte Ursachen (Versuchsfehler). Diese Innergruppenstreuung (SQ_I) entspricht der Summe der Fehlerquadrate der n_p Beobachtungen innerhalb der p Faktorstufen. Die Prüfung auf Mittelwertdifferenzen erfolgt über den Vergleich der mittleren quadratischen Abweichungen, wobei bei einem signifikanten Unterschied die Varianz zwischen den Gruppen MS_Z im Vergleich zu der innerhalb der Gruppen MS_I wesentlich größer ist. Die Prüfgröße MS_Z/MS_I wird anschließend mit dem Quantil der F-Verteilung mit den entsprechenden Freiheitsgraden $f_1 = n_p - 1$ und $f_2 = n - n_p$ verglichen. Die Nullhypothese lautet hierbei, dass ein Faktor keinen Einfluss auf die Mittelwerte hat. Der F-Test ist gegenüber Abweichungen von der Normalverteilung ziemlich robust.

Bei zwei oder mehr Faktoren benötigt man die oben angesprochenen faktoriellen Versuchspläne, um verschiedene Kombinationen realisieren zu können (Kreuzklassifikation). Da auch Wechselwirkungen auftreten können, erfolgt die Zerlegung der Gesamtvariabilität in die Anteile, die durch die beiden Faktoren (SQ_1 und SQ_2) und deren Wechselwirkungen (SQ_{12}) verursacht werden, sowie in die Reststreuung (SQ_E). Vernachlässigbare Wechselwirkungen werden hierbei mit dem Versuchsfehler zusammengefasst.

5.1.4
Anwendungen der SVP

In der Literatur finden sich umfangreiche Darstellungen zur Auswertung komplizierter Versuchsdesigns mit Hilfe der Varianzanalyse [4], wobei man für die Erzeugung und Auswertung entsprechende Softwarepakete heranzieht (vgl. Abschn. 3.7.2). Versuchspläne in Kombination mit der Varianzanalyse werden in der Analytik zur Untersuchung der Auswirkung der systematischen Variation von Einflussgrößen, z. B. den Parametern eines Analysenmessgeräts, auf die Messergebnisse verwendet. Einsatzmöglichkeiten sind z. B. Untersuchungen zu Matrixeffekten oder zur Robustheit von Analysenverfahren.

Bei der Auswertung von Ringversuchen wird die Varianzanalyse mit zufälligen Effekten herangezogen, um die Signifikanz der Abweichungen, z. B. zwischen den Labormittelwerten zu bestimmen. Ähnliche Fragestellungen treten bei Homogenitätsuntersuchungen von Festkörpern, Sedimenten usw. in der Materialwissenschaft [5, 6], Geologie und Umweltanalytik [7] auf. Die Anwendung von Versuchsplänen zur Optimierung wird in Abschn. 5.2 behandelt.

Faktorexperimente werden auch zur Einflussgrößenermittlung und zur Robustheitsprüfung für Geräte oder Verfahren herangezogen.

Ein Analysenverfahren wird durch Verfahrenskenngrößen wie Nachweisgrenze, Linearität, Präzision und Richtigkeit charakterisiert. Eine weitere wesentliche Eigenschaft ist die Anfälligkeit eines Verfahrens gegen Abweichungen von den definierten Messbedingungen. Im Rahmen der Validierung eines Analysenverfahrens ist daher die Ermittlung und quantitative Beschreibung der Einflussgrößen vorgesehen, die sich auf die Richtigkeit und Präzision der Ergebnisse auswirken. Bei einer robusten (stabilen) Analysenmethode darf die Zuverlässigkeit der Ergebnisse durch Verfahrensschwankungen wie sie im Routinebetrieb auftreten können, nicht oder nur in geringem Maße beeinträchtigt werden. Die Grenzen der Abweichungen, bei denen das Verfahren noch zuverlässige Ergebnisse liefert, müssen entsprechend den Anforderungen der Qualitätssicherungsmaßnahmen definiert und dokumentiert werden.

Die Methode der Einflussgrößenermittlung über gezielte Variation erlaubt eine quantitative Abschätzung der Einflussstärken. Die Kalibrierung als Bestandteil des Verfahrens ist in die Untersuchungen mit einzuschließen. Aus Wiederholungsmessungen der untersuchten Probe erhält man Aussagen über die Präzision, die Mittelwerte werden zur Beurteilung der Richtigkeit herangezogen. Aussagen über die Richtigkeit hängen zusätzlich von der Messunsicherheit ab, mit der die verwendeten Kalibrier- und Kontrollproben charakterisiert wurden.

Beispiel

Für die Bestimmung von Cd in Wasser mittels ICP-Emissionsspektrometrie wurden verschiedene Parameter variiert, von denen ein potenzieller Einfluss auf das Analysenergebnis angenommen wird. Das Analysenergebnis eines kalibrierten Verfahrens wird von einer Vielzahl von Parametern beeinflusst, die zum Teil gezielt und systematisch variiert werden können. Neben Raumtemperatur, Matrixeinflüssen, Verdünnungsfehlern und Verunreinigungen von Laborluft oder Reagenzien existieren eine Reihe von methodenspezifischen Einflussgrößen. Bei der Elementbestimmung mittels ICP-OES sind dies u. a. die verschiedenen Gasflüsse, Pumpengeschwindigkeit, Detektorspannung und die HF-Leistung.

Damit statistisch abgesicherte Aussagen zur Signifikanz, Stärke und zu den Wechselwirkungen der verschiedenen Einflussfaktoren erhalten werden, müssen Verfahren der statistischen Versuchsplanung verwendet werden

[2]. Mittels eines Screening-Versuchsplans nach Plackett und Burman wurden Einflussgrößen ermittelt, die sich statistisch signifikant auf das Analysenergebnis auswirken. Für die gefundenen Einflussgrößen wurden Einflussstärke, Linearität und Wechselwirkungen ermittelt und im Hinblick auf die Robustheit des Verfahrens interpretiert (Abb. 5.5).

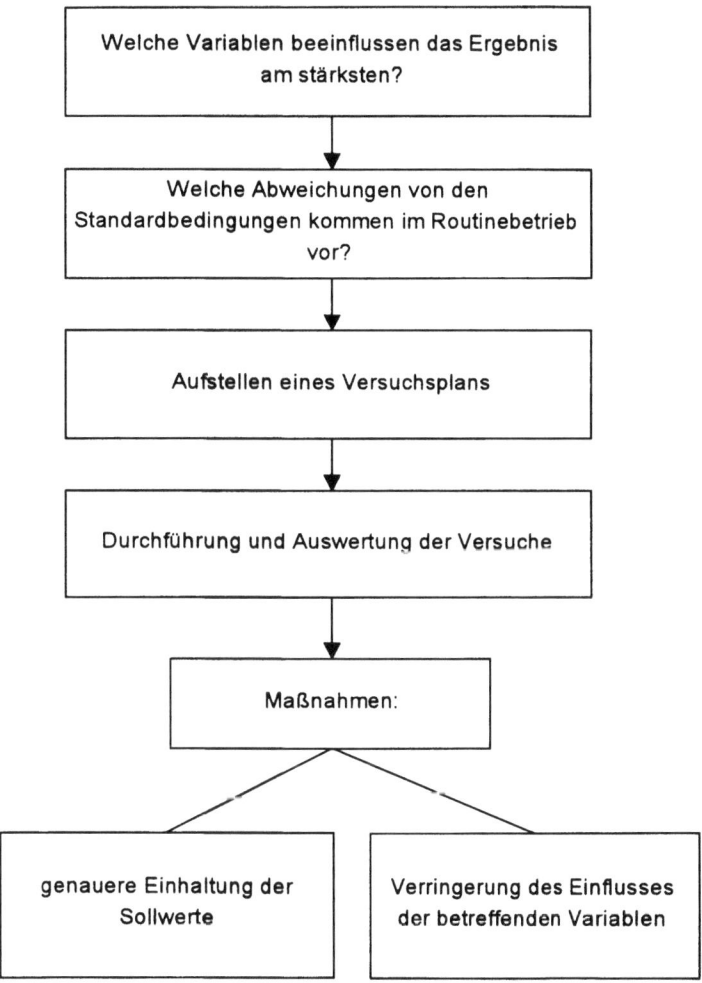

Abb. 5.5. Vorgehensweise bei Robustheitsuntersuchungen

5.2
Optimierungsverfahren

In vielen Fällen sucht man optimale Bedingungen, also ein Minimum oder Maximum von Versuchsbedingungen oder Geräteparametern. Eine typische Aufgabe für Optimierungsverfahren in der Analytischen Chemie ist die Optimierung von Geräteparametern, vor allem in der Chromatographie und Spektroskopie. Beispielsweise werden in der ICP/OES die Anregungsbedingungen des Plasmas u. a. durch die HF-Leistung, den Trägergasstrom und den Hilfsgasstrom beeinflusst. Als zu optimierende Zielgröße eignet sich z. B. das Signal-zu-Rausch-Verhältnis einer oder mehrerer Analysenlinien. Auch Methodenparameter wie Aufschluss- oder Extraktionsbedingungen können optimiert werden. In der technischen Chemie werden meist Ausbeuten maximiert bzw. unerwünschte Nebenprodukte minimiert.

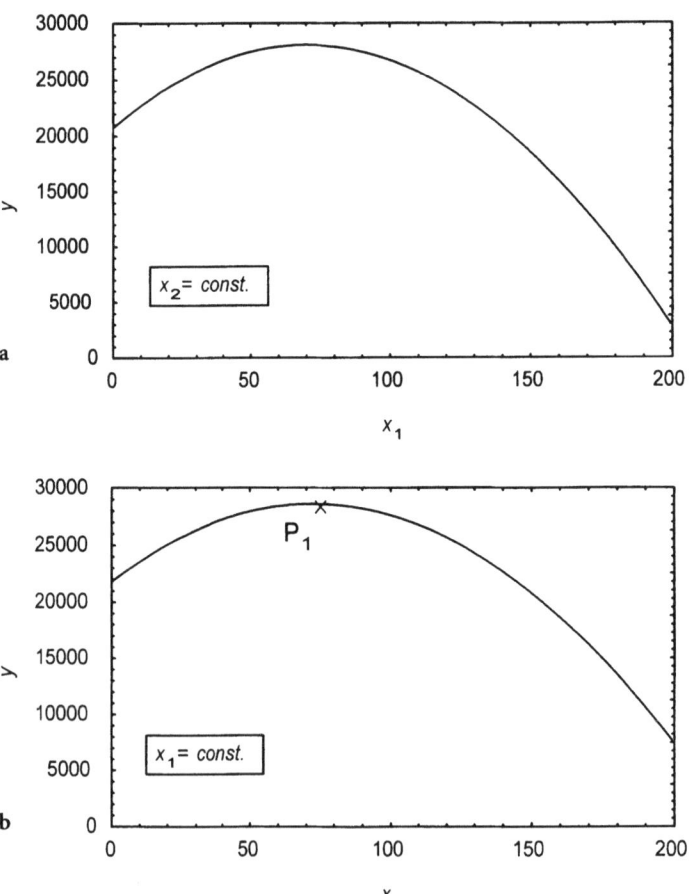

Abb. 5.6a, b. Optimierung zweier Einflussgrößen x_1 und x_2 durch **a** Variation von x_1 bei konstantem x_2; **b** Variation von x_2 bei konstantem x_1

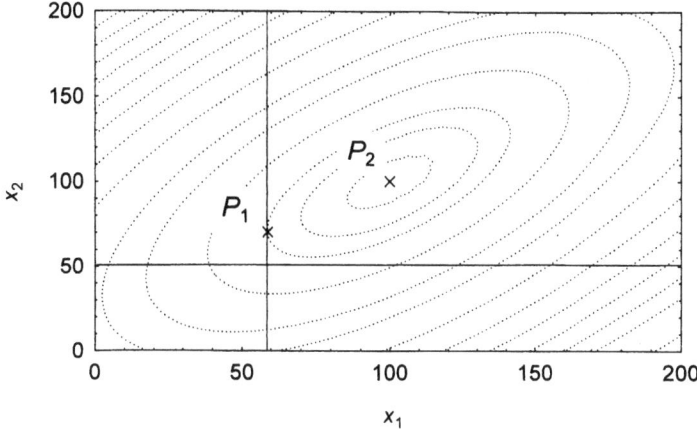

Abb. 5.7. Wirkungsfläche y in Abhängigkeit von x_1 und x_2, dargestellt als Isoliniendiagramm

Die zu optimierende Zielgröße ist in der Regel von mehreren Einflussgrößen abhängig (vgl. Gl. 5.2). Durch die Wechselwirkung zwischen den Einflussgrößen führt das Variieren eines Parameters bei Konstanthalten der anderen Parameter meist nicht zum Optimum (Abb. 5.6 und Abb. 5.7).

Man unterscheidet lokale und globale Optima. Die Funktion von zwei Variablen in Abb. 5.8 besitzt ein globales Minimum und zusätzlich eine Vielzahl von lokalen Minima. Im Gegensatz zur univariaten Optimierung, z. B. nach dem Bisektionsverfahren, kann für multivariate Optimierungsaufgaben nur selten garantiert werden, dass wirklich das Optimum gefunden wurde. In der Regel

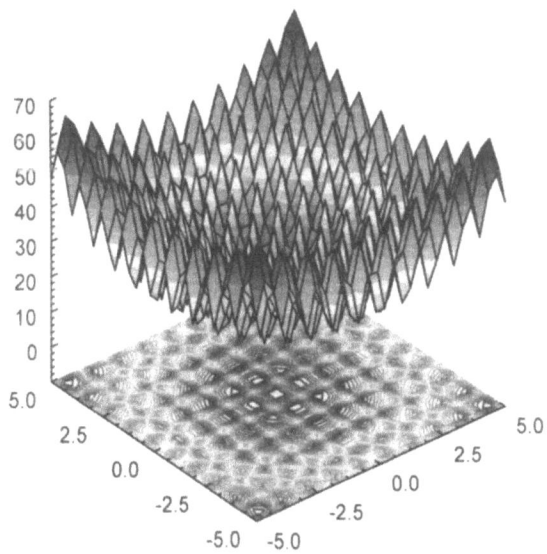

Abb. 5.8. Funktion mit einem globalen Minimum bei (0,0) und einer Vielzahl von lokalen Minima

finden Optimierungsmethoden (Gradientenverfahren usw.) nur das nächste Optimum, welches nur bei geeigneten Startwerten das globale Optimum sein kann. Der Erfolg der verschiedenen Optimierungsmethoden hängt damit außer vom Datenmaterial auch vom Vorwissen des Anwenders über den Bereich des Optimums ab. Eine optimale Optimierungsmethode, die sich für alle Problemstellungen eignet, existiert nicht.

Bei der Optimierung hat man es häufig mit mehreren Zielgrößen zu tun, die nicht gleichzeitig optimiert werden können (Multikriterien-Optimierung). Eine Möglichkeit ist die Berechnung einer gewichteten Kostenfunktion, die eine Funktion der verschiedenen Zielgrößen ist und somit einen Kompromiss darstellt.

5.2.1
Response-Surface-Methode

Bei der Response-Surface-Methode versucht man, das Maximum der Wirkungsfläche in einem bestimmten Einflussgrößenbereich zu finden. Hierzu wird die Wirkungsfläche innerhalb des Arbeitsbereichs durch eine Funktion, meist ein Polynom 1. oder 2. Grades beschrieben. Anschließend kann das Optimum mit bekannten Methoden der Funktionsoptimierung gefunden werden.

Der Suchraum kann durch eine Gittersuche analysiert werden, die einem vollständigen Faktorplan entspricht. Theoretisch kann durch eine Gittersuche bei ausreichend feiner Auflösung der Variablen jedes Optimum im gewählten Bereich gefunden werden, jedoch setzt die Zahl der hierzu notwendigen Experimente Grenzen.

5.2.2
Box-Wilson-Optimierung

Zur Reduzierung der Anzahl der Experimente, die für eine Gittersuche notwendig sind, existieren verschiedene Ansätze. Bei der Optimierung nach Box und Wilson (Abb. 5.9) wird zunächst versucht, den Bereich des Optimums zu finden. Hierzu wird anfangs nur ein kleiner Teil der Wirkungsfläche (lokales Modell) mit einem Polynom 1. Ordnung beschrieben, da im weiter vom Optimum entfernten Bereich die Krümmung häufig vernachlässigbar ist. Als nächstes bewegt man sich in Gradientenrichtung (Richtung des steilsten Anstiegs) und wiederholt die Modellierung mit dem Polynom 1. Ordnung, bis der Bereich des Optimums erreicht ist. Die genauere Lokalisierung des Optimums erfolgt dann durch einen Versuchsplan höherer (meist 2.) Ordnung. Da neue Werte in Abhängigkeit von den erhaltenen Ergebnissen parallel zum Experiment gewählt werden, bezeichnet man dieses Vorgehen auch als sequentielle Optimierung.

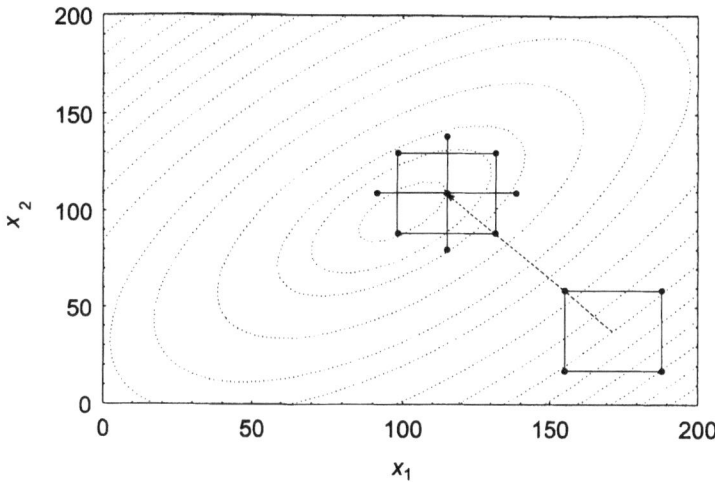

Abb. 5.9. Funktionsweise der Box-Wilson-Optimierung

5.2.3
Sequentielle Simplex-Optimierung

Bei der sequentiellen Simplex-Optimierung wird die Wirkungsfläche lokal durch einen Simplex beschrieben. Ein Simplex ist eine geometrische Figur, die für m Variable $m+1$ Eckpunkte besitzt und damit die einfachste Figur der jeweiligen Dimension darstellt. Für zwei Variable entspricht dies einem Dreieck, für drei Variable einem Tetraeder. Hierbei können die Figuren unterschiedliche Kantenlängen besitzen.

Zunächst wird an einem Punkt des Optimierungsraums ein Startsimplex gewählt und die Güte der Lösungen für alle Punkte dieses Startsimplex ermittelt. Im nächsten Schritt wird bei der einfachsten Version der Simplexoptimierung ein neuer Simplex erhalten, indem der Punkt mit der schlechtesten Lösung am Mittelwert (Zentroiden) der anderen Punkte gespiegelt wird (Reflexion). Nach einigen Optimierungsschritten wird ein Optimum erreicht, welches sich durch ein Oszillieren des Simplex bemerkbar macht.

Der einfachste Algorithmus der Simplexoptimierung besitzt eine feste Schrittweite und wird hier für zwei Variablen durchgeführt:

1. *Startsimplex:* Bestimme drei Punkte und sortiere die Punkte nach den Zielwerten $P1 > P2 > P3$ Abb. 5.10, wobei $P1$ dem besten Ergebnis und $P3$ dem schlechtesten Ergebnis entspricht. Nach jeder Beobachtung wird der Simplex bewegt. Der Startsimplex sollte nicht zu groß gewählt werden, da das Optimum nicht genauer als die Größe des Simplex angenähert werden kann (im Gegensatz zum Simplex mit variabler Schrittweite).
2. *Reflexion*: Der Punkt mit dem schlechtesten Ergebnis ($P3$) wird verworfen und durch den Punkt R ersetzt, der durch Spiegelung an der Achse $P1/P2$ erhalten wird. Die Bewegung von $P3$ erfolgt durch den Punkt C (Centroid

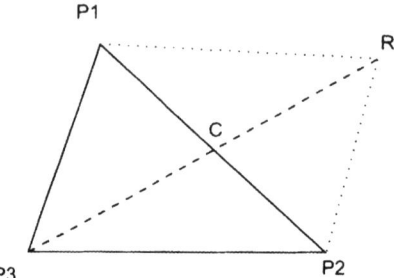

Abb. 5.10. Simplex mit fester Schrittweite (Einzelheiten s. Text)

bzw. Mittelwert von $P2$ und $P1$).

$C = (P1 + P2)/2$

$R = C + (C - P3)$

Das Ergebnis für Punkt R wird berechnet. Es bestehen mehrere Möglichkeiten:
- R ist besser als $P1$ oder $P2$: Der Simplex bewegt sich Richtung Optimum, Wiederholung der Reflexion.
- R ist schlechter als $P1$ und $P2$: $P2$ wird verworfen. Drehung des Simplex (ansonsten würde der Simplex zwischen zwei Zuständen hin- und herschwingen).
- R liegt außerhalb des durch die Parameter beschriebenen Bereichs: R wird ein schlechtes Ergebnis zugewiesen, so dass der Simplex vom Rand zurückwandert.

3. Das Optimum macht sich bemerkbar, wenn der Simplex sich um dieses dreht.

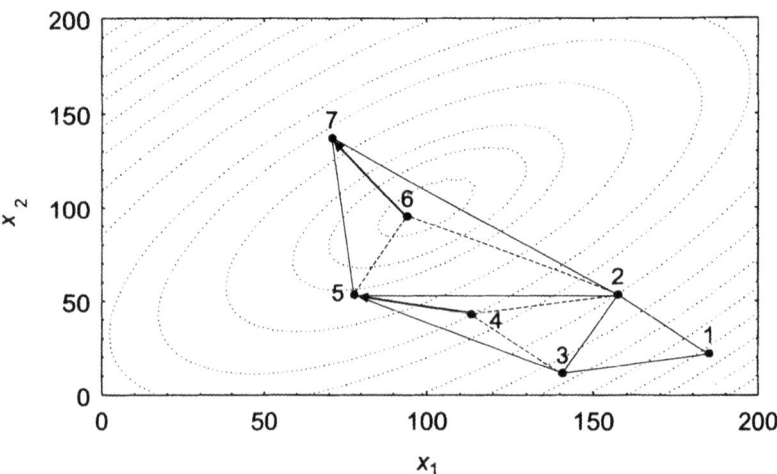

Abb. 5.11. Die ersten sieben Schritte bei der Simplexoptimierung einer Wirkungsfläche zweier Variablen (Simplex mit variabler Größe). Die Expansion des Simplex ist durch Pfeile angedeutet. Das Optimum liegt bei $x_1 = 100$ und $x_2 = 100$

Die richtige Wahl der Schrittweite spielt bei dieser einfachen Variante der Simplexoptimierung eine große Rolle, da bei zu großer Schrittweite das Optimum entweder ungenau oder gar nicht gefunden wird. Bei kleiner Schrittweite werden dagegen sehr viele Experimente benötigt. Eine erweiterte Version des Algorithmus (Nelder-Mead-Suche, modified Simplex method [8]) verwendet aus diesem Grund eine variable Größe des Simplex (Abb. 5.11).

Die Optimierung sollte möglichst mehrfach mit verschiedenen Startwerten durchgeführt werden, um sicherzustellen, dass nicht nur ein lokales Optimum gefunden wurde.

5.2.4
Globale Optimierungsverfahren

Genetische Algorithmen (GA) gehören zur Klasse der globalen Optimierungsalgorithmen [9–11]. Konventionelle diskrete Optimierungsmethoden (z.B. Gauß-Seidel-Strategie, Simplex-Verfahren) versagen häufig bei komplizierten Zielfunktionen mit einer großen Zahl von lokalen Optima und Aufgaben mit vielen Parametern. GA finden jedoch in diesen hochdimensionalen Suchräumen oft gute Näherungslösungen. Durch experimentelle Einflüsse wie Rauschen und Messfehler besitzen die Zielfunktionen bei realen Problemen wie der Wellenlängenselektion eine Vielzahl von lokalen Optima, die Optimierungsverfahren oft irreführen. Wie gezeigt wurde, eignen sich Genetische Algorithmen besonders für komplexe kombinatorische Optimierungsprobleme [12].

Die Genetischen Algorithmen wurden von Holland und seiner Arbeitsgruppe in Analogie zur Evolution in der Natur entwickelt. Die Anpassung von Lebewesen an die Umwelt kann als Optimierungsprozess aufgefasst werden, der durch Rekombination und Mutation des Erbguts und anschließender Selektion der Individuen nach dem Darwinschen Prinzip des „survival of the fittest" gesteuert wird. Im Folgenden werden GA als eine effiziente Methode für die Lösung von Optimierungsproblemen verwendet. Zur Problematik der biologischen Metaphern siehe z.B. [13].

Das Prinzip der Genetischen Algorithmen basiert auf wenigen einfachen Operationen, die iterativ bis zu einem Abbruchkriterium durchgeführt werden. Eine Population von möglichen Lösungen, den Individuen, gewöhnlich repräsentiert durch Binär-Vektoren (Vektoren mit den Elementen 0 bzw. 1), wird zu Beginn zufällig erzeugt. In Anlehnung an die Molekulargenetik werden die Binär-Vektoren in der Literatur als Chromosomen, die codierten Variablen als Gene und die Werte der Gene als Allele bezeichnet. Die Individuen werden durch eine problemspezifische Fitnessfunktion bewertet und erhalten Reproduktionschancen proportional zur ermittelten Güte (Fitness) der Lösung. Durch den Prozess aus Selektion, Rekombination (Crossover) und Übernahme der besten Individuen in die nächste Generation werden unter bestimmten Voraussetzungen nach einer hinreichenden Anzahl von Generationen optimale oder annähernd optimale Lösungen erhalten.

Der von Holland eingeführte und theoretisch am besten untersuchte Genetische Algorithmus wird meist als kanonischer GA bezeichnet und verwendet eine

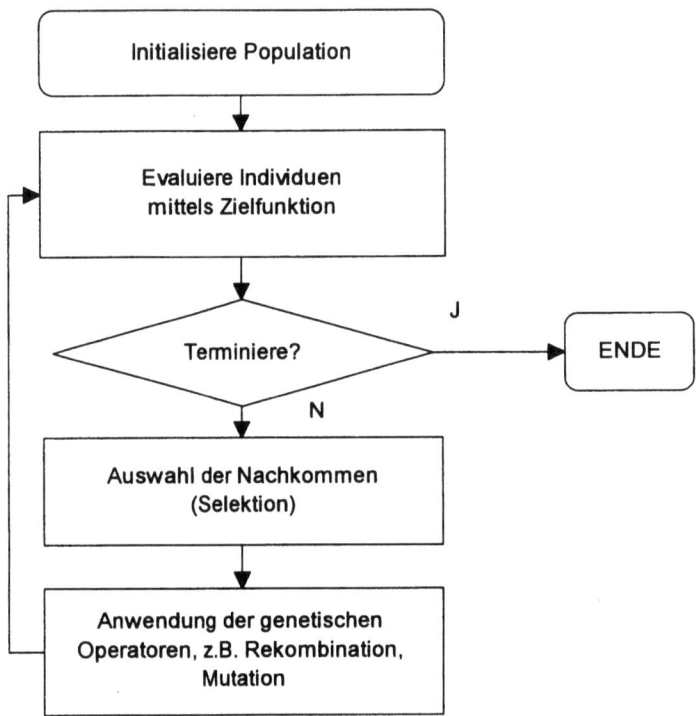

Abb. 5.12. Vereinfachtes Ablaufschema des kanonischen Genetischen Algorithmus von Holland und Goldberg

binäre Codierung (Abb. 5.12). Folgende genetische Operatoren werden beim kanonischen GA eingesetzt:

Rekombination. Zwei Individuen werden nach dem Selektionsmechanismus ausgewählt und dupliziert. Hierdurch entsteht eine intermediäre Population. Bei der eigentlichen Rekombination werden Teile der Binärvektoren zwischen zwei Individuen der intermediären Population ausgetauscht. Abbildung 5.13a zeigt eine häufig verwendete Variante der Rekombination, das Ein-Punkt-Crossover, bei dem die Binärvektoren an einer zufällig ausgewählten Stelle aufgetrennt und neu kombiniert werden.

Mutation. Bei der Rekombination treten mit einer gewissen Wahrscheinlichkeit Kopierfehler auf, die z.B. durch Kippen eines Bits realisiert werden können (Abb. 5.13b).

Selektion. Der Selektionsmechanismus legt fest, welche Individuen für die Rekombination herangezogen werden. Sinnvoll ist eine Auswahlwahrscheinlichkeit proportional zur Qualität. Dies kann durch das sogenannte Roulette-Verfahren erreicht werden (Abb. 5.13c). Bei diesem Verfahren erhalten auch

(a) Rekombination
011|10 X *001|11* → *001*|10 +
011|*11*

(b) Mutation
0*1*1101 → 0*0*1101

(c) Selektion

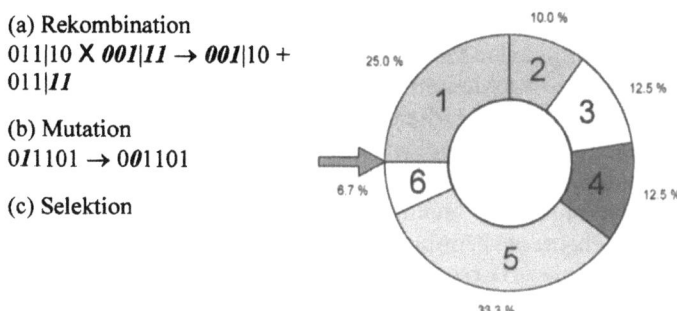

Abb. 5.13a–c. Beispiele für genetische Operatoren: a Rekombination durch Ein-Punkt-Crossover zwischen Genposition 3 und 4; b Mutation durch Bitkippen an Genposition 2; c Roulette-Selektion für eine Population von sechs Individuen. Die Prozentwerte entsprechen dem Anteil der Individuen an der Gesamtqualität der Population

Individuen mit geringerer Qualität diese Chance, was zur Vermeidung einer vorzeitigen Konvergenz des GA beiträgt. Individuen mit hoher Qualität werden bevorzugt – eventuell auch mehrfach – für die Rekombination herangezogen.

Ersetzungsschema. Durch die Erzeugung der intermediären Population bei der Rekombination sind zwei Populationen von Individuen vorhanden. Das Ersetzungsschema bestimmt, welche Individuen in die nächste Generation übernommen werden. Einerseits soll sich der Algorithmus nicht zu früh auf einige wenige Individuen mit hoher Qualität festlegen, andererseits sollen überdurchschnittlich gute Lösungen im Laufe des GA nicht wieder aussterben. Diese Forderungen werden z. B. vom Elitismus erfüllt, bei dem die n Individuen ($n=1$ oder 2) mit der höchsten Qualität unverändert in die nächste Generation übernommen werden. Eine höhere Zahl von Elitisten führt zu einer zu schnellen Homogenisierung der Population.

Für die meisten praktischen Anwendungen von GA werden spezielle genetische Operatoren verwendet, die von den von Holland vorgestellten, an Vorgänge aus der Molekulargenetik angelehnten Operatoren abweichen. Eine Übersicht der publizierten Anwendungen von GA wird von der Universität Dortmund herausgegeben [14]. Dort werden ebenfalls die verwandten Evolutionsstrategien (ES)[1] berücksichtigt. Anwendung finden die GA hauptsächlich im Bereich der diskreten Optimierung wie der kombinatorischen Optimierung (z. B. Lagerplatzoptimierung) und bei Reihenfolgeproblemen (Rundreiseproblem, Prüfungsordnungen [15]). In der Chemie werden GA u. a. zur Optimierung von Versuchsparametern [16], zur Konformationsanalyse der DNA (Minimierung der Differenz

---

[1] ES werden hauptsächlich im technischen Bereich für kontinuierliche Optimierungsprobleme (z. B. Optimierung der Form einer Tragfläche) verwendet und sind daher für die hier zu bearbeitenden Fragestellungen weniger geeignet. Die Codierung erfolgt mit einem Vektor aus reellen Zahlen. Der Ablauf wird durch Mutation und Selektion gesteuert, die Rekombination spielt im Vergleich zu den GA eine untergeordnete Rolle.

zwischen berechneten und simulierten NMR-Spektren [17]) und neuerdings zur Energieminimierung beim Molecular Modelling [18] eingesetzt.

Bei den meisten praktischen Problemen treten Wechselwirkungen zwischen den Variablen auf, so dass eine Strategie, die jede Variable einzeln optimiert, z.B. für eine Wellenlängenselektion ungeeignet ist. Theoretisch könnten Modelle für sämtliche Einzelvariable und Variablenkombinationen berechnet und bewertet werden (sog. „brute force" Methode, auch „all regressions"). Für n Variable existieren jedoch 2^n verschiedene Kombinationsmöglichkeiten entsprechend einem vollständigen Faktorplan. Dieses Verfahren stößt daher bei größeren Variablenzahlen schnell an die Grenzen heutiger Rechenkapazitäten. Weniger rechenintensive Verfahren, um die Zahl der Variablen zu vermindern, sind die Vorwärtsselektion (Aufbauverfahren, *forward selection*), die Rückwärtsselektion (Abbauverfahren, *backward elimination*) und die Stepwise-Methode, die vor allem bei der multiplen Regression häufig angewendet werden [19]. Diese Verfahren finden das nächste Optimum, welches – abhängig von den Startwerten – meist ein lokales Optimum ist.

Ziel der Selektion ist es, diejenigen Wellenlängenkombinationen zu finden, mit denen Kalibrationsmodelle aufgestellt werden können, deren Vorhersagegüten möglichst nahe am globalen Optimum liegen. Für die Selektion von k Wellenlängen aus n Spektrometerkanälen ergeben sich

$$\binom{n}{k} = \frac{n!}{k!\,(n-k)!} \tag{5.5}$$

verschiedene Kombinationen, z.B. 20 aus 75 Wellenlängen $\approx 8 \cdot 10^{17}$ Kombinationen.

Diese kombinatorische Optimierung ist NP-vollständig [20], damit existiert für diese wie für verwandte Fragestellungen, z.B. das bekannte Rundreise-Problem („Travelling salesman"), kein effizienter Lösungsalgorithmus. Vielmehr müssen möglichst gute Approximationen gefunden werden.

Das globale Optimum ist bei der Wellenlängenselektion meist nur von theoretischem Interesse und kann bei der großen Zahl möglicher Kombinationen nur mit extrem hohem Rechenaufwand gefunden werden. Da die Wellenlängen von beispielsweise NIR-Spektren stark multikollinear sind und zusätzlich Rauschen enthalten, existieren jedoch viele Lösungen ähnlicher Güte, die sich nicht signifikant voneinander unterscheiden. Genetische Algorithmen (GA) haben besonders für die kombinatorische Optimierung von Kalibrationsmodellen Vorzüge gegenüber anderen diskreten Optimierungsmethoden.

Literatur

1. Bandemer H, Bellmann A (1994) Statistische Versuchsplanung. 4. Aufl. Teubner, Stuttgart
2. Deming SN, Morgan SL (1993) Experimental design: A chemometric approach, 2nd ed. Elsevier Science Publishers BV, Amsterdam
3. Bayne CK, Rubin IB (1986) Practical experimental designs and optimization methods for chemists. VCH, Deerfield Beach, FL
4. Milliken GA, Johnson DE (1984) Analysis of messy data, vol I Designed Experiments. Van Nostrand Reinhold, New York, NY
5. Liebich V, Ehrlich G, Herrmann U, Siegert L, Kluge W (1992) Fresenius J Anal Chem 343: 251
6. Danzer K, Doerffel K, Ehrhardt H, Geißler M, Ehrlich G, Gadow P (1979) Anal Chim Acta 105: 1
7. Einax JW, Zwanziger HW, Geiß S (1997) Chemometrics in Environmental Analysis, Wiley/VCH, Weinheim
8. Nelder JA, Mead A (1965) A Simplex Method for Function Minimization. Comput J 7: 308–313
9. Heistermann J (1994) Genetische Algorithmen. Teubner, Stuttgart
10. Goldberg, DE (1989) Genetic Algorithms in Search, Optimization and Machine Learning. Addison-Wesley, NewYork
11. Schönburg E, Heinzmann F, Feddersen S (1994) Genetische Algorithmen und Evolutionsstrategien. Addison-Wesley, Bonn
12. Khuri S, Back T, Heitkötter J (1994) An evolutionary approach to combinatorial optimization problems. Proceedings of CSC '94, Phoenix AZ
13. Forrest S (1993) Genetic algorithms: principles of natural selection applied to computation. Science 261: 872
14. Back T, Hoftmeister F, Schwefel HP (1992) Applications of Evolutionary Algorithms. System Analysis Research Group University of Dortmund Technical Report No. SYS–2/92, Dortmund
15. Come D, Fang HL, Mellish C (1993) Solving the module exam scheduling problem with genetic algorithms. In: Chung PWH, Lovegrove G, Ali M (cds) Proceedings of the sixth International Conference on Industrial and Engineering Applications of Artificial Intelligence and Expert Systems, Gordon and Breach, pp 370
16. Wienke D, Lucasius C, Kateman G (1992) Multicriteria target vector optimization of analytical procedures using a genetic algorithm. 1. Theory, numerical simulations and application to atomic emission spectroscopy. Anal Chim Acta 265: 211
17. Lucasius CB, Blommers MJJ, Buydens LMC, Kateman G (1991) A genetic algorithm for conformational analysis of DNA. In: Davis L (Ed) Handbook of genetic algorithms, Van Nostrand, New York NY, pp 251ff
18. Mestres J, Scusena GE (1995) Genetic algorithm: a robust scheme for geometry optimizations and global minimum structure problems, J Comp Chem 16: 729
19. Hwang JD, Winefordner JD (1988) Regression Methods in Analytical Chemistry. Prog Analyt Spectrosc 11: 209
20. Sedgewick R (1992) Algorithmen in C. Addison-Wesley, Bonn, S. 717–725

6 Signal- und Bildverarbeitung

Die hier zu behandelnden Signale und Bilder entstehen als Ergebnis instrumenteller Messungen (Spektren, Chromatogramme) oder bildgebender Verfahren (Fotografien, Tomogramme). Sie zeichnen sich gegenüber den eindimensionalen Messwerten der klassischen Analytik durch einige Besonderheiten aus: es sind zwei- oder dreidimensionale Funktionen unabhängiger Variabler, zum Beispiel der Wellenzahl, der Zeit oder von Ortskoordinaten, die bestimmte Aspekte der inneren und äußeren Struktur der Messobjekte durch kontinuierliche Verläufe (Analogsignale) oder durch eine größere Zahl geordneter, digitaler Messwerte (Digitalsignale) beschreiben.

6.1
Charakteristik von Signalen

6.1.1
Signalentstehung

Ein im Rechner abgespeichertes Signal oder Bild ist das Ergebnis eines mehrstufigen Prozesses. Es entsteht zunächst als physikalisches Signal, eine Änderung einer physikalischen Eigenschaft des Messkopfes (um Beispiel der Temperatur des Probenbehälters) oder eines als Signalträger verwendeten Hilfsmittels (zum Beispiel der Lichtintensität in einem Photometer). Diese physikalischen Signale sind in der Regel sehr klein und störanfällig. Sie können weder gespeichert noch verarbeitet, allenfalls zum Detektor weitergeleitet werden, in dem sie in elektrische Signale – Strom- oder Spannungssignale – umgewandelt werden. Diese Signale sind kontinuierlich in der Zeit und haben (im vorgegebenen Intervall) stetig abgestufte Messwerte. Man nennt diese Signale auch analoge Signale. Sie können mit elektronischen Schaltungen verarbeitet werden (Verstärkung, Addition, Integration). Sie werden durch Störungen und Rauschen beeinträchtigt, umso mehr, je niedriger ihr Leistungspegel ist. Verstärkte Analogsignale sind robuster, sie können über kurze Entfernungen weitergeleitet, mit Zeigergeräten angezeigt, mit Schreibern registriert werden. Sie sind allerdings nicht reversibel speicherbar und damit nicht universell verarbeitbar. In neueren Messgeräten erfolgt daher eine weitere Transmission: die Umwandlung in ein Digitalsignal, die mit einem ADU (Analog-Digital-Umsetzer) vorgenommen wird. Ein ADU tatstet das Analogsignal in regelmäßigen Zeitabständen ab und erzeugt Binärzahlen, die dem Analogsignal proportional sind. Das Digitalsignal ist dann eine Folge von Zahlen, die diskret auf der Zeitachse angeordnet sind und einen, mit der Schrittweite des ADU abgestuften Wertevorrat aufweisen. Digitalsignale sind nicht störanfällig, sie können reversibel gespeichert und von Digitalrechnern bearbeitet werden. Es gibt keine Einschränkungen in den Bearbeitungsmöglichkeiten.

Bei der Bildentstehung ergibt sich eine ähnliche Situation. Durch die Wechselwirkung des Objekts mit der Beleuchtungsstrahlung entsteht eine räumlich strukturierte Intensitätsverteilung, die durch die Abbildungsoptik auf die Detektorfläche projiziert wird und, wenn ein photoelekrischer Detektor verwendet wird, in ein elektrisches Signal überführt und in der Regel gleich digitalisiert wird. Dabei wird eine Diskretisierung der beiden Ortskoordinaten und der Intensitätswerte vorgenommen. Bei CCD-Detektoren wird die Ortsdiskretisierung bereits durch das Netz der diskreten Detektorelemente vorweggenommen. Bei Fotographien kommt die analoge Signalform zur Geltung. Hier wird mit großer Informationsdichte eine quasikontinuierliche (nur durch die Körnigkeit der Silberhalogenide begrenzte) Ortsverteilung mit stetigen Graustufenwerten abgespeichert. Wenn man diese Informationen einer Bildverarbeitung zuführen möchte, muss das Foto mit einem Scanner digitalisiert werden.

Dieser Entstehungsweg hat informationstheoretische Konsequenzen: das von der Probe gelieferte Signal p findet sich im Messsignal M nur als ein Signalanteil, zu dem sich Anteile der Gerätefunktion h und des Rauschens r gesellen. In vielen Fälle ist das Modell

$$M = p * h + r,$$

das eine additive Beimischung der Rauschens und eine Faltung der Probesignals mit dem Gerätesignal annimmt, eine ausreiche Grundlage für Versuche, das Probesignal durch bestimmte Verarbeitungsschritte zu rekonstruieren oder zumindest in seinem Anteil zu vergrößern.

Eine weitere Aufgabe erwächst aus dem Umstand, dass das Probesignal und das problemabhängige (und subjektiv deklarierte) Nutzsignal nicht identisch sind. Wichtige Teile der Signalverarbeitung sind Versuchen gewidmet, das problemabhängige Nutzsignal möglichst gut von den Begleitsignalen zu trennen.

6.1.2
Signaltypen

Signale lassen sich nach verschiedenen Kriterien einteilen:

Dimensionalität. Wie in Abschn. 2.2 dargestellt, kann ein Signal z von n unabhängigen Variablen x_i abhängen. Die Dimension wird entweder durch $n+1$ oder (wie im folgenden verwendet) durch n angegeben. Wenn $n = 1$ ist, liegt die klassische eindimensionale Signalfunktion vor, wenn $n = 2$ ist spricht man von einem zweidimensionalen Bild, zumal – wenn die beiden unabhängigen Variablen Ortsfunktionen sind – und kann für $n > 2$ ein verallgemeinertes Bild konstatieren. Für die Signalverarbeitung bedeutet diese Abstufung, dass bei einer Vergrößerung von n zusätzliche Nachbarschaftsrelationen auftreten und gegebenenfalls bearbeitet werden sollten. Wichtige Algorithmen, die Punktoperationen, die Nachbarschaftsoperationen, die beim Filtern verwendet werden, auch die Integraltransformationen, können über die Dimension Eins hinaus auch für höherdimensionale Datensätze angewendet werden. Ihrer Anwendung sollte aber eine gewisse Vorsicht zur Seite stehen, die besonders dann angebracht ist, wenn die unabhängigen Variablen von verschiedener Qualität sind: eine zweidimensionale Konvolution kann bei einem Bild, bei dem x_1 und x_2 Ortskoordinaten sind, sinnvoll sein, ist bei einem GC-MS-Datensatz (mit einer Zeit und einer Massenzahl-Koordinate) jedoch unangebracht.

Darstellungsraum. Die Zeit-Frequenz-Dualität, die mit der Fourier-Transformation realisiert wird, ist der Prototyp für die Darstellung von Signalen in verschiedenen Signalräumen. Weitere Möglichkeiten sind als Laplace-, Hadamard-, Walsh-, Kosinus- und Sinustransformationen bekannt. In den letzten Jahren sind die Wavelet-Transformationen hinzu gekommen. Diese Verfahren sind Koordinatentransformationen, die einen bestimmten Datensatz jeweils komplett und reversibel in eine andere Projektion überführen und gegebenenfalls auch eine andere Ausführung bestimmter Verknüpfungen ermöglichen (bekannt ist der Ersatz der Faltung in der Zeitdomäne durch die Multiplikation in der Frequenzdomäne). Wir werden diese Probleme im Zusammenhang mit der Fourier- und Wavelet-Transformation behandeln. Ihr Verständnis wird durch Grundkenntnisse der Systemtheorie erleichtert.

Rauschanteil. Signale enthalten stets einen stochastischen Anteil (Rauschen, Fluktuationen der Eigenschaften des Messobjekts) und in der Regel einen deterministischen Anteil, der vom Untersuchungsobjekt bestimmt wird. Wenn man zum Beispiel ein IR-Spektrum von gasförmigen Kohlenmonoxid aufnimmt, darf man (neben einem gewissen Rauschanteil) auf ein wohlstrukturiertes Rotations-Schwingungsspektrum in der Nachbarschaft von 2150 cm^{-1} hoffen. Sollte dieses Signal nicht auftreten, ist eine Überprüfung der Messanordnung angeraten. Das Signal-Rausch-Verhältnis beschreibt die Relation beider Anteile und stellt die Weichen für die Signalauswertung. Wenn der Rauschanteil niedrig ist, kann man sich auf die Behandlung des deterministischen Anteils konzentrieren. Stark verrauschte Signale erfordern Schritte zur Verbesserung des S/N-Werts oder den Übergang zu Korrelations-Methoden, falls man vorgelagerte Möglichkeiten der Probeoptimierung oder der Daten-Akkumulationen nicht nutzen kann. Eine wichtige Anwendung ist die Bestimmung von Systemfunktionen durch die Analyse des Rauschsignals.

Stationarität. Wenn ein Signal über seine gesamte Ausdehnung ähnliche Informationen aufweist, spricht man von einem stationären Signal. Bei einem instationären Signal liegen deutliche lokale Strukturen vor. Ein wenig veränderlicher Dauerton wäre ein Beispiel für ein stationäres Signal, ein Sprachsignal ist hingegen durch die Aufeinanderfolge unterschiedlicher Phoneme charakterisiert und ein instationäres Signal. Es ist verständlich, dass man diese Besonderheiten in der Signalverarbeitung berücksichtigt und globale Transformationen, die bei stationären Signalen angebracht sind, bei instationären Signalen durch lokal wirkende Algorithmen, wie sie zum Beispiel mit Wavelets verfügbar werden, ersetzt.

Komplexität. Wenn die Messgrösse z nur aus einem Zahlenwert besteht, spricht man von univariaten Signalen, wenn zwei oder mehrere Werte für jeden Punkt, der durch das x_i-Raster vorgegeben wird, gemessen werden (bei Spektren können das einige tausend Punkte sein), spricht man von multivariaten Daten. Ein Graustufenbild ist ein Beispiel für einen univariaten Datensatz, ein Farbbild, in dem drei Farbwerte pro Pixel gespeichert werden, ein Beispiel für eine multivariates Signal. Die Verarbeitung solcher Signale schließt an die Prinzipien der Verarbeitung multivariater Daten an. Die spezifischen Möglichkeiten, die auf den Korrelationen der unabhängigen Variablen beruhen, werden zur Zeit noch ausgelotet.

6.1.3
Prinzipien der Signalverarbeitung

Durch die System und Signaltheorie wird die Signalverarbeitung auf eine solide, theoretische Basis gestellt. Signale können in den verschiedenen Phasen ihrer Entstehung beeinflusst werden, man kann zum Beispiel bestimmte Filterprozeduren mit großer Effektivität (und in Echtzeit) auch mit Mitteln der analogen Signalverarbeitung durchführen und macht davon Gebrauch, wenn kurze Responsezeiten wichtig sind. Wir werden uns in der Folge aber auf die Verarbeitung digital gespeicherter Signale konzentrieren.

In einer ersten Verarbeitungsstufe kommen für einen großen Kreis von Signalen zunächst ähnliche Prinzipien zu Anwendung:

- Plausibilitätsprüfungen und die Abweisung suspekter Signale,
- Verfahren zur Verminderung der Rauscheffekte mittels glättender Filter (linear und nichtlinear), Signalmodellierung und Parameterfitting
- Verfahren zur Verbesserung der Signalauflösung: Filtern mit Gradientenfiltern, Signalmodellierung,
- Berechnung von Differenzsignalen, lineare und nichtlineare Dekonvolutionsprozeduren.

In einer späteren Etappe kommen Probleme der Separation bestimmter Details in den Signalen in Betracht. Diese Aufgaben sind in Abhängigkeit vom Messproblem schon etwas spezieller und nur noch zum Teil mit allgemeinen Vorschriften zu erfüllen. Bei spektroskopischen Signalen ist etwa die Detektion von Maxima oder Minima oder die Ermittlung der Intensität bestimmter Banden von Bedeutung. In der Bildverarbeitung ist die Ermittlung von Kanten und deren Verfolgung, das Erkennen von Flächen mit bestimmten Texturen wichtig. Oft sind bei diesen Verfahren, bei denen sogenannten Szenen zu analysieren sind, Vorkenntnisse, die man durch eine Trainingsphase erarbeiten muss, von Wichtigkeit. Diese Möglichkeiten werden hier nicht systematisch entwickelt.

In einer dritten Etappe schließt sich die Interpretation von Signalen an. Die hier eingesetzten Prozeduren fächern weit auf und überlagern sich mit den Bemühungen zur Datenanalyse, Mustererkennung und Modellierung, die in den Kapiteln 3 und 9 dargestellt werden. Sie erfordern in vielen Fällen die Einbeziehung vorangegangener Messungen, von Hintergrundinformationen und Expertenkenntnissen. Einige Aspekte dieses Problemkreises werden im Kap. 10 (Spektrenauswertung) dargestellt.

Datenreduktion. Instrumentelle Verfahren können in kurzer Zeit große Datenmengen produzieren, von denen die meisten redundant sind. Ein $1024 \cdot 1024 \cdot 3$ Bild benötigt etwa 4 MB Speicherplatz. Die Datenmengen, die bei gekoppelten Methoden anfallen, sind auch respektabel. Möglichkeiten zur Datenreduktion, wie sie beim Einsatz der Fourier-Transformation oder der Waveletdarstellung anfallen, sind daher hilfreich. In diesem, aber auch in anderen Zusammenhängen können Interpolations-Verfahren, mit denen man neue Stützstellenraster erzeugen kann, nützlich werden.

6.2
Fourier-Transformation

Die Fourier-Transformation (FT) gehört zu den wichtigen Prozeduren der Signalverarbeitung. Sie vermittelt zwischen der Zeit- und Frequenzdarstellung eines Signals, liefert Einsichten in die Periodizitätsstruktur von Signalen und ermöglicht die Analyse von informationsübertragenden Systemen. Die FT ist inhärenter Bestandteil wichtiger Messverfahren: der FT-NMR- und FT-IR-Spektroskopie. Zu den mathematischen Grundlagen und Anwendungsmöglichkeiten gibt es zahlreiche Lehrbücher[1-8].

6.2.1
Fourier-Integral

Das Fourier-Integral liefert die Vorschrift zur Fourier-Analyse, die Umrechnung einer zeitabhängigen Funktion $h(t)$ in eine frequenzabhängige Funktion $H(f)$. Es wird durch das Inverse-Fourier-Integral, mit dem eine Fourier-Synthese – die Umrechnung von $H(f)$ in $h(t)$ – ermöglicht wird, ergänzt

$$H(f) = \int_{t=-\infty}^{\infty} h(t) \exp(-j2\pi ft)\, dt$$
$$h(t) = \int_{f=-\infty}^{\infty} H(f) \exp(j2\pi ft)\, dt$$
(6.1)

$h(t)$ und $H(f)$ sind kontinuierliche, nicht begrenzte (aber absolut integrierbare) Funktionen. Die komplexen Exponentialfunktionen $\exp(-j2\pi ft)$ und $\exp(j2\pi ft)$ (j: imaginäre Einheit) lassen erkennen, dass sowohl $h(t)$ als auch $H(f)$ im allgemeinen Fall komplexe Funktionen sind. $h(t)$ und $H(f)$ bilden ein

6.2 Fourier-Transformation

sogenanntes Fourier-Transform-Paar. Sie sind über eine Korrespondenzbeziehung miteinander verbunden

$$h(t) \circ\!\!-\!\!\bullet H(f).$$

Beispiel: Das Fourier-Integral der kausalen Exponentialfunktion (Abb. 6.1a) kann analytisch berechnet werden:

$$h(t) = \begin{cases} 0, & t < 0 \\ a\exp(-bt), & t \geq 0 \end{cases}$$

$$H(f) = \int_{t=-\infty}^{\infty} a\exp(-bt)\exp(-j2\pi ft)\,dt = \int_{t=0}^{\infty} a\exp(-(b+j2\pi f))\,dt \quad (6.2)$$

$$= \frac{-a}{b+j2\pi f}\exp(-(b+j2\pi f)t)\Big|_0^{\infty} = \frac{a}{b+j2\pi f}$$

Damit lautet das FT-Paar:

$$h(t) = a\exp(-bt) \circ\!\!-\!\!\!-\!\!\bullet \quad \frac{a}{b+j2\pi f} = H(f)$$

$H(f)$ ist eine komplexe Funktion, die als Summe ihres Real- und Imaginärteils $R(f)$ und $jI(f)$ beschrieben werden kann:

$$H(f) = R(f) + jI(f). \tag{6.3}$$

Eine alternative Darstellung benutzt die Amplituden- und Phasenfunktion

$$H(f) = |H(f)|\exp(j\Theta(f)) \tag{6.4}$$

Zwischen den beiden Darstellungen, die ein kartesisches bzw. polares Koordinatensystem verwenden, wird vermittelt durch

$$|H(f)| = \sqrt{R^2(f) + I^2(f)} \quad \text{und} \quad \Theta(f) = \arctan\left(\frac{I(f)}{R(f)}\right) \tag{6.5}$$

Man crhält die beiden Darstellungen für das spezielles Beispiel, indem man den Bruch in (6.2) mit dem Ausdruck $(b-j2\pi f)$ erweitert:

$$H(f) = \frac{ab}{b^2 + (2\pi f)^2} - j\frac{2\pi fa}{b^2 + (2\pi f)^2}.$$

Daraus folgt

$$R(f) = \frac{ab}{b^2 + 4\pi^2 f^2} \quad \text{und} \quad I(f) = \frac{a2\pi f}{b^2 + 4\pi^2 f^2}$$

oder

$$|H(f)| = \frac{a}{\sqrt{b^2 + (2\pi f)^2}} \quad \text{und} \quad \Theta(f) = \arctan\left(\frac{-2\pi f}{b}\right).$$

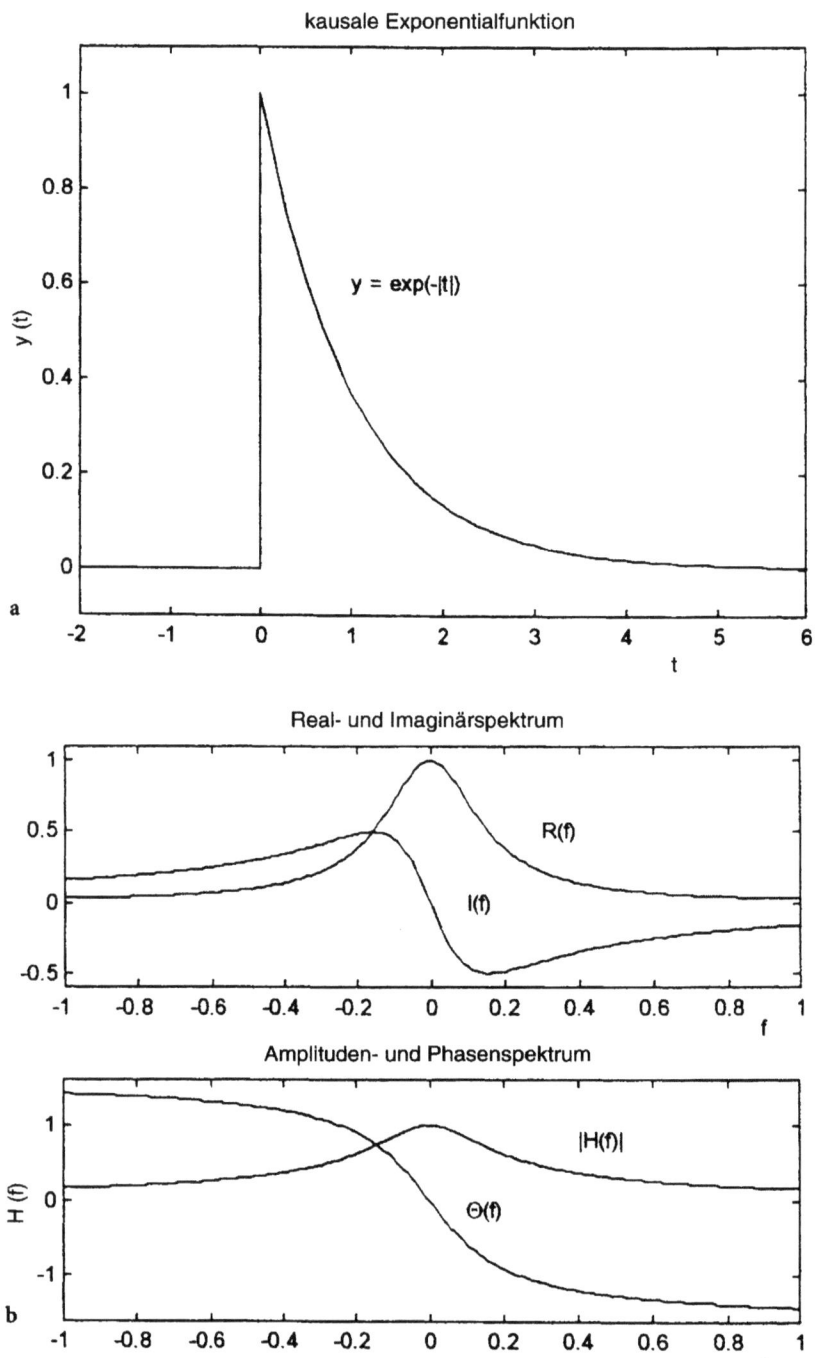

Abb. 6.1 a, b. a Kausale Exponentialfunktion und b ihre Fourier-Transformierte, dargestellt durch den Real- und Imaginärteil und durch die Amplituden- und Phasenfunktion

Anmerkungen

- die unabhängigen Variablen eines FT-Paars t und $f = t^{-1}$ können auch durch andere Größen dargestellt werden. Die FT ist in jedem Fall mit einer Dimensionsinversion der unabhängigen Koordinate verbunden: $x \to x^{-1}$,
- Fourier-Integral (und Fourier-Reihe) können verschieden definiert werden:
  - wenn man die komplexen Exponentialfunktionen aufgrund der Euler-Beziehungen

  $$\exp(-j2\pi ft) = \cos(2\pi ft) - j\sin(2\pi ft)$$

  $$\exp(j2\pi ft) = \cos(2\pi ft) + j\sin(2\pi ft)$$

  ersetzt, erhält man Formulierungen wie

  $$H(f) = \int h(t)\,[\cos(2\pi ft) - j\sin(2\pi ft)]\,dt\,.$$

- wenn die Kreisfrequenz $\omega = 2\pi f$ in den Definitionen verwendet wird, hat man die Faktoren a_1 und a_2 zu beachten:

$$H(j\omega) = a_1 \int h(t)\exp(-j\omega)\,dt \quad \text{und} \quad h(t) = a_2 \int H(f)\exp(j\omega t)\,d\omega$$

Diese Faktoren müssen die Bedingung $a_1 a_2 = \dfrac{1}{2\pi}$ erfüllen, was mit den Varianten $\left\{a_1 = 1, a_2 = \dfrac{1}{2\pi}\right\}$, $\left\{a_1 = \dfrac{1}{\sqrt{2\pi}}, a_2 = \dfrac{1}{\sqrt{2\pi}}\right\}$ und $\left\{a_1 = \dfrac{1}{2\pi}, a_2 = 1\right\}$ gelingt, die man auch alle in der Literatur antreffen kann. Die nun mögliche Irritation wird noch vergrößert, wenn man neben der in (6.1) verwendeten Definition, die in der Technik verbreitet ist, die von den Physikern bevorzugte Möglichkeit mit vertauschten Vorzeichen der Exponenten $H(f) = \int f(t)\exp(j2\pi ft)\,dt$ und $h(t) = \int H(f)\exp(-j2\pi ft)\,df$ findet. Es ist daher angebracht, der jeweils verwendeten Definition der FT etwas Aufmerksamkeit zu widmen.

6.2.2
Eigenschaften von FT-Paaren

FT-Paare besitzen interessante mathematische Eigenschaften:

Linearität. Eine Operation ist linear, wenn der gewichteten Summe mehrerer Eingangsgrößen eine gewichtete Summe der Ausgangsgrößen entspricht. Dies trifft für die FT zu, es gilt für zwei Funktionen $x(t)$ und $y(t)$

$$k_1 x(t) + k_2 y(t) \circ\!\!-\!\!-\!\!\bullet\ k_1 X(f) + k_2 Y(f) \tag{6.6}$$

Zeit- und Frequenzskalierung. Wenn man die Zeitachse einer vorgegebenen Funktion $h(t)$ mit einem Faktor k multipliziert und damit eine Stauchung

($k<0$) oder Streckung ($k>0$) durchführt, ergibt sich für die Fourier-Transformierte nach

$$h(kt) \circ\!\!-\!\!-\!\!\bullet \frac{1}{|k|} H\left(\frac{f}{k}\right) \tag{6.7}$$

eine inverse Veränderung der Breite und Höhe. Zeit- und Frequenzeffekte verhalten sich spiegelbildlich, eine Multiplikation der Frequenzskala mit k wird mit analogen Veränderungen im Zeitbereich quittiert:

$$\frac{1}{|k|} h\left(\frac{t}{k}\right) \circ\!\!-\!\!-\!\!\bullet H(kf) \tag{6.8}$$

Zeit- und Frequenzverschiebung. Verschiebt man ein Signal entlang der Zeit- oder Frequenzachse, wird die Fourier-Transformierte mit einer komplexen Exponentialfunktion multipliziert. Damit ergeben sich Verschiebungen zwischen dem Real- und Imaginärteil der korrespondierenden Funktion. Bei einer Zeitfunktion, die um den Zeitabschnitt t_0 verschoben wird, ist

$$h(t-t_0) \circ\!\!-\!\!-\!\!\bullet H(f)\exp(-j2\pi f t_0) \tag{6.9}$$

Analoge Effekte ergeben sich bei einer Verschiebung eines Signals auf der Frequenzachse

$$h(t)\exp(j2\pi f t_0) \circ\!\!-\!\!-\!\!\bullet H(f-f_0) \tag{6.10}$$

Symmetrieeffekte. Wenn die Zeitfunktion $h_g(t)$ eine reelle, gerade Funktion $h_g(t) = h_g(-t)$ ist, wird ihre Fourier-Transformierte ausschließlich aus den Cosinusanteilen der komplexen Exponentialfunktion zusammengesetzt und ist somit ebenfalls eine reelle, gerade Funktion:

$$h_g(t) \circ\!\!-\!\!-\!\!\bullet R_g(f) \tag{6.11}$$

Wenn $h_u(t)$ hingegen eine reelle, ungerade Funktion ist, $h_u(t) = -h_u(-t)$, liefert die FT eine rein imaginäre und ebenfalls ungerade Funktion, da nur die Sinuskomponenten der Exponentialfunktionen zur FT beitragen

$$h_u(t) \circ\!\!-\!\!-\!\!\bullet j I_u(f) \tag{6.12}$$

Jede reelle Funktion $h(t)$ kann in einen geraden und einen ungeraden Teil zerlegt werden

$$h(t) = h_g(t) + h_u(t) \tag{6.13}$$

mit $h_g(t) = \frac{1}{2}(h(t)+h(-t))$ und $h_u(t) = \frac{1}{2}(h(t)-h(-t))$, die entsprechend den obigen Regeln transformiert und aufgrund der Linearität der FT zu einer Summe vereinigt werden können:

$$H(f) = H_g(f) + H_u(f) \tag{6.14}$$

Parseval-Theorem. Die Leistungen der beiden Komponenten eines FT-Paars sind gleich

$$\int_{-\infty}^{\infty} |f(t)|^2 \, dt = \int_{-\infty}^{\infty} |F(t)|^2 \, df \tag{6.15}$$

6.2.3
Diskrete Fourier-Transformation

Die Fourier-Transformation für kontinuierliche, nichtbegrenzte Signale wird mit dem Fourier-Integral durchgeführt. Auf dieser Basis kann man die Zusammenhänge zwischen den beiden Signalformen gut erklären. Bei diskreten, begrenzten Signalen (in diese Gruppe fallen digitalisierte Messsignale) wird jedoch die Diskrete Fourier-Transformation (DFT) verwendet. Diese Transformation überführt eine Folge von N Werten $x(i)$, die äquidistant entlang der ganzzahligen Variablen i verteilt sind, in eine Folge von ebenfalls N Werten $X(k)$, die entlang der ganzzahligen Variablen k äquidistant angeordnet sind.

Die Hintransformation erfolgt durch

$$X(k) = \sum_{i=1}^{N} x(i) \, w_N^{-(i-1)(k-1)} \tag{6.16}$$

Die Rücktransformation oder IDFT (inverse DFT) erfolgt durch

$$x(i) = \frac{1}{N} \sum_{i=1}^{N} X(k) \, w_N^{(i-1)(k-1)} \tag{6.17}$$

mit

$$w_N = \exp\left(j \frac{2\pi}{N}\right)$$

Abbildung 6.2 demonstriert die DFT an einem einfachen Beispiel und stellt sie der kontinuierlichen FT gegenüber: Eine diskrete Dreieckfunktion wird im Bereich {– 4,3} durch acht Punkte $x(i)$ dargestellt (a). Zum Vergleich wird auch die kontinuierliche Dreieckfunktion angegeben. Anwendung der DFT liefert die DFT in Form von acht Punkten $X(k)$, die in (b) zusammen mit der quadrierten Spaltfunktion (das ist die Fourier-Transformierte der kontinuierlichen, nichtbegrenzten Dreieckfunktion) dargestellt werden. Nur fünf der symmetrisch zu $k = 0$ angeordneten Fourier-Koeffizienten sind von Null verschieden. In Abb. 6.2c wird die Rekonstruktion von $x(i)$ demonstriert. Man erhält die diskreten Werte durch die Addition von jeweils 5 Summanden, deren Wert man den in Abb. 6.2c angegebenen Cosinusfunktionen (jeweils zwei Funktionen sind paarweise gleich) an den Positionen $i = -4, \ldots, 3$ entnimmt. Diese diskreten Werte sind als Punkte hervorgehoben, ihre Summen stimmen exakt mit den Ausgangswerten $x(i)$ überein. Man kann auch die Cosinusfunktionen addieren und bekommt die in Abb. 6.2d dargestellte Kurve, die die kontinuierliche Dreieckfunktion aller-

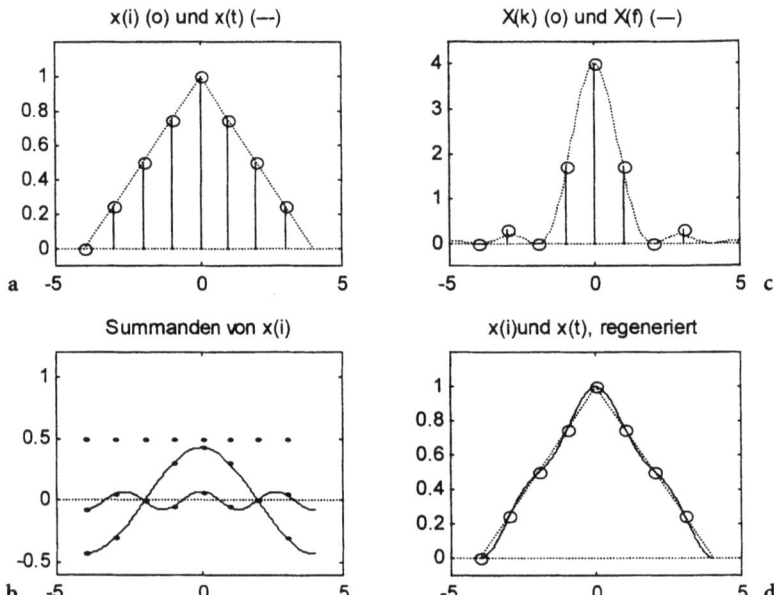

Abb. 6.2a–d. Diskrete Fourier-Transformation. **a** diskrete o und kontinuierliche --- Dreieckfunktion, **b** Fourier-Transformierte, diskrete o und kontinuierlich ---, **c, d** Regenerieren der Ausgangsfunktionen, **c** Summanden, **d** Summe

dings nur annähert. Wenn man diese Kurve besser approximieren möchte, muss man die Abtastintervalle verkleinern.

Ähnlich wie beim Fourier-Integral gibt es auch für die DFT verschiedenen Definitionen. Wir verwenden hier die in MATLAB implementierte Form. Die Verbindung zwischen den bisher verwendeten Variablen t und f ergibt sich durch die Diskretisierung $t_i = (T/N)\,i$ bzw. $f_k = (1/T)\,k$.

Man erkennt auch in der DFT das bereits beim Fourier-Integral angewandte Prinzip, die transformierte Kurve durch den Bestand aller, mit komplexen Exponentialfunktionen gewichteten Punkte der Ausgangsdaten zu berechnen, allerdings wird das Integral des kontinuierlichen Falls durch die Addition einer endlichen Anzahl von Produkten ersetzt.

Die diskrete Fourier-Transformation hat ähnliche Eigenschaften wie die durch das Fourier-Integral bewirkte Transformation. Es wird zum Beispiel eine reelle, gerade Funktion $x(i)$, in eine ebenfalls reelle und gerade Funktion $X(k)$ übergeführt. Im allgemeinen Fall sind die Bestandteile eines FT-Paars auch hier komplexe Funktionen.

Eine wichtige Eigenschaft ist neu: sowohl die Objektfunktion $x(i)$ als auch die Bildfunktion $X(k)$ sind als Identitätsperioden periodischer, nichtbegrenzter Funktionen aufzufassen. Das erlaubt es, die beiden Enden eines solchen Funktionsausschnitts in einer ringförmigen Struktur zu verknüpfen und diesen Ring an einer anderen Stelle wieder aufzuschneiden, um eine zweckmäßigere, zum Beispiel eine symmetrische Darstellung zu bekommen (Abb. 6.3). Man erreicht

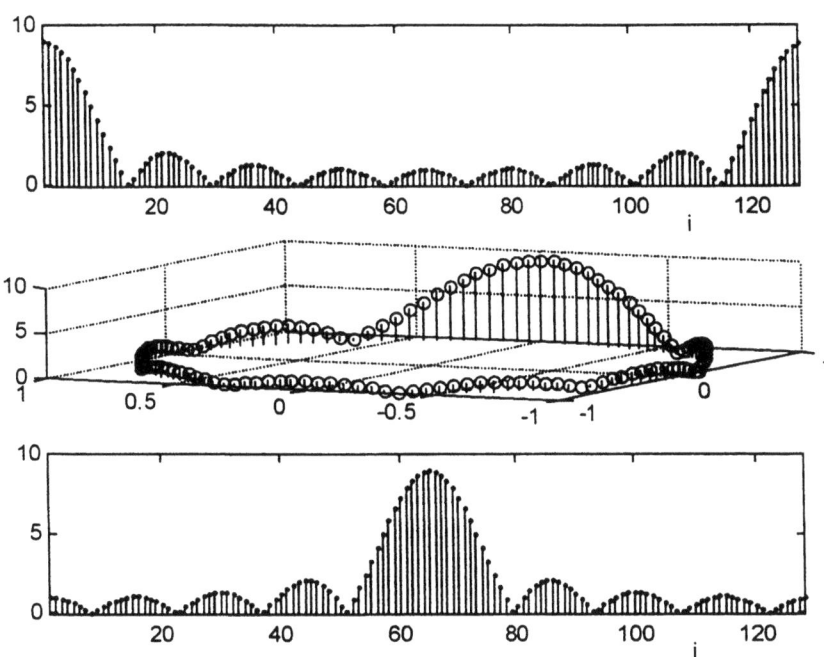

Abb. 6.3. Zyklische Rotation eines diskreten Datensatzes, der Datensatz wird zu einem Ring geschlossen, der an einer beliebigen Stelle wieder geöffnet werden kann

diesen Effekt durch eine zyklische Rotation des Datensatzes. Eine solche Prozedur ist zum Beispiel erforderlich, wenn man einen symmetrisch zu i angeordneten Datensatz im Bereich $\{-N/2, N/2\}$ für die Ausführung der DFT in einen Datensatz im Bereich $\{1, N\}$ überführen muss.

6.2.4
Zweidimensionale Fourier-Transformation

Für eine kontinuierliche, von den Variablen x und y abhängige Funktion $f(x, y)$ kann man das Fourier-Integral $F(u, v)$ angeben:

$$F(u,v) = \iint f(x,y)\, \exp(-j2\pi(ux + vy))\, dx\, dy\,. \tag{6.18}$$

Die inverse Fourier-Transformation ergibt sich als

$$f(x,y) = \iint F(u,v)\, \exp(j2\pi(ux + vy))\, du\, dv\,. \tag{6.19}$$

Für eine diskrete, zweidimensionale Funktion $f(x,y)$, die als eine $M \times N$-Matrix vorliegt, ist die Fourier-Transformierte

$$F(u,v) = \sum_{x=0}^{M-1} \sum_{y=0}^{N-1} f(x,y)\, \exp\left(-j2\pi\left(\frac{ux}{M} + \frac{vy}{N}\right)\right) \tag{6.20}$$

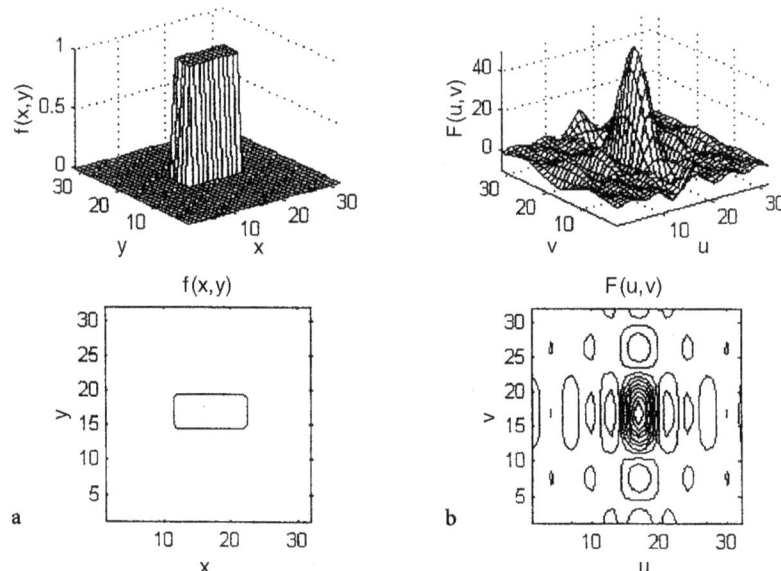

Abb. 6.4a, b. Zweidimensionale Rechteckfunktion $f(x,y)$ als 3D- und Konturenplot a und b die Fourier-Transformierte

für $u = 0, 1, \ldots, M-1$ und $v = 0, 1, \ldots, N-1$. Die Rücktransformation lautet

$$f(x,y) = \frac{1}{MN} \sum_{u=0}^{M-1} \sum_{v=0}^{N-1} F(u,v) \exp\left(j2\pi\left(\frac{ux}{M} + \frac{vy}{N}\right)\right) \qquad (6.21)$$

für $x = 0, 1, \ldots, M-1$ und $y = 0, 1, \ldots, N-1$.

Diese Formeln entsprechen den Formeln für den eindimensionalen Fall. Abbildung 6.4 zeigt als Beispiel eine zweidimensionale Rechteckfunktion und deren Fourier-Transformierte – eine zweidimensionale Spaltfunktion. Diese Funktion wird durch ihre Absolutwerte, das Leistungsspektrum $|F(u,v)|$, dargestellt, um die Nebenmaxima deutlicher neben dem Hauptmaximum hervortreten zu lassen.

Die zweidimensionale Fourier-Transformation kann rechentechnisch als Folge zweier eindimensionaler Transformationen behandelt werden. Sie hat ähnliche Eigenschaften wie die eindimensionale FT. Unterwirft man einen Partner eines FT-Paares einer Rotation, wird die Rotation auch von der Fourier-Transformierten ausgeführt. Auch für zweidimensionale Funktionen gilt das Faltungstheorem.

6.2.5
Wichtige Fourier-Korrespondenzen

Für die Signalverarbeitung spielen einige Funktionen eine besondere Rolle: die Rechteck- oder Fensterfunktion zur Begrenzung von Signalen, die Impulsfunktion und die Impulsreihe zur Abtastung und Repetition von Signalen.

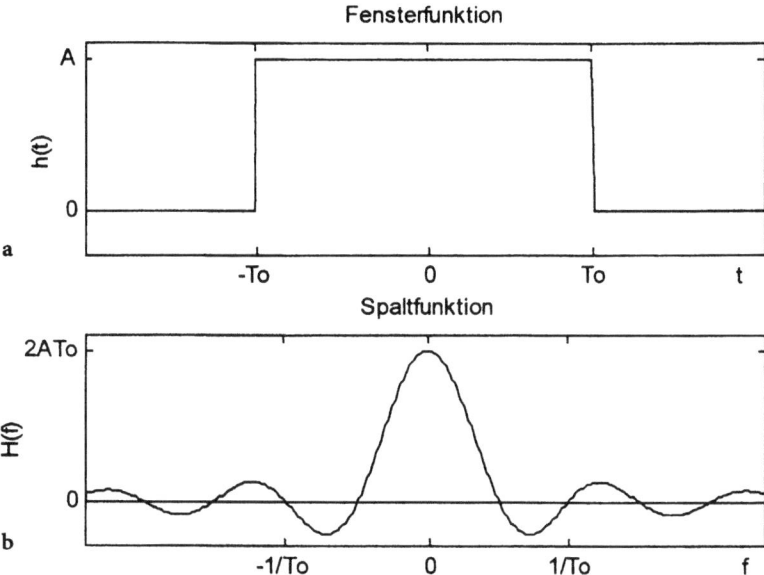

Abb. 6.5a, b. a Fensterfunktion und b deren Fourier-Transformierte, die Spaltfunktion

Fensterfunktion. Die im Intervall $\{-T_0, T_0\}$ vorliegende Zeit-Fensterfunktion der Höhe A (Abb. 6.5), die man auch als Rechteckfunktion bezeichnet, wird bestimmt durch

$$h(t) = \begin{cases} A & |t| < T_0 \\ A/2 & |t| = T_0 \\ 0 & |t| > T_0 \end{cases} \qquad (6.22)$$

Die Fourier-Transformierte oder das Spektrum hat die Form

$$H(f) = 2AT_0 \sin(2\pi T_0 f)/(2\pi T_0 f) \qquad (6.23)$$

$H(f)$ ist eine oszillierende Funktion, deren Hauptmaximum $2AT_0$ bei $f = 0$ liegt, mit Nulldurchgängen bei $f = i/(2T_0)$. (Man nennt diese Funktion auch *Spaltfunktion*, weil sie die Intensitätsverteilung von an einem schmalen Spalt gebeugtem Licht zu beschreiben hilft.)

Spalt- und Fensterfunktion können ihren Platz in der Korrespondenzbeziehung vertauschen. Der im Bereich $\{-f_0, f_0\}$ deklarierten Frequenz-Fensterfunktion entspricht eine Zeit-Spaltfunktion

$$h(t) = 2Af_0 \sin(2\pi f_0 t)/(2\pi f_0 t) \quad \circ\text{---}\bullet \quad H(f) = \begin{cases} A & |f| < f_0 \\ A/2 & |f| = f_0 \\ 0 & |f| > f_0 \end{cases}$$

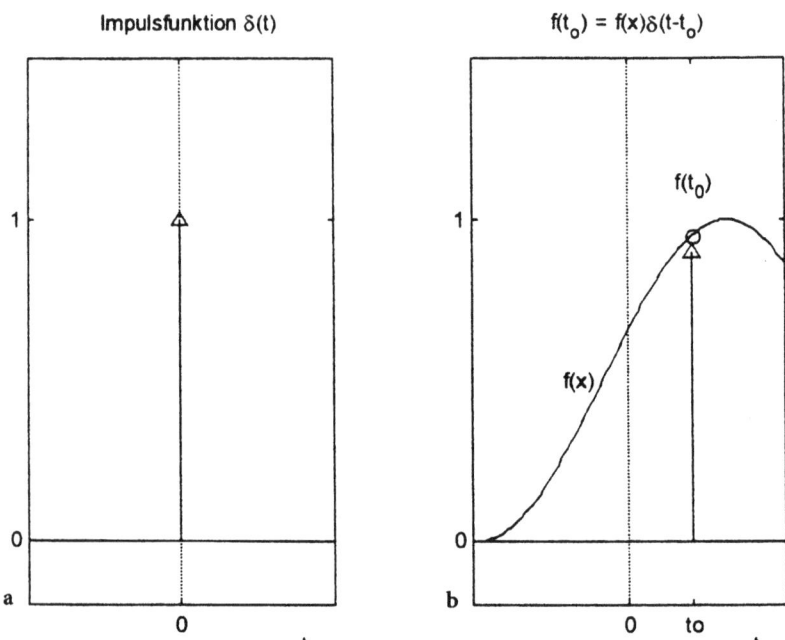

Abb. 6.6 a, b. a Impulsfunktion $\delta(t)$ b Abtasten einer Funktion durch Multiplikation mit einer verschobenen Impulsfunktion $f(t_0) = f(t)\,\delta(t - t_0)$

Impulsfunktion. Die Impulsfunktion $\delta(t)$ (auch Deltafunktion oder Dirac-Impuls genannt) ist als Distribution durch ihre Wirkung definiert:

$$\int_{-\infty}^{\infty} \delta(t)\,dt = 1 \tag{6.24}$$

Man kann sie sich als Grenzwert eines in seiner Breite gegen Null, in seiner Höhe gegen Unendlich gehenden Rechteckimpulses vorstellen. Sie wird graphisch durch einen Pfeil der Länge 1 an der Stelle $t = 0$ dargestellt (Abb. 6.6). Wenn sie mit einem Gewichtsfaktor k verbunden ist, erhält der Pfeil die Länge k, wenn ihr Argument $(t - t_0)$ ist, wird der Pfeil bei $t = t_0$ angegeben.

Eine wichtige Eigenschaft der Impulsfunktion ist ihr Abtastvermögen, das heißt ihre Fähigkeit, bei der multiplikativen Verknüpfung mit einer beliebigen Funktion $f(t)$ den Funktionswert an der Stelle t_0 zu liefern: $f(t_0) = f(t)\,\delta(t - t_0)$.

Die Fourier-Transformierte von $\delta(t)$ ist $\delta(f) = 1$. Es gelten mithin die Korrespondenzen

$h(t) = k\delta(t) \quad \circ\!\!-\!\!\!-\!\!\bullet \quad k = H(f)$

$h(t) = k \qquad \circ\!\!-\!\!\!-\!\!\bullet \quad k\delta(f) = H(f)$.

6.2 Fourier-Transformation

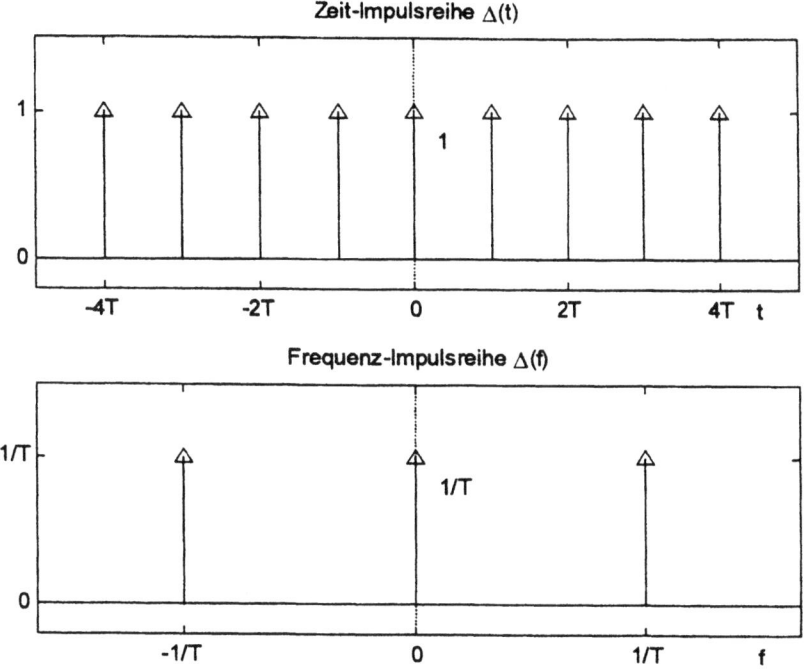

Abb. 6.7. Zeit-Impulsreihe $\Delta(t)$ und ihre Fourier-Transformierte, die Frequenz-Impulsreihe $\Delta(f)$

Impulsreihe. Eine Impulsreihe kommt durch die äquidistante Repetition von Impulsfunktionen in der Zeit- oder Frequenzdomäne zustande. Wenn der Abstand benachbarter Zeit-Impulse gleich T ist, kann man die Zeit-Impulsreihe $\Delta(t)$ durch

$$\Delta(t) = \sum_{n=-\infty}^{\infty} \delta(t - nT) \tag{6.25}$$

beschreiben (Abb. 6.7). Die korrespondierende Fourier-Transformierte ist ebenfalls eine Impulsreihe $\Delta(f)$, gebildet aus Impulsfunktionen der Höhe $1/T$ und mit konstanten Frequenzintervallen $1/T$.

$$h(t) = \sum_{n=-\infty}^{\infty} \delta(t - nT) \;\circ\!\!-\!\!\!-\!\!\bullet\; \frac{1}{T} \sum_{n=-\infty}^{\infty} \delta\left(f - \frac{n}{T}\right) = H(f)$$

6.2.6
Faltung und Faltungstheorem

Die Faltung ist eine sehr wichtige Operation, mit der man die Wechselwirkung zweier Signale oder eines Signals und eines Signal-Übertragungsglieds beschreibt. Man definiert das Faltungsprodukt $y(t)$ zweier Funktionen $x(t)$ und $h(t)$ durch

$$y(t) = \int_{-\infty}^{\infty} x(\tau) h(t - \tau) \, d\tau \tag{6.26}$$

Man erhält mithin den y-Wert an der Stelle t_1, wenn man das Produkt der beiden Funktionen $x(\tau)$ und $h(t_1-\tau)$ bildet und über den Bereich $\{-\infty,\infty\}$ integriert. Die Bildung von $x(\tau)$ aus $x(t)$ erfordert nur eine Variablensubstitution, $h(t_1-\tau)$ erhält man, wenn man dieselbe Variablensubstitution bei $h(t)$ durchführt, dann aber noch eine Spiegelung an der Ordinate vornimmt und die so veränderte Funktion $h(-\tau)$ um den Betrag t_1 auf der Abszisse verschiebt. Die beiden Funktionen werden multipliziert und die Fläche unter dieser Kurve bestimmt.

Abbildung 6.8 demonstriert diese Prozedur am Beispiel einer kausalen Exponentialfunktion $h(t) = e^{-t}(t>0)$ und einer Sprungfunktion $x(t) = 1\,(t>0)$.

Man erhält die analytische Lösung dieses Problems durch

$$y(t) = \int_{-\infty}^{\infty} x(\tau)\,h(t-\tau)\,d\tau = \int_0^t (1)\,e^{-(t-\tau)}\,d\tau = e^{-t}e^{\tau}\big|_0^t = e^{-t}(e^t-1) = 1-e^{-t}$$

Bemerkenswert sind die Faltungseigenschaften der Impulsfunktion und der Impulsfolge: Wenn man eine Funktion $x(t)$ mit $\delta(t-t_0)$ faltet, wird sie reproduziert, ist aber um den Wert t_0 entlang der Abszisse verschoben (Abb. 6.9a). Faltet man $x(t)$ mit der Impulsreihe $\Delta(t)$, entsteht eine periodische Funktion $x_p(t)$, die

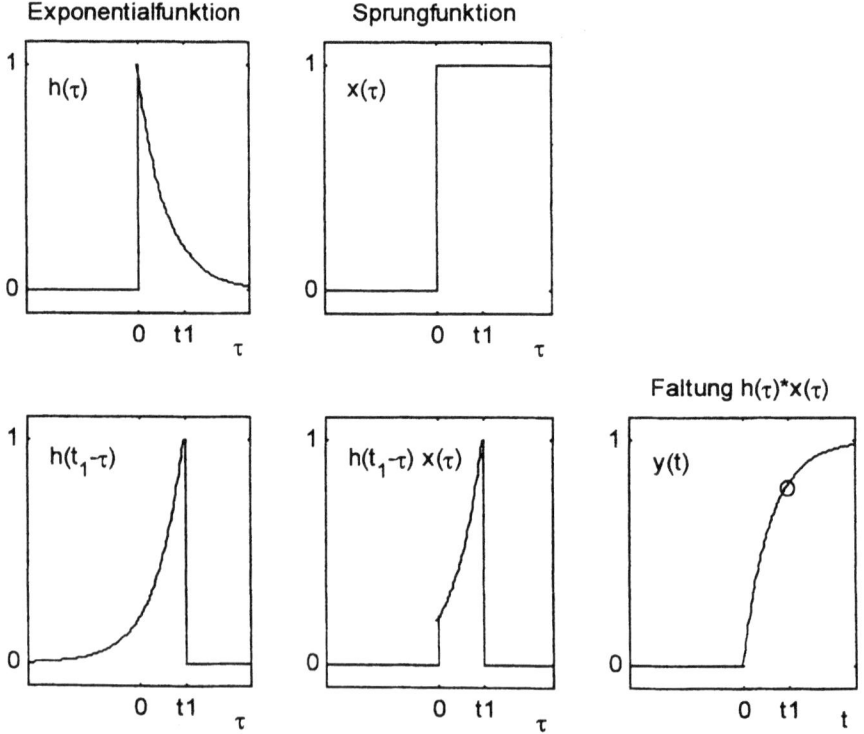

Abb. 6.8. Faltung der kausalen Exponentialfunktion $h(t)$ mit der Sprungfunktion $x(t)$ (oben), gespiegelte und zeitverschobene Exponentialfunktion, das Produkt mit der Sprungfunktion, Ergebnis: der Punkt $y(t_1)$, das Integral über der Produktfläche

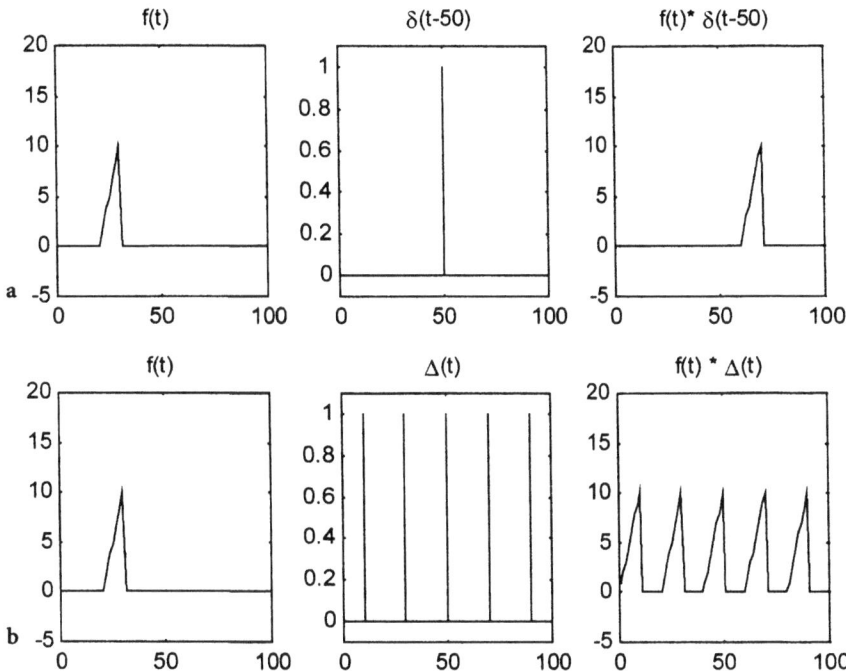

Abb. 6.9 a, b. a Faltung einer Zeitfunktion $f(t)$ mit einer verschobenen Impulsfunktion $\delta(t-50)$, **b** Faltung einer Zeitfunktion $f(t)$ mit einer Zeit-Impulsreihe $\Delta(t)$

jeweils an den Stellen $t = nT$ repetiert wird (Abb. 6.9b). Wenn man eine Funktion $x(t)$ mit $\delta(t-t_0)$ faltet, wird sie reproduziert, ist aber um den Wert t_0 entlang der Abszisse verschoben. Faltet man $x(t)$ mit der Impulsreihe $\Delta(t)$, entsteht eine periodische Funktion $x_p(t)$, die jeweils an den Stellen $t = nT$ repetiert wird.

Die Faltung ist eine kommutative Relation: man erhält das gleiche Ergebnis, wenn man die beiden Funktionen $x(t)$ und $h(t)$ vertauscht.

$$y(t) = x(\tau) h(t - \tau) d\tau = h(\tau) x(t - \tau) \quad (6.27)$$

Das *Faltungstheorem* macht die wichtige Aussage, dass die Fourier-Transformierte eines Faltungsprodukts $y = h(t) * x(t)$ durch die Multiplikation der Fourier-Transformierten $H(f)$ und $X(f)$ berechnet werden kann: $Y(f) = H(f) X(f)$. Das bedeutet, dass die Faltung $h(t) * x(t)$ und das Produkt $H(f) X(f)$ ein Fourier-Transformations-Paar bilden

$$h(t) * x(t) \circ\text{---}\bullet H(f) X(f) \quad (6.28)$$

Damit ergibt sich die Möglichkeit, die bisweilen aufwendige Faltungsprozedur durch eine Multiplikation der Fourier-Transformierten zu ersetzen. Das gewünschte Ergebnis wird durch eine Rücktransformation in die Ausgangsdomäne erhalten.

Das Faltungstheorem gilt auch bei einem Austausch von Zeit- und Frequenzbereich

$$h(t)x(t) \circ\text{---}\bullet H(f) * X(f) \tag{6.29}$$

In Analogie zur Faltung kann man die *Korrelation* zweier Funktionen ebenfalls mit Hilfe der Fourier-Transformation durchführen. Das Korrelationsintegral

$$z(t) = \int_{\tau=-\infty}^{\infty} x(\tau) h(t+\tau) d\tau \tag{6.30}$$

unterscheidet sich von Faltungsintegral nur durch das andere Vorzeichen im Argument $h(t+\tau)$. Das Korrelationstheorem lässt sich ebenfalls als Korrespondenzbeziehung schreiben

$$\int_{\tau=-\infty}^{\infty} x(\tau) h(t+\tau) d\tau \circ\text{---}\bullet H(f) X^*(f). \tag{6.31}$$

$X^*(f)$ bezeichnet die zu $X(f)$ konjugiert-komplexe Funktion. Wenn $h(t)$ und $x(t)$ identisch sind, nennt man diese Verknüpfung auch Autokorrelation, sonst spricht man von einer Kreuzkorrelation.

Auch diskrete Funktionen lassen sich durch eine Faltung verknüpfen:

$$f(m) * g(n) = \frac{1}{M} \sum_{m=1}^{M} \sum_{n=1}^{N} f(n) g(m-n-1) \tag{6.32}$$

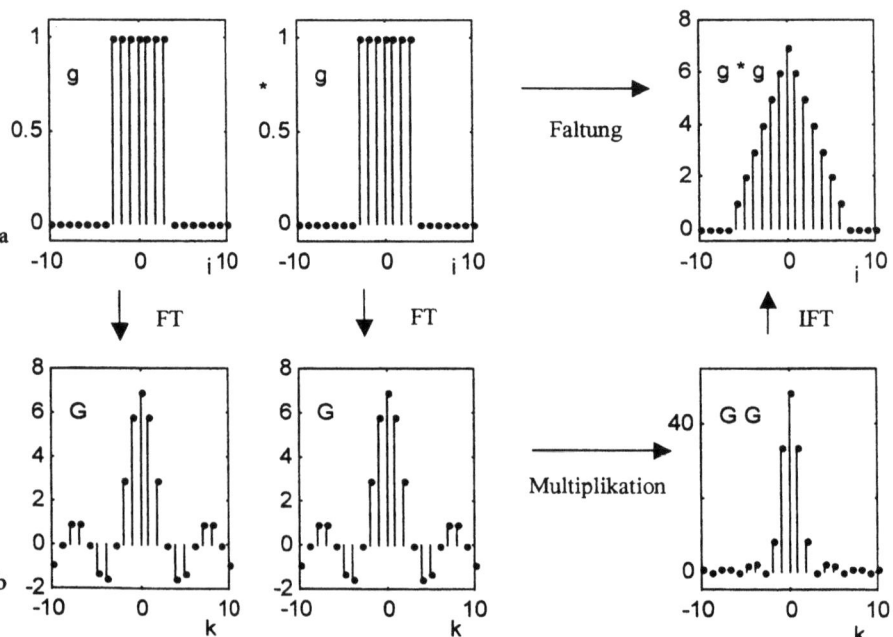

Abb. 6.10a, b. Faltung zweier Rechteckfunktionen (a) und die Alternative: Multiplikation im Bildbereich (b)

und es gilt das Faltungstheorem. Diese Möglichkeit soll am Beispiel der Faltung zweier diskreter Rechteckfunktionen demonstriert werden (Abb. 6.10). Wenn man die Faltung unmittelbar ausführt, ergibt sich eine Dreieckfunktion. Man erhält dasselbe Resultat, wenn man die beiden Rechteckfunktionen durch eine Fourier-Transformation in Spaltfunktionen überführt, diese beiden Funktionen multipliziert und das Produkt einer inversen DFT unterwirft.

6.3 Elemente der Systemtheorie

Informationsverarbeitende Systeme und ihre Wechselwirkung mit Signalen sind Gegenstand der Systemtheorie [9–16]. Solche Systeme können physikalisch-realer oder mathematisch-abstrakter Natur sein und unterschiedliche Komplexitätsgrade aufweisen, sie reagieren auf ein bestimmtes Eingangssignal mit einem bestimmten Ausgangssignal. Die Wirkung eines Systems wird durch seine Struktur, das heißt durch die Art seiner Bestandteile (Elemente) und ihre Verknüpfung bestimmt. Wenn die Struktur des Systems und die Signalübertragungseigenschaften der Elemente bekannt sind, ermöglicht die Systemtheorie die Voraussage des Ausgangssignals für ein bestimmtes Eingangssignal. Bei Systemen unbekannter Struktur kann man aus der Analyse der Antwortsignale auf bestimmte Eingangssignale Rückschlüsse auf diese Struktur ziehen. Die Systemtheorie wird auch angewendet, um Systeme mit bestimmten Informationsübertragungseigenschaften zu synthetisieren. Für Messsysteme sind Betrachtungen zur Signalübertragung, die Beeinflussung des Signal-Rausch-Verhältnisses und der Auflösung von Interesse. Dabei kommt der Korrespondenz zwischen Signalbereich und der Frequenzauflösung sowie dem Abtastintervall und dem Frequenzbereich eine große Bedeutung zu.

6.3.1 Wechselwirkung von Signalen mit Systemen

Signalverformungen, wie sie notwendigerweise und nicht immer transparent beim Durchgang eines Signals durch physikalische Systeme auftreten, kann man auf einer höheren Abstraktionsebene und bei vollständigerer Kontrolle auch bei der digitalen Signalverarbeitung konstatieren. Hier ist das informationsverarbeitende System ein Rechenprogramm und das wissenschaftliche Interesse konzentriert sich auf den Aspekt, welche Veränderungen ein Signal erfährt, das einer Wechselwirkung mit einem solchen System ausgesetzt ist oder wie ein Programm formuliert werden muss, das eine gewünschte Veränderung bewirken soll.

Man kann ein System allgemein als einen Operator $T\{.\}$ auffassen, der ein oder mehrere Eingangssignale x in ein oder mehrere Ausgangssignale y umwandelt

$$y = T\{x\}.$$

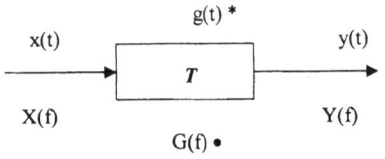

Abb. 6.11. Schematische Darstellung eines Systems, Signalübertragung in der Zeit- und Frequenzdomäne

Bei einer Begrenzung auf ein Ein- und ein Ausgangssignal ergibt sich die in Abb. 6.11 angegebenen Darstellung. Elementare Systeme können zu komplexen Systemen zusammen gesetzt werden.

Wir konzentrieren uns zunächst auf die wichtige Klasse der linearen, zeitinvarianten Systeme (LTI-Systeme, linear time-invariant systems) und ihre Wechselwirkung mit zeitabhängigen Signalen, die man besonders einfach beschreiben kann. Lineare Systeme besitzen die Eigenschaften der Additivität und der proportionalen Übertragung von Eingangssignalen. Wenn

$$y_1 = T\{x_1\} \quad \text{und} \quad y_2 = T\{x_2\}$$

ist, dann ist

$$a y_1 + b y_2 = T\{a x_1 + b x_2\} \tag{6.33}$$

Das Ausgangssignal ist mithin als lineare Superposition der Eingangssignale aufzufassen. Zeitinvarianz bedeutet, dass das Ausgangssignal bei einer zeitlichen Verschiebung des Eingangssignals eine gleich große zeitliche Verschiebung aufweist

$$y(t - t_0) = T\{x(t - t_0)\} \tag{6.34}$$

Die Übertragungseigenschaften eines LTI-Systems für zeitabhängige Signale werden im Zeitbereich als Faltung mit einer systemspezifischen Funktion, der *Impulsantwort* $h(t)$ beschrieben

$$y(t) = g(t) * x(t) \tag{6.35}$$

Diese Verknüpfung beschreibt die Wechselwirkung eines zeitlich veränderlichen Signals mit einem System, dessen Antwort ebenfalls zeitlich veränderlich ist. Wenn man diesen Zusammenhang in den Frequenzbereich übersetzt, ergibt sich das Ausgangssignal $Y(f)$ durch eine Multiplikation des Eingangssignals $X(f)$ und des *Frequenzgangs* $H(f)$.

$$Y(f) = G(f) X(f) \tag{6.36}$$

Ebenso wie $x(t)$ und $X(f)$, sowie $y(t)$ und $Y(f)$ sind die Funktionen $g(t)$ und $G(f)$ Bestandteile eines Fourier-Transform-Paar. Der Transferoperator T ist im Zeitbereich gleich $g(t)*$ und im Frequenzbereich gleich $G(f)$.

Die Kommutativitätseigenschaft von Faltung und Multiplikation ($a * b = b * a$, beziehungsweise $AB = BA$) bringt es mit sich, dass man die Rolle von Eingangssignal und Systemfunktion umkehren kann. Der auf der physikalischen Ebene durchaus ausgeprägte Unterschied von Signal und System geht verloren, wenn man auf die höhere Abstraktionsebene der mathematischen Verknüpfung steigt. Man erhält zum Beispiel dasselbe Ergebnis, wenn man eine Rechteckfunktion auf eine RC-Schaltung mit kausaler Exponentialfunktion als Charakteristik wirken lässt oder eine kausale Exponentialfunktion auf eine Schaltung mit der Charakteristik einer Rechteckfunktion gibt.

In der Bildverarbeitung sind die Bildsignale Funktionen zweier Raumkoordinaten $x(n_1, n_2)$ (n_1 und n_2 bezeichnen die Indizes der Pixel eines digitalisierten Bilds). Das Pendant zu einem LTI-System ist hier ein LSI-System, ein lineares verschiebungsinvariantes System (bei einer Verschiebung des Eingangssignals zu $x(n_1-a, n_2-b)$ erfolgt eine ebensolche Verschiebung des Ausgangssignals $y(n_1-a, n_2-b)$). Die Wechselwirkung im Raumbereich wird hier ebenfalls durch die Faltung mit der zweidimensionalen Impulsantwort des abbildenden Systems beschrieben: $y = h * x$ (auch als $y = h ** x$ formulierbar).

Im Frequenzbereich (mit Ortsfrequenzen f in s^{-1} zu bilden) gilt wieder die multiplikative Verknüpfung

$$Y(f_1, f_2) = X(f_1, f_2)\, G(f_1, f_2) .$$

Ein informationsverarbeitendes System kann aus mehreren Elementen bestehen. Wenn man die Übertragungscharakteristika dieser Elemente kennt, kann man die Charakteristik des Systems angeben.

Bei einer *sequentiellen Anordnung* (Abb. 6.12a) gilt

$$Y = G_1\{G_2\{X\}\} \tag{6.37}$$

der Frequenzgang des Gesamtsystems wird durch das Produkt der Frequenzgänge der Teilsysteme gebildet. Im Zeitbereich muss die Eingangsfunktion $x(t)$ einer zweifachen Faltung – mit $h_1(t)$ und $h_2(t)$ unterworfen werden

$$y(t) = g_1(t) * (g_2(t) * x(t)) \tag{6.38}$$

Die beiden Transformationen können in beliebiger Reihenfolge durchgeführt werden.

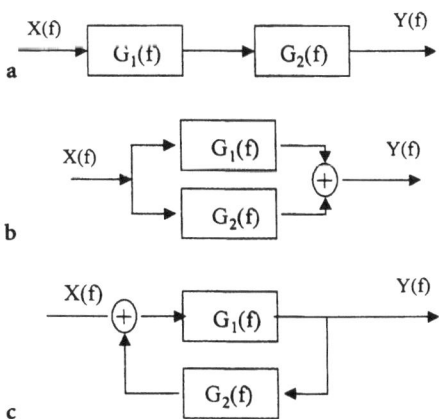

Abb. 6.12a–c. Einfache Systemstrukturen, a sequentielle Anordnung, b parallele Anordnung, c Rückkopplungsstruktur

Bei einer *parallelen Anordnung* (Abb. 6.12b) ist der Frequenzgang $H(f)$ gleich der Summe der Frequenzgänge der beiden Elemente $H_1(f)$ und $H_2(f)$ und es gilt:

$$Y(f) = G(f) X(f) = (G_1(f) + G_2(f)) X(f) \tag{3.39}$$

Im Zeitbereich gilt:

$$y(t) = (g_1(t) + g_2(t)) \cdot x(t) \tag{6.40}$$

Betrachtet man schließlich noch eine *Signalrückführung* (Abb. 6.12c), so gilt:

$$G(f) = \frac{G_1(f)}{1 + G_1(f) G_2(f)} \tag{6.41}$$

6.3.2
Systemanalyse

Wie kann man die Übertragungscharakteristik einfacher physikalischer Systeme bestimmen? Man bekommt die Impulsantwort eines Systems als Reaktion auf ein impulsförmiges Eingangssignal

$$g(t) = g(t) * \delta(t) \tag{6.42}$$

Allerdings ist die Erzeugung eines leistungsstarken Impulses mit einer gegen Null gehenden Breite und die exakte Messung des Ausgangssignals schwierig, so dass man es vorzieht, die Sprungantwort $h(t)$ aufzuzeichnen, die man erhält, wenn man das System mit einer Sprungfunktion $s(t)$ belastet

$$h(t) = g(t) * s(t) \tag{6.43}$$

Da die erste Ableitung der Sprungfunktion die Impulsfunktion ist, erhält man die Impulsantwort durch Differenzieren der Sprungantwort (Abb. 6.13).

Den Frequenzgang ermittelt man, indem man ein harmonisches Signal als Eingangssignal auf das System wirken lässt. Das Ausgangssignal ist dann ebenfalls ein harmonisches Signal mit derselben Frequenz, aber mit geänderter Amplitude und Phase

$$Y(f) = G(f) X(f) \tag{6.44}$$

Für eine bestimmte Frequenz f_0 ergibt sich der Frequenzgang zu $G(f_0) = Y(f_0)/X(f_0)$. Man kann die Systemfunktion auch mit stochastischen Signalen bestimmen (siehe 6.5).

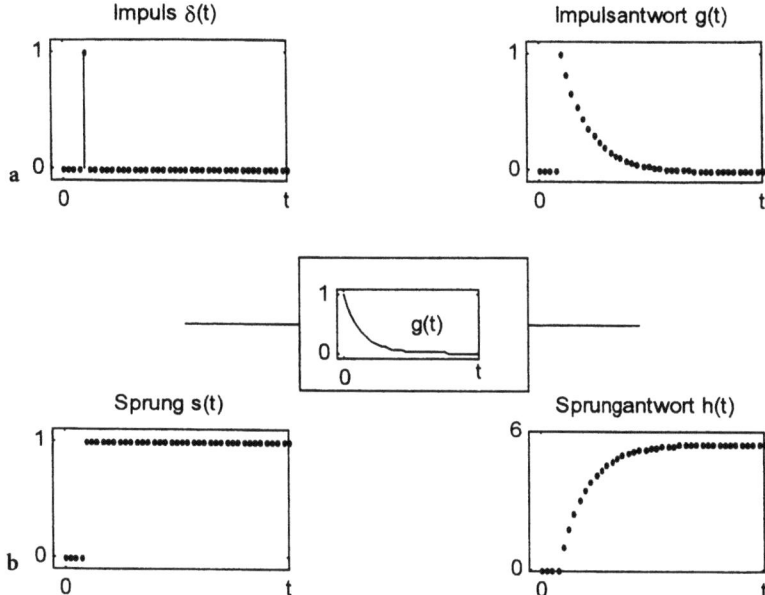

Abb. 6.13 a, b. Ermittlung der Impulsantwort eines Systems mit Hilfe **a** einer Impulsfunktion $\delta(t)$ oder **b** eines Einheitssprungs

6.3.3
Signalbegrenzung und Frequenzauflösung

Messsignale sind stets begrenzt und wenn es digitale Signale sind, auch diskret. Diese Besonderheiten sind mit einigen signaltheoretischen Konsequenzen verbunden.

Die *Begrenzung* ergibt sich aus der Notwendigkeit, den Messprozess zu beginnen und zu beenden. Man kann ein begrenztes zeitliches Signal $f_b(t)$ aus dem nichtbegrenzten Signal $f(t)$ durch Multiplikation mit einer Fensterfunktion $g(t)$, die nur im Messzeit-Intervall gleich Eins, sonst gleich Null ist, auffassen

$$f_b(t) = f(t)\,g(t) \tag{6.45}$$

Dieser Multiplikation in der Zeitdomäne entspricht eine Faltung der beiden Fourier-Transformierten

$$F_b(f) = F(f) * G(f) \tag{6.46}$$

Wenn die Fensterfunktion eine Rechteckfunktion ist, ist die Fourier-Transformierte eine Spaltfunktion (s. Abb. 6.5) und die gefaltete Funktion zeigt eine, gemäß der Spaltfunktion verbreiterte Frequenzverteilung, wie es in Abb. 6.14 am Beispiel einer Cosinusfunktion demonstriert wird. Diese Verbreiterung wird größer, wenn die Fensterfunktion schmaler wird. Wenn man zwei nahe benach-

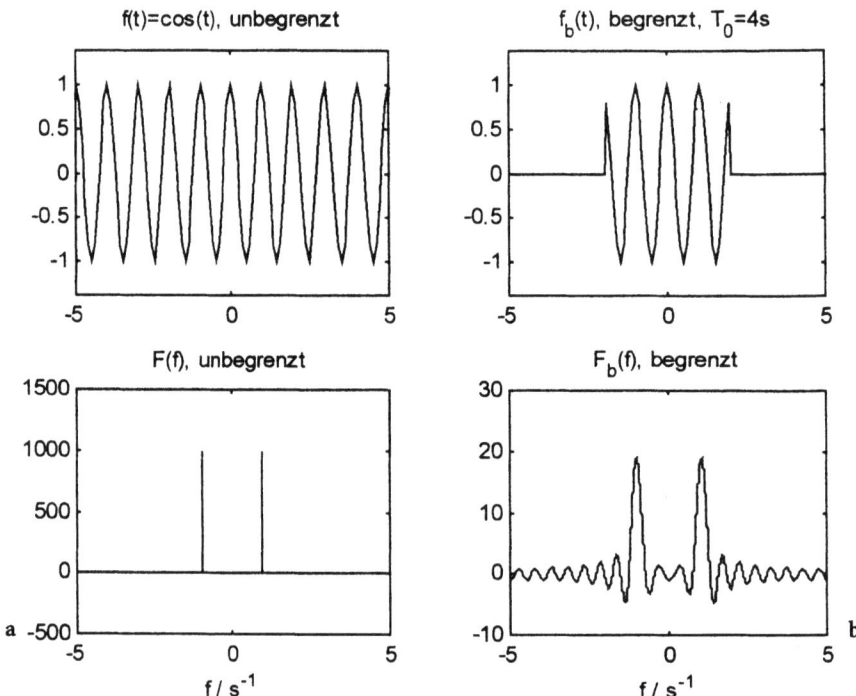

Abb. 6.14 a, b. Signalbegrenzung und Frequenzauflösung. a unbegrenzte Cosinusfunktion ergibt ein Spektrum mit scharfen Linien bei $\pm f_0$, b begrenzte Cosinusfunktion ergibt als Spektrum zwei Spaltfunktionen bei $\pm f_0$

barte Frequenzen f_1 und f_2 im Spektrum auflösen möchte, muss die Messzeit T größer als $2/(f_1 - f_2)$ sein:

$$T > 2/(f_1 - f_2) \tag{6.47}$$

Dies wird in Abb. 6.15 noch einmal an einer aus zwei überlagerten Cosinusfunktionen mit den Frequenzen $f_1 = 1$ und $f_2 = 1.2$ Hz zusammengesetzten Funktion, die über 6 beziehungsweise 10 s beobachtet wurde. Nur beim Beobachtungsintervall von 10 s werden diese beiden Frequenzen im Spektrum aufgelöst. Die in (6.48) formulierte Forderung kann als Parallele zum Abtast-Theorem aufgefasst werden. Wenn die Begrenzung einer Zeitfunktion im Spektrum als signalverbreiternde Konvolution auftritt, könnte man versuchen, durch eine rechnerische Dekonvolution eine Verlängerung eines zu kurzen Zeitsignals zu erreichen. Eine Verlängerung ist tatsächlich zu erzielen, aber mit keinem Informationsgewinn verbunden, weil sich im hinzugewonnenen Zeitintervall nur die bereits erfassten Signalstrukturen periodisch wiederholen.

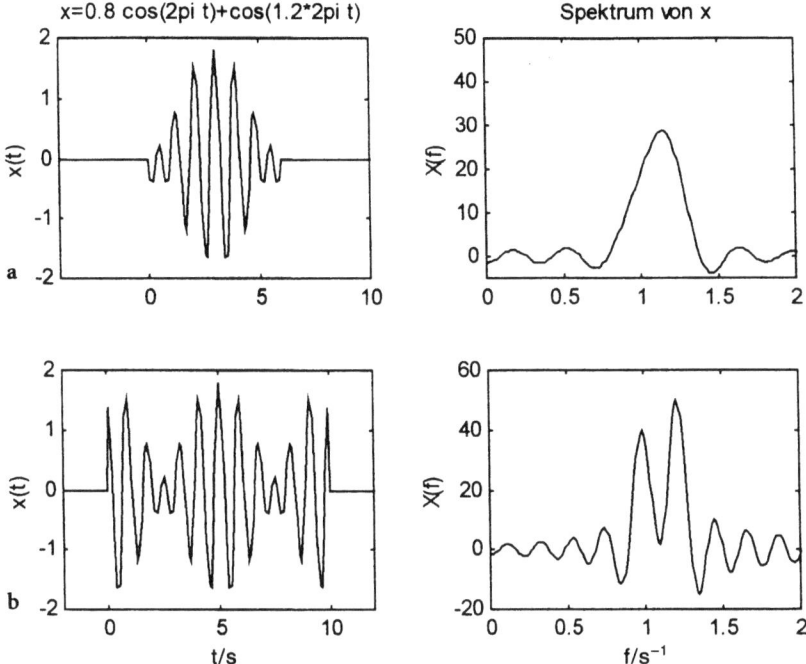

Abb. 6.15 a, b. Verbesserung der spektralen Auflösung durch Verlängerung der Messzeit. a Zeitintervall 6 s, die beiden Frequenzen werden nicht getrennt, b Zeitintervall 10 s, die beiden Frequenzen werden aufgelöst

6.3.4
Diskretisierung und Frequenzbereich

Signaldiskretisierung erfolgt bei der Umwandlung eines kontinuierlichen Analogsignals in ein Digitalsignal. Man bezeichnet Prozess auch als Signalabtastung. Signaltheoretisch findet eine Multiplikation des kontinuierlichen Signals $x(t)$ mit einer Zeit-Impulsfolge $\Delta(t)$ statt

$$x_d(t) = x(t)\,\Delta(t) \tag{6.48}$$

der in der Frequenzdomäne eine Faltung der Fourier-Transformierten entspricht

$$X_d(f) = X(f) * \Delta(f) \tag{6.49}$$

In Abb. 6.16 wird diese Relation am Beispiel einer aus einer Cosinus- und Gaussfunktion zusammengesetzten Funktion dargestellt. Wichtiger Parameter ist die Abtastzeit t_0, die sich in den Abständen der Zeitimpulsreihe wiederfindet und deren Reziprokwert $1/t_0 = F_0$, den Abstand der Frequenzimpulse in $\Delta(f)$ festlegt. Die Faltung ergibt eine periodische Wiederholung der $X(f)$-Funktion mit der Repetitionsfrequenz F_0. Ein einziger solcher Frequenzbereich der Länge F_0, den man zweckmäßigerweise symmetrisch zur Null im Intervall $\{-F_0/2, F_0/2\}$ dar-

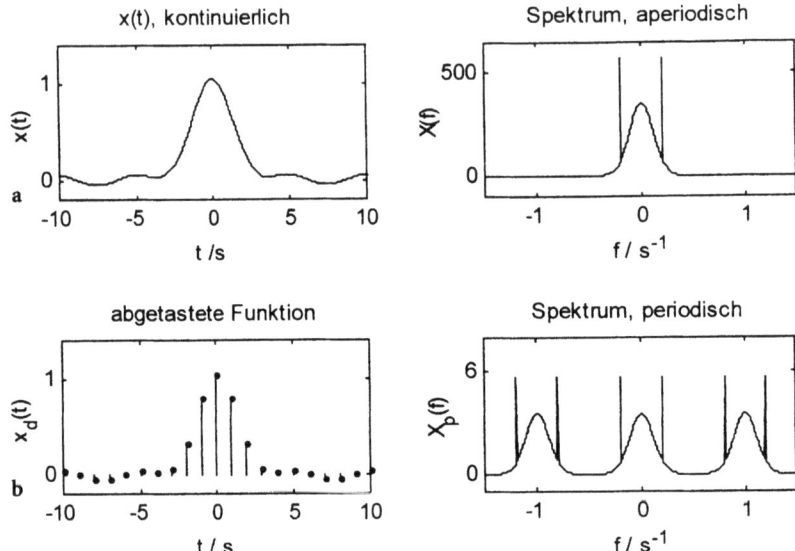

Abb. 6.16a, b. Diskretisierung führt zu einem periodischen Spektrum. a kontinuierliche Zeitfunktion (Summe einer Gauss- und Cosinusfunktion) ergibt ein aperiodisches Spektrum, b die diskretisierte Funktion gibt ein periodisches Spektrum, dessen Repetitionsfrequenz umgekehrt proportional zum Abtastintervall ist

stellt, repräsentiert die gesamte Information der Spektralfunktion. Die Abtastzeit legt die Breite dieses Spektralbereichs fest.

Man kann die Diskretisierung wieder rückgängig machen, wenn man die periodische Frequenzfunktion auf das zentrale Frequenzintervall beschränkt und dieses in den Zeitbereich zurücktransformiert. Eine informationsverlustfreie Regenerierung setzt allerdings voraus, dass die Frequenzbereiche soweit voneinander getrennt sind, dass keine Signalüberlagerung in den benachbarten Bereichen stattfindet. Wenn man die größte Frequenz der Nutzinformation des Signals als Grenzfrequenz f_g bezeichnet, kann man mit dem *Abtasttheorem* die obere Grenze des Abtastintervalls angeben:

$$t_0 < 1/(2 f_g) \qquad (6.50)$$

In Abb. 6.17 wird am Beispiel eines aus mehreren Schwingungen (0,3, 3 Hz) bestehenden Signals der Einfluss der Abtastzeit auf das zentrale Frequenzintervall und die Regenerierung des kontinuierlichen Signals gezeigt. Bei einer Abtastzeit von $t_0 = 0{,}05$ s ist der zentrale Frequenzbereich zwischen -10 und 10 Hz ausgebildet und enthält alle Bestandteile des Spektrums. Das kontinuierliche Signal lässt sich fehlerfrei regenerieren. Bei einer Abtastzeit von $t_0 = 0{,}23$ s ist der Frequenzbereich jedoch zwischen $-2{,}17$ und $2{,}17$ Hz beschränkt. Die Signalkomponente bei 3 Hz ist nicht vertreten, es tritt jedoch ein Frequenzmaximum bei etwa $\pm 1{,}3$ Hz auf, das durch die 3 Hz-Kom-

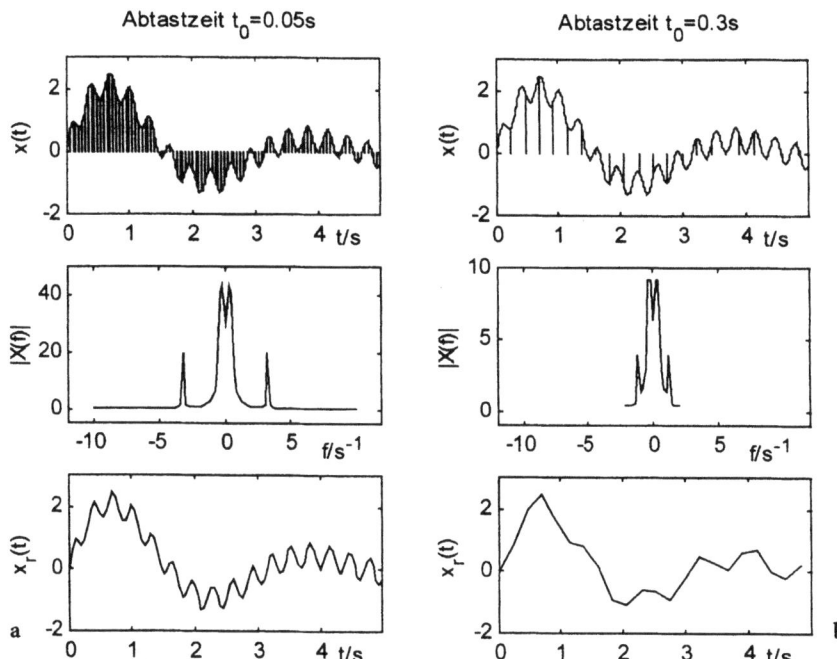

Abb. 6.17a, b. Demonstration des Abtasttheorems. **a** ein Signal wird mit einer ausreichend kleinen **b** und einer zu großen Abtastzeit digitalisiert. Im zweiten Fall ist das Spektrum durch Aleasingfehler deformiert, die Rekonstruktion des Zeitsignals misslingt

ponente der benachbarten Frequenzbereiche verursacht wird. Dieser Überlagerungs- oder Aleasingeffekt führt zu einem fehlerhaft regenerierten Signal.

Solche Aleasingfehler können auch durch hochfrequente Rauschanteile eines Signals verursacht werden. Daher empfiehlt es sich, diese Signalanteile vor dem Digitalisieren durch ein Tiefpassfilter auszuschalten oder zu vermindern.

Begrenzung und Digitalisierung hängen miteinander zusammen. Wenn man eine Funktion auf einen Bereich $0 < t < T_0$ begrenzt, kann in der Spektralfunktion eine bestimmte untere Grenzfrequenz nicht mehr unterschritten werden, die Fourier-Transformierte wird eine diskrete Funktion. Wenn man im Zeitbereich eine Abtastung mit der Abtastrate $1/t_0 = F_0$ durchführt, bekommt die Spektralfunktion eine obere Grenze. Sie besteht aus $N = F_0/f_0$ Werten. Die begrenzte und abgetastete Zeitfunktion hat dieselbe Wertezahl: $N = T_0/t_0$. Diese jeweils N Werte sind durch die diskrete Fourier-Transformation verbunden.

Der Zusammenhang zwischen steigender Punktdichte im Zeitbereich und der Länge des zugeordneten Spektrums kann ausgenutzt werden, um die Punktdichte eines grob gerasterten Zeitsignals nachträglich zu vergrößern, um zum Beispiel aus wenigen Messwerten eine glatte Graphik zu erzeugen. Man erreicht dies durch *Zerofilling*, das heißt durch die Verlängerung des Spektrums mit einer größeren Zahl von Nullwerten. Wenn man das Spektrum auf diese Weise von N_1 auf N_2 Werte vergrößert hat, dann verteilen sich diese N_2 Punkte in der Zeit-

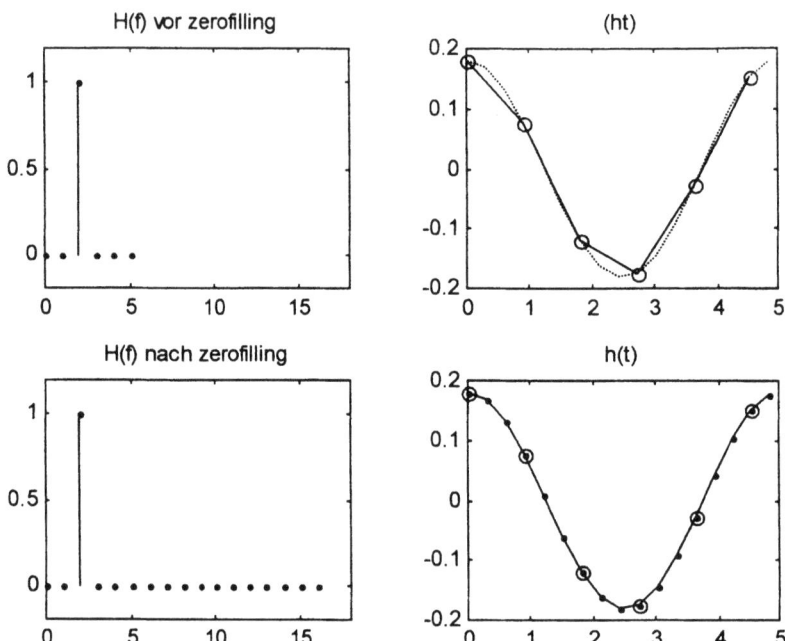

Abb. 6.18. Interpolation durch Zerofilling. Ein aus wenigen Punkten bestehendes Interferogramm wird durch mehrere Nullwerte vergrößert. In der Fourier-Transformierten erscheinen zusätzliche Punkte, die zwischen den ursprünglichen Punkten interpolieren

funktion in demselben T_0-Intervall, in dem zuvor N_1 Punkte vertreten waren. Abbildung 6.18 gibt ein Beispiel. Man kann eine solche Manipulation natürlich auch zur Verminderung der Punktanzahl einer Zeitreihe verwenden, indem man die Fourier-Transformierte verkürzt. Man hat gegenüber einer einfachen Dezimierung den Vorteil, dass keine wichtige niederfrequente Information verloren geht (s. 6.7.1).

6.4
Digitales Filtern/Konvolution

Dem Chemiker ist Filtern als Separationsmethode, mit der die Partikelgrößenverteilung einer Suspension verändert werden kann, geläufig. In der Signalverarbeitung bezeichnet man Prozeduren, mit denen die Frequenzverteilung eines Signals verändert wird, als Filteroperationen. Bei analogen Signalen hat jedes physikalische System, das von einem Signal durchlaufen wird, Filtereigenschaften. Auch bei digitalen Signalen kann man Filtereffekte im Echtzeitbetrieb mit speziellen Schaltungen erreichen. Wenn die Verarbeitungszeit unkritisch ist, stehen für die digitale Filterung zahlreiche Programme zur Verfügung, die einen ein- oder zweidimensionalen Datensatz als Eingangsgröße akzeptieren, seine Elemente in bestimmter Weise – durch lineare oder nichtlineare Operationen –

verknüpfen und einen neuen Datensatz bilden, der ausgegeben wird. Ein solches Programm kann als informationsverarbeitendes System, betrachtet werden. Filterprozeduren gehören zu den Basismethoden der Signalverarbeitung. Sie sind einfach zu realisieren und führen ein bestimmtes Eingangssignal eindeutig in ein bestimmtes Ausgangssignal über. Nichtlineare Verfahren berücksichtigen die Randbedingungen spezieller Fälle und erfordern einen größeren Aufwand, ergeben aber auch bessere Filter-Effekte.

Filtern im engeren Sinne meint die Verarbeitung von Signalen im Frequenzraum. Hier wird das Ausgangssignal durch eine multiplikative Verknüpfung des Eingangssignals mit dem Frequenzgang gebildet. In Abhängigkeit vom Frequenzgang kann eine spezifische Abschwächung oder Verstärkung bestimmter Frequenzbereiche erzielt werden. Ein Tiefpassfilter, zum Beispiel, hat einen Frequenzgang, der tiefe Signalfrequenzen passieren lässt, hingegen hohe Signalfrequenzen abschwächt (und einen Glättungseffekt des korrespondierenden Zeitsignals erzielt). Man kann aufgrund der Frequenz-Zeit-Dualität dieselben Filter-Effekte auch in der Zeitdomäne erreichen, indem man ein Zeitsignal mit der Impulsantwort des Verarbeitungssystems faltet und das Ergebnis als Zeitfunktion erhält. Man nennt diese mit der Faltung verbundenen Operationen – Multiplikation des Eingangssignals mit der gespiegelten Impulsantwort und Summation der Produkte zu einem Punkt der Ausgangsfunktion – auch *Konvolution*. Die Impulsantwort wird in diesem Zusammenhang Konvolutionsfunktion oder, wenn sie nur in einen kleinen Bereich von Null verschieden ist, Konvolutionskern genannt. Filtern im weiteren Sinn schließt die Konvolution ein. Wenn der Konvolutionskern klein ist, kann der mit der Konvolution verbundene Rechenaufwand mit der Multiplikation in der Frequenzdomäne, die eine zweimalige Fourier-Transformation notwendig macht, konkurrieren.

Filterprozeduren können als lineare Verarbeitungsprozeduren für die Signalglättung, für Signalkorrekturen und Gradientenverstärkung verwendet werden. Die anspruchsvollere Dekonvolution, deren Ziel in der Eliminierung unerwünschter Konvolutionseffekte besteht, bedient sich in zunehmendem Maß auch nichtlinearer Operationen, die etwa durch die Berücksichtigung physikalisch plausibler Randbedingungen eingebracht werden. Wir werden uns im folgenden auf die linearen Filterprozeduren konzentrieren und am Ende mit einem Beispiel auf die neueren Entwicklungen verweisen.

6.4.1
Signalglättung

Glättungsfilter sind sowohl in der Zeit als auch in der Frequenzdomäne durch einen Block positiver, zusammenhängender Werte, die symmetrisch zum jeweiligen Nullpunkt ($t = 0$ oder $f = 0$) angeordnet und durch kleinere Werte bei höheren t- oder f-Werten gekennzeichnet sind (Tiefpassfilter). Es gibt zahlreiche Möglichkeiten, solche Filter zu deklarieren. Man beschränkt sich in meisten Fällen jedoch auf einige Filtersätze, die durch besonders einfache Deklarationsformeln im Zeit- oder Frequenzbereich gekennzeichnet sind.

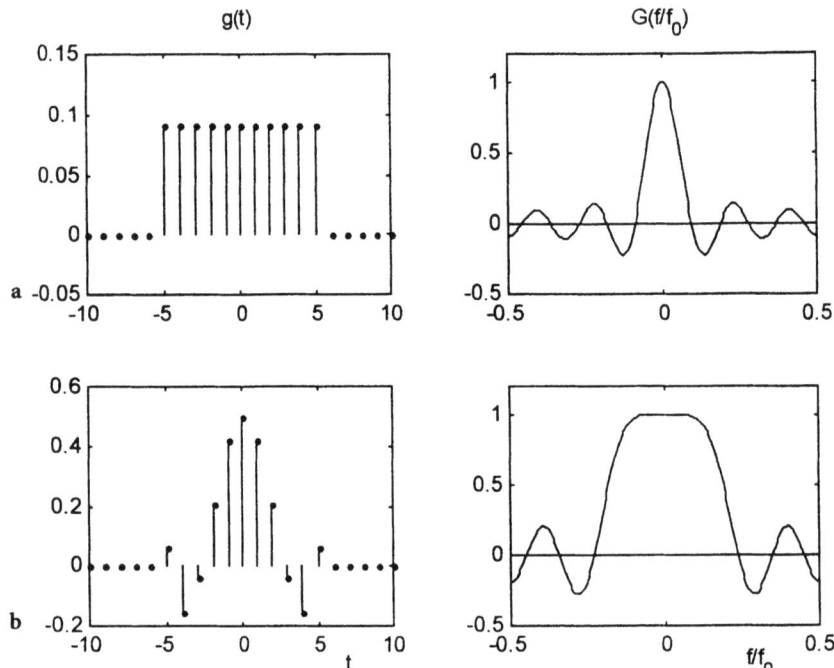

Abb. 6.19 a, b. Glättungsfilter im Zeit- und Frequenzbereich. **a** Rechteckfilter, **b** Polynomfilter

Im Abb. 6.19 werden Vertreter für zwei wichtige, im Zeitbereich definierte Filterfamilien – Rechteckfilter und Polynomfilter – vorgestellt. Diese Filter bestehen aus $N = 2L+1$ Werten, die symmetrisch zu $t = 0$ angeordnet sind. Rechteck- oder Mittelwertfilter haben konstante Werte der Größe $1/N$. Ihre Wirkung soll am Beispiel ihres einfachsten Vertreters, dem Drei-Punkte-Mittelwertfilter, das aus der Folge $\{1/3, 1/3, 1/3\}$ bei $k = -1, 0$ und 1 besteht, erklärt werden. Man berechnet den k-ten Wert der Ausgangsfunktion y_k durch

$$y_k = \frac{1}{3}(x_{k-1} + x_k + x_{k+1}) \tag{6.51}$$

und hat die gesamte Folge der Ausgangswerte durch eine systematische Veränderung des k-Werts zu berechnen. Man spricht daher auch von einem gleitenden Filter. Die anderen Mitglieder dieser Filterfamilie ergeben sich durch Variation der Filterbreite N. Zu diesen Filtern gehören als Frequenzgänge die bereits behandelten Spaltfunktionen.

Wenn man den Ergebniswert nicht durch eine Mittelwertbildung, sondern mit Hilfe eines Ausgleichspolynoms, das durch die Datenpunkte im Filterintervall gelegt wird, berechnet, ergeben sich Polynomfilter, die vom gewählten Polynomgrad und von der Breite des Filterintervalls abhängig sind. Man kann die Filterkoeffizienten analytisch berechnen, z.B. für ein quadratisches Polynom mit der Breite N nach

$$g_k = g_{-k} = \frac{3(N^2 - 3N - 1 - 5k^2)}{(2N+3)(2N+1)(2N-1)} \tag{6.52}$$

Man nennt diese Filter auch Savitzky-Golay-Filter. Die zugehörigen Frequenzgänge haben eine breiteren, flachen Übertragungsbereich in der Nähe von $f = 0$ als die Spaltfunktionen.

Als Anwendungsbeispiel wird in Abb. 6.20a ein Ausschnitt aus einem Ramanspektrum, in dem neben zwei breiten Banden ein deutlicher Rauschanteil und ein Ausreißer enthalten sind, gezeigt. Die beiden Banden sind mit niederfrequenten Signalanteilen, die Rauschanteile mit gleichförmig verteilten Frequenzkomponenten verbunden. Das 7-Punkte-Mittelwertfilter, mit dem das in Abb. 6.20b angegebene Signal erhalten wurde, beeinträchtigt die Banden wenig, eliminiert aber einen großen Anteil der Rauschkomponenten. Allerdings wird der auf einen Datenpunkt beschränkte Ausreißer zu einem sieben Punkte breitem Tal aufgeweitet.

Man kann diesen Artefakt vermeiden, wenn man anstelle der einfachen Mittelwertbildung einen robusten Mittelwert – den Median – berechnet (Abb. 6.20c). Die Glättungswirkung kann durch die Wahl der Filterfamilie und die Breite des Filterintervalls variiert werden. Man hat aber darauf zu achten, dass die infor-

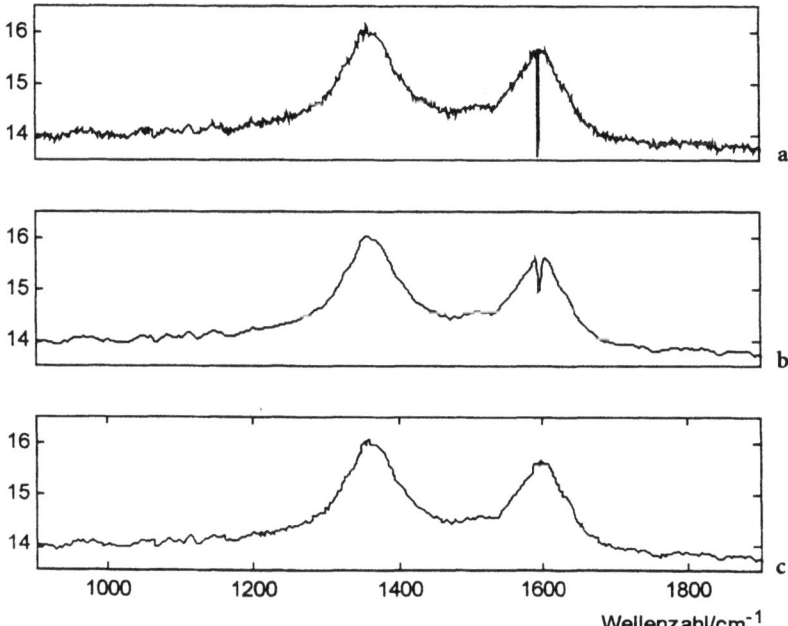

Abb. 6.20a–c. Signalglättung. **a** Spektrenausschnitt mit Rauschen und einem Ausreißerwert **b** Glätten mit einem 7-Punkte-Rechteckfilter, **c** Glätten mit einem Medianfilter: der Ausreißer wird eliminiert

208 6 Signal- und Bildverarbeitung

mationstragenden Strukturelemente eines Signals nicht zu stark beeinträchtigt werden, indem man die Filterbreite kleiner wählt als die Halbwertsbreite charakteristischer Signalstrukturen.

Man kann den Durchlassbereich des Filters passgerecht auf den Frequenzbereich der Nutzinformation einschränken, wenn man das Filter im Frequenzbereich entwirft und das Filtern als Multiplikation in der Frequenzdomäne

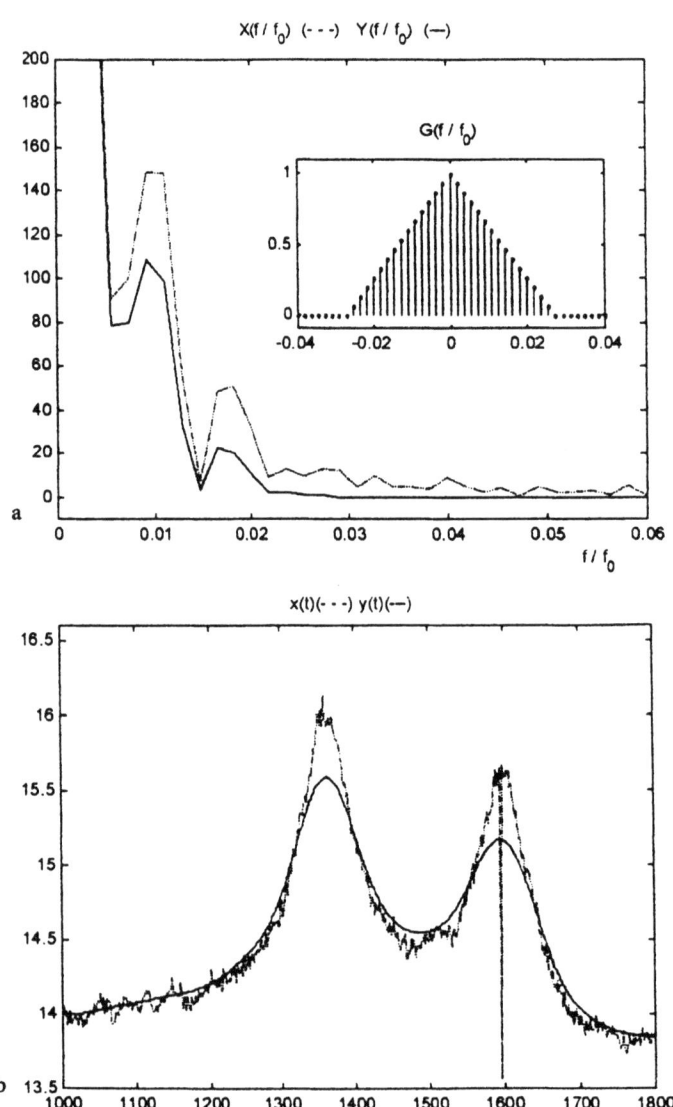

Abb. 6.21 a, b. Glätten durch Multiplikation in der Frequenzdomäne. a Ausgangsfunktion $X(f)$ ----- und das Produkt $Y(f) = X(f)\,G(f)$, $G(f)$ ist die Filterfunktion, b die Zeitfunktionen vor und nach der Glättung

6.4 Digitales Filtern/Konvolution

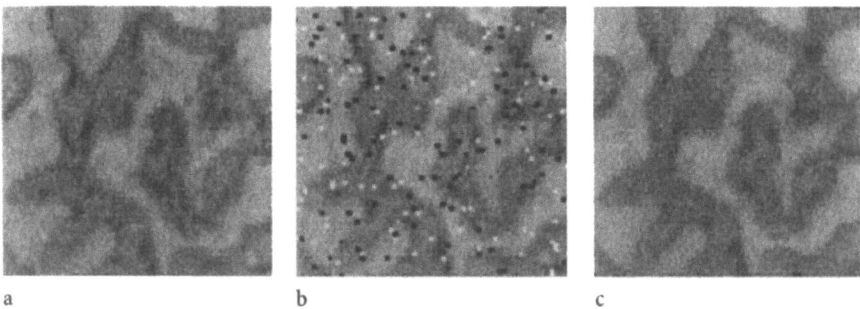

a b c

Abb. 6.22 a – c. Glätten eines Bildes mit einem Medianfilter. a Ausgangsbild, b nach Addition von „Salz- und Pfeffer-Rauschen", c nach der Anwendung eines Medianfilters

durchführt. Ein solches Frequenzfilter könnte ebenfalls eine Rechteckform haben (idealer Tiefpass). Man erhält aber bessere Ergebnisse, wenn man Diskontinuitäten in der Filterfunktion, die in der Zeitkurve zu Oszillationen führen, vermeidet und beispielsweise eine Dreieckfunktion verwendet, die gleichmäßig von ihrem Maximalwert bei $f/f_0 = 0$ auf Null abfällt. Eine solche Filterfunktion $G(f/f_0)$ wird in der Einfügung in Abb. 6.21 a gezeigt. Sie transformiert das Spektrum $X(f/f_0)$ in das Spektrum $Y(f/f_0)$, die ebenfalls in diesem Bild angegeben werden. Abbildung 6.21 b stellt die entsprechenden Zeitsignale dar. Im Vergleich zur 7-Punkte-Glättung ergibt sich eine stärkere Ausprägung des Glättungseffekts, dem auch der Ausreißerwert zum Opfer fällt. Allerdings ist auch eine gewisse Signaleinebnung festzustellen.

Zweidimensionale Signale lassen sich in derselben Weise behandeln. Sie erfordern zweidimensionale Konvolutionskerne, beziehungsweise Übertragungsfunktionen. Wenn diese Funktionen nicht zentralsymmetrisch sind, kann man auch anisotrope Glättungseffekte erreichen. Abbildung 6.22 zeigt als Beispiel die Anwendung eines Medianfilters auf ein Bild.

6.4.2
Signalkorrekturen

Korrekturfilter kommen zu Einsatz, wenn Störsignale abgeschwächt oder interessante Komponenten verstärkt werden sollen. Eine solche Situation liegt zum Beispiel vor, wenn in einem Infrarotspektrum kleine Absorptionsbanden durch Interferenzeffekte, die durch Mehrfachreflexion an glatten, planparallelen Probenoberflächen auftreten können, überlagert werden. Abbildung 6.23 b zeigt einen Ausschnitt aus dem Spektrum einer Polystyrolfolie, in der dieser Effekt zu Oszillation mit einem Repetitionsintervall von ca. 90 cm^{-1} führt. In der Fourier-Transformierten (Abb. 6.23 a) ist das Interferenzmuster durch die Auslenkungen in der Nähe des Punkts $90/(2\pi) \cong 14$ sichtbar. Wenn man ein Intervall um diesen Punkt (Punkte 11 bis 17) durch Nullsetzen ausblendet (man realisiert ein Bandstop-Filter) und eine Rücktransformation durchführt, ergibt sich das in Abb. 6.23 c angegebene Signal, in dem die Interferenzstörung verschwunden ist.

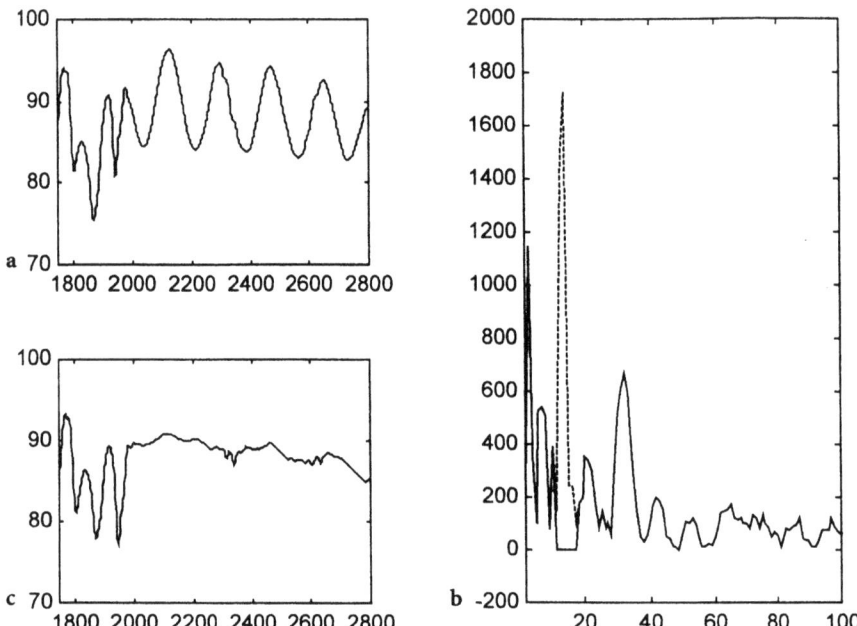

Abb. 6.23 a–c. Eliminieren einer störenden Frequenz in einem Signal **a**, durch Modifizieren der Fourier-Transfomierten **b** (Nullsetzen des Intervalls 10–18), **c** Signal nach der Rücktransformation

6.4.3
Gradientenverstärkung

Gradientenverstärkung erreicht man durch differenzierendes Filtern. Dem Differenzieren einer Zeitfunktion entspricht eine Multiplikation der Fourier-Ttransformierten mit der frequenzproportionalen Funktion. Daher sind die entsprechenden Filterfunktionen sowohl in der Zeit- als auch in der Frequenzdarstellung ungerade Funktionen, die in ihrem zentralen Teil einen annähernd linearen Anstieg zeigen. Die Signalkomponente mit der Frequenz Null wird eliminiert, die Filter haben eine Hochpass-Charakteristik. Abbildung 6.24 zeigt zwei charakteristische, für die Zeitdomäne geschaffene Vertreter. Bei ihrer Anwendung auf eindimensionale Signale ergibt sich eine Betonung von Signaländerungen, ähnlich wie bei der Bildung von Ableitungen, bei zweidimensionalen Signalen werden Kanten verschärft. Die einfache, in Abb. 6.24a angegebenen Filterfunktion bewirkt die Berechnung eines Differenzenquotienten

$$y_k = \frac{y_{k+1} - y_{k-1}}{2\Delta t} \qquad (6.53)$$

Dieser Konvolutionsfunktion entspricht ein Frequenzgang der Form $\sin(f/f_0)$. Mit Polynomfiltern, von denen in Abb. 6.24b ein Beispiel gegeben wird, werden größere Signalintervalle im Zeitbereich erfasst und in den Übertragungsfunk-

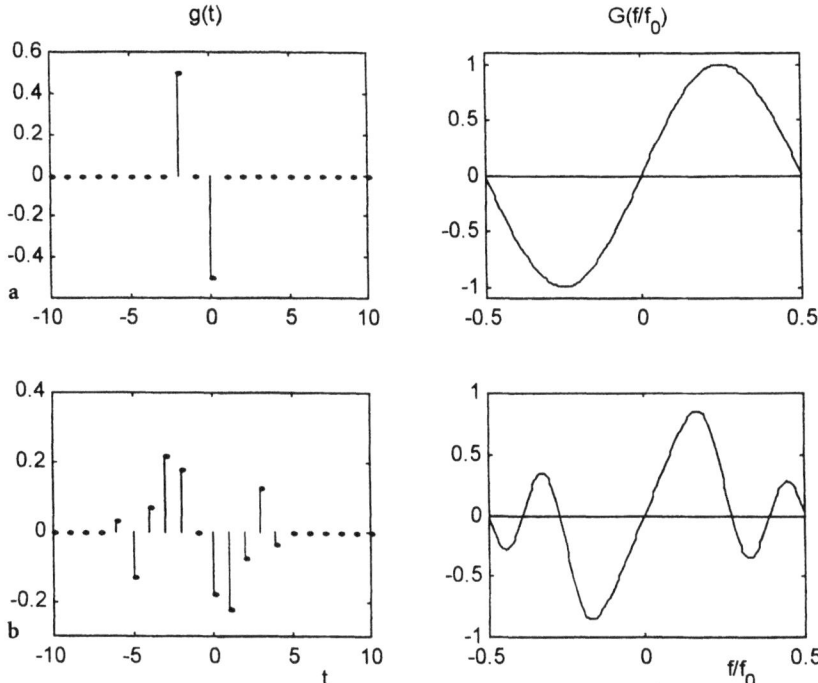

Abb. 6.24 a, b. Zeit- und Frequenzdarstellung zweier differenzierender Filter. **a** Zwei-Punkte-Filter, **b** Polynomfilter

tionen ein gleichförmigerer Anstieg im zentralen Teil und eine schnellere Dämpfung in den hochfrequenten Anteilen realisiert. Damit kommt eine Kombination von Ableitungsbildung und Glättung zustande.

In Abb. 6.25 wird ein Ausschnitt aus einem IR-Spektrum und die mit dem in Abb. 6.24a angegebenen Filter berechnete erste Ableitung gezeigt. Wendet man dieses Filter ein weiteres Mal auf diese Ableitung an, bekommt man die zweite Ableitung des Signals.

In der Bildverarbeitung spielen Gradientenfilter eine wichtige Rolle für den Nachweis und die Verschärfung von Kanten zwischen verschiedenen Bildbereichen. Dabei kann man durch die Filterfunktion auch eine Richtungsspezifität vorgeben. Abbildung 6.26 zeigt die Anwendung zweier Sobel-Filter der Form,

$$\begin{bmatrix} -1 & 0 & 1 \\ -1 & 0 & 1 \\ -1 & 0 & 1 \end{bmatrix} \quad \begin{bmatrix} -1 & -1 & -1 \\ 0 & 0 & 0 \\ 1 & 1 & 1 \end{bmatrix}$$

bei denen die vertikalen, beziehungsweise horizontalen Kanten der Bildobjekte verstärkt werden.

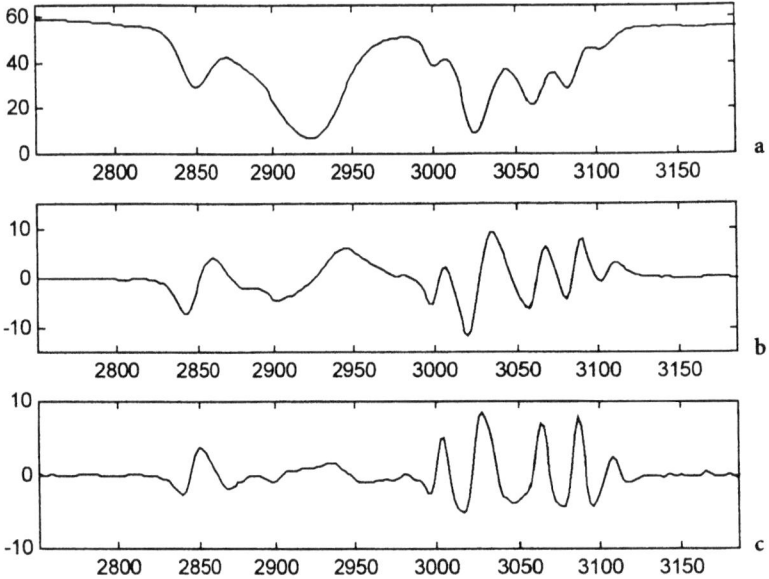

Abb. 6.25 a–c. a Spektrenausschnitt, b erste Ableitung, c zweite Ableitung

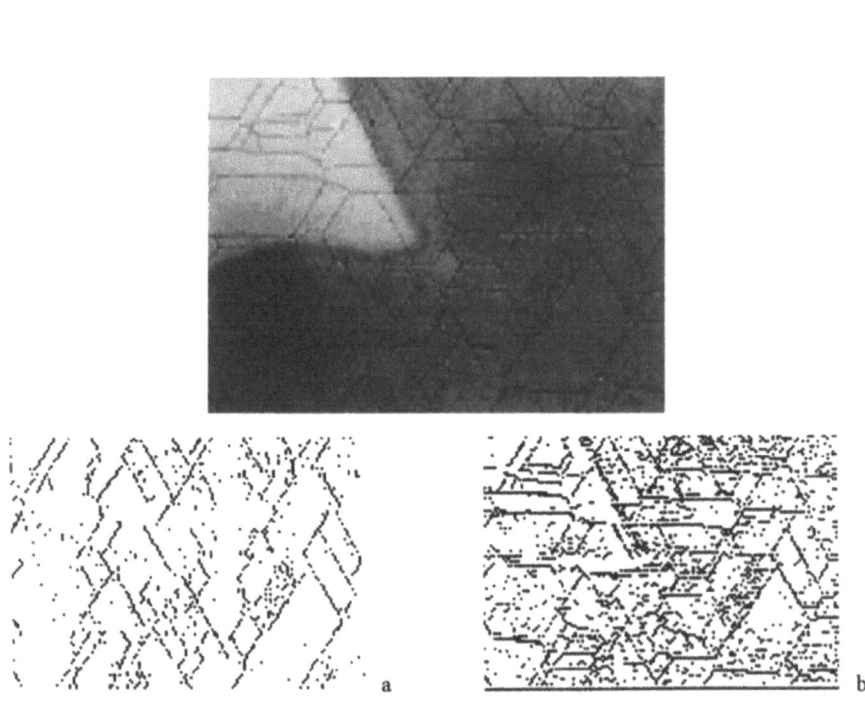

Abb. 6.26 a, b. Anwendung von Gradientenfiltern zur Verstärkung von Diskontinuitäten oben: Spannungsrisse in einer dünnen Schicht. a vertikal wirkendes Sobel-Filter, b horizontal wirkendes Sobelfilter

6.4.4
Dekonvolution

Bei experimentellen Messungen wird dem primären Signal durch die Informationsübertragungskette des Messgeräts die Gerätefunktion aufgefaltet, so dass es mehr oder weniger stark verformt ist. Diese Konvolution führt bei zeitabhängigen Vorgängen oft zu einer zeitlichen Verzögerung und zu einer Verbreiterung, bei optischen Abbildungen zu einer Verminderung der Auflösbarkeit benachbarter Signalelemente. Dekonvolutionsverfahren versuchen, diese unerwünschten Effekte zu eliminieren oder zu vermindern. Es gibt mehrere Möglichkeiten, diese Absicht umzusetzen. In einem gewissen Ausmaß wird bereits durch die Anwendung von Gradientenfilter, etwa durch die Berechnung der zweiten Ableitung, eine Verschmälerung peakförmiger Signalstrukturen erreicht (s. Abb. 6.25 c). Man kann diesen Ansatz noch verbessern, wenn man die bekannte oder vermutete Übertragungsfunktion, die in der Signalkette aufmultipliziert wurde, in ihrer Wirkung durch eine Multiplikation mit der Inversen dieser Übertragungsfunktion zu neutralisieren versucht. Allerdings muss man darauf achten, dass dieses Korrekturfilter bei höheren Frequenzen nicht zu große Werte annimmt, weil dann Rauschanteile über Gebühr verstärkt werden. In Abb. 6.27 wird ein Beispiel angegeben, bei dem ein Ausschnitt aus einem IR-Spektrum mit

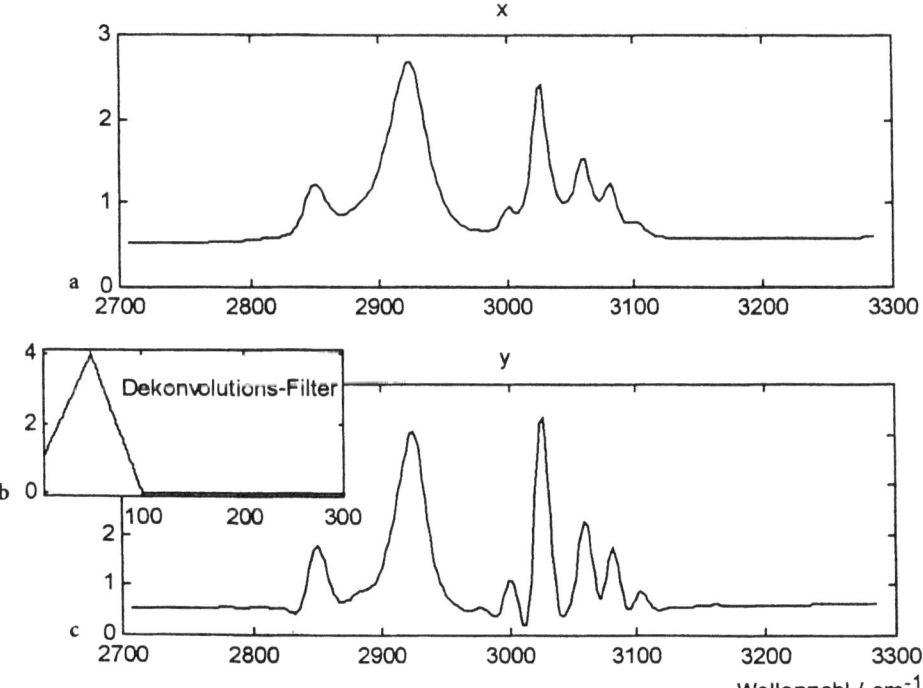

Abb. 6.27 a, b. Bandenverschmälerung durch lineare Dekonvolution. a Eingangssignal, b Dekonvolutionsfilter, c Ergebniskurve

214   6 Signal- und Bildverarbeitung

einem bei Eins einsetzenden und zunächst linear ansteigenden Filter, das dann aber durch eine Rampenfunktion gegen Null geführt wird, behandelt wurde, um einer Verbreiterung durch eine Spaltfunktion entgegen zu wirken. Man erkennt in der Ergebniskurve eine gewisse Verschmälerung der Banden und kann einige kleine Banden erkennen, die zuvor in den Flanken der breiten Bande verborgen waren.

Eine iterative Methode, die auf van Cittert zurückgeht [17] (auch Pseudodekonvolution genannt), führt zu einer Dekonvolution, indem man die Ausgangskurve y_i zunächst einer Konvolution mit einer Funktion g unterwirft, eine Funktion $y_i * g$ erhält, den Konvolutionseffekt durch die Berechnung einer Differenzkurve $y_i - y_i * g$ bestimmt und diese Differenz zur Ausgangsfunktion addiert und mit dieser Funktion y_{i+1} den nächsten Iterationszyklus beginnt. Für den i-ten Iterationsschritt gilt

$$y_{i+1} = y_i + s(y_i - y_i * g) \quad (6.54)$$

s ist eine Gewichtsfunktion, die hier noch eine Konstante ist, bei der folgenden nichtlinearen Variante durch eine Funktion ersetzt wird. In Abb. 6.28 wird die Pseudodekonvolution am Beispiel einer Gaussfunktion y_i (6.28a) verdeutlicht. Als Konvolutionsfunktion wurde eine symmetrische Dreieckfunktion verwendet. Die gefaltete Funktion ($y_i * g$) ist verbreitert und in ihrer Amplitude vermindert (6.28b, gepunktete Funktion). Die Differenz zur Ausgangsfunktion $y_i - (y_i * g)$ zeigt an der Position des Maximums der Ausgangsfunktion ebenfalls

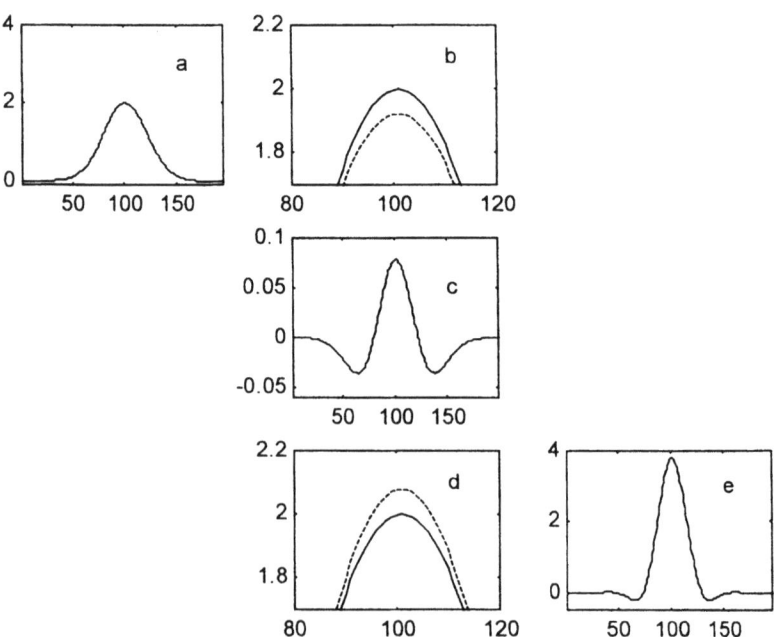

Abb. 6.28. Prinzip der Pseudodekonvolution

ein Maximum, an den Positionen der Flanken hingegen Minima (6.28c). Wenn man diese Funktion zur Ausgangsfunktion addiert, ergibt sich eine Intensitätszunahme und eine Verschmälerung (6.28d, gepunktete Funktion). Die Ergebniskurve in Abb. 6.28e wurde nach der zehnten Iteration erhalten.

Die negativen Seitenbanden, die im Verlauf einer Pseudodekonvolution entstehen, sind Artefakte. Man kann sie vermeiden, wenn man die Korrekturfunktion s als Gewichtsfunktion, die vom jeweiligen Funktionswert abhängig ist, ansetzt. Abbildung 6.29 stellt diese Methode, durch die physikalisch plau-

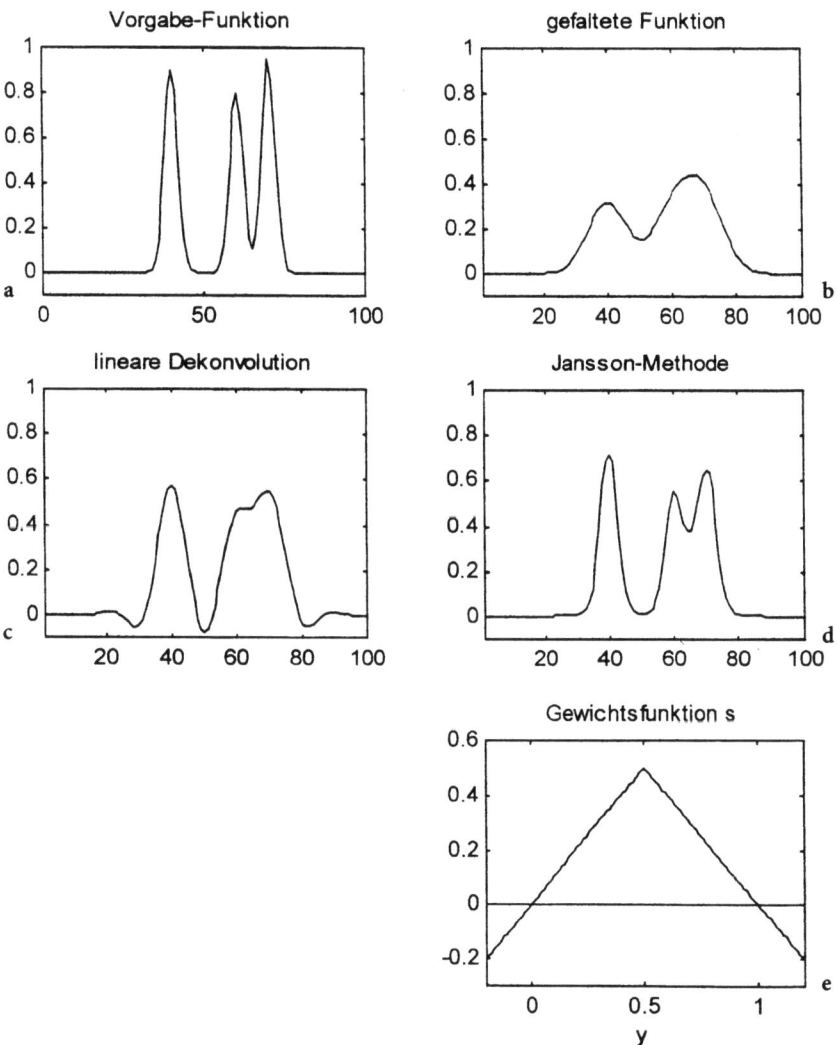

Abb. 6.29a–e. Dekonvolution nach Jansson im Vergleich zur linearen Dekonvolution, **a** Vorgabefunktion, **b** durch Faltung mit einer Gauss-Funktion verbreitert, **c** Ergebnis der linearen Dekonvolution **d**, Ergebnis der Jansson-Methode (bei Verwendung der Gewichtsfunktion **e**)

sible Randbedingungen in die doch etwas zu einfachen Faltungsprozeduren eingeschleust werden, an einem Beispiel vor. Hier wird eine Modellfunktion (b), die durch eine Verbreiterung aus einem Signal mit drei Peaks (a) entstand, behandelt. Die konventionelle Pseudodekonvolution ergibt bereits vor der Auflösung der beiden eng benachbarten Maxima deutliche Negativ-Beiträge in den Peakflanken (c). Wenn man das nichtlineare Verfahren, das auf Jansson [18] zurückgeht, anwendet und die in Abb. 6.29e angegebenen Gewichtsfunktion

$$s = |y - 0{,}5|$$

benutzt, erhält man eine bessere Separation der beiden Banden und vermeidet das Entstehen negativer Seitenbanden.

6.5
Korrelation und Leistungsspektren

Die Korrelationstechnik stellt leistungsfähige Methoden zur Behandlung von Signalen, die stark durch Rauschen geprägt sind, zur Verfügung. Sie erlaubt die statistischen Charakterisierung von Zufallsfunktionen, ermöglicht die Extraktion zeitlicher Strukturen aus stark fluktuierenden Signalen und die Verwendung von Rauschsignalen zur Bestimmung von Systemfunktionen.

6.5.1
Autokorrelation und spektrale Leistungsdichte

Für stationäre, ergodische Prozesse ist die Autokorrelationsfunktion (AKF) ein Maß für die statistisch gefasste Abhängigkeit der Momentanwerte der reellen Funktion $x(t)$ von ihrem zeitlichen Abstand τ. Für zeitkontinuierliche Funktionen wird entsprechend Kap 2.5 definiert

$$\Psi_{xx}(\tau) = \overline{x(t)\,x(t+\tau)} = \lim_{T \to \infty} \frac{1}{2T} \int_{-T}^{T} x(t)\,x(t+\tau)\,dt \qquad (6.55)$$

Die AKF ist stets eine determinierte, gerade Funktion, das heißt $\Psi_{xx}(\tau) = \Psi_{xx}(-\tau)$. Ihr Maximum liegt bei $\tau = 0$, dessen Intensität entspricht der Gesamtleistung des stationären Signals $x(t)$. (Leistungssignale nennt man Signale, in denen das Quadrat der Amplitudenfunktion auftritt, verallgemeinert aus der elektrischen Leistung $L = RI^2$). Bei großen τ-Werten zeigt Ψ_{xx} den Wert der Gleichsignal-Leistung. Rauschanteile eines Signals konzentrieren sich in der AKF im Zentralwert oder einen kleinen Bereich um den Zentralwert. Periodische Signalanteile ergeben in der AKF eine periodische Komponente derselben Frequenz. Wenn man die AKF mit zentrierten Signalen $x'(t)$ berechnet, wird die Gleichspannungskomponente unterdrückt, periodische Beiträge kommen deutlicher zum Vorschein. Man nennt diese Funktion Ψ'_{xx} Autokovarianzfunktion. Bei der praktischen Berechnung der AKF beschränkt man sich auf einen endlichen Ausschnitt des digitalisierten Signals, der so groß sein muss, dass er für das Signal repräsentativ ist.

Abbildung 6.30 zeigt als Beispiel eine Sinusfunktion kleiner Amplitude ($f = 20$ Hz), der ein starkes Rauschen aufgeprägt wurde, die daraus berechnete AKF, Autokovarianzfunktion und das Leistungsdichtespektrum. Das aus N Werten bestehende Signal wird in eine diskrete, aus N Punkten bestehende AKF umgerechnet

$$\Psi_{xx}(k) = \frac{1}{N} \sum_{n=1}^{N} x(n)\,x(n+k) \tag{6.56}$$

die als Abtastfunktion der kontinuierlichen AKF anzusehen ist.

Die Fourier-Transformierte der AFK ist das Leistungsdichtespektrum oder die spektrale Leistungsdichte S_{xx}

$$S_{xx}(f) \circ\!\!-\!\!\bullet\ \Psi_{xx}(\tau)\,.$$

Dieser Zusammenhang wird als Wiener-Chintschin-Theorem bezeichnet. Man kann die spektrale Leistungsdichte auch durch das Quadrieren der Fourier-Transformierten $X(f)$ berechnen. Diese Funktion ist wie die AKF eine reelle, gerade und positive Funktion.

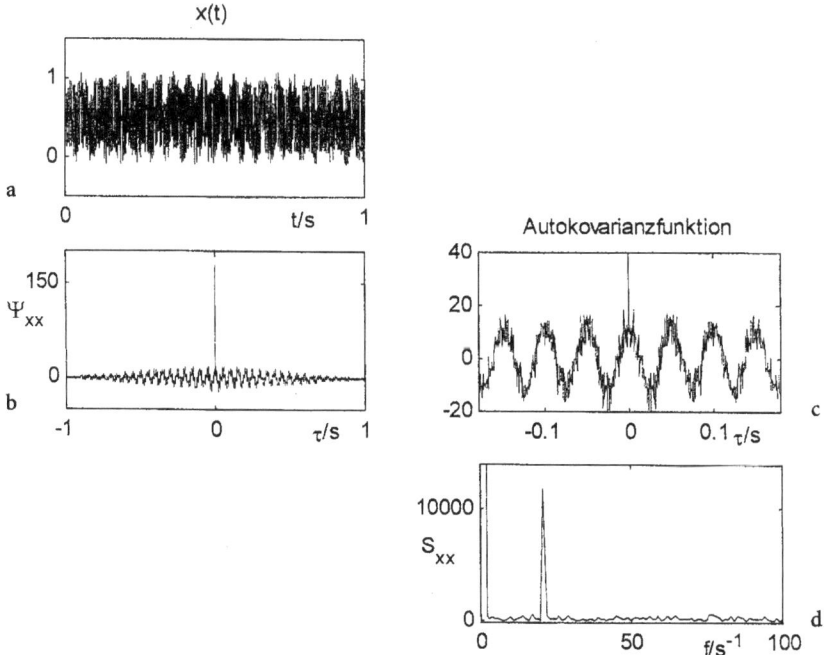

Abb. 6.30 a–d. a Testfunktion: mit Rauschen überlagerte Sinusfunktion, b Autokorrelationsfunktion Ψ_{xx}, c Autokovarianzfunktion Ψ_{xx}, d Leistungsdichtespektrum S_{xx}

Aperiodische Funktionen $u(t)$, zum Beispiel ein einzelner Impuls, gehören nicht zur Gruppe stationärer Funktionen. Die AKF wird hier nicht als Mittelwert sondern als zeitliches Integral

$$\Psi_{xx}(\tau) = \int_{-\infty}^{\infty} u(t) \, u(t+\tau) \, dt \tag{6.57}$$

definiert. Ihr Spektrum heißt spektrale Energiedichte.

6.5.2
Kreuzkorrelation und spektrale Kreuzleistungsdichte

Die Kreuzkorrelationsfunktion (KKF) ist ein Maß für die lineare statistische Abhängigkeit zweier Zufallsfunktionen $x(t)$ und $y(t)$, die Realisierungen zweier verschiedener stationärer ergodischer Prozesse sind, als Funktion ihrer zeitlichen Verschiebung τ

$$\Psi_{xx}(\tau) = \overline{x(t)\,y(t+\tau)} = \lim_{y \to \infty} \frac{1}{2T} \int_{-T}^{T} x(t)\,y(t+\tau)\,dt \tag{6.58}$$

Die KKF ist eine determinierte Funktion, in der positive Werte auftreten, wenn $x(t)$ und $y(t+\tau)$ gleichsinnige Veränderungen haben, negative Werte, wenn sie

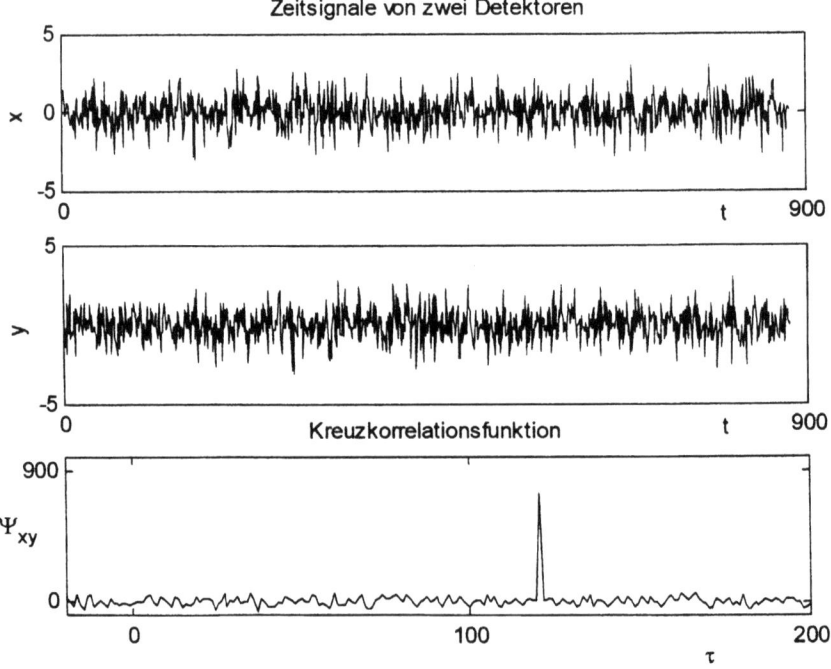

Abb. 6.31. Ermittlung der zeitlichen Verschiebung zweier Signale $x(t)$ und $y(t)$ durch die Berechnung der Kreuzkorrelationsfunktion Ψ_{xy}

gegenläufig sind. Sie zeigt die Gemeinsamkeiten in der zeitlichen Struktur der beiden Signale. Die KKF wird an der Ordinate gespiegelt, wenn man die zeitliche Verschiebung bei der Partnerfunktion ansetzt

$$\psi_{xy}(\tau) = \psi_{yx}(-\tau)$$

Die KKT wird für große τ-Werte gleich Null, wenn eines der beiden Signale zentriert ist. Abbildung 6.31 zeigt als Beispiel zwei zeitversetzte Signale, wie sie z. B. mit zwei Detektoren entlang einer Förderstrecke registriert werden können. In der KKT macht sich der zeitliche Versatz als Maximum bei $\tau = 120$ bemerkbar.

Die Fourier-Transformation ergibt im Fall der KKT die spektrale Kreuzleistungsdichte

$$S_{xy}(f) \circ\!\!-\!\!\bullet \Psi_{xy}(\tau)$$

Man verwendet diesen Zusammenhang zur praktischen Berechnung von AKF bzw. KKF.

6.5.3
Systemcharakterisierung durch Rauschen

Zur Bestimmung der Impulsantwort $g(t)$ oder des Frequenzgangs $G(f)$ eines unbekannten Systems verwendet man in der Regel definierte Testsignale (Sprung-, Sinusfunktion) und ermittelt z. B. $G(f)$, indem man das Ausgangssignal $Y(f)$ durch das Eingangssignal

$$G(f) = \frac{Y(f)}{X(f)} \tag{6.59}$$

$X(f)$ dividiert.

Es gibt allerdings Situationen, in denen man solche Testsignale nicht anwenden kann, weil der Messaufwand zu groß wird. Man kann die Systemcharakteristik jedoch durch die Analyse beliebiger, auch stochastischer Ein- und Ausgangssignale erhalten. Bei Signalen, die durch einen großen Rauschanteil bestimmt sind, ist die Verwendung von Leistungsdichtespektren sinnvoll. Abbildung 6.32 illustriert diese Möglichkeit und stellt die Bestimmung der Frequenzgangs aus den Fourier-Transformierten der Bestimmung aus den Leistungsdichtespektren gegenüber.

$$G(f) = \frac{\Psi_{xy}(f)}{\Psi_{xx}(f)} \tag{6.60}$$

Ausgangsfunktion war eine verrauschte Sinusfunktion $x(t)$ (Abb. 6.32b), die durch ein 10-Punkte-Rechteckfilter, deren Impulsantwort in Abb. 6.32a angegeben ist, in das Responsesignal $y(t)$ (Abb. 6.32d) übergeführt wurde. Das Auto-Leistungsdichtespektrum S_{xx} und das Kreuz-Leistungsdichtespektrum S_{xy} werden in Abb. 6.32e und g angegeben. Daraus ergibt sich der in Abb. 6.32f dargestellte Frequenzgang $G(f)$, der in guter Übereinstimmung mit der Vorgabe

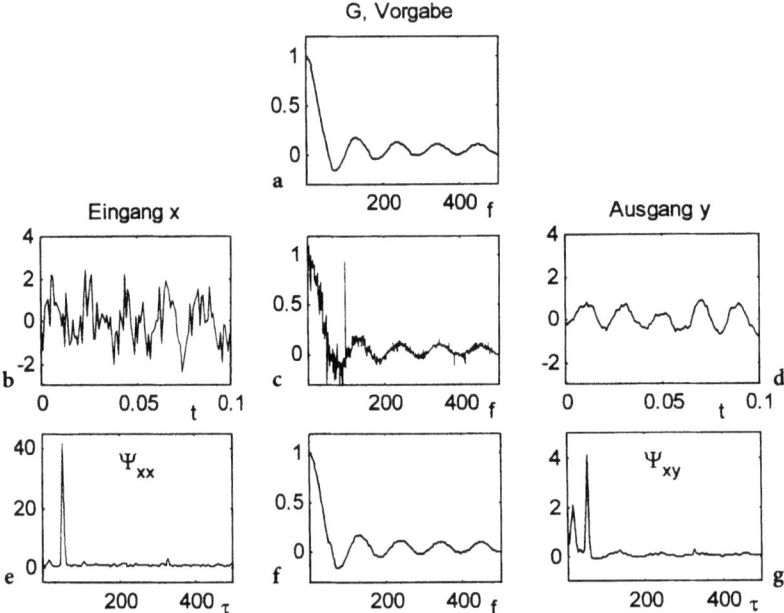

Abb. 6.32 a–g. Berechnung der Frequenzantwort eines Systems aus dem Eingangs- und Ausgangssignal. a Vorgabefunktion G, b Eingangssignal, c aus b und d berechneter Frequenzgang, d Ausgangssignal, e Autokorrelation von b, f aus e und g berechneter Frequenzgang, g Kreuzkorrelation von b und d

in Abb. 6.32a ist und deutlich weniger gestört ist als der aus den Fourier-Transformierten $X(f)$ und $Y(f)$ berechnete Frequenzgang, der in Bild 6.32c gezeigt wird.

6.6
Wavelets: ein neues Werkzeug für die Signalanalyse

6.6.1
Charakterisierung instationärer Signale

Wavelets – zu deutsch kleine Wellen – sind Funktionen, die auf ein bestimmtes Zeit- oder Ortsintervall konzentriert sind und gelegentlich wellenähnlich aussehen. Sie werden als Alternative zu den in der Fourier-Analyse verwendeten trigonometrischen Funktionen als Basisfunktionen für die Darstellung von Signalen und Bildern verwendet und haben deutliche Vorteile, wenn es um die Wiedergabe instationärer Elemente, wie die Erfassung aufeinanderfolgender Sequenzen in einem Zeitsignal oder die Analyse lokal verteilter Bildobjekte geht. Die in der Fourier-Transformation verwendeten unbegrenzten, trigonometrischen Funktionen bewirken eine Globalanalyse des Signals, in jedem Fourier-Koeffizienten sind alle Signalpunkte wirksam. Die Wavelets ermöglichen eine

6.6 Wavelets: ein neues Werkzeug für die Signalanalyse

Lokalanalyse, in einem Wavelet-Koeffizienten sind nur die Punkte in der Nachbarschaft der Wavelet-Position wirksam [19–22].

Grenzen der Fourier-Analyse

Die Fourier-Transformation ist als Grundlage der Signalanalyse unverzichtbar, hat allerdings einige Schwachstellen: die Zeitinformation eines Signals wird im Imaginärteil der FT konzentriert und ist nicht immer einfach zu erkennen Bei Signalen, in denen im Zusammenhang mit Diskontinuitäten hochfrequente Signalanteile vertreten sind, wird die spektrale Leistung (das Quadrat der Intensitätswerte) über zahlreiche Komponenten verteilt, die eine nachfolgende Separationsprozedur erschweren können.

Man sagt der Fourier-Transformation sogar nach, dass die Zeitinformation verloren geht. Dies trifft aber nur zu, wenn man nicht die komplexe Transformierte, sondern das Absolut- oder Leistungsspektrum betrachtet. Dieser Befund soll durch ein Beispiel, ein sequentiell strukturiertes Zeitsignal, illustriert werden.

Abbildung 6.33a zeigt zunächst die stationäre Situation, in der zwei Sinusfrequenzen über das gesamte Messintervall gleichförmig überlagert sind. Die Fourier-Transformierte (es wird das Leistungsspektrum dargestellt) zeigt die beiden Frequenzen als schmale Maxima in Kombination mit einem unstrukturierten Untergrund, der die Begrenzungseffekte angibt. In den folgenden Bildern sind die beiden Frequenzkomponenten zeitlich getrennt wirksam, es liegen instationäre Signale vor. Die Leistungsspektren zeigen im-

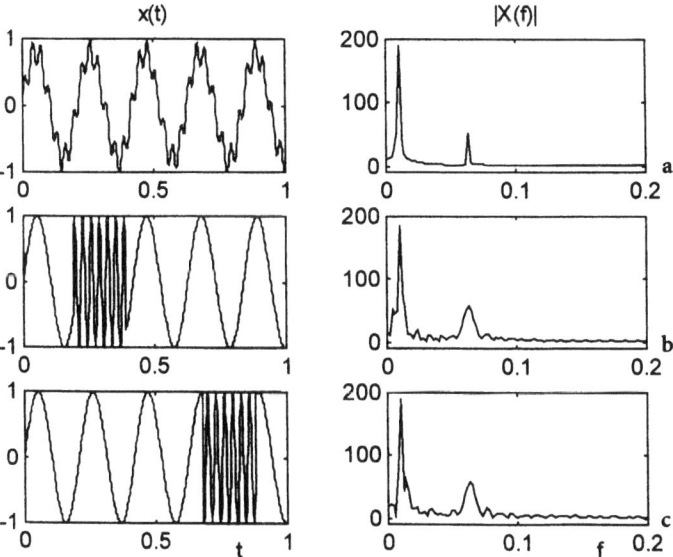

Abb. 6.33a–c. Grenzen der Fouriertransformation. a stationäre Überlagerung von zwei Schwingungen und deren Leistungsspektrum, b, c zwei sequentielle Verteilungen der gleichen Schwingungen und deren Leistungsspektren

mer noch Maxima bei den gleichen Frequenzen, allerdings sind sie verbreitert und mit einem unruhigen Untergrundanteil kombiniert. Dabei ergeben sich keine signifikante Unterschiede, wenn das Hochfrequenzintervall zu anderen Zeitpunkten in das niederfrequente Grundsignal eingeblendet wird. In diesem Sinne geht also die Zeitstruktur in den Leistungsspektren verloren.

Kurzzeit-Fourier-Transformation
Um die Zeitinformation zu retten, wurde von Gabor im Zusammenhang mit der Analyse von Sprach- und Musiksignalen – das sind instationäre Signale par excellence – die Kurzzeit-Fourier-Transformation (STFT) eingeführt. Hier wird nicht das gesamte Signal, sondern ein kleiner Signalausschnitt, der durch eine Multiplikation des Signals mit einer Fensterfunktion gebildet wird, einer Fourier-Transformation unterworfen und dieser Prozess mit verschobenen Fensterfunktionen systematisch wiederholt, bis das gesamte Signal bearbeitet wurde. Man erhält eine Schar von Fourier-Transformierten, die jeweils für eine bestimmte Fensterposition gültig sind, und kann diese Funktionen beispielsweise durch einen Kontur- oder Dichteplot als Funktion der Zeit und der Frequenz zur Darstellung bringen. Abbildung 6.34 zeigt ein solches Spektrogramm, in dem die spektrale Leistung als Konturenplot in einer f-t-Ebene dargestellt wird. Man erkennt den Frequenzsprung bei $t = 0{,}2$ und $t = 0{,}4$ und sieht die stationären Bereiche. Die STFT wurden mit einer als Gaußfunktion definierten Fensterfunktion berechnet. Im mittleren und unteren Teil des Bilds sind die ana-

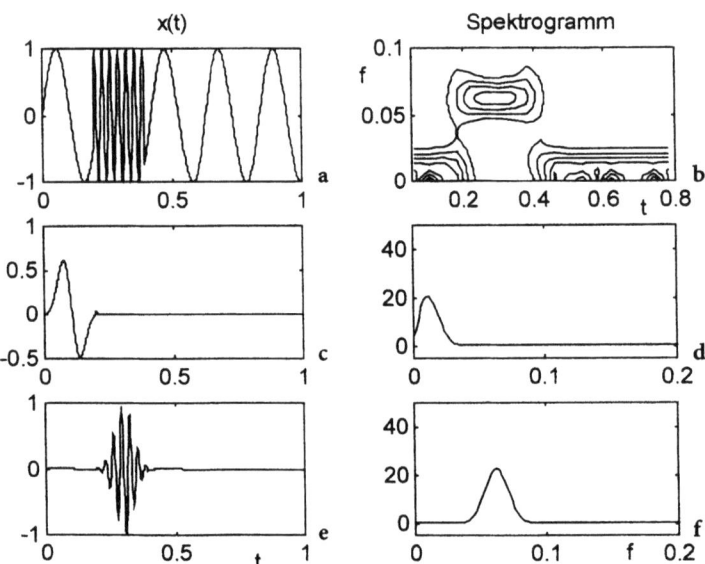

Abb. 6.34a–e. Kurzzeit-Fourier-Transformation. **a** Ausgangsfunktion $x(t)$, **b** Spektrogramm $|X(t,f)|$, die Leistungsspektren als Funktion der Zeit, **c, e** Produkt der Ausgangsfunktion mit einer Gauß-Funktion bei $t = 0{,}1$; **d, f** Leistungsspektren von **c** und **e**

lysierte Funktion und ihre Fourier-Transformierten für die Fensterpositionen $t = 0{,}1$ und $t = 0{,}3$ herausgegriffen.

Die STFT ist ein brauchbarer Kompromiss bezüglich der Zeit- und Frequenzstruktur des Signals, hat allerdings durch die konstante Fenstergröße auch Nachteile, indem nicht alle Strukturelemente eines Signals gleich gut erfasst werden können. Viele Signale erfordern eine flexiblere Behandlung, die man jedoch erst durch die Verwendung verschiedener Fensterbreiten erzielen kann.

Hier ergibt sich die Gelegenheit, darauf aufmerksam zu machen, dass die *Heisenberg-Unschärfe-Relation* auch in der Signaltheorie gültig ist. Sie konstatiert, dass das Produkt aus einem Zeitintervall Δt und einem Frequenzintervall Δf eine feste, von der Wahl der Koordinaten abhängige Größe, nicht unterschreiten kann

$$\Delta t \, \Delta f \geq 1 \tag{6.61}$$

Das bedeutet, dass man nur von stationären Signalen ($\Delta t \gg 1$) eine genaue Frequenzbestimmung durchführen kann und dass ein kurzes Signal stets durch eine breite Frequenzverteilung gekennzeichnet ist.

Wavelet-Ansatz

Bei der Wavelet-Analyse transformiert man ein Signal in ein System von Wavelet-Koeffizienten (das Analogon von Fourier-Koeffizienten), wählt die Bearbeitungsintervalle aber unterschiedlich groß und erzeugt eine Hierarchie von Transformierten, die sich in der Auflösung und Punktzahl unterscheiden und die verschiedenen Frequenzkomponenten und die Zeitinformationen mit unterschiedlichen Gewichten bewerten. Ein solches Verfahren ist die Multi-Auflösungs-Zerlegung, bei der man die Bildung von Zeitabschnitten wie bei der Kurzzeit-FT beibehält, die Fensterbreite aber nicht mehr konstant lässt, sondern eine Folge dyadisch (d.h. um den Faktor 2) abgestufter Fensterfunktionen unterschiedlicher Breite – Wavelets – anwendet und diese Wavelets gleichmäßig über das zu analysierende Signalintervall führt. Damit bekommt man eine hierarchisch gestufte Schar von Waveletkoeffizienten, die das Signal ähnlich wie die Fourier-Koeffizienten darstellen. Um die in den verschiedenen Wavelet-Dyaden erfasste Information zu veranschaulichen, kann man durch Multiplikation der Koeffizienten mit den Wavelet-Funktionen Teilsignale berechnen (eine partielle Wavelet-Synthese durchführen), die im unteren Teil von Abb. 6.35 für die verschiedenen Dyaden angegeben sind. Man erkennt, dass die niederfrequente Komponente des Signals in den Dyaden 2, 3 und 4 auftaucht, die hochfrequente Komponente in den Stufen 5 und 6 wichtig ist und dass die Sprungstellen bei $t \approx 0{,}2$ und $0{,}4$ in den höheren Dyaden ausgeprägt sind.

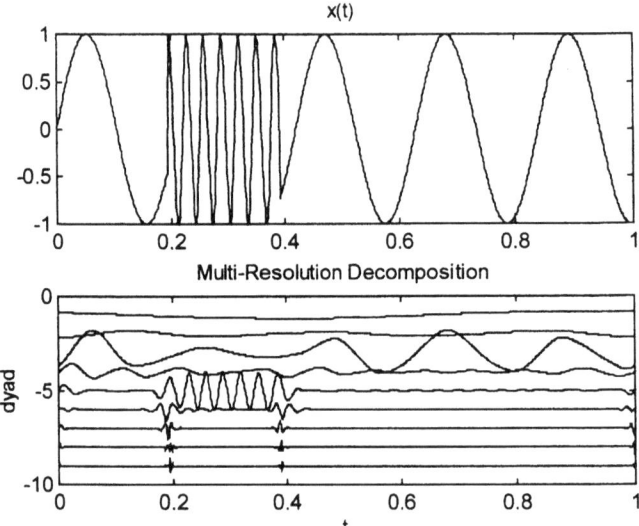

Abb. 6.35. Zerlegung eines Testsignals $x(t)$ in dyadisch abgestufte Wavelet-Beiträge

6.6.2
Was ist Wavelet-Analyse?

Ein Wavelet $\Psi(a, t-k)$ ist eine Wellenform von effektiv begrenzter Breite (in einem Zeit- oder Ortintervall) mit einem Mittelwert von Null, die durch zwei freie Parameter, einen Skalierfaktor a und einem Verschiebungsparameter b modifiziert werden kann. Von einem Originalwavelet ausgehend kann man durch Variation von a und b eine Wavelet-Familie generieren, die einen Funktionenraum aufspannt, in dem die zu untersuchende Funktion durch ein System von Wavelet-Koeffizienten dargestellt wird. Für kontinuierliche, dyadisch strukturierte Funktionen kann man diese Mitglieder der Waveletfamilie durch zwei Indizes i und j beschreiben

$$\psi_{i,j}(t) = \frac{1}{\sqrt{a}} \, \psi\left(\frac{t-b}{a}\right) \quad \text{mit} \quad a = 2^i \quad \text{und} \quad b = \frac{j}{2^i} t, (1 < j < 2^i), \tag{6.62}$$

die ihre Zugehörigkeit zu einem bestimmten Skalierungsfaktor a und eine bestimmte Position innerhalb der Serie von 2^i möglichen Positionen eines bestimmten Skalenwerts beschreibt. Die Ausgangsfunktion ψ kann aus unterschiedlichen Funktionen, von denen einige in Abb. 6.36 angegeben werden, ausgewählt werden. Dort ist auch die Symmlet-Funktion $S\,8$ gezeigt, aus der die in der unteren Bildhälfte dargestellten Mitglieder der $S\,8$-Waveletfamilie entwickelt wurden. Der Index i bezeichnet den Skalier- oder Dilatationsfaktor $a = 2^i$, der die relative Breite des Wavelets bestimmt. Der Index j stellt fest, in welchem der 2^i möglichen Intervalle einer Hierarchieebene das Wavelet lokalisiert ist. Die unterste Kurve mit den Indizes (3,2) bezeichnet mithin das 2. von 8 Symmlets

6.6 Wavelets: ein neues Werkzeug für die Signalanalyse   225

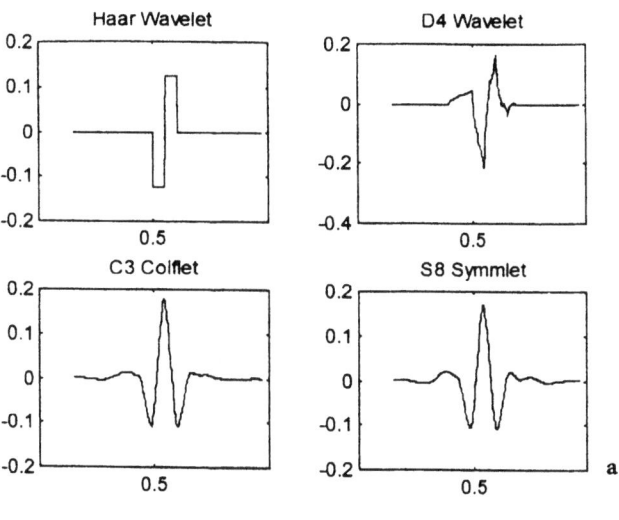

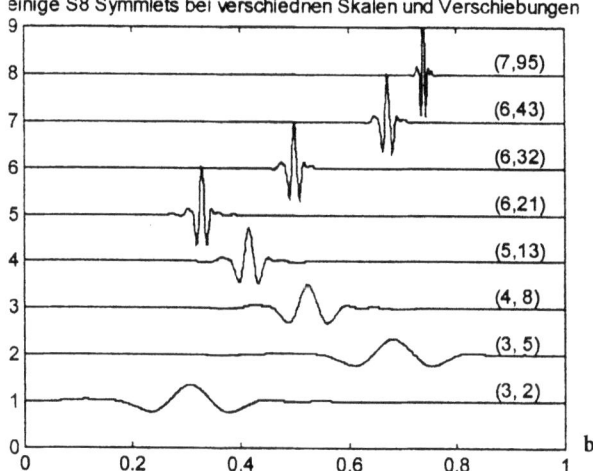

Abb. 6.36a,b. a Zusammenstellung einiger Wavelet-Prototypen, b einige Mitglieder der Symmlet S8 Familie, die sich in der Skalierung und der Position unterscheiden, rechts stehen die Indizes i und j

mit einer relativen Breite von $1/2^3$ des Intervalls zwischen Null und Eins. Die obere Kurve (7,95) stellt das 95. von $128 = 2^7$ Wavelets der Breite 1/128 dar.

Die Wavelet-Analyse ähnelt der Fourier-Analyse, die einen Datensatz in einem neuen Koordinatensystem, gebildet durch einen Satz trigonometrischer Funktionen, darstellt auch im formalen Ansatz. Man berechnet die Wavelet-Koeffizienten $C(i,j)$ für kontinuierliche Funktionen $f(t)$ über ein Integral nach

$$C(i,j) = \int_{t=-\infty}^{\infty} f(t)\, \psi_{i,j}(t)\, dt \qquad (6.63)$$

und wenn man mit diskreten Daten $f(k)$ arbeitet (mithin auch die diskrete Variante der Wavelets $g_{i,j}(k)$ einsetzt) wie bei der diskreten FT durch die Berechnung eines Skalarprodukts

$$C(i,j) = \sum_{k=1}^{N} f(k)\, g_{i,j}(k) \tag{6.64}$$

Die Wavelet-Analyse wird in Abb. 6.37 am Beispiel einer Rampenfunktion verdeutlicht.

Die 1024 Punkte dieser Funktion lassen sich bei Verwendung eines $d3$-Wavelets (ein Mitglied der Daubechies-WL) in einen Satz von Wavelet-Koeffizienten überführen, von denen aber nur eine kleine Anzahl, etwa 30, relevante Werte besitzt. Abbildung 6.37b zeigt diese auf den Dilatationsebenen 3 – 9 angeordneten Koeffizienten und Abb. 6.37c die damit kodierten Signalbeiträge.

Es gibt eine inverse Wavelet-Transformation (Wavelet-Synthese), die aus den Wavelet-Koeffizienten und den korrespondierenden Wavelets die Ausgangsfunktion reproduziert.

$$f(k) = \sum_j \sum_k C(i,j)\, \psi(i,j,k) \tag{6.65}$$

Indem man die in Abb. 6.37c angezeigten Signale addiert, kann man das in Abb. 6.37a angegebene Ausgangssignal approximieren, bei der Verwendung aller Wavelet-Komponenten sogar regenerieren. Nun ist die Zerlegung eines Signals und seine anschließende Regeneration zwar amüsant aber nicht be-

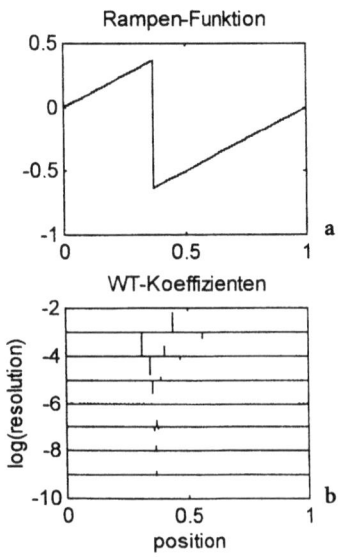
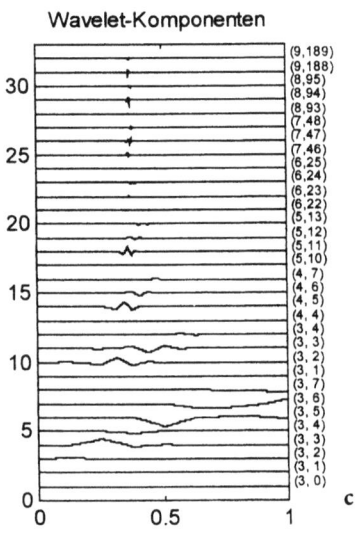

Abb. 6.37a–c. Wavelet-Analyse **a** einer Rampenfunktion, **b** Waveletkoeffizienten (d3-Wavelets), **c** Komponenten der Rampenfunktion

sonders nützlich. Die Wavelet-Transformation wird für die Signalverarbeitung interessant, wenn man durch Manipulation in der Waveletdomäne eine Verbesserung der Informationsdarstellung oder -interpretation erreicht.

Obwohl (oder weil) die Wavelet-Transformation erst ab 1980 entwickelt wurde, gibt es zahlreiche Varianten, die sich in den Wavelet-Typen, in der Organisation der Dilatations- und Verschiebungsschritte und in der Bewertung und Verwendung der Transformierten unterscheiden. In dieser verwirrenden Mannigfaltigkeit stellt die Diskrete Wavelet-Transformation (DWT), die 1988 von Mallat [20] angeben wurde, einen Fixpunkt dar, weil sie ein festes Darstellungsschema besitzt und (ähnlich wie die FFT, die Fast Fourier-Transformation) sehr effektiv in der Vorwärts- und Rückwärtrichtung durch eine Folge von Filterprozeduren ausgeführt werden kann.

6.6.3
Diskrete Wavelet-Transformation (DWT)

Das Rechenschema der DWF wird in Abb. 6.38 angegeben. Bei dieser Methode wird das Signal S durch ein aus Wavelets hervorgegangenes und aufeinander abgestimmtes Tiefpass- und ein Hochpassfilter in zwei WT-Koeffizientenfiles cA und cD umgesetzt, aus denen man zwei Teilsignale, eine Approximationskurve A und eine Detailkurve D rekonstruieren kann. Mit der Filterung wird eine Halbierung der Datenanzahl verbunden, so dass die beiden Signale cA und cD und die daraus regenerierbaren Signale A und D dieselbe Datenzahl wie das Ausgangssignal haben. Der Zerlegungsprozess kann beim jeweils letzten A-Signal fortgesetzt werden, so dass nach i Zerlegungen ein Koeffizientenfile WT resultiert, der aus den Anteilen $cD_1, \ldots cD_i$ und cA_i zusammengesetzt ist. Die Rück-

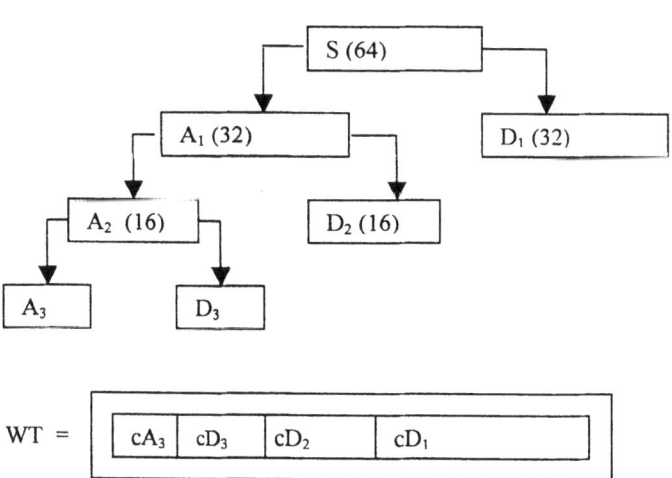

Abb. 6.38. Schema der diskreten Wavelet-Transformation: stufenweise Zerlegung eines Signals S in ein Approximationssignal A und ein Detailsignal D bei gleichzeitiger halbierung der Punktzahl, der Ergebnisfile WT besteht aus den Koeffizienten $cA3, cD3, cD2$ und $cD1$

transformation gelingt, indem man aus den Koeffizienten cA_i und cD_i mit Hilfe gegenläufiger Filter die Signale A_i und D_i berechnet durch Addition zum übergeordnete Approximationssignal A_{i-1} zusammensetzt und diese Sequenz fortsetzt, bis man das Ausgangssignal erreicht. Indem man vor der Filterprozedur die Zahl der Datenpunkte durch das Einschieben eines Nullvektors jeweils verdoppelt, erreicht man, dass am Ende aus den N Werten, die in der Wavelet-Transformierten gespeichert wurden, die N Datenpunkte des Ausgangsfiles regeneriert werden können.

Abbildung 6.39 erläutert diese Prozedur am Beispiel eines durch instationäres Rauschen beeinflussten Signals S. Es wurden drei Analysenschritte mit abgestufter Skalierung durchgeführt und die Approximationskoeffizienten $cA1$, $cA2$ und $cA3$ sowie die Detailkurven $D1$, $D2$ und $D3$ erhalten. Wenn man aus den Zwischenergebnissen $cA1$, $cA2$ und $cA3$ die Datensätze in der ursprünglichen Länge unter Weglassen der Detailkomponenten rekonstruiert, bekommt man die in Abb. 6.39 unter $A1$, $A2$ und $A3$ angegebenen Kurven, die eine sukzessive Verminderung des Rauschens dokumentieren. Damit erweist sich die Wavelet-Transformation als ein wirkungsvolles Hilfsmittel, Rauschen auch bei instationären Signalen zu vermindern ohne das Signal so stark zu deformieren, wie dies bei einer Glättung geschieht.

Man kann die Wavelet-Transformation auch auf zwei- oder mehrdimensionale Signale anwenden, wenn man geeignete Wavelet-Funktionen verwendet. Im Rahmen der DWT ist diese Möglichkeit vorgesehen und mit einem bestimmten Darstellungsschema (Abb. 6.40) ausgestattet. Bei jeder Zerlegungsstufe wird

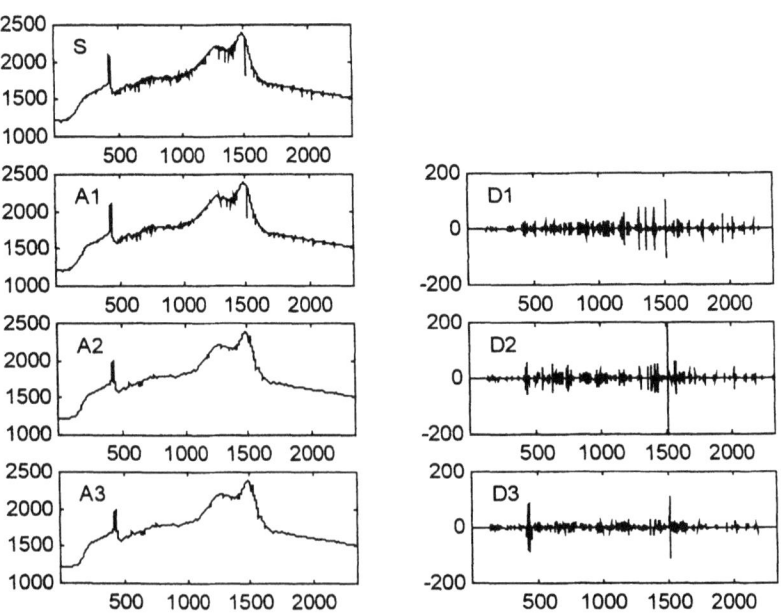

Abb. 6.39. Zerlegung eines Signals in eine Serie von Approximationen ($A1-A3$) und Details ($D1-D3$)

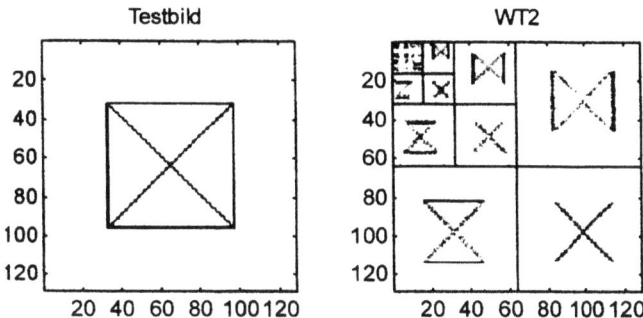

Abb. 6.40. Zweidimensionale DWT, angewendet auf ein Testbild

aus zweidimensionalen Signal ein Approximationssignal und drei Detailsignale, die als Ergebnis eines in Vertikal-, Horizontal- und Diagonalrichtung wirkenden Filters mit Derivationscharakter entstehen, berechnet. Wie im eindimensionalen Fall wird bei der Zerlegung die Datenzahl halbiert, so dass die Approximation und die drei Detailbilder dieselbe Punktzahl wie das Ausgangsignal haben und dieselbe Bildfläche einnehmen. Jeder Zerlegungsschritt führt zu vier Bildern. Im linken oberen Viertel wird das A-Bild eingetragen im rechten oberen Viertel das vom Horizontalfilter gelieferte Detail, links unten das vom Vertikalfilter gelieferte und rechts unten das Ergebnis des Diagonalfilters. In der nächsten Zerlegungsstufe wird das Approximationsbild durch vier kleinere Teilbilder ersetzt. Am Ende findet man in der linken oberen Ecke das letzte Approximationsbild, umgeben von Detailbildern verschiedener Skalierungen.

6.6.4
Anwendungen

Wavelet-Transformation sind für die Signalverarbeitung interessant, um Instationaritäten in einem Signal zu lokalisieren, um das Rauschen von Signalen zu vermindern und um eine Datenkompression zu erreichen.

Abbildung 6.35 kann als Beispiel für den Lokalisierung von Instationaritäten dienen. Man erkennt den Übergang zu einer anderen Signalfrequenz bei $t = 0{,}3$ und $t = 0{,}4$ deutlich in den höheren Dyaden der Mehrfach-Auflösungs-Analyse. Man kann in ähnlicher Weise Sprungstellen in Signalen oder deren Ableitung sichtbar machen.

Die Fähigkeiten der Wavelet-Transformation zur Rauschverminderung werden in Abb. 6.39 gezeigt. Indem man bei der Signalrekonstruktion alle oder bestimmte Detailsignale durch Nullvektoren ersetzt, bekommt man ein Signal mit vermindertem Rauschanteil.

Der Datenreduktionsaspekt kommt zum Tragen, indem man die Waveletkoeffizienten eines Signals nach ihrer Größe ordnet und die Koeffizienten, die unter einem bestimmten Schwellwert liegen, in der Wavelet-Darstellung des Signals streicht. Die Rampenfunktion in Abb. 6.37, die mit 1024 Punkten dargestellt wurde, kann mit befriedigender Genauigkeit auch durch die dreißig größten Wavelet-Koeffizienten angegeben werden. Eine spektakuläre Anwendung dieser Art zielt auf die Kodierung von Fingerabdrücken, für die man nach einer solchen Datenreduktion nur 5% des ursprünglichen Speicherplatzes benötigt.

6.7
Datenreduktion und Interpolation

In diesem Abschnitt werden Verfahren vorgestellt, die das Stützstellensystem von Signalen oder Bildern verändern.

6.7.1
Datenreduktion

Datenreduktion zielt auf die Verminderung der Datenzahl in Signalen oder Bildern, um Speicherplatz zu sparen oder Verarbeitungsprozeduren zu beschleunigen. Datenreduktion ist stets mit einem Informationsverlust verbunden, der aber tolerierbar ist, wenn die Nutzinformation wenig beeinträchtigt wird.

Ausdünnen durch Intervallbildung
Eine einfache aber grobschlächtige Methode besteht darin, das gegebene Signal in Intervalle aus mehreren Punkten zu zerlegen, für jedes Intervall einen Mittelwert zu berechnen und als einen Punkt eines neuen Datensatzes abzuspeichern. Dieses Verfahren lässt sich bei stationären Signalen anwenden, solange die Intervallbreite Δi die durch das Abtasttheorem geforderte Obergrenze von $1/(2f_g)$ nicht überschreitet. Man kann diese Methode als eine zweite Diskretisierung eines diskreten Signals betrachten. Wenn man die alte Punktzahl regenerieren möchte, muss man eine Interpolation durchführen.

Verkürzen der Fourier-Transformierten
Wenn man in die Bilddomäne übergeht, kann man die gewünschte Datenreduktion durch eine Verkürzung der Fourier-Transformierten auf ein Intervall in der Nähe von $f=0$ erreichen. Voraussetzung ist aber, dass sich die Nutzinformation auf diesen Bereich konzentriert und durch das Abschneiden nicht beeinträchtigt wird. Eine Regenerierung der ursprünglichen Punktzahl gelingt durch das Abb. 6.18 illustrierte Zerofilling, bei der man die FT mit Null-Werten auf die ursprüngliche Länge bringt, und nach der IFT das Signal mit interpolierten Werten erhält.

Die Züricher Sonnenflecken-Kurve, eine ehrwürdige Messreihe, die seit 1700 geführt wird, soll als Beispiel dienen. Der in Abb. 6.41a mit 2899 Punkten angegebene Ausschnitt für das Zeitintervall 1750–1995 lässt den bekannten 11-Jahres-Zyklus gut erkennen. Er macht sich in Leistungsspektrum (b) als Maximum beim Punkt 50 bemerkbar: Neben der intensiven Zentrallinie (Intensität) werden weitere Zyklen bei 10 und 100 Punkten angezeigt. Oberhalb von 100 ist keine deutliche Struktur zu sehen. Man kann daher die FT auf ca. 200 Punkte verkür-

6.7 Datenreduktion und Interpolation 231

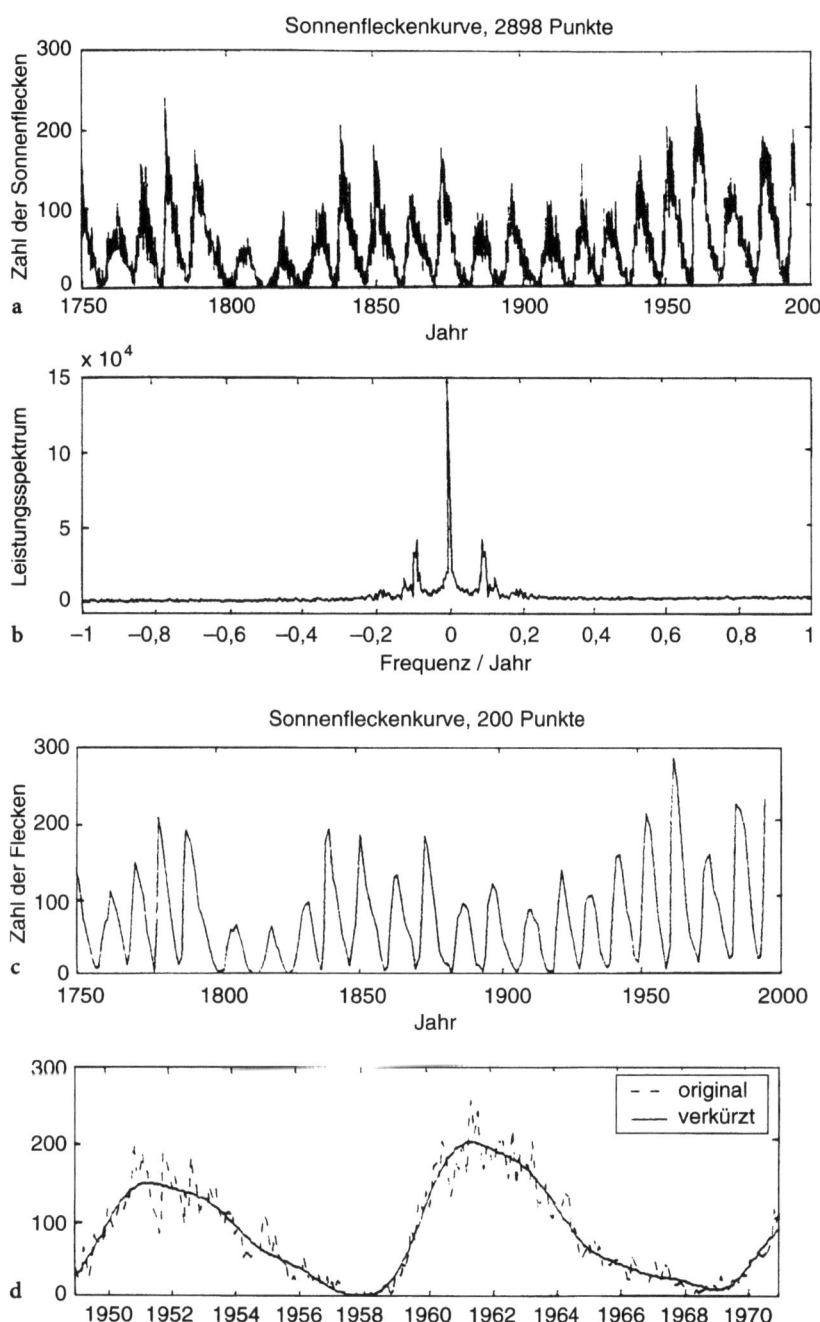

Abb. 6.41a–d. Datenreduktion durch Verkürzung der Fourier-Transformierten. **a** Züricher Sonnenfleckenkurve mit 2898 Punkten, **b** zentraler Teil der Fourier-Transformierten, dieser Teil wurde auf 200 Punkte verkürzt (Frequenzintervall −0,4−0,4), **c** Rücktransformierte: Sonnenfleckenkurve mit 200 Punkten, **d** Vergleich der beiden Sonnenfleckenkurven

zen und hat damit die wichtigen Informationen auf einem Datensatz, der nur 6 % der ursprüngliche Länge hat, gespeichert (c).

Man kann das verkürzte Spektrum durch Zerofilling wieder auf die alte Länge bringen und eine Rücktransformation durchführen. In Abb. 6.41 d wird ein Ausschnitt aus dem ursprünglichen Datensatz und der rekonstruierten Funktion zusammengestellt.

Diskrete Cosinustransformation (DCT)
Die diskrete Cosinustransformation ist das Kernstück des JPEG-Verfahrens, eines wichtigen Algorithmus der Bildkompression. Es beruht auf der Tatsache, dass die visuell wichtigen Bildinformationen in wenigen, zentralen Koeffizienten der Cosinustransformierten konzentriert sind. Zusammen mit einer Zerlegung des Bilds in kleine $8 \cdot 8$ oder $16 \cdot 16$ Blöcke ergeben sich sehr effektive Möglichkeiten einer Datenreduktion.

Die DCT kann formuliert werden als

$$B_{pq} = \alpha_p \alpha_q \sum_{m=0}^{M-1} \sum_{n=0}^{N-1} A_{mn} \cos\left(\frac{\pi(2m+1)p}{2M}\right) \cos\left(\frac{\pi(2n+1)q}{2N}\right) \quad (6.66)$$

für $0 \leq p \leq M-1$ und $0 \leq q \leq N-1$ mit

$$\alpha_p = \begin{cases} 1/\sqrt{M} & p=0 \\ 1/\sqrt{2M} & p>0 \end{cases} \quad \text{und} \quad \alpha_q = \begin{cases} 1/\sqrt{N} & q=0 \\ 1/\sqrt{2N} & q>0 \end{cases}$$

Diese Funktion kann invertiert werden

$$A_{mn} = \alpha_p \alpha_q \sum_{p=0}^{M-1} \sum_{q=0}^{N-1} B_{pq} \cos\left(\frac{\pi(2m+1)p}{2M}\right) \cos\left(\frac{\pi(2n+1)q}{2N}\right) \quad (6.67)$$

für $0 \leq m \leq M-1$ und $0 \leq n \leq N-1$.

Dies bedeutet, dass man jedes Bild durch eine Summe von DCT-Basisfunktionen

$$\alpha_p \alpha_q \cos\left(\frac{\pi(2m+1)p}{2M}\right) \cos\left(\frac{\pi(2n+1)q}{2N}\right) \quad (6.68)$$

darstellen kann, wobei die Koeffizienten B_{pq} die Summationsgewichte sind. Bei einem $5 \cdot 5$-Ausschnitt ergeben sich zum Beispiel 25 Basisfunktionen, die in Abb. 6.42 angegeben werden. Vertikale Frequenzen vergrößern sich von links nach rechts, horizontale Frequenzen von oben nach unten.

Bei der Bildkompression wird das Ausgangsbild in eine Serie kleiner Blöcke zerlegt, die jeweils einer DCT unterworfen werden. Indem man die Koeffizienten unterhalb einer bestimmten Schwelle eliminiert, ergibt sich die gewünschte Datenreduktion. Bei der Bildrekonstruktion werden die vernachlässigten Koeffizienten durch Nullen ersetzt und jeder Block durch eine inverse DCT berechnet. Schließlich wird aus den Blöcken das Gesamtbild generiert. Die Ab-

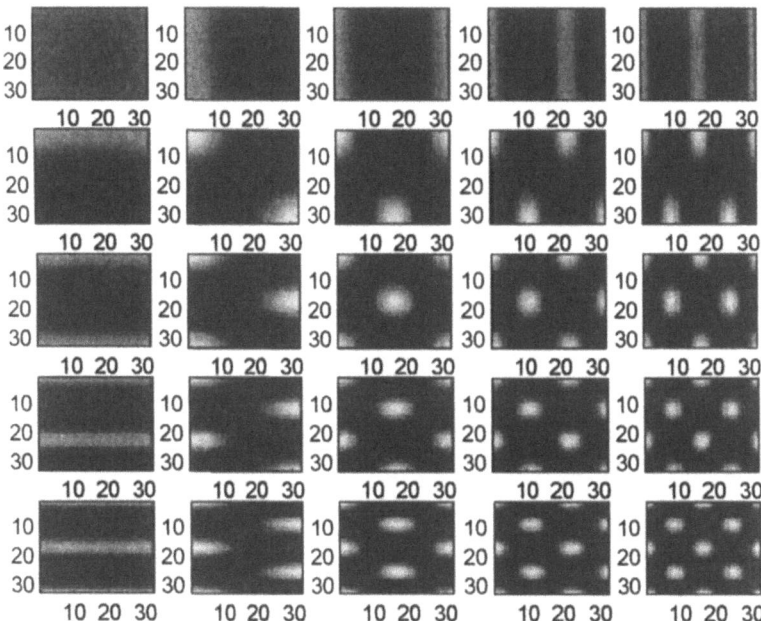

Abb. 6.42. Basisfunktionen der DCT für ein 5 · 5-Intervall

speicherung solcher reduzierten Datensätze und die Rekonstruktion der Ausgangsdatensätze ist allerdings mit einem gewissen Formatierungsaufwand verbunden.

6.7.2
Bildsegmentierung

In konventionellen Bildern stellen sich die verschiedenen Objekte oder Objektbereiche häufig durch gleichförmige Flächen mit mehr oder weniger deutlich ausgebildeten Kanten dar, die sich als Zonen mit größeren Schwärzungsgradienten ergeben. Es ist interessant, diese Bereichsgrenzen zu erfassen und dadurch eine Bildsegmentierung zu erreichen, die die Voraussetzung für eine weitergehende Charakterisierung der einzelnen Bereiche ist.

Man kann dies mit kantenbetonenden Filter erreichen (siehe Abb. 6.26). Zur Ergänzung soll die Anwendung eines Varianzfilters (Abb. 6.43) vorgestellt werden. Das Bild wird in kleine Blöcke aufgeteilt, die Varianz in jedem Block bestimmt und die Varianzverteilung nach einer geeigneten Skalierung aufgezeichnet.

Eine ähnliche Möglichkeit ist das Quadtree-Verfahren: das zu analysierende quadratische Bild (das am besten eine Kantenlänge von 2^N Elementen hat) wird in vier gleich große quadratische Blöcke zerlegt, deren Homogenität nach einem bestimmten Kriterium ermittelt wird. Wenn diese Bedingung erfüllt wird, wird die weitere Unterteilung dieses Blocks gestoppt, anderenfalls wird ein solcher

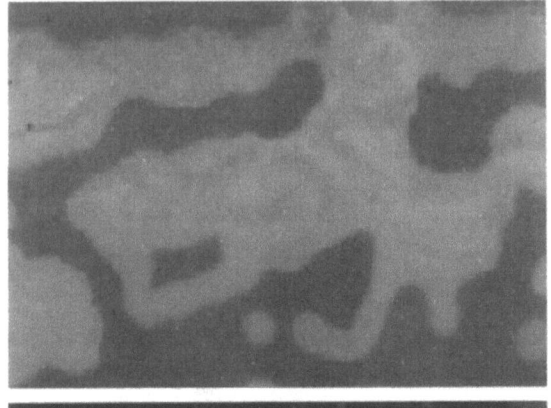

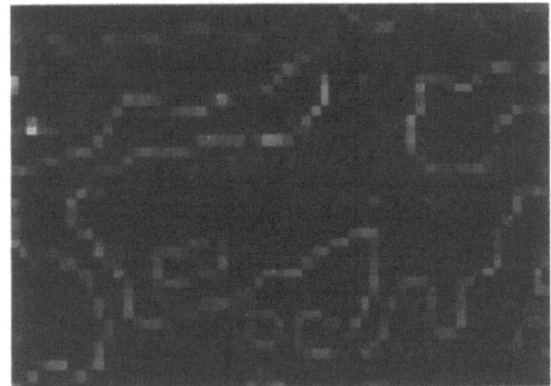

Abb. 6.43a, b. Anwendung eines Varianzfilters auf a, b zeigt die Varianzverteilung über den 6·6-Blöcken

Unterblock wieder in vier Teilblöcke zerlegt, die auf Homogenität geprüft werden. Dieser Prozess wird iterativ solange wiederholt, bis jeder Block das Homogenitätskriterium erfüllt. Man erhält als Ergebnis eine dünn besetzte Matrix, in der das Zerlegungsschema, das den Begrenzungen der Bildbereichen folgt, gespeichert ist.

6.7.3
Interpolation

Interpolation wird eingesetzt, um ungleichmäßig verteilte Messwerte in eine äquidistante Datenreihe umzuwandeln oder um Zwischenwerte in eine zu grob gerasterte Datenreihe einzuschieben. In der Bildverarbeitung spielen Interpolationsrechnungen bei geometrischen Operationen (Rotationen, Entzerrung, Vergrößerung), die mit einer Veränderung des Stützstellenmusters verbunden sind, eine wichtige Rolle.

Lineare Interpolation
Bei Signalen mit vielen, äquidistant verteilten Daten erreicht man bereits durch eine lineare Interpolation ausreichend gute Resultate. Bei eindimensionalen Sig-

nalen $z = z(x)$ verbindet man die beiden Nachbarstützstellen des betrachteten Punkts, die durch $z(0)$ und $z(1)$ bezeichnet werden sollen, durch eine Linie und berechnet den Funktionswert durch

$$z(x) = z(0) + [z(1) - z(0)]\, x \qquad (6.69)$$

Bilineare Interpolation
Bei zweidimensionalen Signalen $z = z(x, y)$ wird eine bilineare Interpolation zwischen den vier Werten durchgeführt, zwischen denen der Zielpunkt liegt. Wenn dieser Punkt die Koordinaten $[x, y]$ hat und die benachbarten Funktionswerte mit $z(0,0)$, $z(0,1)$, $z(1,0)$ und $z(1,1)$ bezeichnet werden (Abb. 6.44), gilt für eine Interpolation in der x-Richtung

$$z(x,0) = z(0,0) + x[z(1,0) - z(0,0)] \text{ und } z(x,1) = z(0,1) + x[z(1,1) - z(0,1)].$$

Damit hat man zwei z-Werte, die dem gewünschten x-Wert entsprechen. Man hat jetzt noch zwischen diesen beiden Punkten in der y-Richtung zu interpolieren und erhält

$$z(x, y) = z(x, 0) + y[z(x, 1) - z(x, 0)]$$

Wenn man die beiden Zwischenergebnisse in diese Gleichung einsetzt, ergibt sich

$$\begin{aligned} z(x,y) = &[z(1,0) - z(0,0)]\, x + [z(0,1) - z(0,0)] \\ &y + [z(11) + z(00) - z(0,1) - z(1,0)]\, xy + z(0,0) \end{aligned} \qquad (6.70)$$

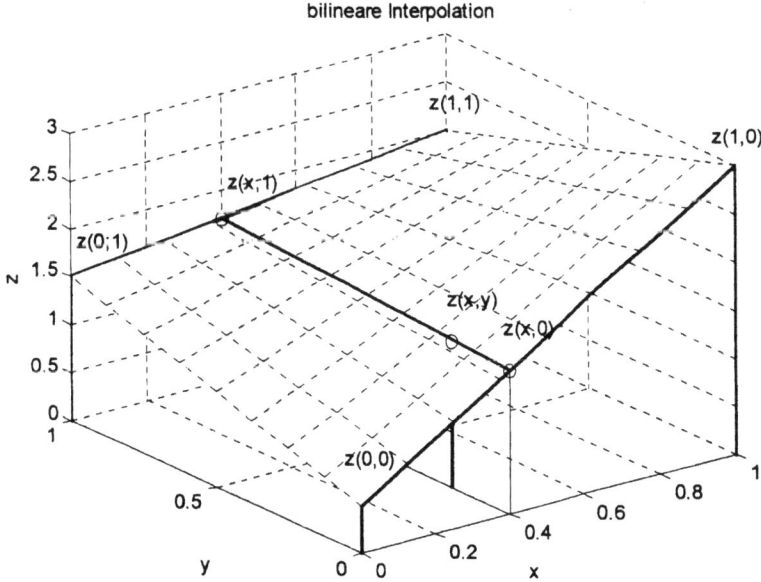

Abb. 6.44. Veranschaulichung der bilinearen Interpretation

Dies ist die Formel, mit der ein hyperbolisches Paraboloid zwischen den vier Stützstellen aufgespannt wird.

Das Resultat der linearen und bilinearen Interpolation sind Polygonzüge oder Paraboloide, die zwischen den Stützstellen glatt sind, an den Stützstellen aber unstetige Gradienten haben.

6.7.4
Interpolation mit Splinefunktionen

Wenn man Datensätze mit wenigen Werte zu bearbeiten hat, kann man die Taylorreihe oder die klassischen Polynome nach Newton oder Lagrange zur Interpolation anwenden. Diese Methoden versagen bei Datensätzen mit einer größeren Zahl von Messwerten, weil die erforderlichen Polynome hohen Grades zu starken Oszillationen zwischen den Stützstellen führen. Solche Probleme kann man mit Splinefunktionen behandeln. Hierbei wird das vorgegebene Datenintervall durch ein System von Stützstellen (die nicht äquidistant sein müssen) in eine Reihe aufeinanderfolgender Teilintervalle aufgespalten und für jedes Teilintervall eine relativ einfache Funktion als Approximation an den vermuteten Verlauf angesetzt. Diesen Funktionen werden bestimmte Randbedingungen auferlegt, die sicherstellen, dass die aus den Teilfunktionen zusammengesetzte Gesamtfunktion – die Splinefunktion – einen glatten Verlauf und eine glatte erste Ableitung hat. Man kann Splinefunktionen in großer Mannigfaltigkeit definieren. Wir beschränken uns in hier auf die Behandlung der kubischen interpolierenden und kubischen glättenden Splines, bei denen die Funktion zwischen zwei Stützstellen als kubisches Polynom angesetzt wird. Interpolierende Splinefunktionen haben die Eigenschaft, dass die Ergebnisfunktion durch die vorgegebenen Messwerte, die zumeist auch die Stützstellen liefern, verläuft. Bei glättenden Splines verläuft die Funktion nach der Art einer Ausgleichsfunktion zwischen den Datenpunkten.

Die rechentechnische Realisierung von Splinefunktionen erfordert einen gewissen Aufwand. Man sollte sie im Rahmen eines leistungsfähigen Programmsystems benutzen. Mathematica zum Beispiel verwendet zur Splinedarstellung das Konstrukt einer im Hintergrund arbeitenden 'interpolating function'. In Matlab sind zwei verschiedene, ineinander umrechenbare Darstellungen von Bedeutung. In der *pp*-Form (piecewice polynomials) wird die Splinefunktion der Ordnung k als Summe lokal definierter und einander berührender Polynome

$$p_j(x) = \sum_{i=1}^{k} \frac{(x - \xi_j)^{(k-i)}}{(k-i)!} c_{ij} \tag{6.71}$$

die durch die Stoßstellen ξ_j und die lokalen Polynomkoeffizienten c_{ij} gekennzeichnet sind, formuliert. In dieser Form werden Splines am zweckmäßigsten gespeichert und bei einem aktuellen Anlass in temporäre, kontinuierliche Funktionen zur Datenextraktion (auch für die Ableitungen) umgesetzt. In der *B*-Form wird eine Splinefunktion als eine Linearkombination

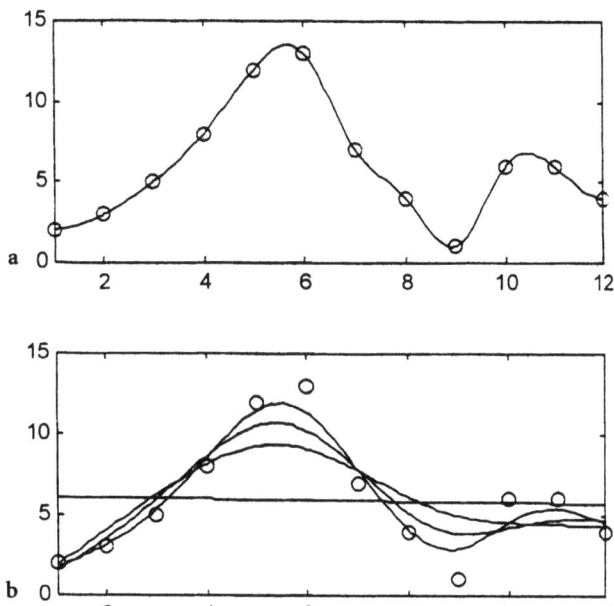

Abb. 6.45a, b. Interpolation eines Datensatzes mit kubischen Splinefunktionen. a interpolierend, die Kurve geht durch die Punkte, b glättend (Glättungsparameter: 0,2, 0,5, 0,8 und 1,0 = Horizontale

von B-Splines

$$f := \sum_{j=1}^{n} B_{j,k} a_j \tag{6.72}$$

beschrieben, wobei $B_{jk} := B(\cdot | t_j, \ldots, t_{j+k})$ der j-te-Spline der Ordnung k für die Knotensequenz $t_1 < t_2 < \ldots t_{n+k}$ ist. Diese Form hat Vorteile in der Entwicklungsphase von Splinefunktionen, weil die lokale Glattheit durch die Knotenverteilung gesteuert werden kann.

Abbildung 6.45a zeigt ein einfaches Beispiel für einen interpolierenden, kubischen Spline, der für die vorgegebenen diskreten Datenpunkte ermittelt wurde und in einem zweiten Schritt zur Generierung der kontinuierlichen Funktion, die durch diese Datenpunkte verläuft, benutzt wurde. Bei den glättenden Splines in Abb. 6.45b wurden dieselben Daten vorgeben, aber in Abhängigkeit von einem Steuerparameter unterschiedlich stark geglättet. Die Extremfälle ergeben einerseits den interpolierenden Spline, andererseits eine horizontale Gerade, die als Ausgleichsgerade durch die Datenpunkte anzusehen ist.

Abbildung 6.46a zeigt die Bildung einer äquidistanten Wertereihe aus einem Satz ungleichmäßig verteilter Datenpunkte. Diese Werte ergeben sich durch die Diskretisierung der kontinuierlichen, aus dem Spline berechneten Funktion. Die Anwendung glättender Splines zur Verminderung von Rauscheffekten wird in Abb. 6.46b dargestellt.

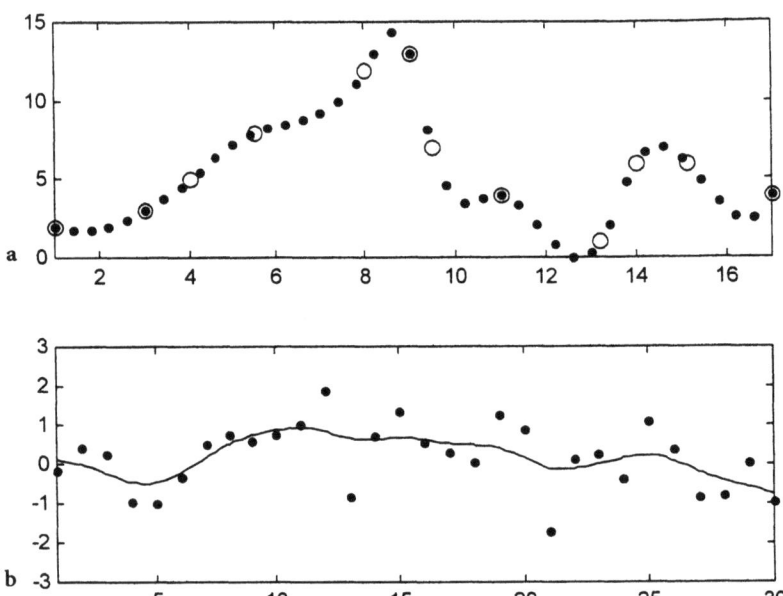

Abb. 6.46 a, b. Anwendungen von Interpolationsrechnungen. **a** Aufbau eines äquidistanten Datensatzes (●) aus unregelmäßig verteilten Punkten (○), **b** Erzeugung einer kontinuierlichen Funktion aus einem diskreten Datensatz mit Glättungseffekt

6.8 Bilddarstellung

Bilder sind Gegenstand der digitalen Bildverarbeitung, einer gut ausgearbeiteten Disziplin der Informatik [23–30], die hier nur mit einigen Aspekten der primären Bildverarbeitung, in denen deutliche Parallelen zur Signalverarbeitung existieren, behandelt wurden. Andere Bereiche, wie die automatische Bildanalyse, konnten nicht dargestellt werden. Die große Wichtigkeit von Bildern als Informationsquelle hat zu vielen speziellen Entwicklungen geführt, von denen zwei genannt werden sollen: die durch den großen Umfang von Bilddateien veranlasste Suche nach speicherplatzsparenden rechnerinternen Kodierungen und gewisse graphische Möglichkeiten, die die in den Bildwerten gespeicherten Informationen besonders günstig zur Geltung bringen.

6.8.1 Bilder als Datensätze

In der klassischen Form wird ein univariates Bild als eine Graustufeninformation $z = z(x_1, x_2)$ als Funktion zweier Ortskoordinaten dargestellt. Wenn man den Wertevorrat der Graustufen auf den Bereich 0–255 festlegt, genügt ein Byte zur Darstellung eines Pixels. Diese Möglichkeit wurde durch die Einführung eines speziellen Datentyps, den uint 8-Werten verwirklicht. Allerdings lassen sich uint8-Daten nicht beliebig miteinander verknüpfen (Bereichsüberlauf). Für mathematische Operationen ist der Übergang zu Gleitkommazahlen (GKZ) notwendig. In der Matlab-Bildverarbeitung bedeutet dies, 8 Bytes pro Pixel zu verwenden und Transformationsprogramme einzusetzen. Wenn man den Wertevorrat von Graustufenbildern auf die beiden Werte 0 und 1 begrenzt, bekommt man Schwarz-Weiß- oder binäre Bilder, für die man eigentlich nur 1 Byte pro 8 Pixel benötigen würde.

Farbbilder sind multivariate Bilder, in der z-Dimension werden mehrere Zahlen, im RGB-Format zum Beispiel drei Zahlen für die Farbwerte Rot (R), Grün (G) und Blau (B) gespeichert. Dies kann mit drei uint8-Zahlen oder mit drei GKZ (24 Byte/Pixel) geschehen.

Mit Index-Bildern kann man eine gewisse Einsparung von Speicherplatz erzielen. Man verwendet eine uint8-Bildmatrix in Kombination mit einer LUT (look up table) oder Farbtabelle. In der Bildmatrix sind Indexwerte gespeichert, die über die LUT einen bestimmten RGB-Wert definieren. Allerdings ist mit einem uint8-Index nur die Deklaration von 256 Farben möglich.

Diese verschiedenen Möglichkeiten und ihre wechselseitigen Umwandlungen muss man beachten, wenn man die Module einer Bildverarbeitungssoftware richtig einsetzen möchte.

Die Umsetzung von Bilder in Files wird dadurch noch nicht berührt. Hier gibt es eine große Zahl programmspezifischer Formate (auch komprimierte Files), die jeweils spezielle Module zum Schreiben und Lesen erfordern.

6.8.2
Histogramme

Histogramme univariater Bilder zeigen die Verteilung von z-Werte über dem jeweiligen Werte-Intervall. Auf der Abszisse sind die z-Werte, auf der Ordinate die Zahl der Pixel, die einen bestimmten z-Wert aufweisen, aufgetragen. Jegliche Ortsinformation geht zwar verloren, man bekommt aber eine Information über die Intensitätsverteilung, die für die Beurteilung der globalen Bildqualität wichtig ist und Hinweise auf nachfolgende Arbeitsschritte zu ihrer Verbesserung geben kann. Abbildung 6.47 zeigt ein Beispiel für die Anwendung der Histogramm-Adjustierung, bei der die Ausdehnung der relativ schmalen Verteilung der Intensitätswerte des Ausgangsbilds auf den Gesamtbereich der Graustufenwerte zu einer Verbesserung der Bildkontraste und zur besseren Wahrnehmung struktureller Details, zum Beispiel einer gewissen Körnigkeit in den scheinbar gleichförmigen Bereichen führt. Histogramme sind gute Hilfsmittel für die Auswahl nichtlinearer Intensitätstransformationen. Man kann durch die Adjustierung der Grauwerte gezielt bestimmte Bildelemente verstärken, mit einer bestimmten Graustufe kann eine Binärentscheidung verknüpft werden, um Schwarz-Weiß-Bilder zu erzeugen, die in einem Bild bestimmte Interessenbereiche (ROI, region of interest) definieren und als Masken für nachfolgende Bearbeitungen eingesetzt werden können.

240 6 Signal- und Bildverarbeitung

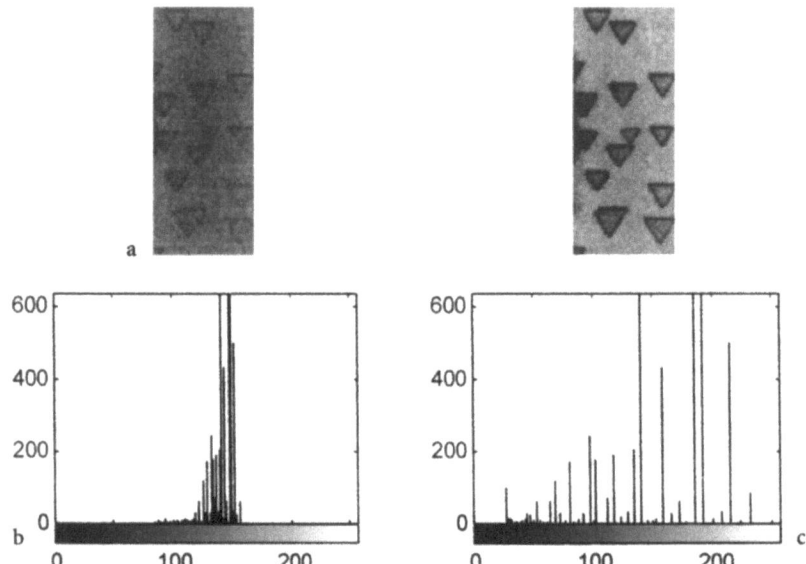

Abb. 6.47 a–c. Kontrastverstärkung durch Histogrammadjustierung. **a** Bildausschnitt (Kristalloberfläche mit Wachstumsstrukturen) mit geringem Kontrast, **b** das Histogramm zeigt eine schmale Intensitätsverteilung, **c** Bild und Histogramm nach einem Aufspreizen der Intensitätsverteilung

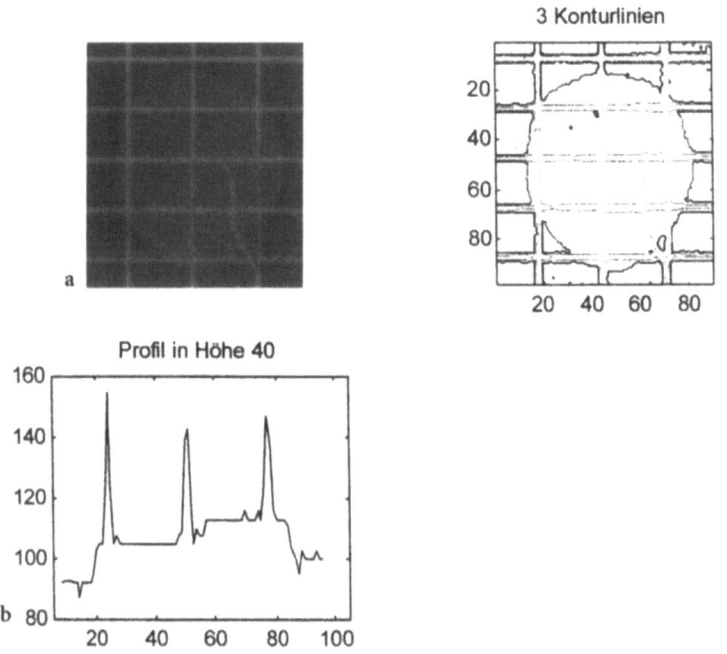

Abb. 6.48 a, b. Zerteilte Halbleiterscheibe mit zwei Phasen, die sich schwach in der Farbe unterscheiden. **a** Konturdarstellung mit deutlicher Phasengrenze, **b** Intensitätsprofil entlang der schwarzen Linie auf der Höhe 40

6.8.3
Profile und Konturen

3D-Darstellungen sind bei einfach strukturierten (und aus relativ wenigen Werten bestehenden Signalen nützlich, für die Darstellung von Bildern mit sehr vielen Werten aber unübersichtlich. Konturplots, in denen eine oder mehrere Iso-Intensitätslinien als Funktion der x_1- und x_2-Komponente dargestellt werden, sind übersichtlicher. Abbildung 6.48 zeigt eine in quadratische Teile zerschnittene SiC-Scheibe auf der zwei verschiedene Polytypen, die sich geringfügig in der Farbe unterscheiden, ausgebildet wurden.

Eine Konturdarstellung liefert eine Serie von Schnitten durch den Datensatz. Dabei ist die Orientierung der Schnittebenen nicht auf die x_1-x_2-Ebenen beschränkt. Wenn man einen Schnitt durch die x_1-z- oder x_2-z-Ebene führt, bekommt man ein Profil, eine zweidimensionale Darstellung, in der die z-Komponente als Funktion von nur einer der unabhängigen Variablen dargestellt wird.

Literatur

1. Brigham EO (1997) FFT-Anwendungen. Oldenbourg, München
2. Walker JS (1996) Fast Fourier transforms. CRC, Boca Raton
3. Higgins JR (1996) Sampling theory in Fourier and signal analysis: foundations. Clarendon Press, Oxford
4. James JF (1995) A student's guide to Fourier transforms: with applications in physics and engineering. Cambridge University Press, Cambridge
5. Clausen M, Baum U (1993) Fast Fourier transforms. BI-Wissenschaftlicher Verlag, Mannheim
6. Nussbaumer HJ (1990) Fast fourier transform and convolution algorithms. Springer, Berlin Heidelberg New York Tokio
7. Spiegel MR (1990) Fourier-Analysis: Theorie und Anwendung; Mit Anwendungen auf Grenzwertprobleme. McGraw-Hill, Hamburg
8. Achilles D (1985) Die Fourier-Transformation in der Signalverarbeitung: kontinuierliche und diskrete Verfahren der Praxis. Springer, Berlin Heidelberg New York Tokio
9. Mertins A (1996) Signaltheorie. Teubner, Stuttgart
10. Mildenberger O (1989) System- und Signaltheorie: Grundlagen für das informationstechnische Studium. Vieweg, Braunschweig
11. Oppenheim AV (1989) Signale und Systeme. VCH, Weinheim
12. Jackson LB (1996) Digital filters and signal processing: with MATLAB exercises. Kluwer, Boston
13. Johnson JR (1991) Digitale Signalverarbeitung. Hanser, München
14. Fliege N (1991) Systemtheorie. Teubner, Stuttgart
15. Schüßler HW (1988) Digitale Signalverarbeitung. Springer, Berlin Heidelberg New York Tokio
16. Göldner K (1981) Grundlagen der Systemanalyse, Bd. 1, 2. Fachbuchverlag, Leipzig
17. Van Cittert PH (1931) Z Phys 69: 298–308
18. Jansson PA (1984) Deconvolution, with Applications in Spectroscopy. Academic Press, Orlando
19. Hubbard BB (1997) Wavelets: die Mathematik der kleinen Wellen. Birkhäuser, Basel
20. Mallat S (1999) A wavelet tour of signal processing. Academic Press, San Diego
21. Blatter C (1998) Wavelets: eine Einführung. Vieweg, Braunschweig
22. Programmpaket Wavelab

23. Jähne B (1997) Digitale Bildverarbeitung. Springer, Berlin Heidelberg New York Tokio
24. Voss K, Süsse H (1991) Praktische Bildverarbeitung. Hanser, München
25. Russ JC (1995) The Image Processing Handbook. CRC, Boca Raton
26. Gonzalez RC, Woods RE (1993) Digital image processing Addison-Wesley, Reading
27. Castleman KR (1979) Digital image processing. Prentice Hall Englewood Cliffs
28. Geladi P, Grahn H (1997) Multivariate Image Analysis. Wiley, Chichester
29. Granlund GH, Knutsson K (1995) Signal Processing for Computer Vision. Kluwer, Dordrecht
30. van der Heiden F (1994) Image Based Measurement Systems. Wiley, Chichester

7 Kalibration

Im allgemeinen Fall versteht man unter Kalibration eine Operation, die eine Beziehung zwischen Input und Output, also Eingangs- und Ausgangsgrößen eines Messsystems unter konkreten Messbedingungen herstellt und in der Regel durch ein Modell beschreibt. In chemischen Messprozessen [1] sind die Eingangsgrößen analytische Informationen, die die Art und Menge von Analyten charakterisieren, die Ausgangsgrößen sind Messergebnisse, z. B. in Form von Signalfunktionen.

Zur Darstellung der Zusammenhänge zwischen analytischer Auswertung und Kalibration sollen hier analytische Informationen inbezug auf Art und Menge von Probenbestandteilen betrachtet werden. Für strukturanalytische oder auch prozess- und verteilungsanalytische (zeit- bzw. ortsabhängige) Untersuchungen gelten prinzipiell analoge Betrachtungen.

7.1
Analytische Informationen und Messergebnisse

Analytische Informationen betreffen die Art von Analyten A oder/und deren Menge x, meist in Form von funktionalen Zusammenhängen (zweidimensionalen analytischen Informationen)

$$x = f(A) \tag{7.1}$$

Analytische Messungen führen zu Messergebnissen in Form von Signalparametern z und y, meist als (zweidimensionale) Signalfunktion

$$y = f(z) \tag{7.2}$$

die mit den analytischen Parametern A und x korrespondieren. Der schematische Zusammenhang zwischen analytischen Informationen und Messinformationen ist in Abb. 7.1 dargestellt [2].

Die Verknüpfung der vier Parameter x, A und y, z erfolgt jeweils mit Hilfe linearer Operatoren[1] L bzw. M [2], konkret durch geeignete Funktionen oder

---

[1] Durch lineare Operatoren erfolgt eine Zuordnung von Elementen x eines abstrakten Raumes X zu Elementen y eines anderen Raumes Y. Die Zuordnung erfolgt entweder mittels linearer oder nichtlinearer Funktionen oder anderer Vorschriften, z. B. Zuordnungstafeln bzw. -tabellen. Bei analytischen Kalibrationen betrifft die Zuordnung Zusammenhänge zwischen den Domänen der analytischen Informationen (Probendomäne) und der Messergebnisse (Signaldomäne).

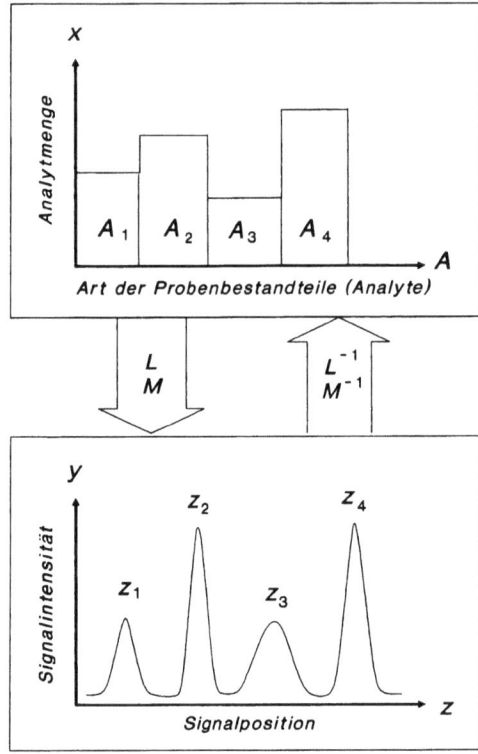

Abb. 7.1. Zusammenhang zwischen analytischen Informationen $x = f(A)$ und Messinformationen (Messfunktion) $y = f(z)$

Zuordnungsregeln. Die Erzeugung der Messfunktion aus bestimmten analytischen Informationen ist gegeben durch die Beziehungen

$$z = L(A) \tag{7.3}$$

$$y = M(x) \tag{7.4}$$

die analytische Auswertung durch die entsprechenden inversen Operationen

$$A = L^{-1}(z) \tag{7.5}$$

$$x = M^{-1}(y) \tag{7.6}$$

Der Zusammenhang der Größen ist in Abb. 7.2 schematisch skizziert [2].

In Anlehnung an H. Kaiser [3] kann der Zusammenhang der analytischen Informationen (der „chemischen Zusammensetzung" der Analysenprobe) und der Messwerte vektoriell beschrieben werden[2]. Ein Messergebnis ist ein Vektor $y(z)$ in einem m-dimensionalen Raum der Messwerte (der *Mess- oder Signaldomäne*)

$$\underline{y(z) = (y_1(z_1), y_2(z_2), \ldots, y_m(z_m))} \tag{7.7}$$

---

[2] Dazu müssen sowohl Analysen- als auch Messgrößen in gleichen Dimensionen und Einheiten angegeben werden, d.h. die Analysengrößen A_i, x_i und die Messgrößen y_j bzw. z_j sind mit Koeffizienten k_A, k_x, k_y bzw. k_z zu verknüpfen dergestalt, dass alle Größen formal wie reine Zahlen behandelt werden können.

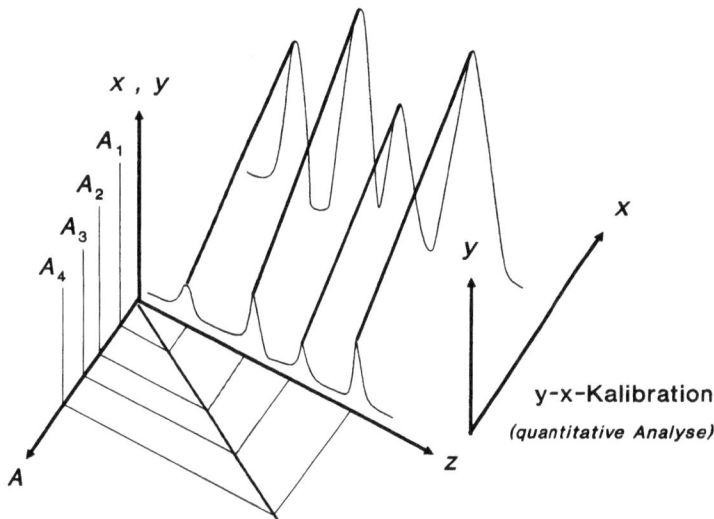

Abb. 7.2. Quasi-vierdimensionaler Zusammenhang der Größen für qualitative und quantitative Kalibrationen

In analoger Weise entspricht der Vektor

$$\underline{x}(A) = (x_1(A_1), x_2(A_2), \ldots, x_n(A_n)) \tag{7.8}$$

einem Punkt im n-dimensionalen Raum der chemischen Zusammensetzung (der *Probendomäne*). Im Rahmen der Auswertung chemischer Messungen ist nun ein Zusammenhang

$$\underline{x}(A) = \underline{F}(\underline{y}(z)) \tag{7.9}$$

zu bestimmen dergestalt, dass für einen bestimmten Punkt im Raum der Messergebnisse der zugehörige Punkt im Raum der Probenzusammensetzung ermittelt werden kann. Die Punkte $\underline{y}(z)$ in der Mess- bzw. Signaldomäne müssen also über eine „Abbildungs"-Funktion $\underline{F}$ (die linearen Operatoren L bzw. M (z. B. Gln. (7.3) bis (7.6)) den Punkten $\underline{x}(A)$ der Probendomäne zugeordnet werden. Eine derartige (eindeutige) Abbildung existiert, wenn $\underline{F}$ stetig, beschränkt und abgeschlossen im Sinne der Mengentheorie ist [3].

Da die Koordinaten $x_1(A_1), x_2(A_2), \ldots, x_n(A_n)$ der Punkte $\underline{x}(A)$ (im folgenden der Einfachheit halber $\underline{x} = (x_1, x_2, \ldots, x_n)$) voneinander unabhängig sind, ist jede der Konzentrationsgrößen x_i jeweils eine Funktion der Messwerte $\underline{y} = y_1, y_2, \ldots, y_m$ und es lässt sich ein System stetiger Funktionen $\underline{x} = F(\underline{y})$

$$\begin{aligned}
x_1 &= f_1(\underline{y}) = f_1(y_1, y_2, \ldots, y_m) \\
x_2 &= f_2(\underline{y}) = f_2(y_1, y_2, \ldots, y_m) \\
&\vdots \\
x_n &= f_n(\underline{y}) = f_n(y_1, y_2, \ldots, y_m)
\end{aligned} \tag{7.10}$$

als das *System der Analysenfunktionen* angeben. Dieses ist jedoch in der Regel unbekannt und muss über den Umweg einer Kalibration empirisch ermittelt werden. Das entsprechende System der Kalibrierfunktionen $\underline{y} = \underline{F}^{-1}(\underline{x})$

$$\begin{aligned} y_1 &= f_1^{-1}(x_1, x_2, \ldots, x_n) \\ y_2 &= f_2^{-1}(x_1, x_2, \ldots, x_n) \\ &\vdots \\ y_m &= f_m^{-1}(x_1, x_2, \ldots, x_n) \end{aligned}$$ (7.11)

ist besonders einfach für den Zusammenhang nur einer Messgröße y und einer gegebenen Probe unbekannten Gehaltes x zu bestimmen, wenn ein geeigneter Satz von Kalibrierproben mit abgestuften Gehalten zur Verfügung steht oder einfach herzustellen ist. Dieses Vorgehen soll im folgenden im Mittelpunkt der Betrachtungen stehen. Über den üblichen Kalibrationen quantitativer Analysengrößen (Gehalte) wird jedoch meist vergessen, dass auch die qualitativen Analysengrößen (A) mit den korrespondierenden Messgrößen (z) in Beziehung zu setzen sind.

Für die Auswertung qualitativer Größen, also die Ermittlung des Zusammenhanges zwischen der Art von Analyten A und den ihnen entsprechenden Signalparametern z (Wellenlängen bzw. Frequenzen typischer Spektrallinien bzw. -banden in der Spektroskopie oder ihnen entsprechende Energiegrößen, Retentionszeiten in der Chromatographie, Halbstufenpotentiale in der Polarographie usw.) beschreibt der lineare Operator L gelegentlich funktionale Zusammenhänge

$$z = L(A) = f(A) \tag{7.12}$$

wobei die Funktion $z = f(A)$ entweder naturgesetzlichen (deterministischen) Charakter besitzt

$$z = f_{\text{det}}(A) \tag{7.13}$$

(Beispiel: Moseleysches Gesetz [4]) oder aber empirischen Charakter

$$z = f_{\text{emp}}(A) \tag{7.14}$$

(Beispiel: Kovats-Indizes [5] für homologe Verbindungen in der Gaschromatographie). Im Falle derartiger deterministischer funktionaler Zusammenhänge entspricht die Zahl der Signale in der Regel der Anzahl der Analyte wie in Abb. 7.2 im A-z-Kalibrationszusammenhang schematisch dargestellt.

Meist jedoch erfolgt die Auswertung auf der Grundlage empirischer Zusammenhänge

$$z = L(A) = \text{emp}(A) \tag{7.15}$$

die in Form von Tabellen (z. B. [6,7]), Atlanten (z.B. Eisenatlanten der OES [8,9]), oder graphischen Darstellungen (z.B. Colthup-Übersicht charakteristischer Schwingungen zur IR- und Ramanspektroskopie [10]) vorliegen können.

Der Zusammenhang der quantitativen Größen x und y, die die Menge von Analyten betreffen, entsprechend Gl. (7.4) wird oft als Gegenstand der Kalibration im engeren Sinne betrachtet. Aber auch die Beziehungen der qualitativen Kenngrößen A und z nach Gl. (7.3) sind nicht a priori bekannt und müssen bei neu entwickelten Verfahren theoretisch oder empirisch ermittelt, also kalibriert werden, und bei eingeführten Methoden in bestimmten Zeitabständen überprüft werden (Rekalibrierung oder Justierung).

7.2 Kalibration quantitativer Analysenverfahren

Die Kalibration von Analysenverfahren und die quantitative Auswertung analytischen Messungen erfolgt in der analytischen Praxis auf der Grundlage der Kalibrationsfunktion

$$y = f(x) \tag{7.16}$$

die den Zusammenhang der Messergebnisse y mit den Analysenergebnissen x, die im konkreten Fall absolute (Masse m) oder relative Mengenangaben (Gehalt oder Konzentration c) eines bestimmten Analyten sind, beschreibt, und der dazu inversen Analysenfunktion

$$x = f^{-1}(y) \tag{7.17}$$

Für die einzelnen Analysenmethoden unterscheidet sich der Charakter der Analysenfunktion stark, je nachdem, ob die Bestimmung auf der Grundlage von Absolut-, Relativ- oder Referenzmessungen erfolgt. Abbildung 7.3 zeigt eine entsprechende Einteilung von Analysenmethoden.

Absolute, *definitive* und *direkte Referenzmethoden* basieren auf allgemeinen Gleichungen der Art

$$x = B\,y \tag{7.18}$$

wobei die Empfindlichkeit B durch mathematisch definierte Beziehungen gegeben ist, und zwar im Falle

– *absoluter Methoden* durch *Fundamentalkonstanten* (z.B. Atom-, Molmassen, Faradaykonstante),
– *definitiver Methoden* durch fundamentale und abgeleitete Größen (z.B. Extinktionskoeffizient, Tropfzeit, Titer) sowie

ANALYSENMETHODEN				
Absolute Methoden	Relative Methoden			
	Definitive Methoden	Referenzmethoden		
		Direkte RM	Indirekte RM	
$y = B\,x$			$y = f(x)$	
$B = F$	$B = kF$	$B = \dfrac{y_R}{x_R}$	$y = a + bx$	

Abb. 7.3. Einteilung der Analysenmethoden nach dem Kalibrationsprinzip

– *direkter Referenzmethoden* durch das Gehalts-Messgrößen-Verhältnis einer Referenzprobe

$$B = \frac{x_R}{y_R} \tag{7.19}$$

Dementsprechend benötigen absolute Methoden keine Kalibration[3], während definitive und Referenzmethoden in der Regel nur eine Vergleichs- bzw. Referenzmessung benötigen (Titereinstellung, Messung des Referenzmaterials bzw. der gespikten Probe).

Zu den *absoluten* Methoden in diesem Sinne gehören *Gravimetrie, Elektrogravimetrie, Coulometrie* und *Gasvolumetrie*, zu den *definitiven* Methoden *Titrimetrie, Potentiometrie, Polarographie* und *Photometrie, direkte* Referenzmethoden sind z. B. die *Röntgenfluoreszenzspektrometrie* und die *Aktivierungsanalyse*.

Indirekten Referenzmethoden liegen empirische Analysenfunktionen zugrunde, für die sehr häufig das lineare Modell

$$x = a + b y \tag{7.20}$$

verwendet werden kann, wobei a und b empirische Koeffizienten sind, die in der Regel durch Regressionsrechnung ermittelt werden[4]. Diese Vorgehensweise findet in der Praxis meist auch bei einigen Methoden Anwendung, die prinzipiell zu den definitiven Methoden zu rechnen sind (z. B. Polarographie und Photometrie). Auswertefunktionen nach Gl. (7.20) sind in unterschiedlichem Maße übertragbar und zwar sowohl zeitlich (innerhalb eines Labors von Tag zu Tag oder über einen längeren Zeitraum) als auch von einem Labor auf ein anderes.

Beim Vorliegen blindwertfreier oder -korrigierbarer Beziehungen

$$x = b y \tag{7.21}$$

lassen sich unter bestimmten Voraussetzungen Verfahren stabil kalibrieren, d. h. Empfindlichkeitskoeffizienten (Empfindlichkeitsfaktoren oder -konstanten) ermitteln, die unter standardisierten Arbeitsbedingungen zeitlich und räumlich übertragbar sind. Solche sogenannten eichprobenfreien Verfahren wurden vor allen für direkte Feststoffanalysen entwickelt und finden z. B. in der Optischen Emissionsspektralanalyse [11, 12], in der Funkenquellenmassenspektrographie [13] und in der Röntgenfluoreszenzspektrometrie [14] Anwendung. Sie ermöglichen in der Regel halbquantitative Multielementanalysen mit relativen Fehlern von 30 bis 100 %.

Eichprobenfreie Verfahren in diesem Sinne sind von den kalibrationsfreien absoluten Methoden zu unterscheiden.

---

[3] Wenn man davon absieht, dass die Empfindlichkeitskonstante B und die Bedingungen, unter denen sie gültig ist (unter denen z. B. eine Reaktion quantitativ abläuft), irgendwann einmal theoretisch abgeleitet und experimentell ermittelt wurden.

[4] Auch graphische Methoden werden gelegentlich noch angewandt; in jüngster Zeit wird der Zusammenhang (7.20) auch mit Verfahren der künstlichen Intelligenz, z. B. neuronalen Netzen, modelliert.

7.3
Experimentelle Kalibration

Unter Kalibration[5] versteht man die Ermittlung der Analysenfunktion (7.17) aus Messungen der Abhängigkeit der Messgröße y von der Analysengröße x und Invertierung der erhaltenen Kalibrationsfunktion

$$y = f(x) \tag{7.22}$$

In der Regel werden experimentelle Kalibrationen ausgeführt durch Messung eines Satzes von Kalibrierproben, die den (oder die) zu untersuchenden Analyten in sinnvoll abgestuften Mengen enthalten. Als Kalibrierproben verwendet der Analytiker nach Gelegenheit Materialien, deren Gehalte mit höchstmöglicher Zuverlässigkeit bekannt, die also sowohl richtig als auch präzise sind. Dabei kann es sich um zertifizierte Referenzmaterialien, Ein- oder Multielementstandards oder synthetische Vergleichsproben (Laborstandards) handeln. Die Gehalte dieser Kalibrierproben können in der Regel als „wahr" betrachtet werden und gegenüber den Messergebnissen als fehlerfrei. Zumindest kann angenommen werden, dass die Zufallsfehler der Analysengröße s_x sehr klein sind gegenüber denen der Messgröße s_y

$$s_x \ll s_y \tag{7.23}$$

Unter dieser Voraussetzung gelten für die Bestimmung der eigentlichen Kalibrationsfunktion

$$y = f(x_{\text{wahr}}) \tag{7.24}$$

die in Lehrbüchern [16–18] angegebenen Gleichungen für die Ermittlung der Regressionsparameter, z. B. für das lineare Modell

$$y = a_x + b_x x_{\text{wahr}} \tag{7.25}$$

Für die Auswertung analytischer Messungen gilt Gl. (7.25) nicht a priori, außerdem trifft die Bedingung (7.23) in der Regel nicht zu. Stattdessen ermittelt der Analytiker experimentelle Analysenwerte, deren Fehler oft in der gleichen Größenordnung liegen wie die der Messwerte (vgl. Abschn. 2.4.3), aus denen sie entsprechend

$$x_{\text{exp}} = f(y) \tag{7.26}$$

errechnet werden. Für die einander entsprechenden Schritte Kalibration und analytische Auswertung muss also ein dreidimensionales Modell, die sogenannte räumliche Kalibrationsfunktion (Kalibrations-Auswertungs-Wiederfindungs-Funktion)

$$y = f(x_{\text{wahr}}, x_{\text{exp}}) \tag{7.27}$$

---

[5] Der Begriff der *Kalibration* (auch *Kalibrierung*) ist dem der *Eichung*, den Chemiker über Generationen hinweg verwendeten, vorzuziehen. Der Begriff Eichung steht heute mit einem amtlichen Zertifikat, also einer Kalibration „von Amts wegen" in Verbindung [15].

250 7 Kalibration

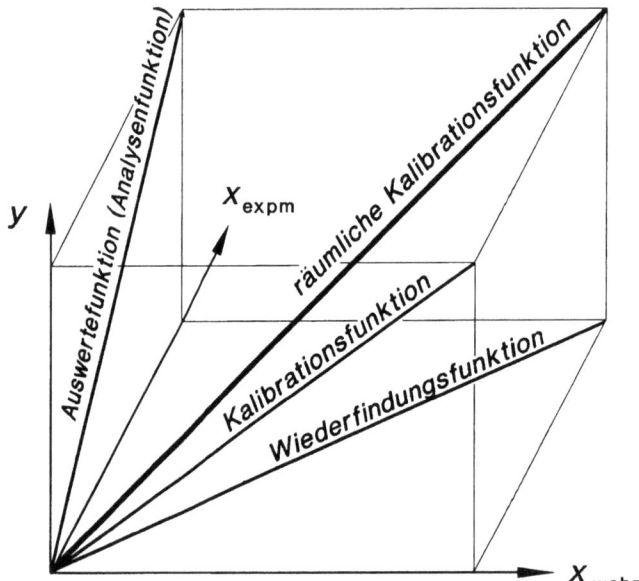

Abb. 7.4. Räumlicher Kalibrationszusammenhang als dreidimensionale Kalibrations-Auswertungs-Wiederfindungs-Funktion

zugrunde gelegt werden [2], deren graphische Veranschaulichung für den linearen Fall in Abb. 7.4 gezeigt ist.

Die *Kalibrationsfunktion* (7.24) und die *Analysen-* bzw. *Auswertefunktion* (7.26) sind die Projektionen der räumlichen Kalibrationsfunktion (5.27) in die jeweiligen Ebenen. Außerdem ist in diesem dreidimensionalen Modell die *Wiederfindungsfunktion*

$$x_{exp} = f(x_{wahr}) \qquad (7.28)$$

enthalten. Im angestrebten Idealfall lautet diese Wiederfindungsfunktion $x_{exp} = x_{wahr}$ und entspricht einer 45°-Geraden durch den Koordinatenursprung. In der analytischen Praxis kann es additive, multiplikative und exponentielle Verfälschungen dieses Idealzusammenhanges geben [19, 20].

Für Wiederfindungsfunktionen $x_{exp} = x_{wahr}$, und *nur dann*, fallen die Ebenen $y \times x_{wahr}$ und $y \times x_{exp}$ zusammen und das Kalibrationsproblem kann, wie üblich, zweidimensional behandelt werden. Allerdings sind für eine gemeinsame Analysen- und Kalibrationsfunktion die unterschiedlichen statistischen Voraussetzungen in der Kalibrations- und in der Auswerteebene zu beachten. Der Sachverhalt soll im folgenden am Beispiel der linearen Kalibration verdeutlicht werden.

7.3.1
Verfahren der linearen Kalibration[6]

In 2.4.2 wurde ausgeführt, dass die Gaußsche Fehlerquadratminimierung zur Ermittlung der Regressionsgeraden (Least Squares Regression, LSR)

$$\hat{y} = a_x + b_x x \tag{7.29}$$

und

$$\hat{x} = a_y + b_y y \tag{7.30}$$

in der Regel (und zwar abhängig vom Grad der Korrelation zwischen x und y) zu verschiedenen Schätzungen der Regressionsparameter führt, d.h. $a_x \neq -a_y/b_y$ und $b_x \neq 1/b_y$. Die Anwendung der beiden Gleichungen (7.29) und (7.30) hängt davon ab, welche Größe als abhängig betrachtet wird und damit Gegenstand der Schätzung ist und welche Größe andererseits als unabhängig (und damit auch als weitgehend fehlerfrei!).

Für die Analytik besitzt aus sachlogischen Gründen nur die Kalibrationsfunktion (7.29) Bedeutung, da bestenfalls die Analysengrößen x (die Gehalte der Kalibrierproben) als fehlerfrei betrachtet werden können, nicht aber die Messwerte y, was Voraussetzung für die Anwendung von Gl. (7.30) wäre. Dennoch wurde die sogenannte „*inverse Kalibration*" auf der Grundlage des Modells (7.30) immer wieder untersucht und z.B. durch Centner, Massart, de Jong [21] nachgewiesen, dass auf diesem Wege präzisere Analysenergebnisse erhalten werden können.

Die klassische Auswertung erfolgt durch das inverse Modell von Gleichung (7.29) nach

$$\hat{x} = \frac{\hat{y} - \hat{a}_x}{\hat{b}} \tag{7.31}$$

Die *Kalibrationskoeffizienten* erhält man analog wie die *Regressionskoeffizienten* (Gln. (2.66) und (2.67)):

$$\hat{a}_x = \frac{\sum y_i - \hat{b}_x \sum x_i}{n} \tag{7.32}$$

$$\hat{b}_x = \frac{Q_{xy}}{Q_x} \tag{7.33}$$

mit den in den Gln.(2.52a–c) angegebenene Quadratsummen Q_{xy}, Q_x und Q_y.

Die klassische Berechnung der Kalibrationskoeffizienten nach (7.32) und (7.33) ist an die Erfüllung bestimmter Voraussetzungen gebunden, die denen der

---

[6] Gemäß IUPAC-Richtlinie [15] ist im Zusammenhang mit Kalibrationsmodellen der Begriff „Regressionsrechnung" nicht zu verwenden. Die Regressionsanalyse beschäftigt sich grundsätzlich mit Zusammenhängen zwischen zwei Zufallsvariablen, während bei der Kalibration die unabhängige Größe keine Zufallsvariable darstellt (siehe Abschn. 2.4.2).

Regressionsanalyse formal entsprechen und die sich aus den Charakteristika der Fehler des Kalibrationsmodells ableiten.

Mit den allgemeinen Beziehungen für das Kalibrationsmodell (vgl. (2.60a))

$$y_i = E(y) + e_{y_i} = a + bx_i + e_{y_i} \tag{7.34}$$

wobei $E(y)$ der Erwartungswert von y_i ist, sowie der Schätzung des Modells

$$\hat{y}_i = \hat{a} + \hat{b} x_i \tag{7.35}$$

ergibt sich für den Modellfehler (Restfehler) $e_{y_i} = y_i - \hat{y}_i = y_i - \hat{a} - \hat{b} x_i$. Das allgemeine Kriterium für die Minimierung der Fehlerquadrate FQ_y (LSC, Least Squares Criterion) nach Gauß lautet

$$FQ_y = \sum_{i=1}^{n} \frac{(y_i - \hat{y}_i)^2}{\sigma_i^2} = \sum_{i=1}^{n} \frac{e_{y_i}^2}{\sigma_i^2} = \min \tag{7.36}$$

In Abhängigkeit von der Erfüllung der folgenden Voraussetzungen kann das LSC und damit das Kalibrationsmodell vereinfacht werden:

(1) die Gehalte x der Kalibrierproben sind weitgehend fehlerfrei bzw. die Fehler sind gegenüber denen der Messgrößen y zu vernachlässigen

$$\sigma_x \ll \frac{\sigma_y}{b} \tag{7.37}$$

(2) die Fehler der Messgrößen sind homoskedastisch, d. h. in den verschiedenen Kalibrationspunkten konstant

$$\sigma_{y_1}^2 = \sigma_{y_2}^2 = \cdots = \sigma_{y_p}^2 = \sigma_y^2 \tag{7.38}$$

Die Prüfung erfolgt mit den experimentellen Schätzwerten der Varianzen durch modifizierte F-Tests oder den Bartlett-Test (Abschn. 8.4.1). Nur bei Erfüllung beider Bedingungen, (1) und (2), reduziert sich das LSC auf

$$\sum_{i=1}^{n} e_{y_i}^2 = \min \tag{7.39}$$

Wenn dagegen die Varianzen des Messfehlers in den einzelnen Kalibationspunkten signifikant voneinander verschieden sind, ist die Minimierung der Fehlerquadrate entsprechend Gl. (2.69) vorzunehmen und eine *gewichtete Kalibration* entsprechend den Gln. (2.70–2.73) durchzuführen.

Im allgemeinsten Fall, wenn beide Größen, sowohl Mess- als auch Konzentrationswerte, fehlerbehaftet sind, lautet das LSC

$$\sum_{i=1}^{n} \frac{e_{y_i}^2}{\sigma_{y_i}^2 + \hat{b}^2 \sigma_{x_i}^2} = \min \tag{7.40}$$

Für diese sogenannte orthogonale Least-squares-Minimierung (OLS[7]) gibt es nur Näherungslösungen [2, 22], die in Abschn. 2.4.2 beschrieben sind. Dort sind in Abb. 2.22 auch die drei relevanten Geraden $\hat{y} = a_x + b_x x$, $\hat{x} = a_y + b_y y$ und $y = a + b x$ dargestellt. Bei großer Streuung der Kalibrationsdaten unterscheiden sich die beiden Geraden $\hat{y}$ und $\hat{x}$ in ihrer Lage, wie in Abb. 2.22 schematisch dargestellt, mit abnehmender Streuung gehen sie ineinander über, d. h. es wird $a_x = -a_y/b_y$ und $b_y = 1/b_x$ wie auch für den Korrelationskoeffizienten gilt $r_{xy} = 1$.

7.3.2
Fehlergrößen der linearen Kalibration und der Auswertung

Grundsätzlich unterscheiden sich die Unsicherheiten der Messwerte y, die mittels Kalibration geschätzt werden, und die der Analysenresultate x, die mit Hilfe des Kalibrationsmodells ermittelt werden, voneinander. Für analytische Bestimmungen auf der Grundlage experimenteller Kalibrationen müssen beide Unsicherheiten miteinander verrechnet werden, wozu Ebel in [23] eine übersichtliche Anleitung gegeben hat.

Die Unsicherheit der y-Werte in der Kalibrationsprozedur wird durch den *Vertrauensbereich* (confidence interval)

$$cnf(y) = \bar{y} \pm \Delta\bar{y}_c \qquad (7.41)$$

charakterisiert, wobei $\Delta\bar{y}_c$ der *einseitige Vertrauensbereich* ist. Dagegen wird die Unsicherheit der Analysenwerte x durch den *Vorhersagebereich* (prediction interval)

$$prd(x) = \bar{x} \pm \Delta\bar{x}_p \qquad (7.42)$$

beschrieben mit $\Delta\bar{x}_p$ als *einseitigem Vorhersagebereich*. Der Vorhersagebereich der Messwerte

$$prd(y) = \bar{y} \pm \Delta\bar{y}_p \qquad (7.43)$$

spielt ebenfalls eine Rolle, und zwar vor allem für die Bestimmung der *Nachweisgrenze* und der *Erfassungsgrenze* (siehe Abschn. 8.6).

Die zentrale Fehlergröße der Kalibration ist die *Reststandardabweichung* der Kalibrationskurve (der „*Kalibrationsfehler*")

$$s_{y,x} = \sqrt{\frac{\sum(y_i - \hat{y}_i)^2}{n-2}} = \sqrt{\frac{\sum(y_i - a_x - b_x x_i)^2}{n-2}} \qquad (7.44)$$

entsprechend Gl. (2.68) in Abschn. 2.4.2. Es sei angemerkt, dass die Anzahl der Freiheitsgrade in der Kalibration allgemein $f = n - v$ ist, wobei v die Zahl der durch das jeweilige Modell zu schätzenden Parameter $a, b, \ldots$ ist. Im Falle eines

---

[7] Der Begriff orthogonale Regression und Kalibration ist im anglo-amerikanischen Sprachgebrauch weitgehend unbekannt. Stattdessen wird „Error in both variables regression" bzw. „calibration" verwendet.

linearen Modells (7.35) ist also $v = 2$. Mit Hilfe des Kalibrationsfehlers lassen sich folgende Unsicherheitsgrößen berechnen:

- *Vertrauensbereich des Kalibrationsblindwertes* (Achsenabschnittes) a

$$cnf(\hat{a}) = \hat{a} \pm \Delta a \qquad (7.45)$$

$$\Delta a = s_a t_{P,f} = s_{y,x} t_{P,f} \sqrt{\frac{1}{n} + \frac{\bar{x}^2}{Q_x}} \qquad (7.46)$$

- *Vertrauensbereich der Empfindlichkeit* (des Anstieges) b

$$cnf(\hat{b}) = \hat{b} \pm \Delta b \qquad (7.47)$$

$$\Delta b = s_b t_{P,f} = \frac{s_{y,x} t_{P,f}}{\sqrt{Q_x}} \qquad (7.48)$$

entsprechend den Gln. (2.77) und (2.78) und jeweils mit den Freiheitsgraden $f = n - 2$

- *Vertrauensbereich eines Messwertes* y_c an der Stelle x_i:

$$cnf(y_c) = \bar{y}_c \pm \Delta \bar{y} = \bar{y}_c \pm s_{y,x} t_{P,f} \sqrt{\frac{1}{n} + \frac{(x_i - \bar{x})^2}{Q_x}} \qquad (7.49)$$

- *Vorhersagebereich eines (einzelnen) Messwertes* $\hat{y}_{i_p}$ an der Stelle x_i:

$$prd(\hat{y}_{i_p}) = \hat{y}_{i_p} \pm \Delta y_i = \hat{y}_{i_p} \pm s_{y,x} t_{P,f} \sqrt{\frac{1}{n} + 1 + \frac{(x_i - \bar{x})^2}{Q_x}} \qquad (7.50)$$

- *Vorhersagebereich eines Mittelwertes* $\hat{\bar{y}}_p$ aus n_A Wiederholungsmessungen an der Stelle x_i:

$$prd(\hat{\bar{y}}_p) = \hat{\bar{y}}_p \pm \Delta y_p = \hat{\bar{y}}_p \pm s_{y,x} t_{P,f} \sqrt{\frac{1}{n} + \frac{1}{n_A} + \frac{(x_i - \bar{x})^2}{Q_x}} \qquad (7.51)$$

- *Vertrauens- und Vorhersagebereich für die gesamte Kalibriergerade* sind entsprechend (2.83) und (2.84)

$$CI = cnf(\hat{y} = \hat{a} + \hat{b}x) = \hat{y} \pm s_{y_c} \sqrt{2 F_{P; f_1 = 2; f_2 = n-2}} \qquad (7.52)$$

$$PI = prd(\hat{y} = \hat{a} + \hat{b}x) = \hat{y} \pm s_{y_p} \sqrt{2 F_{P; f_1 = 2; f_2 = n-2}} \qquad (7.53)$$

- *Vorhersagebereich eines Analysenmittelwertes* $\bar{x}$ aus n_A Wiederholungsmessungen von y_i

$$prd(\bar{x}) = \hat{\bar{x}} \pm \frac{s_{y,x} t_{P,f}}{b} \sqrt{\frac{1}{n} + \frac{1}{n_A} + \frac{(y_i - \bar{y})^2}{b^2 Q_x}} \qquad (7.54)$$

7.3.3
Validierung empirischer Kalibrationen

Grundsätzlich ist jeder Kalibrationszusammenhang zu validieren, für absolute und definitive Analysenmethoden ebenso wie für direkte und indirekte Referenzmethoden (vgl. Abb. 7.3). Die Wege sind jedoch unterschiedlich. Bei absoluten und definitiven Methoden erfolgt die Validierung fast ausschließlich nach chemischen Gesichtspunkten, d. h. es werden die Gültigkeitsbereiche von Naturgesetzen und Fundamentalgleichungen, auf deren Grundlage die Analyse erfolgt, von ihren experimentellen Bedingungen her untersucht (Faradaysches Gesetz, Nernstsche Gleichung, Lambert-Beersches Gesetz).

Referenzmethoden, insbesondere indirekte, beruhen jedoch auf empirischen Kalibrationen, deren Anbindung an fundamentale Größen (SI-Einheiten) auf experimentellem Wege, durch die Untersuchung von Kalibrierproben für die eigentliche Kalibration, sowie durch Richtigkeits- (Wiederfindungs-) Untersuchungen mit Hilfe von zertifizierten Standardreferenzmaterialien erfolgt.

Die Qualitätssicherung von Analysenmethoden betrifft deshalb insbesondere die Validierung empirischer Kalibrationen auf statistischem Wege. Die Vorgehensweise ist ausführlich in [24] dargestellt und besteht aus den folgenden wesentlichen Schritten

(1) Untersuchung der zweckmäßig ausgewählten Kalibrierproben
(2) Berechnung eines ersten Kalibrationsmodells $\hat{y}_l = \hat{a} + \hat{b}x$ sowie der statistischen Parameter, die für eventuelle Tests benötigt werden,
(3) *Prüfung der Linearität* durch visuelle Beurteilung der graphischen Darstellung des Kalibrationszusammenhangs, der Residuendarstellung entsprechend Abb. 2.23 sowie statistische Tests nach Tabelle 2.1. Je nach Testausgang kann das lineare Modell verwendet werden, eine Linearisierung des Modells durch geeignete Messwert-Transformationen erfolgen, muss der Arbeitsbereich eingeengt werden oder es muss zu einem entsprechenden nichtlinearen Modell (Abschn. 7.6) übergegangen werden.
(4) *Prüfung auf Varianzenhomogenität* (Homoskedastizität) mittels Tests nach Hartley, Cochran oder Bartlett entsprechend den vorliegenden Voraussetzungen (Tabelle 2.1).

Gegebenenfalls muss zu einem *gewichteten Kalibrationsmodell* entsprechend den Gln. (2.70) bis (2.71) übergegangen werden.

(5) *Prüfung auf Kalibrationsausreißer* (Hebelwerte): Im Gegensatz zu Ausreißern in Messserien können sogenannte Kalibrationsausreißer innerhalb des Wertebereiches der x- und y-Werte liegen. Sie können jedoch die Kalibriergerade signifikant in ihrer Lage verändern und damit sowohl den Anstieg b als auch das Absolutglied a so verfälschen, dass systematische Fehler der Analysenergebnisse begründet werden. Die Prüfung kann auf verschiedenen Wegen erfolgen:
   – Visuell aus den Residuendarstellungen (Abb. 2.23) durch auffällig große Differenzen e_i^* der verdächtigen Werte (x_i^*, y_i^*)

- Statistischer Vergleich der Kalibrationsfehler entsprechend Gl. (7.44), berechnet einmal mit, zum anderen ohne die ausreißerverdächtigen Werte, mittels F-Test
- Statistischer Vergleich der Kalibrationskoeffizienten a und b mittels t-Test nach den Gln. (2.91) bzw. (2.92) in Tabelle 2.1,
- Direkte Prüfung der Abweichung der verdächtigen Werte (x_i^*, y_i^*) auf Signifikanz mittels t-Test nach

$$\hat{t} = \frac{|y_i^* - \hat{y}_i|}{s_{y_{mit}}} \qquad (7.55)$$

Die zum Vergleich verwendeten Standardabweichungen in den Gln. (2.91), (2.92) und (7.55) sind jeweils mit den ausreißerverdächtigen Werten zu berechnen.

Im Falle nichtsignifikanter Unterschiede müssen die Werte (x_i^*, y_i^*) in den Kalibrierdaten belassen werden, ergeben sich signifikante Unterschiede, so ist zusätzlich zu prüfen, ob der Wert y_i^* innerhalb des Prognosebereichs der Kalibriergeraden (7.53) liegt, die ohne die verdächtigen Werte (x_i^*, y_i^*) berechnet wurde. Ist das der Fall, müssen die Werte ebenfalls in den Kalibrierdaten belassen werden. Liegt der Wert y_i^* außerhalb des Prognosebereichs, sind die Werte (x_i^*, y_i^*) aus den Kalibrierdaten zu eliminieren und die Kalibriergerade neu zu berechnen. Allerdings ist aus sachlogischen Gründen dringend anzuraten, in einem solchen Fall nach der Fehlerursache zu suchen und diese zu beseitigen. Danach ist die gesamte Kalibration zu wiederholen.

Die Tests zur Prüfung und Auswahl des jeweiligen relevanten Kalibrationsmodells sind in Abb. 7.5 zusammengestellt. Vom chemischen Standpunkt aus ist der Übergang zu Standardadditionsverfahren in solchen Fällen bedeutsam, wenn signifikante Matrixeffekte auftreten und matrixgerechte Standardreferenzmaterialien nicht zur Verfügung stehen. Das ist insbesondere bei Ultraspurenanalysen der Fall (Abschn. 7.4).

(6) *Ermittlung der Nachweisgrenze* und der *Erfassungsgrenze* aus den Kalibrierdaten nach Abschnitt 8.6.
(7) *Absicherung der unteren Arbeitsbereichsgrenze*, z.B. nach [24].

Eine Analysenfunktion ist nur dann sicher für quantitative Analysen einsetzbar, wenn sich alle mit ihr ermittelten Gehalte signifikant von Null unterscheiden lassen, d.h. in der analytischen Praxis oberhalb der Nachweisgrenze liegen. Es ist deshalb zu prüfen, ob die untere Arbeitsbereichsgrenze (der Kalibrierpunkt mit dem niedrigsten Gehalt, x_1) oberhalb der Nachweisgrenze x_{NG} liegt

$$x_1 \geq x_{NG} \qquad (7.56)$$

Oft wird für Spurenanalysen der niedrigste Kalibrationsmesswert mit einer Blindlösung (Leerprobe) ermittelt, d.h. die Bedingung (7.56) ist von vornherein nicht erfüllt. Mit dem Arbeitsschritt (7) wird in solchen Fällen die untere Arbeitsbereichsgrenze $x_{UG} \geq x_{NG}$ festgelegt. Dabei ist jedoch zu berücksichtigen, dass x_{NG} rein qualitativen Charakters besitzt und deshalb nicht als Grenzwert für quantitative Bestimmbarkeit mit einer vorgegebenen Präzision dienen kann. Dafür wird die Bestimmungsgrenze festgelegt.

(8) *Absicherung der Bestimmungsgrenze* x_{BG} nach Abschn. 8.6 und Festlegung der unteren Arbeitsbereichsgrenze x_{UG} entsprechend der erforderlichen Präzision zu $x_{UG} \geq x_{BG}$.

7.3 Experimentelle Kalibration

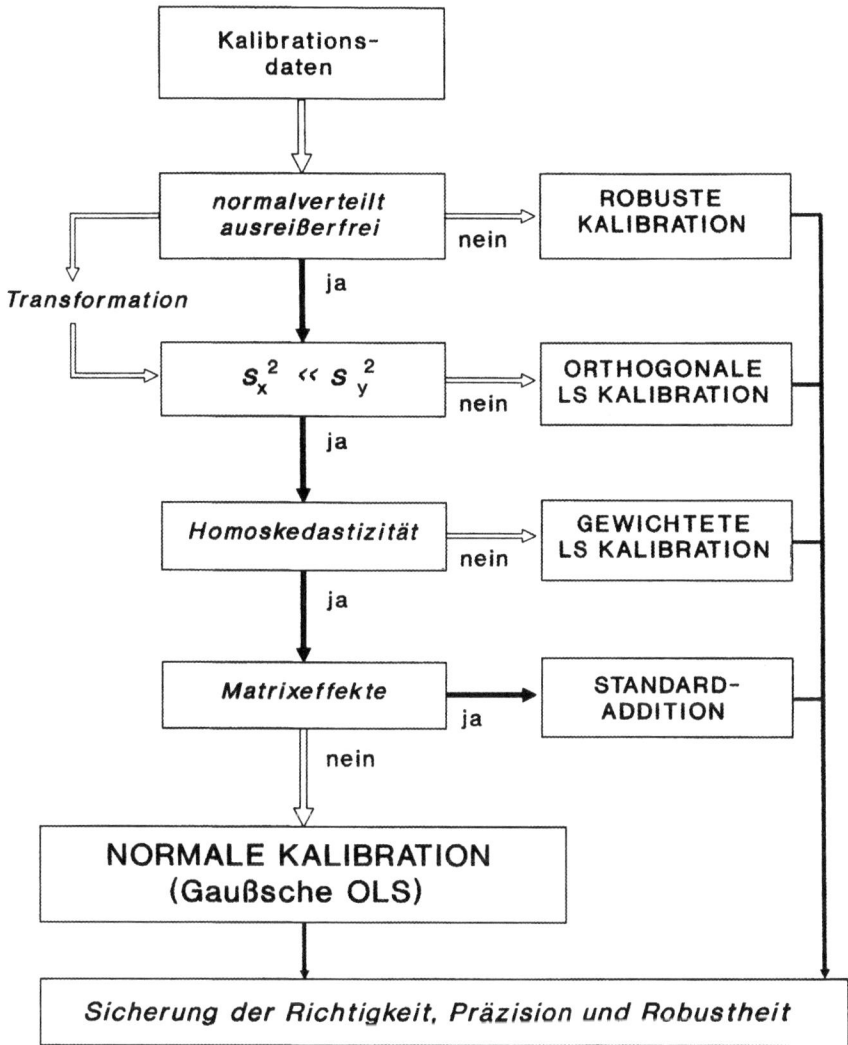

Abb. 7.5. Validierung von Kalibrationsverfahren in Abhängigkeit von der Erfüllung bestimmter chemischer und statistischer Bedingungen

(9) *Richtigkeitsprüfung* durch Analyse von Proben mit bekannten Gehalten (Referenzprobenverfahren) oder durch Vergleich der Ergebnisse an Realproben mit denen einer unabhängigen (richtigen) Vergleichsmethode (Referenzmethodenverfahren). Die Richtigkeitsprüfung erfolgt durch Ermittlung einer *Wiederfindungsfunktion* entsprechend Abb. 7.4 und Gl. 7.28.

$$x_{\text{gefunden}} = a_0 + a_1 x_{\text{referenz}} \tag{7.57}$$

Wegen der möglichen Überlagerung verschiedener systematischer Fehlerarten [20, 25] reichen punktuelle Wiederfindungsexperimente nicht aus, sondern es muss die Wiederfindungsfunktion ermittelt werden [25].

(10) Ermittlung der *zeitlichen Stabilität* der Kalibration durch Ausführung von Mehrfachbestimmungen an einigen aufeinanderfolgenden Tagen und Vergleich der Streuungen mittels einfacher Varianzanalyse (Abschn. 8.4.1). Diese Untersuchungen sind außerdem wichtig für die Festlegung von Rekalibrationsabständen.

(11) *Ermittlung der Robustheit des Analysenverfahrens*

Als Robustheit bezeichnet man die Unempfindlichkeit eines Analysenverfahrens gegenüber geringfügigen Abweichungen von den Standardbedingungen bzw. Schwankungen bei der Ausführung [25–27]. Robuste Arbeitsbedingungen entsprechen zwar nicht unbedingt einer optimalen Zielgröße, dafür beeinflussen kleinere Änderungen in den Arbeitsbedingungen das Qualitätsmerkmal nicht signifikant. Demgegenüber sind Optimalbedingungen häufig wenig robust. Die Robustheit lässt sich quantitativ beschreiben („Kathedralen-Funktion" der Robustheit nach Wünsch [26]) und experimentell auf zwei verschiedenen Wegen ermitteln:

1. Im Rahmen eines *Ringversuches*, an dem eine genügend große Anzahl (≥ 8) von Laboratorien teilnehmen und nach ein und demselben Verfahren arbeiten, werden immer zufällige Schwankungen in der Arbeitsweise und damit in den Arbeitsbedingungen auftreten, so dass der Gesamtfehler eines solchen Ringversuches ein Maß für die Robustheit ist.
2. Im eigenen Labor durch Ausführung von *Multifaktorexperimenten* nach den Prinzipien der statistischen Versuchsplanung (SVP). Diese Variante hat gegenüber der ersten den Vorteil, die gewünschten Informationen aus eigener Kraft und wesentlich schneller erhalten zu können.

Methoden der SVP werden eingesetzt, um chemische Experimente und Messungen optimal, d.h. mit einem Minimum an Aufwand und Versuchen, zu planen und durchzuführen (siehe Kapitel 5). Die gleichen Versuchspläne lassen sich jedoch anwenden, um die Robustheit von Analysenverfahren zu untersuchen. Die Vorgehensweise ist ähnlich wie bei der Einflussgrößenermittlung und besteht aus den Schritten

- Festlegung der Faktoren, die möglicherweise das Analysenergebnis und seine Präzision beeinflussen, wobei auch qualitative Faktoren berücksichtigt werden können, z.B. verschiedene Personen bei der Durchführung mit unterschiedlicher Erfahrung und Fertigkeit,
- Festlegung einer realistischen Schwankungsbreite für jeden Faktor zur Absteckung des Untersuchungsbereiches,
- Aufstellen des SVP, meist eines unvollständigen Versuchsplanes (UVP),
- Durchführung der entsprechenden Versuche,
- Auswertung, Signifikanzprüfung und Beurteilung.

Beispiele für Robustheitsprüfungen mittels SVP sind in [25] angegeben. Die Validierung wird durch die Ableitung einer *Validierungskonzeption* (ereignisbezogene Nachvalidierungen) sowie die *Dokumentation* des Verfahrens in einer *Standardarbeitsanweisung (SOP)* abgeschlossen.

7.4
Kalibration durch Standardaddition

Treten Matrixeffekte auf oder sind solche mit hoher Wahrscheinlichkeit zu erwarten, ist oft die Standardaddition die Kalibrationsmethode der Wahl, vor allem dann, wenn matrixangepaßte Kalibrierproben nicht zur Verfügung stehen. Insbesondere für Umweltproben, biochemisches Probenmaterial und in der Ultraspurenanalyse wird die Standardadditionsmethode (SAM) häufig angewendet (Abb. 7.6).

Das Modell der Standardaddition basiert auf der Voraussetzung, dass keine Blindwerte vorhanden sind bzw. dass sie problemlos korrigiert werden können.

Damit gilt für die ursprüngliche Konzentration x_0 des Analyten in der Probe

$$y_0 = b_x x_0 \tag{7.58}$$

wobei y_0 der Messwert für die ursprüngliche Probe ohne Zusatz ist.

Zu dieser Probe werden nun definierte Mengen x_i des Analyten zugegeben, wobei es sich empfiehlt, äquimolare Mengen x_i im Bereich

$$x_1 \approx x_0, \quad x_2 = 2x_1, \ldots, \quad x_p = p\, x_1$$

zuzugeben, wobei meist $p = 3$ oder 4 gewählt wird. Auf Grund dessen ist es nützlich, wenn gewisse Vorstellungen über den ursprünglichen Gehalt x_0 existieren.

Die Kalibrationsfunktion der Standardaddition (SA) wird durch Fehlerquadratminimierung bestimmt. Den Anstieg b_x erhält man entsprechend

$$b_x = \frac{\bar{y}_p - \bar{y}_0}{x_p} \tag{7.59}$$

Es ist zu sichern, dass die Empfindlichkeit b_x der Analytbestimmung in der Probe identisch ist mit der der zugefügten Analytmengen

$$b_x = \frac{\Delta y}{\Delta x} = \frac{y_0}{x_0} = \frac{\bar{y}_p - \bar{y}_0}{x_p} \tag{7.60}$$

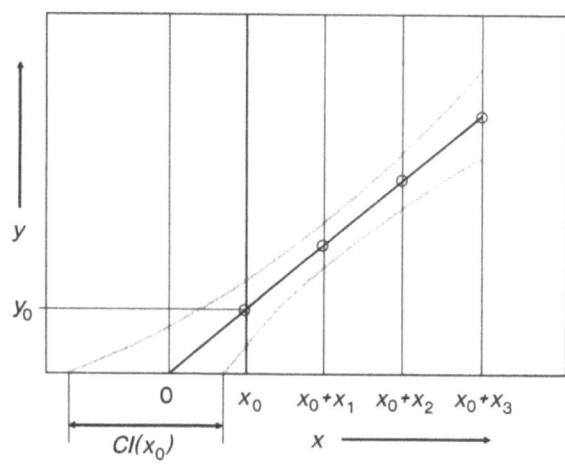

Abb. 7.6. Kalibration durch Standardaddition

Die Gehaltsbestimmung erfolgt dann nach der Auswertefunktion der SA durch Extrapolation für $y = 0$, die nach

$$x_0 = \frac{\bar{y}_0}{b_x} = \frac{x_p \bar{y}_0}{\bar{y}_p - \bar{y}_0} \qquad (7.61)$$

erfolgt und für die folgender Vertrauensbereich gilt

$$cnf(x_0) = x_0 \pm \frac{s_{y,x} t_{P,f=n-2}}{b_x} \sqrt{\frac{1}{n} + \frac{\left(-x_0 - \frac{x_p}{2}\right)^2}{Q_x}} \qquad (7.62)$$

Dieser Vertrauensbereich ist auf Grund der Extrapolation auf $x_i = -x_0$ breiter als der für normale Kalibrationen. Die Anzahl der Kalibrationsmessungen ergibt sich $n = n_0 + p \cdot n_i$ bzw. $n = n_0 + \sum^p n_i$ wenn n_0 die Anzahl der Messungen von y_0 ist, $x_p/2$ ist der Mittelpunkt der experimentell ermittelten Kalibriergeraden.

Zur Sicherung der Zuverlässigkeit von Standardadditions-Bestimmungen müssen folgende Voraussetzungen erfüllt sein

- Wenn Blindwerte auftreten, müssen diese aus einer genügend großen Anzahl von Blindmessungen bestimmt und die Messwerte entsprechend korrigiert werden.
- Der Analyt sollte stets in der gleichen Form, als dieselben Spezies, in der gleichen Bindungs- bzw. Wertigkeitsform zugegeben werden, wie in der ursprünglichen Probe enthalten.
- Es sollten mindestens zwei Additionen erfolgen, also $p \geq 2$ sein. Nur wenn der lineare Verlauf der Standardadditionsfunktion definitiv gesichert ist, kann man mit einer einzelnen Standardaddition arbeiten.

Obwohl die Standardadditions-Kalibration ein relativ unsicheres Verfahren darstellt, hauptsächlich wegen der großen Fehler infolge Extrapolation, aber auch deshalb, weil man Linearität im Bereich $x < x_0$ nur annehmen, aber nicht experimentell verifizieren kann, werden Standardadditionen relativ häufig angewendet, vor allem im Bereich der *Ultraspurenanalyse* und dann, wenn im Falle von *Matrixeffekten* keine matrixangepaßten Kalibrierproben zur Verfügung stehen.

7.5
Dreidimensionale Kalibration

Kalibrierfunktionen der Art $y = f(x)$ (Gl. (7.16)) sind meist keine primären Zusammenhänge, was Ursache und Wirkung der Signalgeneration betrifft. Entscheidend für einen bestimmten Wert der Messgröße ist in der Regel nicht der Gehalt bzw. die Konzentration x einer Messprobe, sondern die Anzahl N der Teilchen in der untersuchten Lösung, im Probendampf oder in einem Plasma bzw. jeweils einem definierten Volumenanteil davon, wie es z. B. durch das allgemeine Absorptionsgesetz

$$y = y_0 \exp(-kN) \qquad (7.63)$$

mit k als Absorptionskoeffizient ausgedrückt wird. Die gebräuchlichen Konzentrationsabhängigkeiten, z. B. nach dem Lambert-Beerschen Gesetz folgen aus Verallgemeinerungen unter bestimmten Randbedingungen wie konstanten Volumina der Messsysteme, konstanten Einwaagen oder ähnlichen Vorgaben.

Nicht bei allen Analysenmethoden lassen sich solche Randbedingungen problemlos realisieren. In der Feststoff-AAS werden wegen der erforderlichen geringen Einwaagen, die sich schlecht genau reproduzieren lassen, in der Regel Abhängigkeiten der Messgröße y (Peakhöhen oder -flächen) von Absolutmengen des Analyten als Kalibrationszusammenhänge dargestellt. Diese Absolutmengen können prinzipiell auf zwei Wegen realisiert werden,

(a) durch Verwendung nur einer Kalibrationsprobe mit einem gegebenen Gehalt G (hier häufig ein zertifiziertes Referenzmaterial), die in verschiedenen Einwaagemengen E bestimmt wird, wobei für die Analysengröße a (absolute Analytmasse) gilt $a = G_{konst} \cdot E$, und

(b) durch Verwendung verschiedener Kalibrierproben mit abgestuften Gehalten, die jeweils bei konstanten Einwaagen eingesetzt werden, $a = G \cdot E_{konst}$.

Aus den oben genannten Gründen wird meist nach (a) kalibriert.

Dies führt zu zwei Konsequenzen, die einmal chemisch, zum anderen mathematisch-statistisch determiniert sind:

(1) Die in der Feststoff-AAS auftretenden Matrixeffekt können zu messwertproportionalen Fehlern führen. Im Falle stark variierender Kalibrierprobenzusammensetzung führt eine einwaagenabhängige Kalibration zu deutlichen Empfindlichkeitsunterschieden, wie Abb. 7.7 an einem Beispiel zeigt [28].

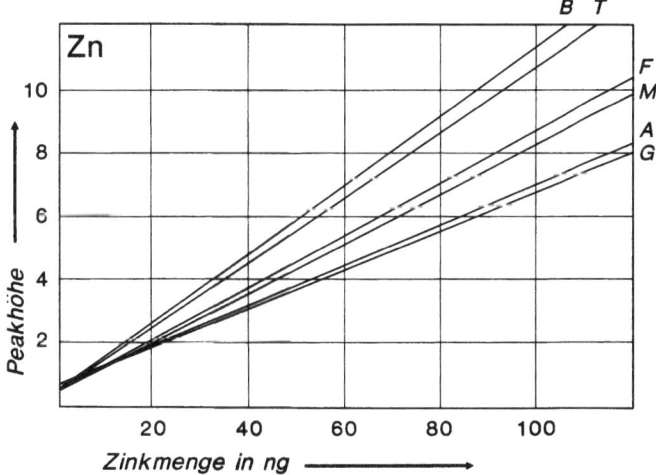

Abb. 7.7. Zinkkalibration mit verschiedenen geologischen Standardmaterialien, jeweils durch Einwaage-Variation erhalten. Referenzmaterialien (Zinkgehalte in µg/g) B Braunerde BHB-1 (145), T Tibet Soil (58), F Flusssediment BCR 320 (142) M GAbbro MRG-1 (191) A Andesit AGV-1 (88) G Granodiorit GSP-1 (104)

Die Analysengröße $x = a$ ist selbst keine unabhängige Größe, sondern hängt von den unabhängigen Größen Einwaage und Gehalt ab.

Einen Ausweg bieten dreidimensionale Kalibrationen, bei denen die Messgröße y in Abhängigkeit von den beiden unabhängigen Größen Gehalt x_1 und Einwaage x_2 untersucht und dargestellt wird. Abbildung 7.8 zeigt die Lage der Kalibriergeraden aus Abb. 7.7 im Raum (y, x_1, x_2) sowie die ermittelte Kalibrierfläche

$$y = f(x_1, x_2) = a_0 + a_1 x_1 + a_2 x_2 + a_{12} x_1 x_2 + a_{11} x_1^2 + a_{22} x_2^2 \qquad (7.64)$$

dargestellt. Auf Grund der funktionalen Zusammenhänge zwischen Absolutmenge, Gehalt und Einwaage ist eine hyperbolisch gekrümmte Fläche zu erwarten, die sich praktisch meist mit einem Polynom zweiten Grades entsprechend Gl. (7.64) anpassen lässt. Gelegentlich ist auch eine Anpassung durch eine ebene Fläche möglich [29].

In der Regel lassen sich mit dreidimensionalen Kalibrationen in der Feststoff-AAS zuverlässigere Analysenergebnisse erhalten, wenn starke Matrixeffekte zwischen Kalibrier- und Analysenproben auftreten bzw. zu erwarten sind. Außerdem lassen sich aus Unstetigkeiten in den räumlichen Darstellungen Hinweise auf fehlerhaft zertifizierte Referenzmaterialien erhalten [29].

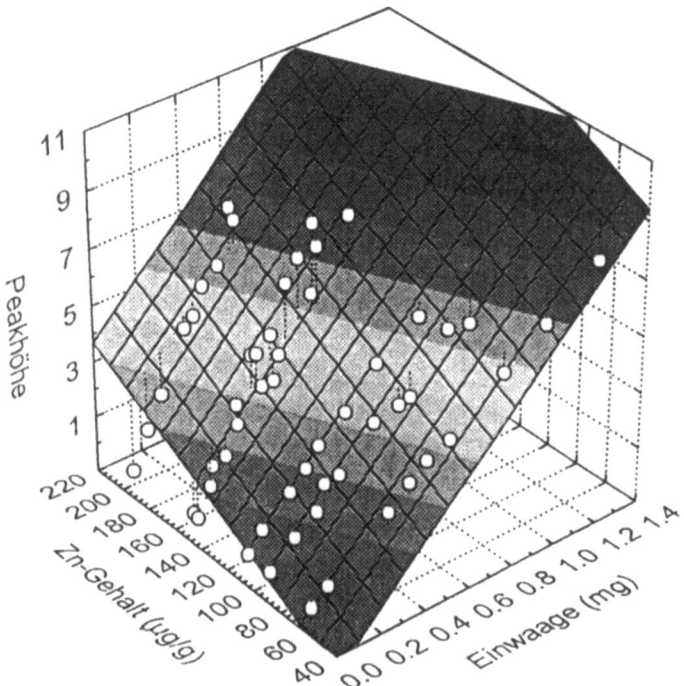

Abb. 7.8. Kalibrationsfläche im räumlichen Diagramm: Peakhöhe vs. Zinkgehalt vs. Einwaage

Die Kalibrierfehler lassen sich in Form von Konfidenzflächen ermitteln, die z.B. mittels Bootstrapping[8] [30] abgeschätzt werden können.

Das Verfahren der dreidimensionalen Kalibration kann verallgemeinert oder modifiziert und damit auch auf andere Analysenmethoden angewendet werden. Ein Beispiel dafür bietet die GAAM (Generalized Analyte Addition Method [31–33]), bei der die Abhängigkeit der Messwerte von der Einwaage und von der Masse des Analytzusatzes untersucht wird. Damit können ebenfalls Matrixeinflüsse überwunden sowie nichtlineare Effekte bis zu einem gewissen Grad reduziert werden.

7.6 Nichtlineare Kalibration

Die meisten Zusammenhänge in der Natur sind nichtlinear. Da nichtlineare Kalibrationen[9] aber sowohl experimentell als auch rechnerisch einen höheren Aufwand erfordern als lineare Modelle, bemüht man sich in der Regel, zu linearen Zusammenhängen zu gelangen, indem man entweder versucht, die Daten linear zu transformieren oder die Kalibration auf einen mehr oder weniger linearen Abschnitt der Kalibrationskurve zu beschränken.

Bei einem negativen Ausgang von Linearitätstests oder auch aus sachlogischen Gründe bieten sich die folgenden Möglichkeiten für die Behandlung nichtlinearer Zusammenhänge an:

(1) *Linearisierende Transformationen* der Analysen- oder/und Messwerte

$$x_T = f(x), \quad y_T = f(y) \tag{7.65}$$

und Modellierung der linearen Funktion

$$y_T = a^* + b^* x_T \tag{7.66}$$

(2) *Modellierung eines nichtlinearen Zusammenhangs* zwischen y und x mit Hilfe einer geeigneten Funktion, von denen einige, die bestimmten instrumentell-analytischen Prinzipien zugrunde gelegt werden können, in Tabelle 7.1 zusammengestellt sind,

(3) *Mehrphasenkalibration* (entsprechend einer Mehrphasenregression wie z.B. in [17] beschrieben); dabei werden verschiedene Arbeitsbereiche durch unterschiedliche Kalibriergeraden angepaßt, wobei in der analytischen Praxis in der Regel nur die Verwendung zweier Arbeitsbereichsabschnitte gebräuchlich ist,

---

[8] Dabei wird die Menge der Werte des Datensatzes als Grundgesamtheit betrachtet und aus ihr nach dem Zufallsprinzip Stichproben, meist mittels Monte-Carlo-Methoden, generiert. Für die Ermittlung der Konfidenzbereiche werden sowohl Zufalls- als auch systematische Fehler berücksichtigt.

[9] Bei der nichtlinearen Regression, die für die nichtlineare Kalibration genutzt wird, sind grundsätzlich zwei Typen, die eigentlich nichtlineare (intrinsisch nichtlineare) und die quasilineare (intrinsisch lineare) Regression, zu unterscheiden. Die quasilineare Regression zeichnet sich dadurch aus, dass allein die Daten, nicht aber die Regressionsparameter nichtlinear sind. Typische Beispiele sind Polynome sowie trigonometrische Funktion. Hierbei kommen bei chemometrischen Aufgabenstellungen zumeist Polynome 2. und 3. Ordnung (Grades) zur Anwendung.

Tabelle 7.1. Geeignete Funktionen für nichtlineare Kalibrationszusammenhänge, deren Normalgleichungen sowie Empfindlichkeiten

Funktion	Normalgleichungen	Empfindlichkeit
$y = a_0 + a_1 x + a_2 x^2$	$a_0 n + a_1 \sum x + a_2 \sum x^2 = \sum y$ $a_0 \sum x + a_1 \sum x^2 + a_2 \sum x^3 = \sum xy$ $a_0 \sum x^2 + a_1 \sum x^3 + a_2 \sum x^4 = \sum (x^2 y)$	$dy/dx = a_1 + 2 a_2 x$
$y = a_0 + a_1 x + a_2 x^2 + a_3 x^3$	$a_0 n + a_1 \sum x + a_2 \sum x^2 + a_3 \sum x^3 = \sum y$ $a_0 \sum x + a_1 \sum x^2 + a_2 \sum x^3 + a_3 \sum x^4 = \sum xy$ $a_0 \sum x^2 + a_1 \sum x^3 + a_2 \sum x^4 + a_3 \sum x^5 = \sum (x^2 y)$ $a_0 \sum x^3 + a_1 \sum x^4 + a_2 \sum x^5 + a_3 \sum x^6 = \sum (x^3 y)$	$dy/dx = a_1 + 2 a_2 x + 3 a_3 x^2$
$y = a_0 + a_1 \lg x$	$a_0 n + a_1 \sum \lg x = \sum y$ $a_0 \sum \lg x + a_2 \sum (\lg x)^2 = \sum (y \lg x)$	$\dfrac{dy}{dx} = \dfrac{1}{x} \lg e = \dfrac{1}{x \ln 10}$
$\lg y = a_0 + a_1 \lg x$	$a_0 n + a_1 \sum \lg x = \sum \lg y$ $a_0 \sum \lg x + a_2 \sum (\lg x)^2 = \sum (\lg y \lg x)$	$d \lg y / d \lg x = a_1$
$y = a \cdot b^x$ entsprechend $\lg y = \lg a + x \cdot \lg b$	$n \lg a + \lg b \sum x = \sum \lg y$ $\lg a \sum x + \lg b \sum x^2 = \sum (x \lg y)$	$dy/dx = b^x \ln b$

(4) *Spline-Anpassungen*, bei denen jeweils kleine Intervalle der Kalibrierfunktion durch Polynome niedriger Ordnung (zweiten oder dritten Grades) angepasst werden unter der Randbedingung, dass der resultierende Gesamtkurvenzug eine kontinuierliche Funktion darstellt [34].

Grundsätzlich erhält man als Resultat nichtlinearer Kalibrationen variable Empfindlichkeiten

$$E = y' = f'(x) = \frac{dy}{dx} = \frac{df(x)}{dx} \tag{7.67}$$

über den Arbeitsbereich hinweg. Diese sind für verschiedene Funktionen in Tabelle 7.1 angegeben. Um dennoch Empfindlichkeiten vergleichen zu können, gibt man die Empfindlichkeit oft für die Kalibrierkurvenmitte ($x_i = \bar{x}$) als konkreten Wert an.

Beispiel

Abbildung 7.9 zeigt die lineare Kalibrationskurve (Polynom 1. Ordnung) und die Residuendarstellung einer Fe-Bestimmung, die mittels Graphitrohr-Atomabsorbtionsspektrometrie (GF-AAS) bei $\lambda = 344{,}1$ nm über eine Variation der Einwaage durchgeführt wurde. Die Kalibrationswerte sind in Tabelle 7.2 angegeben. Zunächst wurde linear nach Gauß kalibriert. Die Kalibrationskoeffizienten sind in Tabelle 7.3 zu finden.

Für die Kalibration wurden die Peakhöhen h herangezogen. Auf einen nichtlinearen Zusammenhang weist die Darstellung der Kalibrationsresiduen hin, die hier mit $d = h - \hat{h}$ berechnet wurden, wobei $\hat{h}$ die mit der Kalibrationsfunktion ermittelten Peakhöhen bezeichnen. Die Residuendarstellung zeigen eine deutliche kurvenförmige Abweichung vom Idealwert Null, was auf einen nichtlinearen Zusammenhang zwischen der Peakhöhe und den Fe-Massen hinweist.

Der Residuenplot der mit einem Polynom 2. Ordnung ermittelten Kalibrationsfunktion (s. Tabelle 7.3) zeigt keine erkennbare systematische Abweichung (Abb. 7.10). Daher muss der Modellansatz $h = a_0 + a_1 m + a_2 m^2$ für diese Fe-Bestimmung als geeigneter angesehen werden.

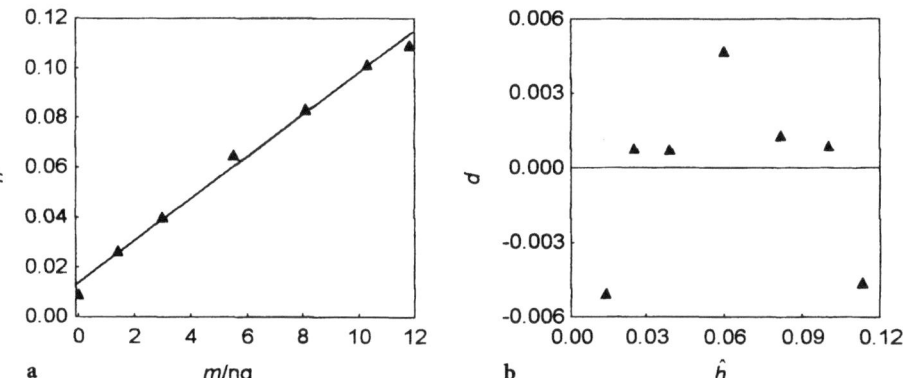

Abb. 7.9a, b. a Lineare Kalibrationskurve und b Residuenplot für eine atomabsorptionsspektrometrische Fe-Bestimmung

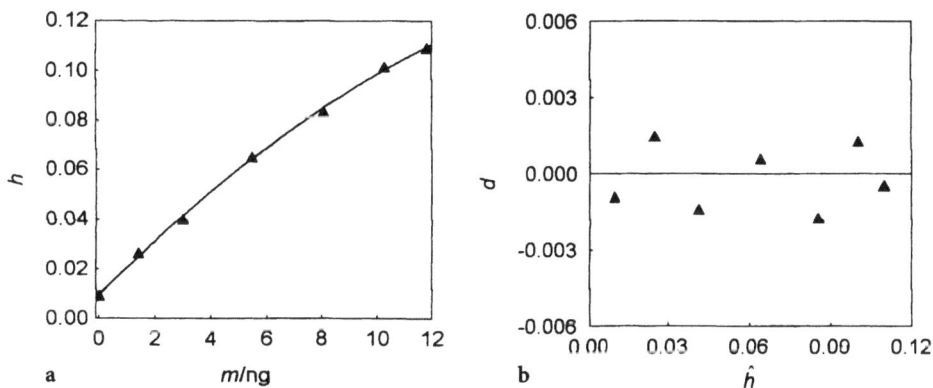

Abb. 7.10a, b. a Quasilineare Kalibrationskurve und b Residuenplot für eine Fe-Bestimmung mittels AAS (vgl. Abb. 7.9)

Tabelle 7.2. Messwerte der Fe-Bestimmung

Masse/ng	Peakhöhe
0,0162	0,0089
1,4094	0,0265
3,0132	0,0400
5,5080	0,0650
8,1000	0,0835
10,3032	0,1017
11,8422	0,1092

Tabelle 7.3. Koeffizienten der Kalibrationsfunktionen für die Fe-Bestimmung

Koeffizient	Lineare Kalibration	Quasilineare (Polynomiale) Kalibration
a_0	0.0138	0.00965
a_1	0.00844	−0.000236
a_2		0.01124

Quasilineare Regressionsrechnungen lassen sich für viele Anwender vorteilhaft mit der Multiplen Linearen Regression durchführen, indem der Vektor der unabhängigen Variable (hier die Peakhöhe) zu einer Matrix erweitert wird, wobei gemäß der Kalibrationsfunktion transformierte Unabhängige hinzugefügt werden. Für das Beispiel des Polynoms 2. Ordnung sieht die Matrix der Peakhöhen dann wie folgt aus:

$$H = \begin{bmatrix} 1 & h_1 & h_1^2 \\ 1 & h_2 & h_2^2 \\ \vdots & \vdots & \vdots \\ 1 & h_n & h_n^2 \end{bmatrix}$$

7.7 Mehrkomponenten-Kalibration

Für die Bestimmung von m Komponenten müssen mindestens m Signale ausgewertet werden, die in der Regel gut voneinander separiert in einer zweidimensionalen Messfunktion, also z. B. einem Spektrum oder einem Chromatogramm, vorliegen müssen.

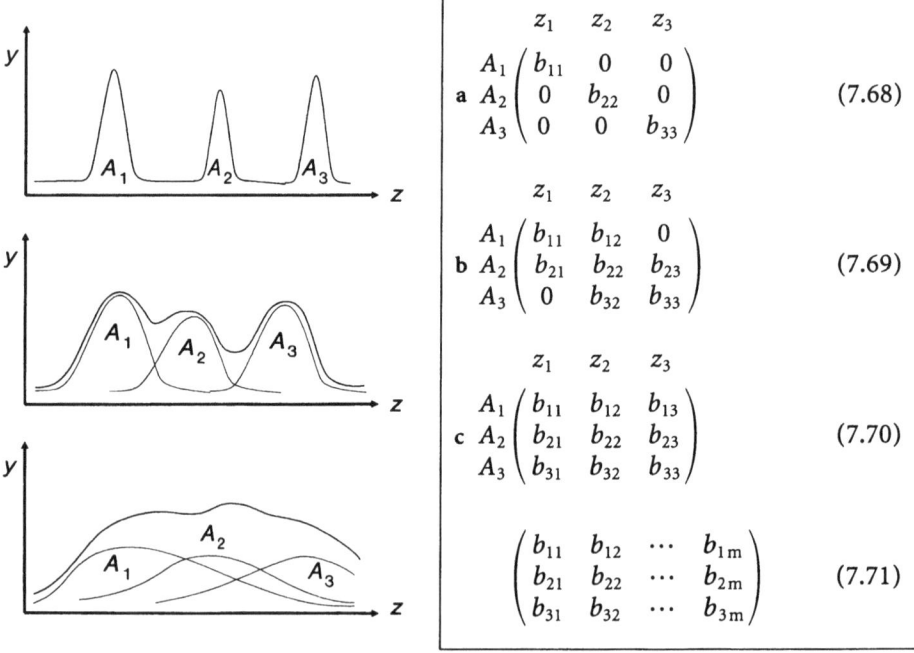

Abb. 7.11 a–c. Auswertemöglichkeiten von Mehrkomponentenanalysen bei unterschiedlicher Signalüberlappung [35], links als Spektren, rechts als Matrixdarstellung. **a** gut getrennte Signale **b** teilweise überlappte **c** stark überlappende Signale

7.7 Mehrkomponenten-Kalibration

Während im Fall a jede Komponente unabhängig von den anderen kalibriert und bestimmt werden kann, kommt man im Fall b häufig mit Hilfe der multiplen linearen Kalibration zum Ziel. Voraussetzung dafür ist einmal, dass sich die Intensitäten (Absorptionen, Extinktionen o. ä.) additiv verhalten und zum anderen, dass für jede Komponente ein eindeutig zuordenbares Signalmaximum bestimmbar ist. Dann benötigt man für m Komponenten m Spektren für Kalibrierproben wechselnder Zusammensetzung, die nicht kollinear sind, d. h. nicht durch „Herunterverdünnen" einer Stammlösung hergestellt wurden.

Mit Hilfe des Gleichungssystemes

$$
\begin{aligned}
y_1 &= a_{01} + a_{11}x_1 + a_{12}x_2 + \cdots + a_{1m}x_m + e_1 \\
y_2 &= a_{02} + a_{21}x_1 + a_{22}x_2 + \cdots + a_{2m}x_m + e_2 \\
&\vdots \\
y_m &= a_{0m} + a_{m1}x_1 + a_{m2}x_2 + \cdots + a_{mm}x_m + e_m
\end{aligned}
\qquad (7.72)
$$

bzw.

$$\underline{y}_i = \sum_{i=1}^{m} \underline{a}_i x_i + \underline{e}_i \qquad (7.73)$$

oder in Matrixdarstellung[10]

$$\underline{y} = \underline{A} \cdot \underline{x} + \underline{e} \qquad (7.74)$$

kann das System stabil kalibriert werden, wenn die o. g. Bedingungen erfüllt sind. Die Restfehler e_i enthalten sowohl Abweichungen vom Modell als auch Rauschen, also alle auftretenden systematischen und zufälligen Fehler. $\underline{A}$ ist hier eine quadratische Matrix vom Typ der Gln. (7.68) – (7.70).

Bei starken Signalüberlappungen, etwa entsprechend dem in (7.9c) dargestellten Fall, können im wesentlichen aus zwei Gründen keine Auswertungen entsprechend den Gln. (7.72 – 7.74) vorgenommen werden.

(1) Bei realen Verhältnissen dieser Art sind oft nicht alle Komponenten der Proben bekannt. Einen Ausweg bieten dann inverse Kalibrationsmodelle zu (7.74):

$$\underline{x} = \underline{S} \cdot \underline{b} + \underline{e}_\lambda \qquad (7.75)$$

wobei $\underline{S}$ eine Spektrenmatrix mit m gegebenen Wellenlängen für n Komponentenmischungen ist, in denen auch alle Variationen von störenden Bestandteilen und andere Störungen (z. B. Basislinieneffekte) enthalten sein müssen. Der Koeffizientenvektor $\underline{b}$ kann prinzipiell entsprechend

$$\hat{\underline{b}} = (\underline{S}^T \underline{S})^{-1} \underline{S}^T \underline{x} \qquad (7.76)$$

geschätzt werden.

---

[10] Unterstrichene bzw. fette Kleinbuchstaben symbolisieren nach den IUPAP-Richtlinien Vektoren, unterstrichene bzw. fettgedruckte Großbuchstaben Matrizen.

(2) In Spektren der Art (7.9 c) sind grundsätzlich Multikollinearitäten zu erwarten, d. h. die überlagerten Signalverläufe sind korreliert und nicht unabhängig voneinander. Damit wird das Gleichungssystem (7.76) instabil und es muss zu anderen Lösungen übergegangen werden, die von mathematisch überbestimmten Systemen der Art von Gl. (7.71) ausgehen und mit Hilfe der multivariaten Kalibration ausgeführt werden.

7.8
Multivariate Kalibration

Während bei der univariaten Kalibration Relationen zwischen einer unabhängigen Größe (Konzentration, Gehalt) und einer abhängigen Größe (z. B. Absorption) aufgestellt werden, erfolgt die multivariate Kalibration mit mehreren Abhängigen und einer oder ebenfalls mehreren Unabhängigen. Daraus ergeben sich verschiedene Vorteile [37]: So kann das Signal-Rausch-Verhältnis durch eine intrinsische Signalmittelung verbessert werden, wenn Korrelationen zwischen benachbarten Variablen vorliegen. Davon kann vor allem in der optischen Spektroskopie profitiert werden. Weiterhin ist die Erkennung von Ausreißern und einflussreichen Beobachtungen erleichtert und es können ggf. Simultanbestimmungen mehrerer Analyte vorgenommen werden.

Das wichtigste Anwendungsgebiet der multivariaten Kalibration ist die optische Spektroskopie, wobei der Zusammenhang zwischen der Intensität und der Konzentration zumeist durch das Lambert-Beersche Gesetz beschrieben werden kann

$$A_\lambda = \log \frac{I_0}{I} = \varepsilon_\lambda c d \qquad (7.77)$$

Bei gegebener Wellenlänge λ ist das Absorptionsmaß (Extinktion) A_λ proportional zur Weglänge d, zur Konzentration c und zum molaren Extinktionskoeffizienten ε_λ. Die Größen I_0 und I bezeichnen die Intensitäten, die vor und nach der Abschwächung durch das absorbierende Medium beobachtet werden. Wird auf eine konstante Weglänge normiert, kann Gl. (7.77) mit $k_\lambda = \varepsilon_\lambda \cdot d$ zu

$$A_\lambda = c k_\lambda \qquad (7.78)$$

vereinfacht werden. In den folgenden Abschnitten zur multivariaten Kalibration sollen die verschiedenen Methoden anhand Gl. (7.78) bzw. Modifikationen davon vorgestellt werden, anstatt die abstrakten aber allgemeingültigen Bezeichnungen x und y zu verwenden. Selbstverständlich sind die Kalibrationsmethoden jedoch auch auf andere Fragestellungen, wie z. B. chromatographische Bestimmungen, anwendbar.

Der überwiegende Teil der Kalibratsaufgaben lässt sich mit einem linearen Ansatz bewältigen. Gewöhnlich wird hierbei zwischen der klassischen und der inversen Kalibration unterschieden (Abb. 7.12). Bei der klassischen Kalibration (classical calibration, reverse calibration) werden die Spektren auf die Konzentrationen regressiert. Damit wird der Tatsache Rechnung getragen, dass die Kon-

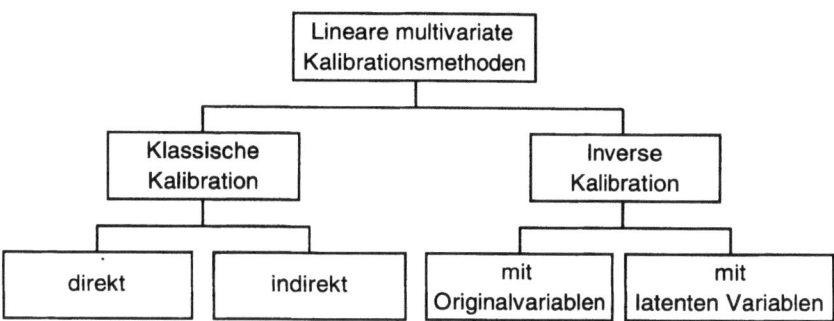

Abb. 7.12. Einteilung der linearen multivariaten Kalibrationsmethoden

zentrationen als fehlerfrei angesehen werden. Die Anwendung der klassischen Kalibrationsmethoden setzt voraus, dass alle Komponenten des Systems bekannt sind und dass keinerlei Wechselwirkungen zwischen ihnen auftreten. In praxi werden diese Bedingungen selten erfüllt, weshalb inverse (forward) Methoden zum Einsatz kommen.

Bei allen multivariaten Kalibrationsmethoden muss ein besonderer Wert auf die Validation des erhaltenen Kalibrationsmodells gelegt werden. Hierzu werden am vorteilhaftesten Testdatensätze herangezogen. Aus den Residuen der Referenzkonzentrationen des Testsatzes c und den mit Hilfe des Modells geschätzten Konzentrationen $\hat{c}$ wird der RMSP-Wert (Root Mean Square error of Prediction)

$$\text{RMSP} = \sqrt{\frac{\text{PRESS}}{n}} \tag{7.79}$$

berechnet mit PRESS = $(c - \hat{c})^T (c - \hat{c})$ als Summe der quadrierten Vorhersagefehler (Prediction Error Sum of Squares). Der RMSP-Wert besitzt im Gegensatz zum PRESS-Wert die gleiche Maßeinheit wie die Konzentration. Mit Hilfe dieses Gütemaßes kann die Zuverlässigkeit von Analysenergebnissen in der Regel gut eingeschätzt werden, da niedrige RMSP-Werte allein durch gute Richtigkeit und Präzision zu erreichen sind. Allerdings ist zu beachten, dass der RMSP-Wert nicht nur vom Vorhersagefehler und der Maßeinheit, sondern auch vom betrachteten Konzentrationsbereich abhängt. Streng genommen können deshalb mit Hilfe des RMSP-Werts einzig Kalibrationsmodelle eines definiertes Problems verglichen werden. Der normalisierte RMSP-Wert

$$\text{RMSP}_{\text{norm.}} = \frac{\text{RMSP}}{s_c} \tag{7.80}$$

berücksichtigt die Standardabweichung der Referenzkonzentrationen s_c, so dass Vergleiche der Modellgüte unterschiedlicher Kalibrationssysteme möglich sind [21].

Sind keine Testdatensätze verfügbar, ist der Einsatz der Kreuzvalidation (cross-validation) als interne Validierungsmöglichkeit vorteilhaft [38]. Hierbei wird der Ausgangsdatensatz in k Teilsätze zerlegt, und in k Durchgängen wird jeweils ein Teil der Daten als Testsatz ausgelassen. Bei dem Spezialfall der leave-one-out Kreuzvalidation ist $k = n$, wobei n die Anzahl der Spektren bezeichnet, und es sind somit n Modelle zu berechnen. Der mittels einer leave-one-out Kreuzvalidation ermittelte RMSP-Wert wird als $RMSP_{CV}$ bezeichnet.

In der Praxis ist es häufig vorteilhaft, die Anpassungsgüte des Modells mit der Vorhersagegüte zu vergleichen, wobei für die Vorhersagegüte der RMSP-Wert und für die Anpassung der RMSE-Wert (Root Mean Square error of Estimation) herangezogen wird. Dieser wird analog zum RMSP aus den Konzentrationen des Trainingsdatensatzes und den entsprechenden Vorhersagen berechnet.

7.8.1
Klassische Kalibration

Die multivariate klassische Kalibration stellt die Erweiterung der herkömmlichen univariaten Kalibration für m abhängige Variablen (z. B. Wellenlängen) dar, die gemeinsam in das Kalibrationsmodell einbezogen werden. Zusätzlich ist es möglich, $p \geq 1$ Analyten zu bestimmen. Damit kann Gl. (7.78) zu

$$\underline{A} = \underline{C}\underline{K} \tag{7.81}$$

erweitert werden. Hierbei bezeichnet $\underline{A}$ die $(n \times m)$-Matrix der Absorptionen, $\underline{C}$ die $(n \times p)$-Matrix der Konzentrationen und $\underline{K}$ die $(p \times m)$-Matrix der Extinktionskoeffizienten. Die Zeilen von $\underline{K}$ werden demnach durch die Reinstoffspektren gebildet.

Besteht entweder die Möglichkeit, die Reinstoffspektren direkt aufzunehmen oder aber diese rechnerisch zu ermitteln, kann die klassische Kalibration zur Anwendung kommen. Alle beteiligten Komponenten müssen dafür bekannt sein und es dürfen keinerlei Wechselwirkungen zwischen ihnen und dem Lösungsmittel auftreten. In Abb. 7.13 wird das Prinzip der klassischen Kalibration anhand eines simulierten Datensatzes mit 4 Spektren, 3 Analyten und 91 Wellenlängen demonstriert. Die vier Absorptionsspektren ergeben sich aus der Matrix der Konzentrationen der drei Komponenten und den Spektren der reinen Substanzen.

Die Vorhersage von Konzentrationen erfolgt mit

$$\hat{\underline{C}} = \underline{A}\underline{K}^+ \tag{7.82}$$

Hierbei bezeichnet $\underline{K}^+$ die Moore-Penrose generalisierte Pseudoinverse[11]

$$\underline{K}^+ = (\underline{K}^T\underline{K})^{-1}\underline{K}^T \tag{7.83}$$

die stets die gleiche Dimension besitzt wie die Transponierte. Die Pseudoinverse der Extinktionskoeffizienten kann mit $\underline{B} = \underline{K}^+$ als $(m \times p)$-Matrix der Kalibrationskoeffizienten betrachtet werden.

---

[11] In Matlab wird die Pseudoinverse einer Matrix X mit pinv(X) numerisch vorteilhaft über eine Singulärwertzerlegung (SVD) berechnet.

7.8 Multivariate Kalibration 271

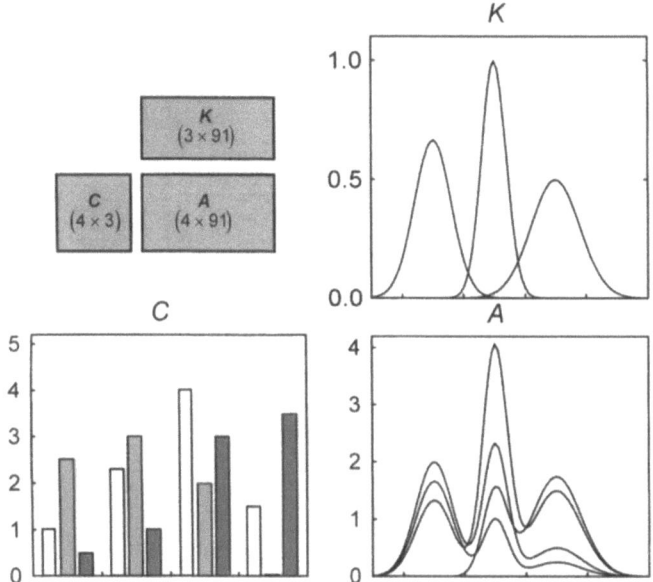

Abb. 7.13. Schematische Darstellung der direkten Kalibration

Weisen die Spektren eine Basislinienverschiebung auf, muss die Matrix der Extinktionskoeffizienten in den Gln. (7.81) und (7.82) um einen Einsen-Vektor erweitert werden:

$$\underline{K} = (\underline{1}\,\underline{K}) = \begin{pmatrix} 1 & k_{11} & \cdots & k_{1m} \\ \vdots & \vdots & \ddots & \vdots \\ 1 & k_{p1} & \cdots & k_{pm} \end{pmatrix} \quad (7.84)$$

Die Berechnung der Vorhersagen erfolgt ebenfalls mit Gl. (7.82). Wird der Basislinien-Offset nicht berücksichtigt, so werden die Konzentrationen mit einem systematischen Fehler vorhergesagt. Alternativ zur Anfügung eines Einsen-Vektors können die Daten zentriert werden (s. Abschn. 3.1.4).

Zur Bewertung der intrinsischen Signalmittelung aus Abb. 7.13 durch die multivariate Kalibration wurden auf die simulierten Absorptionsspektren A und die Reinstoffspektren K ein normalverteiltes Rauschen mit einer Standardabweichung $s = 0{,}02$ addiert. In 51 Rechnersimulationen wurden jeweils 41, 42, ..., 91 Wellenlängen zufällig ausgewählt und zur Vorhersage herangezogen. Jede der Simulationen wurde 1000-mal durchgeführt.

Abbildung 7.14 zeigt das Ergebnis der insgesamt 51000 Berechnungen, wobei der kleinste und größte PRESS-Wert sowie der Median der je 1000 Werte gegen die Anzahl der verwendeten Wellenlängen aufgetragen wurde. Je mehr Wellenlängen in das Modell eingehen, desto besser wird der Median der Vorhersagegüte. Dieser Trend setzt sich ebenfalls bei Betrachtung der maximalen und minimalen PRESS-Werte fort. Bei der vollen Wellenlängenzahl ($m = 91$) existiert nur

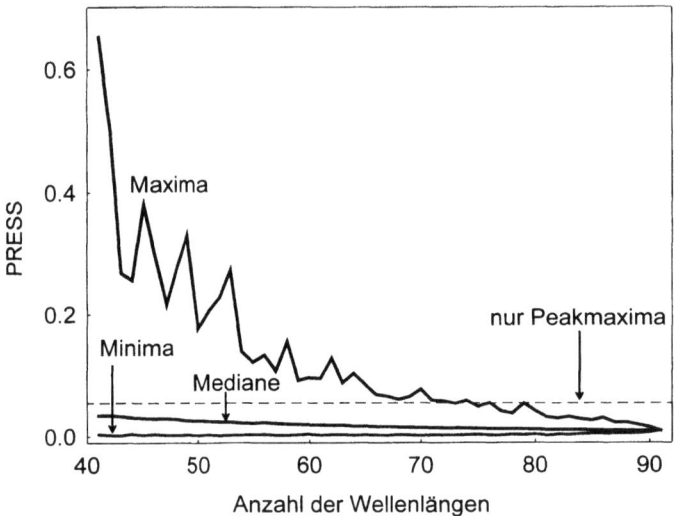

Abb. 7.14. Abhängigkeit des Vorhersagefehlers von der Anzahl der einebezogenen Wellenlängen

ein PRESS-Wert. Werden allein die drei Wellenlängen an den Peakmaxima (vgl. Abb. 7.13) herangezogen, wird ein PRESS-Wert von 0,055 erreicht.

Es ist jedoch nicht immer möglich, die Reinstoffspektren der Komponenten aufzunehmen, z. B. wenn eine Komponente gasförmig ist. Wenn alle Komponenten des Stoffsystems bekannt sind, kann dennoch eine direkte Kalibration vorgenommen werden. Hierzu wird die K-Matrix indirekt aus den Absorptionsspektren gewonnen [38]:

$$\hat{K} = (C^T C)^{-1} C^T A \qquad (7.85)$$

Hierbei ist C die Matrix der Konzentrationen ($n \times p$), A die ($n \times m$)-Matrix der Absorptionen und $\hat{K}$ die Matrix der geschätzten Extinktionskoeffizienten ($p \times m$). Damit in Gl. (7.85) die Matrix $C^T C$ invertierbar ist, ist es zwingend erforderlich, dass die Spektren in einer genügenden Anzahl von Konzentrationsstufen der beteiligten Komponenten vorhanden sind, wobei die Spalten der Konzentrationsmatrix, also die Konzentrationsvektoren der einzelnen Komponenten, voneinander unabhängig sein müssen. Die Unabhängigkeit der Konzentrationsvektoren ist effizient durch die Berechnung der Korrelationsmatrix ($n \times p$) überprüfbar. Bestehen keinerlei Kollinearitäten, sind alle Nichtdiagonalelemente der Korrelationsmatrix Null. Um diese Bedingung streng zu erfüllen, muss nach einem Versuchsplan für Mischungen vorgegangen werden, bei denen sich die Komponenten einer Konstanten summieren müssen (s. Kap. 5). In Abb. 7.15 wird ein Simplex-Zentroid-Design [39] gezeigt, dass für derartige Aufgabenstellungen geeignet ist. Die Konzentrationen der Komponenten A, B und C stellen die Faktoren dar, die in unterschiedlichen Konzentrationsbereichen vorliegen. Mit dem Versuchsplan ergeben sich 7 unterschiedliche Konzentrationsstufen der Komponenten, die in den Ternärplot eingezeichnet wurden.

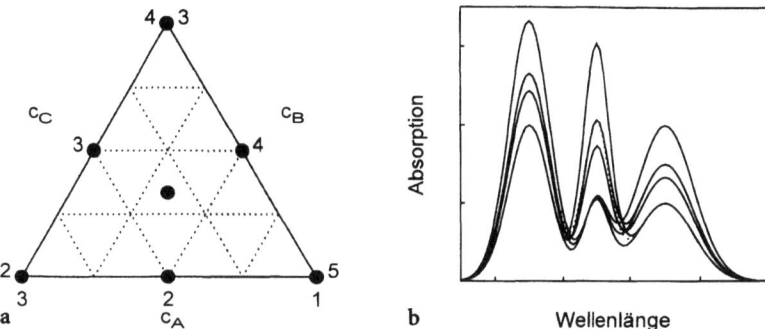

Abb. 7.15 a, b. Versuchsplanung für eine klassische indirekte Kalibration mit einem Simplex-Zentroid-Design **a** für 3 Komponenten und **b** sich daraus ergebende Absorptionsspektren, wobei die K-Matrix aus Abb. 7.13 zugrunde gelegt wurde

Können keine Mischungen definierter Zusammensetzung hergestellt werden, sind die Proben möglichst repräsentativ (natürliches Design [38]) und unkorreliert auszuwählen. In der Korrelationsmatrix der Konzentrationen sind dann in den Nichtdiagonalelementen Werte anzustreben, die nicht signifikant sind[12]. Zeigen dennoch einige Interkorrelationen hohe Werte, kann es sinnvoll sein, mehrere Analyten zu einer neuen „Gruppenkomponente" zusammenzufassen. Das gilt allerdings nur, wenn diese in dem speziellen Problem stets hoch miteinander korrelieren, wie z. B. der Fett- und Wassergehalt im Fleisch.

Die Vorhersagen der klassischen indirekten Kalibration werden analog zu Gl. (7.82) mit

$$\hat{C} = A\hat{K}^+ \tag{7.86}$$

berechnet. Fehler bei der Vorhersage ergeben sich, wenn bei der Kalibration nicht alle Komponenten berücksichtigt wurden. In solchen Fällen sind inverse Methoden einzusetzen.

7.8.2
Inverse Kalibration

Für die Anwendung der klassischen Kalibration müssen strenge Bedingungen erfüllt sein, insbesondere wenn nicht alle Komponenten bekannt sind, ist eine inverse Kalibrationsmethode einzusetzen.

Bei den bisher vorgestellten Methoden zur klassischen Kalibration werden fehlerfreie Konzentrationswerte vorausgesetzt oder zumindest, dass der Fehler der Konzentrationen sehr viel kleiner ist als der Fehler in den abhängigen Variablen. Im Kalibrationsschritt werden die Koeffizienten der Kalibrationsfunktion $A = f(C)$ durch einen Least-Squares-Fit nach Gauß bestimmt, wobei die

---

[12] In Statistikprogrammen werden signifikante Korrelationen in einer Korrelationsmatrix häufig farbig hervorgehoben.

Tabelle 7.4. Rohdaten sowie geschätzte Massen für eine atomabsorptionsspektrometrische Kupferbestimmung (vgl. 7.16)

m/ng	A	Klassische Kalibration		Inverse Kalibration	
		$\hat{m}$/ng	$\hat{m}_{cv}$/ng	$\hat{m}$/ng	$\hat{m}_{cv}$/ng
0,000	0,0020	−0,9580	−2,1153	−0,0772	−0,1719
3,528	0,1576	4,3493	4,6230	4,7907	5,1500
7,409	0,2351	6,9927	6,9266	7,2153	7,1840
8,423	0,3393	10,5468	10,7999	10,4752	10,7393
11,201	0,3459	10,7719	10,7144	10,6817	10,6138
11,466	0,3032	9,3155	9,0542	9,3458	9,0794
13,230	0,4889	15,6494	16,2569	15,1555	15,7950
15,082	0,4134	13,0742	12,6075	12,7935	12,3712
16,802	0,5402	17,3992	17,7118	16,7604	16,7388
Gütemaß[a]		1,5394	1,9357	1,4743	1,7654

m Masse, A Absorption, $\hat{m}$ über Kalibration berechnete Masse $\hat{m}_{cv}$ mittels leave-one-out Kreuzvalidation berechnete Masse.
[a] $RMSE_{CV}$ für $\hat{m}$ und $RMSP_{CV}$ für $\hat{m}_{cv}$.

Summe der quadratischen Residuen in y-Richtung, also hier der Absorptionen, minimiert wird. Für die Auswertung von Analysen wird die Inverse der klassischen Kalibrationsfunktion, die Analysenfunktion, herangezogen.

Dagegen werden bei der inversen Kalibration die Konzentrationen auf die Absorptionen regressiert und die Kalibrationsfunktion lässt sich für den allgemeinen Fall mit $C = f(A)$ formulieren. Hierbei wird in der Regel die Grundannahme der Gaußschen Least-Squares-Schätzung der Koeffizienten verletzt, da die Messgröße A nicht fehlerfrei in das Modell eingeht. In [21] wird allerdings theoretisch abgeleitet und gezeigt, dass insbesondere bei stärker verrauschten Daten-Vorhersagen der inversen Kalibration besser sind als die der klassischen Kalibration. Das lässt sich auf die unterschiedliche Art der Fehlerminimierung zurückführen.

Tabelle 7.4 vergleicht die klassische und die inverse Kalibration an einem konkreten univariaten Beispiel, einer Kupferbestimmung mittels Feststoff-AAS, wobei die Peakhöhen ausgewertet wurden. Aufgelistet sind die sich aus den Einwaagevariationen ergebenden Cu-Massen, die ausgegebenen Peakhöhen sowie die vorhergesagten Massen, die sich einerseits über Kalibration und andererseits aus einer leave-one-out Kreuzvalidation ergeben.

In Abb. 7.16 werden die unterschiedlichen Arten der Minimierung der quadratischen Fehlerquadratsummen gezeigt. Bei der klassischen Kalibration wird der Fehler in Richtung der Absorptionen und bei der inversen Kalibration in Richtung der Konzentrationen (bzw. hier der Massen) minimiert. Daraus resultieren unterschiedliche Anpassungsfehler, die sich aus den Differenzen der Referenzmassen m zu den rekalibrierten Massen $\hat{m}$ ergeben. Sowohl die RMSE- als auch die RMSP-Werte der inversen Kalibration sind besser als die der klassischen Kalibration. Demnach wäre in dem konkreten Fall die inverse Kalibration vorzuziehen.

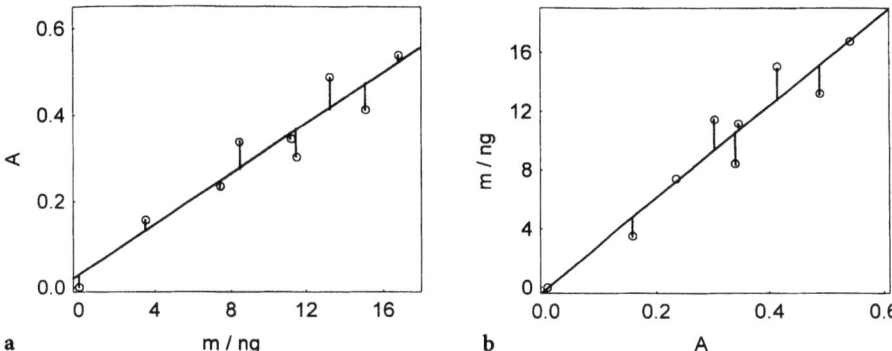

Abb. 7.16a, b. a Prinzip der klassischen und b der inversen Kalibration für eine Kupferbestimmung mittels AAS bei 327,4 nm (vgl. Tabelle 7.4)

Diese Aussage lässt sich für alle Kalibrationsprobleme verallgemeinern, bei denen die Messgröße mit einem relativ großen Fehler behaftet ist. Die Auswirkung des Messfehlers auf die Modellgüte zeigt eine Simulation, deren Ergebnisse in Abb. 7.17 zusammengefasst wurden. Generiert wurden univariate Kalibrations- und Testdatensätze, bestehend aus jeweils 20 Datenpunkten, wobei den simulierten Messwerten y normalverteiltes Rauschen mit wachsender Standardabweichung ($s_y = 0; 0,5; 1,0; \ldots; 10$) hinzugefügt wurde. Die Konzentrationen wurden rauschfrei und demnach fehlerfrei belassen. Für jede Rauschstufe wurden 500 Simulationen durchgeführt. Für den Fall, dass sowohl die Konzentration als auch die Messwerte nicht mit Rauschen behaftet sind, werden kleine identi-

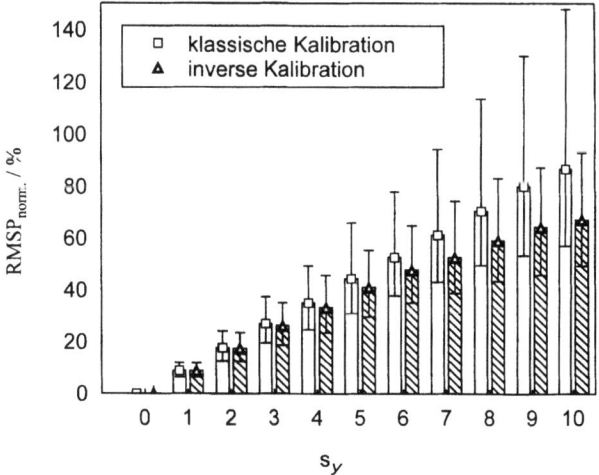

Abb. 7.17 Ergebnisse einer Simulation zur Abhängigkeit der Vorhersagegüte vom Signal/Rausch-Verhältnis in Form von Whisker-Balkenplots (eingezeichnet sind der Median und die 95%-Perzentile)

sche RMSP-Werte für die klassische als auch die inverse Kalibration erhalten. Je größer der Rauschterm wird, desto schlechter ist die Vorhersagegüte allgemein und desto mehr differieren die RMSP-Werte der klassischen und der inversen Kalibration.

Das multivariate inverse Kalibrationsmodell lässt sich mit

$$C = AB \tag{7.87}$$

formulieren, wobei B die $(m \times p)$-Matrix der Kalibrationskoeffizienten ist, die im Kalibrationsschritt durch die Multiplikation der generalisierten Inverse von A $(n \cdot m)$ mit der Konzentrationsmatrix $(n \times p)$ geschätzt werden kann:

$$\hat{B} = (A^{\mathrm{T}}A)^{-1} A^{\mathrm{T}} C = A^{+} C \tag{7.88}$$

Inverse Kalibration mit Originalvariablen

Für inverse Kalibrationen mit den Originalvariablen wird die Multiple Lineare Regression (MLR) eingesetzt, die eine Erweiterung der univariaten Regression für den Fall darstellt, dass mehrere Regressoren, z. B. Absorptionen bei mehreren Wellenlängen, Berücksichtigung finden. Wie bei der univariaten Regression wird allerdings nur ein Analyt zur Kalibration herangezogen. Die Gln. (7.87) und (7.88) sind deshalb zu modifizieren:

$$c = A \cdot b \tag{7.89}$$

$$\hat{b} = (A^{\mathrm{T}}A)^{-1} A^{\mathrm{T}} c = A^{+} c \tag{7.90}$$

Hierbei besitzt der Konzentrationsvektor c die Dimension $(n \times 1)$ und der Vektor der Kalibrationskoeffizienten die Dimension $(m \times 1)$.

Wegen der Matrixinversion der $(m \times m)$-Matrix $A^{\mathrm{T}}A$ in Gl. (7.90) muss sich A theoretisch aus mindestens so vielen Spektren zusammensetzen wie Wellenlängen zur Kalibration herangezogen werden. In der modernen optischen Spektroskopie ist das kaum zu verwirklichen, da durch die gewollte Aufnahme eines großen Wellenlängenbereichs Datensätze entstehen, die oft wesentlich weniger Objekte als Variablen enthalten. Numerische Probleme der Matrixinversion treten außerdem durch Kollinearitäten benachbarter Wellenlängen auf.

Unter Stepwise MLR wird die Multiple Lineare Regression verstanden, bei der entweder sukzessive Variablen aus dem Datensatz entfernt (Backward-Selektion) oder hinzugefügt (Forward-Selektion) werden, so dass die Matrix $A^{\mathrm{T}}A$ invertierbar wird [21]. Zur Anwendung kommen auch Kombinationen aus Backward- und Forward-Selektionen.

Unter Umständen gehen bei einer Selektion entscheidende Informationen über den Analyten verloren, weil eine Erhöhung des Signal-Rausch-Verhältnisses durch die intrinsische Signalmittelung nicht mehr erfolgen kann. Deshalb sind in der Regel sogenannte „full spectrum"-Methoden (auch Datenkompressionsmethoden) wie die Hauptkomponentenregression (PCR) und die Partial Least Squares Regression (PLS) vorzuziehen, bei denen aus den Originalvariablen latente Variablen (Faktoren) T gebildet werden, die dann zur Kalibration herangezogen werden.

Diese Methoden zur Datenkompression lassen sich auf gemeinsame Gleichungen zurückführen. Bei beiden wird sowohl eine Faktormatrix T als auch eine Ladungsmatrix P bzw. Q benötigt, um das Kalibrationsmodell zu formulieren:

$$A = TP^+ \quad (7.91)$$

Die Zerlegung der Konzentrationsmatrix erfolgt gemäß

$$C = TQ^T \quad (7.92)$$

Sowohl PLS als auch PCR können unter Verwendung der Gln. (7.91) und (7.92) in folgenden Algorithmus gefasst werden [38]:

1. Ermittlung einer Gewichtsmatrix V aus A (PCR) bzw. aus A und C (PLS)
2. Berechnung einer Faktormatrix T

$$T = XV \quad (7.93)$$

3. Berechnung von Matrizen P und Q mit

$$P^T = T^+ A \quad (7.94)$$

und

$$Q^T = T^+ C \quad (7.95)$$

Hauptkomponentenregression (PCR)
Die Hauptkomponentenanalyse, die die Grundlage der PCR darstellt, wird in Abschn. 3.3 dargestellt. Hierbei wird die Gewichtsmatrix V durch die Eigenvektoren der Spektrenmatrix gebildet. Zur Berechnung der Eigenvektoren aus der Spektrenmatrix können verschiedene Methoden herangezogen werden, z. B. der NIPALS-Algorithmus von Wold oder die SVD. Eine Untermenge der mit Gl. (7.93) ermittelten Hauptkomponenten dient als Regressoren zur Ermittlung der Matrizen P und Q nach Gl. (7.94) und (7.95). Hierzu werden die Hauptkomponenten in der Regel nach der erklärten Varianz sortiert und die k Hauptkomponenten, die die größte Varianz repräsentieren, mit in den MLR-Schritt einbezogen. Allerdings ergeben sich dann Probleme, wenn der Analyt nur einen sehr geringen Teil der Gesamtvarianz verursacht; z. B. kann eine große Basislinienvariation bei NIR-Spektren durch die einzige statistisch signifikante Hauptkomponente repräsentiert werden. In der Praxis empfiehlt es sich daher oft, auch von der Auswertesoftware als „nicht signifikant" postulierte Hauptkomponenten auf ihre Korrelation zur Analytkonzentration zu prüfen. Desweiteren ist es möglich, die Hauptkomponenten gleich nach der Korrelation zur Konzentration zu sortieren [40].

Alle Berechnungen erfolgen mit zentrierten Spektrenmatrizen. Zur Vorhersage ist es daher notwendig, das Spektrum zunächst mit dem Mittelwertspektrum der Kalibrationsspektren zu korrigieren. Um diesen Schritt zu sparen, können nach [38] die Regressionskoeffizienten b und b_0 mit

$$b = VQ^T \quad \text{und} \quad b_0 = \bar{c} - \bar{A}b \quad (7.96)$$

berechnet werden. Die Vorhersage erfolgt dann besonders einfach mit

$$\hat{c} = Ab + b_0 \tag{7.97}$$

Partial Least-Squares-Regression (PLS)
Die Partial Least-Squares Regression (PLS) [41–43] berücksichtigt bei der Zerlegung der Spektrenmatrix bereits die Spektren-Konzentrations-Zusammenhänge, weshalb die Güte der Kalibrationsmodelle bei schwierigen Kalibrationsproblemen, z.B. in der NIR-Spektrometrie, bessere Vorhersagegüten erreicht. Die Berechnung der Faktoren erfolgt iterativ. Nach jedem Iterationsschritt wird die Güte des Modells getestet, zumeist durch eine Leave-one-out Kreuzvalidierung.

Die Leistungsfähigkeit der PLS soll an einem simulierten Datensatz demonstriert werden. Hierzu wurden „Spektren" mit 61 Kanälen (Wellenlängen) generiert, die aus einem Gauß-Peak mit normalverteiltem Rauschen bestehen. Der Rauschanteil umfasst sowohl die Peaklage ($s_L = 0{,}5$), die Basislinienverschiebung ($s_B = 2{,}0$) sowie einen großen Rauschterm über den gesamten Peak ($s_R = 10{,}0$). In Abb. 7.18a sind die 50 Kalibrations- sowie die 50 Testspektren dargestellt. Die ebenfalls generierten Konzentrationswerte weisen eine Gleichverteilung über den gesamten Bereich $1 \leq c \leq 100$ auf. Wird die Wellenlänge des Kalibrationsdatensatzes mit der besten Korrelation zu den Referenzkonzentrationen gegen dieselben aufgetragen, ist mit $r = 0{,}71$ lediglich ein relativ schwacher Zusammenhang festzustellen (Abb. 7.18b).

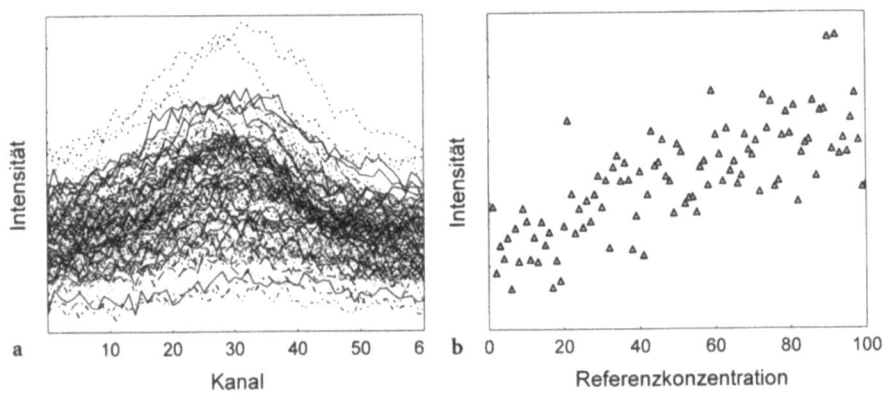

Abb. 7.18a, b. Simulierter Datensatz zur Kalibration a mittels PLS und b bester univariater Zusammenhang zwischen den Spektren und den Konzentrationen des Kalibrationssatzes

Über eine leave-one-out Kreuzvalidation wurde die Anzahl der optimalen PLS-Faktoren k_{opt} bestimmt. Abb. 7.19a zeigt den Verlauf des $RMSP_{CV}$-Werts über die jeweilige Faktorenzahl. Das Minimum wird bei neun Faktoren durchschritten. Weiterhin enthält die Abbildung den Verlauf der Güte der Modellan-

7.9 Kalibration mit künstlichen neuronalen Netzen

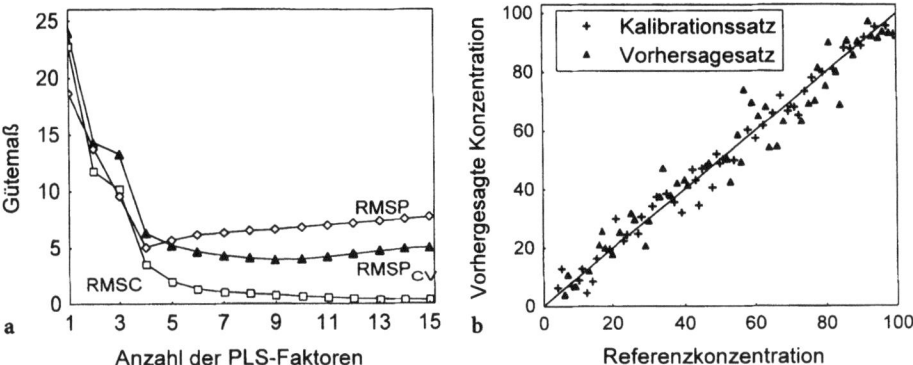

Abb. 7.19 a, b. a Verlauf der Gütemaße der Kalibration und **b** Wiederfindungsfunktion der kreuzvalidierten Vorhersagen und der Vorhersagen des Testdatensatzes

passung RMSC und des RMSP-Werts für den Testdatensatz. Für den RMSC ist ein stetiges Sinken und für den RMSP-Wert ein Minimum bei vier Faktoren zu beobachten. Die kreuzvalidierten Vorhersagen bei $k_{opt} = 9$ des Kalibrationssatzes sowie die Vorhersagen des bei der Modellbildung nicht berücksichtigten Testsatzes, aufgetragen gegen die Referenzkonzentrationen, sind in Abb. 7.19b dargestellt. Diese Art der Darstellung, mit der sowohl die Richtigkeit und die Präzision eingeschätzt werden können, wird als Wiederfindungsfunktion (bias plot, recovery function) bezeichnet. Idealerweise liegen die Punkte auf der Winkelhalbierenden. Die aus der Wiederfindungsfunktion

$$\hat{c} = a + bc \tag{7.98}$$

ermittelten Parameter der linearen Ausgleichsgerade für den Achsenabschnitt a und die Steigung b sowie deren Vertrauensbereiche Δa und Δb werden für den Test auf das Vorhandensein multiplikativer und additiver systematischer Fehler verwendet.

In Matlab lassen sich die Kalibration und die Analyse mittels PLS sehr einfach mit den Funktionen PLS-Kalibration und PLS-Vorhersage realisieren.

7.9
Kalibration mit Künstlichen Neuronalen Netzen

Als neuronale Netze werden informationsverarbeitende Systeme bezeichnet, die aus einer großen Anzahl einfach aufgebauter Verarbeitungseinheiten, den sogenannten Neuronen, bestehen, die sich Signale über gerichtete Verbindungen zusenden [44]. Aufbau und die Funktionsweise Künstlicher Neuronaler Netze (Artificial Neural Networks, ANN) sind biologischen Neuronalen Netzen angelehnt.

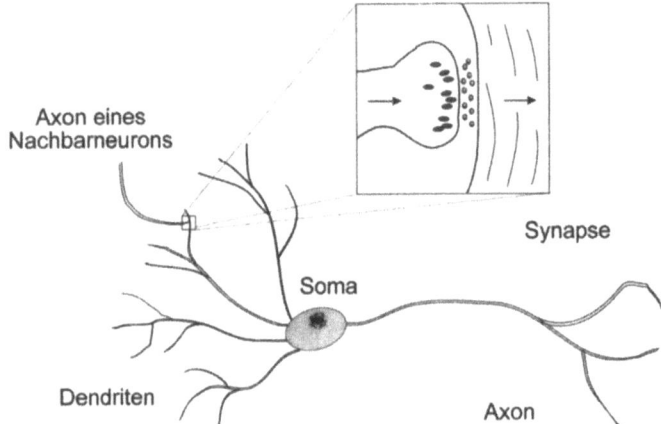

Abb. 7.20. Schematische Darstellung einer Nervenzelle und der Weiterleitung der Information über eine chemische Synapse

Biologischer Hintergrund. Nervenzellen sind gegliedert in Soma, Axon, Dendriten und Synapsen (Abb. 7.20). Das Axon leitet die Ausgabe einer Nervenzelle über die Synapsen an die Dendriten anderer Nervenzellen weiter. Synapsen sind spezialisierte Kontaktstellen, an denen die Signalübertragung abläuft. In den chemischen Synapsen sind die prä- und die postsynaptische Membranen durch einen Spalt voneinander getrennt. Die Signale werden hier mit Hilfe von Transmittersubstanzen (z. B. Dopamin, Acetylcholin), die durch das ankommende Aktionspotential in den synaptischen Spalt freigesetzt werden, übertragen. Die Transmittersubstanz diffundiert über den Spalt und bindet an Rezeptormoleküle an der postsynaptischen Membran, wo sie eine kurzzeitige Öffnung von Ionenkanälen in der postsynaptischen Membran bewirkt. Der Vorgang der Informationsübertragung ist nicht umkehrbar. Die Amplitude der synaptischen Potentiale wird von der Menge der freigesetzten Potentiale bestimmt. Um das Membranpotential deutlich zu verändern, müssen gleichzeitig mehrere Synapsen aktiv sein. Die erregenden und hemmenden postsynaptischen Potentiale werden summiert. Bei Überschreitung eines Schwellenwertes werden Aktionspotentiale ausgelöst. Da jedes Neuron bis zu 10^3 Dendriten besitzt, kann es mit sehr vielen Neuronen in Wechselwirkung treten.

7.9.1
Künstliche Neuronale Netze

Künstliche Neuronale Netze sind stark idealisierte Modelle der biologischen Nervensysteme und werden immer problembezogen konstruiert. Ein ANN lässt sich durch seine Neuronen, die Gewichte W (weights), die Propagierungsfunktion Net und die angewendete Lernregel vollständig charakterisieren (Abb. 7.21).

Neuronen besitzen einen oder mehrere Eingänge, einen Ausgang, einen Aktivierungszustand A, eine Aktivierungsfunktion und eine Ausgabefunktion. Mit der Propagierungsfunktion wird angegeben, wie sich die Eingabe $Net_i(t)$ des Neurons aus den Ausgaben O der anderen Neuronen und den Gewichten W berechnet, zumeist mit

$$Net_i(t) = \sum_{j=1}^{k} O_j W_{ji} \qquad (7.99)$$

7.9 Kalibration mit künstlichen neuronalen Netzen

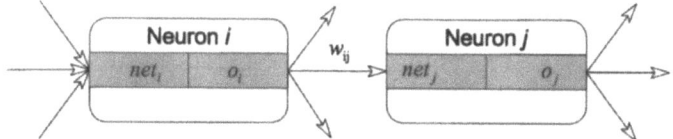

Abb. 7.21. Komponenten und Verbindung zweier künstlicher Neuronen

Die Gewichte, die graphisch mit Pfeilen symbolisiert werden, geben die Stärke der gerichteten Verbindungen zwischen den Neuronen an. Der Aktivierungszustand A eines Neurons i zu einer Zeit (bzw. einem Iterationsschritt) $t+1$ lässt sich mit

$$A_i(t+1) = f_{act}(A_i(t), Net_i(t), \Theta_i) \qquad (7.100)$$

berechnen, wobei f_{act} die Aktivierungsfunktion, Net die Eingabe und Θ_i der Schwellenwert (bias) ist. Der Schwellenwert entspricht der Reizschwelle einer Nervenzelle, die überschritten werden muss, damit ein Neuron „feuert". Mit der Ausgabefunktion f_{out} wird die Ausgabe des Neurons mit

$$O_i(t) = f_{out}(A_i(t)) \qquad (7.101)$$

ermittelt. Oftmals wird für die Ausgabefunktion die Identitätsfunktion gewählt, womit die Aktivierungs- und die Ausgabefunktion zu einer Funktion zusammengefasst werden können, die wiederum als Aktivierungsfunktion bezeichnet wird. Die Ausgabe berechnet sich dann mit

$$O_i = f_{act}(Net_i(t)) \qquad (7.102)$$

Die Lernregel ist ein Algorithmus, mit dem die Parameter des ANN in der Art verändert werden, dass für Netzeingaben adäquate Netzausgaben erzeugt werden. Die meisten Lernregeln beschränken sich dabei auf eine Veränderung der Gewichte. Andere Möglichkeiten, wie das Hinzufügen oder Entfernen von Neuronen oder die Modifikation der Aktivierungsfunktion, finden seltener Anwendung [44].

7.9.2 Mehrschichtige Perceptrons (MLP)

Rosenblatt stellte 1958 ein einschichtiges Perceptron vor [45, 46], mit dem lineare Klassifikationsprobleme gelöst werden können. Bei den Mehrschichtigen Perceptrons (multilayer perceptrons, MLP) sind die Neuronen in mehreren Schichten angeordnet, wodurch die Leistungsfähigkeit erheblich gesteigert werden kann [44]. Standardmäßig sind alle Neuronen einer Schicht über Gewichte mit allen Neuronen der folgenden Schicht verbunden und eine Verbindung zu Neuronen einer zurückliegenden Schicht ist ausgeschlossen (Feedforward-Kopplung). Abbildung 7.22 zeigt schematisch ein zweischichtiges Perceptron mit drei Eingangsneuronen, vier verdeckten Neuronen und zwei Ausgangsneuronen.

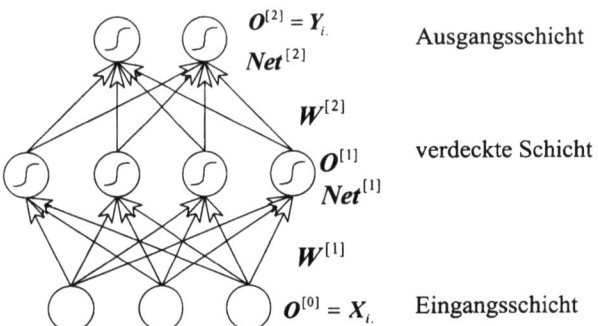

Abb. 7.22. Schema eines zweischichtigen Perceptrons mit drei Eingangsneuronen, vier verdeckten Neuronen mit logistischer Aktivierungsfunktion und zwei Ausgangsneuronen mit ebenfalls logistischer Aktivierungsfunktion

Die Schichten werden hier mit 0, 1, 2 ... s bezeichnet (oberer Index), wobei die Eingangsneuronen als Schicht 0 zählen. Die Neuronen in den verdeckten Schichten, die keine Verbindung nach außen besitzen, heißen verdeckte oder innere Neuronen. Theoretisch ist die Anzahl der Schichten unbegrenzt, jedoch sind zumeist für die Lösung von Klassifikations- und Kalibrationsaufgaben MLP mit einer verdeckten Schicht hinreichend geeignet.

Mit dem Backpropagation (BP)-Algorithmus können die Gewichtsmatrizen W iterativ berechnet werden, indem der Netzfehler

$$E = \frac{1}{2} \sum_{i=1}^{n} (Y_i - O_i)^2 \tag{7.103}$$

minimiert wird [47]. Grundlage des Algorithmus ist die verallgemeinerte Delta-Regel (generalized delta rule). Nach dieser Regel können auch die Gewichte der inneren Neuronen modifiziert werden. Dabei wird das Fehlersignal auf die zurückliegende Schicht geleitet, und die Gewichte können dementsprechend verändert werden.

Zur Berechnung der Gewichte bei Anlegen des i-ten Musterpaares wird zunächst der Netzausgang O_i mit Gl. (7.99) und (7.102) ermittelt. Daraus ergibt sich das Fehlersignal

$$\delta_{ij} = \begin{cases} f'_{act}(Net_{ij})(Y_{ij} - O_{ij}) & \text{falls } j \text{ Ausgabeneuron,} \\ f'_{act}(Net_{ij})\left(\sum_{k=1}^{N} \delta_{ik} W_{jk}\right) & \text{falls } j \text{ verdecktes Neuron,} \end{cases} \tag{7.104}$$

wobei f'_{act} die erste Ableitung der Aktivierungsfunktion, Y_{ij} das j-te Element der vorgegebenen Ausgabe (teaching input) und n_l die Anzahl der Neuronen in der jeweiligen verdeckten Schicht ist. Die eigentliche Korrektur der Gewichte erfolgt mit

$$\Delta_i W_{jk} = \eta \, \delta_{ij} O_{ik} \tag{7.105}$$

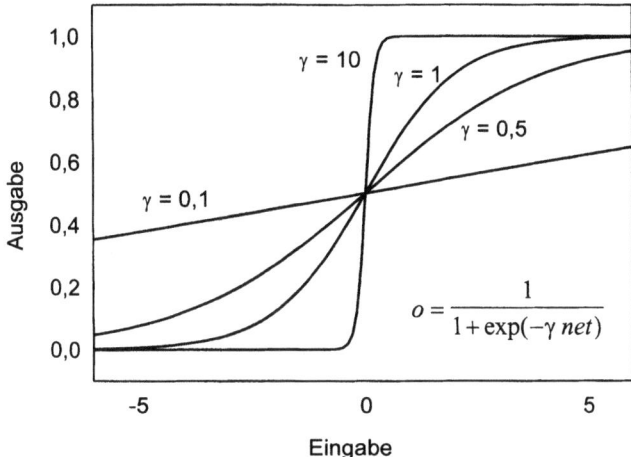

Abb. 7.23. Die logistische Aktivierungsfunktion mit einem Parameter γ, der die Steilheit der Funktion bestimmt

Dabei ist η die sogenannte Lernrate, eine kleine positive Zahl.

Als Aktivierungsfunktionen kommen bei den MLP ausschließlich Funktionen zur Anwendung, die monoton und wegen Gl. (7.104) differenzierbar sind, wie z. B. die logistische Funktion

$$O_j = \frac{1}{1 + \exp(-\gamma Net_j)} \tag{7.106}$$

mit Ausgaben 0...1 (Abb. 7.23), der Tangens hyperbolicus mit Ausgaben -1...+1 oder eine lineare Funktion.

Theoretisch kann für jedes Neuron eine eigene Aktivierungsfunktion definiert werden. Wang et al. schlagen vor, *a priori* Informationen in einem speziellen Feedforward-Netz vorzugeben, indem in den einzelnen Neuronen Aktivierungsfunktionen eingesetzt werden, die den speziellen chemischen oder physikalischen Zusammenhängen entsprechen [48]. Bei den meisten Anwendungen werden jedoch für alle Neuronen einer Schicht gleiche Funktionen implementiert. Da viele Aktivierungsfunktionen einen eingeschränkten Wertebereich besitzen, ist eine oft als Normalisierung bezeichnete Skalierung von X und Y auf diesen Bereich notwendig [49].

Die Schwellenwerte Θ der Neuronen werden vorteilhaft durch Verwendung eines zusätzlichen Neurons („On"-Neuron, Bias-Element) berücksichtigt werden. Die Ausgabe des „On"-Neurons beträgt immer +1, was dem Hinzufügen eines $(n \times 1)$-Vektors, dessen Elemente eins sind, an die Matrix X entspricht, deren Variablenanzahl sich damit um eins vergrößert. Dieses Vorgehen kann mit der Berechnung des Achsenabschnitts bei einer linearen Regression verglichen werden.

7.9.3
Radial Basis Function (RBF)-Netze

Bei den RBF-Netzen wird die Möglichkeit genutzt, nichtlineare Zusammenhänge durch eine Linearkombination von Basisfunktionen zu modellieren [44]. Als radial werden Funktionen bezeichnet, deren Funktionswerte von einem Zentralpunkt aus monoton ansteigen oder abfallen. Derartige abfallende Funktionen sind die Cauchy-Funktion, die invers-multiquadratische Funktion und die modifizierte Gauß-Funktion:

$$h_j(\mathbf{x}_i) = \exp\left(-\frac{(\mathbf{X}_i - W_j^{[1]})^2}{r^2}\right) \quad (7.107)$$

Hierbei ist $W^{[1]}$ der Vektor der Zentren der Basisfunktionen und r ein Skalierungsparameter. In Abb. 7.24 wird die Abhängigkeit der Gaussschen Basisfunktion von der Wahl des Skalierungsparameters gezeigt. Die Funktion zeigt eine lokale Aktivierung, d.h. die Ausgabe der Neuronen ist am stärksten, wenn die Eingabemuster und die Zentren identisch sind. Bei Wahl eines großen Parameters r geht der lokale Charakter der Aktivierung zunehmend verloren.

Da die RBF-Netze einem linearen Ansatz folgen, ist die Bestimmung der Gewichte $W^{[2]}$ der Ausgangsschicht besonders einfach, da diese nicht wie bei den BP-Netzen iterativ, sondern in einem Schritt berechnet werden können. Abbildung 7.25 zeigt schematisch den Aufbau der RBF-Netze, die gewöhnlich aus zwei Schichten bestehen.

Zur Berechnung der Gewichte in einem RBF-Netz werden zunächst die Eingaben der verdeckten Schicht der Neuronen aus dem $n \times m$ Netzeingang X und der $k \times m$ Gewichtsmatrix der verdeckten Schicht $W^{[1]}$ mit

$$Net_i^{[1]} = \sqrt{\sum_{j=1}^{k} (\mathbf{X}_i - W_j^{[1]})^2} \quad (7.108)$$

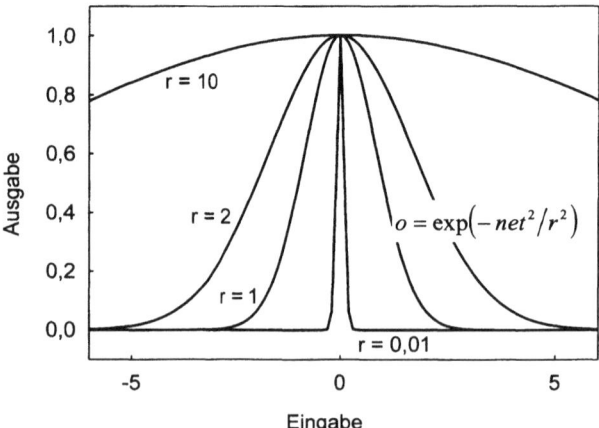

Abb. 7.24. Die Gauß-Funktion als radiale Basisfunktion bei verschiedenen Skalierungsparametern

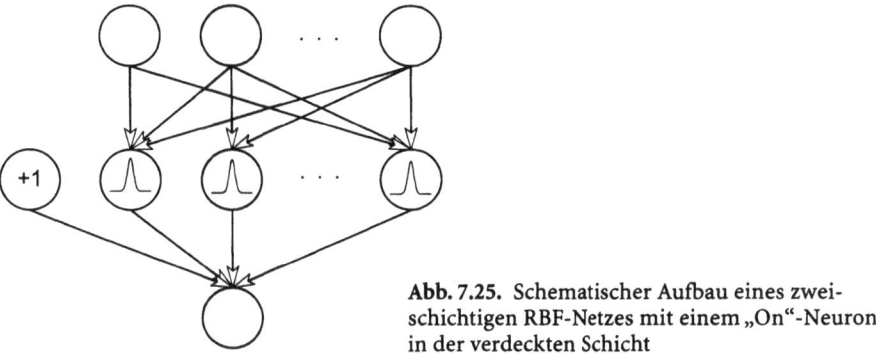

Abb. 7.25. Schematischer Aufbau eines zweischichtigen RBF-Netzes mit einem „On"-Neuron in der verdeckten Schicht

berechnet. Mit der Netzeingabe *Net* und dem Skalierungsparameter wird durch Einsetzen in die Gauss-Funktion als Aktivierungsfunktion die Ausgabe der verdeckten Neuronen

$$O^{[1]} = \exp(-(Net^{[1]}/r)^2) \tag{7.109}$$

ermittelt, die auch als RBF-Designmatrix bezeichnet wird.

Mitentscheidend für die Vorhersagestärke der RBF-Netze ist die Bestimmung der Gewichtsmatrix $W^{[1]}$ (Zentren der Basisfunktionen). In der Regel stellt $W^{[1]}$ eine Teilmenge der Eingabemuster dar. Die Auswahl der Zentren erfolgt entweder zufällig oder gezielt.

Eine besonders vorteilhafte Methode, sowohl den Rechenaufwand als auch die Vorhersagegüte betreffend, ist die Forward-Selektion der Zentren nach dem Orthogonal Least-Squares (OLS[13]) Verfahren [50], bei dem ausgehend von einem Zentrum, mit dem der Lernfehler am meisten minimiert wird, schrittweise jeweils ein weiteres zu $W^{[1]}$ hinzugefügt wird.

Neben der definierten Zentrenmatrix bestimmt der Skalierungsparameter maßgeblich die Güte des Kalibrationsmodells. Abbildung 7.26 zeigt die Vorher-

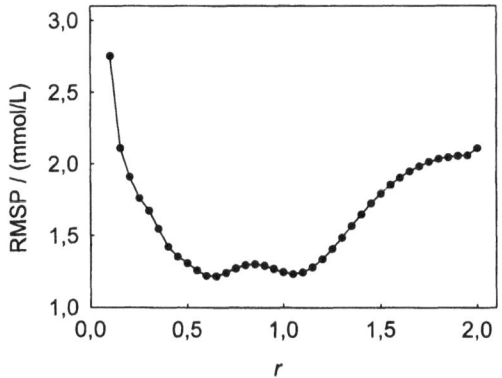

Abb. 7.26. Abhängigkeit der Vorhersagegüte von der Wahl des Skalierungsparameters eines RBF-Kalibrationsmodells für die nichtinvasive Blutglucosebestimmung

---

[13] Die Abkürzung OLS wird in Zusammenhang mit Regressionen auch für Ordinary Least Squares verwendet.

sagegüte als Funktion dieses Parameters für ein übergreifendes Kalibrationsmodell für eine nichtinvasive Blutglucosebestimmung mittels NIR-Spektroskopie. Hierbei wurden von den 112 Spektren 40 zufällig ausgewählt und als RBF-Zentren verwendet. Die Kurve zeigt in dem betrachtetem Bereich zwei Minima, an denen eine besonders gute Vorhersagestärke zu erwarten ist.

Für die Erstellung eines Kalibrationsmodells mit einem RBF-Netz ergibt sich folgende Vorgehensweise:

1. Ermittlung der RBF-Zentren $W^{[1]}$
2. Berechnung der Designmatrix $O^{[1]}$ aus den Spektren des Kalibrationssatzes und der Zentrenmatrix
3. Ermittlung der RBF-Zentren $W^{[1]}$
4. Berechnung der Designmatrix $O^{[1]}$ aus den Spektren des Kalibrationssatzes und der Zentrenmatrix
5. Berechnung der Gewichtsmatrix $W^{[2]}$ aus der Designmatrix und den bekannten Konzentrationen c

$$W^{[2]} = O^{[1]} \backslash c \qquad (7.110)$$

Dieser Schritt entspricht einer multiplen linearen Regression (MLR)[14].

Im Analysenschritt sind nachstehende Berechnungen vorzunehmen:

1. Berechnung der Designmatrix $O^{[1]}$ aus den Vorhersagespektren (korrespondierende Konzentrationen unbekannt) und den im Kalibrationsschritt ermittelten RBF-Zentren
2. Ermittlung des Netzausgangs $O^{[2]}$

$$O^{[2]} = O^{[1]} W^{[2]} \qquad (7.111)$$

Hierbei entspricht der Netzausgang den geschätzten Konzentrationen $\hat{c}$.

Die Anwendung Neuronaler Netze in der Analytik ist nach einer euphorischen Anfangsphase heute auf dem Weg zur Konsolidierung. Für Kalibrationen haben Neuronale Netze insbesondere Bedeutung bei nichtlinearen Zusammenhängen und Multikomponentensystemen. Mit einer Miniaturisierung und Verfügbarkeit leistungsfähiger Neuro-Hardware nimmt die Nutzbarkeit für portable Analysenmessgeräte zu [51].

Literatur

1. Currie LA (1995) IUPAC Commission on Analytical Nomenclature: Nomenclature in Evaluation of analytical methods including detection and quantification capabilities. Pure Appl Chem 67: 1699
2. Danzer K (1995) Fresenius J Anal Chem 351: 30
3. Kaiser H (1972) Fresenius J Anal Chem 260: 252
4. Moseley H (1913) Philos Mag 26: 1024
5. Kovats E (1958 u. 1964) Helvet Chim Acta 41: 1915, Anal Chem 36: 31 A

---

[14] Der Operator „\" steht hier für die sogenannte Linksdivision mit $A \backslash B = A^{-1} B$.

6. Harrison GR (1939) M.I.T. wavelength tables of 100 000 spectrum lines. New York
7. Meggers WE, Corliss CH, Scribner BF (1961) Tables of spectraline intensities. Nat Bur Stand Monograph 32: 1961
8. De Gregorio P, Savastano G (1972) Spektrum des Eisens 2206 bis 4656 Å mit Analysenlinien. Specola Vaticana
9. Peter H, Scheller H (1982) Atlas für Gitterspektrographen 2250 bis 6500 Å. Carl Zeiss, Jena, 1982
10. Colthup NB, Daly LH, Wiberly SE (1975) Introduction to infrared and raman spectrography. Academic Press, New York, London
11. Harvey CE (1947) A method of semiquantitative spectrographic analysis. ARL, Glendale, CA
12. Danzer K (1976) Zh Analit Khim 31: 2327
13. Ramendik GI (1990) Fresenius J Anal Chem 337: 772
14. Sherman J (1955) Spectrochim Acta 7: 283, Fei He, Van Espen PJ (1991) Anal Chem 63: 2237
15. Danzer K, Currie LA (1998) Commission on General Aspects of Analytical Chemistry: guidelines for calibration in analytical chemistry. Part 1. Fundamantals and single component calibration. (IUPAC Recommendations 1998). Pure Appl Chem 70: 993
16. Doerffel K (1990) Statistik in der Analytischen Chemie. Deutscher Verlag für Grundstoffindustrie, Leipzig
17. Sachs L (1992) Angewandte Statistik. Springer-Verlag, Berlin
18. Frelser H, Nancollas GH (eds) (1987) IUPAC: Orange Book: Compendium of Analytical Nomenclature. Blackwell, Oxford
19. Danzer K, Than E, Molch D, Küchler (1987) Analytik – Systematischer Überblick. Akademische Verlagsgesellschaft, Leipzig
20. Danzer K (1994) Die Bedeutung der Statistik für die Qualitätssicherung. In: Günzler H (ed) Akkreditierung und Qualitätssicherung in der analytischen Chemie. Springer, Berlin Heidelberg New York Tokio, S 71–103
21. Centner V, Massart DL, de Jong S (1998) Fresenius J Anal Chem 361: 2
22. Danzer K, Wagner M, Fischbacher C (1995) Fresenius J Anal Chem 352: 407
23. Ebel S (1993) Fehler und Vertrauensbereiche analytischer Ergebnisse. In: Günzler H et al. (Hrsg) Analytiker-Taschenbuch, Band II, Springer, Berlin Heidelberg New York Tokio, S 3–59
24. Funk W, Dammann V, Donnevert G (1992) Qualitätssicherung in der Analytischen Chemie. VCH, Weinheim
25. Wegscheider W (1994) Validierung analytischer Verfahren. In: Günzler H (ed) Akkreditierung und Qualitätssicherung in der analytischen Chemie. Springer, Berlin Heidelberg New York Tokio S 105–129
26. Wünsch G (1994) J Prakt Chem 336: 3191. Wildner H, Wünsch G (1997) J Prakt Chem 339: 107
27. ISO/REMCO N 280 (1993) Proficiency Testing of chemical analytical Laboratories, Genf
28. Danzer K (1998) Qualitätssicherung in der analytischen Atomspektroskopie durch realistische Angabe der Messwertunsicherheit. In: Vogt C et al. (eds) CANAS 97 – Colloquium Analytische Atomspektroskopie, Universität Leipzig, S 77
29. Schrön W, Dreßler B (1996) CANAS 95 – Colloquium Analytische Atomspektroskopie, Bodenseewerk Perkin-Elmer, Überlingen, S 121
30. Efron B (1982) The jackknife, the bootstrap and other resampling techniques. Soc Industr Appl Math, Philadelphia, PA
31. Baxter DC, Frech W (1990) Fresenius Anal Chem 337: 253
32. Kurfürst U (1998) Solid sample analysis. Springer, Berlin Heidelberg New York Tokio
33. Nowka R, Marr IL, Ansari TM, Mailer H (1999) Fresenius J Anal Chem 364: 533
34. Wold S (1974) Technometrics 16: 1
35. Eckschlager K, Danzer K (1994) Information theory in analytical chemistry. Wiley, New York, Chichester
36. Hartung J, Elpelt B, Klosener KH (1991) Statistik. Lehr- und Handbuch der angewandten Statistik. Oldenburg, München, Wien

37. Beebe KR, Pell RJ, Seasholtz MB (1998) Chemometrics – A Practical Guide. Wiley, New York
38. Martens M, Naes T (1989) Multivariate Calibration. Wiley, New York
39. Scheffé H (1963) J Royal Statist Soc B25: 235
40. Sun J (1995) J Chemometrics. 9: 21
41. Thomas EV, Haaland DM (1990) Anal Chem 62: 1091
42. Danzer K (1995) Fresenius J Anal Chem 351: 3
43. Luinge HJ, van der Maas JH, Visser T (1995) Chemom Intell Lab Syst 28:129
44. Zell A (1994) Simulation neuronaler Netze. Addison-Wesley, Bonn
45. Anderson JA, Rosenfeld E (1988) Neurocomputing: foundations of research. MIT Press, Cambridge, MA
46. Rosenblatt F (1958) The perceptron: a probabilistic model for information storage and organization in the brain. Psych Rev 65–396 in [45]
47. Rumelhart DE, Hinton GE, Williams RJ (1995) Learning internal representations by error propagation in [45]
48. Wang Z, Hwang J, Kowalski BR (1995) Anal Chem 67: 1497
49. Lawrence J (1992) Neuronale Netze: Computersimulation biologischer Intelligenz. Systhema, München
50. Chen S, Cowan CFN, Grant PM (1991) IEEE Transaction Neural Networks 2: 302
51. Jagemann KU (1998) *Neuronale Netze in der Analytik*. In: Günzler H et al. (Hrsg) Analytiker-Taschenbuch, Band 19. Springer, Berlin Heidelberg New York Tokio, S 75–110

8 Auswertung analytischer Messungen

Analytische Auswertungen basieren in der Regel auf einer experimentellen Kalibration und werden mit Hilfe der *Analysenfunktion*, die die Inverse der Kalibrierfunktion bzw. eine andere Zuordnungsvorschrift darstellt, ausgeführt [1]. Analysenfunktionen können jedoch auch a priori bekannt sein, wenn sie auf Naturgesetzen oder anderen allgemeingültigen Grundlagen beruhen.

8.1
Auswertung qualitativer Analysen und Identifikationen

In Abschnitt 7.1 wurde dargestellt, dass auch bezüglich des Zusammenhangs zwischen charakteristischen Messwerten (für bestimmte Spezies) und den zugehörigen Analyten in der Regel eine Kalibration erfolgt, allerdings nicht unbedingt als deterministische Funktion, wie dem Moseleyschen Gesetz, das die Abhängigkeit der Frequenz bestimmter Röntgenemissionslinien von den Ordnungszahlen der Elemente beschreibt, oder den Kovats-Indizes homologer Verbindungen in ihrer Abhängigkeit von den Retentionsdaten in der Gaschromatographie, sondern oft auch in Form einer graphischen oder tabellarischen Zuordnung (siehe Literatur zu Kap. 7 [4-10]).

Im allgemeinen bestehen qualitative bzw. Identifikationsanalysen aus zwei Schritten, und zwar

(1) der zweifelsfreien Identifizierung des Signals, das für einen bestimmten Analyten charakteristisch ist, sowie
(2) der Zuordnung auf der Grundlage funktionaler, tabellarischer oder bildhafter Zusammenhänge.

Der Sachverhalt wird insbesondere am Beispiel der klassischen Emissionsspektralanalyse deutlich. Auswertehilfen wie Spektraltabellen [2] tragen dieser doppelten Zuordnung durch zweifach geordnete Merkmale Rechnung. Aus nach Wellenlängen geordneten Spektrallinien können Verwechslungsmöglichkeiten erkannt und sachlogisch geprüft werden. Nach Elementen geordnete Linien geben Hinweise auf zusätzliche Überprüfungsmöglichkeiten sowie die eigentliche Elementzuordnung. Ähnlich kann mit Atlanten und deren zugehörigen Tabellen umgegangen werden.

Eine andere Möglichkeit zur Signalsicherung stellt die Zugabe kleiner Mengen reiner Analyte zur Probe dar. Dadurch werden fragliche Signale gezielt verstärkt und können dann sicher zugeordnet werden. Davon wird in der Chromatographie häufig Gebrauch gemacht.

Signalidentifizierungen und Spektrenvergleiche werden heute meist auf rechentechnischem Wege durchgeführt. Dafür stehen eine ganze Reihe von Verfahren zur Verfügung, die auf unterschiedliche Prinzipien aufbauen, z. B.

(1) Signalidentifizierung auf Grund von Differenzbildungen zwischen Proben- und Referenzspektren bzw. -spektrenausschnitten,
(2) Korrelationstechniken, die insbesondere die Kreuzkorrelation zwischen Proben- und Vergleichsspektren ausnutzen, um den Übereinstimmungsgrad abzuschätzen [3],
(3) Mengentheoretische Vergleichoperationen, die durch die Einbeziehung unscharfer Mengen (Fuzzy Set Theory) den realen Gegebenheiten gerätetechnischer Unterschiede von Spektren Rechnung tragen [4], sowie
(4) Datenbank- und Expertensysteme als computerisierte Methoden des Vergleichens großer Datenmengen und darauf aufgebauter Schlussfolgerungen.

Ein klassisches (nichtcomputerisiertes) Expertensystem in dieser Hinsicht stellen die klassischen Trennungsgänge für die qualitative und Identifizierungsanalyse von Kationen und Anionen dar, die jedem Chemiker vom Prinzip her bekannt sind. In Form von Entscheidungsbäumen verknüpfen sie Fakten, Schlussfolgerungen und Alternativen sowie weiteres Vorgehen miteinander. Damit nehmen die chemischen Trennungsgänge bereits ein wesentliches Grundprinzip moderner Expertensysteme vorweg, nämlich das Entscheiden und Schlussfolgern auf der Grundlage logischer Operationen. Eine bekannte Sequenz des Kationen-Trennungsganges könnte z. B. mittels logischer Regeln wie folgt formuliert werden:

```
IF      (HCl-Zugabe)
AND     (weißer Niederschlag)
THEN    (AgCl, Hg₂Cl₂ bzw. PbCl₂)
|   IF      (Niederschlag + H₂O, heiß, Lösung/Filtrat abkühlen + HCl)
|   AND     (weißer Niederschlag)
|   THEN    (PbCl₂ → Pb nachgewiesen)
|   ELSE    (keine Pb²⁺ in der Probenlösung)
|       IF      (Niederschlag + NH₄OH)
|       AND     (Schwarzfärbung)
|       THEN    (Hg + HgNH₂Cl → Hg nachgewiesen)
|       ELSE    (keine Hg₂²⁺ in der Probenlösung)
|           IF      (Niederschlag + NH₄OH Auflösung, Lösung/Filtrat + HNO₃)
|           AND     (weißer Niederschlag)
|           THEN    (AgCl → Ag nachgewiesen)
|           ELSE    (keine Ag⁺ in der Probenlösung)
ELSE    (keine Pb²⁺, Hg₂²⁺ bzw. Ag⁺ in der Probenlösung vorhanden)
```

Auf der Grundlage leistungsfähiger Rechner sind heute Vergleiche und logische Operationen mit hoher Geschwindigkeit und Speicherkapazität möglich. Das gestattet auch die Auswertung umfangreicher Messfunktionen, insbesondere von Spektren; siehe Kapitel 10.

Während Bewertungen von quantitativen Analysenergebnissen mit Hilfe statistischer Maße möglich und in der analytischen Praxis gang und gäbe sind, lassen sich die Ergebnisse von qualitativen und Identifikationsanalysen (zum Unterschied und zur informationstheoretischen Charakterisierung siehe Abschn. 2.5.5) nur wahrscheinlichkeits- und informationstheoretisch bewerten.

Die informationstheoretische Bewertung einer Identifikationsaufgabe ist im folgenden an einem Beispiel dargestellt. Die Grundlagen dafür sind in Abschn. 2.5, für Mehrkomponentenanalysen in 2.5.5 dargestellt.

Beispiel

In einem Versuch des Wahlpflichtfaches Analytik haben Studenten Metalle (Reinststoffe und Legierungen, kompakt und amorph) und metallähnliche Proben (z. B. Si, As, Mineralien, Erze) zu identifizieren. Bei einer Probenmenge von etwa 10 bis 30 mg führen die Studenten die Analyse mit Hilfe der Atomemissionsspektralanalyse (Bogen-OES) durch. Wir wollen zwei Fälle betrachten.

A. Es ist eine silbrig glänzende Probe gegeben, über die sonst keine Vorinformationen vorliegen. Man kann wohl annehmen, daß etwa $p = 70$ Elemente als Haupt- und Legierungsbestandteile in Frage kommen, und zwar davon vielleicht $p_1 = 20$ mit einer etwas höheren Erwartung (Mg, Al, Si, Ti, V, Cr, Mn, Fe, Co, Ni, Zn, Ge, Mo, Ag, Sn, Sb, W, Pt, Pb, Bi), $p_2 = 30$ mit einer normalen Wahrscheinlichkeit und $p_3 = 20$ mit geringerer Erwartung (z. B. die seltenen Erden). Diesen unterschiedlichen Erwartungen wird mit Wichtungsfaktoren Rechnung getragen: $w_1 = 1,5$, $w_2 = 1,0$, $w_3 = 0,5$, so dass sich für die Wahrscheinlichkeiten des Vorhandenseins von Elementen der drei Gruppen ergibt:

$P(A_{i,1}) = 1{,}5/70 = 0{,}0214$, $P(A_{i,2}) = 1/70 = 0{,}0143$ und
$P(A_{i,3}) = 0{,}5/70 = 0{,}00714$.

Die a-priori-Entropie ergibt sich entsprechend Gln. (2.123, 2.124)

$H(1, p)_0 = 20 [0{,}0214 \, \text{lb} \, (70/1{,}5)] + 30 \, (0{,}0143 \, \text{lb} \, 70) + 20 \, [0{,}00714 \, \text{lb} \, (70/0{,}5)]$
$= (2{,}37 + 2{,}63 + 1{,}02) \, \text{bit} = 6{,}02 \, \text{bit}.$

Im Verlaufe ihrer Untersuchungen finden die Studenten Cr und Si als Hauptbestandteile und Fe als Nebenbestandteil (es liegt ein Widerstandsmaterial vor). Aufgrund der Verwendung eines großen Gitterspektrographen ist die Identifizierung eindeutig, d. h. Unsicherheiten in der instrumentellen Identifizierung entsprechend (2.100) können ausgeschlossen werden. Mit $H(n; p) = 0$ wird $H(1; 70)_0 = I(1; 70)$ und für die Informationsmenge ergibt sich mit der Näherungslösung (2.125) unter Berücksichtigung von (2.128)

$M(3; 70)_t = \text{lb} \, (70/3) + 3 H(1; 70)_0 = (4{,}54 + 18{,}06) \, \text{bit} = 22{,}60 \, \text{bit}.$

Ein exakteres Resultat liefert die Verwendung von Gl. (2.126) anstelle von (2.125):

$M(3; 70)_t = \text{lb} \, (70/3) + I(1; 70) + I(1; 69) + I(1; 68)$
$= (4{,}54 + 6{,}02 + 5{,}96 + 5{,}91) \, \text{bit} = 22{,}43 \, \text{bit}$

mit

$I(1; 70) = H(1; p)_0$ (siehe oben),
$I(1; 69) = 19 \, [0{,}0217 \, \text{lb} \, (69/1{,}5)]$
$+ 30 \, [0{,}0145 \, \text{lb} \, 69] + 20 \, [0{,}00725 \, \text{lb} \, (69/0{,}5)] = 5{,}96 \, \text{bit} \text{ und}$
$I(1; 68) = 18 \, [0{,}0221 \, \text{lb} \, (68/1{,}5)] + 30 \, [0{,}0147 \, \text{lb} \, 68] + 20 \, [0{,}00735 \, \text{lb} \, (68/0{,}5)]$
$= 5{,}91 \, \text{bit}.$

Die Näherungsgleichung (2.125) liefert also gute Schätzungen für die exakte Lösung (2.126).

B. Gegeben ist eine gelblich glänzende Probe. Aufgrund ihrer Erfahrungen werden die Studenten die Elemente Cu, Zn, Sn, Au und Ag mit höherer Wahrscheinlichkeit erwarten als die anderen oben genannten, für die dann entsprechend ähnliche Wahrscheinlichkeiten wie oben angenommen werden können. Insgesamt ergeben sich damit folgende Wahrscheinlichkeitsrelationen R_i:

Cu : Zn : Au : Ag : Sn : {Gruppe 1} : {Gruppe 2} : {Gruppe 3}
12 : 12 : 8 : 8 : 5 :   1,5   :   1,0   :   0,5

Die Gruppe 1 umfaßt $p_1 = 15$ Elemente, die – mit Ausnahme von Zn, Ag und Sn – ähnlich ausgewählt sein könnten wie im Fall A, auch die Gruppen 2 und 3 sind mit $p_2 = 30$ und $p_3 = 20$ ähnlich determiniert wie im Fall A. Davon ausgehend ergeben sich folgende a-priori-Wahrscheinlichkeiten $P(A_i) = R_i/R_i$ für die Elemente:

$P(Cu) = P(Zn) = 12/107,5 = 0,1116$ $P(A_{i,1}) = 1,5/107,5 = 0,01395$
$P(Au) = P(Ag) = 8/107,5 = 0,0744$ $P(A_{i,2}) = 1/107,5 = 0,00930$
$P(Sn) = 5/107,5 = 0,0465$ $P(A_{i,3}) = 0,5/107,5 = 0,00465$

Die a-priori-Entropie erhält man nach

$H(1;p)_0 = -2(0,1116 \text{ lb } 0,1116 + 0,0744 \text{ lb } 0,0744) - 0,0465 \text{ lb } 0,0465$
$ - 15 \cdot (0,01395 \text{ lb } 0,01395) - 30 \cdot (0,0093 \text{ lb } 0,0093)$
$ - 20(0,00465 \text{ lb } 0,00465)$
$ = (0,7061 + 0,5578 + 0,2058 + 1,2898 + 1,8829 + 0,7206) = 5,36 \text{ bit}.$

Das Vorhandensein detaillierterer Vorinformationen drückt sich in einer geringeren a-priori-Entropie und damit auch einem geringeren Informationsgehalt gegenüber dem Fall A aus.

Als Ergebnis der Analyse seien Cu und Zn als Hauptbestandteile und Si als Nebenbestandteil gefunden worden. Die Informationsmenge nach (2.124) ergibt sich mit der Näherungslösung $M(n,p) = n\ H(1;p)_0$ entsprechend Gl. (2.83)

$M(3:70)_t = \text{lb}(70/3) + 3 \cdot 5,36 \text{ bit} = 20,62 \text{ bit}.$

Auch die Gesamtinformationsmenge ist also aufgrund der Vorinformationen, die sich allein aus der Farbe ergeben, geringer als im Fall A.

8.2
Auswertung quantitativer Zusammenhänge mit absoluten und definitiven Analysenverfahren

Nach dem Grad der Bestimmtheit des Zusammenhangs zwischen Mess- und Analysengröße unterscheidet man absolute, definitive und relative Analysenmethoden, letztere werden weiter in direkte und indirekte Referenzmethoden unterteilt [1]. Abbildung 7.3 gibt eine systematische Übersicht über eine solche Einteilung und Beispiele für typische Analysenmethoden.

Unter „*absoluten Analysenmethoden*" versteht man solche Methoden, bei denen man aus den Messgrößen direkt die Analysengröße berechnen kann, wobei der Zusammenhang zwischen den beiden Größenarten

$$y = B \cdot x \tag{8.1}$$

auf Naturgesetzen beruht und demzufolge a priori bekannt ist. Für absolute Analysenverfahren muss also keine Kalibration ausgeführt werden, stattdessen muss die Empfindlichkeitskonstante B und die Bedingungen, unter denen sie gültig ist (unter denen z. B. eine Reaktion quantitativ abläuft), theoretisch abgeleitet und experimentell verifiziert werden.

B stellt die *Empfindlichkeit* dar und ist für die in Frage kommenden Methoden der Quotient bzw. das Produkt von Fundamentalgrößen wie Atom- und Molmassen, Stöchiometriekoeffizienten sowie von Naturkonstanten wie allgemeine Gaskonstante, Faradaykonstante oder vergleichbarer Größen.

Für einige der in Abb. 7.3 angegebenen absoluten und definitiven Methoden gilt beispielsweise:

Gravimetrie: $\quad m_{A_q B_p} = E_{Gr} \cdot m_A \qquad E_{Gr} = \dfrac{M_{A_q B_p}}{q \cdot M_A} \tag{8.2}$

Coulometrie: $\quad Q = E_{Cou} \cdot m_A \qquad E_{Cou} = \dfrac{z \cdot F}{M_A} \tag{8.3}$

Titrimetrie: $\quad v_M = E_{Ti} \cdot m_A \qquad E_{Ti} = \dfrac{1}{M_A \cdot c_{eq} \cdot f} \tag{8.4}$

Potentiometrie: $\quad U = \varepsilon_A - \varepsilon_R = U^0 + \dfrac{R \cdot T}{z \cdot F} \ln a_i^{v_i} \qquad E_{Pot} = \dfrac{RT}{zF} \tag{8.5}$

Einige Methoden wie die Photometrie oder Polarographie, die eigentlich zu den definitiven Methoden zu zählen wären, werden in der analytischen Praxis wie indirekte Referenzmethoden behandelt, d. h. es wird eine experimentelle Kalibration ausgeführt, obwohl ein theoretischer Zusammenhang existiert

Photometrie: $\quad A_\lambda = E_{Ph} \cdot c_A \qquad E_{Ph} = \varepsilon_\lambda \cdot d \tag{8.6}$

Polarographie: $\quad h = E_{Pol} \cdot c_A - I_r \qquad E_{Pol} = 0{,}627 \cdot z \cdot F \cdot D^{1/2} \cdot v_{Hg}^{2/3} \cdot t_{Tr}^{1/6} \tag{8.7}$

Diese Zusammenhänge sind jedoch deutlich geringer determiniert als bei solchen absoluten und definitiven Methoden wie der Gravimetrie oder der Coulometrie, außerdem ist der Charakter der Größen und Konstanten in (8.6) und besonders in (8.7) weniger fundamental.

Die Auswertung der Messergebnisse absoluter Analysenverfahren erfolgt rein rechnerisch mit Hilfe der Umkehrfunktion zu (8.1)

$$x = B^{-1} y \tag{8.8}$$

und die Ermittlung der Unsicherheit der Analysenergebnisse auf statistischem Wege aus Wiederholungsmessungen bzw. nach den Regeln der Fehlerfortpflanzung aus nichtstatistischen Unsicherheitsbeiträgen [5].

Als Vorbild für Unsicherheitsangaben von absoluten bzw. definitiven Analysenverfahren kann das Beispiel einer Säure-Basen-Titration dienen, das in [5] ausführlich dargestellt ist.

8.3 Auswertung relativer Analysenverfahren nach experimenteller Kalibration

Relative Analysenmethoden werden mit Hilfe von Vergleichsmessungen ausgewertet und heißen deshalb auch Referenzmethoden. Am einfachsten geschieht das bei den *direkten Referenzmethoden* durch unmittelbaren Vergleich der Mess- und Analysenwerte von unbekannten Analysenproben (y_A, x_A) mit denen von Einzel-Referenzproben (y_R, x_R)

$$x_A = \frac{y_A}{B} = y_A \frac{x_R}{y_R} \tag{8.9}$$

also mit $B = y_R/x_R$. In bestimmten Fällen können als Referenzproben sogar Reinelementstandards verwendet werden. Das ist teilweise in der Röntgenspektrometrie möglich, Voraussetzung ist jedoch, daß sich Matrixeffekte rechnerisch korrigieren lassen (hier: ZAF-Korrektur[1]). Auch die Aktivierungsanalyse kann teilweise nach diesem direkten Referenzprinzip ausgewertet werden.

Der Normalfall in der praktischen Analytik sind jedoch Auswertungen nach experimentellen Kalibrationen, d.h. der Ermittlung eines empirischen Kalibrationsmodells durch Messung mehrerer unabhängiger Kalibrierproben, deren Analysenwerte so zuverlässig[2] wie möglich feststehen. Für analytische Auswertungen wird in der Regel die Inverse der Kalibrationsfunktion (7.29) zu Grunde gelegt, in Ausnahmefällen wird auch die Auswertefunktion

$$x = a_y + b_y y \tag{8.10}$$

direkt modelliert (*inverse Kalibration*), was vor allem bei multivariaten Auswertungen vorteilhaft ist.

Für die Unsicherheit von Analysenergebnissen u_T ist stets die Gesamtunsicherheit von Analyse (auf der Grundlage von Wiederholungsbestimmungen der unbekannten Probe), u_A, und Kalibration u_K zu ermitteln

$$u_T^2 = u_A^2 + u_K^2 \tag{8.11}[3]$$

---

[1] Korrektur nach Ordnungszahl (Z), Sekundärabsorption (A) und Sekundärfluoreszenz (F).
[2] Nach dem alten analytischen Prinzip: Zuverlässigkeit = Richtigkeit + Präzision.
[3] Die quadratische Addition der Unsicherheitsanteile hat hier symbolischen Charakter. Oft sind die einzelnen Unsicherheitsbeiträge Varianzen oder ähnliche quadratische Glieder, die dann linear addiert werden.

Je nach der detaillierten Analysen- und Auswertevorschrift setzen sich Einzelunsicherheiten, z. B. u_A, aus Unsicherheitsteilen zusammen, die dann ihrerseits, den Regeln der Fehlerfortpflanzung folgend, entsprechend aufsummiert werden müssen (z. B. Untergrundkorrekturen, Probenverdünnungen). Eine zusammenfassende Behandlung der Ergebnisunsicherheit [5] wird in Abschnitt 8.4.6 gegeben.

Für den Fall der Durchführung von Analysen auf der Grundlage experimentell ermittelter Kalibrierkurven ist die Gesamtunsicherheit (8.11) durch den *Vorhersagebereich* (Prognoseintervall) $prd(\bar{x})$ gegeben, der entsprechend Gl. (7.54) zu berechnen ist, ggf. unter Berücksichtigung weiterer Fehleranteile.

8.4
Statistische Bewertung von Analysenergebnissen

Analysenergebnisse werden in der Regel aus Wiederholungsmessungen an der Analysenprobe bestimmt. Daraus resultierende Messreihen werden in der Regel nach den Prinzipien der parametrischen Statistik (meist der Gauß- bzw. Normalverteilungsstatistik) ausgewertet und bewertet. Dafür sind jedoch bestimmte Voraussetzungen erforderlich. Die Ergebnisse einer Messreihe müssen

(1) *normalverteilt* sein,
(2) zufällig streuen und dürfen *keinen systematischen Trend* aufweisen
(3) *frei von Ausreißern* sein.

Wenn dies der Fall ist, können arithmetischer Mittelwert, Standardabweichung und andere statistische Parameter nach den bekannten Formeln (Gln. (2.33) – (2.43)) berechnet und zur Charakterisierung der Messreihe verwendet werden. Die Erfüllung der genannten Voraussetzungen läßt sich mit statistischen Testverfahren (Signifikanzprüfungen) kontrollieren.

8.4.1
Signifikanzprüfungen

Statistische Prüfverfahren ermöglichen objektive Vergleiche und Interpretationen von Messergebnissen auf der Grundlage vorliegender experimenteller Daten. Verallgemeinerungen über das gegebene Datenmaterial hinaus sind in der Regel nicht möglich.

Statistischen Prüfungen werden Hypothesen zugrunde gelegt, sogenannte *Nullhypothesen* H_0, deren Aussagen mittels Tests statistisch geprüft werden. Folgende Regeln gelten in diesem Zusammenhang:

(1) Nullhypothesen werden immer *positiv* formuliert, z. B.

$H_0: \mu_1 = \mu_2 \rightarrow$ zwei Stichproben mit den Mittelwerten $\bar{x}_1$ und $\bar{x}_2$ gehören der gleichen Grundgesamtheit $\mu_1 = \mu_2$ an) oder

$H_0: \sigma_1^2 = \sigma_2^2 \rightarrow$ die Varianzen zweier Stichproben sind gleich.

(2) Zu jeder Nullhypothese gehört eine *Alternativhypothese* H_A, die als bestätigt gilt, wenn die Nullhypothese abgelehnt wird, also der Test ein negatives Ergebnis erbringt, z. B.

H_A: $\mu_1 \neq \mu_2 \rightarrow$ die verglichenen Mittelwerte $\bar{x}_1$ und $\bar{x}_2$ unterscheiden sich signifikant voneinander, gehören also verschiedenen Grundgesamtheiten an.

(3) Nichtablehnung einer Nullypothese bedeutet *nicht deren Annahme*. Ergibt ein Test keinen signifikanten Unterschied zwischen zwei verglichenen Größen, bedeutet dies lediglich, daß die Unterschiede aufgrund des vorliegenden Datenmaterials *nicht beweiskräftig* sind. Ein Nachweis der Übereinstimmung ist damit nicht erbracht. Ein solcher lässt sich nur indirekt erbringen, siehe z. B. [6, 9].

(4) Jeder Testausgang ist nur für eine *bestimmte* (wählbare) *statistische Sicherheit P* gültig, die einem Prüfverfahren zugrunde gelegt wird. Das Ergebnis eines Tests ist demzufolge mit einem *Irrtumsrisiko* $\alpha = 1 - P$ behaftet. In der Regel wird als statistische Sicherheit $P = 0{,}95$ (entsprechend $\alpha = 0{,}05$) gewählt. In Fällen, in denen dem Ausgang des Tests große Bedeutung oder Tragweite zukommt, ist eine höhere statistische Sicherheit anzunehmen ($P = 0{,}99$). Folgende Entscheidungen sind zu treffen:
- H_0 für $P = 0{,}95$ nicht abgelehnt: der Unterschied wird als *nicht beweiskräftig* angesehen;
- H_0 für $P = 0{,}95$ abgelehnt: der Unterschied gilt im Normalfall als *gesichert*;
- H_0 für $P = 0{,}99$ abgelehnt: der Unterschied ist *hochsignifikant*.

(5) Bei jedem statistischen Test können zwei verschiedenartige Fehler begangen werden, die Tabelle 8.1 verdeutlicht, nämlich
  a) die Nullhypothese irrtümlich abzulehnen, obwohl sie in Wirklichkeit gültig ist („*Fehler erster Art*", Irrtumsrisiko α),
  b) die Nullhypothese fälschlicherweise nicht abzulehnen, obwohl die Alternativhypothese gültig ist („*Fehler zweiter Art*", Irrtumsrisiko β); siehe Tabelle 8.1.

Um richtige Schätzungen für Mittelwert und Streuung einer Messreihe zu erhalten, wird die Erfüllung der dafür erforderlichen o. g. Voraussetzungen mit folgenden statistischen Prüfungen durchgeführt.

Tabelle 8.1. Entscheidungsmöglichkeiten beim statistischen Test von Nullhypothesen

Die Nullhypothese ist/ wird durch den Test	Richtig	Falsch
nicht abgelehnt	Testresultat in Ordnung	Fehler 2. Art Irrtumsrisiko β („Abnehmerrisiko")
abgelehnt	Fehler 1. Art Irrtumsrisiko α („Erzeugerrisiko", „Blinder Alarm")	Testresultat in Ordnung

8.4.2
Tests für Messreihen

(1) *Schnelltest auf Normalverteilung* mit Hilfe des Spannweitentests von David:

$$\hat{q}_R = \frac{R}{s} \tag{8.12}$$

mit der Spannweite $R = x_{\max} - x_{\min}$ und der Standardabweichung s. Liegt der berechnete Prüfwert q_R nicht innerhalb der Schranken der Tabellenwerte [6, 7], darf nicht davon ausgegangen werden, dass die Messwerte normalverteilt sind. Es kann dann geprüft werden, ob nach Messwerttransformation, z.B. Logarithmieren, eine Normalverteilung erhalten wird. Führt auch das nicht zum Erfolg, ist die Messreihe mit Methoden der *robusten Statistik* [8] auszuwerten. Das Vorliegen einer Normalverteilung kann nur mit einem *Anpassungstest* (z.B. χ^2, Kolmogorov-Smirnov) bestätigt werden.

(2) *Prüfung auf Trend*: Für eine Meßreihe $x_1, x_2, \ldots, x_n$ (in der Reihenfolge der Messung, nicht geordnet) ist die Prüfgröße

$$\Delta^2 = \sum_{i=2}^{n} \frac{(x_{i-1} - x_i)^2}{n-1} \tag{8.13}$$

zu bilden. Die Messwerte können als unabhängig und demzufolge zufällig streuend betrachtet werden, wenn $\Delta^2 \approx 2s^2$, ein Trend muss angenommen werden, wenn $\Delta^2 < 2s^2$. Zur exakten Prüfung ist Δ^2/s^2 zu bilden und mit den kritischen Schranken, z.B. in [7], zu vergleichen.

(3) *Ausreißertests*: Von den zahlreichen in der Literatur beschriebenen Prüfungen auf Ausreißer haben sich in der analytischen Praxis vor allem die folgenden drei bewährt:

(a) für Messreihen geringen Umfangs ($n \leq 25$) der Ausreißertest nach Dixon und Dean [6, 7, 9]. Dabei sind die Messwerte nach steigenden oder fallenden Werten zu ordnen, je nachdem, ob der ausreißerverdächtige Wert x_1^* nach unten oder oben abweicht. Die Prüfgröße wird abhängig vom Datenumfang gebildet

$$\hat{M} = \frac{|x_1^* - x_b|}{|x_1^* - x_k|} \tag{8.14}$$

wobei die Indices b und k je nach Umfang der Meßreihe (Anzahl n der Meßwerte) folgende Werte annehmen [7, 9]:

$b = 2$ für $3 \leq n \leq 10$; $k = n$ für $3 \leq n \leq 7$
$b = 3$ für $11 \leq n \leq 25$; $k = n-1$ für $8 \leq n \leq 13$
   $k = n-2$ für $14 \leq n \leq 25$

Der Vergleich erfolgt mit den kritischen Werten $M(n; \alpha)$, z.B. in [7, 9].

(b) für Messreihen größeren Umfangs ($n \geq 25$) der Ausreißertest nach Graf und Henning [9]:
Ein Wert x^* wird als Ausreißer verworfen, wenn er außerhalb des Bereiches $\bar{x} \pm 4s$ liegt, wobei $\bar{x}$ und s *ohne* x^* zu berechnen sind.
(c) für Messreihen nahezu beliebigen Umfangs ($3 \leq n \leq 150$) der Ausreißertest nach Grubbs [7, 9]

$$\hat{G} = \frac{|\bar{x} - x^*|}{s} \tag{8.15}$$

Die Prüfgröße wird mit den kritischen Werten $G(n; \alpha)$ verglichen [9].

Ausreißertests sollten nicht schematisch und kritiklos auf Messreihen angewendet werden. Im Zusammenhang mit der Aufgabenstellung können stärker abweichende Einzel- oder auch Mittelwerte einen realen Hintergrund haben, z. B. bei umweltanalytischen Untersuchungen (als „hot spots") oder generell bei der Analyse stark heterogenen Probenmaterials. Für die Eliminierung oder Beibehaltung von Werten ist die Problemstellung entscheidend, auf alle Fälle sollten entfernte „Ausreißer" in den Protokollen festgehalten werden.

8.4.3
Vergleich von Messreihen

(1) *Vergleich zweier Standardabweichungen*: Zwei Standardabweichungen s_1 und s_2 mit den zugehörigen Freiheitsgraden f_1 und f_2 werden mittels F-Test verglichen. Die Prüfgröße

$$\hat{F} = \frac{s_1^2}{s_2^2} \tag{8.16}$$

bei der im Regelfall $s_1 > s_2$ ist, wird mit dem entsprechenden Quantil der F-Verteilung [6, 7, 9] verglichen, für $\hat{F} > F(f_1; f_2; \alpha)$ ist nachgewiesen, daß s_1 signifikant größer ist als s_2.

(2) *Vergleich mehrerer Standardabweichungen*: Eine bestimmte Anzahl k von Messreihen gleichen Umfangs $n_1 = n_2 = \cdots = n_k$ wird mit Hilfe des Hartley-Tests (F_{max}-Test) verglichen

$$\hat{F}_{max} = \frac{s_{max}^2}{s_{min}^2} \tag{8.17}$$

Tabellen mit den kritischen Werten finden sich in [7, 9]. Ist eine der Varianzen wesentlich größer als die anderen, kann der Cochran-Test vorteilhaft angewendet werden:

$$\hat{G}_{max} = \frac{s_{max}^2}{\sum_{i=1}^{k} s_i^2} \tag{8.18}$$

Im allgemeinsten Fall, wenn der Umfang der Messserien ungleich ist, werden mehrere Standardabweichungen mit dem Bartlett-Test verglichen:

$$\hat{\chi}^2 = \frac{2{,}303}{c} \left(f_g \lg s^2 - \sum_{i=1}^{k} f_i \lg s_i^2 \right) \quad (8.19)$$

wobei $f_g = n - k = \sum f_i$ die Gesamtzahl der Freiheitsgrade ist (k Anzahl der Messserien), $s^2 = \sum (f_i \cdot s_i^2 / f_g)$ die gewichtete Varianz, s_i^2 die Varianzen der i-ten Gruppe mit den Freiheitsgraden f_i und

$$c = 1 + \frac{\sum_{i=1}^{k} \left(\frac{1}{f_i} - \frac{1}{f_g} \right)}{3(k-1)} \quad (8.20)^4$$

$\hat{\chi}^2$ wird mit dem entsprechenden Quantil der χ^2-Verteilung $\chi^2(f_g, \alpha)$ verglichen [6, 7, 9].

(3) *Vergleich zweier Mittelwerte*: Für die Mittelwerte $\bar{x}_1$ und $\bar{x}_2$ zweier Messserien mit n_1 bzw. n_2 Messungen erfolgt die Prüfung mit Hilfe des *t*-Testes. Dieser lässt sich problemlos nur durchführen, wenn die Varianzen der beiden Stichproben s_1^2 und s_2^2 nicht signifikant voneinander verschieden sind, was vorher durch *F*-Test zu prüfen ist. Mit der gewichteten Durchschnittsstandardabweichung

$$s_d = \sqrt{\frac{(n_1 - 1)s_1^2 + (n_2 - 1)s_2^2}{n_1 + n_2 - 2}} \quad (8.21)$$

ist die Prüfgröße

$$\hat{t} = \frac{|\bar{x}_1 - \bar{x}_2|}{s_d} \sqrt{\frac{n_1 \cdot n_2}{n_1 + n_2}} \quad (8.22)$$

zu bilden und mit dem zugehörigen Quantil der *t*-Verteilung $t(f, \alpha)$ mit $f = n_1 + n_2 - 2$ zu vergleichen.

Auf ähnliche Weise kann auch ein experimenteller Mittelwert $\bar{x}$ aus n Einzelmessungen mit einem theoretischen bzw. wahren Wert μ (z.B. einem Referenzwert) verglichen werden:

$$\hat{t} = \frac{|\bar{x}_1 - \mu|}{s} \sqrt{n} \quad (8.23)$$

Dem Vergleichswert $t(f, \alpha)$ ist in diesem Fall $f = n - 1$ zugrunde zu legen.

Gleichung (8.22) ist nicht anwendbar, wenn zwischen den Varianzen s_1^2 und s_2^2 ein signifikanter Unterschied besteht. In diesem Fall kann ein allgemeiner *t*-Test,

---

[4] c hat den Charakter einer Korrekturkonstanten, die für eine nicht zu geringe Anzahl von Freiheitsgraden f_i etwa gleich 1 ist.

nämlich der T_z-Test nach Welch durchgeführt werden [10]:

$$\hat{T}_z = \frac{|\bar{x}_1 - \bar{x}_2|}{\sqrt{\dfrac{s_1^2}{n_1} + \dfrac{s_2^2}{n_2}}} \qquad (8.24)$$

Der Vergleich erfolgt wiederum mit $t(f,\alpha)$, in diesem Falle ist die Zahl der Freiheitsgrade zu berechnen nach

$$f = \frac{\left(\dfrac{s_1^2}{n_1} + \dfrac{s_2^2}{n_2}\right)}{\dfrac{\left(\dfrac{s_1^2}{n_1}\right)^2}{n_1 - 1} + \dfrac{\left(\dfrac{s_2^2}{n_2}\right)^2}{n_2 - 1}} \qquad (8.25)$$

8.4.4
Vergleich mehrerer Mittelwerte: Einfache Varianzanalyse

Mehrere Mittelwerte $\bar{x}_1, \bar{x}_2, \cdots, \bar{x}_k$ werden mittels *einfacher Varianzanalyse* [6, 7, 9] verglichen. Das allgemeine Schema dafür ist in Tabelle 8.2 angegeben.

Das mathematische Modell für die einfache Varianzanalyse lautet

$$x_{ij} = \bar{\bar{x}} + \alpha_i + \varepsilon_{ij} \qquad (8.26)$$

und geht davon aus, dass neben dem Versuchsfehler ε_{ij} (der Zufallsstreuung innerhalb der Messserien, dem „Restfehler") noch ein signifikanter Fehleranteil α_i aus systematischen Unterschieden zwischen den Messserien auftreten kann.

Die Prüfgröße

$$\hat{F} = \frac{(n-k)\sum_{i=1}^{k} n_i(\bar{x}_i - \bar{\bar{x}})^2}{(k-1)\sum_{i=1}^{k} s_i^2(n_i - 1)} \qquad (8.27)$$

Tabelle 8.2. Varianzanteile für die einfache Varianzanalyse

Variationsursache	Fehlerquadratsumme	Freiheitsgrade	Varianz
Streuung *zwischen* den k Messserien (Gruppen)	$Q_{zw} = \sum n_i(\bar{x} - \bar{\bar{x}})^2$	$f_{zw} = k - 1$	$s_{zw}^2 = \dfrac{Q_{zw}}{f_{zw}}$
Streuung *innerhalb* der k Messserien (Gruppen)	$Q_{in} = \sum\sum (x_{ij} - \bar{x}_i)^2$	$f_{in} = n - k$	$s_{in}^2 = \dfrac{Q_{in}}{f_{in}}$
Gesamtstreuung	$Q_{ges} = Q_{zw} + Q_{in} = \sum (x_{ij} - \bar{\bar{x}})^2$	$f_{ges} = f_{zw} + f_{in} = n - 1$	

8.4 Statistische Bewertung von Analysenergebnissen   301

Tabelle 8.3. Ergebnisse eines Ringversuchs zur Nickelbestimmung in einem NCT-Stahl; Ergebnisse in m-% Ni

Laboratorium A	Laboratorium B	Laboratorium C	Laboratorium D	Laboratorium E
10,48	10,43	10,57	10,28	10,41
10,60	10,21	10,68	10,44	10,28
10,51	10,49	10,84	10,32	10,52
10,42	10,55	10,55	10,09	10,67
10,27	10,32	11,10*	10,26	10,39
10,44	10,62	10,79	10,34	10,32
10,50	10,28	10,67	10,54	10,55
10,38	10,33	10,89	10,13	10,48
10,59	10,42	10,72	10,27	10,45
10,48	10,51	10,82	10,16	10,40
$\bar{x}_A = 10{,}467$	$\bar{x}_B = 10{,}416$	$\bar{x}_C = 10{,}763$	$\bar{x}_D = 10{,}283$	$\bar{x}_E = 10{,}447$
$s_A = 0{,}0974$	$s_B = 0{,}1298$	$s_C = 0{,}1632$	$s_D = 0{,}1382$	$s_E = 0{,}1143$

mit k Anzahl der zu vergleichenden Mittelwerte, $\bar{x}_i$ Mittelwert der i-ten Messreihe mit n_i Einzelwerten, s_i Standardabweichung der i-ten Messreihe, $n = \sum n_i$ Gesamtzahl aller Einzelmessungen und $\bar{\bar{x}} = 1/n \sum n_i \bar{x}_i$ gewichteter Gesamtmittelwert wird mit dem zugehörigen Quantil der F-Verteilung $F(P, f_{zw}, f_{in})$ verglichen. Im Falle $\hat{F} > F(P, f_{zw}, f_{in})$ unterscheidet sich mindestens einer der k Mittelwerte signifikant von den anderen.

Der Sachverhalt soll am Beispiel eines Ringversuchs zur Nickelbestimmung in einem NCT-Stahl (Nichrotherm) durch fünf Laboratorien illustriert werden. Es sind jeweils 10 Parallelbestimmungen ausgeführt worden. Die Ergebnisse sind in Tabelle 8.3 zusammengestellt.

Im Zusammenhang mit der Berechnung der Labormittelwerte $\bar{x}_i$ ist der ausreißerverdächtige Wert $x_{C5}^* = 11{,}10$ m-% Ni zu prüfen. Nach dem Grubbs-Test (8.15) ergibt sich

$$\hat{G} = \frac{11{,}10 - 10{,}763}{0{,}1632} = 2{,}065 < G_{P,n} = 2{,}18$$

und damit muss dieser Wert beibehalten werden.

Aus allen Einzelwerten oder aus den fünf Mittelwerten errechnet sich ein Gesamtmittelwert von $\bar{\bar{x}} = 10{,}475$ m-% Ni.

Dieser Mittelwert muss jedoch solange als vorläufig betrachtet werden, bis signifikante Unterschiede zwischen den fünf Laboratoriumsmittelwerten ausgeschlossen werden können. Die Prüfung erfolgt mittels einfacher Varianzanalyse entsprechend Gl. (8.27):

Berechnung von $Q_{zw} = 10(0{,}0082^2 + 0{,}0592^2 + 0{,}2878^2 + 0{,}1922^2 + 0{,}0282^2) = 1{,}2414$

Berechnung von $Q_{in} = 9 \cdot s_i^2 = 0{,}766195$

Statistische Prüfung: $\hat{F} = \dfrac{s_{zw}^2}{s_{in}^2} = \dfrac{Q_{zw}/f_{zw}}{Q_{in}/f_{in}} = \dfrac{0{,}31034}{0{,}01703} = 17{,}97 > 2{,}58 = F_{P=0{,}95,\, f_{zw}=4,\, f_{in}=45}$

Meist ist die pauschale Aussage von Varianzanalysen, dass (irgend-) einer der Mittelwerte von den anderen abweicht, dahingehend zu präzisieren, welche(r) der Mittelwerte von den anderen abweichen und gegebenenfalls nicht weiterverwendet werden dürfen. Die Spezifizierung erfolgt mittels *multipler Mittelwertvergleiche* [7].

Im einfachsten Fall, wenn die alle Messserien bzw. Stichproben den gleichen Umfang haben, d. h. $n_1 = n_2 = \cdots = n_k$, wie im vorliegenden Beispiel, wird die Ausreißerprüfung nach Dixon und Dean angewandt, in Gl. (8.14) sind dann anstelle von Einzelwerten die entsprechenden Mittelwerte einzusetzen [7]. Sollten ungleiche Umfänge der Messserien vorliegen, stehen mehrere Testverfahren zur Auswahl, die in [7] dargestellt sind.

Beispiel

Prüfung von $\bar{x}_C$ nach dem Dixon-Test:

$$\hat{M} = \frac{|10{,}763 - 10{,}467|}{|10{,}763 - 10{,}283|} = \frac{0{,}296}{0{,}480} = 0{,}6167 < 0{,}642 = M_{P = 0{,}95;\, n = 5}$$

Nach diesem Testausgang wäre der Mittelwert des Laboratoriums C beizubehalten. Allerdings wird der Vergleichswert $M_{P = 0{,}90;\, n = 5}$ deutlich überschritten. Konkret kann man für den Testwert von $\hat{M} = 0{,}6167$ durch nichtlineare Interpolation eine statistische Sicherheit $P = 94\%$ angeben, mit der der Labormittelwert C sich von den anderen unterscheidet.

Entsprechend ergibt sich für die Prüfung von $\bar{x}_D$:

$$\hat{M} = \frac{|10{,}283 - 10{,}416|}{|10{,}283 - 10{,}467|} = \frac{0{,}133}{0{,}184} = 0{,}7228 < 0{,}765 = M_{P = 0{,}95;\, n = 4}$$

Hier ergibt sich auf Grund des Testwertes, daß der Labormittelwert D mit $P = 93\%$ von den anderen drei Mittelwerten abweicht. Um auf der sicheren Seite zu stehen, empfiehlt es sich, die Labormittelwerte C und D auszusondern und von den verbleibenden drei Meßserien einen neuen Gesamtmittelwert zu berechnen:

$$\bar{x}_{\text{neu}} = 10{,}443 \text{ m-}\% \text{ Ni}.$$

Zur Ermittlung des Vertrauensbereiches dieses Ergebnisses muss der Gesamtfehler verwendet werden, der aus den neu zu berechnenden Quadratsummen Q_{zw} und Q_{in} gebildet wird:

$$Q_{ges} = Q_{zw} + Q_{in} = 9 \cdot \sum s_i^2 + 10 \cdot (\bar{x} - \bar{\bar{x}})^2 = 9 \cdot 0{,}0394 + 10 \cdot 0{,}001321 = 0{,}3678$$

$$s_{ges} = \sqrt{\frac{0{,}3678}{29}} = 0{,}1126$$

Mit $t_{P,\, f = 29} = 2{,}04$ ergibt sich für den Vertrauensbereich (siehe nächsten Abschnitt)

$$\Delta \bar{x} = s_{ges} \frac{t_{P,\, f = 29}}{\sqrt{n}} = 0{,}1126 \, \frac{2{,}04}{\sqrt{30}} = 0{,}042$$

und damit für das Ringversuchsergebnis: $(10{,}44 \pm 0{,}04)$ m-% Nickel.

Werden die Labormittelwerte C und D beibehalten, wofür auch gute Gründe sprechen können, lautet das Ergebnis $\bar{x}_{alt} \pm \Delta\bar{x}_{alt}$): (10,48 ± 0,06) m-% Nickel.

Zwischen den beiden Resultaten besteht kein signifikanter Unterschied, da der jeweilige Vertrauensbereich den anderen Mittelwert mit einschließt.

Dies kommt jedoch zufällig dadurch zustande, weil sowohl ein nach oben als auch ein nach unten abweichender Mittelwert eliminiert wurden. Beseitigung nur eines abweichenden Mittelwertes oder zweier in gleicher Richtung ausreißender Werte führen in der Regel zu signifikanten Unterschieden zwischen altem und neuen Gesamtmittelwert.

Wichtige Anwendungen des Vergleichs mehrerer Mittelwerte durch einfache Varianzanalyse sind in der analytischen Praxis *Ringversuche* (Interlaboratoriumsexperimente) mit dem Ziel von Laboratoriums- oder Methodenvergleichen bzw. der Zertifizierung von Referenzmaterialien.

In diesem Zusammenhang sind andere Begriffe und Interpretationen für den Vergleich von Mittelwerten gebräuchlich, die jedoch in Übereinstimmung mit dem Instrumentarium der einfachen Varianzanalyse stehen. Danach wird die Streuung innerhalb von Messserien, die in einem bestimmten Laboratorium bzw. mit einer bestimmten Methode erhalten wurden, durch die *Wiederholstandardabweichung*

$$s_W = s_{in} \tag{8.28}$$

charakterisiert, die Streuung zwischen verschiedenen Messserien unterschiedlicher Laboratorien oder auch Methoden dagegen durch die *Vergleichsstandardabweichung*

$$s_V = s_{zw} \tag{8.29}$$

Daraus lassen sich die entsprechenden Vertrauensbereiche sowie kritische Differenzen von Messwerten berechnen, von denen insbesondere die *Wiederholbarkeit* (Repeatability) w bzw. r

$$r - w = s_W \cdot t(P, f_W = f_{in}) \cdot \sqrt{2} \tag{8.30a}$$

und die *Vergleichbarkeit* (Reproducibility) v bzw. R [6, 11]

$$R = v = s_V \cdot t(P, f_V = f_{zw}) \cdot \sqrt{2} \tag{8.30b}$$

Bedeutung für die praktische Analytik besitzen. Unter Wiederhol- bzw. Vergleichsbedingungen dürfen zwei Einzelwerte maximal um die Beträge r bzw. R differieren.

8.4.5
Mehrfache Varianzanalyse

Gelegentlich sind bei chemischen Messungen Untersuchungen nach mehreren Varianzursachen, d.h. Klassifizierungen nach mehreren Gesichtspunkten oder Einflussfaktoren erforderlich. Der Sachverhalt soll am Beispiel der Homogenitätsprüfung an einer Feststoffprobe verdeutlicht werden. Im Abschn. 4.4 sind in Abb. 4.7 drei Varianten der Probennahme bzw. Messpunktanordnung für die Homogenitätsprüfung bestimmter Materialien angegeben. Der Fall a ist charakterisiert durch stochastische Messpunkte und geht, entsprechend Modell (8.26), nur einer Variationsursache nach, der Inhomogenität des Materials. Der dadurch bedingte Fehleranteil ist α_i. Er wird evident durch Messung an verschiedenen Probenorten, während Wiederholungsmessungen an den jeweiligen Probenorten den Versuchsfehler ε_{ij} charakterisieren.

Häufig gibt es jedoch Grund zur Annahme, dass räumliche Vorzugsrichtungen der Inhomogenität existieren, Konzentrationsgradienten, die in einer oder zwei Raumrichtungen (Abb. 4.7 b) bzw. auch radial (Abb. 4.7 c) auftreten können. In solchen Fällen wird anstelle von (8.26) ein erweitertes Modell betrachtet

$$x_{ij} = \bar{x} + \alpha_i + \beta_j + \gamma_{ij} + \varepsilon_{ij} \qquad (8.31)$$

in dem α_i die systematischen Abweichungen innerhalb der Zeilen A, β_j die innerhalb der Spalten B und γ_{ij} die Wechselwirkungen zwischen den Zeilen- und Spaltenabweichungen darstellt. ε_{ij} ist wiederum der Versuchsfehler, im konkreten Fall der Analysenfehler.

Beim Vorliegen von Einzelbestimmungen in jedem der n Messpunkte (a Zeilenpunkte $\times b$ Spaltenpunkte) erhält man das in Tabelle 8.4 angegebene Messwertschema. Die Auswertung der zweifachen Varianzanalyse erfolgt nach Tabelle 8.5. Liegen c Wiederholungsmessungen in jedem Messpunkt vor, geht das zweifache Schema in ein dreidimensionales über. Im einfachsten Fall von Doppelbestimmungen in jedem Punkt, hat man ein $2ab$-Modell vorliegen [7]. Messpunkt- und Auswerteschemata zeigen die Tabellen 8.6 und 8.7.

Tabelle 8.4. Messwertschema der zweifachen Varianzanalyse

A \ B	B_1	B_2	...	B_b	Summen
A_1	x_{11}	x_{12}	...	x_{1b}	$S_{1.}$
A_2	x_{21}	x_{22}	...	x_{2b}	$S_{2.}$
⋮	⋮	⋮		⋮	⋮
A_a	x_{a1}	x_{a2}	...	x_{ab}	$S_{a.}$
Summen	$S_{.1}$	$S_{.2}$	...	$S_{.b}$	$S_{..}$

8.4 Statistische Bewertung von Analysenergebnissen

Tabelle 8.5. Auswerteschema der zweifachen Varianzanalyse ohne Wiederholungsmessungen

Variationsursache	Summe der Abweichungsquadrate Q		Freiheitsgrade f	Varianzen $s^2 = Q/f$	
Streuung zwischen den a Zeilen	$Q_A = \sum_{i=1}^{a} \dfrac{S_{i.}^2}{b} - \dfrac{S_{..}^2}{a \cdot b}$	(8.32)	$a - 1$	$s_A^2 = \dfrac{Q_A}{a-1}$	(8.33)
Streuung zwischen den b Spalten	$Q_B = \sum_{j=1}^{b} \dfrac{S_{.j}^2}{a} - \dfrac{S_{..}^2}{a \cdot b}$	(8.34)	$b - 1$	$s_B^2 = \dfrac{Q_B}{b-1}$	(8.35)
Versuchsfehler (Restfehler)	$Q_R = Q_G - Q_A - Q_B$	(8.36)	$(a-1)(b-1)$	$s_R^2 = \dfrac{Q_R}{(a-1)(b-1)}$	(8.37)
Gesamtfehler	$Q_G = \sum_{i=1}^{a}\sum_{j=1}^{b} x_{ij}^2 - \dfrac{S_{..}^2}{a \cdot b}$	(8.38)	$a \cdot b - 1$		

Tabelle 8.6. Messwertschema der zweifachen Varianzanalyse mit Wiederholungsmessungen ($c = 2$)

A \ B	B_1	B_2	...	B_b	Summen
A_1	x_{111}, x_{112}	x_{121}, x_{122}	...	x_{1b1}, x_{1b2}	$S_{1.}$
A_2	x_{211}, x_{212}	x_{221}, x_{222}	...	x_{2b1}, x_{2b2}	$S_{2.}$
A_a	x_{a11}, x_{a12}	x_{a21}, x_{a22}	...	x_{ab1}, x_{ab2}	$S_{a.}$
Summen	$S_{.1.}$	$S_{.2.}$	...	$S_{.b.}$	$S = S_{...}$

Auf der Grundlage dieser zweifachen Varianzanalyse lassen sich zwei Nullhypothesen prüfen, nämlich die Existenz von Zeileneffekten ($H_{0(A)}$: $\alpha_1 = \alpha_2 = \ldots = \alpha_a = 0$) mittels

$$\hat{F}_A = \frac{s_A^2}{s_R^2} \tag{8.39a}$$

und das Auftreten von Spalteneffekten ($H_{0(B)}$: $\beta_1 = \beta_2 = \ldots = \beta_b = 0$)

$$\hat{F}_B = \frac{s_B^2}{s_R^2} \tag{8.39b}$$

Typische Anwendungsbeispiele für die zweifache Varianzanalyse stellen Homogenitätsprüfungen von Feststoffen sowie die Beprobung von Böden für lagerstättenkundliche und umweltanalytische Untersuchungen dar. Insbesondere in den letztgenannten Fällen ist es in der Regel kein Problem, Mehrfachbestimmungen für jeden Probennahmepunkt auszuführen. Damit kann die zweifache

Tabelle 8.7. Auswerteschema der zweifachen Varianzanalyse mit Wiederholungsmessungen ($c = 2$)

Variations-ursache	Summe der Abweichungsquadrate Q	Freiheitsgrade f	Varianzen $s^2 = Q/f$
Streuung zwischen den a Zeilen Faktor A	$Q_A = \sum\limits_{i=1}^{a} \dfrac{S_{i..}^2}{2b} - \dfrac{S_{...}^2}{2ab}$ (8.41)	$a - 1$	$s_A^2 = \dfrac{Q_A}{a-1}$ (8.33)
Streuung zwischen den b Spalten Faktor B	$Q_B = \sum\limits_{j=1}^{b} \dfrac{S_{.j.}^2}{2a} - \dfrac{S_{...}^2}{2ab}$ (8.42)	$b - 1$	$s_B^2 = \dfrac{Q_B}{b-1}$ (8.35)
Wechselwirkung AB	$Q_{AB} = Q_G - Q_A - Q_B - Q_R$ (8.43)	$(a-1)(b-1)$	$s_{AB}^2 = \dfrac{Q_{AB}}{(a-1)(b-1)}$ (8.44)
Versuchsfehler (Restfehler)	$Q_R = \sum\limits_{i=1}^{a}\sum\limits_{j=1}^{b}\sum\limits_{k=1}^{2} x_{ijk}^2 - \sum\limits_{i=1}^{a}\sum\limits_{j=1}^{b} S_{ij.}^2$ (8.45)	$a \cdot b$	$s_R^2 = \dfrac{Q_R}{ab}$ (8.46)
Gesamtfehler	$Q_G = \sum\limits_{i=1}^{a}\sum\limits_{j=1}^{b}\sum\limits_{k=1}^{2} x_{ijk}^2 - \dfrac{S_{...}^2}{2ab}$ (8.47)	$2ab - 1$	

Varianzanalyse aussagestärker nach einem Mehrschichtmodell, z. B. einem 2 ab-Modell durchgeführt werden, wodurch auch Aussagen zu den Wechselwirkungseffekten möglich werden. Abbildung 8.1 zeigt eine schematische Darstellung des Prinzips der dreifachen Varianzanalyse, der folgendes Modell zu Grunde liegt

$$x_{ijk} = \bar{\bar{x}} + \alpha_i + \beta_j + \gamma_k + (\alpha\beta)_{ij} + (\alpha\gamma)_{ik} + (\beta\gamma)_{jk} + \varepsilon_{ijk} \quad (8.40)$$

Auf der Grundlage des 2 ab-Modells lassen sich drei Nullhypopthesen testen, neben den Zeilen- und Spalteneffekten nach (8.39) auch noch die Existenz von Wechselwirkungen ($H_{0(AB)}$: $(\alpha\beta)_{11} = (\alpha\beta)_{12} = (\alpha\beta)_{22} = \ldots (\alpha\beta)_{aa} = 0$)

$$\hat{F}_{AB} = \dfrac{s_{AB}^2}{s_R^2} \quad (8.48)$$

Es kann sich jedoch bei c auch um einen weiteren Faktor handeln, dessen Einfluss zu untersuchen ist und der auf mehr als zwei Stufen variiert. Dann geht das Modell (8.40) in ein abc-Modell über und sowohl das Mess- als auch das Auswerteschema erweitern sich entsprechend. Für das abc-Modell können dann sechs Nullhypothesen geprüft werden, zu (8.39) und (8.48) kommen noch $H_{0(C)}$,

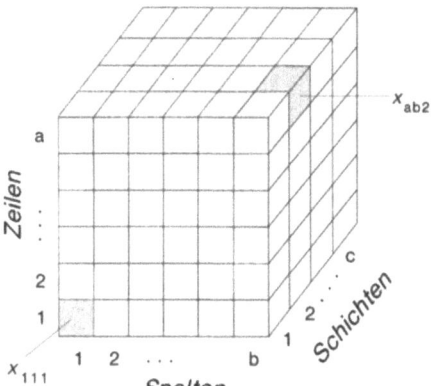

Abb. 8.1. Geometrische Darstellung der dreifachen Varianzanalyse

$H_{0(AC)}$ und $H_{0(BC)}$ dazu. Die verschiedenen Varianten von Auswertetafeln und Tests sind in [7] dargestellt. In der Analytik wurden mehrfache Varianzanalysen zur Homogenitätsprüfung von Festkörpern [12] eingesetzt sowie zur Kontrolle der Probennahme von Böden in der Umweltanalytik [13].

8.4.6
Vertrauensbereiche

Statistische Auswertungen liefern verschiedene Streuungsmaße, die eine unterschiedliche Relevanz in Bezug auf bestimmte analytische Sachverhalte besitzen. So charakterisiert die *Standardabweichung* s die *Messwertstreuung* innerhalb einer Messserie (Stichprobe)[5] sowie unter bestimmten Voraussetzungen[6] auch die Präzision eines Analysenverfahrens. In der Regel ist es jedoch die *relative Standardabweichung* $s_r = s/\bar{x}$, die für ein Analysenverfahren konstant ist und demzufolge als Maß für die *Verfahrenspräzision* dienen kann.

Die Unsicherheit eines Analysenergebnisses wird jedoch durch die Standardabweichung nicht ausreichend charakterisiert. Der Streubereich $\bar{x} \pm s$ enthält, wie aus Abb. 2.20 hervorgeht, nur etwa 68% aller Messwerte und ist damit ein wenig „vertrauenswürdiges" Maß für die Unsicherheit eines Resultates. Statt dessen verwendet man ein definiertes Vielfaches der Standardabweichung als (einseitigen) *Vertrauensbereich* $\Delta \bar{x}$ eines Analysenergebnisses

$$\Delta \bar{x} = k \cdot s \qquad (8.49)$$

Für Vertrauens- und Prognosebereiche von Analysengrößen, die einer allgemeinen Charakterisierung des Analysenverfahrens dienen, wie z.B. der Nachweis-, Erfassungs- bzw. Bestimmungsgrenze, werden oft ganzzahlige Werte für k verwendet, die bestimmten statistischen Sicherheiten entsprechen ($k = 2 \rightarrow P = 0{,}955$

---

[5] σ charakterisiert die Streuung in einer Grundgesamtheit (siehe Abschn. 2.3.1).
[6] Voraussetzung ist, dass die (absolute) Standardabweichung über den gesamten Arbeitsbereich konstant ist.

und $k = 3 \to P = 0{,}997$ bei Vorliegen einer Normalverteilung). Zur Angabe von Analysenergebnissen wird jedoch in der Regel ein Vertrauensbereich mit einer bestimmten statistischen Sicherheit P (meist $P = 0{,}95$) errechnet, der direkt und indirekt von der Zahl der Parallelbestimmungen n, die einem Mittelwert zugrunde liegen, abhängt

$$\Delta \bar{x} = s \frac{t(P, f)}{\sqrt{n}} \qquad (8.50)$$

Der gesamte Vertrauensbereich (Konfidenzintervall) eines Analysenergebnisses ergibt sich beim Vorliegen einer Normalverteilung zu

$$cnf(\bar{x}) = \bar{x} \pm \Delta \bar{x} \qquad (8.51)$$

Für schiefe Verteilungen mit anderen als arithmetischen Mittelwerten, z. B. $\bar{x}_g$ (Gl. (2.34)) und demzufolge auch unsymmetrischen Vertrauensbereichen sind entsprechende unsymmetrische Streuungsmaße, wie etwa der Fehlerfaktor v (siehe Gln. (2.41, 2.42)) zu verwenden

$$cnf(\bar{x}_g) = \frac{\bar{x}_g}{v} \cdots \bar{x}_g \cdot v = \bar{x}_g \begin{array}{c} + \bar{x}_g \cdot v \\ - \bar{x}_g / v \end{array} \qquad (8.52)$$

bzw. die entsprechend transformierten Größen einzusetzen. Für ein Analysenergebnis ist stets der gesamte Vertrauensbereich anzugeben, und zwar in der Form

$$\boxed{(\bar{x} \pm \Delta \bar{x}) \, [x]} \qquad (8.53)$$

In diesem Bereich liegen normalerweise $(100 \cdot P)\%$ aller Messwerte, d.h. ein Wert außerhalb des Vertrauensbereiches bei insgesamt $n = 20$ Einzelmessungen entspricht gerade den statistischen Erwartungen für $P = 0{,}95$. Ein konkretes Analysenergebnis wären z. B. solche Gehaltsangaben wie (25 ± 3) µg/g Cu beim Vorliegen symmetrischer Messwertverteilungen bzw. $\left(25 \begin{array}{c} +5 \\ -3 \end{array}\right)$ µg/g Cu im unsymmetrischen Fall.

Bei Richtigkeitskontrollen, z. B. mit Hilfe von zertifizierten Referenzmaterialien, bezeichnet man den gefundenen Mittelwert konventionell als *richtig*, wenn dessen Vertrauensbereich den **wahren Wert** einschließt. Ist das nicht der Fall, dann ist das ermittelte Analysenergebnis *falsch*. Diese Konvention lässt sich leicht dadurch verifizieren, dass der Vertrauensbereich mit dem kritischer Wert für den speziellen t-Test (8.23) übereinstimmt

$$t_{\text{krit}} = t(P, f) = \frac{|\bar{x} - \mu|}{s} \sqrt{n} \qquad (8.54)$$

woraus folgt

$$|\bar{x} - \mu|_{\text{krit}} = s \frac{t(p, f)}{\sqrt{n}} = \Delta \bar{x} \qquad (8.55)$$

8.4 Statistische Bewertung von Analysenergebnissen

Vertrauensbereiche beziehen sich stets nur auf die Analysenschritte, deren Fehleranteile durch Parallelbestimmungen in den Gesamtfehler $s_{ges} = s_{\bar{x}}$ eingehen. So sind Probennahmefehler s_{PN} nur über wiederholte Probennahmen, Probenvorbereitungsfehler s_{PV} nur über unabhängige parallele Probenvorbereitungsoperationen und Messfehler s_M über jeweilige Wiederholungsmessungen an solchen unabhängig voneinander genommenen und vorbereiteten Proben zugänglich. Letztere werden jedoch oft als Gesamtfehler angegeben und Ergebnisunsicherheiten damit viel zu niedrig geschätzt. Die für Vertrauensbereiche maßgeblichen Gesamtfehler

$$s_{ges}^2 = s_{\bar{x}}^2 = \frac{s_{PN}^2 f_{PN} + s_{PV}^2 f_{PV} + s_M^2 f_M}{f_{ges}} \tag{8.56}$$

lassen sich nur über eine unabhängige Variation (Paralleloperation) in den jeweiligen Schritten des analytischen Prozesses und Auswertung über Varianzanalysen erhalten.

Beispiel

Ermittlung des Vertrauensbereiches für eine gasvolumetrische Kohlenstoffbestimmung in Stahl, ausgeführt als Zehnfachbestimmung, um auf dieser Grundlage die kritische Differenz von Doppelbestimmungen im Routineanalytischen Betrieb zu ermitteln.
Analysenergebnisse in m-% C:

| 0,52 | 0,57 | 0,55 | 0,51 | 0,53 | 0,56 | 0,54 | 0,54 | 0,53 | 0,55 |

Mittelwert: $\bar{x} = 0,54$ m-% C Standardabweichung: $s = 0,0183$ m-% C

Vertrauensbereich der Zehnfachbestimmung:

$$\Delta \bar{x}_{(10)} = s \frac{t(P=0,95, f=9)}{\sqrt{n}} = 0,0183 \frac{2,26}{\sqrt{10}}$$

Vertrauensbereich der Doppelbestimmung: $\Delta \bar{x}_{(2)} = 0,0183 \frac{2,26}{\sqrt{2}} = 0,029$

$cnf(\bar{x}_{Doppelbest}) = \bar{x} + \Delta \bar{x}_{(2)} = \bar{x} \pm 0,03$

Ergebnis: Die Ergebnisse einer Doppelbestimmung zur Kohlenstoffbestimmung in Stahl für Stähle um 0,50 m-% C dürfen um nicht mehr als 0,06 m-% C differieren. Übereinstimmend damit ergibt sich auch nach Gl. (8.30) für die Wiederholbarkeit: $w = s \cdot t(P,f)\sqrt{2} = 0,0183 \cdot 2,26 \cdot \sqrt{2} = 0,0585$ m-% C.

Beispiel

Vertrauensbereich bei unsymmetrischer Messwertverteilung: Uranbestimmung in einer Weinprobe mittels ICP-Massenspektrometrie.

Analysenergebnisse; Urangehalt in µg/l

0,31	0,25	0,40	0,85	0,30	0,26	0,79	0,33	0,28	0,31	0,69	0,58	0,27	0,49	0,30

Mittelwert: $\bar{x} = 0{,}427$ µg/l, Standardabweichung: $s = 0{,}204$ µg/l, $s_{rel} \approx 0{,}48$

Die Extremwerte 0,25 und 0,85 erweisen sich bei entsprechender Prüfung nicht als Ausreißer.

Der Schnelltest auf Nichtnormalität nach David ergibt nach (8.12)

$$\hat{q}_R = R/s = 0{,}60/0{,}204 = 2{,}94 < (R/s)_{krit} = q(0{,}95; 15) = 2{,}97$$

und damit Ablehnung der Nullhypothese einer Normalverteilung der Analysenwerte. Es wird geprüft, ob stattdessen von einer Normalverteilung der logarithmierten Analysenwerte ausgegangen werden kann. Die Prüfung ergibt:

−0,5086	−0,6021	−0,3979	−0,0706	−0,5229	−0,5850	−0,1024	−0,4815
−0,5528	−0,5086	−0,1612	−0,2366	−0,5686	−0,3098	−0,5229	$\bar{x}_{lg} = -0{,}408767$

Geometrischer Mittelwert: $\bar{x}_g = 0{,}390$ µg/l

$s_{lg} = 0{,}184226 \quad v = 1{,}528 \quad s_{rel} \approx 0{,}53$

Schnelltest auf Nichtnormalität nach David (8.12):

$$\hat{q}_R = R/s = 0{,}5315/0{,}1842 = 2{,}885 < (R/s)_{krit} = q(0{,}95; 15) = 2{,}97$$

Auch die Annahme einer logarithmischen Normalverteilung ist also nicht gerechtfertigt. Die Auswertung der Analysenresultate erfolgt nun mit Hilfe der Medianstatistik. Aus den nach der Größe geordneten Original-Analysenwerten

0,25	0,26	0,27	0,28	0,30	0,30	0,31	0,31	0,33	0,40	0,49	0,58	0,69	0,79	0,85

ergibt sich als Median (Zentralwert) entsprechend (2.35)

$\tilde{x} = 0{,}31$ µg/l Uran.

Als robustes Streuungsmaß kann die mittlere absolute Medianabweichung dienen [7, 8, 14]:

$$mad\{\tilde{x}\} = \frac{1}{n} \sum |x_i - \tilde{x}| \tag{8.57}$$

Im Beispiel ergibt sich $mad\{\tilde{x}\} = 14{,}4$ µg/l Uran. Daraus erhält man mittels eines entsprechenden Faktors [7] $k = 0{,}71$ den Vertrauensbereich

$$cnf(\tilde{x}) = \tilde{x} \pm k \cdot mad\{\tilde{x}\} \tag{8.58}$$

und damit als Ergebnis für den Urangehalt in der untersuchten Weinprobe:

(0,31 ± 0,10) µg/l Uran

(zum Vergleich: bei Annahme einer *NV* für die Analysenwerte hätte sich ergeben: (0,43 ± 0,11) µg/l U und bei Annahme einer Log *NV*: (0,39 + 0,21/− 0,13) µg/l Uran. In Anbetracht der jeweiligen Ergebnisunsicherheiten bestehen kaum signifikante Unterschiede zwischen den einzelnen Resultaten.

Robuste Vertrauensbereiche werden entweder aus der mittleren absoluten Medianabweichung $mad\{\tilde{x}\}$ nach Gl. (8.57) geschätzt oder als Medianabweichung $\tilde{d}$ [8, 14]

$$\tilde{d} = med\{|x_i - \tilde{x}|\} \tag{8.59}$$

zu

$$cnf(\tilde{x}) = \tilde{x} \pm k \cdot \tilde{d} = \tilde{x} \pm k \cdot med\{|x_i - \tilde{x}|\} \tag{8.60}$$

Für den Fall nichtlinearer oder mehrdimensionaler Vertrauensbereiche, z. B. für nichtlineare Kalibrierfunktionen (Abschn. 7.6) bzw. dreidimensionale Kalibrationsmodelle (Kalibrierflächen, Abschn. 7.5) lassen sich Vertrauensbereiche mittels sogenannter *Resampling*-Verfahren (z. B. *Jackknife* oder *Bootstrap*, siehe [15]) schätzen.

8.4.7
Mess- und Ergebnisunsicherheit

Im Rahmen gültiger Qualitätssicherungskonzepte und -regeln [5] kann die *Messunsicherheit* und damit *Unsicherheit eines Analysenergebnisses* generell auf zwei verschiedenen Wegen ermittelt werden, und zwar entsprechend

- Auswertungen nach *Typ A*, d.h. Ermittlung einer *Standard-Unsicherheit* durch *statistische* Auswertung von Messserien, ausgedrückt durch die Standardabweichung (Abschn. 2.3.4). Diese Auswertung ist allgemein gebräuchlich, aber oft nicht ausreichend, weil zwar die Streuung der eigentlichen analytischen Messung, gelegentlich jedoch keine weiteren Streuungsanteile des analytischen Prozesses erfasst werden. Insbesondere Unsicherheiten der Probennahme bleiben oft unberücksichtigt.
- Auswertungen nach *Typ B*: Ermittlung einer *Standard-Unsicherheit* auf Grund nicht-statistischer Parameter, d.h. Unsicherheitsangaben aus Zertifikaten, Herstellerunterlagen, der Literatur oder allgemeinen Laborerfahrungen. Aus Schwankungsbreiten von Größen lassen sich oft unter bestimmten

Annahmen (Rechteck- bzw. Dreieckverteilung der Werte in einem bestimmten Intervall) Standardabweichungen ermitteln.

In der Praxis ist es oft erforderlich, eine *kombinierte Standard-Unsicherheit* nach den allgemeinen Prinzipien der Fehlerfortpflanzung sowohl aus den experimentell-statistischen Varianzanteilen (Typ A) als auch aus nicht-statistischen Fehleranteilen nach Typ B, z.B. Unsicherheiten von Volumenmessungen bei der Probenvorbereitung, -teilung und -verdünnung, zu ermitteln. Für n Einflussgrößen auf ein Endresultat y entsprechend

$$y = f(x_1, x_2, \ldots, x_n) \tag{8.61}$$

gilt für die Gesamtunsicherheit, ausgedrückt als Varianz

$$u^2(y) = \sum_{i=1}^{n} \left(\frac{\partial f}{\partial x_i}\right)^2 \mathrm{var}(x_i) + 2 \sum_{i<j} \left(\frac{\partial f}{\partial x_i}\right)\left(\frac{\partial f}{\partial x_j}\right) \mathrm{cov}(x_i, x_j) \tag{8.62a}$$

$$u^2(y) = \sum_{i=1}^{n} \left(\frac{\partial f}{\partial x_i}\right)^2 u^2(x_i) + 2 \sum_{i<j} \left(\frac{\partial f}{\partial x_i}\right)\left(\frac{\partial f}{\partial x_j}\right) u(x_i, x_j) \tag{8.62b}$$

Von Bedeutung kann dabei die Berücksichtigung der Kovarianzterme $\mathrm{cov}(x_i, x_j) = u(x_i, x_j)$ sein. Sie sind ein Maß für die gegenseitige Streuungsbeeinflussung jeweils zweier Größen x_i und x_j und spielen insbesondere bei der experimentellen Kalibration eine Rolle [16].

Wie bei herkömmlichen Ergebnisangaben, ist das Messresultat mit einem Unsicherheitsintervall anzugeben, das einem Vertrauensbereich entspricht. Dazu dient die *erweiterte Unsicherheit* $U(x)$, die durch Multiplikation der kombinierten Standardunsicherheit $u(x)$ mit einem Faktor k (coverage factor, üblicherweise wird $k = 2 \ldots 3$ gewählt) erhalten wird

$$U(x) = k \cdot u(x) \tag{8.63}$$

Für die Anwendung dieses Unsicherheitskonzeptes gibt es eine Reihe von Modellbeispielen [5, 17]. Bei praktischen Anwendungen zeigt sich jedoch auch, dass die Fehlerfortpflanzungsrechnungen sehr aufwendig sein und beliebig breit angelegt werden können. Die Empfehlung, insbesondere schwerwiegende Fehleranteile zu berücksichtigen und geringfügigere mit < 10 % der Hauptfehler zu vernachlässigen [5, 16] erfordert einige Erfahrung und Fingerspitzengefühl, zumal hohe Unsicherheitsanteile wie der Probennahmefehler oft nur grob abgeschätzt werden können.

In Fällen, in denen bestimmte Unsicherheitsanteile nur schwierig zu schätzen und durch exakte Fehlerfortpflanzungen zu behandeln sind, sollte auf die Tatsache zurückgegriffen werden, dass auch die üblicherweise verwendeten statistischen Größen, wie die Standardabweichung, Zufallsvariable sind, die Streuungen unterworfen sind, deren Grenzen sich statistisch abschätzen lassen. Für die Varianz σ^2 ergibt sich die obere Grenze des Vertrauensbereiches beim Vorliegen normalverteilter Messwerte zu

$$s_{ob}^2 = s^2 \cdot F(f_1 = \infty; f_2 = n - 1; \alpha/2) \tag{8.64}$$

und nicht-normalverteilter (unsymmetrisch verteilter) Messwerte zu

$$s_{ob}^2 = \frac{s^2(n-1)}{\chi^2(n-1; 1-\alpha/2)} \tag{8.65}$$

Durch Einsetzen der sich daraus ergebenden oberen Konfidenzgrenzen der Standardabweichungen in die Berechnung eines Vertrauensbereiches lässt sich ein maximaler Vertrauensbereich $\Delta \bar{x}_{max}$ ermitteln, der gut geeignet ist, die erweiterte Unsicherheit eines Analysenergebnisses anzunähern [18, 19].

8.5 Selektivität und Spezifität

Reale Analysenproben sind stets *Mehrkomponentensysteme*, die neben dem oder den zu bestimmenden Analyten eine Reihe von Haupt-, Neben- und Spurenbestandteilen enthalten, die die Analytbestimmung mehr oder weniger beeinflussen. Danach unterscheidet man im allgemeinen Sprachgebrauch zwischen Begleit- und Störkomponenten. Die Begriffe Selektivität und Spezifität beziehen sich auf den ungestörten Nachweis bzw. die ungestörte Bestimmung ganz bestimmter Analyte.

Selektivität bezeichnet die Fähigkeit einer Methode, mehrere ausgewählte Analyte ungestört von anderen Probenkomponenten zu erkennen und quantitativ zu bestimmen, bezieht sich also auf *Mehrkomponentenanalysen*. Dagegen versteht man unter *Spezifität* die Fähigkeit, einen ganz bestimmten Analyten unbeeinflusst von anderen nachzuweisen und zu bestimmen. Spezifität bezieht sich also auf *Einzelkomponentenanalysen* in Mehrkomponentensystemen.

Für quantitative Betrachtungen muss davon ausgegangen werden, dass die Messgröße eines bestimmten Analyten *I* von allen in der Probe enthaltenen Bestandteilen beeinflusst werden kann

$$y_I = f(x_A, x_B, \ldots, x_I, \ldots, x_N) \tag{8.66}$$

Für ein total spezifisches Analysenverfahren würde Gl. (8.66) übergehen in

$$y_I = f(x_I) \tag{8.67}$$

In ähnlicher Weise würde für ein voll selektives Verfahren das Mehrkomponenten-Gleichungssystem (7.22) übergehen in

$$y_1 = a_{01} + a_{11}x_1 + e_1$$
$$y_2 = a_{02} + a_{22}x_2 + e_2$$
$$\vdots$$
$$y_n = a_{0n} + a_{nn}x_n + e_n$$

d. h. alle Koeffizienten a_{ij} in (7.22) für $i \neq j$ und $i \neq 0$ werden Null. Der Sachverhalt kommt deutlicher zum Ausdruck in der von Kaiser [21] verwendeten Empfindlichkeitsmatrix[7]

$$\underline{S} = \begin{pmatrix} \begin{array}{cccc} & \text{Komponenten} & & \\ A & B & \ldots J \ldots & N \end{array} \\ \begin{pmatrix} S_{AA} & S_{AB} & \cdots & S_{AN} \\ S_{BA} & S_{BB} & \cdots & S_{BN} \\ \vdots & \vdots & \ddots & \vdots \\ S_{NA} & S_{NB} & \cdots & S_{NN} \end{pmatrix} \begin{array}{l} A \\ B \\ \vdots \text{Sensoren, Detektionskanäle (Wellenlängen, \ldots)} \\ N \end{array} \end{pmatrix} \quad (8.69)$$

mit den (*partiellen*) *Empfindlichkeiten* (auch *Querempfindlichkeiten* oder *Störempfindlichkeiten*)

$$S_{IJ} = \frac{\partial y_I}{\partial x_J} \quad (8.70)$$

welche die Änderung der Signalintensität y_I eines Signals I (an einem Detektor $I, \ldots$) mit der Konzentration x_J einer Komponente J beschreiben. $\underline{S}$ enthält die eigentlichen Empfindlichkeiten (*Hauptempfindlichkeiten*) S_{II} als Änderung der „Antwort" des „Sensors" I mit der Konzentration der Komponente I in der *Diagonale* und die *Querempfindlichkeiten* S_{IJ} außerhalb der Diagonale.

Davon ausgehend definierte Kaiser [21] die Selektivität durch den Ausdruck

$$\Xi = \operatorname*{Min}_{I=1\ldots N} \left(\frac{S_{II}}{\sum\limits_{K=1}^{N} |S_{IJ}| - |S_{II}|} - 1 \right) \quad (8.71)$$

Analog dazu definierte Kaiser [21] die *Spezifität*, wobei beide Größen definiert sind im Bereich $R = \{-1 \ldots +\infty\}$. In der analytischen Praxis sind die Konzentrationen der Störkomponenten entscheidend für das Ausmaß an Störungen. Diese wurden durch Doerffel [22, 23] in die Definition der Selektivität einbezogen. Auf dieser Grundlage lassen sich Selektivität und Spezifität für den praktischen Gebrauch durch die folgenden Größen definieren [24].

Die Selektivität für die Bestimmung der Komponenten $A, B, \ldots, N$

$$sel(A, B, \ldots, N) = \frac{\sum\limits_{I=A}^{N} S_{II} \cdot x_I}{\sum\limits_{I,J=A}^{N} S_{IJ} \cdot x_J} \quad (8.72)$$

---

[7] Kaiser benutzte den Begriff „*Matrix der partiellen Empfindlichkeiten*" [21].

8.5 Selektivität und Spezifität

setzt die Diagonalelemente der Empfindlichkeitsmatrix in Relation zu allen Elementen der Matrix (8.69) unter Berücksichtigung der jeweiligen Konzentrationen. Anders ausgedrückt, werden die Signalanteile $\frac{\partial y_I}{\partial x_I} x_I$ der zu bestimmenden Komponenten I in Relation gesetzt zu allen im System relevanten Signalanteilen $\frac{\partial y_I}{\partial x_J} x_J + \frac{\partial y_I}{\partial x_I} x_I$.

Spezifität bedeutet, dass nur **ein** Bestandteil eines Mehrkomponentensystems unbeeinflusst von den anderen Bestandteilen mit einem bestimmten Sensor oder Reagenz, bei einer bestimmten Wellenlänge, Retentionszeit etc. nachgewiesen oder bestimmt werden kann.

Zur Charakterisierung der Spezifität interessiert deshalb nur der entsprechende „Detektions"-vektor $\underline{s}_A$

$$\underline{s}_A = (S_{AA} S_{AB} \ldots S_{AN})$$

Die *Spezifität* eines Analyten A in Bezug auf die Begleitkomponenten $B, C, \ldots, N$ wird dann wie folgt definiert [24]:

$$spec(A/B,\ldots,N) = \frac{S_{AA} \cdot x_A}{\sum_{J=A}^{N} S_{JA} \cdot x_J}. \tag{8.73}$$

Vereinfacht lässt sich die Problematik durch Abb. 8.2 illustrieren.

Ist ein Analysenverfahren für n Komponenten *jeweils spezifisch*, ist es für diese n Analyte auch *selektiv*.

Der Wertebereich für $sel(A, B, \ldots, N)$ und $spec(A/B, C, \ldots, N)$ reicht jeweils von 0 bis 1. Für praktische Zwecke kann angenommen werden, dass Werte

a   c

b

Abb. 8.2. Die Selektivität von 5 Komponenten A, B, C, D und E lässt sich durch die Diagonale der Matrix (**a**) charakterisieren. Demgegenüber repräsentiert das markierte Element in Relation zur Summe aller Elemente im Zeilenvektor (**b**) die Spezifität. In **c** ist der Einfluss weiterer, selbst nicht zu bestimmender Komponenten auf die Selektivität dargestellt

von $sel > 0{,}9$ und $spec > 0{,}9$ ausreichende Selektivität bzw. Spezifität ausweisen, während Werte $< 0{,}9$ zunehmend ungenügende Selektivität bzw. Spezifität anzeigen.

Wie Abb. 8.2c zeigt können nicht nur Komponenten aus der Menge der Analyte und bekannten Begleitstoffe $J = A \ldots N$ den Nachweis und die Bestimmung der Analyte stören. Auch zusätzliche Spezies, die von vornherein unbekannt sind und/oder erst im Analysensystem während des Messprozesses gebildet werden, können die Selektivität und Spezifität signifikant beeinflussen. Beispiele sind Molekülionen, speziell von Argon und vom jeweiligen Lösungsmittel, in der ICP-MS.

Beispiel

In Anlehnung an Cammann [25] wird ein System von drei Sensoren A, B und C betrachtet, das für die drei Komponenten A, B und C empfindlich ist und für deren Bestimmung dient. Die Bestimmung wird durch die anderen Komponenten beeinflusst, wie aus der folgenden Matrix hervorgeht:

$$\underline{S} = \begin{array}{c} \phantom{\begin{pmatrix}}\text{Komponenten}\\ \phantom{\begin{pmatrix}}A \quad B \quad C\\ \begin{pmatrix} 1{,}0 & 0{,}2 & 0{,}1 \\ 0{,}2 & 1{,}0 & 0{,}2 \\ 0{,}1 & 0{,}1 & 1{,}0 \end{pmatrix} \begin{array}{l} A\\ B \\ C \end{array} \text{Sensoren} \end{array}$$

Die Spezifitäten für die Sensoren A, B und C errechnen sich nach (8.73) mit verschiedenen Konzentrationen der Störkomponenten wie folgt:

$c_A = c_B = c_C$	$c_B = c_C = 10\, c_A$	$c_B = c_C = 0{,}1\, c_A$
$spec(A/B, C) = 0{,}77$	$spec(A/10B, 10C) = 0{,}25$	$spec(A/0{,}1B, 0{,}1C) = 0{,}97$
$spec(B/A, C) = 0{,}71$	$spec(B/10A, 10C) = 0{,}20$	$spec(B/0{,}1A, 0{,}1C) = 0{,}96$
$spec(C/A, B) = 0{,}83$	$spec(C/10A, 10B) = 0{,}33$	$spec(C/0{,}1A, 0{,}1B) = 0{,}98$
$sel(A, B, C) = 0{,}77$	$sel(A, 10B, 10C) = 0{,}25$	$sel(A, 0{,}1B, 0{,}1C) = 0{,}97$

In der letzten Zeile sind die Werte für die Selektivität bei den drei Konzentrationsverhältnissen angegeben, für den Fall, dass das System (beispielsweise als Sensorarray) für die simultane Bestimmung der drei Komponenten A, B und C dient.

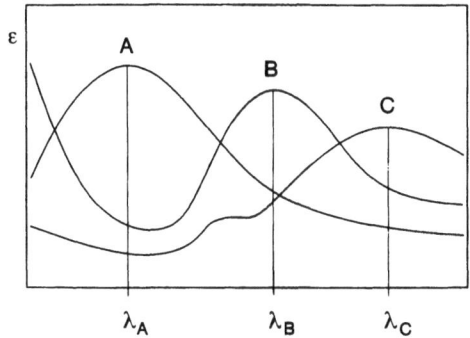

Abb. 8.3. Spektren der reinen Komponenten A, B und C

Beispiel

Photometrische Bestimmungen in einem Dreikomponentensystem A, B, C, vgl. Abb. 8.3. Die konzentrationsnormalisierten Spektren sind in der Matrix $\underline{S}$ zusammengestellt, wobei z. B. $S_{AA} (= \varepsilon_A(\lambda_A)) = 1031\, l\, mol^{-1}\, cm^{-1}$, $S_{BA} (= \varepsilon_B(\lambda_A)) = 238\, l\, mol^{-1}\, cm^{-1}$ etc.

$$\underline{S} = \begin{pmatrix} A & B & C \\ 1031 & 238 & 96 \\ 302 & 906 & 398 \\ 34 & 278 & 824 \end{pmatrix} \begin{matrix} \lambda_A \\ \lambda_B \\ \lambda_C \end{matrix}$$

a) Selektivität der Dreikomponentenbestimmung im Falle gleicher Konzentrationen für A, B und C:

$sel(A, B, C) = 0{,}672$
Spezifität von A in Bezug auf B und C: $spec(A/B, C) = 0{,}755$
Spezifität von B in Bezug auf A und C: $spec(B/A, C) = 0{,}564$
Spezifität von C in Bezug auf A und B: $spec(C/A, B) = 0{,}725$

b) Zweikomponentensystem in diesem System (Komponenten A und C bei Abwesenheit von B):

Selektivität: $sel(A, C) = 0{,}935$
Spezifitäten: $spec(A, C) = 0{,}915$
$spec(C/A) = 0{,}960$

Beispiel

Spezifität Ionensensitiver Elektroden: Die Empfindlichkeiten werden wegen der Form der Nernst- bzw. Nikolski-Gleichung zweckmäßigerweise logarithmisch formuliert:

$$\underline{S}_{IJ} = \frac{\partial y_I}{\partial \ln x_J}$$

und in der elektrochemischen Praxis als Querempfindlichkeiten bzw. Interferenzfaktoren k_{IJ} angegeben.

Für eine chloridsensitive Elektrode sind folgende Faktoren zu finden [26]:

$Cl^-: 1, Br^-: 2, I^-: 20, CN^-: 400$

Spezifität der Chloridbestimmung

- in Anwesenheit von Br^-, I^-, CN^- $spec(Cl^-/Br^-, I^-, CN^-) = 0{,}0024$
- in Anwesenheit von Br^- und I^-: $spec(Cl^-/Br^-, I^-) = 0{,}043$
- in Anwesenheit von Bromid: $spec(Cl^-/Br^-) = 0{,}33$

In Gegenwart der drei Störionen, insbesondere Cyanid und Iodid, ist die Bestimmung von Chlorid praktisch unmöglich. Allerdings wurden die o. a. Spezifitäten für gleichmolare Lösungen berechnet.

Eine Abschätzung der Konzentrationen von Br^-, I^- und CN^-, für welche eine akzeptable Spezifität erhalten werden kann, ist mit Hilfe von Gl. (8.73) möglich.

Eine solche akzeptable Spezifität von mindestens $spec(Cl^-/Br^-) = 0{,}9$ kann erreicht werden nach (8.73) für ein Konzentrationsverhältnis $x^-_{Br}/x^-_{Cl} = 0.055$, also einem 20-fachen Unterschuss von Bromid gegenüber Chlorid.

Beispiel

Spezifität einer nitratsensitiven Elektrode mit den Querempfindlichkeiten:

$Cl^-: 0{,}006, NO_2^-: 0{,}06, Br^-: 0{,}9, ClO_4^-: 1000$ ($NO_3^-: 1$).

$spec(NO_3^-/Cl^-, NO_2^-, Br^-, ClO_4^-) = 0{,}001$

$spec(NO_3^-/Cl^-, NO_2^-, Br^-) = 0{,}509$

$spec(NO_3^-/Cl^-, NO_2^-) = 0{,}3938$.

Nur die Bestimmung von Nitrat in Gegenwart von Chlorid und Nitrit kann als ausreichend spezifisch angesehen werden, bis zu welchen Konzentrationen, kann wiederum mittels Gl. (8.73) abgeschätzt werden.

Für dieses Beispiel und die chloridsensitive Elektrode macht nur die Angabe von Spezifitäten Sinn. Selektivität wäre nur im Falle von Elektrodenkombinationen (-arrays) sinnvoll zu betrachten.

8.6
Nachweis-, Erfassungs- und Bestimmungsgrenze

Die kleinsten mit einem bestimmten Analysenverfahren erkennbaren Messwerte und damit die geringsten nachweisbaren Spurengehalte eines Analyten hängen von solchen methodischen und apparativen Gegebenheiten ab, die zu bestimmten Leer- oder Blindanzeigen (Blindwerten) führen. Zur Charakterisierung des Nachweisvermögens eines Analysenverfahrens muss deshalb ein Grenzwert definiert werden, der mit einer vorgegebenen statistischen Sicherheit

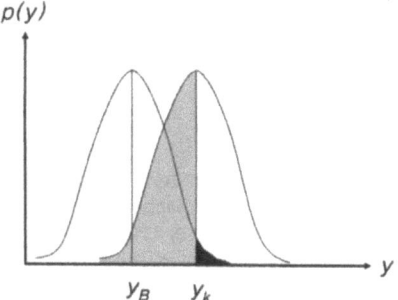

Abb. 8.4. Zur Definition des kritischen Messwerts

P von Blindwerten unterschieden werden kann, der kritische Messwert y_k

$$y_k = \bar{y}_B + \Delta\bar{y}_B = \bar{y}_B + \frac{s_B \cdot t(\bar{P}, f)}{\sqrt{n_B}} \tag{8.74}$$

Der mittlere Blindwert $\bar{y}_B$ wird aus n_B Blindmessungen ermittelt, $s_B/\sqrt{n_B}$ ist die Standardabweichung des Blindwertes $\bar{y}_B$. Die Verwendung der einseitigen statistischen Sicherheit $\bar{P}$ trägt dem Umstand Rechnung, dass nur Über- und nicht Unterschreitungen des Konfidenzbereiches der Blindwerte von Bedeutung sind, wie aus Abb. 8.4 deutlich wird.

H. Kaiser schlug vor [20, 27], für $t(\bar{P}, f)/\sqrt{n_B} = 3$ anzunehmen, was einer statistischen Sicherheit von $\bar{P} = 0{,}998$ für normalverteilte Blindwerte und noch $\bar{P} \approx 0{,}95$ für nichtnormalverteilte eingipflige Werte entspricht

$$y_k = \bar{y}_B + 3s_B \tag{8.75}$$

Wenn der Blindwert $\bar{y}_B$ und sein Vertrauensbereich nicht direkt aus Wiederholungsmessungen geschätzt werden können, lässt sich der kritische Messwert auch aus Kalibrationsdaten ermitteln [28]

$$y_k = a + \Delta a \tag{8.76}$$

Dem kritischen Messwert entspricht in der Domäne der Analysenwerte die *Nachweisgrenze* x_N [27], die sich über die Kalibrierfunktion $y = a + b \cdot x$, konkret

$$y_k = \bar{y}_B + b \cdot x_N \tag{8.77}$$

berechnen lässt. Einsetzen von (8.74) ergibt

$$x_N = \frac{\Delta\bar{y}_B}{b} \tag{8.78}$$

bzw. mit (8.75) erhält man

$$x_N = \frac{3s_B}{b} \tag{8.79}$$

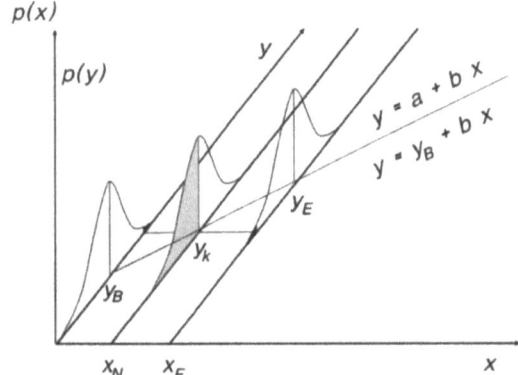

Abb. 8.5. Verteilung von Messwerten mit kritischen Grenzen zur Definition der Nachweis- und Erfassungsgrenze (die Verteilungskurven in der Abb. sind als senkreich zur x-y-Ebene zu betrachten)

Die Nachweisgrenze als niedrigster mit einer Sicherheit von $\bar{P}$ feststellbarer Analysenwert ist also unabhängig vom Blindwert selbst und hängt nur von dessen Streuung und der reziproken Empfindlichkeit $1/b$ ab.

Die Nachweisgrenze nach den Gln. (8.78) und (8.79) ist als Verfahrenskenngröße geeignet, jedoch nicht zur statistischen Interpretation von Analysenergebnissen, z. B. etwa zur Angabe eines höchstmöglichen Gehaltes, wenn kein vom Blindwert unterscheidbares Signal gefunden wird.

Wie aus Abb. 8.5 ersichtlich, ist das Irrtumsrisiko β für den kritischen Messwert, d. h. das Risiko, einen Messwert $y_i = y_k$ fälschlicherweise als Blindwert zu betrachten $\beta = 0,5$. Um eine vergleichbare statistische Sicherheit für den Fehler 2. Art zu erhalten ($\alpha = \beta$), macht sich die Definition der *Erfassungsgrenze* x_E erforderlich, bei der die Vertrauensintervalle von Blind- *und* Messwerten (an der Nachweisgrenze) zu berücksichtigen sind:

$$x_E = \frac{\dfrac{s_B \cdot t(\bar{P}, f_B)}{\sqrt{n_B}} + \dfrac{s_N \cdot t(\bar{P}, f_N)}{\sqrt{n_N}}}{b} \tag{8.80}$$

Unter der Voraussetzung, dass $t(f_B; P)/\sqrt{n_B} \approx t(f_N; P)/\sqrt{n_N} \approx 3$, ergibt sich für die *Erfassungsgrenze*

$$x_E = \frac{6 s_B}{b} = 2 \cdot x_N \tag{8.81}$$

die sogenannte Kaisersche *Garantiegrenze für Reinheit* [20].

Es sei angemerkt, dass die von Geräteherstellern oft angegebene „2σ-Nachweisgrenze" bei Verwendung als Verfahrenskenngröße einer statistischen Sicherheit $\bar{P} \approx 0,95$ (bei normalverteilten Messwerten) entspricht; für statistische Vergleiche, z. B. Grenzwertangaben, liegt der 2σ-Grenze nur eine statistische Sicherheit von $P \approx 0,68$, entsprechend einem Irrtumsrisiko $\alpha \approx 32\%$, zugrunde.

Für den Fall, dass sich die Nachweis- bzw. Erfassungsgrenze nicht aus Wiederholungsmessungen des Blindwertes bestimmen lassen, ist ihre Schätzung aus

8.6 Nachweis-, Erfassungs- und Bestimmungsgrenze

dem Vertrauensintervall der Kalibrationsgeraden nach Gl. (8.76) möglich. Während für die *Nachweisgrenze* entsprechend den Gln. (7.49, 8.79)

$$x_N = \frac{s_{y,x} \cdot t(P,f)}{b} \sqrt{\frac{1}{n} + \frac{(y_N - \bar{y})^2}{b^2 Q_x}} \approx \frac{s_{y,x} \cdot t(P,f)}{b} \sqrt{\frac{1}{n} + \frac{\bar{y}^2}{b^2 Q_x}} \qquad (8.82)$$

als Verfahrenskenngröße berechnet werden kann, ergibt sich für die statistisch relevante *Erfassungsgrenze* [28] unter Berücksichtigung der Gln. (7.54, 8.46)

$$x_E = \frac{s_{y,x}}{b} \sqrt{\frac{t^2(P, f = n - 2)}{n} + \frac{t^2(P, f = m - 1)}{m} + \frac{\bar{y}^2}{b^2 Q_x}} \qquad (8.83)$$

Nachweis- und Erfassungsgrenze besitzen den Charakter qualitativer bzw. halbquantitativer analytischer Kenngrößen [10].

Die Nachweis- und damit auch die Erfassungsgrenze lassen sich praktisch prinzipiell auf zwei Wegen ermitteln [27, 28], einmal

- durch *Wiederholungsmessungen an Blindproben* und Auswertung nach den Gln. (8.78, 8.79), zum anderen
- aus *Kalibrationsdaten* mit Hilfe der Gln. (8.82, 8.83).

Dabei ist zu beachten, dass die Kalibrationsfunktion bei entsprechend niedrigen Werten in der Nähe der Nachweisgrenze verwendet wird. Diese kann sich in den Kalibrationsparametern durchaus von der Gesamtfunktion unterscheiden. Oftmals sind Diskrepanzen zwischen Werten für die Nachweis- und Erfassungsgrenzen, die nach beiden Varianten ermittelt wurden, auf eben diesen Sachverhalt zurückzuführen.

Die Angabe einer *allgemeinen Bestimmungsgrenze*, d.h. eines Grenzwertes x_{BG} als Vielfaches der Blindwertstreuung, etwa in der Form

$$x_{BG} = k \frac{s_B}{b} \qquad (8.84)$$

oberhalb dessen quantitative Bestimmungen möglich sind, ist nicht sinnvoll, da k und damit eine solche Grenze unmittelbar von der relevanten Genauigkeit, z.B. einer geforderten relativen Standardabweichung $s_{rel} = 1/k$ abhängen. Entsprechend (8.84) würden sich mit $s_{rel} = (s_B/x_{BG})/b$ die folgenden Werte von k für die Ermittlung der Bestimmungsgrenze ergeben:

s_{rel} = 0,33   0,10   0,05   0,01
k = 3   10   20   100.

Wenn man sich, z.B. im Falle extremer Spurenanalysen, mit einer Ungenauigkeit von 33% zufrieden geben kann, wird mit $k = 3$ in Gl. (8.84) die Bestimmungsgrenze x_{BG} zur Nachweisgrenze x_N.

Beispiel

Für die photometrische Bestimmung von Nitrit in Wasser wurde folgende Kalibrierfunktion ermittelt:

$$y = 0{,}05 + 2{,}220 \cdot x$$

In Übereinstimmung mit dem Absolutglied der Kalibrierfunktion wurden aus einer Zehnfachmessung folgender Mittelwert der Blindextinktion sowie Blindwertstandardabweichung ermittelt:

$$\bar{y}_B = 0{,}05 \quad s_B = 0{,}020 \quad n_B = 10.$$

Daraus enthält man einen kritischen Messwert von $y_k = 0{,}11$ und entweder durch Einsetzen in die Analysengleichung $x = \dfrac{y - 0{,}05}{2{,}20}$ oder entsprechend Gl. (9.79) eine Nachweisgrenze von $x_N = 0{,}0273$ mg/l Nitrit.

Die Erfassungsgrenze ergibt sich nach (8.81) zu $x_E = 0{,}0546$ mg/l Nitrit.

Für drei verschiedene Wasserproben wurden die in der folgenden Tabelle angegebenen Extinktionswerte gemessen. Die Präzisionsforderung ist durch eine relative Standardabweichung von 10% des Nitritgehaltes gegeben.

				Mittelwerte	Standardabweichung
Probe 1	0,12	0,10	0,15	0,12333	0,02517
Probe 2	0,06	0,03	0,07	0,05333	0,02082
Probe 3	0,61	0,56	0,64	0,60333	0,04041

Nach der Auswertefunktion errechnen sich folgende Gehalte: $x_1 = 0{,}0333$ mg/l Nitrit, $x_2 = 0{,}0152$ mg/l Nitrit, $x_3 = 0{,}2515$ mg/l Nitrit.

Entsprechend der mit den statischen Auswertungen zusammenhängenden Übereinkünften [28] sind für die drei Proben folgende Ergebnisse mitzuteilen.

	Analysenergebnis	Kommentar
Probe 1	Nitrit nachgewiesen	Gehalt etwa (0,03 ± 0,02) mg/l Nitrit
Probe 2	Nitrit nicht nachgewiesen	Gehalt ≤ 0,055 mg/l Nitrit
Probe 3	(0,252 ± 0,024) mg/l Nitrit	–

Erst oberhalb der Bestimmungsgrenze (hier $x_B = 0{,}091$ mg/l Nitrit für eine geforderte Präzision von $s_{rel} \leq 0{,}10$) kann der ermittelte Gehalt ohne Einschränkung in Ergebnis-Übersichten angegeben werden.

Literatur

1. Danzer K, Currie LA, IUPAC Commission on General Aspects of Analytical Chemistry (1998) Guidelines for Calibration in Analytical Chemistry. Part 1. Fundamentals and Single Component Calibration (IUPAC Recommendations 1998). Pure Appl Chem 70: 993
2. Saidel AN, Prokofjew WK, Raiski SM (1955) Spektraltabellen. Verlag Technik, Berlin
3. Danzer K, Wienke D, Wagner M (1991) Acta Chimica Hungarica 128: 623
4. Blaffert T (1984) Anal Chim Acta 161: 135
5. ISO/BIBM/IEF/IFCC/IUPAC/IUPAP/OIML (1993) Guide to the Expression of Uncertainty in Measurement. Genf
6. Doerffel K (1990) Statistik in der Analytischen Chemie. Deutscher Verlag für Grundstoffindustrie, Leipzig
7. Sachs L (1992) Angewandte Statistik. Springer, Berlin Heidelberg New York Tokio
8. Danzer K (1989) Fresenius J Anal Chem 335: 869
9. Graf U, Henning HJ, Stange K, Wilrich PT (1987) Formeln und Tabellen der angewandten mathematischen Statistik. Springer, Berlin Heidelberg New York
10. Ebel S (1993) Fehler und Vertrauensbereiche analytischer Ergebnisse. In: Günzler H et al. (Hrsg) Analytiker-Taschenbuch, Band 11. Springer, Berlin Heidelberg New York Tokio, S 3–59
11. ISO: International Standard 5725 (1986) Precision of test methods – Determination of repeatability and reproducibility for a standard test method by interlaboratory tests. Genf
12. Danzer K, Marx G (1979) Anal Chim Acta 110: 145
13. Einax JW, Zwanziger HW, Geiß S (1997) Chemometrics in Environmental Analysis. VCH, Weinheim
14. Rousseeuw PJ, Leroy AM (1987) Robust Regression and Outlier Detection. Wiley, New York
15. Efron B (1982) The Jackknife, the Bootstrap and Other Resampling Techniques. Soc Industr Appl Math, Philadelphia PA
16. Hässelbarth W (1997) Der ISO-Leitfaden zur Angabe der Unsicherheit beim Messen. Workshop Ergebnisunsicherheit von Prüfungen und Analysen, BAM, Berlin, 1997
17. Kurfürst U, Rehnert A, Muntau H (1996) Spectrochim Acta 51B: 229
18. Danzer K (1997) Eine einfache und realistische Schätzung der Ergebnisunsicherheit auf der Grundlage der Unsicherheit statistischer Größen. Workshop Ergebnisunsicherheit von Prüfungen und Analysen, BAM Berlin
19. Griebenow S (1997) Entwicklung einer eichprobenfreien semiquantitativen Methode für die Multielementanalytik in der Atomspektroskopie mit induktiv gekoppeltem Plasma. Dissertation, FSU Jena, 1997
20. Kaiser H, Specker H (1956) Fresenius Z Anal Chem 149: 46
21. Kaiser H (1972) Fresenius Z Anal Chem 260: 252
22. Doerffel K, Müller H, Ullmann M (1986) Prozeßanalytik. Deutscher Verlag für Grundstoffindustrie, Leipzig
23. Doerffel K, Geyer R, Müller H (Hrsg) (1994) Analytikum. Methoden der analytischen Chemie und ihre theoretischen Grundlagen. Deutscher Verlag für Grundstoffindustrie, Leipzig, S 25, 29
24. Danzer K (2001) Fresenius J Anal Chem 369: 394
25. Cammann K (1980) Fehlerquellen bei Messungen mit ionensensitiven Elektroden. In: Kienitz H et al. (Hrsg) Analytiker-Taschenbuch, Bd I. Springer, Berlin Heidelberg New York, S 245
26. Oehme F (1991) Chemische Sensoren. Vieweg, Braunschweig
27. Kaiser H (1965) Fresenius Z Anal Chemie 209: 1
28. DIN 32645 (1994) Chemische Analytik. Nachweis-, Erfassungs- und Bestimmungsgrenze. Beuth, Berlin
29. Huber W (1994) Nachweis-, Erfassungs- und Bestimmungsgrenze von Analysenverfahren. In: Günzler H et al. (Hrsg) Analytiker-Taschenbuch Bd 12. Springer, Berlin Heidelberg New York Tokio, S 21–33

9 Klassifikation und Interpretation von Mess- und Analysendaten

9.1
Anwendungsgebiete

Bei der Klassifikation werden Regeln gesucht, die eine Einordnung von Objekten auf Grund ihrer Merkmale in zwei oder mehr Klassen ermöglichen (vgl. Kapitel 3). Bei überwachten Verfahren werden zunächst die Regeln an Hand eines Datensatzes mit bekannter Klassenzugehörigkeit (Trainingsdatensatz) erstellt. Anschließend werden dann unbekannte Objekte in eine der bestehenden Klassen eingeordnet. Unüberwachte Verfahren setzen hingegen keine bekannten Klassenzugehörigkeiten voraus.

Klassifikationsmethoden finden in erster Linie Anwendung, um Gruppierungen, die mit Hilfe der explorativen Methoden gefunden wurden, zu bestätigen und für die Einordnung unbekannter Proben zu nutzen. Als Eingangsvariablen kommen problembezogene anorganische, organische und physikalische Parameter in Frage, beispielsweise Spurenelementmuster, Chromatogramme oder Infrarotspektren. Typische Anwendungsgebiete finden sich in der Herkunftsbestimmung von Lebensmitteln auf Grund analytischer Parameter [1, 2].

Ein weiteres Einsatzgebiet von Klassifikationsverfahren sind Sensorarrays. Diese bestehen in der Regel aus nicht vollständig selektiven Sensoren, die für bestimmte Substanzen oder Substanzgruppen empfindlich sind. Ein typisches Beispiel sind Gassensoren, die auch als künstliche Nasen [3] bezeichnet werden. Die mangelnde Selektivität der Sensoren ist hier eine erwünschte Eigenschaft, da nur in diesem Fall mit Hilfe von Mustererkennungsalgorithmen die Bestimmung einer Anzahl von Komponenten möglich ist, die die Anzahl der Sensoren übersteigt. Dies kann man an Hand des Geschmackssinns verdeutlichen, wo durch die Kombination weniger Reize (bitter, sauer, salzig, süß) eine Vielzahl komplexer Geschmackseindrücke unterschieden werden können.

In der Qualitätssicherung tritt häufig ein spezieller Fall der Unterscheidung zweier Klassen auf. Hierbei ist eine Klasse von Objekten hoher Qualität von Objekten minderer Qualität umgeben, ein Problem, das oft linear nicht separierbar ist und daher den Einsatz nichtlinearer Methoden, z. B. k-nächste Nachbarn (vgl. Kapitel 3) erfordert. Ein entsprechendes Problem tritt bei der Identitätsprüfung von Substanzen auf. Anwendungsbeispiele sind die Identifizierung von Stahlsorten mittels optischer Emissionsspektroskopie oder die Identitätsprüfung von Rohstoffen in der Lebensmittel- und pharmazeutischen Industrie mit Hilfe von UV/VIS- bzw. NIR-Spektroskopie [4].

Weitere Anwendungen von Klassifikationsverfahren findet man bei der Fehlerdiagnose in automatisierten Analysensystemen. Durch die Bewertung der Peakform und anderer Parameter mittels statistischer Verfahren, künstlicher neuronaler Netze oder Expertensysteme kann das automatisierte System angehalten, die Ursache für das Auftreten des Fehlers angegeben sowie Korrekturmaßnahmen getroffen werden [5]. Diese Form der Fehlerdiagnostik ist vor allem für chromatographische Methoden im Autosamplerbetrieb oder Fließinjektionsanalysen-Systeme geeignet.

Auch bei der Beratung mit Hilfe von Expertensystemen, beispielsweise bei der Methodenauswahl und Benutzerführung im Rahmen statistischer Auswertung von Ringversuchen [6] oder bei der Auswahl von Probennahmestellen spielen Klassifikationsverfahren eine Rolle. Tabelle 9.1 zeigt exemplarisch Anwendungsbeispiele von Klassifikationsmethoden und explorativen Methoden aus verschiedenen Gebieten.

Tabelle 9.1. Anwendungsbeispiele von Klassifikationsmethoden und explorativen Methoden in der Analytik

Problemstellung	Datenanalysemethoden	Inputvariablen	Referenz
Kriminaltechnische Unterscheidung von Papiersorten	LDA	13 Spurenelemente	[16]
Kriminaltechnische Unterscheidung von Whiskysorten	LDA, kNN	17 GC-Peaks	[17]
Herkunft von Olivenölen	PCA, LDA	8 Fettsäuren	[18, 19]
Korrelationen von Spurenelement-Relationen im menschlichen Körper	PCA, LDA, PLS	bis zu 10 Schwermetalle + As und Se	[20]
Herkunft von Weinen	PCA, LDA	Anorganische Bestandteile	[2]
Charakterisierung von antiken römischen Keramiken	Clusteranalyse, PCA, SIMCA	Haupt- und Nebenbestandteile, Spurenelemente	[7]
Auswahl von Lebensmittelproben als Testmaterialien für AAS-Methodenvalidation	Clusteranalyse, PCA	Organische und Anorganische Hauptbestandteile der Nahrungsmittelproben	[8]
Identifikation von Polymersorten in Abfällen	Neuronales Netz (ART)	Wellenlängen eines NIR-Spektrums	[9]
Zuordnung von antiken Glasscherben zu bekannten Objekten	LDA, MANOVA	10 Spurenelemente	[10]
Klassifikation von Gemischen flüchtiger Kohlenwasserstoffe in der Luft	PCA, Kohonen Map, BPN	Sensorarray mit 6 Transducern	[11]
Homogenitätsprüfung von Feststoffen	Clusteranalyse, LDA	Relevante Neben- und Spurenbestandteile von Feststoffen	[21]

9.1.1
Anwendungen nichtüberwachter Methoden

Das Ziel nichtüberwachter Methoden ist es, natürliche Gruppierungen in multivariaten Daten zu erkennen. Als Ausgangsdaten können Spurenelementmuster, Chromatogramme oder Spektren dienen.

Anwendung finden diese Methoden in Bereichen wie Lebensmittelanalytik, klinische und forensische Analytik, Archäometrie und Umweltanalytik. Häufig nutzen diese Methoden graphische Darstellungen (Display-Verfahren, vgl. Kap. 3). Wichtige Methoden der unüberwachten Mustererkennung sind Hauptkomponentenanalyse und Clusteranalysetechniken (vgl. Kapitel 3.7 und 3.8). Diese werden meist vorbereitend zu überwachten Methoden eingesetzt. Ebenfalls möglich ist eine Kombination unüberwachter und überwachter Methoden. So können die aus der PCA erhaltenen Faktoren anstelle der Originaldatenmatrix bei Clusteranalyse, Diskriminanzanalyse, multipler linearer Regression (Hautkomponentenregression) und künstlichen neuronalen Netzen verwendet werden. Als Vorteile sind die damit verbundene Dimensionsreduzierung sowie die Orthogonalität der so erhaltenen Datenmatrix zu nennen. In vielen Fällen ist mit einer Dimensionsreduzierung auch eine Rauschverminderung verbunden, da nur die Faktoren für die Auswertung herangezogen werden, die die größte analytisch verwertbare Information enthalten.

In der Umweltanalytik versucht man durch eine Interpretation der Faktoren/Hauptkomponenten Emissionsquellen zu identifizieren. Es wird davon ausgegangen, daß sich verschiedene Quellen als Linearkombination zum Gesamteintrag summieren, wobei die Anteile der Einträge bei verschiedenen Probenahmestellen durch Windrichtung usw. unterschiedlich sind. Fallstudien zur Anwendung chemometrischer Methoden in der Umweltanalytik finden sich bei Einax, Zwanziger und Geiß [12].

In der NIR-Spektrometrie werden Hauptkomponentenplots verwendet, um festzustellen, ob Spektren neuer Proben zur gleichen Population gehören wie die Kalibrationsproben. Gruppierungen werden dann beobachtet, wenn die neuen Proben andere chemische oder physikalische Eigenschaften besitzen oder sich die Messbedingungen, z. B. die Lichtquelle, verändert haben. Falls verschiedene Gruppen beobachtet werden, kann anschließend jede dieser Untergruppen getrennt weiterverarbeitet werden [13]. Ein verwandter Einsatzbereich ist die Auswahl von geeigneten Referenzproben aus einer Probenbank mittels PCA und Clusteranalyse. Ziel ist hierbei eine möglichst ähnliche Zusammensetzung der Referenzprobe mit der zu untersuchenden Probe. Auf diese Weise wurden repräsentative Referenzmaterialien für die AAS-Methodenentwicklung im Bereich der Lebensmittelanalytik ausgewählt [8].

9.1.2
Anwendung überwachter Methoden

Überwachte Klassifikationsmethoden finden in erster Linie Anwendung, um Gruppierungen, die mit Hilfe explorativer Methoden gefunden wurden, zu bestätigen und für die Einordnung unbekannter Proben zu nutzen. Die Bandbreite der möglichen Anwendungen entspricht dem Bereich der unüberwachten Methoden, wobei bei den überwachten konkrete Aussagen über die Klassenzugehörigkeit getroffen werden können. Damit eröffnen sich Anwendungsgebiete wie Diagnostik und Produktkontrolle.

Ein Beispiel ist die Trennung unterschiedlicher Kunststoffe für die Abfallbehandlung und -wiederverwertung an Hand ihrer Nahinfrarot-Spektren. Mit der Kombination von NIR-Spektrometrie und einer Klassifikation mit Hilfe künstlicher neuronaler Netze konnten hier im Vergleich zu klassischen multivariaten Verfahren bessere Klassifikationsraten erreicht werden. Vor allem Backpropagation-Netze (MLP) waren dem SIMCA-Verfahren [9] überlegen.

Ein zentraler Aspekt der praktischen Anwendung überwachter Methoden ist die Validation und die damit verbundene Berechnung von Gütemaßen. Für die Validation benötigt man Testobjekte, also Objekte deren Klassenzugehörigkeit bekannt ist. Je nach der Güte des Klassifikationsmodells wird eine mehr oder weniger große Anzahl von Objekten den nicht korrekten Klassen zugeordnet. Typischerweise erhält man als Ergebnis eine Klassifikationsmatrix aus der die Klassifikationsraten entnommen werden können (vgl. Kap. 3.9). Aus diesen Anzahlen können die Gütemaße berechnet werden, z. B. die Fehlklassifikationsrate in Prozent.

Die Hauptvoraussetzung für den Erfolg einer Klassifikation bildet die Repräsentativität des zugrundeliegenden Datenmaterials, die in der explorativen Phase überprüft werden muß. Weiterhin müssen die gewählten Merkmale oder Merkmalskombinationen für die verschiedenen Klassen unterschiedliche Ausprägungen besitzen.

9.2
Anwendungsbeispiele der multivariaten Datenanalyse

9.2.1
Lebensmittelanalytik

Die Einsatzmöglichkeiten und die unterschiedlichen Ergebnisse unüberwachter und überwachter Methoden sollen an einem Beispiel aus der Analytik von Streichfetten verdeutlicht werden. Ziel ist hierbei die Unterscheidung der Proben nach der Art des Streichfettes.

In diffuser Reflexion wurden jeweils drei Nahinfrarot-Spektren von Proben von 7 handelsüblichen Butter- und 12 Margarinesorten mit einem portablen Spektrometer aufgenommen, wobei neben dem Streichfetttyp zusätzlich der Fettanteil variiert (ca. 40% und ca. 80%).

Abbildung 9.1 zeigt die erhaltenen Spektren im Wellenlängenbereich von 850...1300 nm. Zu erkennen sind zwei Gruppierungen, deren Ursache in der Variation der Fettanteile zu suchen sind.

Abbildung 9.2 zeigt eine selbstorganisierende Karte (Kohonen-Feature-Map) der Spektrenmatrix. Diese bildet die hochdimensionale Messdaten nichtlinear in zwei Dimensionen ab, wobei die Topologie der Eingangsdaten möglichst erhal-

328 9 Klassifikation und Interpretation von Mess- und Analysendaten

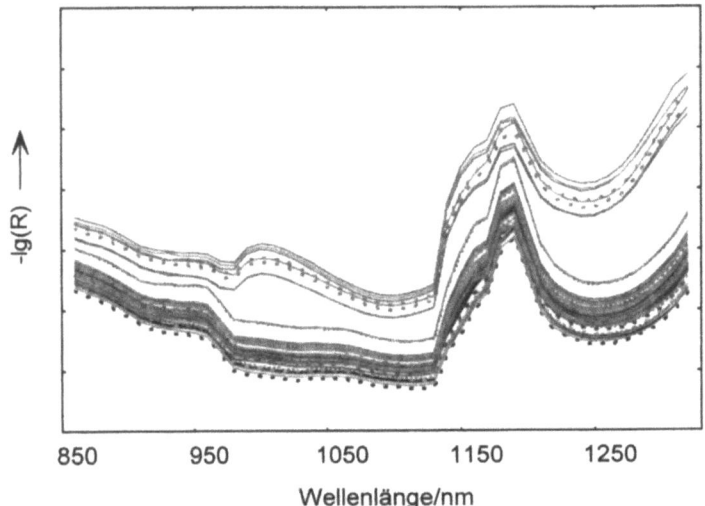

Abb. 9.1. NIR-Spektren der Streichfettproben (Butter ——, Margarine •••)

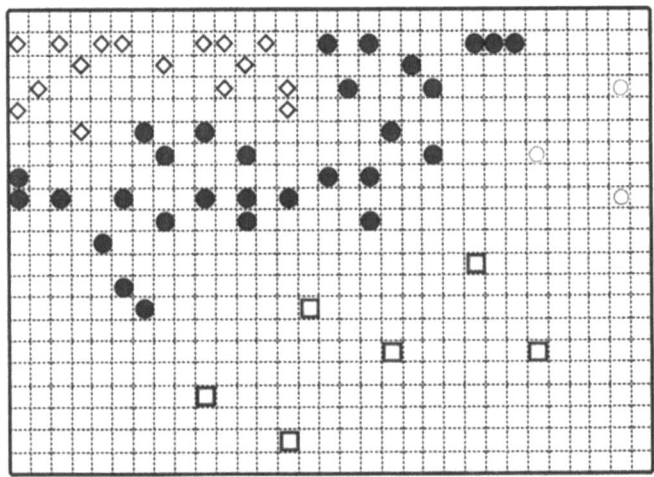

Abb. 9.2. Kohonen-Feature-Map (20 ×30) der Spektrenmatrix Streichfette (Fettgehalt □ 40%, ○ 39%, ● 80%, ♦ 82%)

ten bleibt. Dieses nichtlineare unüberwachte Verfahren liefert für diesen Datensatz eine bessere Darstellung als lineare Projektionstechniken wie die PCA. Zu erkennen ist, daß verschiedene Regionen auf der Karte die unterschiedlichen Fettgehalte repräsentieren, wobei eine Abstufung von niedrigen zu hohen Gehalten deutlich wird. Mit dem unüberwachten Verfahren kann eine Klassifizierung in die Streichfetttypen Butter und Margarine offensichtlich nicht vorgenommen werden, bestätigt wird vielmehr der visuelle Eindruck, der sich aus dem hohem

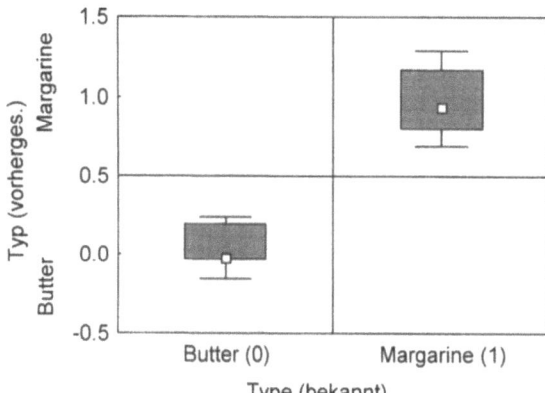

Abb. 9.3. Box-Whisker-Plot der Netzausgaben eines RBF-Netzes für unbekannte Testspektren

Varianzanteil der Spektren ergibt, der durch die Unterschiede im Fettgehalt verursacht wird.

Eine Klassifizierung nach dem Fetttyp sollte mittels NIR-Spektrometrie jedoch möglich sein, da Margarine einen höheren Anteil an ungesättigten Fettsäuren enthält, die zudem teilweise in der *trans*-Form vorliegen. Aus diesem Grund wurde für eine überwachte Klassifikation ein Radial-Basis-Function-Netz (RBF-Netz) herangezogen. Die Klassifikationsstärke wurde mittels einer Kreuzvalidation getestet, wobei jeweils alle 3 zu einer Fettprobe gehörenden Spektren aus dem Lerndatensatz eliminiert wurden. Butter wurde mit 0, Margarine mit 1 codiert. Das RBF-Netz besitzt einen Ausgang, die Netzausgaben für unbekannte Testproben schwankten dementsprechend um diesen Bereich. Abbildung 9.3 zeigt die erhaltenen Netzausgaben. Wenn die Ausgabebereiche $-0.4\ldots0.4$ für Butter und $0.6\ldots1.4$ für Margarine definiert werden, so werden alle Streichfette korrekt klassifiziert.

9.2.2 Weinanalytik

Authentizitätsprüfungen von Weinen haben seit langem große Bedeutung zur Qualitätssicherung dieser hochwertigen Produkte. Neben der organoleptischen Prüfung durch Experten und der Routinekontrolle bestimmter Parameter durch Untersuchungsämter werden in jüngster Zeit zunehmend chemische Analysen von Mineralstoffen, Spuren- und Ultraspurenelementen mittels Methoden der Atomspektrometrie und der Massenspektrometrie [22] sowie von organischen Spurenkomponenten mittels chromatographischer Methoden durchgeführt. Typische „Muster" anorganischer Bestandteile lassen Rückschlüsse auf die Herkunft der Weine zu, während eine bestimmte Menge an organischen Komponenten, z. B. als „Aromagramme" flüchtiger Bestandteile („Terpenmuster") für die Rebsorten charakteristisch sind [23].

Die Vielzahl der mittels Multikomponentenmethoden erhaltenen Analysendaten lassen sich vorteilhaft mit Methoden der multivariaten Datenanalyse aus-

Tabelle 9.2. Klassifikationsraten (in %) von 169 deutschen Weinen gesicherter Herkunft auf der Grundlage von 15 Mineral- und Spurenelementen [28, 29]

Herkunft der Weinproben	Anzahl der Proben	Diskriminanzanalyse		Neuronale Netze	
		Reklassifikation	Vorhersage	Reklassifikation	Vorhersage
Saale/Unstrut	141	100,0	97,2	100,0	100,0
Geisenheim	120	100,0	93,3	100,0	100,0
Blankenhornsberg	138	100,0	92,8	100,0	100,0
Durbach	42	100,0	100,0	100,0	100,0
Nierstein	48	94,8	91,7	100,0	100,0
Oppenheim	18	76,9	61,1	100,0	100,0

werten und interpretieren [24–34]. In Tabelle 9.2 sind die Klassifikationsergebnisse von 169 deutschen Weinen, von denen in jeweils drei Proben die Elemente B, V, Mn, Zn, Fe, Al, Cu, Sr, Ba, Pb, Sn, Si, P, Mg, Cr und Ca mittels direkter ICP-OES bestimmt wurden, angegeben.

Die Ergebnisse zeigen eine gute Reklassifikation der Lerndatensätze, und bis auf die Oppenheimer Weine lassen sich auch gute Vorhersagen für unbekannte Proben erwarten. Vergleichbare Resultate wurden erhalten, wenn den Datensätzen weitere, mit der nachweisstärkeren ICP-MS bestimmbare Elemente, nämlich La, Ce, Pr, Nd, Sm, Eu, Gd, Tb, Dy, Ho, Er, Tm, Yb, Lu, U, Tl, Cd, Mo und Sb hinzugefügt wurden. Die Klassifikationsresultate für 253 Weinproben aus 10 Anbaugebieten sind in Tabelle 9.3 zusammengestellt.

Gaschromatographische Analysen bilden die Grundlage für Klassifikationsuntersuchungen verschiedener Rebsorten. Nach Anreicherung der flüchtigen Aromastoffe mittels SPME (Festphasenmikroextraktion) wurden im Extrakt 58 organische Spurenkomponenten (11 Terpene, 10 Säuren, 17 Alkohole, 15 Ester

Tabelle 9.3. Klassifikationsraten (in %) von 253 Weinproben aus deutschen Anbaugebieten auf der Grundlage von 35 Mineral- und Spurenelementen

Herkunft der Weinproben	Anzahl der Proben	Diskriminanzanalyse	
		Reklassifikation	Vorhersage
Saale/Unstrut	46	95,7	93,5
Geisenheim	39	94,9	89,7
Blankenhornsberg	45	88,9	82,2
Durbach	14	92,9	85,7
Alzey	14	100,0	100,0
Nierstein/Oppenheim	5	80,0	80,0
Bad Dürkheim	26	80,8	65,4
Landau	26	88,5	80,0
Ingelheim	20	90,0	75,0
Dienheim	16	75,0	62,5

Tabelle 9.4. Klassifikationsraten (in %) von 104 Weinproben aus Blankenhornsberg auf der Grundlage von 11 Terpenen und weiterer Aromakomponenten [32, 33]

Rebsorten	Anzahl der Proben	Klassifikationsergebnis auf der Grundlage von	
		Terpenen	Terpenen und weiteren Aromakomponenten
Müller-Thurgau	6	100,0	100,0
Nobling	6	0,0	100,0
Scheurebe	15	80,0	100,0
Riesling	21	90,5	90,5
Silvaner	12	16,7	100,0
Gewürztraminer	8	100,0	100,0
Weißburgunder	15	80,0	100,0
Spätburgunder	21	71,4	71,4

und 5 weitere Verbindungen) bestimmt. Von diesen wurden zunächst nur die Terpene für eine Klassifikation verwendet, da Rapp [30, 31] deren Diskriminanzkraft zur Rebsortenunterscheidung schon seit längerem nachgewiesen hatte. In Tabelle 9.4 sind die Ergebnisse der Diskriminanzanalysen auf der Basis von Terpenen einerseits sowie weiterer Aromakomponenten andererseits vergleichend dargestellt [32, 33].

Da der Klassifikationserfolg von der „Chemie in der Flasche", d. h. dem Abbau von Terpenen im Laufe der Zeit, beeinflusst wird, nimmt folgerichtig die Diskriminanzkraft mit der Hinzunahme weiterer Aromakomponenten, insbesondere solcher, die beim Terpenabbau entstehen, zu. Demzufolge lassen sich auch Jahrgangsunterscheidungen durchführen, wobei, wie die Ergebnisse in Tabelle 9.5 zeigen, eine Konzentration auf bestimmte Anbaugebiete vorteilhaft ist. Während für die Unterscheidung der Jahrgänge von 45 Weinen aus Alzey nur 6 Variable benötigt werden, erfordern die 103 Blankenhornsberger Weine 15 Variable und die 246 Weine aller untersuchten Anbaugebiete (vgl. Tabelle 9.2) erfordern zu ihrer Jahrgangsunterscheidung 26 Variable.

Weitere Beispiele zur chemometrischen Auswertung und Interpretation von Weindaten finden sich in Kap. 3

Tabelle 9.5. Klassifikationsraten für Jahrgangsunterscheidungen (in %) für bestimmte Anbaugebiete auf der Grundlage einer unterschiedlichen Anzahl von Variablen [36]

Jahrgang	Alzey (45 Weine, 6 Variable)	Blankenhornsberg (103 Weine, 15 Variable)	Alle Anbaugebiete (246 Weine, 26 Variable)
1989	–	–	86,7
1990	–	–	88,9
1992	100,0	78,6	65,4
1993	100,0	95,2	82,9
1994	100,0	100,0	80,0
1995	100,0	91,7	91,8

9.2.3
Chemische Industrie

In der chemischen und vor allem in der pharmazeutischen Industrie müssen im Rahmen der Wareneingangskontrolle alle angelieferten Rohstoffe und Zwischenprodukte zweifelsfrei identifiziert werden. In den letzten Jahren hat die Nahinfrarot-Spektroskopie hier an Bedeutung gewonnen, die Vorgehensweise soll hier an Hand der Klassifikation fester und flüssiger aromatischer Amine gezeigt werden.

Die Proben wurden ohne Probenpräparation direkt mit einer faseroptischen Sonde untersucht [14]. Abbildung 9.4 zeigt in Transflexion aufgenommen NIR-Spektren (Kanäle 1–123, entsprechend ca. 800...1300 nm) von 10 bei Raumtemperatur flüssigen Aminen. Die Spektren der in diffuser Reflexion aufgenommenen 20 pulverförmigen Amine (Abb. 9.5) zeigen eine wesentlich größere Varianz, die aus den unterschiedlichen Partikelgrößen und der unterschiedlichen Verdichtung der Proben resultiert. Auffällig sind die stark verrauschten Spektren dunkelbrauner und schwarzer Proben. Für jedes Amin wurden Spektren zweier weiterer Proben aufgenommen. Aus diesen wurden die Distanzen basierend nach $1-r$ berechnet, wobei r der Korrelationskoeffizient nach Pearson ist. Die Distanzmatrizen sind in graphischer Form in Abb. 9.6 und Abb. 9.7 dargestellt, wobei für die Darstellung jeweils die Mittelwerte der Distanzen herangezogen wurden. Dunkle Felder entsprechen einer größerem Unähnlichkeit. Deutlich hebt sich die Diagonale hervor, entsprechend der größeren Ähnlichkeit zweier Proben der gleichen Verbindung. Erwartungsgemäß unterscheiden sich die Spektren der unterschiedlichen Substanzen für die flüssigen Amine stärker.

Für die Klassifikation wurde das Verfahren der k-nächsten Nachbarn, basierend auf den durch eine Hauptkomponentenanalyse (PCA) berechneten Fakto-

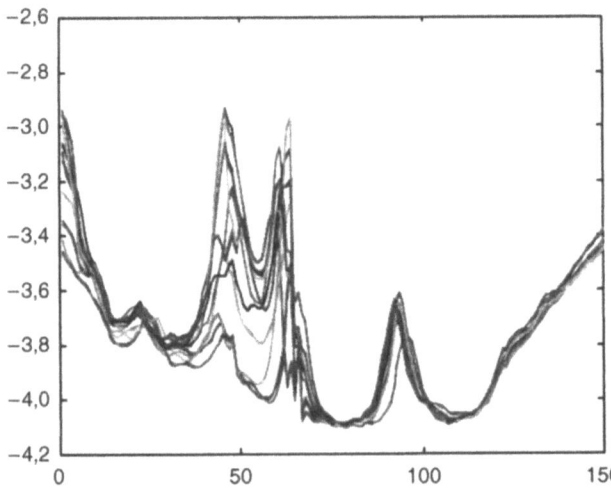

Abb. 9.4. NIR-Spektren 10 flüssiger aromatischer Amine, Messung in Transflexion, transformiert nach $-\lg(T)$

9.2 Anwendungsbeispiele der multivariaten Datenanalyse

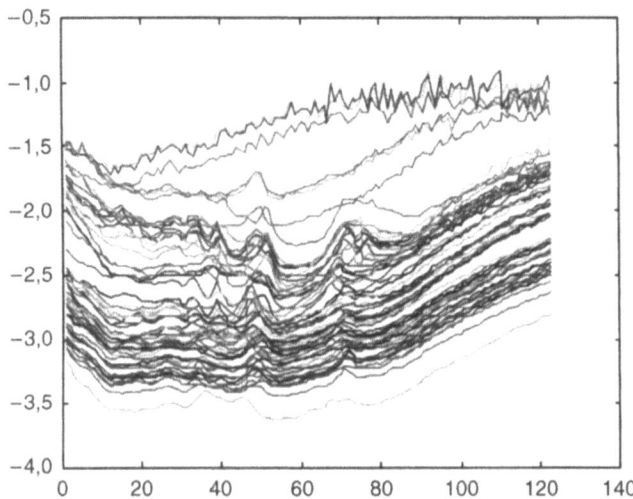

Abb. 9.5. NIR-Spektren 20 pulverförmiger Proben (123 Kanäle), Messung in diffuser Reflexion, transformiert nach $-\lg(R)$

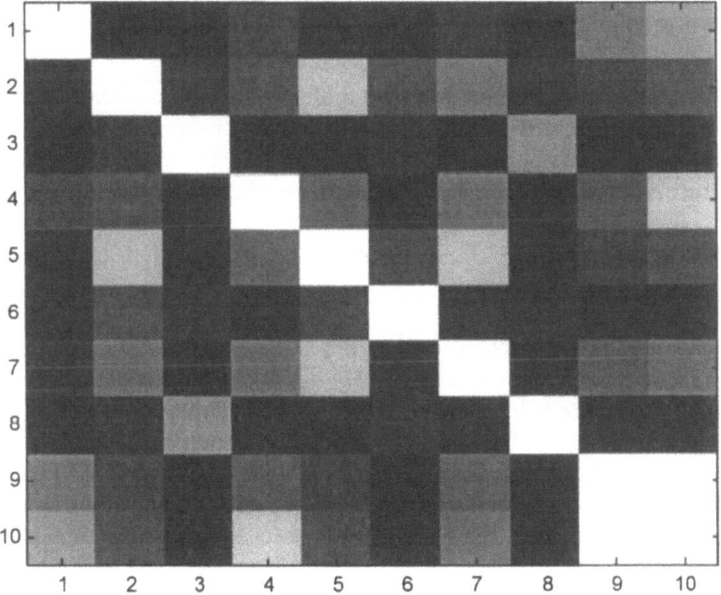

Abb. 9.6. Distanzmatrix der flüssigen Proben (Kreuzvalidation) basierend auf dem Korrelationskoeffizienten. Je dunkler der Bereich, desto unähnlicher sind die Spektren

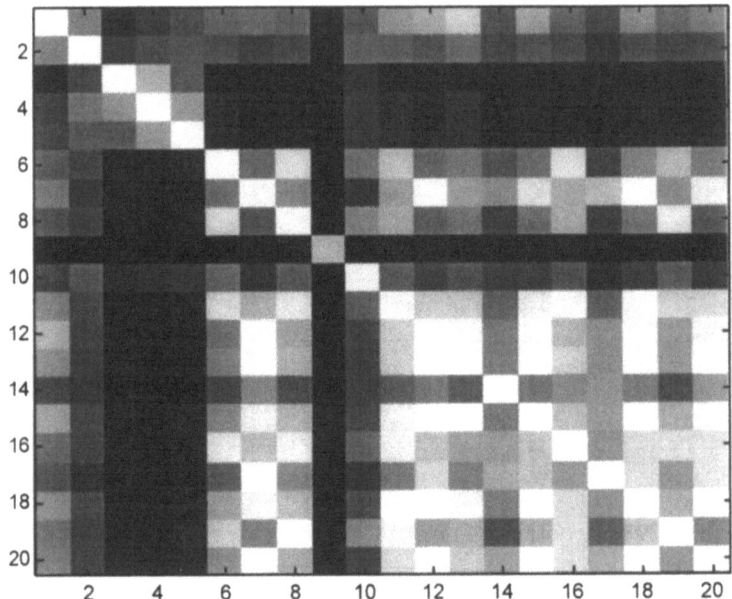

Abb. 9.7. Distanzmatrix der festen Proben (Kreuzvalidation) basierend auf dem Korrelationskoeffizienten. Je dunkler der Bereich, desto unähnlicher sind die Spektren

ren verwendet. Die flüssigen Proben konnten fehlerfrei identfiziert werden, für die festen Proben ergab sich eine Fehlzuordnung. Durch die Einführung einer unterschiedlichen Wichtung der Wellenlängenbereiche konnte auch hier eine zuverlässige Identifizierung bzw. Unterscheidung der Substanzen gefunden werden.

9.2.4
Klinische und forensische Analytik

Durch den Rechtsmediziners wird eine Spur am Ort des Geschehens beurteilt und als blutverdächtig oder nicht eingestuft. Da die Spuren nach dem äußeren Erscheinungsbild charakterisiert werden, sind Verwechslungen bei der Einschätzung am Tatort möglich. Der visuelle Eindruck ähnelt bei Speisesäften, Schokolade, Rost, Farbstoffen und Schminkartikeln dem des Blutes.

Die Möglichkeit des zerstörungsfreien Nachweises von Blutspuren durch eine Kombination der Aufnahme von Spektren mittels eines Handspektrometers im VIS-Bereich in Verbindung mit Klassifikationsverfahren wurde untersucht [15].

Insgesamt wurden 3054 Flecken von Blut und Nichtblutspuren auf verschiedenen Stoffen und Kartons jeweils viermal gemessen und daraus der Mittelwert gebildet. Die Nichtblutspuren wurden nach ihrem visuellen Eindruck, der Blut ähneln sollte, ausgesucht. Als Spurenträger wurden verschiedene Textilien und farbige Kartons in die Auswertung einbezogen (Abb. 9.8). Die Spektren der Flecken zeigten eine erhebliche Variabilität bezüglich des Erscheinungsbildes in Abhängigkeit vom Spurenträger.

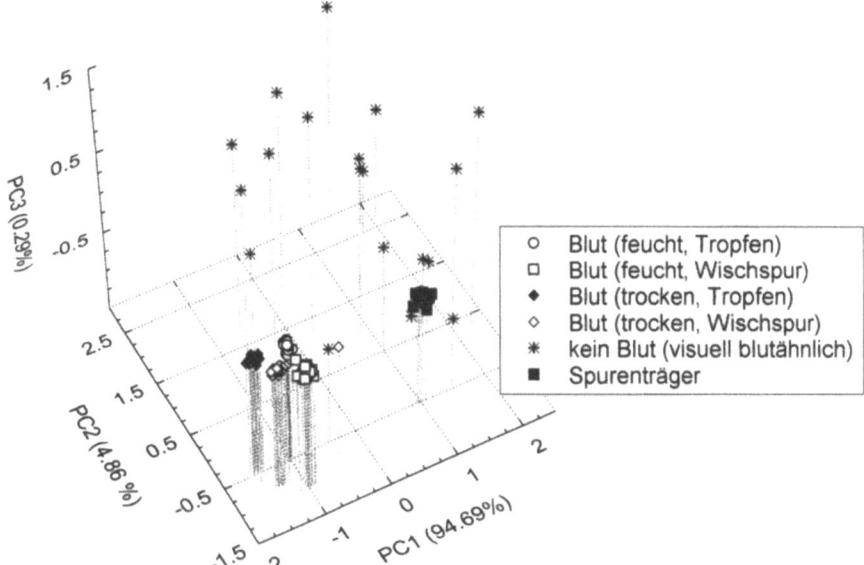

Abb. 9.8. Hauptkomponentenplot der Spektren von Spuren auf Karton

Mit dem entwickelten Verfahren wurde mit Hilfe der Klassifikation mit der Methode der k-nächsten Nachbarn (kNN, $k = 3$, vgl. Kap. 3) eine Zuordnungsquote von mindestens 96 % erreicht werden, wobei die Faktorwerte an Stelle der gemessenen Spektren als Eingangsgrößen herangezogen wurden.

Literatur

1. Jong de S (1991) Chemometrical applications in an industrial food research laboratory. Mikrochim Acta Wien 11: 93–101
2. Thiel G, Danzer K (1997) Direct analysis or mineral components in wine by inductively coupled plasma optical emission spectrometry) (ICP–OES). Fresenius J Anal Chem 357: 553 557
3. Liden H, Mandenius CF, Gorton L, Meinander NQ, Lundström L, Winquist F (1998). On-line monitoring of a cultivation using an electronic nose. Anal Chim Acta 361: 223–231
4. Dempster MA, Jones JA, Last IR, MacDonald BF, Prebble KA (1993) Near-infrared methods for the identification of tablets in clinical trial supplies. J Pharm Biomed Analysis 11: 1087–1092
5. Brandt J, Hitzmann B (1993) Expertensystemgestützte Überwachung komplexer Analysensysteme. Chem Ing Tech 65: 947–949
6. Danzer K, Wank U, Wienke D (1991) An Expert System for the Evaluation of Interlaboratory Experiments. Chemom Intell Lab Syst 12: 69–79
7. Aruga R, Mirti P, Casoli A (1993) Application of multivariate chemometric techniques to the study of roman pottery (terra sigillata). Anal Chim Acta 276: 197–204
8. Penninckx W, Smeyers-Verbeke J, Vankeerberghen P, Massart DL (1996) Selection of reference or test materials for the validation of atomic absorption food analysis. Anal Chem 68: 481

9. Wienke D, van den Brock W, Meissen W. Buydens L, Feldhoff R, Huth-Fehre T, Kantimm T, Quick L, Winter F, Cammann K (1996) Comparison of an Adaptive Resonance Theory based artificial neural network with other classifiers for fast sorting of post-consumer plastics by remote NIR Sensing with an InGaAs diode detector array. Anal Chim Acta 317: 1
10. Danzer K, Florian K, Singer R (1997) Investigation of the origin of archaelogical glass artefacts by means of pattern recognition. Anal Chim Acta 201: 289–294
11. G Kraus, G Gauglitz (1995) Optical reflectometric gas sensing: Pattern recognition techniques applied to RIfS sensor signals. Chemom Intell Lab Syst 30: 211–221
12. Eiax JW, Zwanziger HW, Geiß S (1997) Chemometrics in Environmental Analysis. VCH, Weinheim
13. Isaakson T, Naes T (1990) Selection of samples for calibration in near-infrared spectroscopy Part II: Selection based on spectral measurements. Applied Spectrosc 44: 1152–1158
14. Jagemann K, Fischbacher C (1999) Friedrich-Schiller-Universität Jena, unveröffentlichte Arbeit
15. Ruppe S (1999) Screeninganalyse zum Nachweis von Blutspuren mittels eines Handspektrometers im VIS-Bereich, Diplomarbeit Friedrich-Schiller-Universität Jena
16. Duewer DL, Kowalski BR (1975) Anal Chem 47: 526
17. Saxberg BEH, Duewer DL, Booker JL, Kowalski BR (1978) Anal Chim Acta 103: 201
18. Forina M, Armanino C (1982) Ann Chim 72: 127
19. Forina M, Tiscornia E (1982) Ann Chim 72: 143
20. Henrion G, Henrion R, Bacsó J, Uzonyi I (1990) Z Chem 30: 204
21. Danzer K, Singer R (1985) Mikrochim Acta Wien I: 219
22. Eschnauer HR (1998) Zur Önologie und Ökologie anorganischer Wein-Inhaltsstoffe. In: Günzler H et al. (Hrsg) Analytiker-Taschenbuch, Band 17 Springer, Berlin Heidelberg New York Tokio, S 293–316
23. Rapp A (1988) Wine Analysis. In: Linskens HF, Jackson HF Modern Methods of Plant Analysis. Springer, Berlin Heidelberg New York
24. Siegmund H, Bächmann K (1977) Z Lebensm Unters Forsch 164: 1
25. Siegmund H, Bächmann K (1978) Z Lebensm Unters Forsch 166: 298
26. Borszeki J, Koltay L, Inczedy J, Gegus E (1983) Z Lebensm Unters Forsch 177: 15
27. Larrechi MS, Rius FX (1987) Z Lebensm Unters Forsch 185: 181
28. Thiel G, Danzer K (1997) Fresenius J Anal Chem 357: 553
29. Li-Xian Sun, Danzer K, Thiel G (1997) Fresenius J Anal Chem 359: 143
30. Rapp A, Günthert M (1985) Vitis 24: 139
31. Rapp A, Ringlage S (1989) Vitis 28: 21
32. De la Calle García D, Reichenbächer M, Danzer K (1998) Vitis 37: 181
33. De la Calle García D, Reichenbächer M, Danzer K, Hurlbeck C, Bartzsch C, Feller KH (1998) Fresenius J Anal Chem 360: 784
34. Weber J, Beeg M, Bartzsch C, Feller K-H, De la Calle García D, Reichenbächer M, Danzer K (1999) J High Resol Chromatogr 22: 322
35. Danzer K, De la Calle García D, Thiel G, Reichenbächer M (1999) Amer Lab 31: 26
36. De la Calle García D (1997) Anwendung der Festphasenmikroextraktion (SPME) für die Gaschromatographische Analyse von Weinen und deren Klassifizierung mittels chemometrischer Methoden. Dissertation FSU Jena

10 Spektrenauswertung

Spektren entstehen, wenn man die Wechselwirkung einer Probe mit Photonen oder Mikroteilchen (zum Beispiel Elektronen) in Abhängigkeit von deren Energie studiert. Spektren sind als Signale in komplexer Weise vom Eingangssignal (zum Beispiel der Lichtstrahlung), den physikalischen und chemischen Eigenschaften der Probe, vom Messgerät und von der Messprozedur abhängig. Sie werden durch Störungen und Rauschen beeinträchtigt und sind im vollen Umfang Gegenstand der elementaren Signalverarbeitung (Kap. 6). Spektren zeichnen sich in diesem Kontext durch die Besonderheit aus, dass sie (in der Regel) aus einer großen Zahl geordneter Messpunkten bestehen, die einen Datenvektor bilden.

Spektren enthalten neben einer unvermeidbaren, stochastischen Komponente eine wohlbestimmte, strukturierte Information, zu der die vom Untersuchungsgegenstand und Untersuchungsziel abhängige Nutzkomponente gehört. Deren Ermittlung und Interpretation ist Gegenstand der Spektrenauswertung, deren Grundzüge in Abb. 10.1 skizziert werden.

Bei reinen Stoffen stehen die Strukturaufklärung, die Identifizierung und Klassifizierung im Vordergrund, die mit den Methoden der Bibliothekssuche und Spektreninterpretation behandelt werden können. Damit wird im Vorfeld angesammeltes Wissen in Form von Referenzspektren und Regeln zur Spektren-

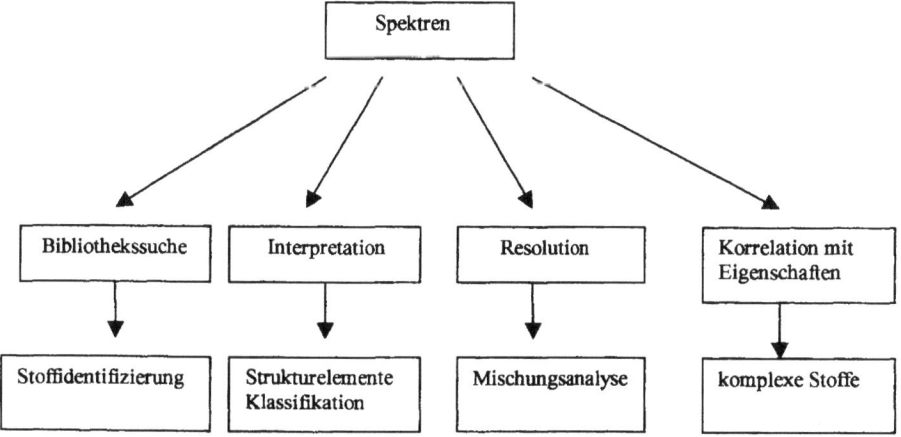

Abb. 10.1. Grundlinien der Spektrenauswertung

Struktur-Relation in die Auswertung eingebracht. Wenn man einfach zusammengesetzte Mischungen untersucht, ist die Separation der Spektren in die Beiträge der Mischungsbestandteile ein wichtiges Problem. Diese Frage kann man durch die Auswertung von Spektrenserien mit multivariaten Methoden oder durch eine Bandentrennung behandeln. Die bei der Bandentrennung angewandte Methode der optischen Modellierung erlaubt auch dann noch den Zugriff auf die chemisch relevante Information, wenn der spektrale Response durch ungewöhnliche Messbedingungen beeinflusst wird. Von großer Wichtigkeit sind die Spektren-Eigenschafts-Relationen, die mit Regressionsmethoden aufgeklärt werden können und die Möglichkeit bieten, auch komplexe Stoffe zu charakterisieren und aufwendige Spezialuntersuchungen durch einfache Spektralmessungen zu ersetzen.

10.1
Bibliothekssuche und Spektrenbibliotheken

Die *Bibliothekssuche* ist ein konzeptionell einfaches, aber leistungsfähiges Auswerteverfahren [1]. Das Probespektrum wird systematisch mit Spektren verglichen, die Bestandteile einer Spektrensammlung oder Spektrenbibliothek sind, und eine nach einem Ähnlichkeitswert geordnete Liste – die so genannte *Hitliste* – generiert, aus der man neben dem Ähnlichkeitsmaß die Namen, gegebenenfalls weitere Angaben über die Substanzen, deren Spektren dem Vorgabespektrum am ähnlichsten sind, entnehmen kann. Bibliothekssuche wird vor allem zur strukturellen Charakterisierung organischer Stoffe mittels ihrer IR-, Massen- und ^{13}C-NMR-Spektren angewendet. Sie ermöglicht in günstigen Fällen (wenn die Substanz im Bibliotheksbestand enthalten ist) eine Stoffidentifizierung und liefert bei neuen Stoffen, deren Spektren nicht in der Bibliothek sein können, Hinweise zu markanten Strukturmerkmalen und erlaubt die Einordnung der Substanz in eine bestimmte Stoffgruppe (Klassifizierung).

10.1.1
Prinzipien

- Spektrenbibliotheken sind Datenbanken. Sie erfordern eine strenge Formatisierung bezüglich der *Rekords* (Einträge für jeweils eine Referenzsubstanz) und der *Felder* (Informationseinheiten innerhalb eines Rekords). Für Spektrenbibliotheken sind zumindest zwei Felder notwendig: ein Feld für die Spektren und ein weiteres Feld für die Probenbezeichnung. Sie können beliebige weitere Felder enthalten, in denen zum Beispiel die Spektren aus anderen spektroskopischen Verfahren, Substanznamen, Strukturformeln, physikalische Kenngrößen oder Kommentare enthalten sind. Für die Suche muss zumindest das Spektrenfeld verfügbar sein.
- Referenzspektren müssen von hoher Qualität, möglichst frei von systematischen Fehlern und Rauschen und eindeutig kodiert sein. Das Probespektrum muss in derselben Weise wie die Bibliotheksspektren gemessen und aufbereitet werden. Dies erfordert in der Regel eine gewisse Spektrenvorbehandlung (Untergrundsubtraktion, Normierung) und eine Kodierung.

- Die Zusammensetzung der Spektrenbibliotheken ist für die Leistungsfähigkeit der Bibliothekssuche wichtig. Eine ausgewogene, repräsentative Belegung des problemspezifischen Probenraums sollte angestrebt werden. Für breit gefasste Aufgaben sind umfangreiche, wenig spezialisierte Bibliotheken zweckmäßig. Für einen Spezialisten ist die selbst zusammengestellte Bibliothek die beste Wahl.

10.1.2
Realisierung der Bibliothekssuche

Suchsysteme lassen sich zwei Kategorien zuordnen:

- Im Zusammenhang mit umfangreichen spektroskopische Datenbanken (ca. 10^5 Rekords), die zentral aufgebaut und gepflegt werden, sind komfortable Suchsysteme zu finden, die verschiedene Felder, auch in Kombinationen abfragen können und neben der Spektrensuche (welche Struktur gehört zum Anfragespektrum?) auch eine Struktursuche (welches Spektrum gehört zu einer bestimmten Struktur?) ermöglichen. Die eigentliche Suche wird im Server der Datenbank ausgeführt. Am Client-Rechner wird die Suchanfrage formuliert und die Ergebnisdarstellung organisiert. Bei diesen System hat der Nutzer keine Möglichkeit, den Datenbestand zu verändern oder eigene Bibliotheken zu entwickeln.
- Als Bestandteil der Software größerer Messgeräte, aber auch als eigenständige Programme trifft man Spektrensuchsysteme für Laborrechner, die mit mittelgroßen Spektrenbibliotheken ($10^3 - 10^4$ Rekords) kommerziellen Ursprungs arbeiten können und die Möglichkeit bieten, auch eigenen Spektrensammlungen aufzubauen. Diese Systeme bewältigen die eigentliche Spektrensuche, man kann verschiedenen Bibliotheken in einem Suchlauf kombinieren, unter Umständen auch in Text- oder Variablenfeldern suchen. Sie sind in der Regel aber nicht zur Struktursuche fähig.

Als Beispiel für eine Bibliothekssuche mit einer spektroskopische Datenbank soll das SpecInfo-System, das über STN International und seit einiger Zeit auch über das Internet verfügbar ist, angeführt werden [2]. Die Datenbank enthält zur Zeit etwa 80000 ^{13}C-NMR Spektren (auch ^{19}F, ^{15}N, ^{17}O und ^{31}P-Spektren), etwa 17000 IR-Spektren und 66000 Massenspektren. Die Substanzen werden durch den chemischen Namen, die Molekülformel und die Molmasse, zum Teil durch die CAS-Nummer gekennzeichnet. Man kann mit diesem System eine Spektrensuche durchführen und erhält nach der Eingabe des Anfragespektrums (Import als JCAMP-File) eine Hitliste der ähnlichsten Spektren.

Abbildung 10.2 zeigt das über das Internet aufgebaute, interaktive Programmfenster, wie es nach der Spektrensuche für ein IR-Spektrum erscheint. Im oberen Teil ist das Anfragespektrum dargestellt, im unteren Teil findet man die Hitliste und das in der Hitliste ausgewählte Referenzspektrum. Auf der rechten Seite wird die Strukturformel angegeben und eine Liste weiterer Spektren, die zu dieser Substanz vorliegen, gezeigt. Das erste Referenzspektrum weist in der Hitliste den Quality-Wert von 1000 auf, das bedeutet perfekte Übereinstimmung mit

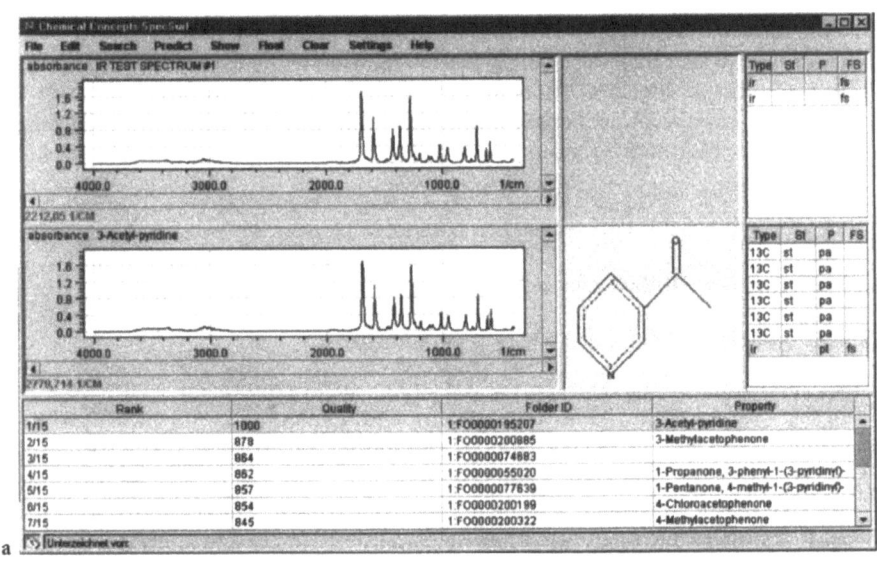

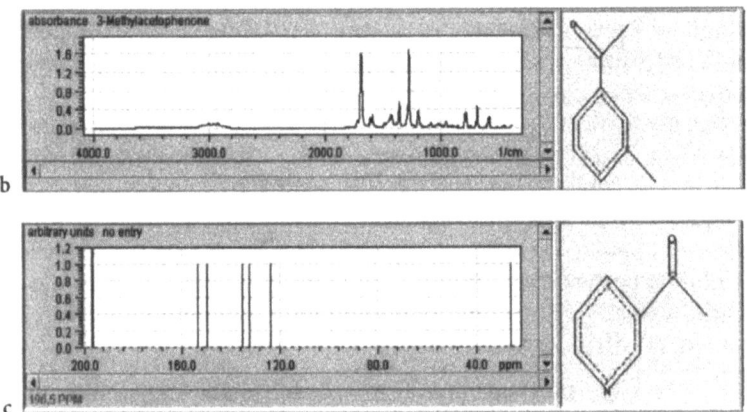

Abb. 10.2 a–c. Spektrensuche im SpecInfo-System [2]. a Suche nach dem oben angegebenen IR-Spektrum, Spektrum des 1. Hits und Hitliste, b Ergebnisanzeige für den 2. Hit, c das zum 1. Hit gehörende NMR-Spektrum

dem Anfragespektrum (Identität). Den folgenden Einträgen der Hitliste entsprechen kleinere Quality-Werte und weniger ähnliche Spektren. Als Beispiel wird das Spektrum des zweiten Hits im mittleren Teil des Bildes zitiert. Wenn man zum ersten Hit zurückkehrt und das für diese Substanz bereitgehaltene NMR-Spektrum anwählt, bekommt man das im unteren Teil gezeigte Ergebnis. Das Programm erlaubt auch eine Interpretation des NMR-Spektrums. Man kann wahlweise in der Strukturformel ein Kohlenstoffatom oder im Spektrum eine Linie auswählen und bekommt das korrespondierende Element im Nachbarfenster angezeigt. Im Bild sind das Kohlenstoffatom der Carbonylgruppe und die Linie bei $\delta = 192$ ppm herausgehoben.

10.1 Bibliothekssuche und Spektrenbibliotheken 341

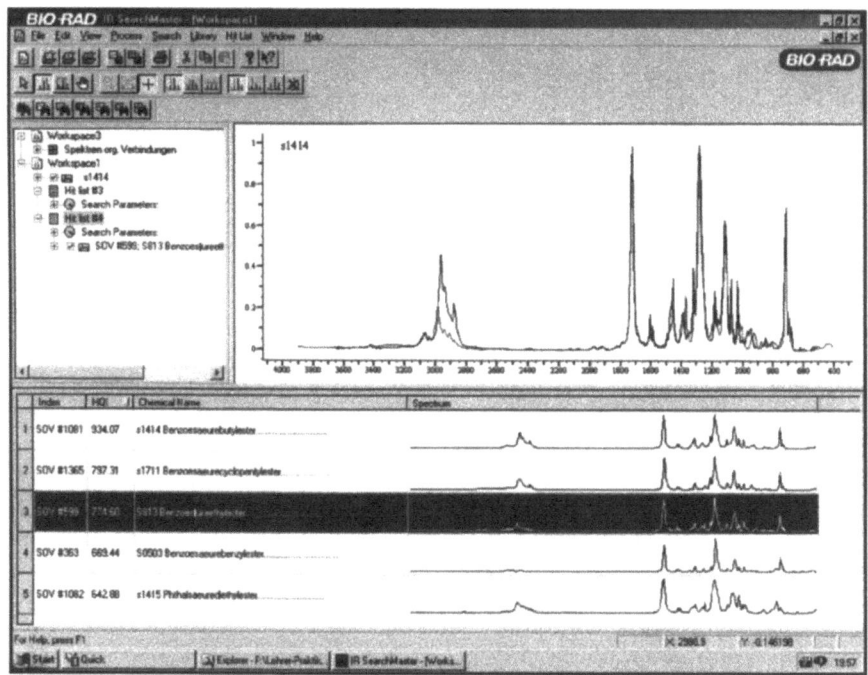

Abb. 10.3. Bibliothekssuche mit SearchMaster [3]. Oben Probespektrum und das 3. Hit-Spektrum, im unteren Teil ist die Hitliste angegeben

Um ein Beispiel für das Interface eines kleineres Suchsystem anzuführen, wird die Suche nach einem IR-Spektrum mit dem Programm SearchMaster [3] gezeigt (Abb. 10.3). Die Hitliste wird im unteren Teil mit Einträgen zum Spektrenindex, dem Qualitätsparameter (Maximalwert ist 1000), den Substanznamen und den IR-Spektren angegeben. Im Hauptfenster werden das Anfragespektrum und das Spektrum des ausgewählten Hits übereinander dargestellt, um den visuellen Vergleich zu erleichtern.

10.1.3
Methodische Aspekte der Bibliothekssuche

Es gibt zahlreiche Arbeiten, die sich mit methodischen Aspekten der Bibliothekssuche beschäftigen. Die Chemometrik-Reviews der Analytical Chemistry geben einen Überblick über diese Bemühungen [4]. Wichtige Stichworte sind die Spektrencodierung [5], hierarchische Strukturen der Spektrensammlung [6], effektive Vergleichsprozeduren [7] und flexible Suchstrategien [8].

Spektrencodierung. Spektren können in verschiedenen Formen in Bibliotheken zusammengefasst und für den Spektrenvergleich verwendet werden. In Abb. 10.4 werden als Beispiel drei Darstellungen eines IR-Spektrums angegeben:

Oben ist der unveränderte und nur auf den Bereich 400 bis 3800 cm^{-1} begrenzte Datensatz von äquidistanter Ordinatenwerte zu betrachten, der rech-

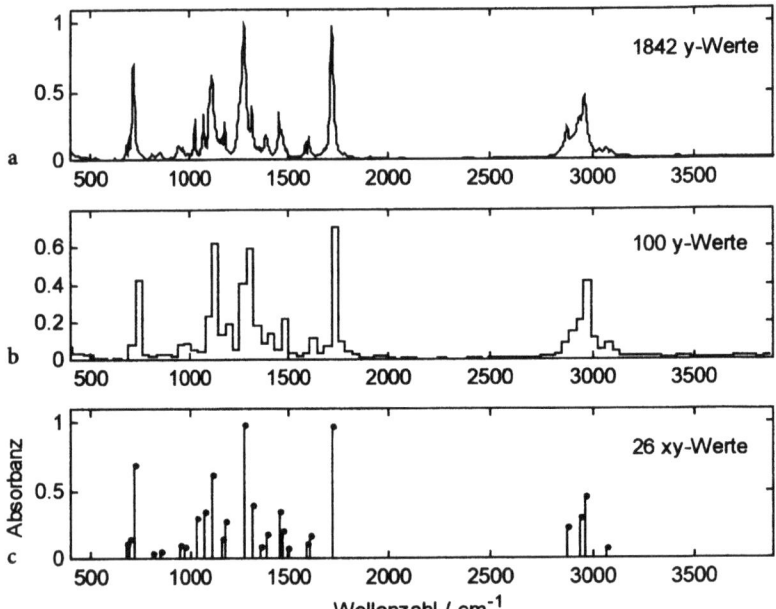

Abb. 10.4a–c. Spektrendarstellung. **a** Originalspektrum, **b** durch Interpolation im Fourierbereich auf 100 Punkte verkürzt, **c** Peak-Liste mit 26 Positions-Intensitäts-Wertepaaren

nerintern als eine Folge von ca. 1800 Realzahlen gespeichert wird (die Abszisse kann aus dem Anfangswert und der Schrittweite rekonstruiert werden). Als zweite Darstellung wird ein aus 100 äquidistanten Ordinatenwerten bestehendes Spektrum angegeben, das durch eine Spline-Interpolation der Fouriertransformierten berechnet wurde (Matlab-Befehl: interft(y, 100)). Schließlich kann man durch den Übergang zu einer Peaklistendarstellung eine weitere Verminderung der Wertezahl erreichen. Für eine Peakliste bestimmt man die Positionen und Intensitäten der Maxima im Spektrum und speichert jede Bande mit zwei Werten ab (für unser Beispiel bedeutet das eine Darstellung mit 26 · 2 = 52 Werten). Allerdings sind die Stützstellen in dieser Darstellung nicht mehr äquidistant verteilt, man muss komplizierte Vergleichsprozeduren verwenden. Vergleichende Versuche haben ergeben, dass die Bibliothekssuche durch die Verwendung reduzierter Spektren nur wenig beeinträchtigt wird. Da die erzielbare Speicherplatzeinsparung seit einigen Jahren jedoch weniger ins Gewicht fällt, bevorzugt man Bibliotheken mit unverkürzten Spektren, die man leichter zwischen verschiedenen Systemen austauschen kann.

Man kann die Sucheffektivität durch die Anwendung von Bibliotheken mit *hierarchisch* geordneten Rekords, die mit der Abarbeitung eines binären Entscheidungsbaums durchsucht werden können, erhöhen. Der zusätzliche Aufwand ist aber nur zu rechtfertigen, wenn schnelle Suchergebnisse beim Einsatz gekoppelter Methoden erzielt werden müssen.

Vergleichsprozeduren. Bevor eine Bibliothekssuche gestartet wird, ist eine Vorbehandlung des Probenspektrums notwendig, um Untergrundanteile zu eliminieren, eine Normierung durchzuführen und eine Angleichung an das Format der Bibliotheksspektren zu erreichen (Angleichung des Stützstellensystems, Kodierung). Bei der Normierung wird zumeist die Norm (Vektorlänge) des Spektrums

$$l = \sqrt{\sum_i y_i^2} \tag{10.1}$$

gleich Eins gesetzt.

Bei Intensitätsspektren vergleicht man Probe- und Bibliotheksspektrum, indem man eine Vektordistanz berechnet (s. Kap. 3). Dies ist im einfachsten Fall die Summe der Absolutwerte der Punktdifferenzen

$$d = \sum_i |a_i - b_i| \tag{10.2}$$

Die Distanzberechnung kann modifiziert werden: anstelle der Absolutwerte kann man auch die Quadrate der Differenzen addieren oder die Euklidische Distanz (die Wurzel aus der Quadratsumme) berechnen. Die Suchergebnisse werden durch diese verschiedenen Ansätze nicht wesentlich verändert.

Wenn man die Spektrenbibliothek aus den Fouriertransformierten der Spektren aufbaut, ist das Skalarprodukt p von Probe und Referenzspektrum ein zweckmäßiges Ähnlichkeitsmaß

$$p = \sum_{i=1}^{n} a_i b_i \tag{10.3}$$

Bei normierten Spektren entspricht dieser Wert dem Korrelationskoeffizienten. Die Identität zweier Spektren wird durch $p = 1$ angezeigt.

Suchprozeduren, die mit Parameterlisten, z.B. Peaktabellen, arbeiten, sind komplizierter. Hier muss für jeden Peak, der im Probe- und im Referenzspektrum auftritt, ein Übereinstimmungsgrad ermittelt werden, bei dessen Berechnung entweder eine probabilistische Schätzung auf der Basis angenommener Verteilungsfunktionen oder eine diskrete Entscheidung, bei der den Parametern ein bestimmtes Toleranzintervall zugestanden wird, erforderlich ist.

Suchstrategien. Man kann die Ergebnisse einer Bibliothekssuche beeinflussen, indem man die Diskrepanzen zwischen dem Probe- und dem Referenzspektrum verschieden bewertet. Durch das Zurückweisen jeglicher Abweichungen kann man dem Suchsystem ein Binärcharakteristik aufprägen, die in einfachen Situationen, etwa bei Reinheitskontrollen nützlich ist. Wenn man das Auftreten überzähliger spektraler Elemente im Probespektrums toleriert, bekommt man auch bei verunreinigten Proben noch gute Hinweise auf die Hauptkomponente. Bei einer Ähnlichkeitssuche, die man anstreben muss, wenn das Spektrum einer neuen Probe nicht in der Bibliothek zu erwarten ist, sollten überzählige Spektralelemente sowohl im Proben- als auch in den Referenzspektren toleriert werden. Hier geben die gefundenen Spektren Hinweise auf die molekulare Struktur der Probe. Die geringste

Trennschärfe wird bei der Klassifikationssuche erwartet. Sie wird im Zusammenhang mit GC-MS- oder GC-IR-Experimenten angewandt, wenn in komplizierten Mischungen nach bestimmten Stoffgruppen (zum Beispiel aromatischen Verbindungen) zu fahnden ist und auf eine molekulare Individualisierung verzichtet werden kann. Die Spektrenbibliothek kann dann auf wenige charakteristische Spektren (noch besser auf Diskriminatorspektren, die man durch vorgelagerte Klassifizierungen entwickeln muss) reduziert werden. In Echtzeit kann die Zuordnung eines Spektrums zu einer der vorgegebenen Gruppen ermittelt und parallel zum Chromatogramm in einem sogenannten Chemigramm dargestellt werden.

10.2
Spektreninterpretation und Strukturermittlung

Die Spektreninterpretation [9] zielt darauf ab, aus Spektrenmerkmalen Aussagen über die An- oder Abwesenheit von Strukturelementen in einer Probe abzuleiten. Dabei werden Expertensysteme, multivariate Methoden der Klassifizierung oder Neuronale Netze eingesetzt. Im Vergleich zur Spektrensuche erfolgt die Spektreninterpretation auf einer höheren Abstraktionsebene. Die Spektreninterpretation ist eine wichtige Etappe der Strukturaufklärung, sie ermöglicht die Aufstellung der Kandidatenstrukturen, aus deren Verifikation ein Strukturvorschlag entwickelt wird. Die Spektreninterpretation hat zwei weitere Aspekte:

- Klassifikation von Stoffen und Stoffmischungen,
- die Ermittlung neuer Spektren-Struktur-Korrelationen.

10.2.1
Spektren-Struktur-Relationen

Für die Strukturermittlung sind die ^{13}C-NMR-Spektroskopie, die IR- und Massenspektroskopie besonders wichtig, jede dieser Methoden bildet die Struktur einer Substanz in anderer Weise in den Spektren ab.

Infrarotspektroskopie
Für die Infrarotspektroskopie ist das Konzept der charakteristischen Banden, denen bestimmte Atomgruppen (funktionelle Gruppe) entsprechen, ein fruchtbarer Ansatz für die Spektreninterpretation [10]. Es gibt einige Grundregeln, die in Analogie zu der für zweiatomige Moleküle gültigen Beziehung zwischen der Schwingungsfrequenz v, der Kraftkonstanten k und der reduzierten Masse μ

$$v = \frac{1}{2\pi}\sqrt{\frac{k}{\mu}} \tag{10.4}$$

eine Abschätzung von Schwingungsfrequenzen ermöglichen und auch einem ungeübten Experimentator wichtige Charakteristika der chemischen Struktur und die Anwesenheit bestimmter funktioneller Gruppen erkennen lassen. Allerdings gibt es neben den deutlichen Effekten auch weniger auffällige Befunde und

10.2 Spektreninterpretation und Strukturermittlung   345

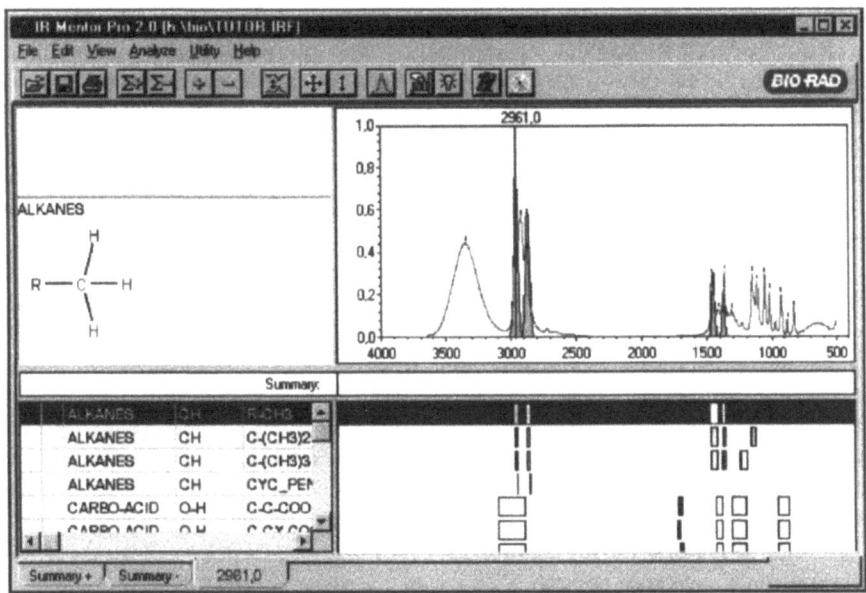

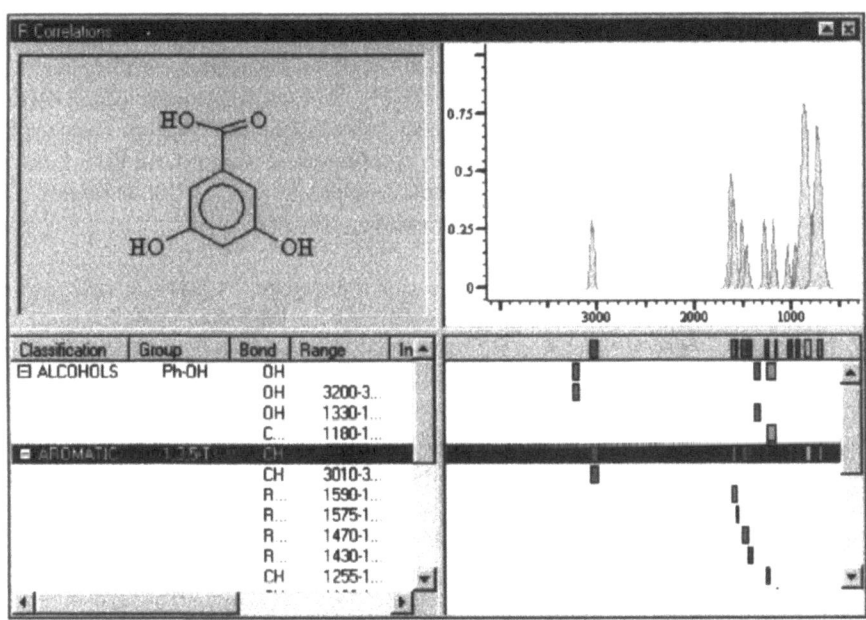

Abb. 10.5 a, b. Struktur-Spektren-Korrelationen. **a** Analyse eines IR-Spektrums (rechts) bei Selektion der Bande bei 2960 cm^{-1}, im unteren Teil wird die Liste der möglichen Strukturelemente und der charakteristischen Banden angegeben, Selektion der Methylgruppe: die charakteristischen Banden werden in das Spektrum eingeblendet (IR-Mentor), **b** Vorhersage des Spektrums für eine vorgegebene Struktur (links), im unteren Teil erscheint eine Liste von Substrukturen und deren charakteristische Banden, nach Auswahl einer Substruktur (Aromat) wird ein schematisches Bild des Teilspektrums gezeichnet (rechts) (Chem Windows [3])

differenzierende Merkmale, die nur dem Spezialisten zugänglich sind. Eine gewisse Variationsbreite der Parameter der charakteristischer Banden kann zu Mehrdeutigkeiten führen und die Interpretation erschweren. Es ist daher hilfreich, wenn man die Spektreninterpretation mit Computerunterstützung durchführen kann. Man darf dann sicher sein, keine wichtige Möglichkeit übersehen zu haben, allerdings muss man in der Lage sein, die verschiedenen Strukturhinweise, die durch die formale Anwendung der im Rechner gespeicherten Regeln zustande kommen, auch kritisch zu bewerten.

Abbildung 10.5 zeigt zwei Programmvarianten für einfache Spektreninterpretationen, bei denen die Strukturelemente und die charakteristischen Banden anschaulich dargestellt werden [3]. Man kann von einem Spektrum ausgehen und eine Interpretation markanter Banden abfragen. Das Programm durchsucht dann eine Bibliothek, in der Spektralbereiche und Strukturelemente korreliert werden und gibt eine Liste der möglichen Strukturelemente (ergänzt durch deren charakteristische Banden) aus. Man kann aber auch eine Strukturformel vorgeben. Das Programm ermittelt die beteiligten Substrukturen und stellt sie in einer Liste (ergänzt durch die charakteristischen Banden) zusammen. Indem man eine der Substrukturen auswählt, kann man sich das korrespondierende Teilspektrum anzeigen lassen.

Massenspektroskopie. Wichtige Informationen sind der Molekülpeak und die Gesamtheit der Fragmentpeaks, die durch die Dissoziationen und Umlagerungen der angeregten Moleküle entstehen [11]. Strukturelemente sind aus dem Fragmentmuster und Massezahl-Differenzen zwischen den Fragmenten, welche Neutralteilchenabspaltungen belegen, zu erkennen, allerdings sind die Befunde oft mehrdeutig. Die Vorhersage von Massenspektren durch Berechnungen ist schwierig und noch nicht als Routineverfahren einsetzbar.

^{13}**C-NMR-Spektroskopie.** Betrachtet man spinentkoppelte ^{13}C-NMR-Spektren, ergeben sich besonders einfache Spektren, die man als ein System von Linien, bei denen nur die Positionen wichtig sind, darstellen kann. Jedes nichtäquivalente C-Atom des Moleküls erzeugt eine spezifische Linie im NMR-Spektrum, die man durch eine Suche in einer Bibliothek, in der Linienlagen gespeichert sind, einer bestimmten Substruktur – dem Kohlenstoffatom in einer bestimmten atomaren Umgebung – zuordnen kann [12]. Damit vereinfacht sich die Interpretation der NMR-Spektren auf eine Datenbankabfrage. In Abb. 10.2 ist ein solches Beispiel angegeben, wo für ein bestimmtes Kohlenstoffatom die zugehörige Resonanzlinie markiert wird.

10.2.2
Expertensysteme und Strukturermittlung

Ein Expertensystem arbeiten mit einer *Wissensbasis*, bei der Spektreninterpretation ist dies eine Sammlung von Spektren-Struktur-Regeln. Indem es diese Regeln in einer bestimmten und durch Zwischenergebnisse modifizierten Weise abarbeitet, liefert es bei der Eingabe eines IR- oder Massenspektrums Aussagen zur Anwesenheit oder Abwesenheit von Substrukturen. Die in der Wissensbasis enthaltenen Regeln werden von Experten formuliert oder in einem rechnergestützten induktiven Lernprozess erarbeitet.

Expertenwissen kann in unterschiedlicher Form dargestellt und abgearbeitet werden: in den meisten Fällen durch eine Folge von logischen Konditions-Aktions-Beziehungen oder durch ein semantisches Netz, dessen Knoten die relevanten Fakten und dessen Kanten die Verknüpfung mit anderen Fakten darstellen. Genetische Algorithmen, bei denen die am ehesten zutreffenden Zusammenhänge zwischen den Fakten dynamisch entwickelt werden, finden hier ebenfalls einen Platz. Die einzelnen Etappen können seriell oder iterativ abgearbeitet werden. Indem man eine gewisse Granularität in die Wissensdarstellung einbaut, zunächst Grobentscheidungen, später Detailentscheidungen durchführt, kann man die Effektivität erhöhen.

Als Beispiel soll eine von Elyashberg und Gribov [13] angegebene Möglichkeit zur spektroskopischen Strukturbestimmung skizziert werden. Diese Aufgabe ist sehr anspruchsvoll. Sie gehört in die Kategorie der inversen und unvollständig definierten Probleme, bei denen nur durch die Einführung von Randbedingungen eindeutige Lösungen zu erwarten sind. Eingangsinformationen sind die (massenspektrometrisch zugängliche) Summenformel, IR- und ^{13}C-NMR-Spektren, die durch ^{1}H-NMR-Spektren ergänzt werden können. Die Datenbasis besteht aus mehreren, hierarchisch (allgemein/speziell) geordneten Regelsammlungen. Die Strukturermittlung erfolgt in mehreren Etappen:

- Bestimmung der Strukturfragmente (funktionelle Gruppen) durch Anwendung der Interpretationregeln für IR- und NMR-Spektren. Die betreffenden Routinen produzieren ein System logischer Gleichungen, in denen alle Verknüpfungsmöglichkeiten der spektroskopischen Merkmale und der Strukturfragmente erfasst werden. Die Lösung dieser Gleichungen ergibt dann eine Reihe von Fragmentsätzen, von denen jeder die Spektren erklären kann. Durch die Anwendung von Fuzzy-Prinzipien wird die Variationsbreite spektroskopischer Parameter berücksichtigt und den ermittelten Strukturfragmenten ein Wahrscheinlichkeitswert zugewiesen.
- Generierung von Strukturformeln: Es werden die Strukturformeln aller Isomeren, die mit der Summenformel und den ermittelten Fragmenten verträglich sind, berechnet. Bei mittelgroßen Molekülen ergeben sich 10^4 bis 10^5 Möglichkeiten.
- Einengung der Strukturmöglichkeiten durch Verifikation: durch die Anwendung von Selektionsfiltern, die darauf abzielen, die Konsistenz der Strukturvorschläge mit den charakteristischen Merkmalen der experimentellen Spektren zu prüfen, die Übereinstimmung des vorhergesagten ^{13}C-NMR-Spektrums (Lininenlagen und Multiplizitäten) mit dem experimentellen Spektrum zu prüfen und die Plausibilität der vorgeschlagenen Strukturen vom Standpunkt der Strukturchemie und Stereochemie zu prüfen. Damit kann man in der Regel die Zahl der Strukturvorschläge drastisch – oft bis auf einen einzigen – vermindern. In problematischen Fällen muss eine quantenmechanische Berechnung die Entscheidung herbeiführen.

10.2.3
Lineare Lernmaschine (Entwicklung von Diskriminanzfiltern)

1969 wurden von Jurs, Kowalski und Isenhour eine Serie kurzer, aber folgenreicher Arbeiten veröffentlicht, die die heuristischen Nutzbarkeit spektraler Datensammlungen und neue automatisierte Möglichkeiten der Wissensgewinnung demonstrierten und einen der Kristallisationskeime der Chemometrik darstellten [14]. Das Prinzip soll am Beispiel der Ermittlung von Summenformeln aus niedrigaufgelösten Massenspektren vorgestellt werden. Die Lernmaschine (Abb. 10.6) ist in diesem Fall eine Sequenz binärer Klassifizierer, die ein Eingabemuster (das zu bewertende Massenspektrum) in eine hierarchisch geordnete Folge von Ja-Nein-Entscheidungen umsetzt, die am Ende die gewünschte Aussage geben. Die Klassifizierer müssen in einer vorgelagerten Trainingsphase das erforderliche Diskriminationsverhalten, das in einer Gewichtsfunktion w fixiert wird, erlernen. Eingabemuster für das Training sind eine größere Zahl von Massenspektren, die man einer Spektrensammlung entnimmt. Diese Spektren bilden einen aus d Elementen bestehenden Datenvektor $\mathbf{x}$ (eine nach der

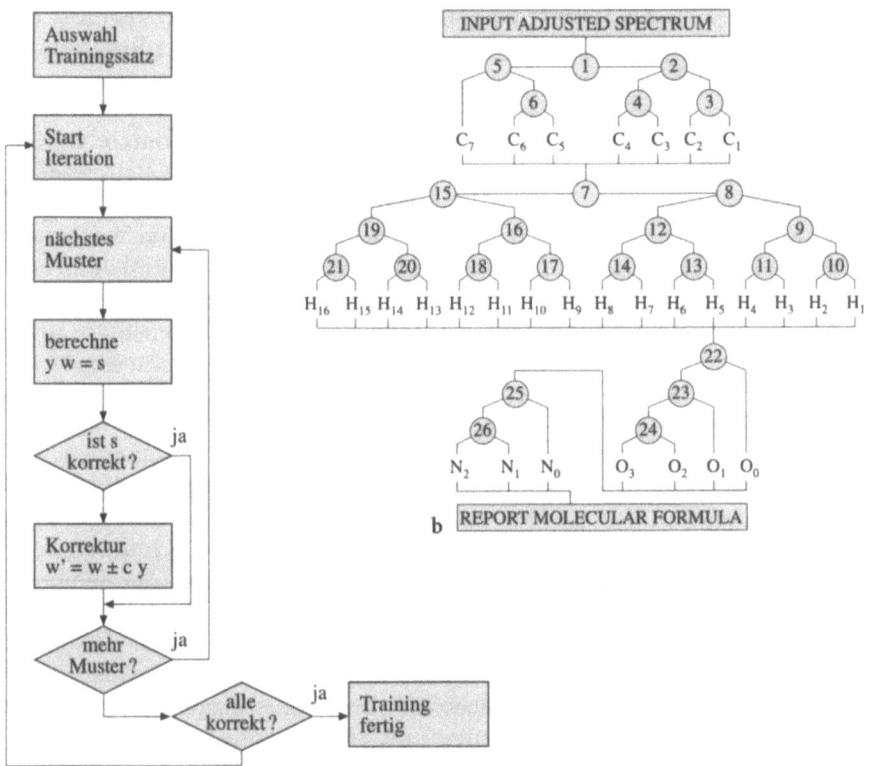

Abb. 10.6.a, b. Lineare Lernmaschine. **a** Schema der Trainingsprozedur, **b** Entscheidungsbaum zur Bestimmung der Summenformel aus Massenspektren (nach [14])

Massenzahl geordnete Folge von Intensitätswerten), der mit einem zusätzlichen Element zu einem $(d+1)$-dimensionalen Vektor y aufgeweitet wird. Am Anfang wird der Gewichtsvektor w als Eins-Vektor initialisiert. Im Traininglauf wird für jedes der Testspektren das Skalarprodukt y w, auch als Diskriminationsfunktion s bezeichnet, berechnet

$$s = w_1 y_1 + w_2 y_2 + \cdots + w_d y_d + w_{d+1} \tag{10.5}$$

Die Ja-Nein-Entscheidung wird durch das Vorzeichen von s bestimmt: $s > 0$ ergibt Kategorie 1, $s < 0$ hingegen Kategorie 2. Wenn die Entscheidung mit der Erwartung übereinstimmt, wird das nächste Muster bearbeitet, wenn die Entscheidung falsch war, wird die Diskriminationsfunktion korrigiert:

w' = w + c y,   wenn y in der Kategorie 1 sein sollte,

w' = w − c y,   wenn y in der Kategorie 2 sein sollte.

Wenn eine Korrektur durchgeführt wurde, ist eine weitere Iteration des Lernprozesses erforderlich, bis am Ende alle Trainingsspektren korrekt klassifiziert wurden. Das Lernergebnis ist der Gewichtsvektor w, der nicht nur die Spektren des Trainingssatzes, sondern mit einer gewissen Wahrscheinlichkeit auch unbekannte Spektren in Bezug auf die trainierte Frage richtig bewertet.

In der Anwendungsphase berechnet man mit dem Gewichtsvektor und dem unbekannten Spektrum einen s-Wert und weist das Spektrum entsprechend dem Vorzeichen von s einer der beiden Kategorien zu.

Um die gewünschte Summenformel aus dem Massenspektrum zu erhalten, wird eine ganze Sequenz solcher Binärklassifizierer eingesetzt, die zunächst über die Zahl der Kohlenstoffatome, dann der Wasserstoffatome etc. entscheiden und schließlich die Summenformel präsentieren.

Dieses einfache Verfahren erfordert keine Vorab-Informationen, es beruht lediglich auf den experimentellen Daten, die im Trainingsdatensatz verwendet wurden. Zuweisungsergebnisse für unbekannte Spektren fallen nur dann zufriedenstellend aus, wenn der Trainingsdatensatz aus qualitativ guten und repräsentativ ausgewählten Spektren besteht. Der Vorteil dieser Methode besteht darin, dass man auch Probleme, für die es keinen einfachen mathematischen Zugang gibt, bearbeiten und in den Eingangsdaten zwanglos die Befunde mehrerer Methoden kombinieren kann. Das hier skizzierte Prinzip, spektroskopische Befunde mit strukturellen Merkmalen zu verknüpfen, ist verallgemeinerungsfähig und wird auch bei der Ermittlung von Spektren-Eigenschafts-Relationen benutzt. Nachteilig ist der bescheidenen Abstraktionsgrad der Ergebnisse sowie der Umstand, dass deren Qualität deutlich von der Auswahl der Trainingsdaten abhängig ist. Die fehlende theoretische Grundlage eröffnet die Chance, auch bei unsinnigen Fragen eine (natürlich ebenfalls unsinnige) Antwort zu bekommen. Neuere Anwendungen dieser Methode firmieren unter dem Namen Mustererkennung (Pattern Recognition) und benutzen etwas komplizertere Algorithmen [15].

10.2.4
Spektreninterpretation mit Neuronalen Netzen

Das Prinzip der Artifiziellen Neuronalen Netze (ANN) [16] wurde in Abschnitt 7.9.1 dargestellt. Wenn man ANN für die Spektreninterpretation anwendet, wird als Eingangsvektor der Satz von spektroskopischen Merkmalen einer Substanz angegeben. Im Ausgangsvektor stehen dann Informationen über die An- oder Abwesenheit zuvor definierter Strukturelemente.

In der Trainingsphase lernt das Netz induktiv durch die Korrelation zwischen dem Input (z. B. IR-Spektrum) und dem Output (z. B. An- oder Abwesenheit funktioneller Gruppen). Das Ergebnis ist eine spezifische Wichtung der Verbindungen zwischen den Neuronen. Wie bei der Lernmaschine müssen die komplexe Beziehungen zwischen Spektren und Strukturen nicht bekannt sein, um das Training durchzuführen. Ein trainiertes Netz ist ein effektives Mittel der Muster-Klassifikation, bei der ein Input-Pattern – ein Vektor von Datenobjekten – in einen Outputvektor, das Klassifikationsergebnis, übergeführt wird.

Da Netze aus den angebotenen Beispielen lernen, ist die Voraussagequalität deutlich von den Trainingsdaten abhängig. Nur solche Eigenschaften, die innerhalb des Informationsraums der Trainingsdaten liegen, werden gut vorausgesagt. ANN haben gute Interpolations- aber schlechte Extrapolationseigenschaften.

Die Anwendung von ANN zur Spektreninterpreation soll durch eine der erster Arbeiten auf diesem Gebiet [17] demonstriert werden (Abb. 10.7). Von Munk und Mitarbeitern wurde ein sogenanntes einfaches, lineares Modell, ein Netzwerk, das bloß aus einer Eingangs- und einer Ausgangsschicht besteht (Abb. 10.7a), verwendet, um funktionelle Gruppen (auch größere Strukturmotive) in IR-Spektren zu erkennen. Dieser einfache Typ von NN hat zwar nicht die beste Separationsleistungen, besitzt aber den Vorteil, dass man in den Gewichten des trainierten Netzes noch interessante spektroskopische Information feststellen kann. (Diese Möglichkeit ist bei komplizierten Netzarchitekturen nicht mehr gegeben, das NN wird hier zu einer Black-Box-Technologie.) Die Spektren wurden als Vektoren mit 640 ungleichförmig verteilten Werten aufbereitet, die in die Eingangsknoten x_i eingespeist wurden. Über die Linearkombination werden die 128 Ausgangselemente y_i, die 128 Substrukturen entsprechen, berechnet

$$y_i = \sum_i x_i c_{ij} \tag{10.6}$$

Das Training verläuft so, dass man die Differenz zwischen dem Ausgabevektor **Y** und dem Erwartungsvektor **T** zur Korrektur der Gewichtsfaktoren c_{ij} benutzt

$$c'_{ij} = c_{ij} + k(t_i - y_i) c_{ij} \tag{10.7}$$

Bei der Verwendung von ca. 6000 Trainingsspektren waren etwa 30 Trainingsläufe erforderlich, um einen stationären Netzzustand zu erreichen. Im

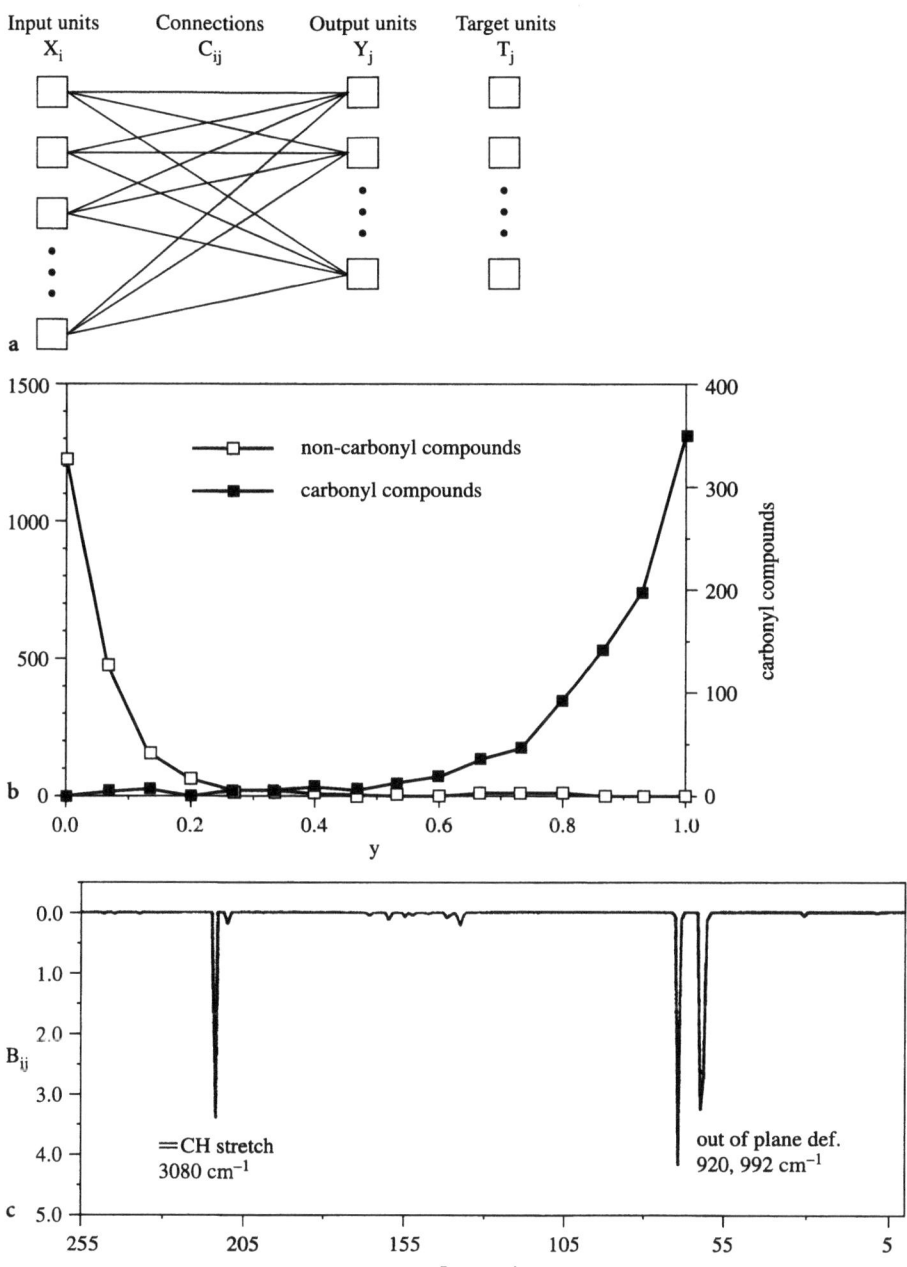

Abb. 10.7 a–c. Spektreninterpretation mit einem linearen neuronalen Netz (nach [17]). **a** Struktur des einfachen linearen Modells, **b** Klassifizierungsergebnis zur Anwesenheit von Carbonylgruppen, **c** Wichtung der Eingangselemente zur Erkennung von C=C–H-Gruppen

Idealfall zeigt das zuständige Outputelement beim Vorliegen einer Funktionalität den Wert Eins, sonst den Wert Null, im Realfall beobachtet man Werte zwischen Null und Eins. Die Diskriminationsfähigkeit des Netzes kann durch Verteilungsfunktionen illustriert werden, in der die Zahl der Antworten über den Ausgabewerten eines bestimmten Elements dargestellt werden. Prüft man zum Beispiel auf die Anwesenheit von Carbonylgruppen, wird am zuständigen Output-Element eine deutliche Häufung um den Eins-Wert bei den carbonylgruppenhaltigen Verbindungen, und eine deutliche Häufung um den Wert Null bei den carbonylgruppenfreien Verbindungen beobachtet (Abb. 10.7 b).

Wenn man eine Größe

$$B_{ij} = \sum c_{ij} x_i \tag{10.8}$$

berechnet und dabei über alle Spektren, die eine bestimmte Funktionalität enthalten, summiert, erfährt man, welche Spektralbereiche für die Diagnose eines Strukturelement besonders wichtig sind. Für olefinisch gebundenen Wasserstoff ist ein solches Spektrum in Abb. 10.7 c als Beispiel angegeben.

Mit adäquaten Netzstrukturen kann man bessere Ergebnisse erhalten. Die Technologie neuronaler Netze gewinnt in der Spektrenauswertung an Bedeutung [18]. Die Diskriminationsfähigkeit eines solchen Netzes für ein bestimmtes Strukturelement ist vom Umfang und der Zusammensetzung des Trainingssatzes abhängig.

10.3
Spektrenresolution

Spektrenresolution zielt auf die Separation der spektralen Beiträge, die von den einzelnen Komponenten einfacher Mischungen zu den Spektren beigesteuert werden. Man kann dieses Problem beim Vorliegen von Spektrensätzen durch die Entwicklung nach latenten Variablen behandeln und Informationen über die Zahl der Komponenten, ihre spezifischen Spektren und Konzentrationen erhalten. Für diesen Ansatz bestehen günstige Möglichkeiten, wenn eine Spektrenreihe unter dem Einfluss einer Steuergröße steht und stetige Veränderungen zeigt, wenn zum Beispiel eine Zeitreihe, die dem Durchlauf eines chromatographischen Peaks entspricht, analysiert wird oder wenn man ein geschlossenes System bei stetiger Variation der Zusammensetzung, etwa bei einem temperaturabhängigen Gleichgewicht, studiert.

Wenn diese Variationsmöglichkeiten nicht vorhanden sind, etwa nur Einzelspektren verfügbar sind, kann man als Alternative die Verfahren der Bandentrennung oder Spektrensimulation verwenden. Diese Verfahren bauen auf mathematischen Modellen der Probe und ihrer Wechselwirkung mit elektromagnetischer Strahlung auf.

10.3.1
Spektrale Resolution einfacher Gemische

Stellvertretend für zahlreiche Ansätze zur Resolution von Mischungsspektren mit multivariaten Methoden soll eine Arbeit [19] betrachtet werden, in der IR-Spektren von flüssigem Wasser, die bei verschiedenen Temperaturen zwischen 2 und 96 °C aufgenommen wurden, einer Analyse unter Anwendung der Evolutionären Kurvenauflösung [20] unterzogen wurden.

Abbildung 10.8 a zeigt drei der etwa 50 Spektren des Datensatzes, aufgenommen am Anfang in der Mitte und am Ende des Temperaturbereichs. Man

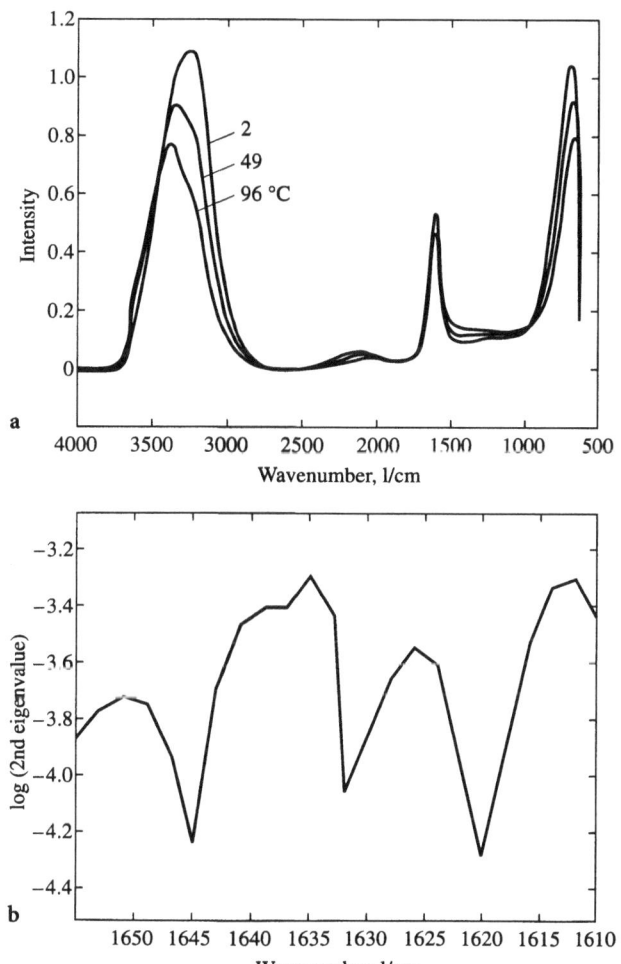

Abb. 10.8 a–c. Analyse der IR-Spektren von flüssigem Wasser (nach [19]). **a** drei Spektren aus einer Temperaturreihe (2, 49, 96 °C), **b** lokale Ranganalyse im Bereich 1660–1610 cm^{-1}, die Minima bei 1645 und 1632 cm^{-1} entsprechen selektiven Wellenzahlen

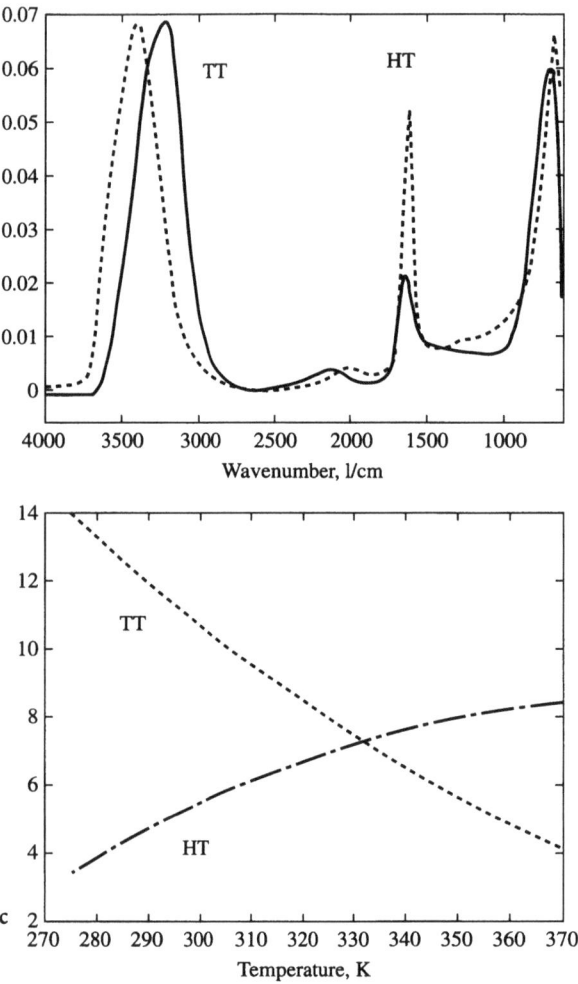

Abb. 10.8c (Fortsetzung) c Ergebnisse der evolutionären Kurvenresolution: Spektren und Konzentrationen der beiden spektroskopisch relevanten Wasserstrukturen (*TT* Tieftemperaturform, *HT* Hochtemperaturform)

bemerkt systematische Veränderungen in allen Spektralbereichen, etwa im Bereich der Valenzschwingungsbande eine Verminderung der Intensität und eine Verschiebung des Maximums zu höheren Wellenzahlen, im Bereich der Deformationsschwingung eine Zunahme der Absorbanz bei gleichbleibender Lage des Maximums. Damit zeigen sich Veränderungen im molekularen Bestand der Probe, man ist aber nicht in der Lage, durch eine bloße Betrachtung Teilspektren zu definieren und ihre Veränderungen zu verfolgen. Eine Ranganalyse der Absorbanzmatrix zeigte, dass bei einer PLS-Regression der zentrierten Spektren 99,6 % der Gesamtvariation in der ersten Komponente auftrat, mit anderen Worten: die Gesamtheit der IR-Spektren ist durch das Wechselspiel von nur zwei Species erklärbar und man kann die von der Temperatur T und der Wellenzahl v abhängige Datenmatrix $a(T,v)$ durch die Linearkombination

$$a(T,v) = c_1(T)\,s_1(v) + c_2(T)\,s_2(v) \tag{10.9}$$

beschreiben, wobei $s_1(v)$ und $s_2(v)$ die Spektren der beiden molekularen Komponenten und $c_1(T)$ und $c_2(T)$ ihre temperaturabhängigen Konzentrationen sind. Man könnte die beiden Summanden leicht separieren, wenn es im Spektrum Stellen gäbe, an denen nur eine Komponente absorbiert (selektive Wellenzahlen). Da dies nicht der Fall ist, muss man die Ableitungsspektren bilden und analysieren. Hier ist an den Stellen, an denen die Komponenten in den Ausgangsspektren ein Maximum oder Minimum haben, eine solche selektive Wellenzahl zu erwarten. Diese Position ermittelt man am zweckmäßigsten durch eine sequentielle Ranganalyse der nichtzentrierten Ableitungsspektren, das heißt, man führt eine Hauptkomponentenanalyse in einem kleinen Intervall, das man systematisch über einen aussichtsreichen Bereich (ein Bereich, indem die Ausgangsspektren Maxima haben) verschiebt. Eine selektive Wellenzahl macht sich als Minimum der zweiten Hauptkomponente bemerkbar (Abb. 10.8b), denn das System hat dann nur noch den Rang 1. Man findet drei solcher Positionen im Bereich der Deformationsschwingung und kann durch weitere Betrachtungen die Wellenzahlen 1645 und 1632 cm^{-1} mit den Maxima der beiden Komponenten, die in der Folge als Tieftemperaturform (TT) und Hochtemperaturform (HT) bezeichnet werden, in Verbindung bringen. An diesen Stellen wird die temperaturabhängige Veränderung der Ableitungsspektren nur von der jeweiligen Gegenkomponente verursacht. Damit sind Absorbanz-Temperatur-Verläufe, die zunächst relativen Konzentrationsänderungen der beiden Komponenten entsprechen, zugänglich. Es ist dann nur noch eine Umskalierung, bei der die Konstanz der Anzahl aller Wassermoleküle eine Rolle spielt, notwendig, um die in den Abb. 10.8c und d angegebenen Einzelspektren s_1 und s_2 (als HT und TT bezeichnet) sowie ihre temperaturabhängigen Konzentrationen zu berechnen. Damit ist die gewünschte Spektrenresolution erreicht.

Die ausgezogene Kurve in Abb. 10.8c ist das Spektrum der Tieftemperaturform, die gestrichelte das Spektrum der Hochtemperaturform. Wenn man die Konzentrationen kennt, kann man temperaturabhängige Gleichgewichtskonstanten und daraus die thermodynamischen Daten der Gleichgewichtsreaktion berechnen, die man am besten als eine Assoziation zweier tetramerer Wassercluster zu einem octameren Cluster deuten kann

$$2\,(H_2O)_4 \rightleftarrows (H_2O)_8 \;(\Delta H = -2{,}2 \text{ kcal/mol}, \Delta S = -7{,}3 \text{ cal/Kmol}).$$

Man kann ähnliche Resultate erreichen, wenn man die Schar der Wasserspektren einer Hauptkomponentenanalyse unterwirft und durch eine anschließende Koordinatentransformation (Rotation) dafür sorgt, dass keine negativen Absorbanzwerte in den Komponentenspektren auftreten. Man erreicht allerdings nicht die Genauigkeit, die mit der Evolutionären Kurvenauflösung erzielt wird.

Die hier verwendeten Prinzipien spielen bei der Auflösung unvollständig getrennter Komponenten bei chromatographischen Verfahren mit spektroskopischer Detektion eine große Rolle [21]. Das bei diesen Verfahren verwendete Prinzip der Datensequenzierung findet eine Parallele bei den Wavelet-Methoden (Kap. 6).

10.3.2
Bandentrennung und Spektrensimulation

Die gleichmäßige Form der Absorptions- oder Emissionsbanden war schon sehr früh der Ansatzpunkt für Versuche, den Verlauf von Spektren durch einfache, mathematische Funktionen nachzubilden, zumal wenn man auf diese Weise eine Zerlegung sich überlagernder Banden in Einzelbanden erreichen konnte [22]. Man bezeichnet die Entwicklung solcher mathematischer Darstellungen auch als Modellierung und kann die Parameter eines solchen Modells als eine besonders kompakte Möglichkeit der Spektrenbeschreibung ansehen. In den letzten Jahren hat sich das Interesse auf die Entwicklung physikalisch-fundierter Modelle verlagert, bei denen man die Wechselwirkung elektromagnetischer Strahlung mit der Probe auf der Grundlage der Maxwell-Gleichungen beschreibt und dabei neben den chemisch bedingten Probeneigenschaften auch geometrische Probeeigenschaften, zum Beispiel die Probenform und die Versuchsgeometrie (Reflexion oder Transmission) berücksichtigt und die optisch/dielektrischen Funktionen des Probematerials als Schlüsselgrößen, aus denen sich unter anderem auch die beobachteten Spektren ergeben, ermittelt. Dieser Ansatz soll als Spektrensimulation bezeichnet werden.

Bandentrennung
Man setzt für das Spektrum – in der Regel betrachtet man nur einen Spektrenausschnitt – ein mathematisches Modell an, das die diskret verteilten Intensitätswerte $I_{i,c}$ etwa eines Absorbanzspektrums als einer Summe von m Bandenprofilfunktionen B_{ji} und einem Untergrundanteil U_i betrachtet

$$I_{i,c} = \sum_{j=1}^{m} B_{ji} + U_i. \tag{10.10}$$

Mit diesem Ansatz wird das experimentelle Spektrum $I_{i,e}$ gefittet, das heißt eine systematische Variation der Parameter der Modellfunktion durchgeführt, um eine Minimierung der Fehlerquadratsumme

$$S = \sum_{i=1}^{n} (I_{i,e} - I_{i,c})^2 \tag{10.11}$$

oder der Diskrepanz

$$D = \sqrt{S/n} \tag{10.12}$$

zu erreichen.

10.3 Spektrenresolution

Beim Aufbau des Modells müssen einige Entscheidungen getroffen werden:
- Wieviel Banden sollen zur Darstellung des Spektrenabschnitts verwendet werden?
- Welche Profilfunktionen sind auszuwählen?
- Wie sollen die Anfangswerte der Parameter beschaffen sein?

Diese Entscheidungen sind subjektiv, Fehler werden durch Erfahrung gemildert.

Als Bandenprofilfunktionen werden Gaußbanden und Cauchybanden verwendet

$$G(v) = A \exp\left(-\left(\frac{v-v_0}{b_g}\right)^2\right) \quad C(v) = \frac{A}{1+[(v-v_0)/b_c]^2} \quad (10.13)$$

A   Bandenhöhen (Absorbanz im Peakmaximum)
v_0 Bandenposition
b_g Breitenparameter der Gaussbande $\Gamma_g = 2\sqrt{\ln 2}\, b_g$
b_c Breitenparameter der Cauchybande, $\Gamma_c = 2\, b_c$.

Man hat darüber hinaus weitere Funktionen zur Verfügung, zum Beispiel die inversen Polynome

$$P(v) = \frac{A}{1 + C(v-v_0)^2 + E(v-v_0)^3 + \ldots} \quad (10.14)$$

mit denen man zahlreiche Bandenformen – bei Verwendung ungerader Potenzen auch unsymmetrische Bandenprofile – nachbilden kann.

Für die Parameter-Optimierung stehen mehrere Methoden bereit (s. Kap. 5.2). Sehr effektiv sind die Verfahren nach Cauchy, Newton-Raphson, die generalisierte Least-Squares-Prozedur und ihre Weiterentwicklungen. Sie setzen allerdings einfache, ein- oder zweifach differenzierbare Modellfunktionen voraus und sind bei schlecht konditionierten System instabil. Man kann alternativ durch eine Direktsuche (alle Parameterkombinationen werden ausprobiert) mit sukzessiver Verminderung des Suchbereichs und der Schrittweite oder etwas zielstrebiger durch das Simplexverfahren zum Parameteroptimum kommen. Die stochastische Parameteroptimierung ist eine interessante Möglichkeit, die einfach zu implementieren ist und auch komplexe Modellfunktionen optimieren kann. Hier wird der Parametersatz in einer großen Zahl von Iterationen schrittweise verbessert, indem in jedem Iterationsschritt einer der möglichen Parameter zufallsgesteuert aus dem Parametersatz ausgewählt, einer kleinen Variation unterworfen und deren Effekt auf die Fehlerquadratsumme geprüft wird. Wenn die Fehlerquadratsumme kleiner wird, wird die Parameteränderung beibehalten, sonst rückgängig gemacht.

Alle diese Methoden müssen kritisch benutzt werden, bei komplizierten Responsefunktionen können anstelle des angestrebten Hauptminimums bei ungünstig gewählten Anfangsbedingungen Nebenminima angesteuert werden. Bei

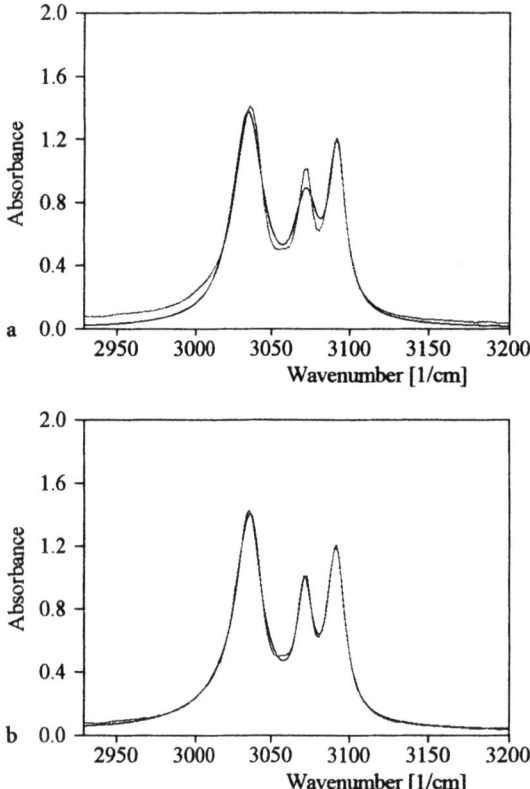

Abb. 10.9 a, b. Bandentrennung. a Modellierung durch 3 Banden, b durch 4 Banden

Routinearbeiten ist ein dediziertes Programm mit einer guten Benutzeroberfläche hilfreich.

Als Beleg für die Bedeutung eines richtigen Modellansatzes wird die Zerlegung der CH-Valenzsschwingungsbanden im IR-Spektrum von Benzen demonstriert. Ein Modell, das nur mit drei Banden (harmonische Oszillatoren) angesetzt wurde, ergibt keinen befriedigenden Fit mit dem experimentellen Spektrum. Man erhält hingegen zufriedenstellende Ergebnisse, wenn man das Modell auf vier Banden erweitert (Abb. 10.9). Neuere Entwicklungen zielen auf eine Automatisierung der Modellentwicklung [23].

Spektrensimulation

In vielen Fällen, zum Beispiel bei anorganischen Festkörpern, ist der optische Response des Materials nicht mehr durch das einfache Modell der Linearkombination von Banden mit einfachen Profilfunktionen zu beschreiben, man muss vielmehr auf die dielektrische Funktionen zurückgreifen [24]. Das sind komplexe Funktionen, die aus einem Realteil ε_1 und einen Imaginärteil ε_2 bestehen und in speziellen Fällen als Summe eines konstanten Terms, dem Hoch-

10.3 Spektrenresolution

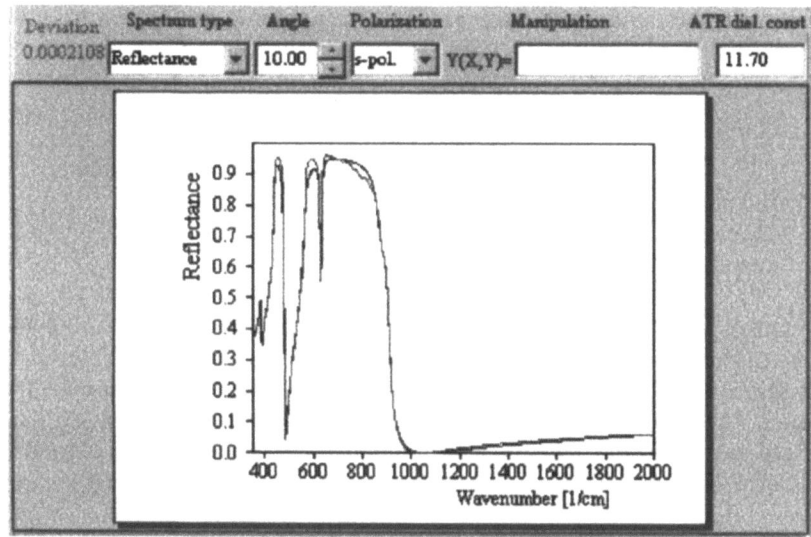

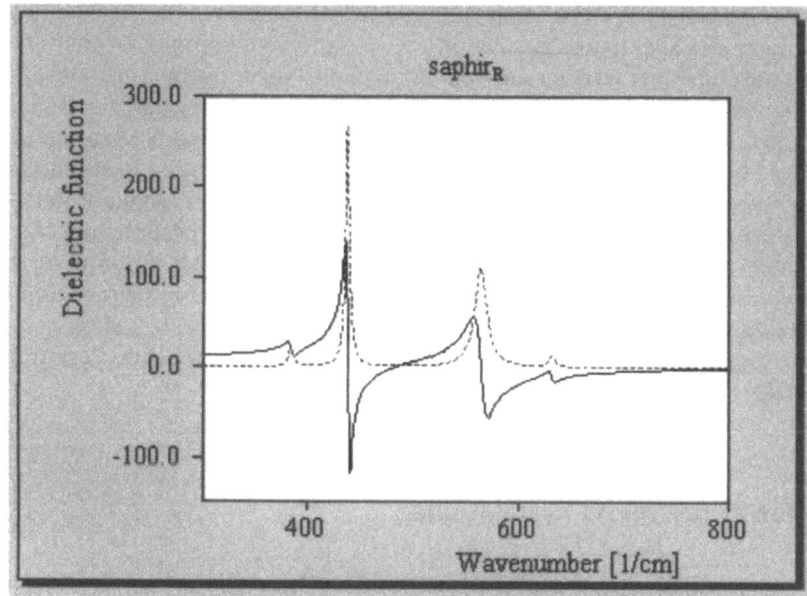

Abb. 10.10a, b. Spektrensimulation. a IR-Reflexionsspektrum von Saphir (Einfallswinkel 10^0, TE-Polarisation) gemessene und berechnete Kurve, b komplexe dielektrische Funktion von Saphir $\hat{\varepsilon} = \varepsilon_1 + i\varepsilon_2$ (ausgezogen Realteil ε_1, gestrichelt Imaginärteil ε_2) [25]

frequenzanteil ε_∞, und einer Summe von m Harmonische-Oszillator-Termen bestehen

$$\hat{\varepsilon} = \varepsilon_1 + i\varepsilon_2 = \varepsilon_\infty + \sum_{j=1}^{m} \frac{S_j}{v_{0j}^2 - v^2 - i\gamma_j v} \tag{10.15}$$

S_j Oszillatorstärke,
v_{0j} Wellenzahl
γ_j Dämpfungskonstante des j-ten Oszillators.

Die Spektren hängen sowohl von den Materialeigenschaften (chemische Zusammensetzung), aber auch von den geometrischen Eigenschaften der Probe ab, weil zum Beispiel die Reflexion an einer Oberfläche vom Einfallswinkel und der Polarisation der Lichtstrahlung, aber auch von der Oberflächengüte, von der Dicke der Probe und anderen Umständen abhängig ist. Diese Besonderheiten müssen im Modell erfasst und bei der Berechung der Spektren berücksichtigt werden. Man kann dann wie bei der einfachen Modellierung eine Parametervariation organisieren und einen Fit des berechneten an das gemessene Spektrum anstreben [25]. Der Unterschied zur einfachen Modellierung besteht darin, dass für die Berechnung des Spektrums aus den Modellparametern kompliziertere Berechnungen durchgeführt werden müssen. Als Beispiel wird in Abb. 10.10 die Simulation eines Reflexionsspektrums für ein 0,3 mm dickes, einseitig poliertes Scheibchen von Saphir (Al_2O_3) gezeigt. Das Reflexionsspektrum zeigt unterhalb 1000 cm^{-1} ungewöhnlich hohe Reflektivitäten (die sogenannten Reststrahlbanden). Oberhalb von 1000 cm^{-1} wird das Spektrum durch die reguläre Reflektivität bestimmt. Der leichte Anstieg hängt mit dem Anstieg des Brechungsindex, der wiederum mit der dielektrischen Funktion verbunden ist, zusammen. Man kann dieses Spektrum recht gut durch die Annahmen einer Modellfunktion mit vier Oszillatoren und einer dielektrischen Konstanten ($\varepsilon_\infty = 11.7$) anpassen. Im unteren Teil von Abb. 10.10 sind die beiden Teile der dielektrischen Funktionen dargestellt.

10.4
Spektren-Eigenschafts-Korrelationen

Der Grundgedanke dieses universell anwendbaren Ansatzes besteht darin, die Spektren als relativ leicht zu messende und dennoch spezifische Charakteristika eines Materials mit anderen Materialeigenschaften, die an denselben Proben gemessen wurden, in Beziehung zu setzen und nach linearen Relationen, die sich in Korrelationskoeffizienten ausdrücken lassen, zu suchen. Diesem Ansatz liegt die Überlegung zugrunde, dass sowohl die Spektren als auch die Materialeigenschaften eine gemeinsame Ursache – die molekulare Struktur – haben und daher in einem indirekten Zusammenhang stehen. Wenn solche Korrelationen ausreichend sicher bestimmt wurden, ist es möglich, die unter Umständen schwierig zu messenden Materialeigenschaften unbekannter Proben durch eine einfache, spektroskopische Messung abzuschätzen. Dieses Vorgehen entspricht dem Ablauf der multivariaten Kalibration, nur dass anstelle der Konzentration andere Stoffeigenschaften ermittelt werden.

Solche Spektren-Eigenschafts-Beziehungen sind in der NIR-Spektroskopie besonders wichtig. Aus der großen Fülle solcher Studien wird ein Beispiel angeführt, bei dem man durch die Aufnahme von NIR-Spektren die Oktanzahl von Kraftstoffen, die sonst nur über einen aufwendigen Prüfstandsversuch zugänglich ist, bestimmen kann [26]. Die NIR-Spektren solcher Proben (offset-korrigiert) unterscheiden sich nicht dramatisch (Abb. 10.11a). Man kann eine multiple lineare Regression zwischen den Absorbanzwerten bei verschiedenen Wellenlängen und den Oktanzahlen ermitteln und kann selbst bei einer drastischen Beschränkung der IR-Spektren auf drei Messwerte (die zuvor durch statistische Methoden ausgewählt werden) Bestimmtheitsgrade von $R^2 = 0.95$ errei-

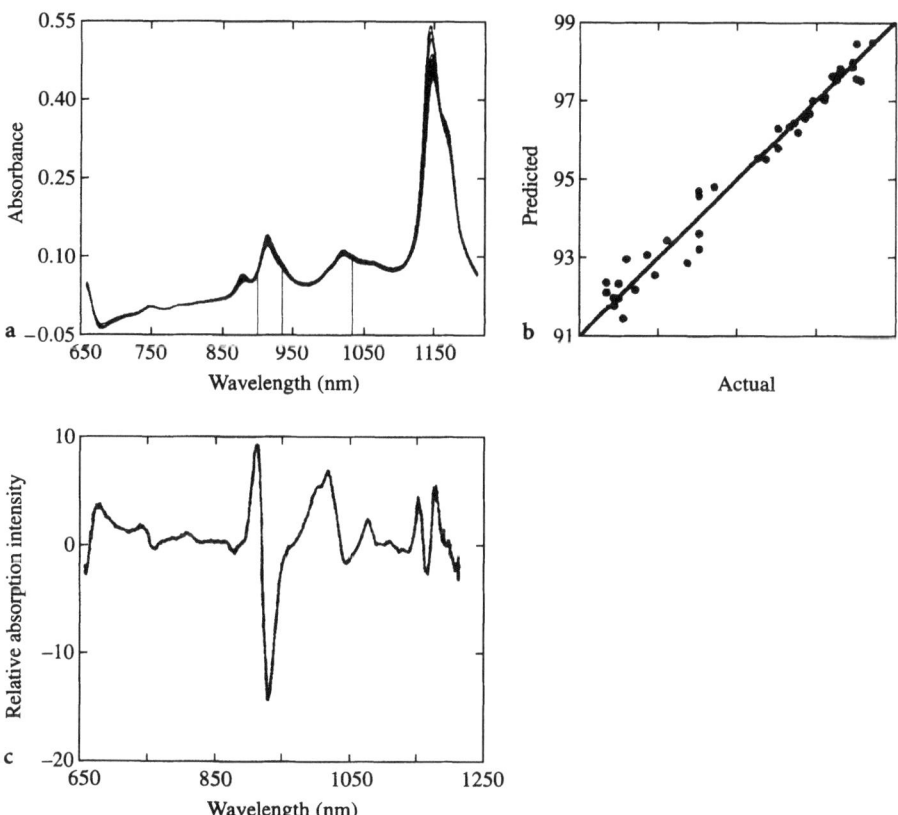

Abb. 10.11a–c. Bestimmung der Oktanzahl von Kraftstoffen aus NIR-Spektren. a NIR-Spektren von Kraftstoffen, b Korrelationsergebnis für die Octanzahl, c Korrelationsspektrum zur Octanzahl aus dem PLS-Modell (negative Auslenkungen an den Positionen von CH_2-Gruppen, positive Auslenkungen an den Positionen von CH_3 und Aromaten-CH) (nach [26])

chen (Abb. 10.11b). Damit wird eine Vorhersage von Oktanzahlen mit einem Standardfehler von 0,4-0,5 Einheiten möglich, der nicht wesentlich niedriger als der des standardisierten Prüfverfahrens ist. Wenn man eine PLS-Analyse desselben Datensatzes durchführt, kann man aus dem Verlauf der PRESS-Werte (prediction error sum of squares) in Abhängigkeit von der berücksichtigten Zahl von Hauptkomponenten erkennen, dass man sich auf die ersten vier Komponenten beschränken kann. Damit wurden ähnliche Regressionsergebnisse wie mit der MLR-Methode erzielt. Um die spektroskopische Ausprägung einer Stoffeigenschaft wie der Oktanzahl im NIR-Spektrum zu ermitteln, kann man für jede Wellenlänge einen Regressionskoeffizienten berechnen und diese Werte zu einem Spektrum zusammensetzen (Abb. 10.11c). Die negativen Auslenkungen zwischen 930 und 940 nm zeigt die Oktanzahlerniedrigung durch Methylengruppen, die positiven Beiträge bei 896, 1012, 1032 und 1164 nm die Oktanzahlerhöhung durch Aromaten und Methylgruppen an.

Literatur

1. Zupan J (1986) Computer-Supported Spectroscopic Databases, Ellis Horwood, Chichester. Warr WA (1993) Computer-Assisted Structure Elucidation, Library search and spectral data collections. Anal Chem 65: 1045 A
2. Neudert R (1998) Spectroscopic Databases. In: von Ragué Schleyer P (ed) Encyclopedia of Computational Chemistry, Wiley, Chichester, p 2632, specinfo.wiley.com oder www.fiz-karlsruhe.de.
3. IR Searchmaster, Bio-Rad Laboratories, SadtlerDivision, www.bio-rad.com
4. Chemometrics-Reviews in Anal Chem (1988) 60: 252R-273R, (1990) 62: 84R-101R, (1992) 64: 22R-49R, (1994) 66: 315R-359R, (1996) 68: 21R-61R, (1998) 70: 209R-228R, (2000) 72: 91R-97R
5. Wang CP, Isenhour TL (1987) Infrared Library Search on Principal-Component-Analyzed Fourier-Transformed Absorption Spectra. Appl Spectrosc 41: 185. Sherman JW, de Haseth JA, Cameron DL (1989) A Window Fourier-Domain Infrared Search System. Appl Spectrosc 43: 1311
6. Zupan J, Munk ME (1986) Feedback Search of Hierarchical Trees. Anal Chem 58: 3219. Bjerga JM, Small GW (1990) Automated Selection of Library Subsets for Infrared Spectral Searching. Anal Chem 62: 226
7. Jung-Pin Yu, Friedrich HB (1987) Odd Moments of the Cross-Correlation Foundation for Library Searching of Infrared Spectra. Appl Spectrosc 41: 869. Domokos L, Henneberg D, Weidmann B (1983) Optimization of Search Algorithms for a Mass Spectra Library. Analyt Chim A 150: 37. Domokos L, Henneberg D, (1984) A Correlation Method in Library Search. Analyt Chimica A 165: 75. Ebel S, Mück W (1987) Algorithmen zum automatischen Vergleich von Spektren in der HPLC/UV-Kopplung. Fresenius Z Anal Chem 327: 794, (1988) 331: 351, 359. Brown CW, Donahue SM (1988) Searching a UV-Visible Spectral Library. Appl Spectrosc 42: 347
8. Zürcher M, Clerc TJ (1988) General Theory of Similarity Measures for Library Search Systems. Analyt Chim A 206: 161
9. Jurs PC, Sutton GP, Ranc ML (1989) Carbon-13 NMR Spectral Simulation. Anal Chem 61: 1115A. Warr WA (1993) Computer-Assisted Structure Elucidation, 2. Indirect database approaches and established systems. Anal Chem 65: 1087A. Bremser W (1988) Strukturaufklärung und künstliche Intelligenz. Angew Chem 100 : 252. Hippe Z (1991) Artificial Intelligence in Chemistry: Structure Elucidation and Simulation of Chemical Reactions. Elsevier, Amsterdam. Pretsch E, Clerc JT (1997) Spectra Interpretation of Organic Compounds. Wiley VCH, Weinheim

10. Günzler H, Heise H (1998) IR-Spektroskopie, Eine Einführung. Wiley VCH Weinheim
11. McLafferty FW, Tureček F (1993) Interpretation von Massenspektren. Spektrum Akademischer Verlag, Heidelberg
12. Bremser W, Ernst L, Fachinger W, Gerhards R, Hardt A, Levis PME (1987) Carbon-13 NMR Spectral Data, 4. Aufl, VCH Weinheim
13. Elyashberg ME, Martirosian ER, Karasev YuZ, Thiele H, Somberg H(1997) X-PERT: a user-friendly expert system for molecular structure elucidation by spectral methods. Anal Chim Acta 337: 265
14. Jurs PC, Kowalski BR, Isenhour TL (1969), Computerized Learning Machines Applied to Chemical Problems. Anal Chem 41: 21, 690, 695, 1945, 1949
15. Hasenoehrl EJ, Griffith PR (1993) Classification of Condensed-Phase Infrared Spectra by Substructures Using Principal Component Analysis. Appl Spectrosc 47: 643. Brown SD (1995) Chemical systems under indirect observation: Latent Properties and Chemometrics. Appl Spectrosc 49: 14A
16. Zupan J (1993) Neural Networks for Chemists, An Introduction. Verlag Chemie, Weinheim. Zupan J (1998) Neural Networks in Chemistry, in von Ragué Schleyer P (ed), Encyclopedia of Computational Chemistry, Wiley, Chichester, p 1813
17. Robb EW, Munk ME (1990) A Neural Network Approach to Infrared Spectrum Interpretation. Microchim Acta [Wien] I: 131
18. Anker LS, Jurs PC (1992) Prediction of Carbon-13 NMR Chemical Shifts by Artificial Neural Networks. Anal Chem 64: 1157. Borggaard C, Thodberg HH (1992) Optimal Minimal Neural Interpretation of Spectra. Anal Chem 64: 545. Melsen WJ, Smits JRM, Rolf HG, Kateman G (1993) Two-dimensional mapping of IR spectra using a parallel implemented self-organising feature map. Chemom Intell Lab Syst 18: 195. van Est QC, Schoenmakers PJ, Smits JRM, Nijssen WPM (1993) Practical Implementation of Neural Networks for the Interpretation of Infrared Spectra, Vibrational Spectrosc 4: 263
19. Libnau FO, Toft J, Christy AA, Kvalheim OM (1994) Structure of Liquid Water Determined from Infrared Temperature Profiling and Evolutionary Curve Resolution. J Am Chem Soc 116: 8311
20. Kvalheim OM, Yi-Zeng Liang (1992) Heuristic Evolving Latent Projections: Resolving Two-Way Multicomponent Data, 1. Selectivity, Latent-Projective Graph, Datascope, Local Rank and Unique Resolution. Anal Chem 64: 936, 946
21. Vandeginste B, Essers R, Bosman T, Reijen J, Kateman G (1985) Three-Component Curve Resolution in Liquid Chromatography with Multiwavelength Diode Array Detection. Anal Chem 57: 971. Kawata S, Komeda H, Sasaki K, Minami S (1985) Advanced Algorithm for Determining Component Spectra Based on Principal Component Analysis. Appl Spectrosc 39: 610. Devaus MF, Bertrand D, Robert P, Qannari M (1988) Application of Multidimensional Analyses to the Extraction of Discriminant Spectral Patterns from NIR Spectra. Appl Spectrosc 42: 1015. Saarinen P, Kauppinen J (1991) Multicomponent Analysis of FT-IR Spectra, Appl Spectrosc 45: 953. Friedrich HB, Jung-Pin Yu (1987) Combination of Orthogonal Spectra to Estimate Component Spectra in Multicomponent Mixtures. Appl Spectrosc 41: 227. Yi-Zeng Liang, Kvalheim OM, Manne R (1993) White, gray and black multicomponent systems. A classification of mixture problems and methods for the quantitative analysis, Chemom Intell Lab Syst 18: 235, 22: 229 (1994). Karstang TV, Kvalheim OM (1991) Multivariate Prediction and Background Correction Using Local Modeling and Derivative Spectroscopy. Anal Chem 63: 767. Windig W (1992) Self-modelling mixture analysis of spectral data with continuous concentration profiles. Chemom Intell Lab Syst 16: 1. Donahue SM, Brown CW (1991) Successive Average Orthogonalization of Spectral Data. Anal Chem 63: 980. Malinowski ER (1992) Window Factor Analysis: Theoretical Derivation and Application to Flow Injection Data. J Chemom 6: 29
22. Gans P (1992) Data Fitting in the Chemical Sciences, Wiley. Allen GC, McMeeking RF (1978) Deconvolution of Spectra by Least-Squares Fitting. Analyt Chim A 103: 73. Gans P (1976) Numerical Methods for Data-Fitting Problems. Coord Chem Rev. 19: 99

23. De Weijer AP, Lucasius CB, Buydens L, Kateman G, Heuvel HM, Mannee H (1994) Curve Fitting Using Natural Computation. Anal Chem 66: 23. Ferry A, Jacobsson P (1995) Curve Fitting and Deconvolution of Instrumental Broadening: A Simulated Annealing Approach. Appl Spectrosc 49: 273
24. Efimow AM (1995) Optical Constants of Inorganic Glasses. CRC Press, Boca Raton
25. Programm SCOUT 98, www.mtheiss.com
26. Kelly JJ, Barlow CL, Jinguji TM, Callis JB (1989) Prediction of Gasoline Octane Numbers from Near-Infrared Spectral Features in the Range 660–1215 nm. Anal Chem 61: 313

11 Qualitätssicherung

11.1
Grundlagen und Prinizipien

Die Analytische Chemie ist seit jeher ein wichtiges Instrument der Qualitätskontrolle und Qualitätssicherung in vielen wirtschaftlichen und gesellschaftlichen Bereichen. Diese Funktion hat sich mit der Globalisierung internationaler Märkte noch verstärkt und dazu geführt, dass die Analytische Chemie selbst stärker Prinzipien der Qualitätssicherung anzuwenden hat. Analysenlabors der chemischen Industrie und analytische Routinelaboratorien haben entsprechende Regelwerke, Normen und Prinzipien akzeptiert und umfassend eingeführt. Diese basieren zum großen Teil auf objektiven, statistisch begründeten Verfahren.

Unter *Qualität* versteht man nach DIN [1] die *Gesamtheit von Eigenschaften und Merkmalen eines Produktes oder einer Tätigkeit, festgelegte Erfordernisse zu erfüllen.* Demnach kann Qualität als Ausmaß der Anpassung an gestellte Anforderungen interpretiert werden.

Die ersten Entwicklungen einer systematischen Qualitätssicherung gehen auf die Probleme der Waffenherstellung in Frankreich und der industriellen Massenfabrikation zurück [2]. Ziel war es, eine absolute Ähnlichkeit von maschinell hergestellten Teilen zu erreichen. Der erste Vollzeitqualitätsprüfer wurde bei der Produktion des Modell „T" von Ford eingesetzt, wobei nach dem Qualitätssicherungskonzept von F. W. Taylor gearbeitet wurde. Hiernach wurden die Fertigungsvorgänge in einzelne Teilabschnitte zerlegt, dergestalt, dass die Arbeiten von ungelernten Arbeitern verrichtet werden konnten. Der wesentlichste Nachteil dieser Methode besteht in den hohen Ausschusskosten, da die Qualitätskontrolle erst am Schluss durchzuführen ist. Seit Ende der 60er Jahre wird die Qualitätssicherung in die Entwicklung und Herstellung integriert. Von P. B. Crosby wurde das Null-Fehler-Programm (Zero Defects Concept) erarbeitet, wonach eine fehlerfreie Produktion angestrebt wird [3]. Hierbei stellen die Kosten der Nichterfüllung von Anforderungen den Qualitätsmaßstab dar. Ein bekannter Begriff des Null-Fehler-Programms ist das *Total Quality Management (TQM)*, nach dem das umfassende Qualitätsmanagement in den Mittelpunkt aller Aktivitäten gerückt wird. Ein weiterer Meilenstein innerhalb der industriellen Qualitätssicherung geht auf W.E. Deming zurück, der 14 Management-Prinzipien definierte, die zuerst in Japan zum Tragen kamen [4]. Die Prinzipen werden gewöhnlich mit dem sogenannten PDCA (Plan-Do-Check-Act)-Zyklus beschrieben, wonach ständig nach der Ursache von Problem gesucht wird, um eine stetige Verbesserung der Qualität zu erreichen. Abbildung 11.1 zeigt den PDCA-Zyklus symbolisch als ein Rad, das sich auf einer ansteigenden Ebene bewegt, die durch die wachsenden Qualitätsanforderungen gebildet wird. In diesem Zusammenhang wird die Qualitätssicherung als ein Keil verstanden, der verhindert, dass das PDCA-Rad abwärts rollt.

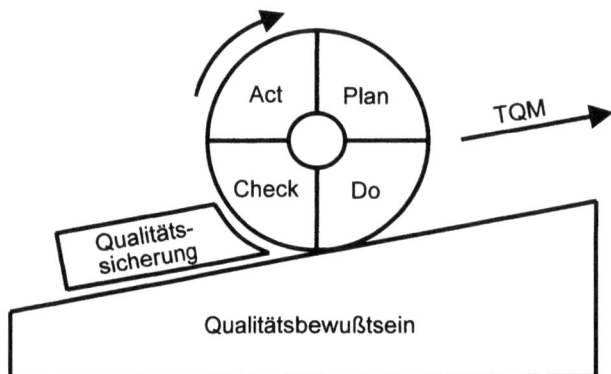

Abb. 11.1. Schema für das Zusammenspiel des Plan-Do-Check-Act-Zyklus mit der Qualitätssicherung und dem Qualitätsbewusstsein des Auftraggebers. (Nach [5])

Die allgemeine Definition der Qualität beinhaltet für den Analytiker auch, dass es sich bei einem Produkt bzw. einer Tätigkeit sowohl um einen Gegenstand, als auch um eine Methode (Analysenmethode), ein Gerät oder ein Messergebnis handeln kann. Festgelegte Erfordernisse sind nicht nur solche, die in Vorschriften oder Gesetzen explizit formuliert sind, sondern auch solche, die man ganz selbstverständlich voraussetzen kann, z. B. dass ein fabrikneues Auto fährt oder dass ein Analysenergebnis richtig ist. Kernstück der *Qualitätssicherung* ist neben der Qualitätsplanung und -lenkung sowie dem Qualitätsmanagement stets die *Qualitätsprüfung* [1].

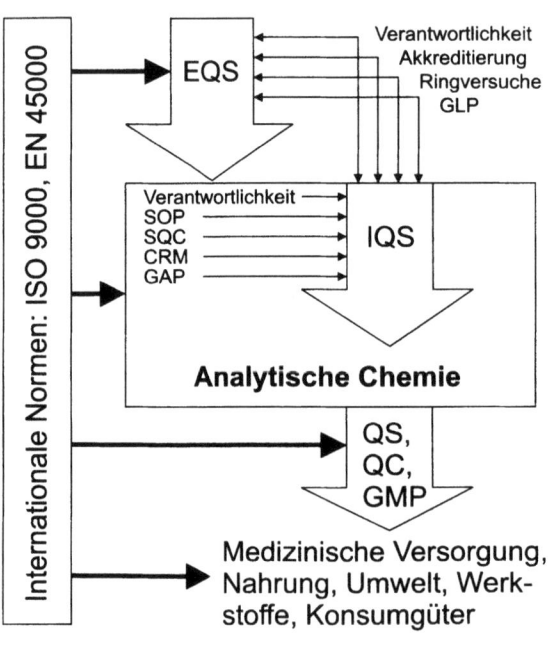

Abb. 11.2. Faktoren der Qualitätssicherung mit und in der Analytischen Chemie [6]: EQS externe Qualitätssicherung, IQS interne Qualitätssicherung, GAP good analytical practice (gute Analysenpraxis), GLP good laboratory practice (gute Laborpraxis), GMP good manufacturing practice (gute Produktionspraxis), CRM zertifiziertes Referenzmaterial, SOP Standard operating procedures (Standard-Arbeitsanweisungen)

11.1 Grundlagen und Prinzipien

Tabelle 11.1. Normenserien für allgemeine Richtlinien der Qualitätssicherung, Akkreditierung und Zertifizierung [7–19]

Qualitätssicherung	Akkreditierung	Zertifizierung
DIN ISO 9000 Leitfaden	DIN EN 45001 Prüflaboratorien	DIN EN 45011 Produkte
DIN ISO 9001 Design/Entwicklung, …	DIN EN 45002 Begutachtung	DIN EN 45012 Qualitätssicherungssysteme
DIN ISO 9002 Produktion und Montage	DIN EN 45003 Begutachtungsstellen	DIN EN 45013 Personal
DIN ISO 9003 Endprüfungen	DIN EN 45004 Inspektionsstellen	DIN EN 45014 Konformitätserklärungen
DIN ISO 9004 Qualitätsmanagement		

Im Rahmen der Qualitätssicherung erfüllt die Analytik eine Doppelfunktion. Zum einen wird mit ihren Prüfungen die Qualität bestimmter Produkte und Prozesse gewährleistet und zum anderen ist die Qualität der Analytik selbst zu sichern. Dazu sind Prinzipien der internen und externen Qualitätssicherung (IQS und EQS) erforderlich. Das Zusammenwirken der Faktoren, die eine Qualitätssicherung mit und in der Analytik ermöglichen, ist schematisch in Abb. 11.2 dargestellt.

Qualitätssicherungssysteme, die sowohl die Qualität hergestellter und eingesetzter Produkte, Verfahren und auch Dienstleistungen in Unternehmen als auch die Qualität eingesetzter Prüfverfahren definieren, werden durch internationale Normen spezifiziert, von denen die wichtigsten in Tabelle 11.1 zusammengestellt sind.

Außerdem existieren eine Reihe von ISO Guides mit speziellen Inhalten und Richtlinien für Analysenlabors [20–24].

Gute Laborpraxis (GLP). Eine zentrale Rolle in der Praxis der Qualitätssicherung spielt das System der GLP. Die Grundsätze der GLP befassen sich mit den formalen Rahmenbedingungen, unter denen Prüfungen von chemischen Stoffen geplant, durchgeführt, überwacht und in Berichten erfasst werden. Die Einhaltung dieser Grundsätze bildet die Voraussetzung für eine gegenseitige internationale Anerkennung von Prüfergebnissen, womit Doppelprüfungen vermieden werden können und Handelshemmnisse abgebaut werden. Eine der wesentlichsten Forderungen der GLP ist, Prüfungen nachvollziehbar zu dokumentieren. Dies wird drastisch formuliert im sogenannten *eisernen Grundsatz der GLP*: „*Alles, was nicht dokumentiert wurde, ist formal nicht durchgeführt worden*". Für die Dokumentation gilt die *5-W-GLP-Regel*: „W̲er hat W̲as W̲ann W̲omit und W̲arum durchgeführt?". Die GLP-Grundsätze betreffen im einzelnen 10 Schwerpunkte, die in [27] detailliert dargestellt sind.

11.2
Validierung von Analysenverfahren

Im Rahmen der Qualitätssicherung hat die Validierung prinzipiell festzulegen und nachzuweisen, wozu ein Analysenverfahren geeignet ist. Validierung ist damit die Qualitätssicherung des Analysenverfahrens selbst, der Nachweis seiner Eignung zur Anwendung für einen ganz bestimmten Zweck durch Endnutzer unter Praxisbedingungen. Die Prüfung des Analysenverfahrens betrifft die Ermittlung und Festlegung seiner in Tabelle 11.2 aufgeführten Leistungskenngrößen.

Tabelle 11.2. Zu bestimmende Verfahrenskenndaten in Abhängigkeit vom Ziel analytischer Untersuchungen [31]

Kenngröße	Qualitative Analyse	Gehaltsbestimmung	Spurenanalyse	Ermittlung physikochemischer Parameter
Richtigkeit	–	×	×	×
Präzision	–	×	×	×
Arbeitsbereich/ Linearität	–	×	×	×
Selektivität	×	×	×	–
Nachweis- und Erfassungsgrenze	×	–	×	–
Bestimmungsgrenze	–	–	×	–
Robustheit	×	×	×	×

× von Bedeutung.

Nicht alle Verfahrensgrößen sind für jedes Einsatzgebiet von gleichrangiger Bedeutung. Wichtige Ziele der Validierung in der analytischen Praxis betreffen die Reproduzierbarkeit, die Kalibration, Wiederfindungsstudien, Methodenvergleiche und Robustheitsstudien. Aus Abb. 11.3 geht eine ganz bestimmte Reihenfolge hervor: Zunächst ist der Nachweis zu führen, dass sich das Analysenverfahren unter statistischer Kontrolle befindet, bevor mit unterschiedlichen Strategien und Verfahren der Nachweis der Richtigkeit geführt werden kann. Für die Sicherung der Richtigkeit ist eine bestimmte und reproduzierbare Präzision erforderlich.

Robustheit bezeichnet qualitativ die Fähigkeit eines Systems, einen gegebenen Zustand beibehalten zu können [29]. Die Robustheit eines Analysenverfahrens ist durch seine Unempfindlichkeit gegenüber (geringfügigen) Abweichungen von den Standardarbeitsbedingungen bzw. Schwankungen bei der Ausführung des Verfahrens gekennzeichnet [30, 31]. Praktisch

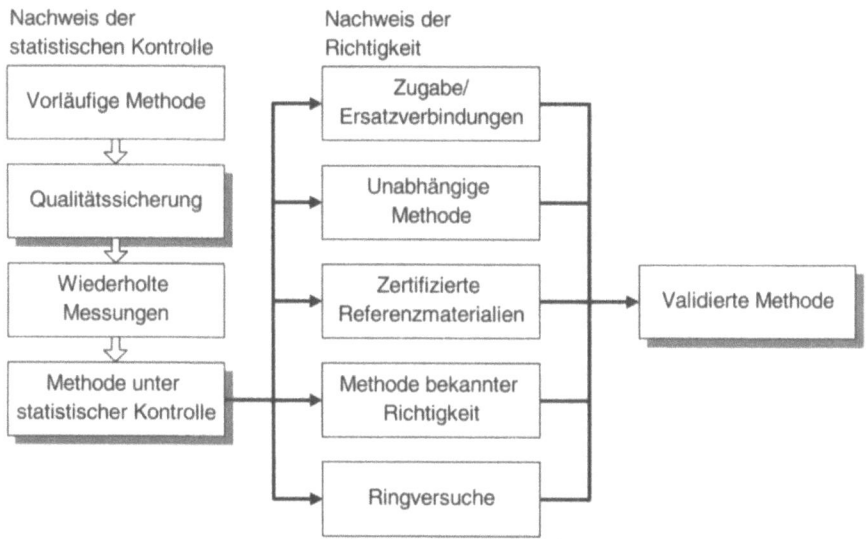

Abb. 11.3. Die zwei Stufen der Validierung (ohne Robustheitsprüfung). Nach [27]

kann die Robustheit eines Analysenverfahrens auf zwei Wegen ermittelt werden [31]

(a) durch Ringversuche, bei denen die Teilnehmer nach dem gleichen Verfahren arbeiten, wobei in der Regel gerade die Variationen auftreten, auf die sich Robustheitsuntersuchungen beziehen, und
(b) durch Ausführung von Versuchsreihen nach den Prinzipien der statistischen Versuchsplanung (SVP), wie in Abschn. 5.1.4 beschrieben.

Die Ermittlung der Robustheit setzt sowohl die gesicherte Präzision als auch die nachgewiesene Richtigkeit voraus. Erst mit erwiesener Robustheit wird die Brauchbarkeit und Verlässlichkeit des Verfahrens unter Routinebedingungen nachgewiesen.

Den Abschluss der Validierung bildet die schriftliche Dokumentation des Analysenverfahrens in Form einer Standardarbeitsanweisung (SOP). Der Basisvalidierung haben Nachvalidierungen zu folgen.

Die Validierung von empirischen Kalibrationen ist in Abschn. 7.3.3 dargestellt.

11.3 Statistische Qualitätskontrolle

Qualitätsmerkmale lassen sich nicht mit beliebiger Genauigkeit, sondern nur innerhalb bestimmter Toleranzgruppen reproduzieren. Diese hängen sowohl vom zu kontrollierendem Verfahren als auch vom Prüfverfahren und vom (ökonomisch vertretbaren) Prüf- und Regelaufwand ab. In gleicher Weise sind analytische Messungen zur Qualitätskontrolle grundsätzlich fehlerbehaftet, wobei verschiedene Fehlerarten auftreten können (siehe Abschn. 2.3.4 und 8.4).

Die Qualitätskontrolle im Analysenlabor ist in besonderem Maße auf die Erkennung und Beseitigung *systematischer Fehler* gerichtet. Diese können auftreten als *additive Fehler*, die die Messwerte um einen konstanten Betrag verändern, *multiplikative Fehler*, die dem Messwert proportional sind und den Anstieg der Kalibrierkurve und damit die Empfindlichkeit verändern, sowie *nichtlinear messwertabhängige Fehler* [32]. Auf ihre Abwesenheit vor allem sind entscheidende Schritte der Validierung gerichtet.

Ihr Erkennen gelingt am sichersten durch Ermittlung des Zusammenhangs der Messwerte in Abhängigkeit von einem wahren Wert, in der Praxis also durch die Analyse von zertifizierter Referenzmaterialien (CRM) in Wiederfindungsexperimenten und mit Hilfe von Wiederfindungsfunktionen (siehe Abschn. 7.3). Stehen solche Standards nicht zur Verfügung, kann der Einsatz unabhängiger Analysenmethoden oder auch eine Bilanzbetrachtung Aufschluss über systematische Fehler geben.

Wird die Qualität von Produkten oder Prozessabläufen durch analytische Messungen kontrolliert, ist zu berücksichtigen, dass nicht nur die Produktqualität gewissen Schwankungen unterliegt, die für den Herstellungsprozess charakteristisch sind, sondern auch die Analysenergebnisse im Rahmen der zufälligen Analysenfehler streuen.

11.3.1
Statistische Qualitätskriterien

Im Rahmen von Qualitätsvereinbarungen wird die Produktqualität oft auf einen Normwert (Targetwert) Q_0 festgelegt. Ergibt die analytische Kontrolle einen niedrigeren Wert $x < Q_0$, so gilt die Qualitätsforderung als nicht erreicht und ein Abnehmer kann das Produkt zurückweisen.

Infolge der Streuung der Analysenergebnisse und deren Bewertung mittels statistischer Tests kann jedoch sowohl ein gutes Produkt zurückgewiesen als auch ein schlechtes Produkt als gut befunden werden, entsprechend dem in Tabelle 8.1 dargestellten Sachverhalt.

Es müssen deshalb zwischen Erzeuger und Abnehmer statistische Grenzen festgelegt werden, die sowohl *falsch-negative* Entscheidungen (Fehler 1. Art, Erzeugerrisiko) und *falsch-positive* Entscheidungen (Fehler 2. Art, Abnehmerrisiko) als auch den Prüfaufwand minimieren, da ein zu hoher Aufwand für Analysengenauigkeit und statistische Sicherheit sich in den Kosten widerspiegeln und dann sowohl den Erzeuger als auch den Abnehmer belasten.

Mit Hilfe der Folgen von Fehlentscheidungen lassen sich (z.B. in Kosteneinheiten) *Risiken R* angeben, und zwar sowohl für den Erzeuger E als auch für den Abnehmer A

$$R_E = w \cdot \bar{\alpha} \cdot F_E \qquad (11.1)$$

$$R_A = (1 - w) \bar{\beta} \cdot F_A \qquad (11.2)$$

bei denen w die a-priori-Wahrscheinlichkeit dafür ist, dass ein ermittelter Qualitätsparameter $x = Q_{K,E}$ ist, $(1-w)$ die Wahrscheinlichkeit für $x = Q_{K,A}$, $\bar{\alpha}$ ist das (einseitige) Erzeugerrisiko (Fehler 1. Art), $\bar{\beta}$ das (einseitige) Abnehmerrisiko und F_E bzw. F_A Parameter (z. B. Kosten) für die Folgen bei Fehlentscheidungen.

Die Relationen zwischen dem Targetwert Q_0 und den Verteilungen der kritischen Analysenwerte für den Erzeuger $Q_{K,E}$ bzw. für den Abnehmer $Q_{K,A}$ sind in Abb. 11.4 veranschaulicht. Im Fall $x > Q_0$ ist die Qualität besser als vereinbart, während $x < Q_0$ schlechtere Qualität anzeigt.

Wegen der Fehler- und Irrtumsmöglichkeiten sind auf der Basis der Risiken nach Gln. (11.1) und (11.2) Toleranzgrenzen festzulegen, die sich mit Hilfe von Vertrauensgrenzen ergeben zu:

$$Q_{K,A} = Q_0 - s \frac{t(f, \bar{\beta})}{\sqrt{n}} \tag{11.3}$$

für die untere Toleranzgrenze mit der Standardabweichung s des Analysenverfahrens und n Parallelbestimmungen sowie

$$Q_{K,E} = Q_0 + s \frac{t(f, \bar{\alpha})}{\sqrt{n}} \tag{11.4}$$

für die obere Toleranzgrenze. Wenn Q_0 nicht als Normwert, sondern als *Garantiewert* $Q_{0,G}$ zwischen Abnehmer und Erzeuger vereinbart ist, und zwar mit einer festgelegten statistischen Sicherheit $\bar{P} = 1 - \bar{\alpha}$, hat letzterer mindestens die Qualität $Q_{K,E}$ zu liefern. Zur Vereinbarung gehört dabei auch die Aussage, ob ein

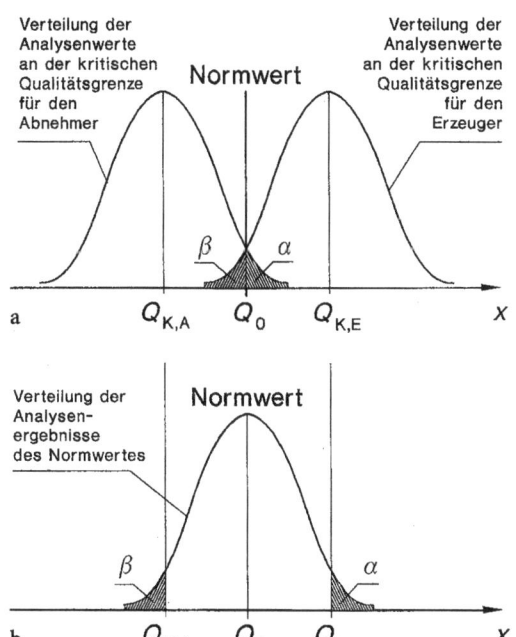

Abb. 11.4a, b. Verteilungen von Analysenergebnissen zur Qualitätssicherung

Analysenwert $\bar{x} = Q_{0,G} = Q_{K,E}$ noch anerkannt wird ($\bar{x} \geq Q_{0,G}$) oder nicht ($\bar{x} > Q_{0,G}$). Risiko des Abnehmers ist es in solchen Fällen, daß in $100 \cdot \bar{\alpha}$ % aller Fälle die Qualität schlechter sein kann als Q_0.

Qualitätsgrenzen sind oft durch Gesetze oder Normen festgelegt, werden jedoch auch häufig in zweiseitigen Vereinbarungen festgelegt. Unter Beachtung der jeweiligen Risiken R_E bzw. R_A sind insbesondere die Werte $\bar{\alpha}$ und $\bar{\beta}$ abzustimmen, wobei in der Praxis oft $\bar{\alpha} = \bar{\beta}$ zugrunde gelegt wird.

11.3.2
Attributprüfung

Im Gegensatz zur *Variablenprüfung* (Vergleich von Messwerten) versteht man unter *Attributprüfung* die qualitative Prüfung von Produkten (Fehlerprüfung, Gut-Schlecht-Prüfung) anhand von Stichproben. Die entscheidenden Größen sind der Stichprobenumfang n (die Zahl der Einheiten in der Zufallsstichprobe) sowie die Annahmezahl n_a, die gemäß dem Losumfang N und dem Anteil schlechter Einheiten p im Los aus entsprechenden Verteilungsfunktionen (hypergeometrische, Binomial- oder Poissonverteilung [33]) oder deren Operationscharakteristik ermittelt werden.

Nach der Anzahl der fehlerhaften Einheiten n_-, die in der Stichprobe ermittelt werden, gilt für

$n_- \leq n_a$ Annahme des Prüfgutes
$n_- > n_a$ Zurückweisung des Prüfgutes.

Attributprüfungen können auch auf der Grundlage zweier oder mehrerer (m) Stichproben erfolgen. Dem Nachteil des höheren Aufwandes zur Ermittlung der Stichprobenumfänge $n_1, n_2, \ldots, n_m$, der Annahme- und Rückweisungszahlen $n_{a,1}, n_{a,2}, \ldots, n_{a,m}$ bzw. $n_{r,1}, n_{r,2}, \ldots, n_{r,m}$ steht der Vorteil gegenüber, bei klaren Verhältnissen eventuell schon mit einer kleinen ersten Stichprobe $i = 1$ eindeutige Entscheidungen zu treffen.

Im Unterschied zu klassischen statistischen Prüfungen existieren drei Ausgänge für Tests, und zwar

$n_{-,i} \leq n_{a,i}$ Annahme des Prüfgutes
$n_{-,i} \geq n_{r,i}$ Zurückweisung des Prüfgutes
$n_{a,i} < n_{-,i} < n_{r,i}$ Untersuchung einer weiteren Stichprobe.

Dieses Modell leitet über zu sequentiellen Tests, die generell drei Ausgänge verwenden und die rationellste Möglichkeit zur Qualitätskontrolle darstellen.

11.3.3
Sequenzanalyse

Das Prinzip der Sequenzanalyse (Sequentialanalyse) besteht darin, daß zur Prüfung auf Unterschied zwischen zwei Grundgesamtheiten **A** und **B** bei festgelegten Wahrscheinlichkeiten für den Fehler 1. und 2. Art, α und β, gerade nur so viel Einheiten (Einzelproben) untersucht werden, wie zur Entscheidungsfindung erforderlich sind. Damit wird der Stichprobenumfang n selbst zur Zufallsvariablen.

Sequentielle Untersuchungen sind sowohl für Attributprüfungen als auch für quantitative Messungen möglich. Die Tatsache, dass jeweils nur so viele Prüfungen bzw. Messungen ausgeführt werden, wie unbedingt notwendig sind, ist vor allem dann von Vorteil, wenn Einzelproben schwer zugänglich oder teuer sind oder wenn dies auf die Messung zutrifft.

Auf der Grundlage des Resultates jeder Einzeluntersuchung wird festgestellt, ob eine Entscheidung getroffen werden kann oder ob die Untersuchungen fortgesetzt werden müssen. Nach dem Endziel von Sequenzanalysen unterscheidet man zwischen *geschlossenen Folgetestplänen*, die stets zu einer Entscheidung A > B oder A < B führen (gegebenenfalls mit großen Prüfumfang) und *offenen Folgetestplänen*, die nach einem bestimmten Prüfaufwand auch die Aussage A = B zulassen.

Die Auswertung kann rechnerisch oder graphisch durchgeführt werden; ein Beispiel für eine graphische Sequenzanalyse ist in Abb. 11.5 am Beispiel einer Attributprüfung dargestellt. Die Annahme- und Rückweisungsgrenzkurven sind bei Attributprüfungen in der Regel Geraden, bei Variablenprüfungen auch nichtlineare Funktionen.

Bei Variablenprüfungen sind auf der Ordinatenachse die Analysenwerte x aufzutragen, eine Entscheidung erfolgt mit dem Überschreiten der Annahme- oder Zurückweisungskurve.

Die Entscheidungen nach jeder Einzelprobe sind

(a) bei *Attributprüfungen*:

$n_{-,n} \leq n_{a,n} = g_a(n)$ Annahme des Prüfgutes

$n_{-,n} \geq n_{r,n} = g_r(n)$ Zurückweisung

$g_a(n) < n_{-,n} < g_r(n)$ Prüfung fortsetzen: eine weitere Einzelprobe untersuchen

mit $n_{-,n}$ Anzahl fehlerhafter Einheiten bei n geprüften, $n_{a,n}$ bzw. $n_{r,n}$ Annah-

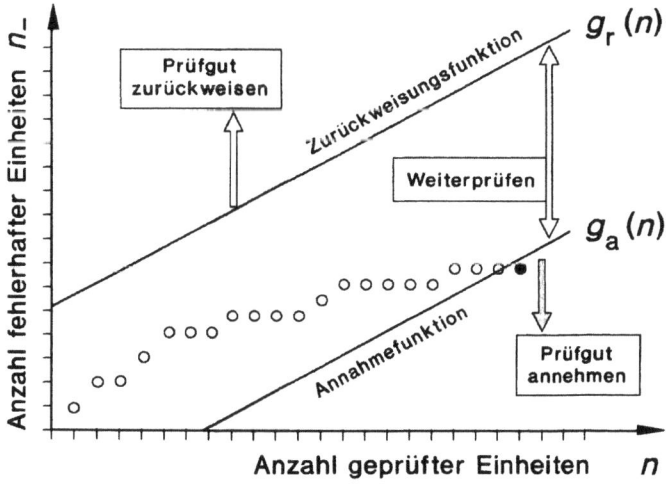

Abb. 11.5. Auswertung einer Sequenzanalyse

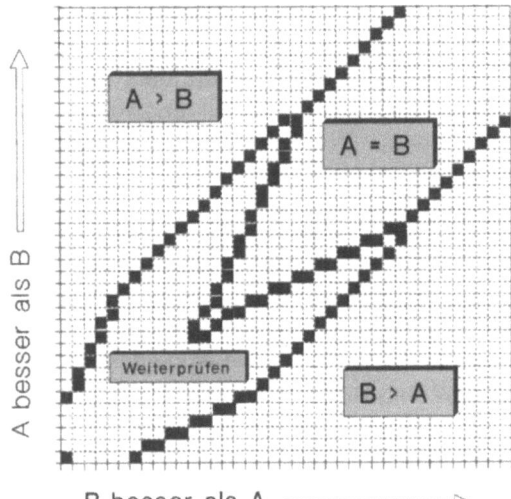

Abb. 11.6. Folgetestplan zum direkten Merkmalsvergleich

me- bzw. Rückweisungszahl für den jeweilgs aktuellen Stichprobenumfang n; $g_a(n)$ und $g_r(n)$ sind die Annahme- bzw. Rückweisungsfunktionen.

(b) bei *Variablenprüfungen* (quantitativen Messungen):

$x_n \leq g_a(n, s, \bar{\alpha})$ Annahme des Prüfgutes

$x_n \geq g_r(n, s, \bar{\beta})$ Zurückweisung

$g_a(n, s, \bar{\alpha}) < x_n < g_r(n, s, \bar{\beta})$ Prüfung fortsetzen: weitere Einzelprobe untersuchen

wobei x_n der aktuelle Analysenwert nach n Messungen ist, $g_a(n, s, \bar{\alpha})$ und $g_r(n, s, \bar{\beta})$ sind die Annahme- bzw. Rückweisungsfunktionen, s die Standardabweichung des Analysenverfahrens und $\bar{\alpha}$ bzw. $\bar{\beta}$ das Erzeuger- bzw. Abnehmerrisiko.

Folgetestpläne sind auch geeignet zum direkten Vergleich zweier Produkte oder Verfahren auf der Grundlage sowohl subjektiver Größen als auch Messergebnissen, und zwar ohne Berechnung nur nach den drei Kriterien

- A ist besser als B
- B ist besser als A
- kein Unterschied zwischen A und B.

Für die graphische Auswertung solcher Vergleiche ist in Abb. 11.6 ein Beispiel gezeigt.

11.3.4
Qualitätsregelkarten

Ursprünglich wurden Qualitätsregelkarten für die industrielle Produktkontrolle entwickelt und eingesetzt (Shewhart, 1931). Heute dienen sie zur Überwachung von Prozessen jeglicher Art, von Produktionsprozessen ebenso wie von Mess-

11.3 Statistische Qualitätskontrolle

prozessen. Qualitätsregelkarten QRK (auch „*Kontrollkarten*") besitzen deshalb Bedeutung sowohl für die Qualitätssicherung *innerhalb der Analytik* (Überwachung von Prüfverfahren) als auch die Qualitätssicherung von Erzeugnissen oder Prozessen *mit Hilfe der Analytik*.

In jedem Fall besteht das Anliegen von QRK in der anschaulichen Darstellung von Qualitätszielgrößen Q und ihrer Schranken. Die Ergebnisse von Stichprobenkontrollen werden als Punktfolgen in die Karten eingetragen, so dass aus deren Verlauf typische Situationen, wie einige beispielhaft in Abb. 11.8 dargestellt sind, schnell erkannt werden können.

QRK enthalten als Qualitätszielgrößen Soll- oder Referenzwerte bzw. Optimalgrößen sowie deren Schranken. Dem Charakter der Zielgrößen Q nach unterscheidet man

- *Einzelwertkarten*
- *Mittelwertkarten:* $\bar{x}$-Karten, Mediankarten, Blindwertkarten
- *Streuungskarten:* Standardabweichungskarten (s- bzw. s_{rel}-Karten), Spannweitenkarten
- *Wiederfindungsraten-Karten*
- *Cusum-Karten*
- *Kombinationskarten* (z. B. $\bar{x}$-s- bzw. $\bar{x}$-R-Karten)
- *Korrelationskarten* (z. B. $\bar{x}_A$ - $\bar{x}_B$-Karten).

Einzelwertkarten werden nur für spezielle Zwecke, z. B. als *Urwertkarten* zur Ermittlung der Warn- und Eingriffsgrenzen oder zur Auswertung von *Zeitreihenanalysen* verwendet.

Alle anderen Kartentypen werden relativ häufig genutzt und haben ihre speziellen Vorteile. Der grundsätzliche Aufbau einer QRK ist in Abb. 11.7 dargestellt, wobei als Verteilungsfunktion zur Ableitung der Warn- und Eingriffsgrenzen eine Gaußfunktion, zutreffend für Mittelwerte[1], gewählt wurde.

Für die Grenzwerte werden die folgenden Schranken gewählt ($\bar{x} = Q$):

$$E_O = \bar{x} + t(f, P = 0{,}99) \, s/\sqrt{n} \tag{11.5a}$$

$$W_O = \bar{x} + t(f, P = 0{,}95) \, s/\sqrt{n} \tag{11.5b}$$

$$W_U = \bar{x} - t(f, P = 0{,}95) \, s/\sqrt{n} \tag{11.5c}$$

$$E_U = \bar{x} - t(f, P = 0{,}99) \, s/\sqrt{n} \tag{11.5d}$$

Häufig werden auch die Grenzen $E = \bar{x} \pm 3s$ und $W = \bar{x} \pm 2s$ (entsprechend $P = 1 - \alpha = 0{,}997$ bzw. $0{,}955$) verwendet. Für die wichtigsten der oben angegebenen Qualitätsregelkarten ergeben sich die in Tabelle 11.3 zusammengestellten Parameter, wobei die Grenzwerte G_O bzw. G_U für $P = 0{,}99$ Eingriffsgrenzen und für $P = 0.95$ Warngrenzen sind.

Die entsprechenden Faktoren der t- und χ^2-Verteilung finden sich in allen Statistik-Büchern, z. B. [33–35]; zu den D-Faktoren siehe [26], S. 77.

---

[1] Nach dem *zentralen Grenzwertsatz* sind Mittelwerte, auch wenn sie aus nicht normalverteilten Messreihen gebildet werden, angenähert normalverteilt [34].

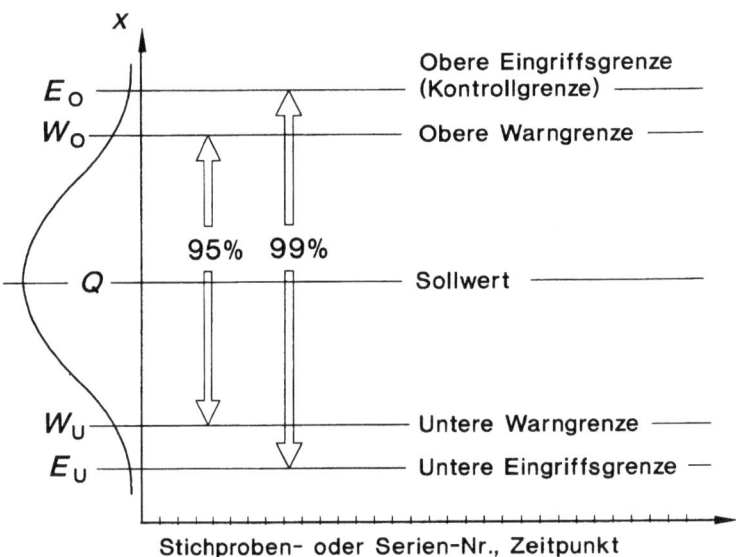

Abb. 11.7. Allgemeines Schema einer Kontrollkarte

Tabelle 11.3. Regelgrößen in Qualitätsregelkarten

Zielgröße, Sollwert		Grenzwerte
Mittelwert	$\bar{x}$	$G_O = \bar{x} + s \cdot t(P,f)/\sqrt{n}$
		$G_U = \bar{x} - s \cdot t(P,f)/\sqrt{n}$
Standardabweichung	$s_d = \sqrt{\dfrac{\sum f_i s_i^2}{\sum f_i}}$	$G_O = s_d \sqrt{\chi^2(n-1, 1-\alpha/2)/(n-1)}$
		$G_U = s_d \sqrt{\chi^2(n-1, \alpha/2)/(n-1)}$
Spannweite	$\bar{R} = \sum R_i/m$	$G_O = D_O \cdot \bar{R}$
	$R_i = x_{i_{max}} - x_{i_{min}}$	$G_U = D_U \cdot \bar{R}$
Wiederfindungsrate	$\overline{WF} = b$	$G_O = \overline{WF} + s_{WF} \cdot t(P,f)/\sqrt{n}$
(b: Anstieg der Wiederfindungsfunktion)		$G_U = \overline{WF} - s_{WF} \cdot t(P,f)/\sqrt{n}$

Ein stabiler Prozess ist durch zufällige Streuungen, dem Fehlen längerfristiger Trends und nur sehr seltenen Überschreiten der vorher spezifizierten Grenzen gekennzeichnet. Treten Trends oder Überschreitungen der Grenzen auf, dann wird der Prozess als „außer Kontrolle" bezeichnet (Abb. 11.8). Gegebenenfalls können geeignete Maßnahmen eingeleitet werden.

Ergebnisse, die außerhalb des Kontrollbereichs liegen, unterscheiden sich statistisch signifikant von den ursprünglichen Messungen, d.h. statistisch gehören diese Messwerte einer anderen Grundgesamtheit an. Jedoch können

Abb. 11.8. Auffällige Verläufe in Mittelwertkarten

diese den Anforderungen, die an das Analysenergebnis gestellt werden (z. B. vom Auftraggeber), durchaus genügen. Zusätzlich kann daher ein Spezifikationsbereich eingezeichnet werden, der z. B. die aus *Ringversuchen* gewonnene Messunsicherheit eines Referenzmaterials berücksichtigt.

Um festzustellen, ob ein Prozess außer Kontrolle geraten ist, existieren eine Reihe von Tests („Run-Tests"), die auf statistischen Überlegungen beruhen. So kann z. B. von einem systematischen Abweichen vom Mittelwert dann ausgegangen werden, wenn sich eine bestimmte Anzahl von Messwerten in Folge entweder alle oberhalb oder alle unterhalb der Zentrallinie befinden. Die Wahrscheinlichkeit, daß dies rein zufällig vorkommt, beträgt für einen Messwert $P = 0{,}5$. Damit ergibt sich für den Fall, daß sich fünf Messwerte auf der gleichen Seite der Zentrallinie befinden, eine Wahrscheinlichkeit von $P = 0{,}0312$ (3,12 %).

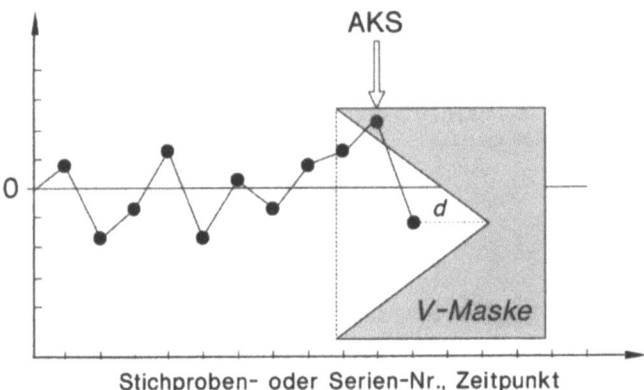

Abb. 11.9. Cusum-Regelkarte mit V-Maske

Ähnliche Überlegungen gelten für Trends, so lassen mehrere ansteigende oder abfallende Messwerte in Reihe auf einen systematischen Trend schließen.

Bei sachgemäßer Konstruktion vermitteln *CUSUM-Karten* einen empfindlichen und instruktiven Eindruck von Prozessveränderungen. Dazu wird die kumulative Summe der Abweichungen vom Zielwert (Referenzwert) Z gebildet; sie ist für die n-te Stichprobe bzw. Serie

$$CUSUM_n = S_n = \left(\sum_{i=1}^{n} x_i\right) - n \cdot Z \tag{11.6}$$

Die *CUSUM*-Werte enthalten damit Informationen sowohl über aktuelle als auch die vorangegangenen Werte. Ihre graphische Darstellung in Regelkarten lässt deshalb Veränderungen, die zu Außer-Kontroll-Situationen (AKS) führen, leichter erkennen als die Originalwerte.

In Verbindung mit V-Masken sind AKS unmittelbar zu erkennen, wie aus Abb. 11.9 hervorgeht. Voraussetzung für eine effektive Wirkung ist die richtige Wahl der Parameter (Referenzwert, Skalierung, V-Masken-Winkel und -Abstand d) [26].

Kommerzielle Softwarepakete der Statistik enthalten neben anderen Kontrollkartensystemen auch Cusumkarten mit verschiedenen (spitzwinkligen bzw. parabolischen) Masken. Anstelle der graphischen Auswertung lassen sich auch numerische Entscheidungsverfahren verwenden.

Für Mehrkomponentenanalysen und -kontrollen werden gelegentlich auch *multiple univariate Kontrollkarten* sowie auch *multivariate Kontrollkarten* verwendet. Multiple Kontrollkarten enthalten die Informationen über die Veränderungen jedes Elementes in symbolischer Form (symbolische Kontrollkarten, siehe [36]).

11.3.5
Ringversuche

Ringversuche sind organisierte Studien, bei denen den Teilnehmern (Laboratorien) bestimmte Proben übergeben werden, die mit vorgegebenen oder festzulegenden Analysenverfahren im Hinblick auf ganz bestimmte Merkmale (Analytgehalte) zu charakterisieren sind. Von Ringversuchen spricht man zwar, wenn mehr als zwei Laboratorien an solchen Untersuchungen beteiligt sind, üblicherweise ist jedoch eine größere Anzahl von Labors einbezogen. Die Teilnehmerzahl ist nicht zuletzt abhängig vom Ziel des Ringversuchs, ebenso spielen die Qualifikation und der Erfahrungsstand der beteiligten Labors eine Rolle. Die Planung und Organisation von Ringversuchen, neben der Auswahl der Teilnehmer insbesondere

- die Art und Anzahl der zu untersuchenden Proben und der zu bestimmenden Analyte,
- die Festlegung der durchzuführenden Parallelbestimmungen pro Analyt sowie
- die Art der Daten und die Form ihrer Übergabe,

hat nach dem Zweck der jeweiligen Studie sowie nach Gesichtspunkten der statistischen Ausgewogenheit zu erfolgen. Gut organisierte Ringversuche schreiben eine ausreichende Anzahl von Parallelanalysen ($n \geq 2$) vor, die für alle beteiligten Labors gleich zu sein hat und verbindlich ist. Nach IUPAC-Regeln [37,38] ist ein Ringversuch „*... eine Studie, bei der verschiedene Laboratorien eine Größe in einer oder mehreren identischen Portionen eines homogenen und stabilen Materials unter dokumentierten Bedingungen bestimmen und die Ergebnisse in einem gemeinsamen Bericht zusammengefasst werden.*" [37].

Die Auswertung von Ringversuchen liegt beim Organisator bzw. Verantwortlichen, und zwar nicht nur für die Zusammenfassung der Ergebnisse, sondern auch für die Auswertung der Resultate der Einzellaboratorien, die in der Regel als Einzelergebnisse übergeben werden und nicht als zusammengefasste Mittelwerte.

Die Durchführung und Auswertung von Ringversuchen hängt ganz wesentlich vom Zweck der jeweiligen Studie ab. Nach den Zielen unterscheidet man

(1) Ringversuche zur *Leistungsbewertung* von Laboratorien (Laborvergleichsstudien, Laborleistungsstudien). Die einbezogenen Labors können eine *Methode ihrer Wahl* einsetzen (sofern durch Vorschriften oder Normen nichts anderes festgelegt wird), um vorgegebene Größen (Analytgehalte) an einem gegebenen Probenmaterial zu bestimmen und damit ihr Leistungsvermögen nachzuweisen, bestimmte Größen (Analytgehalte) richtig und präzise zu ermitteln. Laborleistungsstudien dienen der Qualitätssicherung und der Verbesserung der Zuverlässigkeit in den Laboratorien, häufig auch in Bezug auf Akkreditierungen.

(2) Ringversuche zur *Methodenbewertung*. Alle beteiligten Laboratorien setzen das gleiche Analysenverfahren (die gleiche Analysenvorschrift) ein, um vor-

gegebene Größen (Analytgehalte) zu bestimmen und damit die Leistungsparameter der untersuchten Methode zuverlässig zu ermitteln. Ein Sonderfall ist die Ermittlung der *Robustheit* eines Analysenverfahrens (siehe Abschn. 5.1.4 und 7.33) auf diesem Wege.

(3) Ringversuche zur *Materialzertifizierung*. In diesen Studien sind zuverlässige Referenzwerte von Größen (Analytgehalten), einschließlich deren Unsicherheit, in einem bestimmten Testmaterial zu ermitteln und festzulegen. Demzufolge sollten die Teilnehmer an solchen Ringversuchen die „bestgeeignetsten" Laboratorien für diese Aufgabe sein. Die Labors können dafür die zuverlässigste(n) Methode(n) ihrer Wahl einsetzen. Ziel ist eine möglichst genaue (richtige und präzise) Schätzung der wahren Werte der Größen (Analytgehalte) als Gesamtmittelwerte und deren Streuungen.

Die Auswertung von Ringversuchen erfolgt unter drei Gesichtspunkten, die je nach Ringversuchstyp (-ziel) unterschiedlich relevant sind:

(a) Berechnung der *Labormittelwerte* und deren Unsicherheit (aus der Wiederholstandardabweichung, siehe Abschn. 8.4.4) entsprechend den statistischen Gegebenheiten,

(b) Ermittlung des *Gesamtmittelwertes* über alle Laboratorien aus deren Labormittelwerten sowie der Gesamtunsicherheit (aus der Vergleichsstandardabweichung, siehe Abschn. 8.4.4)

(c) *Bewertung* des Ringversuches unter den Gesichtspunkten Leistung der Laboratorien bzw. der Methoden, die eingesetzt wurden, anhand statistischer oder informationstheoretischer Kriterien sowie Visualisierung der Ergebnisse des Ringversuchs mit Hilfe graphischer Methoden.

Vor der Berechnung der Laboratoriumsmittelwerte sind die Messreihen auf das Vorliegen grober Fehler, Vorliegen einer Normalverteilung, auf Trend sowie Ausreißer zu testen (Abschn. 8.4.2) und ggf. Transformationen vorzunehmen, die zu einer Normalverteilung führen. Gelingt dieses nicht, sind nichtparametrische statistische Verfahren einzusetzen, also etwa der Median statt des arithmetischen Mittelwerts zu verwenden [40], siehe Abschn. 2.3.4.

Zur Bildung des Gesamtmittelwerts aus verschiedenen Messreihen spielt die Varianzanalyse die entscheidende Rolle. Für den Vergleich mehrerer Mittelwerte verschiedener Laboratorien ist die einfache Varianzanalyse (Abschn. 8.4.4) einzusetzen. Bei Ringversuchen ist es üblich, die Streuung innerhalb der Laboratorien als Wiederholstandardabweichung (s_{in}^2) und die Streuung zwischen den Laboratorien als Vergleichsstandardabweichung (s_{zw}^2) anzugeben.

Eine Bewertung von Ringversuchen erfolgt in jedem Fall im Hinblick auf die Ergebnisse der Laboratorien, und zwar entweder (bei Materialzertifizierungen) um die weniger zuverlässigen Ergebnisse auszusondern und nicht mit für die Bildung des Gesamtmittelwerts zu verwenden, oder, um die Leistung eines jeden Labors zu beurteilen (Laborleistungstests).

Gebräuchliche Methoden der Ringversuchsauswertung sind graphische Darstellungen in Form von Box-Whisker-Plots, ähnlich Abb. 11.10, wobei die Laboratorien allerdings üblicherweise der Größe nach sortiert werden und zusätzlich der Gesamtmittelwert eingezeichnet wird.

Als Gütemaße für die erhaltenen Ergebnisse werden in der Regel die standardisierten Werte, die sogenannten z-Werte (z-scores)

$$z_i = \frac{\mu - x_i}{s} \qquad (11.7)$$

hinzugezogen. Werte für z größer 2 bzw. 3 entsprechen dann signifikanten Abweichungen vom Soll- bzw. Gesamtmittelwert.

Eine andere Möglichkeit der Bewertung ergibt sich aus der Berechnung des Informationsgehalts der einzelnen Analysenergebnisse (Abschn. 2.5.3) [39, 41]

$$I = I_{\text{Methode}} - I_{\text{Bias}} \qquad (11.8)$$

wobei der Informationsgehalt der eingesetzten Methode logarithmisch vom Erwartungsbereich der Analysenergebnisse und der Präzision abhängt. Der Anteil I_{bias} ist ein ist ein Maß für die Abweichung der Analysenergebnisse und ist proportional zu ($z_i^2 - 1$). In [39] wird ausführlich die auch informationstheoretische Auswertung von Ringversuchen beschrieben.

Beispiel

Fünf Laboratorien A...E beteiligen sich an Vergleichsanalysen zur Nickelbestimmung in Aluminium (photometrisch mit Diacetyldioxim). Die erhaltenen Ergebnisse (in m-%) zeigt Tab. 11.4.

Zum Test der Gleichheit der Varianzen kann u.a. der χ^2-Test von Bartlett herangezogen werden. Als Prüfgröße ergibt sich 0,262, ein Wert der deutlich unter dem Prüfwert $\chi^2(0,95;4) = 9,49$ liegt, also sind die Unterschiede zwischen den Varianzen als zufällig zu betrachten und die Voraussetzung der Varianzhomogenität für die Varianzanalyse ist erfüllt. Die Varianzanteile der Varianzanalyse werden in Tabelle 11.5 gezeigt. Als Prüfgröße für den F-Test ergibt sich aus dem Quotienten der Varianzanteile $\hat{F} = 7,60$. Der Tabellenwert $F(0,95;4;20) = 2,87$. Damit differiert mindestens einer der fünf Labormittelwerte hoch signifikant von den anderen.

Die grafische Darstellung in Form eines Box-Whisker-Plots zeigt, dass die Messserie des Laboratoriums B ausreißerverdächtig ist (Abb. 11.10). Zum

Tabelle 11.4. Ergebnisse eines Ringversuchs zur Nickelbestimmung

A	B	C	D	E
0,53	0,58	0,52	0,54	0,52
0,52	0,56	0,54	0,52	0,55
0,55	0,56	0,53	0,55	0,52
0,53	0,59	0,51	0,52	0,51
0,56	0,56	0,54	0,54	0,53
$\bar{x}_A = 0{,}538$	$\bar{x}_B = 0{,}570$	$\bar{x}_C = 0{,}528$	$\bar{x}_D = 0{,}534$	$\bar{x}_E = 0{,}526$
$s_A = 0{,}0164$	$s_B = 0{,}0141$	$s_C = 0{,}0130$	$s_D = 0{,}0134$	$s_E = 0{,}0152$

Tabelle 11.5. Varianzanteile der Ringversuchsdaten

Variationsursache	Fehlerquadrat-summe	Freiheits-grade	Varianz
Streuung zwischen den Laboratorien	$Q_v = 0{,}006384$	$f_v = 4$	$s_v^2 = 0{,}001596$
Streuung innerhalb der Laboratorien	$Q_w = 0{,}004200$	$f_w = 20$	$s_w^2 = 0{,}000210$
Gesamtstreuung	$Q_{ges} = 0{,}010584$	$f_{ges} = 24$	–

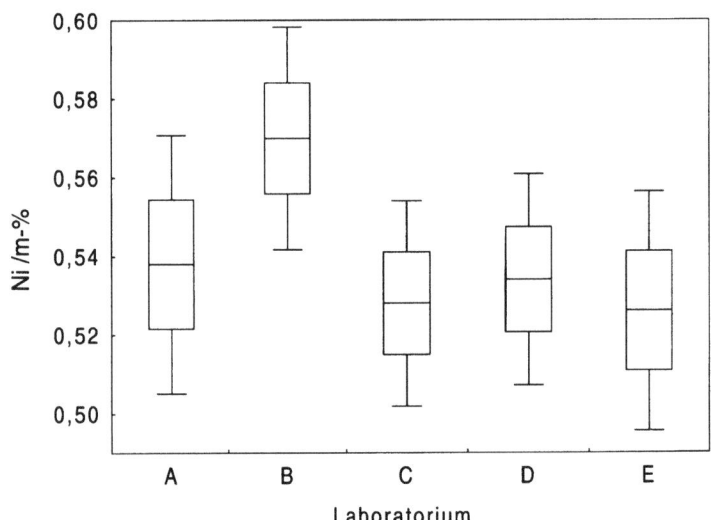

Abb. 11.10. Box-Whisker-Plot der Ergebnisse des Ringversuchs. Eingezeichnet sind die Labormittelwerte, die Standardabweichungen s und $s \cdot 1{,}96$

Tabelle 11.6. Ergebnis des Scheffé-Tests für den Ringversuch zur Nickelbestimmung

Labor	A	B	C	D	E
A		0,0410	0,8760	0,9953	0,7862
B	0,0410		0,0046	0,0176	0,0029
C	0,8760	0,0046		0,9786	0,9996
D	0,9953	0,0176	0,9786		0,9405
E	0,7862	0,0029	0,9996	0,9405	

multiplen Mittelwertsvergleich kann entweder der Dixon-Test (Abschn. 8.4.2) oder z. B. der Scheffé-Test [34] oder der Test nach Newman-Keuls [34] herangezogen werden.

Tabelle 11.6 zeigt die Matrix der p-Werte des Scheffé-Tests. In den meisten Statistikprogrammen ist es üblich, statt der berechneten Testgrößen die sich daraus ergebenden Irrtumswahrscheinlichkeiten anzugeben. Liegt ein p-Wert unter der Schranke der vorgegebenen Irrtumswahrscheinlichkeit $\alpha = 0{,}05$ ($P = 0{,}95$), so ist hier der Unterschied der betreffenden Mittelwerte als signifikant zu betrachten. Das trifft für alle Prüfwerte des Laboratoriums B zu, dessen Werte deshalb zur Berechnung des Gesamtmittelwerts nicht herangezogen werden.

11.4 Labor-Informationsmanagement-Systeme (LIMS)

Analytische Labors besitzen immer mehr zentrale Dienstleistungsfunktionen gegenüber internen und externen Auftraggebern. Hieraus ergeben sich besondere Anforderungen bezüglich Effizienz in der Durchführung, der Qualität der Analysenergebnisse sowie der Dokumentation. Diese Aufgaben sind allein durch eine konsequente Computerunterstützung realisierbar. Dazu sind Labor-Informationsmanagement-Systeme besonders geeignet.

Ein Labor-Informationsmanagement-System (LIMS) ist ein Datenbanksystem, das speziell auf die Anforderungen eines Labors zugeschnitten ist und den Arbeitsablauf und Informationsfluss im Labor unterstützt. Jede Probe durchläuft im Labor einen „Lebenszyklus" (Abb. 11.11): Der Auftrag wird angenommen, die Proben gezogen und registriert und die durchzuführenden Analysen spezifiziert. Anschließend werden Arbeitslisten erzeugt und die Analysen-

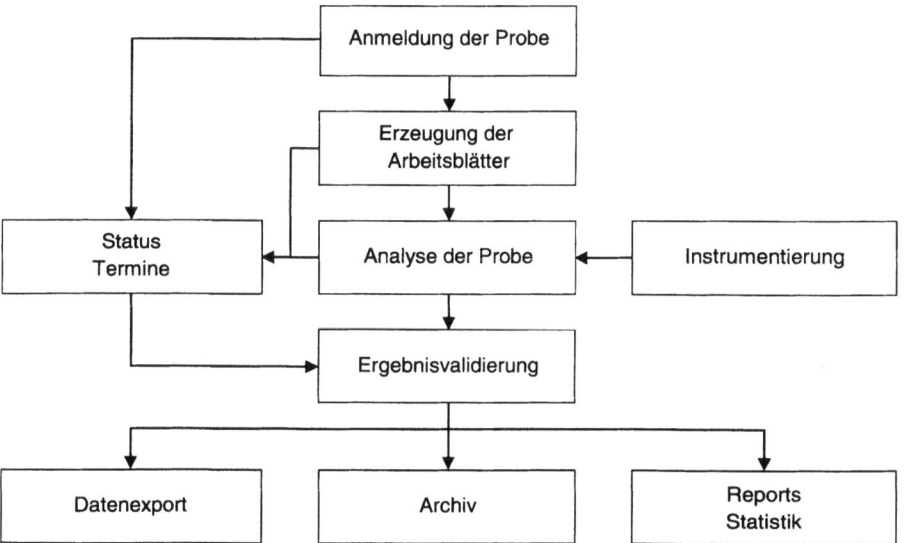

Abb. 11.11. Typischer Ablauf des Informationsflusses im analytischen Labor

ergebnisse eingegeben. Schließlich wird ein Prüfbericht (Analysenzertifikat) erzeugt.

Der Nutzen eines LIMS ist in erster Linie in der Integration von Auftragserfassung, Auftragsverwaltung, Auftragsabwicklung und Laborverwaltung zu sehen. Im Vordergrund stehen dabei neben dem Rationalisierungseffekt vor allem Planungstransparenz und die Rückverfolgbarkeit der Daten. Die Probenerfassung und -registrierung kann manuell oder mit Barcode-Reader-Systemen erfolgen. Ergebnisse von Analysen können sofort mit Vorgaben, Erfassungsgrenzen usw. verglichen werden (Plausibilitätsprung). In der Regel werden die Analysenergebnisse manuell in das LIMS übertragen. Viele Geräte verfügen jedoch über genormte Schnittstellen (Interfaces), z. B. RS-232 (serielle Schnittstelle), mit der Analysenergebnisse direkt auf den Rechner übertragen werden können. Der Bearbeitungsstand (Status) der jeweiligen Analysen kann jederzeit abgefragt und geändert werden. Mit Hilfe einer sog. Audit-Trail-Funktion werden alle Änderungen an den Daten dokumentiert, wobei Datum und Benutzer mit erfasst werden. Weitere Aufgaben im analytischen Labor, die vom LIMS unterstützt werden, sind die Erstellung von Zeit-, Geräte- und Tätigkeitsplanen sowie die Anfertigung von Zwischen- und Endberichten.

Da analytische Labors in der Regel nach wirtschaftlichen Kriterien arbeiten müssen, finden sich im LIMS häufig Zusatzmodule for die Berechnung der Analysen- und Entsorgungskosten, für die Chemikalienverwaltung sowie für das Angebots-, Rechnungs- und Mahnwesen.

Schließlich müssen die Ergebnisse der bearbeiteten Aufträge sachgerecht archiviert werden, wozu auch eine konsequente Datensicherung auf externen Medien gehört. Auf diese Daten muss später, z. B. zur Untersuchung der Langzeitstabilität von Geräten, zugegriffen werden können.

In einem LIMS hat man es (wie auch bei anderen Datenmanagementsystemen, z. B. zur Lagerverwaltung) mit drei Arten von Daten zu tun:

1. Stammdaten: Adressen von Auftraggebern, Arbeitsvorschriften, Geräte- und Analysenparameter, Umrechnungsfaktoren usw.
2. Bewegungsdaten: Daten der zur Zeit bearbeiteten Analysenaufträge,
3. Archivdaten: Daten der abgeschlossenen Analysenaufträge.

Das eigentliche LIMS enthält zunächst zwar ein Abbild des Informationsflusses im Labor, aber noch keine konkreten Informationen über spezifische Methoden, Instrumentierung, Kunden usw. Diese Stammdaten bilden die „Wissensbasis" des Labors und sind in jedem Labor unterschiedlich. Beim Erfassen eines Auftrags wird auf diese Daten zurückgegriffen, wobei die Stammdaten mit den Bewegungsdaten verknüpft werden. Erledigte Aufträge werden archiviert. Eine weitere Funktion ist die Berichtserstellung. Einerseits werden hier die Daten für Analysenberichte aufbereitet, andererseits können auch laborinterne Berichte, z. B. Arbeitslisten, angefertigt werden.

Auf die Daten des LIMS können die verschiedenen Mitarbeiter des Labors in unterschiedlichem Maß Zugriff haben. Dabei besteht die Möglichkeit, verschiedenen Mitarbeitern beim Einloggen in das System unterschiedliche Privilegien,

Berechtigungsstufen, Passwörter und Programme zuzuordnen. Diese Möglichkeiten hängen vom verwendeten LIMS und Betriebssystem ab.

Ausführliche Informationen zu LIM-Systemen sind u. a. im Internet zu finden. So existiert eine umfangreiche kommentierte Liste zu LIMS-Anbietern [44] sowie eine Marktübersicht, die auf einer Befragung sowohl der Anbieter- als auch der Anwenderseite beruht [45].

11.5 Qualitätssicherung von Software

11.5.1 Definition und Aufgabenstellung von Software

Unter dem Begriff Software werden Programme oder Programmsysteme zusammengefaßt, die zur Steuerung der Hardware eines Computersystems dienen [46]. Vom rechtlichen Standpunkt aus betrachtet ist Software ein immaterielles Produkt [47]. Die Dokumentation wird hierbei als ein integraler Bestandteil der Software betrachtet [48]. Allerdings wird in der Regel lediglich ein kleiner Teil der Dokumentation, die Benutzerhandbücher, an den Nutzer ausgeliefert. Eine wichtige Eigenschaft von Software ist, dass keinerlei Abnutzungserscheinungen auftreten.

Gewöhnlich wird zwischen der Systemsoftware und der Anwendungssoftware differenziert. Mit der Systemsoftware wird der Betrieb des Computersystems ermöglicht. Das Betriebssystem ist der Kern der Systemsoftware. Dienstprogramme (z. B. Festplattendefragmentierer), Programme zur Erstellung von Programmen (z. B. Compiler, Debugger) sowie Kommunikationssoftware sind weitere Bestandteile der Systemsoftware.

Anwendungssoftware wird vom Anwender dazu genutzt, um eine Arbeitsaufgabe zu lösen. Dabei wird zwischen Standardsoftware und Individualsoftware unterschieden. Mit Standardsoftware können solche Aufgaben bewältigt werden, die bei einem großen Kreis von Anwendern auftreten. Deshalb ist es möglich, die Software in großen Stückzahlen zu vertreiben, wodurch der Preis oft entsprechend niedrig ist. Für die Sicherung der Softwarequalität ergeben sich aus der hohen Stückzahl besondere Konsequenzen. Wenn eine Software von sehr vielen Anwendern genutzt wird, ist die Wahrscheinlichkeit groß, daß auch selten auftretende Fehler aufgedeckt werden. Dennoch können selbstverständlich Fehler übersehen werden.

Demgegenüber wird Individualsoftware für die Lösung spezieller Aufgaben für einen individuellen Anwender entwickelt. Ad-hoc-Programme sind spezielle Individualsoftware-Programme, die für einmalig auftretende oder selten wiederholte Aufgaben entwickelt werden. An ad-hoc-Programme werden in der Regel keine hohen Qualitätsanforderungen gestellt.

11.5.2
Qualitätsmerkmale von Software

Die Qualität einer Software wird gewährleistet durch die Übereinstimmung mit den Anforderungen, die bei Individualsoftware vom Auftraggeber definiert werden. Vom Joint Technical Committee der ISO (Internationale Standardisierungsorganisation) und der IEC (International Electrotechnical Commission) wurde der Standard ISO/IEC 9126 [49] erarbeitet, der allgemeine Qualitätsmerkmale von Software definiert.

Zu unterscheiden sind hierbei sechs grundlegende Merkmale, die von jeder Software erfüllt werden sollten, aber von Aufgabenstellung zu Aufgabenstellung unterschiedlich zu wichten sind (Abb. 11.12).

Unter Zuverlässigkeit wird die Eigenschaft verstanden, die es einer Software ermöglicht, die gegebene Spezifikation während einer bestimmten Anwendungsdauer zu erfüllen. Die Zuverlässigkeit wird ausgedrückt durch die Reife des Softwareprodukts, die Robustheit und die Wiederherstellbarkeit. Im Allgemeinen wird die Zuverlässigkeit vom Anwender als die wichtigste Eigenschaft einer Software angesehen. Wichtige Punkte, die zur Funktionalität beitragen, sind die Richtigkeit und die Sicherheit. Sichere Software bietet innerhalb bestimmter Grenzen Schutz vor einer unbefugten Nutzung. In Labors und in chemischen Produktionsstätten ist eine räumliche Abgrenzung der Rechner und damit der Schutz vor Unbefugten oft nicht gegeben. Weiterhin sind die Computer oft vernetzt und sind somit vor ungewollten Zugriffen von außen zu schützen. Deshalb soll in sicherheitsrelevanten Bereichen der Zugang von der korrekten Eingabe eines Logins sowie eines Passworts abhängig sein. Dabei ist zu beachten, dass bereits im normalen Laborbetrieb persönliche Daten der Mitarbeiter gespeichert werden, die unter das Bundesdatenschutzgesetz (BDSG) fallen können [46]. Wesentlich für die Benutzbarkeit ist die Erlernbarkeit und die Bedienbarkeit. Zur Übertragbarkeit gehört u. a. die Installierbarkeit, wobei im Kauf- oder Entwicklungsvertrag festgeschrieben sein muss, ob der Anwender oder der Hersteller die Installation auf dem Zielrechner vornimmt. Die Wartbarkeit wird durch die Analysierbarkeit, die Modifizierbarkeit, die Stabilität und die Prüfbarkeit beschrieben. Für den Anwender spielt hierbei die Prüfbarkeit eine entscheidende Rolle.

Da Qualität nicht in Software hineingeprüft werden kann, ist die Planung des Softwareprojekts als erster Teilschritt der Softwareentwicklung von entscheidender Bedeutung für die Qualitätssicherung. Individualsoftware muß besondere Spezifikationen erfüllen, die auf die Aufgabenstellung zugeschnitten sind. Dabei kann eine grundlegende Kenntnis über die Softwareentwicklung von Nutzen sein.

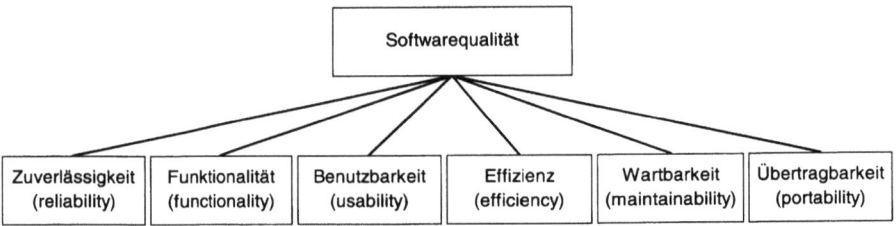

Abb. 11.12. Qualitätsmerkmale von Software nach ISO/IEC 9126 [49]

11.5.3
Qualitätssicherung bei der Softwareentwicklung

Von ad-hoc-Software abgesehen, werden heute die meisten Softwareprojekte nach den Methoden des Software Engineering entwickelt. Der Begriff des Software Engineering wurde Ende der 60er Jahre geprägt, als zwei NATO-Tagungen unter diesem Titel stattfanden. Die Entwicklung von Software sollte als ingenieursmäßige Disziplin verstanden werden.

Eine Softwareentwicklung geht demnach über das reine Programmieren hinaus. Die Anforderungen an die Software müssen analysiert, es muss ein dementsprechender Entwurf erstellt und das Softwareprodukt muss konstruiert werden [50, 51]. Die Qualitätssicherung ist hierbei von Beginn an in die Entwicklung integriert. Beim Software Engineering werden verschiedene Modelle unterschieden, wie das Wasserfallmodell, das V-Modell und das Prototyping-Modell. Alle haben die systematische Vorgehensweise gemeinsam, wobei eine zeitliche und inhaltliche Strukturierung angestrebt wird [47].

Am meisten verbreitet ist gegenwärtig das Wasserfallmodell, das schematisch in Abb. 11.13 dargestellt ist. Dieses Modell definiert die wichtigsten Arbeitsabschnitte der Softwareentwicklung und grenzt diese voneinander ab. Die einzelnen Arbeitsschritte werden im wesentlichen sequentiell durchlaufen, wobei am Ende eines jeden Abschnitts ein Meilenstein steht. Zur Erfüllung des Meilensteins müssen geprüfte und bewertete Ergebnisse vorhanden sein.

In der Anforderungsanalyse werden die globalen Ziele des Projekts festgelegt. Die Spezifikationsphase führt zu einer Erarbeitung eines Pflichtenhefts, in dem alle geforderten Eigenschaften des Produkts festgehalten werden. Das Pflichtenheft muß vom Auftraggeber verantwortet werden.

In der Entwurfs- oder Designphase wird aus dem Pflichtenheft ein Konzept zur Lösung der Aufgabenstellung abgeleitet. Dabei werden die Datenstrukturen und die benötigten Module des Programms sowie die Schnittstellen zwischen den Modulen entworfen. Die eigentliche Programmierung der Module ist der nächste Schritt bei der Entwicklung. Danach erfolgen Modultests und schließlich das Zusammenfügen der Module zum Programm. Daraufhin muss noch ein Systemtest erfolgen, bei dem das Zusammenspiel der Module geprüft wird. Während der Nutzung der Software durch den Anwender ist die Software zu warten und evtl. auftretende Fehler sind zu beheben.

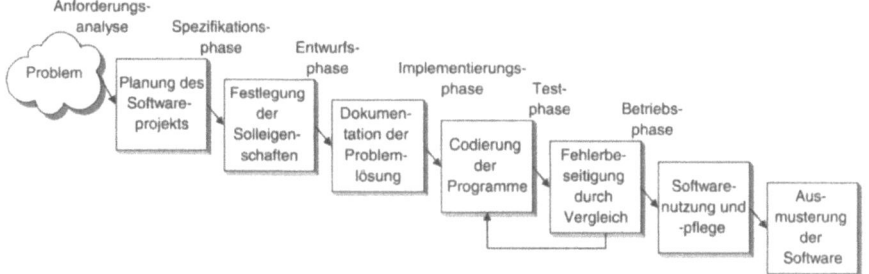

Abb. 11.13. Phasen der Softwareentwicklung und -nutzung. (Modif. nach [52])

Während die Kosten für die Entwicklung bei materiellen Produkten 5…15 % betragen, belaufen sich diese bei der Softwareherstellung auf etwa 50 % [47]. Aus dem Grund wird bei der Softwareentwicklung der eigentlichen Implementierung eine oft zu große Bedeutung beigemessen und die Entwurfs- und Testphasen werden in den Hintergrund gestellt. Das wird vor allem bei der Entwicklung von Standardanwendungssoftware und Betriebssystemen augenfällig, bei denen die eigentliche Testphase auf den Nutzer übertragen wird.

Bei der Entwicklung von Individualsoftware ist man in der Regel bemüht, Fehler so frühzeitig wie möglich zu eliminieren. Ein Fehler, der erst beim Einsatz der Software bemerkt wird, verursacht bis zu 200-mal höhere Kosten als ein Fehler, der bereits in der Entwurfsphase erkannt wird [53].

11.5.4
Softwarevalidierung

Relevante Gesetze, Normen und Richtlinien. In [46] wird ein ausführlicher Überblick über die vorhandenen Gesetze, Verordnungen, Normen und Richtlinien gegeben. Insbesondere für den chemisch-pharmazeutischen Bereich existieren Qualitätsregelwerke wie Good Manufacturing Practice (GMP), Good Laboratory Practice (GLP) und Good Clinical Practice (GCP). Durch die zuständigen Behörden wird die Einhaltung der Qualitätsregeln durch Inspektionen geprüft. Für die behördliche Prüfung der Einhaltung der GLP-Grundsätze wurde eine eigene Verwaltungsvorschrift ChemVwW-GLP erlassen [54]. Da Deutschland Mitglied der Organisation for Economic Co-Operation and Development (OECD) ist, wird zur Interpretation der Anforderungen an computergestützte Systeme das OECD-GLP-Konsensdokument Nummer 10 herangezogen [55].

Software-Analysemethoden. Im wesentlichen werden statische und dynamische Software-Analysemethoden unterschieden. Bei der statischen Analyse wird das Programm nicht ausgeführt, sondern es wird anhand von z. B. graphentheoretischen Verfahren die Vollständigkeit und Widerspruchsfreiheit geprüft. Ausschließlich für extrem kleine Programme sind Korrektheitsbeweise anwendbar, wobei zu jedem Ausgangszustand des Programms der Endzustand untersucht.

Die dynamischen Fehleranalysen setzt die Ausführung des Programms voraus. Bei Tests werden die Programme zur Analyse mit echten Daten ausgeführt. Dabei ist darauf zu achten, dass alle möglichen Fehlerklassen abgedeckt werden. Tests lassen sich in White-Box-Tests (auch Glass-Box-Tests) und Black-Box-Test kategorisieren. Bei Black-Box-Tests wird vorausgesetzt, daß der Prüfer keine Information über die innere Struktur des Programms besitzt. Dagegen kennt der Prüfer beim White-Box-Test den inneren Programmaufbau, wobei das Augenmerk besonders auf Schleifen und Verzweigungen gelegt wird.

Alle Tests müssen sorgfältig dokumentiert werden. In die Dokumentation müssen die Testbedingungen aufgenommen werden. Hierzu gehören u. a. die Beschreibung der Hardware, des Betriebsystems und der gleichzeitig laufenden Programme [46].

Hilfsmittel für die Durchführung von Tests. Kritische Anwender von Gerätesoftware begnügen sich bei Validierungen und Revalidierungen nicht damit, die Software ausschließlich mit den Daten zu testen, die vom Entwickler mitgeliefert werden. Allerdings sind bei aufwendigen Rechenverfahren die Ergebnisse oft schwer verifizierbar. In derartigen Fällen ist es sinnvoll, die Berechnungen mit einer vertrauenswürdigen Software zu wiederholen und die Ausgaben zu vergleichen.

Als Referenzsoftware für komplexe Berechnungen eignet sich u. a. das Programm Matlab (The MathWorks Inc., Nattick, MA). Matlab ist ein Programm, das sehr gut für die Entwicklung und Erprobung numerischer Algorithmen geeignet ist. Es besitzt eine kompakte, leicht zu erlernende Programmiersprache. Mit Toolboxen kann der Leistungsumfang von Matlab erweitert werden.

Für einige Probleme der Statistik existieren gut dokumentierte und zertifizierte Testdatensätze. Das amerikanische National Institute of Standards and Technology (NIST) stellt in seinen Web-Seiten statistische Referenzdatensätze (Statistical Reference Data Sets, StRD) zu den Schwerpunkten Varianzanalyse, lineare Regression, nichtlineare Regression und für die deskriptive univariate Statistik zur Verfügung mit denen bestehende Programme getestet werden können [56]. Gleichzeitig stellen diese Datenbanken eine wertvolle Hilfe bei der Entwicklung statistischer Software dar.

Zu jedem der Schwerpunkte werden ausführliche Hintergrundinformationen zur Verfügung gestellt. Die Datenbank besteht teils aus simulierten und teils aus gemessenen Datensätzen. Mit den Referenzergebnissen werden konkrete Aussagen über die numerische Genauigkeit und die verwendete Software gegeben. So wurde beim Datensatz „Norris", der als Referenz für eine einfache lineare Regression dient, mit einer Genauigkeit von 500 Stellen mit einer bestimmten Fortran-Softwareroutine gerechnet und einzig die Ergebnisse auf fünfzehn signifikante Stellen gerundet.

Literatur

1. DIN 55350, Teil 11 (1987) Begriffe der Qualitätssicherung und Statistik. Grundbegriffe der Qualitätssicherung. Mai 1987
2. Becker R, Plaut H, Runge I (1927) Anwendungen der mathematischen Statistik auf Probleme der Massenfabrikation. Springer, Berlin
3. Crosby PB (1979) Quality is Free. McGraw-Hill, New York
4. Deming WE (1986) Out of Crisis. MIT Press, Cambridge
5. Timischl W (1995) Qualitätssicherung: Statistische Methoden. Hanser, München
6. Danzer K (1998) Prinzipien der Qualitätssicherung in der Analytischen Chemie. Vorlesungsskripte. FSU Jena
7. DIN ISO 9000 (1990) Qualitätsmanagement- und Qualitätssicherungsnormen. Leitfaden zur Auswahl und Anwendung. Mai 1990
8. DIN ISO 9001 (1990) Qualitätssicherungssysteme. Modell zur Darlegung der Qualitätssicherung in Design/Entwicklung, Produktion, Montage und Kundendienst, Mai 1990
9. DIN ISO 9002 (1990) Qualitätssicherungssysteme. Modell zur Darlegung der Qualitätssicherung in Produktion und Montage. Mai 1990
10. DIN ISO 9003 (1990) Qualitätssicherungssysteme. Modell zur Darlegung der Qualitätssicherung bei der Endprüfung. Mai 1990

11. DIN ISO 9004 (1990) Qualitätsmanagement und Elemente eines Qualitätssicherungssystems – Leitfaden. Mai 1990
12. DIN EN 45001 (1990) Allgemeine Kriterien zum Betreiben von Prüflaboratorien. Mai 1990
13. DIN EN 45002 (1990) Allgemeine Kriterien zum Begutachten von Prüflaboratorien. Mai 1990
14. DIN EN 45003 (1990) Allgemeine Kriterien für Stellen, die Prüflaboratorien akkreditieren. Mai 1990
15. DIN EN 45004 (1993) Allgemeine Kriterien für den Betrieb von Stellen, die Inspektionen durchführen. 1993
16. DIN EN 45011 (1990) Allgemeine Kriterien für Stellen, die Produkte zertifizieren. Mai 1990
17. DIN EN 45012 (1990) Allgemeine Kriterien für Stellen, die Qualitätssicherungssysteme zertifizieren. Mai 1990
18. DIN EN 45013 (1990) Allgemeine Kriterien für Stellen, die Personal zertifizieren. Mai 1990
19. DIN EN 45014 (1990) Allgemeine Kriterien für Konformitätserklärungen von Anbietern. Mai 1990
20. ISO Guide 25: General requirements for the technical competence of testing laboratories. Genf
21. ISO Guide 38: General requirements for the acceptance of testing laboratories. Genf
22. ISO Guide 43: Development and operation of laboratory proficiency testing. Genf
23. ISO Guide 45: Guidelines for the presentation of test results. Genf
24. ISO Guide 49: Guidelines for development of a Quality Manual for a testing laboratory. Genf
25. Neitzel V, Middeke K (1994) Praktische Qualitätssicherung in der Analytik. Ein Leitfaden. VCH, Weinheim New York Basel
26. Funk W, Dammann V, Donnevert G (1992) Qualitätssicherung in der Analytischen Chemie. VCH, Weinheim New York Basel
27. Christ GA, Harston SJ, Hembeck HW (1992) GLP. Handbuch für den Praktiker. GIT Verlag, Darmstadt
28. Günzler H (Hrsg) (1994) Akkreditierung und Qualitätssicherung in der Analytischen Chemie. Springer, Berlin Heidelberg New York
29. Wünsch G (1994) J Prakt Chem 336: 319
30. Wildner H, Wünsch G (1997) J Prakt Chem 339: 107
31. Wegscheider W (1994) Validierung analytischer Verfahren. In: [28], S 123
32. Danzer K (1994) Die Bedeutung der Statistik für die Qualitätssicherung. In: [28] 71
33. Graf U, Henning HJ, Stange K, Wilrich PT (1987) Formeln und Tabellen der angewandten mathematischen Statistik. Springer, Berlin Heidelberg New York
34. Sachs L (1992) Angewandte Statistik. Springer, Berlin Heidelberg New York
35. Doerffel K (1990) Statistik in der analytischen Chemie. Deutscher Verlag für Grundstoffindustrie, Leipzig
36. Thompson M, Malik KM, Howarth RJ (1998) Anal Communic 35: 205
37. Horwitz W, IUPAC, Analytical Chemistry Division, Committee V.1, General Aspects of Analytical Chemistry (1994) Nomenclature for Interlaboratory Studies. Pure Appl Chem 66: 1903
38. Cofino WP (1994) Ringversuche als Element der Qualitätssicherung. In [28], S 173
39. Danzer K, Wank U, Wienke D (1991) Chemometrics Intell Lab Syst 12: 69
40. Danzer K (1989) Fresenius Z Anal Chem 335: 869
41. Eckschlager K, Danzer K (1994) Information Theory in Analytical Chemistry. Wiley, New York
42. Anscombe FJ (1973) Amer Statist 27: 17
43. Youden WJ (1972) J Quality Technol 4: 29
44. http://www.limsource.com
45. Lapitajs G, Klinkner R: http://www.analytik.de/Dokumente/Artikel/LIMS.html

46. Unkelbach HD, Bosshard P, Wolf H (1998) Computervalidierung im Labor und Betrieb. Wiley, Berlin
47. Döttinger K, Hohler B (1994) Qualitätsmanagement der Software. In: Masing W (Hrsg) Handbuch Qualitätsmanagement. Hanser, München
48. DIN ISO 9000, Teil 3 (1994) Qualitätsmanagement und Qualitätsnormen – Leitfaden für die Anwendung von ISO 9001 auf die Entwicklung, Lieferung und Wartung von Software. Beuth, Berlin
49. ISO/IEC 9126 (1991) Information technology – Software products evaluation. Quality characteristics and guide-lines for their use. Genf
50. Zilatzki-Szabo MG (1995) Kleines Lexikon der Informatik. Oldenbourg, München
51. Frühauf K, Ludewig J, Sandmayr H (1991) Software-Prüfung – eine Fibel. Verlag der Fachvereine, Zürich
52. Claus V, Schwill A (1992) Encyclopedia of information technology. Horwood, Chichester
53. Möller KH, Paulish DJ (1993) Software metrics – a practioner's guide to improved product development. Chapman & Hill, London
54. Allgemeine Verwaltungsvorschrift zum Verfahren der behördlichen Überwachung der Einhaltung der Grundsätze der Guten Laborpraxis (ChemVwV-GLP): http://www.student.informatik.th-darmstadt.de/~sharston/dggf/gesetze/chemvwv2.html
55. OECD series on principle of good laboratory practice and compliance monitoring. No. 10 (1995) GLP consensus document. The application of the principles of GLP to computerised systems. Environment Monograph No. 116. Environment Directorate. Organization for economic co-operation and development. Paris, 1995
56. http://www.itl.nist.gov/div898/strd/index.html

Sachverzeichnis

A
a priori Wissen 122
Abnehmerrisiko 371
Abtastzeit 201
ADU 176
Ähnlichkeit 111
Ähnlichkeitsmaße 123
Ähnlichkeitsmatrizen 111
Ähnlichkeitssuche 343
Akkumulation 72, 76
Aktivierungsfunktion 280–284
–, logistische 282, 283
Aleasing 203
Alternativhypothese 296
Analog-Digital-Umsetzer 176
Analogsignale 176
Analysenergebnis 12, 246, 255, 295, 397
Analysenfehler 137, 138, 142, 144, 304
Analysenfunktion 246, 247, 249, 250, 274, 289
Analysengröße 25, 34, 45, 244, 249, 251, 261, 262, 293
Analysenmethode 292–294
–, absolute 255, 292, 293
–, definitive 255, 292
–, relative 292
Analysenprobe 133, 134
Analysenwerte 371
–, kritische 371
analytische Messungen 17
–, zeitabhängige 17
analytische Informationen 16–18
–, dreidimensionale 17, 18
–, eindimensionale 16
–, zweidimensionale 16
analytischer Prozess 12, 45, 46, 134
Andrews-Plot 102
ANN 280
Annahmefunktion 374
Anpassungstest 297
Anwendungssoftware 385
A-posteriori-Entropien 62
A-posteriori-Informationsentropie 47
Approximationskurve 227
A-priori-Informationsentropie 47
A-priori-Verteilung 50, 52
A-priori-Wahrscheinlichkeit 27
Archivdaten 384
Aromagramme 329
ARTHUR 128
ASCII-Format 128
Attributprüfung 372, 373
Auflösungsverbesserung 75
Auflösungsvermögen 65, 69, 74
–, analytisches 65, 66, 74
–, laterales 69
–, spektrales 65
Ausgabefunktion 280, 281
Ausgabeneuron 282
Ausreißer 30, 44, 104, 268, 295, 380
Ausreißerdiagnostik 105
Ausreißertest 297, 298, 302
– nach Dixon und Dean 297, 302
– nach Graf und Henning 298
– nach Grubbs 298
Außer-Kontroll-Situation 378
Auswertefunktion 248, 250, 294
Auswertung 12, 289
–, Identifikationen 289
– qualitativer Analysen 289
Autokorrelation 72, 73, 194, 216
Autokorrelationsanalyse 148, 151
–, multivariate 151
Autokorrelationsfunktion 71, 149, 216, 217
–, empirische 149
Autokorrelationsmodelle 145
– zur Homogenitätscharakterisierung 145
Autokovarianzfunktion 149, 216, 217
Auto-Leistungsdichtespektrum 219
Autoskalierung 90

B
Backpropagation 282
Bandbreitenfilter 73

Bandenprofilfunktionen 356, 357
-, Cauchybanden 357
-, Gaußbanden 357
Bandentrennung 352, 356
Bartlett-Test 252, 299
Basislinienkorrektur 104
Baumdiagramm 113
Bayes'sche Statistik 122, 125
Bayes-Regel 122
Bestimmtheitsmaß 35
Bestimmungsgrenze 256, 307, 318, 321, 368
Bewegungsdaten 384
Bibliothekssuche 338, 339, 341, 343
-, Suchstrategien 343
-, Vergleichsprozeduren 343
Bilddarstellung 238
Bildentstehung 177
Bilder 238, 239
-, Graustufeninformation 238
-, multivariate 239
-, univariate 238
Bildfunktion 186
Bildinformationen 69
Bildkompression 232
-, diskrete Cosinustransformation 232
Bildkontraste 239
Bild-Segmentierung 233
Bildverarbeitung 176, 197
Binärformate 128
Binärklassifizierer 349
Blindwert 259, 318, 319
Blockbildung 157
Bootstrap 263, 311
Boxplots 100
Box-Whisker-Plot 382

C
^{13}C-NMR-Spektroskopie 346
Centroid 124
Chemigramm 344
chemische Information 13, 15, 62, 68, 133
-, zweidimensionale 62
chemische Messungen 12–14, 61, 68
-, statische 68
-, zeitaufgelöste 68
chemische Verschiebungen 50
chemischer Messprozess 46
chemisches Messsystem 47
Chemometrik 2
-, Definition 2
Chernoff-Faces 102
Chromatogramm 104
Client-Server-Architektur 131
Clusteranalyse 5, 110–113, 116, 117, 129, 145, 326

-, hierarchische 112, 113
-, nichthierarchische 116
Cochran-Test 298
Codierung 14, 15, 16
Complete-Linkage-Verfahren 114
confidence interval 253
CRM 366
CUSUM-Karte 378

D
2D-Analysentechniken 17
3D-Bilder 18
Data Mining 82
Daten 98
-, Repräsentanz 98
Datenanalyse 3–5, 7, 67, 77, 78, 97, 145
-, explorative 97
-, multivariate 3, 77, 145
Datenbank 131, 389
Datenbankprogramm 128
Datenbanksysteme 290
Datenfelder 77
-, mehrdimensionale 77
Datenformate 128
Datenmatrix 84, 85, 87, 90, 105, 106, 121, 126
-, standardisierte 90
-, zentrierte 90
Datenreduktion 180, 229, 230
Datentransformationen 76
Datenvisualisierung 103
Datenvorbehandlung 103
Decodierung 14, 15, 16
Dekonvolution 74, 213, 215
Deltafunktion 190
Dendrogramm 113, 114
Designmatrix 286
Detailkurve 227
dielektrische Funktionen 358
digitale Signalverarbeitung 82, 104
Digitalfilterung 73, 204
Digitalsignal 176
Dimensionalität 16, 18, 19
-, analytische Informationen 18, 19
- von Mess- und Analysendaten 19
Dimensionsreduzierung 7, 102, 106, 326
Dirac-Impuls 190
Direktsuche 357
diskrete Fourier-Transformation 185, 186
-, Eigenschaften 186
diskrete Wavelet-Transformation 227
Diskretisierung 201
Diskriminanzanalyse 7, 82, 121–123, 129, 326
-, beschreibende 121

-, lineare 121
-, prädiktive 121
Diskriminanzfilter 348
Diskriminanzfunktion 121
Dispersionsmatrix 89
Display-Verfahren 326
Distanz 88, 92, 94-96, 111, 123, 124
-, euklidische 92, 94, 123, 124
-, Manhattan- 94
-, Mahalanobis- 95, 96
-, Power- 94
-, quadrierte euklidische 94
-, Tschebyscheff- 94
Distanzmaß 113, 123
Distanzmatrix 26, 93, 95, 111, 112
- der Objekte 93
Doppeleingabe 105
Dreieckfunktion 185, 209
Dreiecksverteilung 20
Dreikomponentengemische 161
Durchschnitte 147, 148
-, gleitende 147, 148
Durchschnittsanalyse 134
Durchschnittsstandardabweichung 299
dyadische Folge 223

E
eichprobenfreie Verfahren 248
Eichung 249
Eigenvektoren 108, 277
Eigenwerte 109
Einflussfaktor 159, 162, 304
Einflussgröße 8, 78, 81, 156, 157, 162, 167
-, Stufen 157
Einflussgrößenermittlung 156, 162, 164
Einflusskoeffizienten 78
Eingangsneuronen 282
Eingriffsgrenze 375
Einheitsmatrix 91, 96
Einheitsstoß 75
Einzelkomponentenanalyse 69
Einzelproben 141
Elementarstatistik 7
Elementverteilungsbilder 17, 69
Empfindlichkeit 247, 259, 263, 293, 317, 370
- der Coulometrie 293
- der Gravimetrie 293
- der Photometrie 293
- der Polarographie 293
- der Potentiometrie 293
- der Titrimetrie 293
Empfindlichkeiten 78, 314
-, partielle 78, 314
Empfindlichkeitsfaktoren 248
Empfindlichkeitsmatrix 314

Entfaltung 74, 213, 215
Entscheidungen 370
-, falsch-negative 370
-, falsch-positive 370
Entwicklungsumgebung 129
Erfassungsgrenze 253, 256, 307, 318, 320, 321, 368
Ergebnisunsicherheit 295
Ersetzungsschema 173
Erwartungsbereich 52-55, 57, 59
Erwartungswert 15, 20, 26, 29
-, bedingter 29
Erzeugerrisiko 371
euklidische Distanz 119
Euler-Beziehungen 183
Evolution 171
Expertensysteme 7, 82, 117, 125, 290, 325, 346
explorative Datenanalyse (EDA) 98, 129, 326
Exzess 23, 24

F
Faktorenanalyse 5, 82, 105, 111
Faktorexperimente 164
Faktorladungsmatrix 108
Faktorladungsplot 110
Faktormatrix 277
Faktorplan 157-160, 162
-, unvollständiger 160
-, vollständiger 159
Faktorwerte 335
Faktorwertematrix 128
Faltung 72, 74, 191
Faltungstheorem 191, 193
Farbtabelle 239
-, Index-Bilder 239
Feedforward-Kopplung 281
fehlende Werte 103
Fehler 57, 133, 159, 252, 255, 261, 370
-, additive 370
-, homoskedastische 252
-, messwertproportionale 261
-, multiplikative 370
-, systematische 57, 133, 159, 255, 370
Fehler 1. Art 296, 370-372
Fehler 2. Art 296, 370, 372
Fehlerdiagnostik 325
Fehlerfaktor 32, 308
Fehlerfortpflanzung 131, 295, 312
Fehlermatrix 78
Fehlerminimierung 274
Fehlerquadratminimierung 38
Fehlerquadratsumme 37
Fehlerrate 119

Sachverzeichnis

Fensterfunktion 188, 189
Feststoffprobennahme 134
Filterfunktion 72, 73
Filtermethoden 72, 147
Filterung 72
Flächenauflösungsvermögen 69
Flächenscan 17, 19, 69
Focusing and Linking 103
Folgetestpläne 373, 374
-, geschlossene 373
-, offene 373
forensische Analytik 334
Forward-Selektion 285
Fourieranalyse 221
-, Grenzen 221
Fourier-Integral 180
Fourier-Korrespondenzen 188
Fourier-Transformation (FT) 70, 180, 187
-, zweidimensionale 187
Fouriertransform-Paar 181
Freiheitsgrade 31
Frequenzauflösung 198
Frequenzbereich 201
Frequenzgang 196, 198, 219
F-Test 36, 137
FT-Paare 183, 184
-, Eigenschaften 183
-, Linearität 183
-, Symmetrieeffekte 184
-, Zeit- und Frequenzskalierung 183
-, Zeit- und Frequenzverschiebung 184
Funktion 126
-, intrinsisch nichtlineare 126
-, nichtlineare 126
funktionelle Gruppen 347
Fusionierungsalgorithmus 113
Fuzzy Set Theory 290
Fuzzy-Verfahren 117
F-Verteilung 25

G
GAP 366
Garantiegrenze 320
- für Reinheit 320
Garantiewert 371
Gaußkurve 76
Gauß-Seidel-Strategie 171
Gaußverteilung 22, 32
GCP 388
Genetische Algorithmen 7, 171
Geochemie 104
Geostatistik 151
Gerätefunktion 177, 213
Gesamtfehler 137, 138, 142, 309
Gesamtmittelwerte 380

Gesamtprobe 133, 139, 141
Gesamtunsicherheit 294, 295, 312, 380
Gewichtsfunktion 348
Gewichtskoeffizienten 108
Gewichtsvektor 349
Gittersuche 168
Glättung 72, 73, 76
Glättungsfilter 205
Glättungsmethoden 147
Gleichverteilung 20, 53
GLP 366, 367, 388
GMP 366, 388
Gradientenanalyse 144
Gradientenfilter 211
Gradientenverstärkung 210
Grenzfrequenz 202
Grenzwerte 375
Grundgesamtheit 22, 23, 296
Gute Laborpraxis 367
Gütemaß 119

H
Hartley-Test 298
Haupteffekte 159, 160
Hauptkomponenten 106, 109, 110
Hauptkomponentenanalyse 5, 82, 88, 89, 102, 105, 108, 110, 117, 124, 127–129, 277, 326, 332, 355
Hauptkomponentendisplay 106
Hauptkomponentenplots 117, 326
Hauptkomponentenregression 127, 276, 277
Hebelpunkte 44
Hebelwerte 255
heterogene Netzwerke 131
Heterogenität 136
Heuristik 125
Hillclimbing-Strategie 116, 126
Histogramm 20, 100, 239
Hitliste 338
Hochpass 210
Homogenisierung 138
Homogenität 136, 143, 145, 150
Homogenitätskonstante 144
Homogenitätsnachweis 144
Homogenitätsprüfung 143, 144, 304, 305
Homoskedastizität 38, 41, 43, 255
Hypothese 96

I
Icon-Plots 101
Identifizierung 61, 62
Identifizierungsanalyse 289, 290
Impulsantwort 196, 219
Impulsfunktion 190

Impulsreihe 191, 193
Individualsoftware 385, 388
Information durch Varianzreduktion 53
Informationen 14, 61, 68, 243, 244
-, analytische 243, 244
-, latente 14
-, ortsaufgelöste 68
-, zweidimensionale 61
Informationsentropie 47, 48
Informationsfluss 70, 383, 384
- im Labor 383, 384
Informationsgehalt 47-50, 52-54, 57-60, 381
-, maximaler 49, 54
-, mittlerer 48, 50, 52
-, negativer 57, 59
-, spezifischer 48, 50, 52
Informationsgewinn 49, 52, 67
Informationsleistung 68, 70
Informationsmenge 62, 63, 65, 66, 68-70, 74, 291, 292
-, maximale 62, 69
-, potentielle 65, 66
Informationsrentabilität 70
Informationstheorie 1, 5, 45
Informationsüberschuss 66
Informationsübertragung 280
Informationsverarbeitungsprozess 45, 46
Informationszuwachs 66, 67
Infrarotspektroskopie 344
Inhomogenität 134, 136, 137, 145, 150
- der Probe 150
- des Untersuchungsobjektes 150
Inhomogenitätsfehler 137, 141
Inhomogenitätsnachweis 144
instationäre Signale 219
-, Charakterisierung 219
Instationaritäten 229
-, Lokalisierung 229
Intensitätsprofil 240
Intensitätstransformationen 239
-, nichtlineare 239
Internet 8
Interpolation 230, 233, 234
-, bilineare 234
-, lineare 233
Intervallbildung 230
-, Ausdünnen durch 230
-, Verkürzen der Fouriertransformierten 230
inverse Polynome 357
inverse Wavelet-Transformation 226
inverses Fourier-Integral 180

Invertierbarkeit einer Matrix 127
Irrtumsrisiko 32, 296
IR-Spektrum 339, 341
-, Spektrencodierung 341
Isoliniendarstellung 153

J
Jackknife 311
JCAMP-DX 128

K
Kaiser-Kriterium 109
Kalibration 5, 7, 33, 34, 45, 82, 125, 126, 243, 249, 251, 252, 255, 260-263, 264, 267-276, 279, 289, 293, 294, 311, 368
-, direkte 271, 272
-, dreidimensionale 260, 262, 263, 311
-, empirische 255
-, einwaagenabhängige 261
Kalibration
-, experimentelle 249, 293, 294
-, gewichtete 252, 255
-, Gütemaße 279
-, inverse 251, 268, 273-276, 294
-, klassische 275, 276
-, multiple lineare 267
-, multivariate 82, 268, 269-271, 276
-, nichtlineare 263, 264
Kalibrationsausreißer 255
Kalibrationsfehler 253, 256
Kalibrationsfunktion 246, 247, 249-251, 259, 260, 273, 289, 294, 319
- der Standardaddition 259
-, räumliche 249, 250
Kalibrationskoeffizienten 251, 256, 276
Kalibrationsmodell 174, 252
Kalibrationsprobe 261
Kalibrierfläche 262, 311
Kalibrierfunktion s. Kalibrationsfunktion
Kalibrierproben 246, 249, 255, 294
Kalman-Filter 73
Kardinalgrößen 15
kausale Exponentialfunktion 181, 192
Kerridge-Bongard Gl. 59
Klassifikation 5, 125, 324, 329, 330, 332, 334, 335
-, überwachte 329
Klassifikationsmethoden 126, 326
-, nicht überwachte 326
-, überwachte 326
Klassifikationsraten 331
Klassifikationssuche 344
Klassifikationsverfahren 117, 145
klinische Analytik 334

K-Mittelwerte-Methode 116
Kohonen-Map 117
Kollinearitäten 67, 272, 276
Konditionszahl 127
Konfidenzfläche 263
Konfidenzintervall 25, 33, 308
Kontrastverstärkung 240
Kontrollbereich 376
Kontrollkarte 375, 376, 378
–, multiple 378
Konturdarstellung 240, 241
Konvolution 204, 205
Konzentationsschwankungen 144
–, periodische 144
–, stochastische 144
Konzentrationsfunktion 136, 137, 143, 145
–, zweidimensionale 145
Konzentrationsgradienten 144, 304
Konzentrationsmatrix 272, 277
Konzentrationsvektor 272, 276
Kopplungstechniken 17, 18
Korngröße 134
Korrekturfilter 209
Korrelation 67, 89, 194, 216, 251, 268
Korrelationsanalyse 5–7, 34, 35
Korrelationsdauer 76, 149, 150
– des Rauschens 76
Korrelationsfunktionen 73
Korrelationskoeffizient 24, 26, 35–37, 40, 45, 127, 332
–, partieller 36
–, multipler 37, 127
– nach Pearson 332
Korrelationsmatrix 24, 37, 91, 93, 95, 100, 105, 273
Korrelationstechniken 145, 290
Kostenfunktion 168
Kovarianz 24, 36, 60, 89, 312
Kovarianzmatrix 105
Kreuzklassifikation 163
Kreuzkorrelation 73, 194, 218, 290
Kreuzkorrelationsfunktion 218
Kreuz-Leistungsdichtespektrum 219
Kreuzvalidation 119, 120, 122, 123, 126, 269, 270, 274, 278, 279
–, leave-one-out 270, 274, 278, 279
Kreuzvalidierung s. Kreuzvalidation
Kriging 152
Kullbacksches Divergenzmaß 50–52, 55
künstliche Intelligenz 7
künstliche neuronale Netze 82, 87, 97, 117, 124, 126, 279, 280, 325, 326
Kurvenanpassung 74, 76
Kurzzeit-Fouriertransformation 222

L
Labor-Informationsmanagement-System 383
Laborleistungsstudien 379
Laborleistungstest 380
Labormittelwerte 380
Laborstandards 249
Ladungsmatrix 277
Laplace-Transformation 70
latente Information 15
latente Variable 352
LDA 121
Least Squares Regression 37, 44, 251
Least-Squares-Bestimmung 128
Least-Squares-Kriterium 38, 89, 252
Least-Squares-Lösung 127
Least-Squares-Minimierung 253
–, orthogonale 253
Lebensmittelanalytik 326
Leistungsdichtespektrum 217, 219
Leistungsspektrum 71, 216
Lerndatensätze 330
Lernfehler 285
Lernprozess 346
Lernrate 283
LIMS 383–385
lineare Lernmaschine 1, 348
lineare Modelle 89
lineare Transformation 96, 106
Linearität 43, 255, 368
–, Prüfung 255
Linearitätstests 263
Linearkombination 89, 102, 106, 121
Linienscan 17, 69
Loadings-Plot 110
Lognormalverteilung 25
lokale Ranganalyse 353
LSR 37, 38

M
Mahalanobis-Distanz 119, 121
Mapping 153
Massenspektroskopie 346
Matrix 85
Matrixeffekte 163, 256
Matrizen 86, 127
–, höherdimensionale 86
–, orthogonale 127
MDS 111
Median 30, 44, 98
Medianabweichung 311
–, mittlere absolute 311
Mehrkomponentenanalyse 61, 62, 68, 266, 291, 313
Mehrkomponenten-Kalibration 266

Mehrphasenkalibration 263
Messdomäne 244, 245
Messergebnis 14, 15, 243, 245, 247, 293, 295
Messfehler 275, 309
Messfunktion 70, 71, 244
Messgröße 34, 45, 244, 246, 249, 252, 293
Messprobe 15, 133
Messprozesse 8, 12, 243
-, chemische 8, 12, 243
Messreihe 84, 295
Messsignal 177
Messsystem 14
Messtheorie 1, 3
Messung 12
Messunsicherheit 311, 377
Messwert 16, 289, 319
-, charakteristischer 289
-, kritischer 319
Messwertakkumulation 72
Messwerthäufigkeit 20
Messwertstreuung 307
Messwertverteilung 24, 50
Messzeit 200
Metadaten 85
Methode der kleinsten Fehlerquadrate 127
Methode der k-nächsten Nachbarn (KNN) 123, 335
Methode nach Ward 114, 116
metrische Größen 15
Mischungspläne 161
Mittelwert 22, 29–31, 295
-, arithmetischer 295
-, geometrischer 30, 31
Mittelwertkarte 377
Mittelwertvergleich 301, 383
-, multipler 301, 383
MLR 127, 128
Modell 96, 97, 123, 125, 126, 156
-, empirisches 96
-, lineares 123, 126, 156
-, statisch-empirisches 97
Modellfehler 125, 156, 252
Modellgüte 119
Modellierung 5, 356
Molecular Design 3, 8
Molecular Modelling 8
Multidimensionale Skalierung (MDS) 111, 117
Multifaktorexperimente 258
Multikollinearität 127, 268
Multikomponentenanalyse 74, 78, 286
Multikriterien-Optimierung 168
multiple lineare Regression 126, 162, 326
multiple Regression 129

MULTIVAR 128
multivariate Datenanalyse 81
multivariate Regression 5
multivariates Distanzmaß 92, 111
Mustererkennung 5, 324
Muster-Klassifikation 350
Mutation 172

N
Nachweis 61
Nachweisgrenze 253, 256, 307, 318–321, 368
Nachweisvermögen 60, 318
Nelder-Mead-Suche 171
Netzausgang 286
Netze 284
Neuron 280, 282, 283
-, verdecktes 282
neuronales Netz 7, 117, 286, 350, 351
-, lineares 351
Neuronen 279
NIPALS-Algorithmus 108, 277
NIR-Spektren 332
NIR-Spektrometrie 325, 326, 361
NMR-Spektrum 340
Nominalgrößen 14
Nominalskala 84
Normalverteilung 22–25, 30, 51, 53, 55, 295, 297, 308, 380
-, logarithmische 24, 30
-, Schnelltest 297
Normenserien 367
-, Akkreditierung 367
- der Qualitätssicherung 367
-, Zertifizierung 367
Normwert 370, 371
NP-Vollständigkeit 174
Nuggeteffekt 151
Nullhypothese 295, 296, 305, 306
numerische Instabilität 127
Nutzinformation 47, 67
Nutzinformationsgehalt 70
Nutzinformationsmenge 74
Nutzsignal 177
Nutzsignalfunktion 71
Nyquist-Theorem 146

O
Objektfunktion 186
On-line-Datenverarbeitung 3
Operatoren 173
-, genetische 173
Optimum 167
-, globales 167
-, lokales 167

Optimalfilter 73
Optimierung 3, 5, 7, 129, 156, 166, 168, 169
-, Box-Wilson- 168, 169
-, sequentielle 168, 169
-, Simplex- 169
Optimierungsmethoden 171, 174
-, diskrete 174
-, globale 171
Optimum 116, 168, 171, 174
-, globales 116, 168, 174
-, lokales 171
Ordinalgrößen 14
Orthogonal Least Squares 285
Ortsfrequenz 135, 145
Overfitting 97

P
Parallelbestimmungen 138
Parallelproben 138
Parameter-Optimierung 357
Parseval-Theorem 185
Partial Least-Squares Regression 127, 276, 278
PCA 105
PCR 127, 128, 276, 277
Peakseparation 129
Pearsonscher Korrelationskoeffizient 90, 94
Perceptron 281
-, mehrschichtiges 281
Phasenverteilung 137
Pixel 238
-, uint8-Werte 238
Planmatrix 157-159, 161
PLS 127, 129, 276-278
Poissonverteilung 24
Polynome 126
Polynomfilter 206
Poissonverteilung 32
Präzision 52, 59, 69, 164, 269, 307, 368, 381
- eines Analysenverfahrens 307
prediction interval 253
Preprocessing 103
PRESS-Wert 126, 269, 272
Primärproben 134
principal component analysis 105
Probe 12
Probenabstand 149
-, optimaler 149
Probenanzahl 138, 139, 146
-, repräsentative 138
Probendomäne 245
Probeninformationen 14
Probenmenge 140-143
-, kritische 142
Probennahme 133, 143, 146, 153

-, repräsentative 143, 153
-, stochastische 143
-, systematische 143
-, zeitabhängige 146
Probennahmefehler 137, 138, 140-143, 145, 150, 309
Probennahmefrequenz 146
Probennahmehomogenitätskonstante 144
Probennahmeschema 133, 135
Probennahmestrategie 134, 139
Probennahmetheorie 5
Probenrepräsentanz 133, 135, 141
Probenteilung 137
Probenumfang 146
Probenverjüngung 134
Probenvorbereitung 12
Probenvorbereitungsfehler 309
Probenzahl 140
Probesignal 177
Produktionsprozess 147
Produktqualität 370
Profile 241
Prognosebereich 295, 307
Programmiersprache 129, 131
Prozessanalyse 12, 68, 70, 145
Prozesse 216
-, stationäre 216
Prozesskontrolle 5, 68
Prozessmittelwert 146
Prozessvarianz 150
Prüfbericht 384
Prüfgut 372
-, Annahme 372
-, Zurückweisung 372
Prüfverfahren 295, 296
-, statistische 295, 296
Prüfverteilung 25
Prüfwert 297
Pseudodekonvolution 214

Q
QRK 375
Q-Technik 91, 93, 111
Quadtree-Verfahren 233
Qualität 365, 366
Qualitätsgrenzen 372
Qualitätskontrolle 59, 74, 147, 369, 370
-, statistische 369
Qualitätsparameter 371
Qualitätsprüfung 366
Qualitätsregelkarten 374-376
Qualitätssicherung 81, 164, 324, 365-368, 371, 375, 379, 385
-, externe 366, 367
-, interne 366, 367

- von Analysenverfahren 368
- von Software 385
Qualitätsvereinbarungen 370
Qualitätszielgrößen 375
quantitative Struktur-Eigenschafts-Beziehungen (QSAR) 125
Querempfindlichkeiten 314

R
Radial Basis Function 284
Rampenfunktion 226
Randomisierung 159
Rauschen 177
Rauschverminderung 229
RBF-Netze 284
Rechengenauigkeit 131
Rechteckfilter 206
Rechteckfunktion 188
-, zweidimensionale 188
Redundanz 64, 66
-, fördernde 66
-, leere 66
-, relative 66
Referenzdaten 8
Referenzergebnisse 389
Referenzmaterial 34, 249, 255, 261, 303, 308, 326, 370
-, zertifiziertes 249, 255, 261, 308, 370
-, Zertifizierung 303
Referenzmethoden 247, 248, 255, 292–294
-, absolute 247
-, definitive 247
-, direkte 247, 248, 255, 292, 294
-, indirekte 248, 255, 292, 293
Referenzproben 294
Referenzprogramm 389
Reflexionsspektrum 360
Registrierbereich 65
Regression 7, 29, 39, 40, 125, 265, 276
-, gewichtete 39
- mit latenten Variablen 7
-, multiple 7
-, multiple lineare 276
-, orthogonale 40
-, quasilineare 265
Regressionsanalyse 6, 7, 34, 37, 78, 84, 125, 144
-, multiple 78
Regressionsgerade 251
Regressionskoeffizient 38, 39, 43, 251
Regressionsmodell 39, 40
-, orthogonales 39
Regressionsparameter 127, 249
Reklassifikation 119, 122, 145, 330
Rekombination 172

Relevanzkoeffizienten 68
Repräsentanz 133, 167
- von Proben 133, 137
Reproduzierbarkeit 368
Resampling-Verfahren 311
Residuenanalyse 41
Residuendarstellung 255
Response-Surface-Methode 168
Restfehler 252, 267
Reststandardabweichung 253
Restvarianz 39, 40
Richtigkeit 52, 56, 59, 83, 164, 269, 368
Richtigkeitskontrolle 308
Richtigkeitsprüfung 257
Richtlinien 367
-, Akkreditierung 367
- der Qualitätssicherung 367
-, Zertifizierung 367
Ridge-Regression 127
Ringversuch 59, 164, 258, 301, 303, 369, 379–382
-, Bewertung 380
- zur Leistungsbewertung 379
- zur Materialzertifizierung
- zur Methodenbewertung 379
Risiken 370–372
RMSE-Wert 270
RMSP-Wert 126, 269, 270, 279
Rotationstransformation 107
robuste Regression 44
robuste Statistik 7
Robustheit 163, 164, 258, 368, 369, 380
- des Analysenverfahrens 258
Robustheitsprüfung 258
Robustheitsstudien 368
Rohdaten 131
Rohprobe 139
R-Technik 91, 93, 111
Rückverfolgbarkeit 384
Rückwärtsselektion 174
Rückweisungsfunktionen 374
Rundreise-Problem 174

S
SAS 128
Savitzky-Golay-Filter 207
Scatterplotmatrix 100
Scheinvariable 158
Schrittweite 169, 171
Schwellenwert 281, 283
Screening-Pläne 160
Scree-Plot 109
SearchMaster 341
Sekundärproben 133, 134

Sachverzeichnis

Selektion 172
selektive Wellenzahlen 355
Selektivität 313–318, 368
Semivarianz 151
Semivariogramm 151, 152
Sensorarrays 324
Sequenzanalyse 372, 373
Sicherheit 32, 296, 307, 308, 319
–, statistische 32, 296, 307, 308, 319
Signalauflösung 3, 65
Signalauflösungsvermögen 65, 66
Signalbegrenzung 198
Signaldiskretisierung 201
Signaldomäne 244, 245
Signale 45, 67, 176, 280
–, Charakteristik 176
–, physikalische 176
–, redundante 67
Signalentstehung 176
Signalfunktion 14–16, 19, 46, 70, 72, 75, 243
–, Differentiation 75
–, pragmatische 46
–, semantische 46
–, syntaktische 46
Signalgeneration 15
Signalglättung 205
Signalhalbwertsbreite 64, 74
Signalidentifizierung 75, 290
Signalintensität 16
Signalkennfunktionen 70, 71
Signalkorrekturen 209
Signalparameter 246
Signalposition 16
Signal-Rausch-Leistungsverhältnis 60
Signal-Rausch-Verbesserung 74, 76
Signal-Rausch-Verhältnis 3, 59–61, 70–73, 106, 166, 268, 275
Signalsicherung 289
Signaltheorie 3, 5, 223
–, Heisenberg-Unschärfe-Relation 223
Signaltypen 177–179
–, Darstellungsraum 178
–, Dimensionalität 177
–, Komplexität 179
–, Rauschanteil 178
–, Stationarität 178
Signalüberlappungen 267
Signalverarbeitung 176, 179
–, Prinzipien 179
Signalzustände 54
Signifikanzprüfungen 25, 295
SIMCA-Verfahren 124, 128
Simplex 171
–, variable Größe 171

Simplexoptimierung 169
Simplex-Verfahren 171
Simplex-Zentroid-Design 272, 273
–, Kalibration 273
Single-Linkage-Methode 114
Singulärwertzerlegung 108
Skalen 83
–, qualitative 83
–, quantitative 83
Skalenniveau 84
Skalierungsparameter 285
Sobel-Filter 211
Softmodellierung 5
Software 8, 385, 386
–, Qualitätsmerkmale 386
Software Engineering 387
Software-Analysemethoden 388
–, dynamische 388
–, statische 388
Softwareentwicklung 4, 387, 388
Softwarevalidierung 388
Sonnenflecken-Kurve 230, 231
SOP 366
Spalteneffekte 305
Spaltenvektor 84
Spaltfunktion 188, 189
–, zweidimensionale 188
Spannweite 297, 376
Spannweitentest von David 297
SpecInfo-System 339
Spektren-Struktur-Relationen 344
spektrale Kreuzleistungsdichte 218, 219
spektrale Leistungsdichte 216
Spektren 104, 337, 353
–, flüssiges Wasser 353
Spektrenauswertung 337
Spektrenbibliotheken 338
–, Felder 338
–, Referenzspektren 338
–, Rekords 338
Spektrencodierung 341
Spektren-Eigenschafts-Relationen 349, 360
Spektreninterpretation 344
Spektrenresolution 352
Spektrensimulation 352, 356, 358
Spektrensuche 339
Spektrensuchsysteme 339
Spektrenvergleiche 290
Spektrogramm 222
spektroskopische Datenbanken 339
Spezifität 313–318
Spline 237
–, glättende 237
–, interpolierende, kubische 237

Spline-Anpassung 264
Splinefunktionen 236
Sprungantwort 198
Sprungfunktion 192, 198
Spurenelementmuster 326
Spurenträger 334
SQL 131
Stammdaten 384
Standardabweichung 22, 26, 30-32, 41, 42,
  140, 295, 297, 298, 307, 311, 319
- des Absolutgliedes 41
- des Anstiegs 41
- des Blindwerts 319
-, relative 32, 140, 307
Standardadditionsfunktion 260
Standardadditionsmethode 256, 259
Standard-Arbeitsanweisungen 366
Standardfehler 39, 40
Standardisierung 76, 103
Standardnormalverteilung 22
Standard-Unsicherheit 311, 312
-, kombinierte 312
- nach Typ B 311
Starplot 101
Startpartition 117
Startwert 171
statistisches Moment 23
-, erstes 23
-, zweites 23
Statistik 77, 297
-, multivariate 77
-, robuste 297
Statistikprogrammpakete 129
Statistische Versuchsplanung 3, 7, 78, 129,
  156, 258, 369
Stepwise-Methode 174
Stichprobe 22, 23, 372
Stichprobenumfang 372, 373
Stichprobenverteilung 22
Stochastik 5
stochastische Funktionen 146
stochastische Parameteroptimierung 357
stochastische Prozesse 70, 145, 146
Störempfindlichkeiten 314
Streudiagramme 100
Strukturermittlung 344, 346
Strukturformeln 347
Struktur-Spektren-Korrelationen 345
Struktursuche 339
Student-Verteilung 23
Stufen in der SVP 158, 160
Suchraum 168
Suchstrategien 343
SVP, s. Statistische Versuchsplanung
Symmlet-Funktion 224

Syntheseplanung 3
System 195-198
-, Elemente 195
-, lineares 196
-, lineares verschiebungsinvariantes 197
-, parallele Anordnung 198
-, sequentielle Anordnung 197
-, Signalrückführung 198
-, Signalübertragung 195
-, Struktur 195
-, Wechselwirkung von Signalen 195
-, zeitinvariantes 196
Systemanalyse 198
systematischer Trend 295
Systemcharakterisierung 219
- durch Rauschen 219
Systemfunktion 75
Systemsoftware 385
Systemtheorie 1, 3, 5, 195

T
Tabellenkalkulationsprogramm 128, 131
Targetwert 371
Taxi-cab-Metrik 94
Teilproben 133, 134, 139
Testdatensatz 119, 122, 123, 126, 269, 389
Teststatistik 7
Theorie der stoachastischen Prozesse 7
Tiefpassfilter 73, 205
Toleranzgrenze 371
Total Quality Management 365
Trainingsdatensatz 324
Trainingsphase 350
Transformation 47, 89, 126
-, lineare 89
-, totale 47
Trend 30, 297, 376, 380
-, Prüfung 297
Trendkomponente 148
t Test 36
t-Verteilung 23, 25

U
Übermodellierung 97, 98
Übersichtsanalyse 16, 55
Übertragungsfehler 98
Übertragungsfunktion 72, 73, 213
-, inverse 213
Umweltanalytik 326
Ungenauigkeitsmaß 57
- der Information von Kerridge-Bongard
  57
Unsicherheit 253, 294, 307, 311-313
-, der Analysenergebnisse 294, 307
-, der Messwerte 253

–, eines Analysenergebnisses 311
–, erweiterte 312, 313
Untermodellierung 97
Untersuchungen 126
–, kinetische 126
Untersuchungsobjekt 133

V

Validationsdatensätze 126
Validierung 125, 255, 257, 269, 368, 369
–, von Kalibrationen 255
Validierungskonzeption 258
Validität 96, 97
–, externe 96, 97
–, interne 96
Variable 6, 34, 84, 102–104, 125–127, 162, 276
–, abhängige 84, 125, 126, 162
–, hochkorrelierte 127
–, latente 6, 276
–, standardisierte 104
–, Transformationen 103
–, unabhängige 34, 84, 125–127, 162
–, unkorrelierte 102
Variablenprüfung 372–374
Variablentypen 83
Varianz 26, 30
Varianz- und Diskriminanzanalyse 145
–, mehrdimensionale 145
Varianzanalyse 7, 41, 82, 84, 121, 129, 142, 144, 145, 158, 162–164, 258, 300, 301, 303–307, 380, 381
–, dreifache 306, 307
–, einfache 7, 41, 142, 144, 258, 300, 301, 303
–, mehrfache 7, 304
–, multivariate 121
–, zufällige Effekte 164
–, zweifache 144, 145, 304–306
Varianzanteile 300, 382
Varianzhomogenität 255
Varianzfilter 233
Varianzkomponenten 147
–, saisonale 147
Varianz-Kovarianz-Matrix 24, 37, 89, 121
Varianzreduktion 67
Variogrammanalyse 151, 152
Venn-Diagramm 47
Verfahrenspräzision 307
Vergleich 298, 299, 300
– mehrerer Mittelwerte 300
– mehrerer Standardabweichungen 298
– von Messreihen 298
– zweier Mittelwerte 299
– zweier Standardabweichungen 298

Vergleichbarkeit 303
Vergleichsmessungen 294
Vergleichsprozeduren 323
Vergleichsstandardabweichung 303, 380
Verhältnisskala 84
Verifikation 347
Verjüngung 138
Verjüngungsprobe 133, 134
Versuchsfehler 157, 158, 163, 304
Versuchsplan 157–165, 168
–, Box-Behnken 161
–, Drehbarkeit 159
–, orthogonaler 162
–, Plackett-Burman 160, 165
–, Robustheit 165
–, Screening 161
–, statistische 164
–, unvollständiger 159
–, vollständiger 157, 158
Versuchsplanung 5, 273
χ^2-Verteilung 25
Verteilungsdichte 22
Verteilungsfunktion 26, 352
Vertrauensbereich 32, 33, 42, 53, 140, 253, 254, 260, 307–309, 311–313, 319
– der Empfindlichkeit 254
–, einseitiger 33, 253
– der Standardaddition 260
– des Kalibrationsblindwertes 254
– eines Messwertes 254
–, Kalibriergerade 254
–, maximaler 313
–, mehrdimensionaler 311
–, nichtlinearer 311
–, robuster 311
–, zweiseitiger 42
V-Maske 378
Volumenauflösungsvermögen 69
Vorhersagebereich 33, 42, 253, 254, 295
– eines Analysenmittelwertes 254
– eines Messwertes 254
– eines Mittelwertes 254
–, einseitiger 253
–, Kalibriergerade 254
Vorhersagefehler 272
Vorhersagegüte 126, 275
Vorwärtsselektion 174
Vorwissen 122

W

Wahrscheinlichkeit 20, 27, 50, 62
–, bedingte 27, 50, 62
–, totale 27
Wahrscheinlichkeitsdichte 20, 48
Wahrscheinlichkeitsfunktion 21

Wareneingangskontrolle 332
Warngrenze 375
Wavelet-Analyse 223, 224
Wavelet-Familie 224
Wavelet-Koeffizienten 224
Wavelets 220
Wavelet-Synthese 226
Wechselwirkung 156, 159, 163, 167
–, Einflussgrößen von 156
Weinanalytik 329
Wellenlängenselektion 174
Werkstoffanalytik 104
Wert 308, 380
–, wahrer 308, 380
Wiederfindungsfunktion 250, 257, 258, 279, 370
Wiederfindungsrate 376
Wiederfindungsstudie 368
Wiederholbarkeit 303
Wiederholstandardabweichung 303, 380
Wiederholungsmessungen 20, 295
Wirkungsfläche 159, 168

Z
Zeileneffekte 305
Zeilenvektor 84
Zeitauflösungsvermögen 68
Zeitfrequenz 135
Zeitfunktion 19, 70
Zeitmittelwert 146
Zeitreihe 104, 145, 147–149
–, stochastische 148, 149
Zeitreihenanalyse 7, 82, 147
–, deskriptive Methoden 147
Zeitreihenuntersuchung 74
Zentralpunkt-Design 161
Zentralwert 30
Zentrenmatrix 286
Zentrierung 103
Zentroid 123, 169
Zerofilling 203
zertifiziertes Referenzmaterial 366
Zielfunktion 171
Zielgröße 78, 167, 168
z-scores 381
Zufallsereignis 27
Zufallsexperiment 20, 27
Zufallsgrößen 16, 26, 34
–, Zusammenhang 34
–, zweidimensionale 26
Zufallsvariable 34
Zuverlässigkeitstheorie 5

Ausgezeichnet mit dem

H. Lohninger, Technische Universität Wien, Österreich

Teach/Me - Datenanalyse

Einzelplatz-Version

Windows Version

Systemanforderung : Hardware: IBM PC oder Pentium-II-kompatibel, 32 MB RAM (64 MB empfohlen), 16 bit Farb-Graphik-Karte, CD-ROM Laufwerk.
Software: Windows 98, NT oder 2000.

Teach/Me Datenanalyse ist eine innovative, sehr mächtige Multimedia-Lernsoftware zur Statistik für Studenten und Praktiker aller Wissenschaftsbereiche, einschließlich Ingenieurwissenschaften und Medizin.
Die Software hat den Preis "digita 2001" der Deutschen Bildungssoftware erhalten. Das Programm belegt eindrucksvoll und beispielhaft den Unterschied zwischen einem Druckwerk und einem multimedialen Lernangebot. Besonders hilfreich für die Lernenden sind die direkten Hyperlinks aus dem Textbook heraus, die auf Lernschleifen zu einem Thema verweisen, oder das DataLab starten und dabei einen kontextbezogenen exemplarischen Datensatz öffnen. Hier wird die kognitive Seite des Lernens durch Handlungsmöglichkeiten bereichert. 25 Animationen und 30 vollständig interaktive Programme erleichtern den praktischen Umgang mit dem erlernten Stoff und fördern das Verständnis der dahinterliegenden statistischen Konzepte.

2001. CD-ROM DM 98,01 (inkl. 16% MWSt); sFr 74,50
ISBN 3-540-14895-7

Springer · Kundenservice
Haberstr. 7 · 69126 Heidelberg
Tel.: (0 62 21) 345 - 217/-218
Fax: (0 62 21) 345 - 229
e-mail: orders@springer.de

Preisänderungen und Irrtümer vorbehalten. d&p · BA 41291/2

H. Lohninger, Technische Universität Wien, Austria

Teach/Me - Data Analysis

Intranet Edition in English and German

Windows Version

System requirements: IBM PC or compatible with Pentium II processor, 32 MB RAM (64 MB recommended), 16 bit colour graphics card, CD-ROM drive, net work connectivity (modem or network card, 50 MB empty hard-disk space. Software: Windows 98, NT or 2000.

The Intranet Edition gives full intranet and network support including net-based courses and exams. Additional highlights of Teach/Me are: open architecture interactive examples; self adapting courses; Course and exam designer; protection of resources by encryption; a powerful full-text indexing engine; a data laboratory with sample date sets for hands-on experience. 25 animations and about 30 fully interactive applets facilitate a "learning by doing" approach. The playing with parameters helps one to understand the concepts. This bilingual intranet edition is limited to 99 users.

2001. CD-ROM. DM 577,68 (incl. 16% VAT);
* DM 498,-; sFr 429,- (plus local VAT)
ISBN 3-540-14763-2

Please order from
Springer · Customer Service
Haberstr. 7
69126 Heidelberg, Germany
Tel: +49 (0) 6221 - 345 - 217/8
Fax: +49 (0) 6221 - 345 - 229
e-mail: orders@springer.de
or through your bookseller

* Recommended retail prices. Prices and other details are subject to change without notice. In EU countries the local VAT is effective. d&p · BA 41291/1

Druck: Mercedes-Druck, Berlin
Verarbeitung: Buchbinderei Lüderitz & Bauer, Berlin

If you have any concerns about our products,
you can contact us on
ProductSafety@springernature.com

In case Publisher is established outside the EU,
the EU authorized representative is:
**Springer Nature Customer Service Center GmbH
Europaplatz 3, 69115 Heidelberg, Germany**

Printed by Libri Plureos GmbH
in Hamburg, Germany